中国近代园林史

◎ 朱钧珍 主编

上篇

中国建筑工业出版社

图书在版编目（CIP）数据

中国近代园林史　上篇/朱钧珍主编.—北京：中国
建筑工业出版社，2011.5
ISBN 978-7-112-13023-8

Ⅰ.①中… Ⅱ.①朱… Ⅲ.①园林建筑–建筑史–
中国–近代②园林建筑–建筑史–中国–现代 Ⅳ.①TU-
098.42

中国版本图书馆CIP数据核字（2011）第043471号

责任编辑：张　建　刘　静
责任校对：肖　剑　刘　钰

中国近代园林史 上篇

朱钧珍　主编

*

中国建筑工业出版社出版、发行（北京西郊百万庄）
各地新华书店、建筑书店经销
华鲁印联（北京）科贸有限公司制版
北京中科印刷有限公司印刷

*

开本：880×1230毫米　1/16　印张：28½　字数：885千字
2012年3月第一版　　2012年3月第一次印刷
定价：128.00元
ISBN 978-7-112-13023-8
　　（20447）

中國近代園林史

王世襄題

題词一（王世襄）

廣收博採而中國近代園林之一史創立里程碑，盡文並茂蔚為大觀

九十叟 朱有玠敬題

題词二（朱有玠）

颂中国近代园林史出版

艰辛耕耘五载继览百年沧桑，覆盖中华大地。在各地园林工作者的集体努力和主编的辛勤编纂下，现已问世。它是一本历史书、教科书。我热烈祝贺。

新世纪伴着生态城市发展，达到人协自然、经济、历史、文化融为一体，建立绿色基础设施，提高人民健康水平，迎接更灿烂的未来。

程绪珂政题 二〇〇九年 十二月

题词三（程绪珂）

《中国近代园林史》编辑委员会

顾　问　吴良镛　朱有玠　程绪珂

主　任　甘伟林　**副主任**　黄晓鸾

主　编　朱钧珍

编　委　（以姓氏笔画为序）

丁新权　王　焘　王泰阶　尤传楷　匡振鷃　刘尔明　刘秀晨　齐思忱(★)

江长桥　李　蕾　李天顺　李戊姣(★)　李树华　杨玉培　杨淑秋(★)　苏淡光

吴振千　况　平　陆杰仁　陈尔鹤(★)　陈海兰(★)　易利国　周淑兰(★)　周琳洁(★)

赵纪军　荫　禾　施奠东　秦玎瑶　贾祥云　徐大陆　凌德麟　黄　天

黄　哲　黄兆儒　黄赐巨　梁玉瓒(★)　梁永基　董佩龙　谢玲超(★)　蔡美权

黎永惠(★)

《中国近代园林史》各章主要作者及负责人

题词一　王世襄

题词二　朱有玠

题词三　程绪珂

上　篇（上篇每一部分的作者均已在文中署名，其中未署名的作者为朱钧珍）

朱钧珍（绪言，第一、二、三、六、七章）

杨淑秋、张　晶（第四章）

刘尔明（第五章）

下　篇

刘秀晨、袁长平（北京卷）　黎永惠（天津卷）　　　齐思忱（河北卷）　　　陈尔鹤（山西卷）

荫　禾（内蒙古卷）　　　李树华（辽宁卷、吉林卷）　董佩龙（黑龙江卷）　吴振千、王　焘（上海卷）

徐大陆、李　蕾（江苏卷）　施奠东（浙江卷）　　　尤传楷（安徽卷）　　　苏淡光（福建卷）

凌德麟（台湾卷）　　　丁新权（江西卷）　　　贾祥云（山东卷）　　　秦玎瑶（河南卷）

李戊姣（湖北卷）　　　周淑兰（湖南卷）　　　周琳洁（广东卷）　　　易利国（广西卷）

江长桥（海南卷）　　　黄赐巨（香港卷）　　　梁玉瓒（澳门卷）　　　况　平（重庆卷）

杨玉培（四川卷）　　　王泰阶（贵州卷）　　　陈海兰（云南卷）　　　匡振鷃（西藏卷）

李天顺（西安卷）　　　陆杰仁（甘肃卷、青海卷、宁夏卷）　　　　　　蔡美权（新疆卷）

序

约四年多前，朱钧珍教授告知我她打算编纂中国近代园林史，我很赞成，并告她写近代园林史，不能忽略了南通的张謇。以后我们又多次晤面，得悉她为此事奔走全国。未想到，在全国有关方面支持下，如此巨作竟然以四年时间即已基本完成，现正在出版过程之中。朱教授嘱序于余，我将编纂的稿件粗读一遍，随想联翩，遂记之如下。

第一，首先要感谢本书之倡议者，如中国建筑工业出版社等单位及专家、学者，这是一件迫切而及时的工作。就中国古典园林史来说，因其独特的、光辉的历程，逐渐为中外学者所谙识，多年来著述颇丰。但是，关于中国近代园林，仍待深入之发掘。由于鸦片战争后社会急剧变化，西方文化东渐，中国园林发展进入继承、蜕变的时期，其中大多也已形成并在社会大众之生活中得以确认，发挥游憩作用，且得以保存并能作为进一步发展之基础。也有一些景色佳美之地，在尚未确认为必须保护之地前，因土地被经营，沦为他用而有消失之虞。例如本书中涉及沙坪坝中渡口对岸之磐溪，我在1940～1944年抗日战争时期在该地读书，尚有印象，在重庆大学临江之大黄桷树下远望，景色宜人，嘉陵江有石门、磐溪，溪水潺潺，磐石上之水从水车中间穿过，附近还曾发现有汉阙。国立艺专一度迁徙于此，当时徐悲鸿先生海外归来，借一别墅设中国美术院，陈列其私人收藏的齐白石、任伯年等名家作品，我曾去参观过，徐先生很热情，一一讲解，我至今记忆犹新。情殊事迁，如今这一地带当会有变化，如嘉陵江江心中几尊巨石早已作为桥基而消逝，此景不复存。这类景点，当然属于近代园林，如果不加以梳理、论证，可能在急速的城镇化发展中失去，这也是最令人担心的。

第二，近代园林历史不能算很长，但在数千年中国园林史中属于萌发异彩的时代，除了中国传统园林文化得以赓续发展以外，由于时代在演进，社会在发展，大众生活需求在变化，政治、经济、社会目标出现了新追求，正如本书绪言中说，中国有哪一个朝代能像近代这样将园林建设提高到"建国方略"、"民生主义"的高度，又如何理解各地兴起的"中山公园"现象？这说明近代园林已成为广大公共生活之必需，园林发展以一种新的形态进入一个新的时代。在中国沦为半封建半殖民地国家、中西文化交融过程中，截然出现另一体系，即西方园林文化下的租界园林、教堂园林等。这个时期还出现了与中国历史上书院园林相仿佛并具有时代特色的学校园林，例如在20世纪初兴建的北平燕京大学校园（现为北京大学校园），既继承明代米万钟"勺园"的中国园林传统（有《勺园修禊图》提供原型为证），又纯熟地运用西方古典建筑群的设计技巧，我在 20 世纪 50 年代初见到它的设计图纸，叹为杰作。此外，各地五花八门别具一格的种种别墅园林，又如郑州铁路园林的出现等，都说明生活内容之需求，发展条件之多样，这也是近代园林的内容与形式发展变化的源泉。

第三，这一时期各种园林之兴起固有本时期政治、经济、社会、技术、文化条件之基础，同时也脱离不了时代先进人物之思想、人文之修养以不同形式之推动（个别人物如曹锟作为历史人物不能算先进，但在保定创建人民公园也应该记载一笔）。本书除了不厌其详地将各地园林做了专题考察，包括林则徐、左宗棠、张謇、朱启钤、冯玉祥等，这些人物事迹值得一读，他们的业绩和精神值得发扬，如左宗棠"新栽杨柳三千里，引得春风度玉关"，很有气势和意境，今日思之，依然振奋。城市园林每每随民主改革思想而发扬，如梁漱溟、晏阳初等的"宛西自治"，卢作孚重庆北碚建设等。抗日战争后我曾在四川合川国立二中读中学，在这一地区有生活体验，因此此地于我更亲切而深有感情。北碚不止是重庆的卫星城，北碚所在地嘉陵江"小三峡"更是一风景区，北碚建有西部科学院与兼善学校，后上海复旦大学亦迁往其江对岸，俨然是战时陪都的一个文化区，聚集有不少的文化人，作家林语堂自美国归国后一度居此写作，此地尚有北温泉风景区、缙云山宗教圣地等，是极一时之胜的城镇据点，不仅有园林佳作，而且可视之为地区城市规划、建筑、园林综合发展建设人居环境的范例来研究。同样，爱国华侨陈嘉庚营造集美学校亦宜作为景观建设来看，可惜书中有所遗漏。❶园林因为涉及人们的日常基本生活需要，学科的综合性和实践性很强，较易普及，享用者人民大众都有发言权，本书编写过程中就在近代人物中找到一批不是学园林的人，他们都对园林提出相当深刻的理论并有实践功绩，这值得我们专治此专业者深思并深受启发。

最后，我不能不对本书主编朱钧珍教授致以由衷的祝贺。从 1951 年开始，我与汪菊渊教授在梁思成先生赞许下，创办清华大学和北京农业大学合办的造园组，朱钧珍是第一班学生，当时不足十名学生，她毕业后留清华作助教。造园组命途多舛，后从北京农业大学继之又调整至北京林业学院（即

---

❶ 已补充编入本书第六章第六节。

今北京林业大学），清华拟恢复园林设计未果，她于是又去建研院从事研究。"文革"后我一度主持清华土木建筑系，又为园林设计恢复再次努力，"跑断了腿"，才从江小柯同志处将她要回清华。专业还是未得到恢复，但此间她未曾稍懈，先后完成多种专业著作，直至在清华退休后仍耕耘不辍。本书之成，我深感高兴，也是一种慰藉。就她本人来说，这本专著的意义巨大；就清华造园组来说，这是堪以告慰的成绩；就中国园林史研究来说，这是从刘敦桢等到中国古代园林史后又一项很有意义的工作。又悉朱钧珍教授豪情未减，有志继续编写当代园林，我乐观其成。

吴良镛

中·国·近·代·园·林·史

凡　例

　　一、本书所论述的时限范围为中国的近代，而"近代"一词在境内外也有不同的认识。从鸦片战争发生的 1840 年算起，中国开始进入半封建半殖民地社会，至 1911 年辛亥革命成功，推翻帝制，标志着封建社会制度的彻底消亡，开始进入旧民主主义社会，走向共和。但民国政府却只存在了 38 年，至 1949 年以后，中国才进入一个完全独立自主的由新民主主义过渡到社会主义的社会，而在中华人民共和国成立之前的 109 年当中，许多历史事件的发生、发展和社会的动荡起伏是有其延续性与混杂性的，因此，本书就统称这一时限为近代。

　　二、本书所搜寻的近代园林范围是包括全中国 960 万平方公里的全部国土，其中包含在近代尚未回归的香港和澳门，以及现在仍未统一的台湾，故书中所列次序一律按地理位置从北到南、从东到西，依顺时针方向排列，并忽略行政划分的称号。

　　三、本书调研以城市各类园林为主，基本上不包括全国一般风景区、居住小区以及有关园林植物的引种和栽培等问题。

　　四、本书内容均以 1840 ~ 1949 年的时序为限，但为了保持近代人物事迹的完整性，有个别情况例外，如第二章中的冯玉祥墓园，是随其逝世之后建于当代，故跨界著录于本书中。此外，因中国台湾地区的年代划分与中国大陆地区不同，故亦将建于当代的张大千故居等内容收录，特此说明。

上篇目录

◉ 题词一（王世襄）

◉ 题词二（朱有玠）

◉ 题词三（程绪珂）

◉ 序（吴良镛）

◉ 凡例

绪　言 / 001

第一章　中国近代园林概况 / 007

第一节　中国近代园林发展的历史背景 / 007

第二节　中国园林发展的历史转折 / 010

　　一、从奴隶社会到封建社会的第一次转折 / 010

　　二、魏晋南北朝时期的第二次转折 / 011

　　三、近代的第三次转折 / 012

　　四、新中国成立后的第四次转折 / 013

第三节　中国近代园林的类型与特色 / 013

第四节　中国园林学科发展的缘起 / 014

　　一、科举制度与学科的关系 / 015

　　二、园林学科的剖析 / 015

　　三、园林学的本质因素 / 016

　　四、园林学科建立的基本条件 / 016

第二章　中国近代园林的特色与风格 / 019

第一节　西风劲吹对中国近代园林的影响 / 019

　　一、近代城市公园的兴起 / 019

　　二、租界园林的产生 / 020

　　　　三、侨商园林的建设 / 022

　　第二节　中国传统园林在近代的延续 / 028

　　　　一、故居园林 / 029

　　　　二、文人园林 / 037

　　　　三、世俗园林 / 045

　　第三节　行商园林的兴起 / 047

　　　　一、商家私人园林 / 047

　　　　二、营商园林 / 048

　　第四节　近代纪念性园林 / 050

　　　　一、纪念园及墓葬群落 / 051

　　　　二、名人墓园 / 061

　　　　三、侨商陵墓 / 065

　　　　四、其他纪念亭、塔 / 065

　　　　五、近代涉外坟墓 / 067

　　第五节　红色政权下的园林 / 069

　　　　一、上饶列宁公园 / 069

　　　　二、延安桃林公园 / 069

　　第六节　中西合璧的园林风格 / 069

　　　　一、中西方园林风格的差异 / 069

　　　　二、中西合璧式园林产生的背景 / 070

　　　　三、中西合璧式园林的分类 / 071

　　　　四、中西合璧式园林实例 / 072

第三章　中国近代的城市公园 / 079

　　第一节　近代中国城市公园发展的脉络 / 079

　　　　一、中国古代的公共园林 / 080

　　　　二、西方公园的兴起 / 083

　　　　三、中国近代公园的发展 / 086

　　第二节　近代首个公园的考证 / 089

　　　　一、考证结果 / 089

　　　　二、考证原则 / 093

　　　　附录3-2-1　近代中国首个公共建筑机构附属公园 / 097

　　第三节　中山园林现象 / 098

　　　　一、孙中山的园林、风景名胜足迹 / 099

二、中山园林现象的表述 / 106

三、国外的中山园林 / 126

附录3-3-1 屯门青山红楼中山公园碑记 / 128

附录3-3-2 孙逸仙博士纪念碑记 / 129

附录3-3-3 国父革命事迹碑刻 / 129

第四章 中国近代的学校园林 / 131

第一节 校园发展的历史沿革 / 132

第二节 近代教育思潮与理念 / 132

第三节 近代学校的兴起与类型 / 134

一、近代学校的兴起 / 134

二、近代学校的类型 / 135

第四节 近代校园的规划与功能分区 / 136

一、园址选择 / 137

二、规划思想与布局 / 137

三、建筑形式 / 138

四、布局形式 / 139

五、功能分区 / 144

第五节 校园文化风貌 / 147

一、校训 / 148

二、校歌 / 148

三、校门 / 149

四、校园雕塑 / 150

五、其他（亭、塔、钟、古树、名木等） / 151

第六节 实例 / 154

一、山东威海水师学堂 / 154

二、北京大学工学院 / 157

三、湖南长沙周南女中 / 160

四、山西太谷铭贤学校 / 164

五、山东济南齐鲁大学 / 167

六、北京清华大学 / 173

七、北京燕京大学 / 183

八、福建厦门大学 / 201

九、广州石牌中山大学 / 206

十、湖北武汉大学 / 209

十一、香港民生书院 / 216

附录4-6-1 中国近代教育学制 / 219

附录4-6-2 近代书院一览表、近代学堂一览表 / 220

附录4-6-3 近代中学及大学校园一览表 / 224

第五章 中国近代别墅群园林 / 229

第一节 中国近代四大避暑胜地别墅群园林 / 231

一、概述 / 232

二、庐山近代别墅群园林 / 254

三、莫干山近代别墅群园林 / 280

四、北戴河近代别墅群园林 / 286

五、鸡公山近代别墅群园林 / 295

附录5-1-1 庐山近代园林名录 / 304

附录5-1-2 庐山近代园林大事记 / 306

附录5-1-3 莫干山主要近代园林名录 / 307

附录5-1-4 鸡公山别墅建造国国花一览 / 308

第二节 近代城市别墅群园林 / 308

一、青岛八大关近代别墅群 / 308

二、厦门鼓浪屿别墅建筑群 / 316

三、重庆黄山官邸别墅群 / 325

第三节 近代乡镇别墅群园林 / 329

一、广东碉楼别墅群园林——开平立园 / 329

二、广东乡镇侨商别墅群园林 / 336

第四节 近代大学校园别墅群园林 / 341

一、广州中山大学石牌校区教授别墅群 / 341

二、北京清华大学教授别墅群 / 348

三、武汉大学教授别墅群 / 354

第六章 中国近代人物的园林理念与实践 / 359

第一节 绿色长城与边陲园林建设 / 360

一、左宗棠修"绿色长城" / 360

二、左宗棠的园林建设 / 364

三、程德全创建黑龙江仓西公园 / 366

附录6-1-1　左宗棠《酒泉湖》 / 367

第二节　南通市园林系统及其公园理念 / 367

　　一、张謇首创近代"公园"的理念 / 368

　　二、开拓科学的城市公园系统规划 / 368

　　三、近代南通的园林文化 / 374

　　四、重视园林建筑小品的设置 / 378

第三节　创建近代河北保定人民公园的理念与实践 / 378

附录6-3-1　保定城南公园碑记 / 380

附录6-3-2　保定人民公园记 / 380

第四节　孙中山的民生主义与园林绿化建设 / 381

　　一、把造林绿化提到"建国方略"的高度 / 381

　　二、提出港口花园城市的理念，作为《实业计划》的蓝图 / 381

　　三、将"乐"与"康"相连，创造优良的城市环境 / 383

第五节　朱启钤变皇家园林为公园创举及其公园实践 / 383

附录6-5-1　中央公园记 / 385

附录6-5-2　中央公园一息斋记 / 386

附录6-5-3　莲花石公园记 / 386

第六节　陈嘉庚的住宅卫生与校园环境理念 / 387

　　一、关于住屋的卫生 / 387

　　二、关于校园环境 / 388

　　三、陈嘉庚故居园林与风景名胜赏析 / 390

附录6-6-1　陈嘉庚住宅卫生歌词 / 391

第七节　植树将军与"丘八"诗体 / 391

　　一、冯玉祥的植树情结 / 391

　　二、冯玉祥的公园建设 / 394

　　三、冯玉祥在泰山的园林建设 / 396

　　四、冯玉祥的园林文化与"丘八"诗作 / 400

第八节　张钫对近代豫陕园林的贡献 / 404

第九节　卢作孚的园林理念与建设 / 409

　　一、北碚乡镇的园林建设 / 410

　　二、园林文化的理念与实践 / 411

　　三、开垦农林经营与环境生态建设 / 411

附录6-9-1　作孚语碑 / 412

第十节　近代文学中的园林点滴 / 412

一、鲁迅百草园的童趣 / 412

二、朱自清《荷塘月色》景观的赏析 / 414

附录6-10-1 《荷塘月色》赏析 / 415

附录6-10-2 荷塘月色 / 416

第七章 尾声：近代历史题材的挖掘、保护与发展 / 419

第一节 北京植物园樱桃沟的保护与建设 / 419

附录7-1-1 "一二·九"运动纪念亭碑记 / 423

附录7-1-2 "保卫华北"石刻说明 / 424

第二节 毒窖变公园——香港寨城换了人间 / 424

◉ 上篇参考文献

◉ 致谢

中·国·近·代·园·林·史

绪　言

一

近代一百余年（1840～1949年）的沧桑，使中国经历了一场极其激烈又十分特殊的社会变革。战争的硝烟延绵不断，此起彼伏，中华大地哀鸿遍野，一个接一个的不平等条约，沉重地压在中国人民的头上。它使有着辉煌历史的中华民族蒙受了从未有过的蹂躏与屈辱，经受了暴戾残酷的创伤与压抑。近代，中国的近代，是一个混乱而黑暗的年代。

但是，有侵略就有反侵略，有压迫就有反压迫；有斗争才能生存，有勇气就能奋进。中国的近代是一个非常特殊的历史年代。它的前面是一个光辉灿烂的"康乾盛世"，它的后面则是一个朝气蓬勃、欣欣向荣的中华人民共和国。近代像是在中国悠久历史进程中的一条特殊而诡异的"夹缝"，它只有109年的时间，是中国历史发展路程中的五百分之一。但这条"夹缝"却是一个十分艰难的生存环境，用所有不祥的名词来形容它也不为过：内忧外患、积贫积弱、四分五裂、战乱频仍、鸦片猖獗、烧杀掳掠、弱肉强食、民不聊生……

若仅从社会的动乱来看，和历史上的魏晋六朝有些相似。魏晋时，前有"秦汉雄风"，后有"隋唐盛世"，而魏晋所处的近三百年，却是一个动乱的时代、一个转折的时代。近代也是一个大动乱、大转折的时代，但比魏晋时期的动乱与转折更为激烈。因为它不是王朝的更换，而是从根基上摧毁了长达两千余年的封建社会王朝的基础，来势凶猛的外族入侵使整个国家处于一种危及存亡的境地。

园林是人类文明生活的一种需要与表现，它能在这样的时代里生存下去吗？它会面临怎样的一种境遇？仅仅从常识和某些特殊的历史遗存来看，近代的园林似乎已被破坏、被践踏，没有生存的可能，更难有发展的前景。

但是，经过四年多的调查研究，我们不仅看到了伤痕累累、百年沧桑的历史画面，也重温了中国古代园林的辉煌成就，更体察到中国园林发展历程中深刻的历史转折，感受到奋发图强的新兴力量所激荡起来的热忱与豪情！

的确，在中国三千年的园林发展史中，有哪一个朝代像近代这样将园林绿化提到建国方略的高度？有哪一位将军能在数年内，在荒漠的西北延绵不断地筑起三千余里的"绿色长城"？又有哪一位实业家如此兢兢业业地营造着一个城市和一个村镇的园林绿地系统工程？在维护园林绿化上又有哪一个朝代是如此"铁腕"地制定保护树木的法律？

同时，他们的园林理念顺应历史的时代潮流，有着精炼而准确的定义：一定要建设真正的、冠以"人民"二字的公园；要修建能洗刷"东亚病夫"耻辱的体育公园；懂得园林是提高人民素质的重要载体，要塑造能培养德、智、体、美、劳"五育"之才的校园环境；对园林景物的描写亦具有朴实而洗练的文学色彩；另有一些园林专家学者为研究园林植物付出了异乎寻常的努力而获得国内外的声誉……

在这些具有园林理念与实践的近代人物中，有民主革命的领袖，有守卫边疆的将军，有奋发图强的实业家，也有位居高层有责任感的官员，还有爱国的教育家、文学家及职业专家等，他们为近代的园林建设勾勒出一幅幅优美的画面，与整个近代社会被欺凌、被鞭挞的悲惨画面形成了强烈的对比。每当我们寻觅、调查尚存的近代园林遗迹时，往往会发现在中国的近代早已有了真正属于人民的公园，这种园林的根本转折与变革，不仅是世界民主潮流冲击的结果，也不仅是列强入侵的催生，更是中国人自强、自信的民族精神的体现。尤其当我们去凭吊被列强残酷破坏、疯狂掠夺过的圆明园遗址时，除了对强盗的痛恨之外，谁能不由衷地想到我们一定要洗刷国耻，一定要建设更为宏伟、更为精彩、更能体现我们中华园林文化的新世纪的中国园林呢？《中国近代园林史》的编写，使我们从屈辱、惨痛的奋争历史中，看到了中华民族的伟大精神，这种精神引领我们去传承和守护，"中国园林独树一帜"的盛誉，使它仍巍然屹立于世界园林文化之林并熠熠生辉。

二

关于近代史的编写年限，我国大多以1840年鸦片战争开始至1949年中华人民共和国成立为止，共109年。这段时间从清代道光二十年起，包括道光（11年）、咸丰（11年）、同治（13年）、光绪（34年）、宣统（3年）和民国（37年），共六朝，即五个封建王朝和一个共和的民国政府，经历了封建社会、半封建半殖民地社会及民主主义社会三个历史时期。

历史的兴衰并非一朝一夕，而是一个连续的过程。相对于两千余年的封建社会来说，中国的近代极其短暂。但激烈的社会动荡使其富于曲折、变化，它是园林发展最为复杂的一个历史时期。近代园林自传统园林的鼎盛末期起，既承袭了封建时代皇家园林、私家园林和寺观园林三大类型的传统，也纳入了西方资本主义由帝王园林转向公民大众的公园新形式，并受民主与科学的新思潮影响，产生了"中西合璧"的新型园林。另外，在中华大地上还出现了一些纯粹西方风格的外国园林。因此，在近代，中国园林并没有出现历史发展的断层。

较之中国的传统园林，近代园林并没有也不可能达到中国园林全盛时期的艺术高度，但它却具有一种奋发图强的新活力与前所未有的新趋势，主要表现为：

1. 随着封建王朝的没落与消亡，皇家园林的兴建停止了，但随着民主与科学时代潮流的进步与激荡，新兴的人民公园诞生了；

2. 纯粹的西式园林随着租界的划定进入中华大地，给落后的中国近代人以耳目一新的触动，并随之创造出中西合璧的新园林；

3. 奋发图强的民族自尊与自信，使一些有识之士开拓了与中国近代文化相适应的园林理念和传承中国传统文化的近代园林。

这种新的活力驱动着时代潮流中不可阻挡的新趋势，使中国的近代园林成为历史发展中一个里程碑式的起点。但是，在众多近代的书刊中却很少见到有关园林的论述，时至今日，更缺乏对近代园林的系统的研究，因此，本书的编写可以说是第一次在全国范围内所进行的近代园林的初步调查与汇总，也算是为中国园林的发展粗浅地填补了一项历史的空白。

本书的内容分为"中国近代园林概况"与"中国近代园林实例"上、下两篇。上篇着重于近代园林中的三个新兴而独特的问题——城市公园、学校园林和别墅群园林，其中包括具有近代特色的租界园林与侨商园林。此外，在调研中我们发现了一批近代人物，他们不仅对园林有相当深刻的理念与认识，也具有一定的园林建设实践与贡献。他们是近代园林的先行者，对后世园林有可贵的经验可资借鉴，这是在过去的园林论述中较少涉及的。下篇主要收集、详述两岸四地的近代园林实例，由于范围广泛，内容丰富，篇幅较大，是本书的主体。其余则围绕以上几个主要问题论述相关部分，并列有较为详细的附录。

需要说明的是，有部分（园林）专业的专家学者，他们虽有较大贡献及较多的园林著述，但主要是在中华人民共和国成立以后呈现出来，故仅以名录加以简介；

而已故的，又在近代有园林著述及贡献者，也因其著述早已享誉中外，故本书亦不拟重复作过多的阐述，只列专章简述之。另外，收录于本书者，以已故人物为主，我们期待健在的前辈有更加丰富、更加独特的成就书之于当代园林史中。

三

对于中国近代园林，学界以往多认为是以1840年鸦片战争后，由于西方的影响而兴起的公园建设为标志。另一方面，与外国相仿，以皇家园林改变为人民大众所共享的公园为先导，如1914年北京皇家的社稷坛开放为中山公园等。其实，这只是近代公园出现的一个方面。

早在1878年，甘肃已出现将官府园林定期向民众开放的先例，而风景名胜区的公共游乐地（亦有称行乐地者），在古代早已有之。本书所指的近代公园，主要指位于城市、民众可自由享用、符合市民游憩及进行各种文化活动的公园，这种公园的性质、内容及形式等迥异于以往公共活动的游乐地。而这种新兴公园的出现，就是一种具有根本性质的"园林革命"，是中国园林历史进程中的一个重大的转折与标志。其中又以租界区外国人所建或侨商所建的公园最具特色。

随着近代民主思潮与科学的进步以及列强的军事、文化侵略，中国社会的变迁也孕育了一些新型的园林形式，其中最为明显的是以往所没有的或面貌全然不同的学校（尤其是大学）园林和避暑胜地的别墅群园林。

中国过去的书院、学堂大多依附主体建筑群建造庭院或附属的小庭园。到了近代，则由西方引入了一种较为完善的校园系统，除中心主体园林外，还附有相应的庭院、庭园、行道树、实验区园林、体育健身运动场，乃至纪念性园林，特别是有教授居住的别墅群园林等，占地大，范围广，可以自成一个完整的园林系统。这些是过去所没有的，它产生于近代，故特别列为一章论述。

避暑胜地的别墅群，自1870年外国人首先在庐山修建第一栋避暑别墅开始，相继于1891～1894年间出现了莫干山的避暑别墅群，1898以后又开辟了北戴河海滨避暑别墅群，直到1902～1907年鸡公山的避暑别墅群陆续建成，才形成以外国人为主在中国修建的"四大别墅建筑群"，总计有千栋以上的别墅（后来，中国的官僚、富商也在这四处修建了不少别墅）。总之，这些都

是首先由外国人在占有城市租界地后，得寸进尺，以各种借口在靠近城市的优美山林名胜区开辟的。这些别墅群多有一定的规划，尽管只是暑期利用，但设备一应俱全，也有相应的公园、花园，乃至植物园、花圃、苗圃，还有配合各国建筑风格及其宅旁的庭院、庭园的游憩园林等。

避暑是生活居住的一种需要，而避暑胜地的别墅群与城市租界区的居住别墅群具有相似的功能，后者如青岛的八大关、厦门的鼓浪屿，乃至大学校园的别墅群等，都有相对独立的园林系统。因此，我们由对避暑胜地别墅群的调查，扩展到城市租界区的别墅群，又囊括大学校园的别墅群，甚至也涵盖了近代城乡中国传统的和侨商所建的中西合璧的别墅群。这些都是近代兴起的，也是居住建筑群中一种较为高级和特殊的居住区园林，故综合为"中国近代别墅群园林"一章专论。

四

中国近代园林的研究曾是一个被忽略，甚至被冷落的领域，或许有人认为，这一百多年中的大部分时间中国都处于"混乱"之中，除了外国人引进且有限的一些园林外，还能有什么园林吗？经过四年多的搜索和挖掘，我们编写了数以百计的实例和数以千计的公园名录，这些实例和名录给了有力的回答。

近代不但有外国人建的园林，也有中国人自己建的园林，而且早在19世纪就已经开始有部分或定期为老百姓开放享用的园林。由此说明，园林是民生之所必需。即使在战争年代，"边塞无佳境"时也要修园林，因为战士的生活需要园林；人民的德育、体育、美育的锻炼与培养，也需要园林，徜徉其中，人的心灵能得到净化与升华。这些都说明中国近代的有识之士已经懂得，民主社会需要园林，人民的生活更不可缺少园林。这是我们在调查研究中所体会到的一个基本点。

此外，为了纠正某些粗略、错位的历史，使中国近代园林具有更为确切的史实，我们在编史中作了一定的考证。比如以往许多文献一般将1868年英国人在上海修建的黄浦公园称为中国的第一个公园，这个提法不够确切，也太笼统。为了科学地说明这个问题，并解释一些文献上出现的矛盾，早在2004年确定编写近代园林史之前，就有人提出必须弄清这个"第一"的疑惑，即考证"公园之始"。这不仅关乎时间的先后次序，而且还涉

及名实之分，时段之别，性质之异。我们在调查了一批最早建立的公园之后，综合种种情况，已得出了较为科学的结论，还了历史的真面目。这些将在上篇第二章中详述。

当然，历史研究也是发展的，也许还有"躲"起来尚未被我们发现的"第一"。不过，我们可以说，外国人带进来的公园并不始于近代。但这已超出了我们研究的范畴，尚待有心人进一步去追溯。

如前所述，我们还发现了一些对园林既有理念又有实践的近代人物，他们在推动近代园林的建设中，既是先行者，也给后人留下了今日仍有迹可寻的实物或精辟的言论与文献，是一份十分珍贵的园林遗产。

此外，在中国近代园林中，我们还发现了一个世界未有、中国空前的"中山公园现象"，这是中国近代最具特色且不能不记载下来的一种园林现象，是中国近代园林史中特殊的一页。

在下篇的实例中，更有一些是"躲藏"或"淹没"于文献中的园林，被我们拉出来"示众"了。当然，或许还有一些我们现在还没有找到任何记载或实物的园林，就只有留待后来人继续发掘了。

为了研究近代园林，必须回首过去，前瞻未来，纵向了解近代园林在历史推进过程中的地位和作用。中国园林的起源问题，经过专家学者们的研究，大陆学者一般认为起源于公元前1100年左右奴隶社会西周文王的囿，亦有个别学者认为早在商代的桑林已具有园林文化的主题，而成为远古青年合欢的园林空间。但是，后来我们又了解到一位来自海峡彼岸的台湾学者的不同声音，他认为中国园林起源于四千余年前原始社会中黄帝的玄圃，比西周文王之囿又早了约两千年。不论是玄圃也好，桑林也好，灵囿也好，都是帝王及氏族的园林。除此之外，还有没有其他贵族、富商或老百姓身边的园林？这个起源说的不同为我们提供了对园林起源的思索空间。

在长达数千年的园林发展史中，过去专家们认为只有魏晋时期为一个转折，即由古代的建筑宫苑或山水园，转向自然的山水园。经过这次调查研究，我们认为，如果从社会变革及园林性质与类型来看，自古以来，中国园林共有四次大的转折，而近代园林则是整个发展进程中最为关键的一个大转折。

研究近代园林史和研究古代园林史不同。近代园林的实物有的尚保存如旧，有的已残破不堪，有的已改作他用，但是只要有记载，我们都尽可能到现场去寻找、拍摄和采访，哪怕是近代一些短期使用过的实物，如广州的大元帅府、康有为的万木草堂和梁启超主持过的时务学堂等，都留下了我们的足迹，尽管这些实物早已面目全非，或仅留下一块破旧的名牌。因看不到任何其他的建筑与园林，或者文献的描述，而无法写入近代园林史中，但我们仍在本书中尽可能地留下了一鳞半爪。

有的园林名不见经传，但有"风闻"或蛛丝马迹，不论它身在何处，我们都不畏路途偏远，跋涉数百里也要去探寻。有的仅仅是找到一块被半埋于地下的石碑，却仍拂去泥尘或用水清理，加以记录。

在调查研究中，有些看似很简单的事，实则反反复复、求之不易。例如为研究某近代公园而向当地档案馆索取的一张园林图纸，竟然辗转经过14人之手才购得。有的作者为了求证自己记忆中模糊的事实，竟然翻箱倒柜将一生珍藏的资料重新查阅寻找线索。

我们的编写工作更多的是对目前尚存的近代园林的见证者或知情者的采访，以期竭力找寻第一手资料。如资料记载，被称为"植树将军"的冯玉祥做了不少修建公园、栽树、护树、修水利的工作，对此，我们不仅辗转找到他的女儿冯理达（海军将军）获得一些资料和现存文物的讯息，还请她亲自审阅我们所写的初稿。遗憾的是，就在我们根据她所提供的资讯，增改了第二稿请她审阅时，她竟不幸以八十三岁高龄辞世，这不能不说是极大的遗憾和损失。其他的园林人物资料，我们也都尽量寻找最接近人物和最知情者提供第一手资料，如有差异，则多方查对，反复校核。在这个过程中，有的知情者不幸去世。因此，我们的编史工作在一定意义上，也是一项"抢救"工作。

这其中尚有许多历经调查、编写的困难，仍不懈追寻、考证的动人故事，无法一一列举，但作为主编，我完全能够理解每一位参编人员的良苦用心。在此我要向各方同仁对本书的编写所作的各种形式的支持和付出深表敬意与谢忱。

总之，我们此次编史、调研一是力求"真实"，即去伪存真，追根溯源，务求实事求是、尊重史实。二是力求"准确"，即分析事物不含糊笼统，要求清晰明确。比如首个公园的考证如此，公园的名称、位置、性质等亦如此，而由于灾难、战乱，园林往往更替多变，更需要如此。三是力求"穷理"，即不人云亦云，多问一个为什么。比如为什么一位戍边的将军要在荒漠的边陲之地建设一个公园？为什么到西北去打仗，却建起三千公里的"绿色长城"？为什么在长达三千年的历史进程中，只有魏晋时期是唯一的转折期？为什么公园只是在近代才由西方传入？……这些都需要以科学的方法去探索、思考，才能有所发现，有所创造。

近代园林是中国园林历史进程中一个重大而根本的转折，但园林的质量和数量都不算高，甚或有些低俗和粗糙，但它是新兴的，我们看到的是奋发图强、勇于进取、百折不挠、追求人民福祉的中华民族的伟大精神在园林绿化建设中的体现！

朱钧珍

中·国·近·代·园·林·史

第一章　中国近代园林概况

　　园林作为一种游乐、休闲的场所，从大约公元前 1100 年周代文王的囿算起，至今已有三千余年的历史了。它经历了漫长的封建社会中历朝历代的变化与更替，不仅具有自己独特而完整的园林体系，而且在世界上也占有熠熠生辉的一席之地，并在 20 世纪逐步被冠以"世界园林之母"的光环。❶ 可见在那时科技较为发达的西方世界和东方的日本，也都早已引入中国的园林和观赏植物，作为仿效的摹本，影响及于世界。

　　1840 年鸦片战争以后，随着清王朝的腐朽没落，封建社会开始走向消亡，作为中国传统园林主要类型的皇家园林建设已进入尾声。1911 年的辛亥革命是走向共和、建立民国的开始。这时尽管社会动荡，战争频仍，但传统园林（特别是其中的私家园林）的建设并没有中断，此外，外来的诸多类型的公园和花园大量引入，到 1949 年中华人民共和国成立之时，内外交流的园林建设已经兴起来一股不小的浪花，这时期的私家园林数以千计，并且使漫长的中国园林发展进程中出现一个特殊的转折点，从而开辟了中国园林发展的崭新时代。

第一节　中国近代园林发展的历史背景

　　为了说明近代园林的转折，我们必须回顾中国园林三千年来历史发展的全过程，才能更清晰地看到近代园林发展的本质变化与特色，从而评价近代园林在中国园林发展中的地位和作用。

　　中国的近代，是三种社会并存、政治局面混乱的年代（图 1-1-1）。

　　翻开中国的近代史，我们看到的满纸都是战争的硝烟，满纸都是丧权辱国的不平等条约，曾经盛极一时的清王朝在鸦片战争的前夕，已经是到了一个腐朽、贫弱、堕落到不堪一击的懦国衰民的地步，它像一只瘦弱、疲惫的狮子，盘踞在一块地大物博、美丽富饶的锦绣河山上睡着了。

---

❶　陈俊愉院士诠释：早在 17～18 世纪，已有外国植物采集家来华引种珍稀观赏植物，但在当时并无"世界园林之母"的称谓。直至 20 世纪的 1929 年，英国采集家在赴华调查、采集后，在欧美繁殖推广了 1000 种以上的中国树木花草，并著书《中国，花园的母亲》（E·H·Wilson 著），自此，"世界花园（园林）之母"的称誉才传播开来。

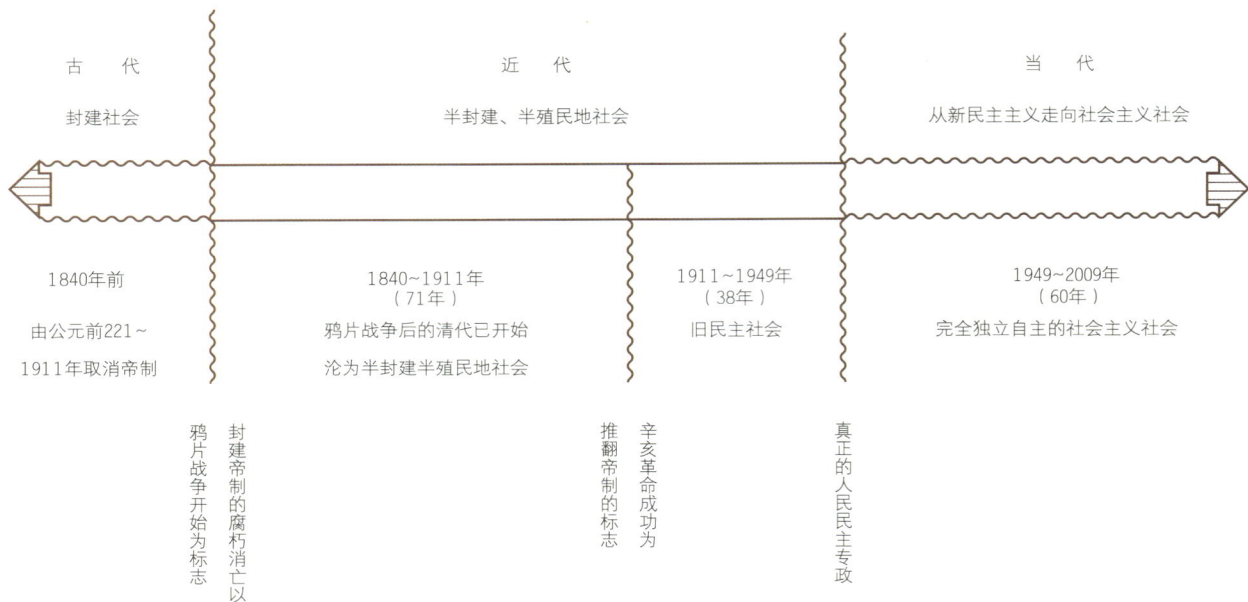

古 代	近 代	当 代
封建社会	半封建、半殖民地社会	从新民主主义走向社会主义社会

1840年前	1840~1911年（71年）	1911~1949年（38年）	1949~2009年（60年）
由公元前221~1911年取消帝制	鸦片战争后的清代已开始沦为半封建半殖民地社会	旧民主社会	完全独立自主的社会主义社会

封建帝制的腐朽消亡以鸦片战争开始为标志　　辛亥革命成功为推翻帝制的标志　　真正的人民民主专政

图 1-1-1　关于时代划分的简图

而此时，在地球的另一方，新兴的资本主义已经兴起，他们来势汹汹地觊觎着中华大地的这一方乐土。西方列强用鸦片贸易敲开了中国的大门，源源不断地输入了数以万计的鸦片，诱使中国的官员、商人相互勾结，从中渔利。鸦片泛滥于整个中国，中国人也被轻蔑地称为"东亚病夫"。据统计，道光年间（1835年前后），全国有数以百万计的各阶层人士吸食鸦片（图1-1-2，图1-1-3），贿赂行为也随鸦片一同侵入了"天朝"官僚的肺腑，清王朝已病入膏肓，开始走向消亡。

而此时的战争连绵不断，有外国帝国主义的入侵和掠夺、人民的反抗、军阀的混战、革命战争的兴起，以及国内战争等正义与非正义的战争，几乎没有停歇的战火在中华大地上燃烧了整整一百年。

战争的结果是无数的士兵战死沙场，大部分人民颠沛流离，贫病交加，无可奈何地忍受着铁蹄下的哀伤。而由我们祖先在汉唐盛世时所开拓的庞大而完整的国土却被四分五裂。不是割让，就是租借，在全国范围内形成许多"国中国"，各自为政，不受中国的管治。一些外国侵略者与军阀又勾结划定了各自的势力范围（图1-1-4），使完整统一的中国成了世界新兴帝国主义的半殖民地，中国已由一方肥沃、美丽的绿洲变成了一盘散沙。近代，几乎已跌落到中国历史发展的最低点。

而处于没落前夜的晚清帝国，对于因闭关锁国、盲

图 1-1-2　近代上海的鸦片烟馆

图 1-1-3　青少年在街头吸食鸦片

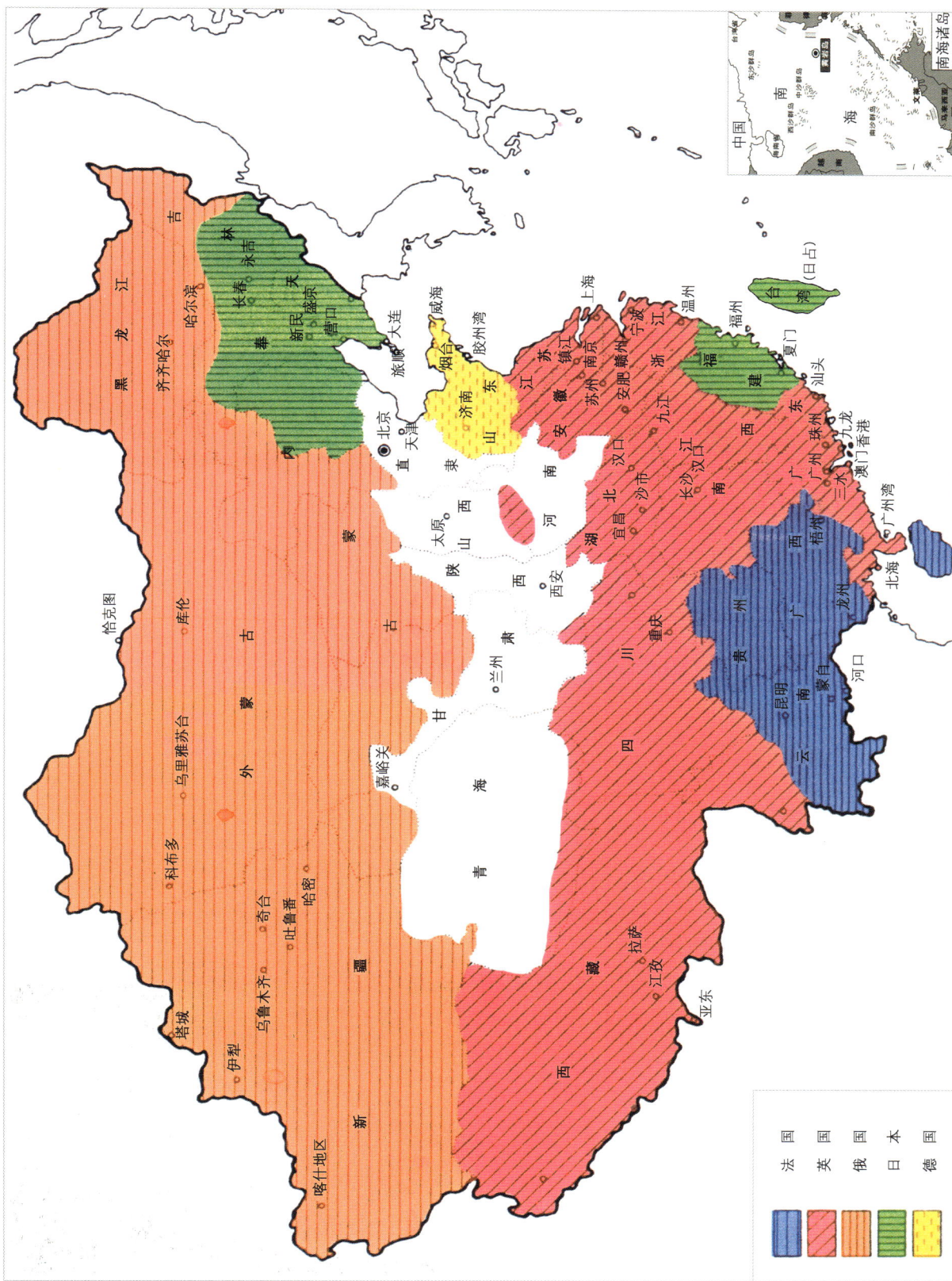

图 1-1-4 近代列强在华势力范围

目自大而带来的这种亡国的灾难是并不自知的。但是，随之而来的帝制变革、王朝崩溃却惊醒了一批有胆有识的改革家，后来又产生了一批爱国、救国的革命家，这才使伟大的中国从封建帝制社会的风雨飘摇之中，万分艰辛地走向共和。

此时，清王朝的园林一个又一个地被迫开放给普通大众享用；外国帝国主义者也随着军事入侵，既占有了租界领地，又逐渐地进行了文化的渗透，在中国开启了一片片、一点点的租界园林；军阀们即使在战乱时期也忘不了修建供自己享乐或退隐的私人园林；而在世界民主思想的启迪下，在对外交流与经贸往来中，一些仁人志士、华侨富商也开始修建规模不大、供大众享用的公园、花园，以及一些商厦的游乐园和公共建筑园林（如酒家园林等），也出现了文人雅集的精致园林。由于战争频密，和常年相比，死亡人数增多，所以在近代，涌现出一批独立式或集体式纪念墓园（如烈士陵园等）。此外，近代城市的兴起，对城市环境的整治也涉及绿地的分布等。综上所述，所有这些营造活动都使整个中国近代的园林并没有成为中国近三千年园林历史发展的断层，而是承前启后并注入了新元素的园林发展新阶段。此时的园林类型更多样，园林的内容也更丰富，而园林的领域也扩大了，社会对园林的理解也有了进一步的发展，并开始产生现代化城市园林系统思想的萌芽，以及中西合璧的园林风格，为当代的中国园林打下了一定的基础，成为数千年中国园林发展进程中的一个重要转折点。

第二节　中国园林发展的历史转折

中国园林的发展经历了三千余年的历史，学者们大多认为，中国园林起源于奴隶社会的周；生成于封建社会前期的先秦、两汉；兴盛于封建社会中后期的隋、唐、宋、元、明、清，同时逐渐趋于成熟，但到了清代晚期（约康乾盛世以后）直至民国时期，由于封建社会的解体及西方文化的入侵而衰落下来。即使在兴盛至成熟的漫长时期，随着社会的兴衰或朝代的更迭，其发展的程度、差异也甚大，大多数学者认为，至清末，只有魏晋南北朝为转折期。但是，如果从园林的社会历史背景及其所带来的类型、内容、形式、风格等来看，在三千余年的历史发展中，中国园林至今实际已经历了四次大的转折，其中当以魏晋时期的第二次转折以及近代

时期的第三次转折最为动荡和突出。前者基本上奠定了中国传统园林三大类型及基本特色的主流体系；而后者则是从社会制度上彻底改变了以往占统治地位的皇家园林的根本性质，同时将园林扩大到普通民众的生活环境，具有更大的前瞻性与完整性。

一、从奴隶社会到封建社会的第一次转折

关于中国园林的起源，目前有两种观点，一种认为始于原始社会黄帝的玄圃，另一种则认为始于西周时期文王的囿。原始社会的状况多见于历史传说，并无统一的文字记载，故本书依后者论述。囿是一块方七十里的供皇帝狩猎和饲养禽兽的森林，林中有台，有池，有围墙，也可让老百姓入内砍柴。这是奴隶主的园林。

到了秦汉时期（公元前220年）则出现了以建筑物为主体的宫苑，如秦的阿房宫，面积很大，"覆压三百余里"，宫中的建筑则是"五步一楼，十步一阁"，"使负栋之柱，多于南亩之农夫；架梁之椽，多于机上之工女；钉头磷磷，多于在庾之粟粒；瓦缝参差，多于周身之帛缕；直栏横槛，多于九土之城郭"。虽然这座豪华的宫苑最后没有全部完成，但其宫苑设计构思可以说已到了奢侈豪华的顶峰（图1-2-1）。

汉代的未央宫、上林苑同样也是面积巨大，建筑物多。如司马相如所写《上林赋》："地广三、四百里"，"离宫别馆，弥山跨谷，高廊四柱，重座曲阁"，在某些局部地区，也是以建筑为主体。整个园林分为三十六苑，七十处宫馆，可见其建筑物之多。

以上说明，由奴隶社会的囿发展到封建社会初期的宫苑，以其建筑物之多、气派之豪华堪称皇家园林发展中的第一个大的转折，也是社会制度变革在园林建设上的一个标志。

图1-2-1　秦代建筑宫苑——阿房宫一景

二、魏晋南北朝时期的第二次转折

这个时期改朝换代频繁，社会动荡混乱。中国自东汉以后，既有三分天下的魏、蜀、吴三国鼎立于前，更有分崩离析的八王之乱，五胡乱华的十六国分布于后。在这种国乱家危的社会中，各阶层均产生了一种"寄情山水、及时行乐"的思想，民间造园之风盛行，甚至以营造园林作为"斗富"的一种手段。一时间富豪的庄园别墅风起云涌，豪华奢靡之风充塞于园林。但乱世归隐山水情怀，以及洒脱豪放的言行，也影响到园林的性质与活动，此时既有竹林七贤的名士风流，又有曲水流觞的文人雅集，又将园林融合或回归于朴素之中。如大官僚张伦在洛阳营造宅园，堆叠景阳山，"有若自然"，而"斋宇光丽，服玩精奇，车马出入，愈于邦君，园林山池之美，诸王莫及。"石崇的洛阳金谷园则更是"财产丰积，室宇宏伟，后房百数，柏木以千万株，流水周于舍下"，也是相当豪华。但这两处园林都是利用自然的山谷形成的。

从另一方面来看，当时的园林除了崇尚自然之外，由归隐而产生的诗情画意、人生感慨，以及及时行乐的思想更直接地影响到园林，从而有了魏简文帝的濠濮间想、兰亭的曲水流觞、竹林七贤的自由放浪，以及崇尚佛、道、玄学的虚无思辨的气息。

特别值得一提的是，中国山水诗画自西周发展到魏晋时期，由于老庄玄学的盛行，开始进入园林，形成中国特有的诗画写意的山水园林。

早在西周时的《诗经》中，就有描写自然山水的诗句：

山有榛，隰有苓。（《邶风·兰苓》）
终南何有，有条有梅。（《秦风·终南》）

比较直白地写出山丘里生长着的植物，还谈不到写景，即使有既写景又写意的，如：

昔我往矣，杨柳依依，今我来思，雨雪霏霏。（《小雅·采薇》）

也是写出征人归来、今昔不同的感受，难以从诗中捉摸出园林的诗情画意。

到了战国，屈原在《楚辞》的《橘颂》中写道：

绿叶素荣丝其可喜兮，
曾枝剡棘圆果抟兮，
青黄杂糅文章烂兮。

这些都是对橘子形象描写：扶疏的绿叶、粉繁的白花、凸起的尖刺、圆圆的黄果，以及青叶与黄果交错的灿烂色彩，刻画入微，寓意深刻。但这些也只是作者从赏橘中抒发的一种主观意识，也没有和园林联系起来。

而至汉赋盛行的时期，司马相如的名篇《上林赋》虽然可作为以诗文直接描写园林的开端，但也仅仅止于景物的描写：

荡荡乎八川分流，相背而异态，
东西南北，驰骛往来；
出乎椒丘之阙，行乎洲淤之浦，
经乎桂林之中，过乎泱漭之野。

三国时代的首脑人物曹操，在他的《秋胡行二首》中，也写出了一种离世成仙的浪漫情怀：

愿登泰华山，神人共远游。
经历昆仑山到蓬莱。
飘飖八级，与神人俱。
思得神药，万岁为期。
歌以言志，愿登泰华山。

隐逸时的代表作，如张协的《杂志十首》中就有这样的诗句：

法乎穷岗曲，耦耕幽薮阴。
荒庭寂以闲，幽岫峭且深。
溪壑无人迹，荒楚郁萧森。
杨来循岸垂，时闻樵采音。
重其可拟志，迥渊可比心。
养真尚无为，道胜贵陆沉。
游思竹素园，寄辞翰墨林。

至于游赏自然园林的妙句，莫如王羲之的《兰亭集序》，以他传神而有气魄的精湛之作成为魏晋造园风尚之嚆矢：

此地有崇山峻岭，茂林修竹，又有清流激湍，映带左右，引以为流觞曲水，列坐其次，虽无丝竹管弦之盛，一觞一咏，亦以畅叙幽情。是日也，天朗气清，惠风和畅，仰观宇宙之大，俯察品类之盛，所以畅目游怀，足以极视听之娱，信可乐也。

因此，只有到了魏晋南北朝时期，由于世人隐逸山林，求仙于山林，游赏于山林，才使山水诗正式融入自然园林。

又由于战争频仍，人们把宗教当作一种精神的寄托，故"舍宅为寺"者日增，而这时南朝的梁武帝又将佛教定为国教，佛寺几乎遍及城市和乡野，如东汉时开始传入佛教的洛阳，在魏晋时城内及附廓一带，梵刹林立，多达1367所，而南朝时的建康（今南京）也有数百所，正如后来唐代诗人杜牧所云：

> 千里莺啼绿映红，水村山郭酒旗风。
> 南朝四百八十寺，多少楼台烟雨中。

寺观一般多依附于自然山林，但也有不少位于城市或郊野，私人宅园被舍为寺园者，同样缺少不了庭院和园圃，这就让寺观园林融入了市井园林的形式，因而逐步形成一种以求神拜佛为主要内容的寺观园林类型。

总之，在这一时期，正是由于社会政治的频繁转替，引发了人们对生活的重新思考，影响至园林，使其具有如下特色：

（1）由秦汉的建筑宫苑转向与大自然结合的山水宫苑，园林活动向大自然倾斜，更加普及于民间，深化了对自然的认识，这是基本体系的转折。

（2）皇家忙于改朝换代，私园修建乃乘隙而为之，此时佛、道宗教的盛行，舍宅为寺之风兴起，由此奠定了皇家、私家及寺观三大中国园林类型的基本骨架（表1-2-1）。

魏晋南北朝时期园林类型举例　　　　表1-2-1

皇家园林	邺城（今河北临漳一带）	铜雀园三台（曹魏时建）
		华林园（西晋时石虎建）
		仙都苑（北齐时建）
	洛阳	芳林园（魏明帝时建）
		华林园（西晋时建）
		西游园（北魏时建）
	建康（今南京）	华林园（大内御苑，始建于吴，与南朝历史相始终）
		乐游苑（刘宋时建）
		博望苑，建新苑（梁、宋时建）
私家园林	城市	张伦宅园（北魏时建，位于洛阳）
		文惠太子私园玄圃（南齐时建）
		湘东苑（梁武帝之弟萧绎建于江陵）
	城郊	金谷园（石崇建，位于河南金谷溪）
		潘岳庄园（位于洛阳）
		陶渊明庄园（位于庐山脚下）
		始宁墅（东晋官僚谢玄及谢灵运家族所有，位于浙江）
寺庙园林		舍宅为寺——洛阳的冲觉寺，法云寺
		大寺庙——宝光寺，景明寺，景林寺，同泰寺
		庭园式寺——景乐寺，永明寺，正始寺
		大山寺——庐山的东林禅寺

此外，如浙江会稽山兰亭的曲水流觞系由古代民俗拔禊活动流传而兴起的一种进行文化活动的公共园林。是根据中国自古以来就有的公共园林流传发展而来。

（3）乱世中思想的活跃，促进了文化艺术领域的繁荣，拉近了园林与文学、音乐、绘画、书法等艺术的距离，特别是诗情与画意，更为密切地融入了园林。自此以后，"诗情画意写入园林"就成为中国传统园林的特色。而园林艺术领域的开拓，也将园林升华到艺术创作的境界，故整个魏晋南北朝时期也成为中国封建社会更具影响力的，最基本的一次大的转折。而这时的园林形态也就循此发展成为中国园林的主流传统。

三、近代的第三次转折

到了清代末年，随着清王朝自身的腐朽与没落，长达二千余年封建制度的灭亡，以及中国民主革命的兴起和世界进步潮流的冲击，中国园林又面临一次更为波澜壮阔的变革。1860年，被称为世界"万园之园"的圆明园被两个强盗闯入，并焚毁殆尽，他们在圆明园内烧杀掳掠，三日不熄的熊熊火光，照亮了圆明园内那无比精美的园景，今日唯见一片瓦砾残迹。这激励国人产生一种新的觉醒与思索：要强盛，就必须走民主共和的道路，同样，要重建园林，就必须是民主的园林、科学的园林。所以，从鸦片战争以后直到中华人民共和国成立的这一百余年的近代，是中国园林发展进程中的第三次转折，这是一个根本性质的转折。尽管历史的传统依然保留着，但园林的主人变了，园林的性质也变了，内容变了，形式也变了。

这个转折，具体体现于以下几点：

（1）公园的产生带动了整个城市园林系统的进步，人们逐渐认识到园林在城市中已成为一个重要的生态系统，这使园林的类型更丰富，也促进了园林植物的引种交流，但这时还只是城市园林系统的起步。

（2）民主与科学的时代潮流促进了园林学科的普及，扩大了园林学科的范畴，为促使园林成为一门独立学科奠定了基础。

（3）涌现出一批对园林有见识、有实践的人物，为中国近代园林增添了精彩而独特的一页，同时也反映了近代园林民主性的普及与变革。

（4）外来因素的冲击，促进了"中西合璧"新风格的形成，这是过去未曾有过的创新与转折。

（5）近代园林是一场承上启下的最本质的革命。尽管新兴的园林还没有达到艺术的高标准，还比较简单一些，粗糙一些，但是，近代并没有丢掉传统，而是传承和丰富了传统。

根据过去人们对造园的理解，似乎只有在盛世才有条件使园林兴旺。但是，魏晋六朝是中国的乱世，其园林却出现了转折与新意，甚至奠定了中国传统园林的主流模式。或许乱世就乱在"自由自在"，"各行其是"。于是各种丰富多样、稀奇古怪的思想创造出了过去常人所没有的新意。而在纷纭变幻的时代烟云里，往往会筛选出精华与糟粕，精华成为经典，糟粕被弃用而消亡。所以，自由地观察与独立地思考才是创新的思想基础。如果墨守成规，一切因"盛"而止，则不可能产生新的理论与作品。乱世能出英雄，衰世也能出创新者，就因为也有独立的思考，也有自由开放的实践，人们就能在自由、开放中发挥潜能而有所创新。

四、新中国成立后的第四次转折

历史发展到1949年，一个崭新的中华人民共和国诞生了，这是一个全民的社会主义社会，经由封建社会、旧民主革命、新民主革命（其中又经历了反殖民主义的斗争）而最终形成，这期间社会的变动是根本的，急剧的，它必然影响到园林的大变革，这是中国园林发展长河中的第四次大转折。新中国的园林建设是近代园林的延续，但也具有新中国的特色，在整整60年的园林实践中，经历了波涛汹涌、跌宕起伏的风雨历程。这其间，前30年与后30年是有极大变化的，今后它将走向何处？只好"且听下回分解了"。

第三节　中国近代园林的类型与特色

中国园林起源于三千余年前西周的文王之囿、该囿位于长安沣乡地区（今陕西省西安市）。从其所处的地理位置来看，中国园林由囿开始，具有从西北部逐渐向东南沿海地区位移的趋势。而在今日960万平方公里所覆盖的南跨亚热带北缘，北接寒带的广袤地区的温带地区内，园林大体上分布在黄河流域的北部地区、长江流域的中部地区和五岭以南的南部地区。这三个不同地理位置的气候、地形等自然条件差别甚大，而且地区的民俗、民风及语言差别也很大，这也是中国园林形成三大类别的影响因素之一。

自秦汉建立君主制度以来，历朝的都城主要建于北方，其中又以长安、洛阳、北京、开封等地为多，少数建于南京和杭州，故北部地区以皇家园林或相应的王公大臣的官家宅园为主，体现皇家的气势与官宦之家的豪华风格。

长江流域的中部地区，物华丰厚，山水秀丽，为士者密集之区，故以文人学士的园林为主，体现出士大夫雅致、朴素的风格。

而在五岭以南的南部地区，原为南蛮荒芜之地，特别是在18～19世纪西方列强入侵的时候，这里成为中国最早的开放之地，既有西方文化传入，又有大批侨民出外谋生，中西文化的碰撞在这块南蛮土壤中产生了一种以私家园林为主的中西合璧的园林风格，它既不同于北方的皇家园林，也和江南的私家园林有异，而是有着特殊自然地理与社会文化背景的岭南园林。但是它们却是在统一的中国传统园林基础上派生出来的一种新的类别。可以说，岭南园林主要是在近代才形成的，中西合璧则成为近代岭南园林的主流风格。

至于中国东北地区，在近代由于日、俄帝国的侵入，多少都留下一些日、俄园林的痕迹，而西南地区则受外来的影响略小或比较短暂，故基本上能保持本民族的园林风格。

由于受西方文化的渗透以及中国人极其强烈的奋发进取精神的影响，当时的大城市园林有较大的发展，虽然这些新发展的园林并没有普及到全国，本身还比较粗略，艺术水平也不高，但从全国范围来看，则已经具备了近代城市六大园林类型的基础（表1-3-1）。

中国近代园林类型简表　　　　　　　　　　　　　　　　　　表1-3-1

城市公园	综合性公园——济南商埠公园（1904）、无锡公花园（1906）、齐齐哈尔龙沙公园（1907） 专门性公园——动物园、植物园、儿童公园、体育公园、烈士陵园、专类花园等 近代特色公园——租界公园、侨商园林、中山公园
私家园林	官僚私人园林——北京恭亲王奕䜣的府第花园、临夏东公馆（1938）、兰州仰园（1922）、福州三山旧馆（1840左右）、江阴适园（1854）、建水朱家花园（1908） 名人故居园林—画家张大千故居

宗教园林	寺庙园林——香港宝莲禅寺（1906）、观音寺（1910）、志莲净苑（1936）、万佛寺（1949），苏州戒幢寺西园（1892） 道观园林——香港啬色园（1921）、蓬瀛仙馆（1929）、云泉仙馆（1944），永宁清真寺（近代多次重建） 教堂园林 民间信仰园林——宜昌黄陵庙（在近代1870、1886年两次全部重建）	
别墅群园林	避暑别墅群——庐山、莫干山、北戴河、鸡公山近代别墅建筑群 城市（或租界）生活居住别墅群——厦门鼓浪屿、青岛八大关 官邸别墅群——重庆黄山陪都官员别墅群、银川马鸿逵别墅 城郊（或侨商）碉楼别墅群——开平立园、马降龙、自力村，台山梅家大院、翁家楼，佛山简氏别墅 大学教授别墅群——广州石牌中山大学、武汉大学、北京清华大学	
公建附属园林	游乐场园林——香港的樟园、利园、愉园太白楼，上海的申园、愚园 学校园林——燕京大学、北洋大学、圣约翰大学、华西大学、协和大学、清华大学、长沙西南女中 官署园林——酒泉节园、广州大元帅府、南京总统府 商业性园林——广东的酒家园林如南园、北园、泮溪酒家，香港的大罗仙酒店、皇后酒店 其他附属园林——香港先施公司、永安公司的儿童游乐场	
郊野园林	森林公园——南京老山森林公园（1916），兰州龙尾山的中山林（1925） 天然公园——名山、湖泊、海滨、岛屿、瀑布、温泉等风景区在近代开发或历史上仍保存开发的园林 郊野特色庄园——甘肃民勤瑞安堡（1938）	
	其他郊野园林	农村园林——江西渼陂村、钓源村园林 水口园林——安徽唐模水口园林 农事试验场——北京农事试验场（北京动物园前身）、开封农林试验场（今禹王台公园）

与中国古代园林相较，中国近代园林的发展跨越了一个根本变革的大鸿沟，其特色表现为：

（1）昔日占主导地位的皇家园林，随着社会制度的变更而逐渐止步、消亡，或走进了历史的博物馆，或使改朝换代的新主人拥有了这些园林的所属权和自由的享用权，但其园林艺术的成就，则始终占据着中国园林历史中辉煌的一页，需要加以保护和传承。

（2）公共性的园林获得了极大的发展，举凡一切公共建筑设施如学校、图书馆、博物馆、游乐场（城）等都附有园林，促进了人们工作环境的改善。尤其是城市公园，被注入了民主与科学的内核，公园的内容与形式更为完备、新颖。为了保护城市大环境，又产生了一些郊野公园和森林公园，从而使园林的类型更为丰富，并开始了城市园林绿地系统规划的新的萌芽。

（3）由外国人首先在中国开辟的避暑别墅群以及逐步扩大的租界别墅群，大学校园别墅群提升了高档生活环境园林的坐标，也为人们的生活、社交、工作，商务活动等开辟了一种独特的环境园林。

（4）租界园林与侨商园林是在中西方文化碰撞后所产生的一种近代独有的园林类型，从而衍生出一种"中西合璧"的艺术风格，表现出十分突出的划时代的园林特征。

这种颇具雏形的六大类型产生的原因和背景，深受当时社会现实的综合影响，其中主要来自西方社会的种种文化思潮。

中国的近代既是一个战争频仍，内忧外患的时代，又是一个混乱不堪、积贫积弱的社会，但是，就在这样一种特殊的、艰难的社会背景下，却产生了一种出乎人们意料的园林现实：那就是西风劲吹、古风未断、遗风凛凛、文风变异、商风勃起与"红风"萌动这六风齐鸣的局面，使本来尚且薄弱而狭窄的园林领域获得了一种新的萌芽。

第四节　中国园林学科发展的缘起

中国园林专业主要创始人之一的汪菊渊曾经说过："中国的园林建设有三千余年的历史，但是，园林学科的建立则只有一百余年"。这是为什么？中国地理、气象学家竺可桢也说过"中国之有近代科学，不过四十多年的事"。他说这句话的时候，大约是在1952年前后，而往前推40年，正是1911年的辛亥革命前后，两位前辈所言均发生于近代，故这个问题应在中国近代园林史的研究中有所探索。

汪菊渊所指的是学科，而竺可桢所指的是近代科学，学科与科学这两个名词的涵义是不同的。如果不分清楚，则难以理解和论断中国园林学科发展的历程。

什么是科学？"科学是关于自然，社会和思维的知识体系……是实践经验的结晶。每一门科学通常都只是研究客观世界发展过程的某一阶段……科学的任务是揭示事物发展的客观规律、探求客观真理，作为人们改造世界的指南"。

什么是学科？学科"是指一定科学领域中的学术分类，是建立在一种较为完整的专业知识积淀基础上的学术分类"。也就是说不是任何知识，尤其是"散装的知识"都可以成为学科，学科的成立，还应具备一定的条件。汪老所云中国园林学科的建立，只有一百余年。其实，更准确地说，这一百余年还只是学科建立的缘起，因为，那时的园林事业还没有完全具备成立学科的条件。在这里，我们需要从中国的科举制度与学科的关系谈起。

一、科举制度与学科的关系

自隋代（581～618年）创设科举制度选拔官吏以来，以后各个朝代都实行科举制度，一直到清代光绪三十一年（1905年）共实行了1300余年后，才随着推行学校教育制度而被废除。所谓的科举制度仅仅只有一个进士科，只有如诗赋、经义及八股文一科，纯属人文社会学，而学校教育制度则是按不同的科学领域培育和录取学生的。

此外，由于近代西方自然科学随着鸦片战争逐渐传入中国，如物理学、化学、生物学等，使中国的有识之士深刻感到推行新教育制度的必要性与迫切性，于是，在1898年11月成立了中国第一所高等学校——京师大学堂，共设有八个科，即文、史、理、经、政治、兵、工、农诸科，而后来的园林学科主要是从农学科中的园艺学中分离出来，逐步综合其他如建筑学、造林学、地理学等学科，撷取其有关公园、花园、庭园与园艺、造林、建筑的部分而成为园林学科的。故园林学科的本身就属于边缘学科，亦可称为交叉学科。

二、园林学科的剖析

园林是一门综合性很强的学科。也是一门边缘学

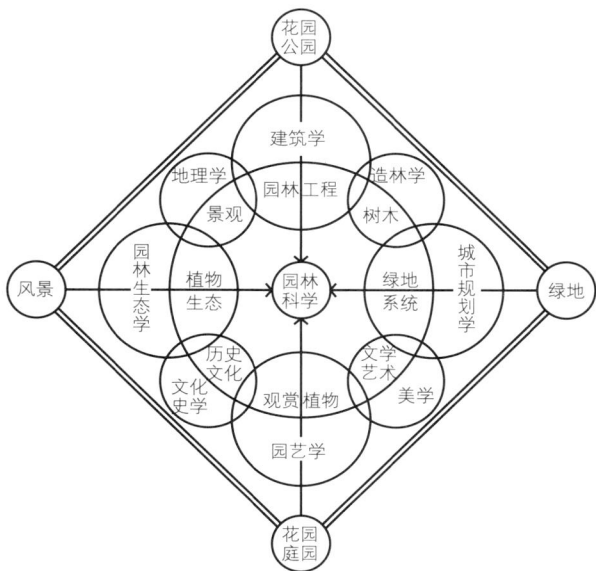

图 1-4-1　园林学科关系剖析

科，但它还是有一定的范围的（图1-4-1）。与园林相关的学科很多，如造林学、植物学、建筑学、地理学，乃至今日的旅游学等，但是，如今日的"世界之窗"、"小人国"、"迪斯尼乐园"等，能不能说是园林呢？按照过去的理解是出了圈子了。总之，园林的概念在20世纪80年代左右仍然可按照首部《中国大百科全书》理解为："在一定的地域运用工程技术和艺术手段，通过改造地形（或进一步筑山、叠石、理水）、种植树木花草、营造建筑和布置园路等途径创作而成的美的自然环境和游憩境域。园林包括庭园、宅园、小游园、花园、公园、植物园、动物园等"，但随着园林事业的发展，又将森林公园、风景名胜区、自然保护区或国家公园的游览区及其休养胜地的园林，都归入"风景园林"一词中。

而从园林本身的纵向发展来看，则起源于宅旁的栽树，《诗经》中早有记载："将仲子兮，无逾我里，无折我树杞……无逾我墙，无折我树桑……无逾我园，无折我树檀……"而以"园"、"圃"称之的园林则始于帝王的园林如周文王的囿和春秋时吴王夫差的梧桐园，以后逐渐地从宅园、庭园、花园扩大到风景名胜区、城市园林系统、主题园林、环境园林、生态园林等。时代的进步与发展，使园林的范围越来越广泛，综合性越来越强，园林的面积也越来越大，而且早已走出了围墙的范围，因此，园林一词的称谓与其内容也会随着时代的变化而变化。

三、园林学的本质因素

从近代来看，园林一词的称谓除上述《中国大百科全书》的涵义外，还可以从它的三个本质因素来说明。

1. 构成园林本质的第一因素是植物

中国的园林学基本上是从农学中的园艺学、造林学与建筑学中分离出来的，它在构成园林的三要素（即山石、动植物、水体）、五要素（即山石，动植物、水体、建筑物、径路）或六要素（即山石、动植物、水体、建筑物、径路、地形处理）中以自然的植物及其形成的景观为最重要的因素，随着城市环境的污染加剧，以植物造园为主的提法越来越得到重视。当然，也有以水体为主的水景园，以建筑物为主的庭园，以山石为主体的岩石园，以动物为主的动物园等，但没有一个园林能完全离开植物，而且山石、水体、动植物都属于大自然之物。总之，不论园林的大小、主题、形式有何不同，大自然因素总是园林学的第一要素。即使是假的自然因素如人造材料的山石、植物所构成的第二自然都也是表现园林的本质特色——自然物。

2. 构成园林本质的主题因素是游憩

园林必须是以游赏和休息为主，一定要具备游览、赏玩和歇息的内容和设施。那些专为防护风雨和其他污染的树林应称为防护林而不是园林。

房子旁边栽几株树遮阴，如果没有任何其他设施，一般就称之为绿地，如稍加铺石，引水为池，栽花种草，亦可称为宅旁园林。但由于我国政府机构与体制的原因，我们常常是将"园林绿化"作为统一专业名称对待。总之，园林学的另一个本质因素就是指在一定的地域，以一定的自然物创造观赏和游憩的环境与条件。

3. 构成园林本质的特色因素是园林文化

中国的传统园林常以诗情画意融入园林作为基本特色之一。而园林文化的内容比较广泛，绝不仅限于标语口号或诗词楹联，哪怕只是一树一石，也都可以寓教于游憩之中。如树有来历，石有故事，都可以延展出园林文化，供人游赏，耐人寻味。从而表现出一种文化意境，如茶文化、月文化、石文化、水文化、花卉文化、亭文化以及其他种种历史文化和自然文化等，可以让游憩之人获得更为灵活、更为亲切、更为有效的艺术感受。同时，园林文化意境表现的类型也是多样的，既可以是综合型的，也可以有独立主题，如当前兴起的主题公园（香港海洋公园）、专类花园（盆景园）等。

总之，园林如果没有自然物，尤其是没有树木花草，则没有生态效用；如没有游憩的内容与设施，则只能成为一种单调、枯燥的绿化空间或建筑物的陪衬；而没有文化的园林就好像是失去了灵魂那样经不起细赏。

中国传统园林中，无论是皇家园林、私家园林，还是寺观园林，乃至风景名胜区，从其总体来看，都具有这三个本质的因素，这也是对园林科学涵义的另一理解。

四、园林学科建立的基本条件

从社会发展的历史来看，园林的产生是人类进入文明时代的一种象征，丰衣足食之余才有条件去建园林；而园林学科的建立则是更为高级的人文科学与自然科学均已相当发达的一种表现。故学科的建立应具备几个基本条件：

1. 历史实践经验的沉淀

中国园林建设有三千年的历史，园林经验的积淀相当丰厚，可以从中探索园林这门学术的渊源及其发展历程。

2. 有比较集中而系统的理论

首先，要有反映该门学术的确切名称。自古以来，我国园林有一系列不同的称号如园囿、园苑、园池、园圃、园庭、山池、造园等，不同的时代有不同的理解与诠释，如不能将其本质统一于相应的名称时，就难以称为学科，因为它可以分属于不同的学术范围内。

其次，要有统一认识的专门著作，如宋代李格非的《洛阳名园记》，明代计成的《园冶》、近代陈植的《造园学概论》、童寯的《江南园林志》等，它们总结了古代及近代造园的经验，所述内容全部是以园林为中心主题，均可认为是园林专著。但有些仅仅是谈论或涉及园林的著作如李渔的《一家言》、杨衒之的《洛阳伽蓝记》（主要论述洛阳的佛寺、古迹、艺文等），则不能算作园林的专著。由于园林专业的综合性强，涉及的面极广，而具体的从业人员又各有侧重，故理论书籍的区分也会各有侧重，不过，对园林理论的追求则是学科发展的一个共同的基本点。

3. 有专门人才的培养

近代的中国既没有专门培养园林人才的学校，也没有设置园林专业，只有在大学农学院园艺系中开设造园学、观赏树木学、花卉学等专门课程，在森林系中设置有造园学课程，在工学院的建筑系中设置庭园学课程，近代的园林工作，大多只是由接受过园林课程教育的人才来承担❶。

4. 有专门独立的学术机构或出版了专业学报和刊物❷

从以上四个条件看，在近代除了有深厚的园林建设的历史经验积淀和有限的几部园林理论专著外，其他条件都不具备，因此，可以认为，中国近代仅是园林学科的缘起或萌芽，完整的园林学科的建立还在当代。

---

❶ 据亲历了我国园林专业初创阶段的执行者陈有民教授谈，1951 年春创办人汪菊渊先生才告诉他："周恩来总理在一个报告中谈到，园林工作属于城市基本建设项目。后来又告诉我教育部准备让我们试办造园组，并与清华大学营建系合作两年，教育部正向苏联要教学计划和各课程的教学大纲，并让我从园艺系二年级学生中选十名具有艺术感受性的学生带到清华读两年。"（见陈有民教授作《流水年华》一文，原载《北京林业大学校刊》2002 年 10 月号，49 页）

❷ 在近代既没有专门的园林学会，也没有专门的园林刊物。中国风景园林学会的正式成立是在 1989 年 11 月 15 日至 17 日，于南京召开了成立大会，之前是属于中国园艺学会下的专业学会。至于全国性的园林学刊《中国园林》是在 1985 年 2 月创刊，而地方性的《北京园林》则于 1981 年春创刊。

中
·
国
·
近
·
代
·
园
·
林
·
史

第二章 中国近代园林的特色与风格

中国的近代是一个特殊的历史时期，也是一个伟大的转折时期。这个时期的园林，不能不受到这个特殊时代来自各个方面的影响与冲击。因为园林从来都不是孤立的艺术品，而是与广大人民息息相关的生活必需品，也是能反映时代面貌的显示器。

第一节 西风劲吹对中国近代园林的影响

"风"可以是一种风格、风貌，也是一种风气，园林的风还是一种风景，社会上的事物都可产生各种不同的风气、风貌、风格与风景，更有风云激荡的近代风声，它从四面八方，并从不同时期吹到了中国960万平方公里的广大地区，也吹到了中国的园林领域，反映出中国近代园林的命运与风貌。

鸦片战争以后，随着诸多不平等条约的签订，以及西方文化的侵入和渗透，产生了一种直接影响园林的西风，这股西风来自世界西方的十余个国家，主要是欧风（葡风）、美风、俄风及日本的东洋风，它们几乎吹足了整整百年的中国近代社会，风云过后，在中国的园林领域里，却也出现了一派园林的新景象。

一、近代城市公园的兴起

在此前的中国并非没有"公园"，但古代的公园之称，与现代的城市公园之名实，均有巨大的差异。在西风吹来的同时，中国也已产生了类似西方的具有民主含义的"公园"，其本质（或核心）就是民主的思想，如19世纪中叶以后，在中国西北的边陲之地已有衙署园林的开放和酒泉名胜的公园建设，而在20世纪初亦有齐齐哈尔仓西公园（今龙沙公园）之设。还有中国自古以来延绵未绝的公共游乐地的发展，使中国现代公园的兴起，具备了与其他西方国家公园产生不同的更为深厚而广博的思想基础与地域基础。但是，当中国的近代沦为半殖民地半封建社会以后，中国古代的某些公园形式似乎完全消失了，以致在近代，为了争取园林的公民拥有权与享受权，却奋斗了漫长的60年（如上海黄浦公园的平等开放经历了从1868～1928

年的奋斗历程）。

据调查，在1840~1910年建的公园中，中国人自建的只有11个，而外国人在中国修建的却有33个，是中国人自建的3倍，可见，西风起，公园生，洋人所建公园成为一时的主流，由此也可看出中国近代西风之劲，以及对中国公园建设的分量之重和影响之深远。而这种具有民主性与科学性的城市公园的兴起，则成为近代中国园林一个明显的特色。

但是，从近代首批公园的分布来看，外国人所建的公园多位于沿海城市和他们的租界内，主要为外国人享用；而中国人自建的首批公园数量虽少，但每个公园的面积相对较大，一般在2公顷以上，而且比较均匀地分布于大江南北，海陆东西。特别令人注目的是远在西北边疆的酒泉（名泉湖公园，1946年命名）是以"边防千里，以此别开生面"为由，沿袭固有名胜而建起来的；东北边陲的齐齐哈尔市的仓西公园是以"边塞无佳境"为由，硬是从俄国人手中夺回来修建的。而这也是中国近代园林的又一突出的特色。

二、租界园林的产生

租界园林是西方文化强行进入中国而产生的一种异国园林，是中国近代独有的一种"国中国"的园林现象。

从现象上看，这种园林的表现形式与内容与我们今日由国外引进的园林并无太大的区别，而从本质上看，则主要反映了园林的主权持有问题：租界园林是强制性的，是外国人掠夺的结果；而自己引进的园林则是主动性的，是自愿的行为。由此可见，引进的园林与租界园林虽形式相近，却本质迥异。如今，当时代进步的潮流已由被迫到主动，由强制到自愿，由排斥到拥有的时候，对于租界园林我们就可以另眼相看了。

租界园林在当时开阔了园林境界，丰富了园林类型，引进了科学的、先进的园林技术，增长了国人建设园林的见识，也给我们留下了多样化的园林标本。从这一角度去观察租界园林，是有积极作用的。科学无国界，但艺术则有特性，吸取外来的技艺，不能丢掉本国固有的传统精华，更不能忘记产生租界园林的这一段屈辱的历史事实。即使是今日主动引进的园林建设，从整体来看，也不能丢掉本国的传统，否则就会失去居于世界民族文化中独树一帜的光荣传统，而使中国现代的园林在世界园林中黯然失色。这是必须谨记着的。

如在近代的上海康平路法租界内，曾有一个小小的黄家花园。当时法租界当局规定，"在划定的A级住宅区内不得建造中式住房"，剥夺了中国人在中国土地上自由建造住房和园林的权利。但是，主人黄德邻则以其才智，在租界内建了一个西式洋房与中式花园并存的私人园林，其时为1939年。但是在1937年，日本占领时期，日本侵略者以"中国不可能有规模这么大的私人园艺农场"为由，硬是将黄先生父辈一个占地18.7公顷的"黄氏畜植场"查封，由日本军队驻守，这种强盗式的掠夺与威逼的历史事实，是决不能忘记的。

中国的租界园林相对集中于鸦片战争后开放的沿海城市如天津、上海、厦门、大连、广州及沿长江的汉口等市，少数散置于各国势力范围内的城市。

在1860年第二次鸦片战争后，先后有英、法、美、德、日、俄、意、奥、比九个国家在天津划定租界，是当时全国设租界的12个城市中拥有最多国家租界的城市，而其中异国花园共建有十个，始建时间是从1880年的法国海大道花园到1937年英国的皇家花园为止。除奥、比两国没有较大的独立的公园外，其他都建有自己国家园林风格的公园或花园，使天津的租界园林具有欧、美、日等七国园林风格的博览风韵，且都建在当时开埠（1860年《北京条约》签订后）的市区范围之内。这十个公园相距不甚远，而其面积也都不是很大，最小的只有0.41公顷，位于英租界的小河道旁，名曰义路金花园（Elgin Garden）。其中儿童游乐场、管理室、厕所等就占去全园60%的用地，其余为自然式布局的树木花草。俄国的租界面积最大，其租界公园的面积也达到了7公顷。园内建有教堂和纪念碑，但树木花草较多，处处花坛，绿荫满园。该园早在1924年就已归还中国。

上海是在1842年签订《南京条约》之后于1843年11月开埠的。随着一个又一个不平等条约的签订，上海也就一片又一片地出现了列强的租界，最后又将诸多的租界合并为公共租界，故在租界内就出现了异彩纷呈的各式公园，如花园私人别墅、俱乐部等，特别是一些公共机构如学校、医院、公墓等附属绿地都是首先出现在租界里。由于上海有集中的公共租界，面积大、人数多，为适应各个方面的需要，其租界园林就产生了公、私园林兼有，且分布广、类型多、风格多样的特点。特别是同时普遍出现了某些高等华人区，花园洋房或住宅旁的园林，加上这些公共建筑物的附属绿地，据1949年后新中国成立初期的统计，这类绿地面积约占当时全市绿地面积的三分之二。而上海其他地区的绿地却极少，分布很不均匀。

广州则是我国最早开放的商埠城市，从清代康熙至道光的近百年间，已是我国唯一对外贸易的港口和商行所在地。早在 1844 年以前，清政府专为外商贸易开辟了广州西南的十三行作为外国人经商之区。在这一区就已有美国花园（占地 13 万平方英尺）和英国花园（占地 7 万平方英尺）。从今日留存的绘图中看出，这两座花园设施简单，但具有西方花坛式园林的特点。

1861 年后，与十三行一河之隔的沙面岛被辟为英法租界，境内建有两个花园，西面的为英国的皇后花园，面积 7000 平方米，东端的为法国花园，面积 4000 平方米，园内都有草坪、亭子、小足球场等。总之，广州的租界园林又与天津、上海不同，比较集中于市区西南，园主人勤于经商发财，涉及全市的园林建设较少。这是广州租界园林的特色。

租界园林比较完善而齐备的要数青岛。

青岛市区的建置始于光绪十七年（1891 年）清政府在此设置胶澳海防，六年后（1897 年）德国占领青岛，一年后（1898 年），德国逼迫清政府签订《胶澳租借条约》，从此，青岛就成为德国的殖民地城市，一年之后（1899 年）德皇威廉二世将租界地内新市区定名为青岛。

第一次世界大战后，日本第一次占领青岛，直至 1922 年由中国政府收回，并于 1929 年设市。1938 年日本第二次占领青岛，称特别市，直至 1945 年抗日战争胜利才完全收回青岛。故青岛市的建设是在德、日列强占领的总计 22 年中所开辟的，这时期的园林具有以下特点：

1. 重视大环境的造林

德国人认为植树造林是城市的第一需要，所以在德胶澳总督府内设有林务局，负责山林、水源涵养林和海岸防风沙林的营造。在他们的《租界地城市规划》中，并没有将绿地分门别类作具体的单项规划，而是大规模、大面积地造林，企求城市能处于森林之中。至 1912 年，中国和德国以官费造林达 1200 公顷，用徭役造林 2000 公顷，使青岛往日的荒山秃岭都变得郁郁葱葱了。

2. 大面积造林推动园林事业的发展

一是园林苗木的引进与培育。当时从欧洲和日本运来许多树种，如刺槐、悬铃木、构树、落叶松、柳杉、日本黑松、日本樱花、泡桐等，欧洲的刺槐又从青岛引至中国内地的诸多城市，仅德占时期试种栽培的树种就有 650 余种。而其中的樱花一项就有 40 余个品种。还有欧洲的椴树、七叶树，挪威的云杉，以及美洲的鹅掌楸、肥皂角、黄金树、沼生栎、长柄栎、美洲榆等，都在青岛生长成大树。

二是造林人才的培育。当时有许多从德国派遣的造林专家来青岛负责林务工作，在林务处下设较为简易的山林学校。中德合办了青岛特别高等专门学堂，其中设有森林科，并开设"实行栽种植物与游览"的课程，解决了造林人才急需的问题。

3. 重视行道树栽植

如 1900 年建成的亨利亲王大街（今广西路）两侧栽植从柏林运来的无刺洋槐（即刺槐的变种），并规定，凡新辟一条路，必同时栽植两侧行道树，时至今日，穿行于青岛市街，都能享受到行道树的优美景观和浓荫。

尤其是八大关别墅群的道路绿化，分别以不同树种区分和命名道路的做法，更是为城市标志性行道树栽植开了风气之先。

4. 第一个城市规划促进了园林绿化系统的实现

1900 年，德国殖民当局制定了青岛市第一个城市规划，将其定性为远东军事基地和商贸中心，并将市区划分为欧人区与华人区，带有明显的殖民统治色彩。但是，它把市区所有山头确定为绿化林地，也引进了欧洲城市道路规划的放射式格局，并结合地形，依山顺势，将各功能分区与山头绿地联结起来，使建筑物、道路与自然环境融为一体。

由于总体规划的制定，相应地带动了各种规模的公园的均匀布局，并将与道路连接、与行道树相辉映的其他广场绿地、街头绿地和开放的官邸庭院等都组织在全面的绿地系统内。如 1906 年青岛最早建立的胶澳总督府前面的府前花园、贮水山东侧德国兵士操练场的兵营公园，以及日占时期的小公园，如深山公园、千叶公园、万年町三角公园、大村公园、舞鹤公园等。此外，1915 年日本人建了一个青岛神社（1947 年拆除），社内广植日本黑松和樱花，日本情调十足。它也被组织在全市的绿地系统之内。

由此可见，青岛近代的园林基本上是在这一时期奠定的基础。

1902 年福建厦门的鼓浪屿又被列强租借为"万国公地"，在这个面积 1.64 平方公里、人口 2 万的美丽小岛上盘距了 47 年之久，兴建了 580 余栋别墅建筑和其他建筑，如教堂、游乐设施和休息小园林，将西方建筑的哥特式、伊斯兰式及西方三大柱式的风格广泛地呈现出来，成为一方洋味十足的西式乐园。后来，富有的华侨或少数的上流社会人士也在岛上进行修建，就自然地渗透了一些中国民居的色彩和风格。

总之，租界园林是在一个腐朽没落的王朝时期，是在一个积贫积弱的近代社会中，由一股强劲的西风吹动发展起来的。在过去看来，是一种满怀屈辱愤怒的精神压力，在今天看来，却也使我们能享受到这一片城市的葱郁绿荫。

三、侨商园林的建设

侨商园林可以说是广东、福建近代园林的特产，其中尤以广东为盛。广东北部为山地丘陵，东南临大海，粤东地区"耕三渔七"，逐海洋之利，造就出一种敢于冒险、开拓进取的精神，而我国海外交通要地亦首推广东。一方面，早在秦汉时，从徐闻、合浦港出发的海上丝绸之路就很发达；另一方面，在16世纪中叶，欧洲殖民者东来，西风东渐，也是首流广东，当时的澳门就是东西文化交流的中心。西风强烈地冲击着中国儒家文化在广东的统治地位，在鸦片战争后，大批华人出国，其中广东人约占一半，遍及全世界，广东也就成为近代新文化运动的中心之一。而华侨文化也给广东文化注入了新的血液和养分。这时期广东的杰出人物辈出，如孙中山、康有为、梁启超、黄遵宪等，都在各个方面反映出西方文化与岭南文化相结合的轨迹。

近代是中国人走出国门谋生最多、最集中的时代，其中又以沿海的闽、粤两省人数最多，侨居时间最长。他们在外国辛苦经营，受尽了国弱家贫的屈辱与痛苦。这使他们最懂得祖国的强盛或衰弱对华侨地位与生活的巨大影响，因而更增强了爱国爱乡的巨大动力。特别是在孙中山先生进行民主革命，建立民主政府的时期，南洋华侨在1921年、1928年和1934年有组织地连续在菲律宾、马来西亚和新加坡等地发起了三次救乡运动来支援革命，而以陈嘉庚先生为首的侨领更是不遗余力地组织和筹划捐献，支援祖国的抗日战争。除了在经济上的支援以外，他们也回乡参与建设家园、兴办学校、设置公益机构或经营各种实业等活动，而这些建设都离不开园林，逐渐地就形成一种既有祖国故土风韵，又有侨居国意味的园林类型。从整体来看，以围绕居住建筑及其环境的为多。此外，在贫弱的中国近代社会，华侨比较富有，回乡建房必须加强慎防盗贼的设施，尤其是在广东的开平、恩平、台山一带，就出现了不少碉楼式建筑，并采取成群组合的方式。如开平的立园则以大小成片的花园将建筑物与花园并列，花园中又有小河与外界分隔，这样既可让花园面积集中，设置丰富的花园内容，又能起到以花园来分隔和防卫的缓冲作用，无需像传统的四合院以院落形式来防卫。

侨乡居住建筑几乎全部采取中西合璧的形式，而且表现于建筑物的门窗、柱式和栏杆形式以及建筑装饰上，而内部的陈设则以习惯的地方风格为主。

在园林植物的景观配置上，除栽植乡土种类外，每每种上从侨居国带回来的新的品种，此外也很重视栽植生产性的植物。

侨商园林的特色在本书相关的章节中多有详述，尤以广东、福建两卷中为多，现以典型事例作初步说明。

（一）以院落式园林为主的陈慈黉故居

陈慈黉（1843-1921）是广东澄海县隆都镇前美村人。其父辈以承包"红头船"运送货物来往于新加坡、泰国、中国香港与汕头一带，后由陈慈黉继承家业而致富，于是从1910年开始在家乡建造了一组庞大的居住建筑群，占地面积达2.54公顷，房屋506间，经历了近半个世纪的建设而成为著名的"近代岭南第一家"——陈慈黉故居（图2-1-1）。

故居是由命名为郎中第、寿康里、善居室及三庐共四组建筑群组合而成的一处四合院式与潮州民居"驷马拖车式"建筑群落。周围是广阔的田园，营造出无山无水，只有田园一片、建筑一片的总体外貌形象（图2-1-2）。

图2-1-1　陈慈黉故居鸟瞰

图2-1-2　陈慈黉故居旁的荷叶田

从建筑布局来看，为四组建筑相连的大拼盘，有分有合，巷道分隔，庭院相通，宜于大家庭的分居与相聚的生活方式。而从园林来看，则有以下特色。

一是保留了外环境的田园自然风光，与成片的人工建筑群形成对比。建筑物低平、完整，住房为一、二层，没有突出的如碉楼、钟楼等高耸的标志，建筑物色彩与造型都很简朴，这或许是主人有意保持平淡和防卫的意图之故。

二是在建筑群内部保持了大大小小的方形天井、庭院。庭院的摆设也很简单，以植物盆景为多，或以盆景与精美的墙窗结合成景（图2-1-3），或栽植垂蔓植物与柱廊、栏杆结合（图2-1-4），更少见一般庭院或园林中的亭、台、池、坛等小品设施。

三是突出建筑墙面、门窗、栏杆的泰国式装饰，尤其是中、西方的图案特别讲究、精细（图2-1-5～图2-1-8），除了多处挂有中式红灯笼外，墙面、门窗较少匾额楹联。仅见一墙面上悬挂一块红底白字条幅："海滨汀兰游子归"（图2-1-9）充分表达了游子的感慨心情。总的看来，故居中缺少一点中国传统的园林文化氛围。

图2-1-5 泰国式的园门装饰

图2-1-3 盆景摆设与漏窗结合

图2-1-4 庭院的垂直绿化

图2-1-6 泰国式的门窗装修

图2-1-7　居室门的顶部装饰图案（一）

图2-1-8　居室门的顶部装饰图案（二）

图2-1-9　简洁的居屋

（二）丛林式的华侨楼群翁家楼

广东台山县端芬镇的翁家楼是一个仅有三栋两、三层的中西合璧的小楼群，取意于汉代刘备、关羽、张飞"桃园三结义"的历史故事，其周围无山无水，而是栽植了一片以马尾松树为主，兼有榕树、乌桕、白兰花和棕榈植物的杂木林。从远处只可隐约地看到林中浅色的建筑物，越前行，则建筑越显露，偶闻鸡鸣犬吠之声。不久才得见此楼群的标识碑，但四寂无人。楼的外观也有损坏（图 2-1-10～图 2-1-12）。据云此楼主人一直移居海外，现仅有留守人员居此。

（三）村野式侨居岑局楼

岑局楼位于广东佛山市南海区九江镇，这里原来就是颇负盛名的侨乡，华侨楼群甚多。岑局楼主人名岑德渠，越南华侨商人，于1932年建了这座楼，占地面积在二千平方米以上，主体建筑是由三栋建筑相连而成，为统一的欧式风格建筑群，高三层，顶层还有阁楼，建筑物的每一面都颇具气势。三面为鱼塘，倒影荡漾，倍增虚实对比的佳景，池边无大树遮挡，视野开阔，建筑物十分突出，与台山翁家楼的隐逸风格迥异其趣（图 2-1-13）。

楼侧有后花园，面积仅占总面积的1/10，栽植着芭蕉、龙眼、秋果树等，由极富地方色彩的漏窗墙围住，有"秋花锦石"的西式牌坊门（图 2-1-14）。惜主人远去，池、坛中乱草丛生，已呈一片寂寥之色（图 2-1-15）。

（四）其他

此外，广州的花都区也保存了不少村落的华侨楼群，其规模及品质均稍逊于开平，现已列入花都区的登记文物保护单位，但多数都缺乏修缮管理。其中园林环境及建筑物较好的有利树宗故居一处（图 2-1-16）。其

图2-1-10 丛林式居住环境之一

图2-1-11 丛林式居住环境之二

图2-1-12 丛林式居住环境（标识碑）

图2-1-13 岑局楼全景

图2-1-15 岑局楼后花园现状（花池、水池均已荒芜）

图2-1-14 岑局楼后花园门额竹溪所题"秾花锦石"

图2-1-16 利树宗故居大门

主体建筑也是中西合璧的一、二、三层"渐进式"的房屋,进门为一层,上有小平台,后面均为二层,最后为三层,其前为较宽大的屋顶平台(图2-1-17)。据资料记载,故居内曾有面积达上千平方米的花园,称为半亩园,已毁,今尚留存广东望族余汉谋所书"半亩园"石刻碑,横卧于入口地面(图2-1-18)。从故居整体环境看,这是一座典型的村野式华侨民居,无山有池,朴素、亲切而又有点洋味。主人利树宗(1893—1957)是民国时期的军人,抗战时参加过南京保卫战,退役后当过县长,1949年后,移居香港。

在广州花都区的华侨楼群中,也有碉楼。如勋庐,高达4层,四角设置突出于建筑外墙的亭式碉堡(图2-1-19);也有在楼群顶层设置西式眺望观景亭的(图2-1-20);还有整栋建筑为"飞机楼"的(图2-1-21)。除了这些洋式的风味外,也有一种中式的文化趣味体现于建筑中,如读月楼就是在楼顶平台上设置一道"云墙",在墙上留出了一个圆孔,其背面有一些中式图案的浮雕(图2-1-22,图2-1-23),总体感觉比较粗糙、简略,缺乏"旁衬"之内涵,但其立意也显示出一种直白而朴素的园林文化,聊可取也。

图2-1-19 在四角设置亭式碉堡的"勋庐"一角

图2-1-17 利树宗故居及池塘全景

图2-1-18 利树宗故居后花园"半亩园"石碑

图2-1-20 楼顶的眺望观景亭

图2-1-21 花都的"飞机楼"

图2-1-22 读月楼平台

图2-1-23 读月楼屏风背面的浮雕

有的楼群本身的园林早已被毁，但在村落之间、楼群之旁仍可看到虬枝古干、龄近百年的荔枝或龙眼行道果树，实属难能可贵（图2-1-24）。

在侨乡建设比较集中的地区，往往也兴办了中、小学校，大多也采用中西合璧的建筑形式，遗憾的是，除少数学校留下几株高大的常绿阔叶树外，竟找不到任何其他的园林踪迹（图2-1-25）。只有今日花都的美成学校内，仍然完整地保存了一座美丽的西式钟楼——彰德阁（图2-1-26），并在1997年竖立刻有《重修彰德阁序》的石碑，供人回忆。碑文如下：

图2-1-24 华侨楼群间的荔枝行道古树

图2-1-25 原花都区的修业学校

图2-1-26 美成学校的彰德阁

重修彰德阁序

彰德阁始建于本世纪初，业距今近百年历史。由于白蚁为患，杉木霉变，有濒临倒塌之危。唯彰德阁乃本村之文物建筑，有其历史价值，故自美成学校新教学大楼落成之后，对重修彰德阁的设想一直在加紧筹划之中。经多方努力，再次由我旅美侨胞发起捐资，终于如期对彰德阁进行重修。今天工程全部落成，旧貌换新颜，远非昔日可比矣。

有鉴于海外侨胞对家乡事业无限热忱，我村民无不感恩戴德，铭记五中。为表彰旅美侨胞功德，特立碑纪念，以告后人。

美成学校第三届校董会

一九九七年秋重修

第二节　中国传统园林在近代的延续

自魏晋以来，私园就一直是中国园林的三大类型之一。那时，大官僚、大富豪的私园比较抢眼，如石崇的金谷园，大官宦之家的谢氏始宁墅等。后来，经过唐宋时期写意山水园的发展，私园更为兴盛，艺术水平也有所提高，尤其是在唐代首都长安与洛阳两地，名园别业极为普及，不胜枚举。宋代亦随之而延续发展，并且逐渐形成文人园林，占据着士人园林的主流地位。后来又经过元、明、清三代的园林成熟与鼎盛时期，文人园林的建设达到了高峰，并波及北京，以及江南、华南各地。一直到近代，尽管社会动荡、战乱频仍，但这种文化入园的中国传统遗风仍然绵延至今。

北京恭王府是皇族成员中最后兴建的一座私人园林，虽仍具有中国皇家园林的特色，但也不能不受到时代潮流的影响而渗入一些中西合璧的元素，代表建筑物即其大门。

福州的三山旧馆是由宗祠、住宅、园林三位一体合成的官僚私人园林，基本上是属传统园林一类，但也没有遗漏所处时代的园林特色。在园林中，主人修建了一座白洋楼，铺设了一片大草坪都有西方园林的影子。

而文人们自建和集资共建的文人园林，如杭州西湖的西泠印社和金溪别业（亦称庸庄），以及广州的十香园，乃至台北的摩耶精舍等则更深刻地体现出中国文人的个性与建园的特色，应该算是文人园林的一种发展。但是，由于近代社会的种种不利因素，这类园林在规模上日趋减小，而在数量上则日益增多，一勺水、一片石均可成园，如半亩园、残粒园等小规模园林也常出现于民间。这些袖珍园林不以物华体大为上，而以意境深邃、景物简洁而备受称颂，正是"室雅何须大，花香不在多"的范本。那时候，真正以文为生的文人，大多无足够的财力营造大园林，但又需要修筑园林以会友，以自修，以归隐，以楼避，自得山水之乐，细听天籁之声。也有抱着"天下兴亡，匹夫有责"之志者，以笔杆为武器进行文化的斗争，如苏州的"邻雅小筑"就是一处袖珍园林，取"一角雅园风物旧，海红花发艳于庭"之意。这里仅凭老榆一树参天，有池一泓清水，苔痕皆绿，草色帘青，而成为一个进步文学团体——星社的雅集之地。

在近代的中外交往中，不仅有"文风"的坚挺，也有"商战"的提倡，一股图谋营利的商风也吹入私园。有的是先有园林，后添加游乐、餐饮，乃至摄影、展览等多种功能与设备而开放营业的；有的则是为营业而配置园林的。在上海，从19世纪80年代至20世纪的三四十年代的著名营业性园林就有13处，其中当然也包括有文人雅集活动的在内。而如大世界这样的纯粹游乐场并不包括在内。

在香港，早在 19 世纪三四十年代即已有这种多功能的私人游乐场，也以"园"或"楼"的园林名称问世，如樟园、愉园、太白楼、利园等。以后又发展到在一些大百货公司的屋顶天台设游乐场，如先施公司的高楼天台上就设有女伶演唱，映画西洋片，乃至有怪人野兽、小动物等供人逗乐。这种形式的私园就几乎全部失去私人花园的本质而变成以利为诱导的公共游乐场了。这些或可看作近代私园的变异，而称其为一种特色。

但是，近代商风的骚动却也催生了另一种回归式的公共建筑物附属园林，尤其是南粤地区的酒家园林，那是真正具有精致、幽雅的庭院或庭园的酒家，特别为广东人长时间啖茶、聊天、交往、宴会的需要而设。

现就上述传统园林分别举例如下。

一、故居园林

（一）福州三山旧馆园林

三山旧馆位于福州市旧城北后街的钱塘巷。占地约 40 余亩，始建于 1840 年左右。主人是清末大臣、福州晋绅龚易图（1835－1893），字蔼仁，号含晶，籍贯闽县，祖居北后街，少时丧父，家道中落，巨富欲购其居屋，受气发愤，后登进士，历任县令、军咨、郡守、江苏按察史、云南布政使，未及赴任，又调广东布政使。李鸿章给以肥缺官职，不用徇私舞弊，一年即有丰厚薪酬，龚易图做了三年，便宦海收帆，归隐园林，不作出

岫之云，此时还不到五十岁。

他出仕后不久即收回北后街居室，退隐时，龚家在福州城已共有园林四处，一为城东南的芙蓉别岛，曰武夷园，以水石取胜。二为城南的双骖园，以山及荔枝取胜。三为乌石山西南一角的乌石山房，中有袖海楼、餐霞仙馆、啖荔坪、蕉径、注契洞、净名庵、南社诗龛诸胜。背仰邻霄台，眉倚积翠寺，南俯双江，东瞻石鼓，西望雪峰，以近瞩怡山小西湖。龚易图集句楹联曰：

> 平生最爱说东坡，日啖荔枝三百颗。
> 天下几人学杜甫，安得广厦千万间。

四为城北旧居的环碧轩，以水、荔枝取胜。1883 年左右，龚氏归隐，重新修建居屋园林名曰三山旧馆，其园林之胜，为榕城之冠。

三山旧馆的得名是因福州城内有三山，一曰九仙山（亦名于山），二曰乌石山（又名闽山），三曰赵王山（又名屏山），旧馆正在此三山之间。

1. 三山旧馆的总体布局

旧馆集住宅、宗祠及园林三位于一体，基本可划分为四个功能分区（图 2-2-1，图 2-2-2）。东部为宗祠，自成一个传统的二进式庭院布局，主要功能是祭祖。除祠堂设牌位外，后进则以恩赐堂为中心，其余为庑廊、厢房、天井等。由旧馆大门而入，首先见到的是龚氏宗祠，作为不忘祖先恩德的第一功能区，面积约为全馆的 20%。

其次为居住生活部分，其中又以中部三进式的传统建筑群为主体。最南端为掬月簃，由此往北，依次为

图 2-2-1　福州三山旧馆鸟瞰图

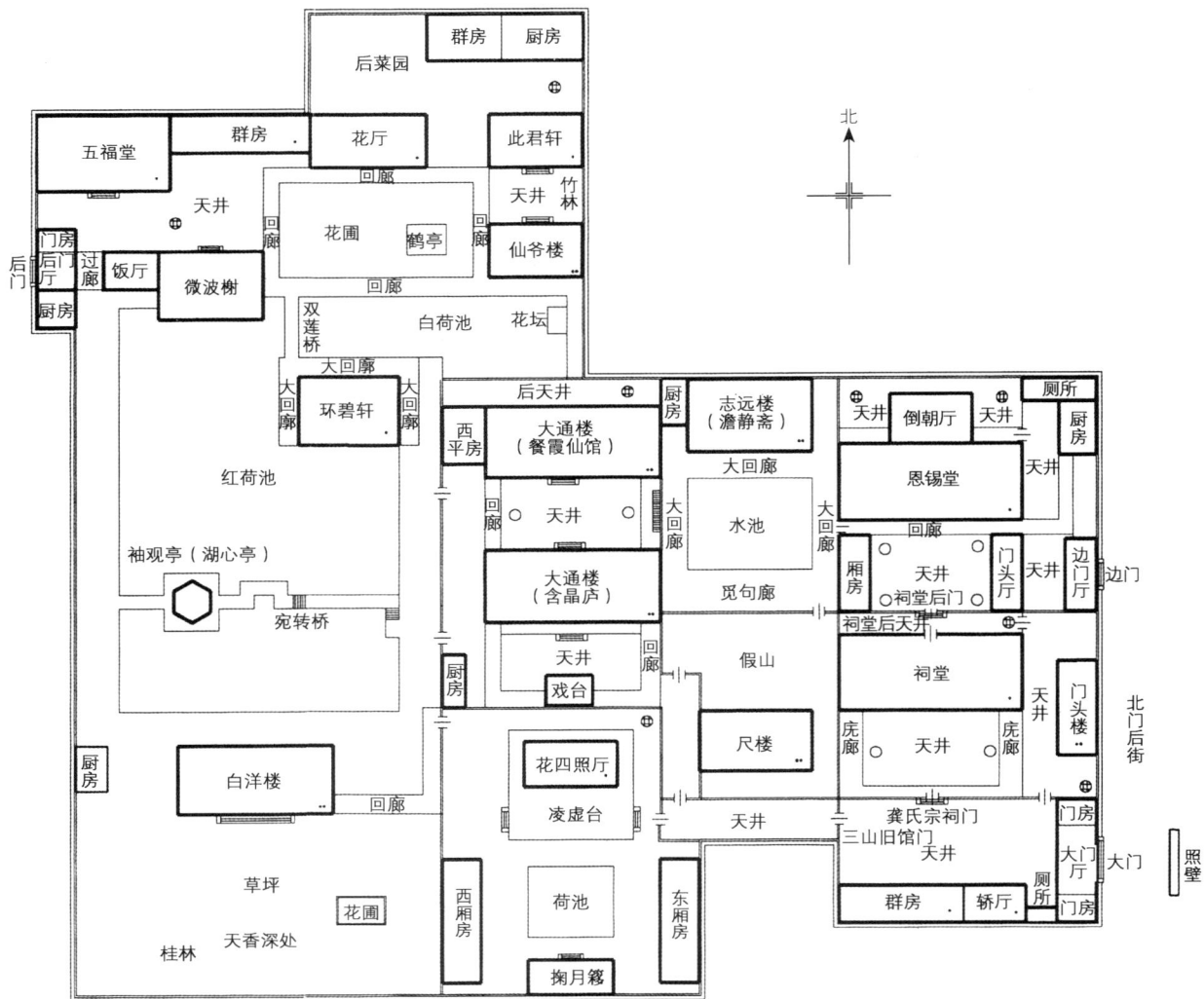

图 2-2-2　福州三山旧馆平面示意图

荷花池、凌虚台、花四照厅、戏台、含晶庐、餐霞仙馆（即大通楼），与两侧的厢房、厨房、回廊等构成全馆的主体。而在其东侧平行的二进院落则有尺楼、假山、水池及澹静斋（即志远楼），是以文会友的活动区域，亦可供游宴。这一部分约占全馆面积的30%以上。

西部面积与中部相若，亦为30%，此处是旧馆的园林区，以红荷池为中心，有环碧轩、微波榭、袖观亭（湖心亭）、宛转桥、白洋楼等亭榭园林建筑，有面积较大的水面与草坪，与东、中部建筑空间形成鲜明对比（图2-2-3～图2-2-5）。

而在北部还有一片建筑与园林相结合，类似后花园的半开敞空间。这里的建筑物有此君轩、仙爷楼、花厅、五福堂等，但更有三片开阔的空间，即菜园、花圃、白荷池，花圃中有鹤亭，白荷池旁有回廊、花坛，与红荷池之间以双莲桥相隔，实际上是西部园林主体部分的延伸，为全馆提供花卉的储备和蔬菜的供应，以及勤杂人员的生活住所。其面积约为20%以下。

总体来看，旧馆园林占地在60%以上，分区明确，布局合理，继承了中国园林的传统艺术手法，其空间感觉大体呈东实西虚：东、中部以层层递进的院落式建筑空间为主体；西、北部则以开阔、半开阔的园林空间为主体。封闭的建筑空间中有"虚"——天井，开阔的园林空间中有"实"——园林建筑（亭、桥、廊、榭），丰富了园林的层次。但从总图及记载中可知，三山旧馆少有大片林木之设，道路亦多为长、短直线，少曲折，但基本保持了中国传统园林的韵味，唯有白洋楼部分，糅进了西洋建筑及西式大草坪、树丛的风格，而成为旧馆中中西合璧的一角，近代的园林时尚在这一角也得到了印证。

图 2-2-3 环碧轩前的家人旧照（1913 年摄）

图 2-2-4 白洋楼一角

图 2-2-5 宛转桥（1925 年摄）

三山旧馆的园林面积之大，在近代私人传统园林中并不多见，足见主人晚年归隐后对园林需求之殷切，这里不仅有物质文化与环境质素的需求，更有精神文化、园林文化的需求。

2. 三山旧馆的精神文化活动

1）不忘祖德的宗法观念

大型宗祠一般多为单独设立，便于主办大家族的各种活动。而宗祠与住宅合为一个建筑群的数量也不少，这与宗族分支的大小有关，更主要的是，合在一起的便于后世子孙从小就知道自己的身世与渊源，在日常活动中灌输儒家伦理道德的观念，寓家训、家教于无形，是一种德育的渲染。这也是三山旧馆的特色之一。

2）以文会友

平时，主人有兴则邀三五好友随时聚集，舞文弄墨，每年除夕还在大红荷池边的环碧轩池馆设宴，拈韵做诗。

而吟咏最多的，是对大自然的欣赏与颂扬，这是主人龚易图爱好之使然。

这一点，也可从龚氏子孙的诗词中很明显地表现出来。如描写《春雨》的龚令覆诗曰：

连朝阴雨倍增寒，片片飞虹入画栏。
风雨何须频相妒，春来未几又春残。

又如描述《败荷》的龚令薆诗曰：

冷风吹彻过三秋，败尽荷茎水面浮。
斜日一塘枯叶影，宽闲犹有泛群鸥。

当然，还有抒发主人对此园经历感慨的楹联，如环碧轩西廊有联曰："绿波照我又今日，红树笑人非少年。"红树指的是荔枝树，寓意此园受辱出售，为官后又赎回，归来时已非少年的感慨之情。

3）丰富的藏书

藏书是三山旧馆的一大功能与特色，也是中国传统文人园林情操的体现。龚易图本为典型的官宦之家，其高祖龚景瀚是著名的藏书家，至易图时，散失一些，其余分散藏于双骖园、武夷园及芙蓉别岛。三山旧馆建成后，就集中于环碧池馆，又新建大通楼藏之，并题额为"五万卷藏书楼"。1879年，龚易图又自编一部《大通楼五万卷藏书目录》。

在目录中不乏珍本、善本，多为元、明刻本，名家抄录校本，含经史子集各类珍本。目录中的每一册书均有题解、作者、卷数、册数、版本及其流传情况。

可惜后来藏书又散失不少，现部分藏书已由福建省图书馆收藏。

如今，从资料中可以看出三山旧馆主人的种种藏书情况。如主人龚易图自撰藏书楼楹联曰："藏书岂当为儿孙计，有志都教馆阅登"。可见这藏书不仅供子孙阅读，也可为"有志者"、亲友登楼阅览，并设有专人管理。

而蔼仁公在编制《大通楼藏书目录选抄》时，曾撰有一诗，道出他藏书的缘由、对藏书的认识和对后人的期望。诗曰：

舍此他无术可嬉，贫儿骤富便成痴。
搬姜无用将怜鼠，还酒从今不借鸱。
高阁料应终日束，名山已悔十年迟。
封侯食肉寻常事，得作书佣亦大奇。

但愿将身化蠹鱼，鲸吞鳄作食吾余。
埋头自今甘沉湎，结习何生与被除。
未必赘牙常诘屈，但能过眼亦轩渠。
收藏岂仅儿孙计，有志都教读此书。

由此诗可见，其藏书之志是少年受辱而引起的奋发图强之志，为沉溺读书之中、不为名利世俗所羁之心，有读书之乐，有积练之功；有教育子孙之意，亦有育才普化之诚。因此他在知命之年即归隐求知，享诗书会友之乐，故文人之筑园林乃世间必然之事。其后世子孙亦能秉承其志在园内读画、温经。

龚令菁写《微波榭读画诗》云：

微波榭外水长流，读画晴天恰晚秋。
管氏写生真妙笔，吾家凤尾心相伴。

又有《澹静斋温经》一诗曰：

如烟细柳映回廊，寂寂幽斋袅篆香。
最爱小窗频剪烛，读书声里雨浪浪。

三山旧馆的兴建正处于战乱频生，社会变革的大转折时期，但它却能保持中国传统园林中私家园林的类型、功能与风格，而成为近代文人园林的代表作，说明在混乱的中国近代百余年间，并没有出现传统园林的断层。

此外，三山旧馆丰富了宗祠、居住、园林三位一体的模式，较为完整地反映出中华民族文化的悠久历史以及爱好大自然的优良传统，继承了诗画入园的高雅的文化内涵与艺术形式。

同时，它保存了文人园林的传统特质，创造出双莲桥闻笛、掬月楼观荷、环碧池馆春望、微波榭读画、澹静斋温径、凌虚台观柳、志远楼晚眺、天香深处夜坐、花四照厅啖荔、袖观亭品茗等十景，又糅进了西式建筑与草坪的风韵，具有近代园林中西合璧的时代特征。堪称近代私家园林的代表之作。

（二）台北张大千故居（摩耶精舍）

张大千（1898-1983），四川内江人，中国近现代著名画家。其一生经历颇多变化。早年曾赴日本学习染织，稍后亦曾入寺为僧，在战火纷飞的年代远赴西北，临摹敦煌壁画。其绘画出类拔萃，自成一家，更精于碑拓石刻，富笈藏。中国大画家徐悲鸿曾评赞张大千的绘画成就为"五百年来一大千"，中国政坛名人、书法家于右任曾赠送给张大千一副对联曰："富可敌国，贫无立锥。"而他自己也曾书联赠人曰："佳士美名常挂口，平生饥寒不关心。"这是别人和张大千自己对其为人及生活景况的写照。

张大千对待生活有一大特点，即"凡所居之处，必建园林"，居住时间长者建大园林，短者室内外都放满盆景，可以说，园林是他生活的必需。张大千一生的时间大部分都在海外度过，他东奔西走，所建园林共有五处。

一是在四川家乡的"梅村"；二是南美洲巴西的"八德园"；三是1969年在美国旧金山南面的一座小城市卡弥尔的"可以居"，1972年又迁美国"十七里海岸"滨石乡建"环荜庵"，面积达1亩，最后于20世纪70年代后期（1976～1978年）回到台北在外双溪建"摩耶精舍"。

他于1972年初到美国建"环荜庵"时，就开始栽花、种果、植竹，美国友人也赠梅花百株贺其乔迁，他自己也是到处乞讨名木，自云："君家庭院好风日，才到春来百花开，想起杨妃新睡起，乞兮一颗海棠栽"。室外还有松林梅园、花丛、茅亭、石景，俨然园林春色如许，可是仅仅过了四五年之后他又去台湾建设了另一处新的园居，抑或作落叶归根之想。

张大千颇具规模的巴西"八德园"居所位于巴西圣保罗市，此处海拔600米，气候宜人，冬不用火炉，夏无需风扇。他从一意大利商人手中购得此处370亩（约24.7公顷）的土地作园林。然后到处购置中国的牡丹、竹子和各种梅花，从日本北海道购买落叶松，从印度运来美人蕉，从香港运来白兰花，也种着当地的巴西香蕉。

接着开挖湖荡四处，筑亭子五个，又置奇石，其总体布局与风格完全是一派中国的传统风味，获得了中外友人的高度赞赏。只可惜张大千在这里只居住了17年而不得不移居美国。虽然临离之前，除特大树木外一切搬

迁，但园景则无法完全复原，只好书联叹息："聊复尔耳可以休乎"以自慰。

20世纪70年代后期，已进入晚年的张大千回台湾定居，他选择了台北市东北外双溪溪水分流的一块地皮，面积有578坪（约合1911平方米），用了两年多时间，修建了他最后的一处园居，取名"摩耶精舍"（图2-2-6）。此名源自佛教经典，是说佛祖释迦牟尼的母亲，名叫摩耶，在她怀释迦牟尼时，腹中有三千个大千世界，意即具有"包罗万象，广大无边"的意境。张大千以此纪念母亲，并暗含了自己的名字，表达出胸怀宽广的寓意。

张大千为此园居亲自绘图设计（图2-2-7），其总体布局中居室用地小，约为园居总用地面积的十分之四，四周全部为园林庭院包围。屋顶也是一个精致的盆景园（图2-2-8）。

园林中有丘有池，更多的是植物，以盆景最为突出，园中也有禽类生物。其赏景方式也很独到。居室为二层，局部为三层，有电梯可达各层及屋顶花园，内部设施都很现代化。在张大千经常作息的大厅里，沙发前有一块玻璃落地窗。这不是一块普通的玻璃而是一个放大镜，当他坐在沙发上时，就能将自己精心设计的园林景物放大了静静观赏，也许这就是画家观察自然所必需的。

园居的西、北及东北面原设计有大小形状各异的三个自然形水池，西边的一个较小，叫"龟池"，近圆形，有小桥通入；偏北的曰"影娥池"，面积最大，以赏水中月为胜，东北的一个近三角形，曰"凝香池"，下端紧连"梅丘"；"梅丘"之东为梅林。影娥与凝香二池之间为松林，林中设桌凳，可品茗；影娥池与龟池之间以竹林相隔。这样，整个园林就体现了松、竹、梅岁寒三友的意境。园子东部沿溪流的长条空间，则以亭、廊、桥相接，或高或低，产生一种与溪水相结合的高低错落、开阔有致的建筑空间（图2-2-9、图2-2-10）。

图2-2-6　摩耶精舍入口

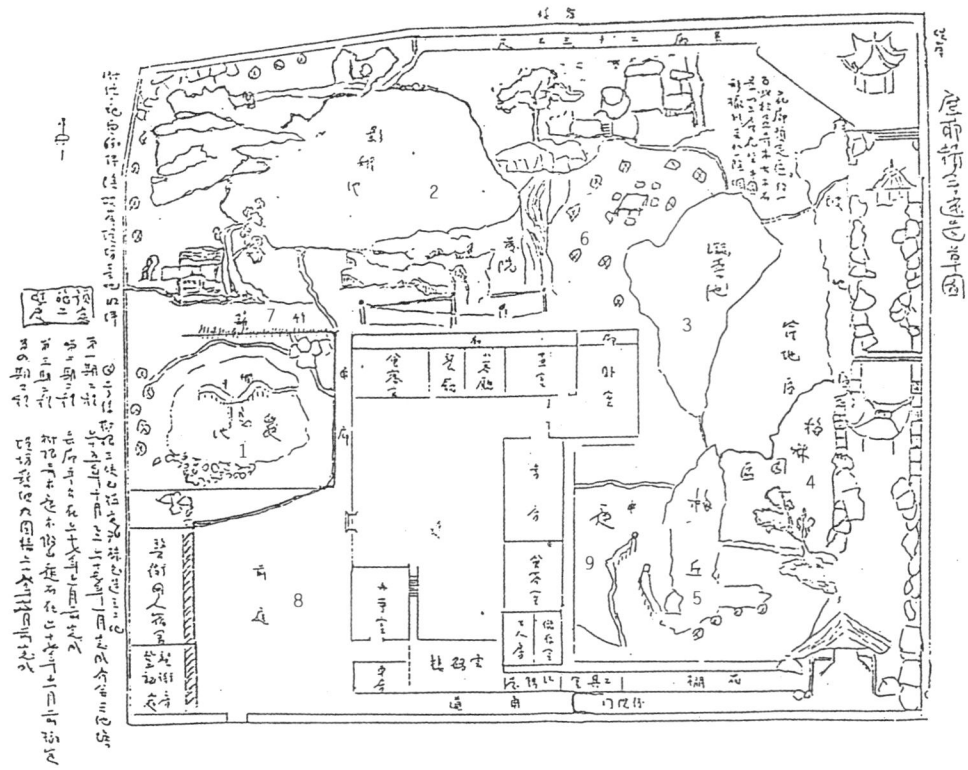

图 2-2-7　张大千手绘摩耶精舍草图

1- 龟池；2- 影娥池；3- 凝香池；4- 梅林；5- 梅丘；6- 松林；7- 竹林；8- 前庭；9- 中庭

图 2-2-8　摩耶精舍屋顶花园

图 2-2-9　摩耶精舍长廊

图 2-2-10　摩耶精舍后庭凉亭

图 2-2-11　摩耶精舍梅丘（丘）

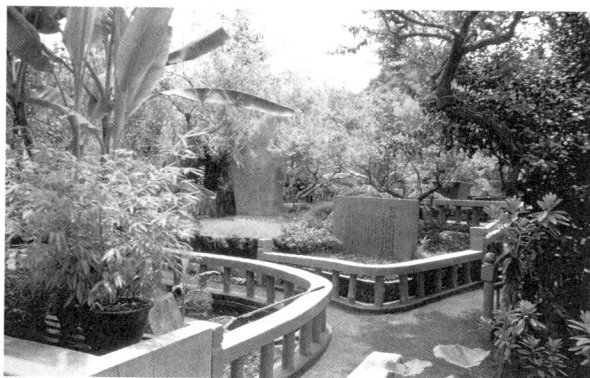

图 2-2-12　摩耶精舍梅丘全景

在园居右侧以梅花为主，张大千爱梅，历来如此。青壮年时的居处称为"梅村"，精舍入口的书法墙壁上也书写了咏梅佳句："眼中多少顽无耻，不认梅花是国花。"这或是他意味深长的感慨之作，将爱梅提到了更高的层次。他生前爱梅，死后也以梅丘藏身，在其墓丘旁立石一块，刻字曰"梅丘"，"丘"字中少了一竖，这是为尊重孔圣人有意避讳而作。园中还建一座翼然亭，联曰："独自成千古，悠然寄一丘"（图 2-2-11、图 2-2-12）。

盆景是浓缩自然的精华，向有"无声的诗、立体的画"的赞誉，摩耶精舍更是处处摆设盆景，室内室外、丘旁水际无处不有，成为精舍的特色。盆景以松柏为主，虬枝古干，苍劲雄秀，其中有四盆"铁柏国宝"，树龄都在两百年以上（图 2-2-13）。大门入口的一盆黑松，枝态悬垂成 45°角，取名"迎客松"。草花盆栽极少，唯有一盆母亲花萱草，与后园中广植的萱草以表其孝思。

除植物之外，精舍里还专门饲养禽鱼。水池中有各色锦鲤，最大的一条头上戴有一朵"红花"，被戏称为"航空母舰"。此外在高大的笼子中还养了灰鹤与青鸾。

总之，精舍中的种种景物，处处都体现出中国文人画家的情趣，看不到这位侨居海外数十年的主人的"洋风"，他把大自然之物纳入自己的生活空间，凡居必有园林，凡园林必为中国情，故能打破时间的界限，表达出这位近现代著名文人的胸中丘壑。

三池一丘叶归根，不作浮游漂泊人。
三亭一棚赏朝夕，依旧中华文化风。
三友成林松梅竹，百盆诗画胜有声。
伏案挥毫勤作画，园林渲染自然成。

图 2-2-13　有两百年以上树龄的铁柏盆景，被誉为"铁柏国宝"

这也是张大千叶落归根的生活写照。

附记一事，以追踪张大千园林情怀的往事。大约在 20 世纪二三十年代，张大千曾应邀访湖北沙市中山公园，为园内涵荫草堂题匾一块，曰"乾坤一寄庐"，题联一副："此间大可移情，开轩纳明月清风，不用一钱去买；有景都堪入画，凭栏观朝霞暮霭，谁将双管来描。"题款为："涵荫草堂落成，此间风景绝佳，清波绿树，不减深山，我辈乘间而踞一日之有，顿涤去万斛俗尘，其乐为何如也。爰撰此联，聊此寄意寄尘。"

从张大千这一游一联，可以看出他对园林的重视与观念。他不仅十分敏感于园林对人的生活与精神的作用，而且深切地体会到园林可以营造出"不是深山，胜似深山"的美景来。

（三）西安杨虎城公馆（止园）

止园是由近代抗战名将杨虎城将军于 1930 年秋兴建的一座私人公馆园林，造园时正是杨将军从东路与军阀作战凯旋归来之时，故取"紫气东来"之意，初名"紫园"，后来为了表达一致抗日，要求停止内战的决心，又取"止戈为武"之义，改名为"止园"（图 2-2-14）。

止园的基址最早属唐太宗李世民朝廷的太极阁，是经常接见文武大臣和外国使节的地方；明代时，是皇族修建的一座豪华的"九王爷府"；清初，又改建为一座香火鼎盛的佛堂；几经修建与毁损，到民国时期已是一片荒迹。杨虎城主政陕西时，自费买下这块基址修建公馆。他请建筑师张夷农为他设计了一座别致的中西合璧风格的杨公馆。

建筑为二层，西式楼身，中式屋顶，墙面及构架略

施雕饰，与西式的宝瓶栏杆等结合设置（图 2-2-15、图 2-2-16）。入口为中式门楼，整座建筑处于一个略高于地面的平台上，四周有瓶式围栏。入口平台两旁，分种槐树各一株，四周则翠竹沿墙，浓荫覆盖。前庭花园中有一条石板路，路旁栽植黄杨绿篱，直通公馆，并将庭院分隔为两块休息小园地，其中设有坐凳及树桩式小桌，上有乔木荫蔽，环境幽雅（图 2-2-17，图 2-2-18）。在 20 世纪 30 年代中期，周恩来总理为和平解决西安事变，曾来这

图 2-2-14　止园大门

图 2-2-15　杨公馆建筑正立面

图 2-2-16　绿色的止园

图 2-2-17　浓荫如盖的止园全景

图 2-2-18　止园前庭一角

里与杨虎城将军作过长谈，汪锋、王炳南等领导同志也曾驻足于此，故此处已成为近代抗战时期的重要纪念胜地而永留史册。

二、文人园林

如前所述，在动乱的魏晋六朝，私园发展到了以前从未有过的高度，从而奠定了中国私园类型的基础。而中国的私园往往又是和文人、富商联系在一起的，富商有了钱常常要附庸风雅一番，于是所谓文人园林就成了中国私人园林的主流。当然这里面有大小之分和雅俗之别。近代的私园发展，亦与其有相似之处，不仅数量多，而且内容更为丰富，更有一种走向"专类"，或由"私资"转向"集资"、由私人走向社会的趋势。

如近代最著名的杭州西泠印社就是专门以金石篆刻为主，由集资向社会开放的精致小园林，而如广州的十香园则是专门教画授徒的私家园林，带有传习所的性质；而近代的文学社团如南社、星社所享用的私人园林，又是在单纯的以文会友、相互唱和中渗透着关心国事，议论和发表时论的场所。

（一）杭州西泠印社

自古以来，以文会友于园林已是中国文人雅集的一种方式，但多利用私人园林，却少见集资兴建专门社团园林的。

1904 年兴建的杭州西泠印社园林则是近代社团园林的一个先例。它的渊源应该追溯到北宋时期，先有爱石成癖的文人米芾首倡的"文人治印"于前，继有一代词人李清照、赵明诚夫妇对金石书画的潜心研究于后，自此逐渐产生了诸多的金石印章学派流传于世，诸学派中则以浙派为盛。

到了近代的乱世，文人们多寄情于山水，诗画以避世。往日的诗社、画社等活动也很多，于是浙江安吉的画家、篆刻家吴昌硕（1844-1927）与丁仁、叶为铭等人就选址杭州孤山西端山丘近西泠桥之地，成立了研究金石篆刻的学术团体，取名西泠印社。并建起了一座山林意趣的园林作为社址（图 2-2-19~图 2-2-22）。它属文人园林的类型，但也趋向为专业门类的园林。除了收藏、研讨金石篆刻的文物等内容之外，印社最大的特色是其园林环境，它因地制宜、依山就势地利用山丘的岩石，钻洞刻石，突出种种石刻的园林形象，如石门、石屋、石塑像、石洞、石塔、石桥、石岸、石路、石阶、石台、石桌凳，以及大量的石刻书法，构成了比较完整而精美的石刻文化氛围，从而形成以金石篆刻为主题的特色园林，也开启了近代文人园林走向专门化的首例，丰富了文人园林的类型。

（二）广州十香园

广州的十香园则是以教画授徒为主的另一种专门化特色园林。

十香园位于广州市海珠区江南大道中怀德大街三号，是晚清广东画坛上享有盛名的花鸟画家居巢、居廉两兄弟所建的私人园林 ❶，因园内种有十种美丽而芳香

---

❶　居巢、居廉兄弟的绘画艺术继承了前人技法而有所创新。题材以花鸟虫鱼的小品为主，兼及社会民生；构图造型灵巧创新，一度成为清末岭南画坛的主流。这种以蒙馆形式培养入室弟子的方法，加之纳入小自然的环境，培养了如高剑父、陈树人等卓越画家；故有人或认为十香园为"岭南画派的摇篮"。

图 2-2-19 西泠印社的石屋（汉三老）及石像（吴昌硕像）（1962年摄）

图 2-2-21 西泠印社池旁的石洞及社名的篆刻（右下）（1962年摄）

图 2-2-20 西泠印社水池旁的石刻——规印崖（1962年摄）

图 2-2-22 水池山洞旁的邓石如塑像（1962年摄）

的植物而名"十香园"。该园兴建于1856年前后，面积仅640平方米。

园居的绝大部分已毁，后根据考古发掘复建，现已开放（图2-2-23，图2-2-24）。宅园以建筑为主体，有今夕庵（为居巢的画室）、会客室及起居室。居巢去世后，起居室成为居廉供佛诵经之处，此建筑在抗战时被毁，仅存遗址。

现已修复的还有啸月琴馆，是居廉的画室和住所，因收藏有古琴而名，室内摆满了各种花草虫鱼的标本，作为教具供写生之用，屋前则放置奇石盆景。

紫梨花馆是居廉授徒作画之处，因馆前种有紫藤而名。两旁花池中则种有芳香的茉莉花，入门的楹联曰："月在凝枝梢上，人行末丽花间。"（图2-2-25）❶

整座建筑群为典型的广东民居风格，青砖白缝，除少数匾联外，极少其他装饰或雕饰，更与岭南一些侨商巨富的豪宅不同，它有一份文人园林的朴实无华、幽雅

❶ 紫梨花馆的匾额为晚清书法家居秋海所题，馆前种有紫藤、凤凰木等。岭南画派创始人高剑父曾在馆内学画经年。

图 2-2-23　十香园复原鸟瞰图

图 2-2-24　十香园入口大门

图 2-2-25　紫梨花馆正门

宁静的氛围，兼具居住自修，蒙馆授徒的双重功能（图2-2-26）。就从宅旁的园林来看，也未见有一般精致的水池与叠石，其最堪称道的，则是以十种香花命名的特色。十香是指：

（1）白兰花（*Michelia alba*），又名白缅花，缅桂花。常绿高大乔木，花白色，花期为 6～7 月长达 150天。时人常摘下数朵佩戴衣间以闻其香。在广东、广西、浙江、云南、台湾等地常见。

（2）素馨（*Jasminum grandiflorum*），又名大花茉莉。为直立灌木，花小而白，极香，6～7 月花开时，微风飘过，馥郁满院，广西、云南一带常见。

（3）鱼子兰（*Chloranthus spicatus*），又名金粟兰、珠兰、常绿，多年生草本，枝叶青翠，香似兰花，花期为 8～10 月，广东、广西、福建等地常见。

（4）瑞香（*Daphne odora*），又名睡香。常绿灌木，花白色或紫红色，芳香，花期为 2～3 月，干枝丛生，枝条柔软，株形优美，品种多，适应范围广，主要分布于长江流域及南方各省。

（5）含笑（*Michelia figo*），又名香蕉花。常绿灌木或小乔木，花白色或乳白色，香气浓郁，花期为 4～6月，适应范围广，江南、华南常见。

（6）茉莉花（*Jasminum sambac*），常绿灌木，枝条细长或呈藤状，花白色，极香，花期为 6～10 月，适应范围很广，我国西部最盛。

（7）鹰爪（*Artabotrys hexapetalus*），攀援性灌木或半蔓性的芳香植物，花淡绿色或淡黄色。花期为 4～6 月，宜于花架或园墙。适应于云贵、南粤一带。

（8）夜合花（*Magnolia coco*），常绿灌木，高 2～4米，花白色，微黄，花期为 4～6 月，花晨开夜合，幽馨，主要适合于南方诸省。

图 2-2-26　十香园庭院的影壁

（9）夜来香（*Telosma cordata*），藤状灌木，花黄绿色，花期为5~9月，芳香，夜间尤盛，宜于庭院，适应于南方诸省。

（10）紫藤（*Wisteria sinensis*），为落叶藤本，花为总状花序，下垂，密集而醒目，有芳香，呈淡蓝或淡紫色，华南地区花期在3月，半个月左右。在有关十香园的记载中原无此花，但所述珠兰，实即为鱼子兰，系俗名杂乱所致，故以紫梨花馆旁的紫藤花列入，以凑"十香"之名。

从上述十种香花分析，计有：大乔木一种：白兰花；灌木五种：素馨、瑞香、含笑、茉莉、夜合花；藤木三种：鹰爪、夜来香、紫藤；草本一种：鱼子兰。

上述十种香花的搭配，显示出主人植物配置的特色。一是十种香花的形态不同，功能各异。有高大的乔木白兰花可以遮阴，有较为低矮的灌木，可更为亲近地细赏；有蔓性的香花可形成立体的生态景观，而低矮的宿根草本花卉更可形成地面的装饰。形态不同，高低不一，"各司其职"，这就形成了十香园里丰富的层次，构成一个较为完美而不杂乱的植物空间。而遗存于今日花园一角的百龄鸡蛋花，亦可与高大的白兰花相应，又不至于使小小的庭院过于荫蔽，从而，让众多的香花灌木获得充足的阳光雨露而茁壮成长（图2-2-27，图2-2-28）。

二是所栽十种香花多数为常绿植物，基本上可保四季常青，而其花又有香味浓淡与色彩深浅之异，从早春二月到秋天的十月之后，花开不断，而且不但白天有香气，夜晚的香味更浓，是名副其实的"十香园"。

"十香"之设，不仅可以作为教画授徒的教具蓝本，也是家居生活之所需。主人根据自己宅园的条件，因地制宜地栽植最合适的植物种类。例如，他没有选择最为常人所称道的梅花或兰花，因为风姿高雅的梅花，常以"暗香疏影"入画为最，兰花生于山谷能"不以无人而不香"，而十香园里，既无水池，更无山谷，不能产生梅花与兰花的完整的生态意境，故未能"入选"。而桂花虽香，但体形高大，小小的十香园也难以展现它完美的风姿。一些普遍栽种的栀子花或九里香等，似又过于平俗，故主人选择的是与十香园规模、环境条件以及自修与授徒活动最相宜的十种芳香植物。

（三）南社雅集园林

文人雅集活动一般都选择于园林或名胜之所，这

图2-2-27　修复后的庭院一角

图2-2-28　庭园一角遗存的百龄鸡蛋花

是中国文人的传统。继杭州西泠印社之后，在辛亥革命时期，中国文坛出现了一个比较著名的进步文学团体，由陈去病、柳亚子、高旭等人发起，于1909年成立于苏州，取名"南社"，以"操南音而不忘其旧"寓意社名。

鸦片战争后，清王朝的腐败没落使得整个中国处于丧权辱国、屈膝投降的危急时刻，一批文人们仰慕明代末年的文学社团如几社、复社提倡的气节，抱着"天下

兴亡，匹夫有责"的雄心壮志，挺起胸膛以笔杆进行战斗，从而组织了南社。早期参加者中有不少是孙中山组织的同盟会的会员，高潮时达到千余人，后来因作品及活动杂乱，内部分化，于1923年停止了活动。在南社活动的14年中，他们用笔杆宣扬资产阶级民主革命，反对专制统治，反对袁世凯窃取辛亥革命的胜利果实，曾辑有《南社丛刊》22辑。他们进行雅集活动的场所，主要有以下几处（表2-2-1）。

近代文人社团（南社、星社）雅集私园一览表　　　　　　　　表2-2-1

序号	园名	始建年代	园主	园林面积	地点	简要说明
1	张东阳洞		张东阳	不详	苏州虎丘	原为张东阳祠，有亭台楼榭及花木之设
2	徐园（双清别墅）	1883	徐鸿逵	0.2公顷	上海闸北唐家弄	有堂、榭、阁、斋、长廊，穿云渡水，曲折回环，呈十二景；原为友人聚会场所，后对外开放，可在此结社游赏
3	唐庄（金溪别业）	光绪	唐氏祠园	0.7公顷	杭州金沙港	在祠堂之东北，引水成园，有亭、桥、廊、榭，花木假山，一应俱全
4	张园（味莼园）	1882	张叔和	21亩	上海泰兴路	以洋楼、草坪、绿树、鲜花、水池构成西式花园，可供集会之用
5	愚园	1890	宁波，张姓	30亩	上海静安寺附近	因珍珠泉设茶楼，栽花植树，亭、台、池、榭为园，有中、西式建筑、洋房，可供数百人集会，南社雅集以此园为主要地点
6	西泠印社	1904	金石印学社同仁	2公顷	杭州西湖孤山路	利用自然地势构成山林意趣的庭园，以组织金石印学活动为主
7	半淞园	1918	沈志贤、张伯鸿	4公顷	上海老城厢区	水面占全园面积近半，可泛舟，亭、桥、花、木俱盛，有公共活动场所
8	邻雅小筑		范烟桥	不详	苏州温家岸17号	老榆参天、池塘一泓，苔痕皆绿，草色帘青，图书书香，南社及星社均常聚会于此

注：近代南社耆宿高吹万（1877-1958）在上海金山及松江另有"闲闲山庄"、"松风草堂"及"怡园"，也曾作为南社雅集之园林。

1. 杭州西湖唐庄

唐庄位于杭州西湖的金沙港，故又名金溪别业，原为唐氏的祠堂园林，始建于清代光绪年间（1875～1908年）。祠园的东北建有园亭胜景，但极少见文字记载，唯童寯所著《江南园林志》中，留下一张简略的平面图（图2-2-29）。从图上分析，因园临西湖金沙港，故能引水入园，在东北有一面积稍大于园林的大水面，有曲桥中分为二池，池东南有绿地，池西南则为唐庄园居建筑群，临水有"吸翠"廊亭。主要厅堂曰"金沙泽远"，东部还有香雪轩、金溪别业亭，有回廊将建筑群与大水面分隔，比较简洁。其他无详细记载，但留有《唐庄题壁诗》八首，从诗中可以窥见其园林之胜，故抄列于此。

曲曲回廊竹里通，水亭遥在画桥东。
一篙声响舟前渡，惊醒鸳鸯半梦中。

嶙峋怪石叠巍然，洞里山家别有天。

半种梅花半种竹，看他风雪耐年年。

东边草阁俯临江，侵晓晴开六扇窗。
流水桃花春意暖，闲看乳鸭下双双。

读书堂外曝书亭，西北高楼屋建瓴。
三面琳珑堆满架，南窗留我写黄庭。

面对南山作草堂，菊花时节好倾觞。
疏篱一抹斜阳淡，瑟瑟西风送晚香。

百花深处屋三椽，缺露春山一角尖。
坐待风前双燕子，唤童未暮卷珠帘。

空中楼阁雾冥冥，高卧南窗唤未醒。
自笑胸无丘壑意，不堪着笔付丹青。

吸翠

金沙泽远

香雪轩

金溪别业

别金
业溪

金沙港

北

0 5 10 15 20米

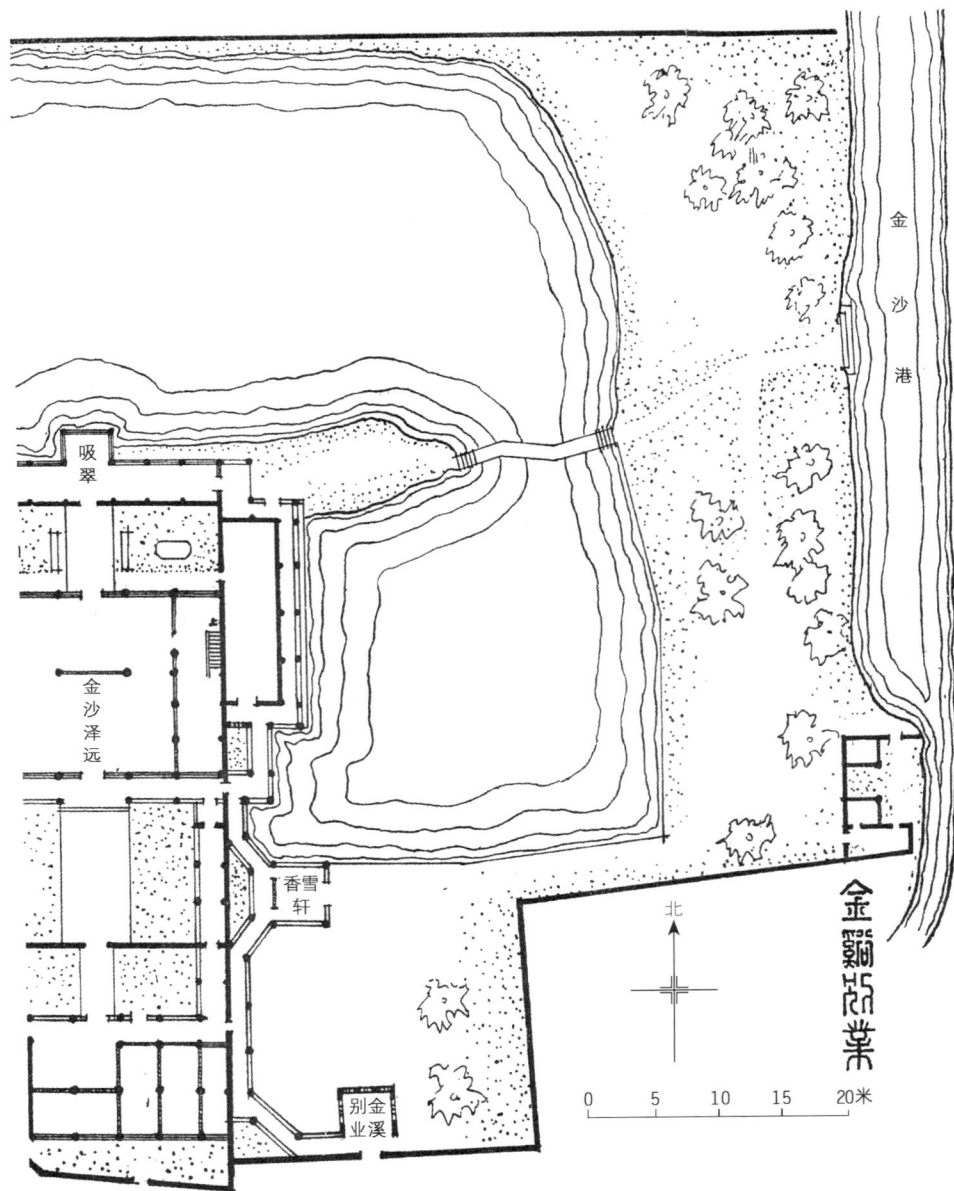

图 2-2-29 杭州西湖金溪别业（唐庄）园林平面图

留来余地十分宽，曲径二三绕画栏。

雅爱此君能免俗，空庭多种竹千竿。

从以上八首题壁诗中，可以了解唐庄的园林面貌及其园林活动情况：

建筑物有亭、廊、桥、榭、楼、堂、阁屋，可供停憩、赏景、曝书、饮宴、起居之用，是传统私园的主体。而大的水面可泛舟，小的嶙峋山洞可漫游。特别是园内的动、植物也很丰富多样。既有春天的梅花、桃花，也有秋天的菊花，还有萧竹千竿，百花深处，能感受到时间的变化与空间的转换。而乳鸭、鸳鸯和燕子的游弋与飞翔，更能增添园林里活泼的生态气氛。

从总体来看，建筑群、大水面、绿地三大片布局，正是园林空间虚实与景观情趣的对比与组合，是纳大自然与人工建筑成一园的艺术处理手法，也是迥异于一般私园传统院落式建筑布局或宅旁庭园式园林布局的特色之处。

2. 上海徐园（双清别墅）

徐园位于上海市唐家弄（今闸北区天潼路814弄），占地0.2万平方米，为富商徐鸿逵于1883年始建的私园。四年后，于1887年对外开放，收取门票。一度出售，又回收开放。至1909年，由徐鸿逵子冠云、凌云兄弟重修，称双清别墅，保存全部旧园景观，并扩大面积至十余亩，继续开放。至1937年上海"八一三事变"后，该园曾作为闸北难民收容所遭烟熏火毁。1945年战后，难以恢复，乃拆除残物，改建为一般住宅区。

旧园为传统的中式园林，精巧典雅，清人池志微《沪游梦影》一文中记载："园不甚大，其中为堂，为榭，为阁，为斋，又列长廊一带，穿云渡水，曲折回环，其布置已为海上诸园之最"。后来这些景致就逐渐演化为"徐园十二景"：即草堂春宴、寄楼听雨、曲榭观鱼、画桥垂钓、笠亭闲话、桐荫对弈、萧斋读画、仙馆评梅、平台远眺、长廊觅句、柳阁闻蝉、盘谷鸣琴。

鸿印厅位于园中央，为全园主景，其余有东墅作棋室，兰言室为花卉、书画的展厅，临池有鉴亭，还有造型别致的画船。假山石洞亦可容十余人，山巅置石梁桥，长约十余尺。另设园中之园又一村，村内有吟云草庐、琳琅山馆、瓯香亭及花廊、花圃、饲养兔、鹅、鸡、鸭，俨然一派农家风光。

此外，还有一些点景建筑如十二楼、孔雀亭、桐韵旧馆、梅花仙馆、玉壶春、妍行、纪其楼等，可用于园内开展的各种活动。

此园开放的特色似以文化娱乐活动为多，餐饮则以品茗为主，如玉壶春、妍行、又一村都是显官名流或文人品茗、宴集的常聚之处，因园主人徐鸿逵擅长琴棋书画，又长于交际，沪上名士都慕名而来，在徐园举办的雅集活动相当频繁，如：

（1）书画展览。徐园于光绪十五年（1889年）创办徐园书画社，首批社员30人，当年就举办过两次展出雅集活动，互相观摩品评，甚或出售或索求书画等。规模最大的一次展览是在1925年3月，中国画坛名家如任伯年、顾若波等十余人都来参展。

（2）琴会。也是在1889年3月首次雅集，以后不定期举办。会员都具有较高的音乐素养和演技，都是自带琴器前来演艺，相互观摩。

（3）曲会。以昆曲为主，雅集时，除会员演艺、观摩交流之外，也邀请熟习声律的名伶与会，参与表演及指导。逐渐地，这里就成为上海昆曲传授、交流和演出的重要场所之一。

（4）花会。这是徐园文化活动中规模最大、延续时间最久的集会，始于建园的1883年，延续至1925年，共达四十余年。在此展出的专类花卉有蕙兰、牡丹、梅花、杜鹃、荷花、菊花等，在盛花时展出，同时也举办"荷花生日"，"百花生日"、"菊宴"、"餐花"等。如菊花还按花期分集展出，每集展期七天，共四集，这些都是徐园别开生面的活动，为其他营利性私园罕见。

（5）修禊会。在1913年和1918年曾举办过两次，仿兰亭修禊活动，主要是临流题咏，互赠己著，以及品尝美酒佳肴等。

由于徐园的文化活动比较丰富、高雅，当时社会上的文化团体也都常来此雅集，如清末民初著名的文学团体——南社就曾多次在此云集。

但是，新园扩充后，就增加了许多普及民俗的活动如灯会、灯谜、焰火、摄影、电影放映等，使徐园成为雅俗兼备的文化娱乐场所，而成为一种与社会生活相伴而行的近代园林类型。

3. 西园及其他

位于浙江嘉善县西塘镇的西街中段有一个小西园，始建于明代万历年间，历年来屡毁屡修，至清末民初仍然是江南水乡小镇上的一所名园。

其入口有"寿"字照壁，整座庭园隐没于竹林之中。园中为水池，池周假山环绕，山顶设小亭，亭下有山洞，池西有小溪，溪上设小桥（图2-2-30～图2-2-34）。西园内有：养仙居、稻香园、墨家轩、听涛轩、秋水山房、延绿草蕴堂等；园中更有"小山醉雪"、"古树

图 2-2-30　西园入口的照壁

图 2-2-33　西园主要庭园假山

图 2-2-31　西园庭园小池

图 2-2-32　西园庭园

图 2-2-34　西园南社社员柳亚子像

啼禽"、"曲槛回风"、"盆沼游鱼"、"蔬帘花影"、"中堂皓月"、"西园晚翠"、"邻圃来青"八景，南社成员常来此雅集。1920年秋，原南社社员柳亚子、陈去病、余十眉、蔡韶声等来西园相聚，并游览了西塘北十里的古吴越界湖——分湖，又参加了柳亚子弟柳公望的新婚之礼，并于12月3日在此摄影留念，并命此照片名曰"西园雅集第二图"。据执笔为记的蔡韶声所云："昔米元章（米芾）、黄山谷（黄庭坚）辈有西园雅集图，图中服式融用，俯仰动静，弥不毕观，千载之良会，万古之韵事也。展卷器心，每憾不能窜身入画，与古相接为恨也。民国九年十二月三日友人吴江陈巢南、柳亚子两公莅至，朋好邀集于里中西园，诗酒唱酬，欢会尽情，且共摄影，名曰'西园雅集第二图'。"

而园内养仙居建筑柱联则曰："南社诗词难生假，西园山水可仿真"。又云："游人常到此，莫宠坏名园美景；骚客偶吟之，恐捧煞乐园良辰。"事隔千年，米、黄之西园与南社之西园究竟是否为同一处，并未考证，前后两图相接仅可作园林雅集传统之风未断之佐证罢了。

在扬州这样一座因大运河和盐运发达而繁盛起来的城市，茶楼酒肆园林早在清代乾隆南巡时就已相当兴盛，从而成为当时的特色园林。从清代末期直至民国初期，虽然随着经济的衰落，扬州的大型园林日趋衰弱，但具有营利性质的茶楼酒肆园林则一直延续下来，成为近代园林中"史难绝书"的一种园林。

清代李斗在他所著的《扬州画舫录》一书中说："吾乡茶肆，甲于天下。多有以此为业者，出金建造花园，或鬻故家大宅废园为之，（其）楼台亭榭，花木竹石，杯盘匙箸，无不精美……"像这样的茶楼酒肆在那时就有数十家。

其中有名的西园茶肆，就有园林建筑如濯清堂、舫咏楼、水明楼、新月楼、拂柳亭等诸名胜，统一于园中。前门为茶楼，后门为酒肆，纳两肆于一园，而成为扬州二十四景中的"西园曲水"一景，盛极一时。

而最有代表性的要数北郊丰乐下街的"冶春花社"：园中四时花木俱备，尤以盆景突出，为园主人亲自培育。园中的小假山也是园主人亲自堆叠的。并置草堂数间，设茶坊，游人乘船而来，在此品茗之后，即购花而返。"冶春花社"将赏园林、购花木、品清茗结合于一体，以观园林之胜，品天水之茗，猎名花之获不亦乐乎。

而以"绿杨城郭"一景闻名的园林——绿杨村则更是近代扬州园林茶坊的典型。村前竖"绿杨村"匾额。初入村，即跨板桥，沿堤花木成行，临河画船群集，多在绿荫之中。远望树林中伸出长杆旗，上书"绿杨村"，白底红字，形成红、绿、白三色的艳丽景色。临河设精舍数间，座位雅洁。村中心编竹成簋，植四时花木盆景，其东则为干霄直上的修竹林，竹林中有冷香亭可纳凉品茗。亭之东为荷花池，池周环以杨柳。而在绿荫深处，又建茅屋三五间，作为上等的茶坊。每逢重阳时节，村中则办菊花

大会，造"菊龙吐水"之景，五光十色，热闹非凡。

丰富多彩的茶坊酒肆园林已成为扬州近代私家园林转型为行商园林的一大支流。

从以上三处园林看出，南社所享用的园林都属中国传统的文人园林，即使园主不是文人而是官宦或富商，但其园林也都表现出一定的文人雅士所置园林的风韵，其建筑物的命名、匾额楹联，乃至室内陈设、墙壁字画、山石盆景等都显示出一种园林文化景观。但是，除西泠印社、唐庄而外，其余在上海的张园（1882年建）、徐园（1883年建）、愚园（1890年建）以及半淞园（1918年建）后来都属于营业性私园，而且多为商人所建，目的是将园林作为一种经商的环境以营利，这就难免掺杂一些民俗的成分。它和中国唐宋时开放的私家园林有明显的不同。也可以说，近代的私园有些已被纳入某些商业活动，或成为商业营利的一种手段。应该说，这也是近代园林的一个特色。

三、世俗园林

近代著名华侨商人胡文虎、胡文豹两兄弟在东南亚、中国香港等地以制造和经营一种家庭常备药物——万金油而发家致富，他们兄弟俩一向热心社会的慈善事业，在南洋华侨中的名望甚高（图2-2-35）。

1935年他们在香港的大坑道建了一栋别墅，人称"虎豹别墅"，占地面积约8万亩。别墅之旁修建了一个十分独特的花园，人们以他们所经营的主业而称之为"万金油花园"（图2-2-36～图2-2-38）。

花园的主题是劝人行善，不做坏事，因此汇集了古今中外有关的历史传说、民间故事、神话，甚至迷信等题材，以极其鲜艳的色彩与奇特的形象塑造出人、兽的雕刻和建筑小品，如亭、台、池、阁等从正面和负面

图2-2-35　胡文虎（右）、胡文豹（左）经营万金油的商标

图 2-2-36　香港虎豹别墅远景

图 2-2-37　香港虎豹别墅城堡式大门

图 2-2-38　虎豹别墅建筑群

图 2-2-39　繁复杂乱的假山壁

图 2-2-40　杂彩纷呈的主景区

的展示来劝诫游人，诱导扶正避邪，应该说，这是一种惠及社会的善举。但由于其内容虽来自民间传统，却又含有不良杂质；其形象塑造虽醒目，但太过刺激，其展示的形式多样，但表现又太低俗，往往不为雅者所赞许，却颇受世俗的欢迎（图 2-2-39，图 2-2-40）。

　　花园中也有景观建筑虎塔，位于别墅的高处。塔身高约 44 米，七级、八角，为仿木混凝土的传统式建筑。登塔东望，朝阳灿烂，向北则可远眺维多利亚港的宽阔水面，故此处就成为香港八景之一的突出景观"虎塔朝晖"（图 2-2-41）。

　　花园为私人所建及管理，但一直以来都免费向游人开放，据管理人员统计，平时每日游人可达五千余人，

图 2-2-41 虎塔——"香港八景"之"虎塔朝晖"

但在 1998 年以后，由于香港园林事业发展较多，这里的游人量迅速下降，最低时只有百余人，再加上主人情况的种种变化，花园已被香港的另一财团收购，景物也被拆卸收藏，这座独特的花园已成为历史的文物和部分老年人的依稀记忆了。而相类似的花园在新加坡仍可见到，该国的虎豹别墅花园较之香港的万金油花园，内容更为丰富，更加俗艳多彩。

第三节 行商园林的兴起

行商园林是近代园林颇具特色，发展较快也较多的一种园林。近代的实业家、思想家郑观应的"商战"思想是影响行商园林发展的历史因素之一，波及通商早而沿海的口岸城市如广州、上海、香港等。这种依托商业发展的园林，基本可分为两大类别。

一、商家私人园林

从 17 世纪（1686 年）至鸦片战争（1840 年）时期修建成的，广州西堤十三行已存在了一百五十余年，广州又是中国最早开放的港口城市，故十三行就因为它那"一口通商"的特殊地位而垄断中国外贸达八十余年。十三行不仅是中国近代行商的前奏曲，也是中国对外开放贸易的第一个窗口，它既是海上丝绸之路的"总站"，也为近代社会转型期的外贸缓缓地拉开了序幕，随之而来的是行商致富带来的岭南园林中私家园林的兴盛。

这一时期代表性的园林最早的有位于珠江南岸的陈家花园，建于 18 世纪 40～60 年代，紧接着有从 18 世纪 80 年代至 19 世纪鸦片战争（1840 年）延续达数十年之久的庞大的潘家花园群（图 2-3-1，图 2-3-2）。这个花园群经过潘家四代子孙的经营有了很大的发展。位于广州河南（珠江南岸）占地达 20 公顷的"龙溪乡花园"（潘家花园的主人名潘启，是福建泉州龙溪人）中的名园就有南雪巢花园、南墅花园、万松山房、晚香阁、三十六村草堂、花语楼、清华池馆、晚翠亭等。

19 世纪初期，广州某潘姓的乡侄名潘长耀者，在广州的西关又建有潘长耀花园，面积约 1 公顷，外国人称之为"宫殿式的住宅和花园"（图 2-3-3）。到 19 世纪中期，易主英国怡和洋行的伍崇曜，扩建为伍家花园，其遗址范围达到六、七公顷（图 2-3-4～图 2-3-6）。基本上都为中国传统园林形式。同期又有潘氏后代潘仕威在广州荔湾收购了邱熙在南汉王朝昌华苑旧址上建的唐荔园，将它扩建为一座规模更大的海山仙馆园林，占地达 40 公顷（图 2-3-7，图 2-3-8）。后两处园林均在

图 2-3-1 潘家花园主景区

图 2-3-2 潘家花园六松亭

图 2-3-3　潘长耀花园

图 2-3-7　海山仙馆主景

图 2-3-4　伍家花园主景区

图 2-3-8　海山仙馆侧景

1820～1860 年即鸦片战争前后建成，因其主人或为十三
行主人，或与行商有关，故均可归入行商园林之列，但
并不是以园林经商牟利的营业性园林。今日这些园林已
全部被毁，唯有荔湾的海山仙馆则已部分修复，对外开
放（图 2-3-9～图 2-3-11）。

二、营商园林

这类园林则主要以营利或兼顾营利为目的，或置游
乐性设施，或经营花木，或设茶肆酒楼，反映近代社会
生活，折射出近代人的一种生活情趣与爱好。故营商园
林可分为三种，即开放营利的私人园林，经营花木的花
圃式园林，茶楼酒家园林。

（一）开放营利的私人园林

这种园林的营利方式颇为时尚，大体上有以下几
种：

（1）增加茶室、酒楼，解决游人餐饮需要。

（2）增添游乐设施，如儿童游乐设施，以及曲艺演
唱舞台，小电影院等。

图 2-3-5　伍家花园荷塘

图 2-3-6　伍家花园一角

（3）增加体育运动设施，如各类球场、田径场地、游泳池、健身房等，按时收取租用费。

（4）设演讲、集会的房屋或讲台，可容纳较多人数的集会或小量的文人雅集。

这种形式以上海和香港为多。

（二）经营花木的花圃式园林

基本上以出售苗木为主，也具有一般园林游赏的作

图 2-3-9　今日海山仙馆主体建筑

图 2-3-10　今日海山仙馆荷塘

图 2-3-11　今日海山仙馆水曲廊

用，或可称为生产性园林。这种园林形式以号称"花都"的广州最为突出。广州的花都区和芳村花地具有"千年花乡"之称，一直延续到近代。他们的经营方式很多，有主要栽植某一种或数种花卉、树木出售的；有专门经营时花时木的，如广东、香港一带，春节一定要有桃花、柑橘等，得提早准备，及时供应；有的包种、包活、包养，长期定点栽培养护，做到种养结合。每逢广州、顺德等地一年一度的花市，更为繁花似锦，热闹非凡，整个城市都成为美轮美奂的园林花卉之都。

（三）茶楼酒家园林

茶楼、酒家原是中国民间一种最普及的公共建筑，在近代，如上海的五层茶楼成为街道公共建筑物的一种，其时并没有园林（图 2-3-12）。广东地处南粤热带，饮茶休息是一天中最重要的生活方式，在近代社会商风的推动下，某些私人园林逐渐地转变为营利性的公共园林——茶楼和酒家，而其功能则由单纯的饮茶休息，扩展到会友、社交、贸易谈判……在茶楼酒肆待的时间较长，更需要有优美环境与之配合，于是由私园改为公用的茶楼酒家者日多。据有关资料记载，在 19 世纪末，广州的著名酒家如南园、文园、谟觞、西园分别都是由原来的孔氏私园、文汇楼花园、钟氏花园等转变而来。私

图 2-3-12　近代的五层茶楼

园的规模、布局各有不同，直接移植到酒楼产生不同的风格，如文园酒楼的文化气息较浓，谟觞酒家则以建筑物取胜，西园突出了庭园、花圃、名树的特色，而南园则因亭台楼阁，池石桥廊，花木曲径俱备，至今仍为广州最大规模的著名酒家。新中国建立后，更是部分恢复和扩大了一处完全西式的庭园（图 2-3-13～图 2-3-16）。但是，广州的酒家基本上都保留了南国旧园的风韵，如山池布局，设曲折的亭廊以及彩色的玻璃门窗等。

因此，在近代园林中，既有皇家园林变公园，又有私家园林变公共建筑园林的先例，园林随着时代转变在使用功能不同、社会风气各异的种种因素下逐步发展为一种室内外相结合的茶楼、酒家新型园林。

图 2-3-15 南园旧水池庭

图 2-3-13 南园旧园的平桥

图 2-3-16 南园的彩色玻璃窗景

第四节 近代纪念性园林

图 2-3-14 南园旧园一角

中国的近代是个内忧外患、战争不断的苦难年代，饥饿，疾病、战争夺去了无数人的生命，尤其是在 20 世纪三四十年代抗日战争时期，仅南京大屠杀死亡人数就达三十万。无数的革命先烈在各种革命斗争中前仆后继，壮烈牺牲。所以纪念性园林的修建就成为近代园林建设的一项重要措施。据粗略估计，仅仅为民主革命斗争（含二次国内革命战争）中牺牲的烈士所建的陵园及其附属的小绿地就有七千多处，占地约八万亩。在这里安放着数十、数百万烈士的遗骨；在这里凝聚着他们为民主革命流淌着的鲜血；在这里记录着他们那可歌可泣的历史故事。

陵园已成为灾难深重的近代社会中一处影响深远的爱国主义教育阵地，也是近代园林突出的特色之一。

我国的陵园建设一贯多按古制，但在近代却出现了一种新的纪念或墓葬的方式，具有中西合璧及多样化的特征：

（1）择地为园。如南京中山陵园的选址。民国元年（1912年）四月的一天，当时的大总统孙中山与胡汉民等人在紫金山狩猎时，孙先生笑对左右说："待我他日辞世后，愿向国民乞此一抔土以安置躯壳尔。"于是在1925年孙中山逝世后，就选定了紫金山上的第二峰茅山作为中山陵园。

（2）因住（隐居）成园。抗日将领冯玉祥将军原是安徽巢县人，在抗战期间，曾二度被迫隐居泰山山麓的天外村，这期间他在当地多有建树，备受老百姓欢迎与尊敬，故在他遇难身亡后，当地人民迎他归来，葬于泰山脚下，并辟园作为永久的怀念。

（3）就地成园。1913年随同孙中山革命的前辈宋教仁先生被国民党刺杀于当时的上海火车站，1931年6月落葬于火车站附近的象仪巷，这里就成为他的墓园，称"宋公园"或"教仁公园"，具有历史事件的纪念意义。今日扩大称闸北公园，其墓葬则留存于园中。

（4）分类成园（或成路）。广州是近代民主革命的发源地，为革命而牺牲的烈士极多。广州市的先烈路两旁，就埋葬着许多为革命而牺牲的领袖和战士，或为集体墓葬，或为单人墓葬，达16座之多，这也是将原名东沙路改为先烈路的原因，这里永远闪烁着"辛亥之光"。

（5）综合成园。这是指在同一地点，集中一段时间内具有纪念意义的各种文物如碑、塔、建筑物、小品及墓葬等围地，是逐步扩大地段范围，或集中完成一段使命的综合性纪念园林。如广州市黄埔区长洲岛以黄埔军校为主的两次东征战役的纪念公园，现已成为近代民主革命的爱国主义教育基地。

纪念及陵墓的园林，在本书下篇各章中多有具体实例记述，这里仅就典型者作简要介绍。

一、纪念园及墓葬群落

（一）南京中山陵

近代最典型、最优秀的陵墓群落就是位于南京市东郊紫金山的中山陵园。这里林木葱茂，气势雄伟，陵园的主体部分近三千公顷，绿化覆盖率达96.7%。自明代起，紫金山就是建立帝王陵墓的集中地，如明孝陵等。近代以来，从1929年建立孙中山陵墓以后，这里向东扩展到灵谷寺，陆续修建了一些民国时期的高级领导人物如廖仲恺、何香凝、谭延闿、邓演达等墓地，留下了以孙中山为首的民主主义革命的历史记忆。

（二）广州先烈路墓葬群

广州是中国近现代革命策源地，有无数英雄人物在反抗外来侵略、推翻封建专制、争取民主共和的历次斗争中，英勇捐躯。一条串联众多烈士陵园的先烈路，就是烈士们的安息之地。广州先烈路原名东沙路（意为出大东门至沙河的一段路），1921年为纪念辛亥革命先烈而改今名❶。该路分为先烈南路、先烈中路（属东山区）、先烈东路（属天河区）三段，全程3.6公里，是一条具有西式建筑风格的近代中国纪念性陵园荟萃的历史文化之路（图2-4-1）。

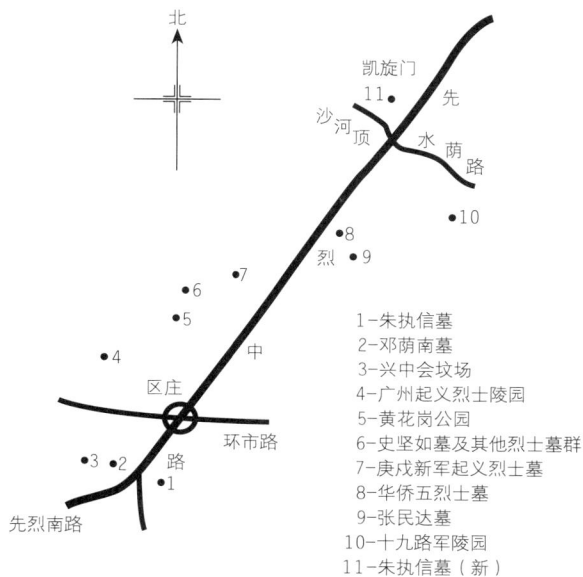

图2-4-1 广州先烈路墓葬群位置图

北

凯旋门
11

沙河顶

先烈水荫路

•10
•8
烈 •9

•7

•6
•5

•4

中

区庄

环市路

路
•3 •2
•1

先烈南路

1-朱执信墓
2-邓荫南墓
3-兴中会坟场
4-广州起义烈士陵园
5-黄花岗公园
6-史坚如墓及其他烈士墓群
7-庚戌新军起义烈士墓
8-华侨五烈士墓
9-张民达墓
10-十九路军陵园
11-朱执信墓（新）

---

❶ 参见：杨鸿烈．广州近代历史街区的保护性开发//张复合．中国近代建筑研究与保护（二）．北京：清华大学出版社，2001：192-195.

先烈南路长 800 米，广州起义陵园内有红花岗反清四烈士（温生才、林冠慈、陈敬岳、钟明光）墓。路之东执信中学内有民主革命家朱执信墓。路之西侧，有当年孙中山指令拨地兴建的兴中会坟场及紧临的著名资产阶级革命家邓荫南墓。

先烈中路北至沙河顶，长 1750 米。路西侧有著名的全国重点文物保护单位——黄花岗七十二烈士陵园，中路东侧靠广州动物园处，有中国著名民主革命家、东征右翼军总指挥张民达墓（图 2-4-2）和华侨革命党人五烈士（谢八尧、邓伯曜、郑行果、谭振雄、范运焜）墓（图 2-4-3）。

过沙河顶凯旋门以东为先烈东路，东接沙河禺东西路，长 1120 米。路之南有十九路军淞沪抗战阵亡将士坟园；路之北驷马岗，有中国近代民主革命实行家、策略家朱执信衣冠冢墓园。此外，与先烈路遥相呼应的还有其他一些纪念性坟园和墓地，如庚戌新军起义烈士墓等。

当初，沿先烈路分布的各陵园次第展示出冈峦起伏、林木扶疏的幽雅景观，表现出建筑物对山冈、水体、植被的珍重和协调。绿化植物构成的亲和空间与平易近人的气氛，体现出革命者平等对世界的精神境界。黄花岗园内外可见众多"黄姓"植物绿化、美化的精品。黄菊、黄槐、黄梅、黄素馨、黄穗冠等木本、草本黄花四时争相吐艳、芳菲袭人❶。游览这些园林美景，令人感到黄花浩气长存、撼人心扉。

先烈路沙河顶耸立着一座花岗石砌筑的罗马式凯旋门，门楼高 16 米，门额镌刻"十九路军抗日阵亡将士坟园"（图 2-4-4，图 2-4-5）。循此导向标志，建筑向东穿过林荫大道，就能来到这一具有西式建筑风格的大型纪念性坟（陵）园（图 2-4-6）。十九路军抗日阵亡将士坟园

图 2-4-3　华侨革命党人五烈士墓

图 2-4-2　张民达烈士墓

图 2-4-4　十九路军坟园大门正面

❶ 广州历史文化名城保护委员会．广州名城辞典．广州：广东旅游出版社，2000：170．

图 2-4-5　十九路军坟园大门背面

基本骨架仍为中轴线布置。从南到北地势渐高，纪念性建筑规模渐大，氛围渐次高涨。最南端为进深略有变化的三开间"抗日亭"，造型简洁，但意义坚定。轴线中部有一座花岗岩的抗日阵亡将士题名碑。题名碑向北延伸，拾级而上，达到坟园最高台地。中心为西式柱形纪念碑，高约20米，顶端为西式穹顶圆亭。亭座之下为古罗马多立克柱式，柱身刻有凹槽，柱础以下的碑座屹立一尊荷枪待命的战士铜像，四周名人题字很多。以十多米为半径围绕纪念碑的是古罗马塔司干柱式环状纪念长廊，两边空透，两端各有门亭一座。门亭方形，做带山花山墙处理，与空廊等高，其虚实对比作为收头恰到好处（图 2-4-7）。带有巴洛克风格的坟园东入口是一幢罗马式凯旋门，设计元素丰富，极具表现力与可读性（图 2-4-8）。

中国历代陵园建筑风格多从古制，只有近代广州先烈路一带若干烈士陵园采用了西式风格的纪念性建（构）筑物，创造了别具一格的园林景观，彰显了为推翻帝制、建立共和的民主先驱精神。无论在思想体系、制度文化，还是园林审美意识以及园林建筑艺术各方面，均有研究价值。作为近代园林艺术小品，广州先烈路众多烈士墓园中的建（构）筑物特色十分鲜明，第一次采用了中西合璧式的建筑式样。其造型、布局、用材等一反封建时代传统形制，充

分显示出以孙中山为首的一代革命党人对封建君主专制制度的反叛和对共和民主思想的信仰追求。整个先烈路各陵园中的墓道、墓体、墓碑、墓塔、纪念柱、纪念亭、挽碑、石刻、雕塑、陵园大门、墓道入口，及其附属设施均具有同一性、开创性的美（图 2-4-9～图 2-4-12）。

坟场墓葬形制多样灵活、少占土地。墓葬要素与纪念性、标表性要素有机结合，有墓碑式、墓亭式、墓表式、雕塑式、方尖碑式、门亭式、墓柱式、门柱式等组织方式，同时也在园林构景艺术方面取得了极高的成就。其他墓地还有锥柱旋转体式标志小品、梁枋柱简洁构造的牌坊式小品。这一切似矮小又高大，似朴实而精致，可谓开中国纪念性墓园建筑一代新风。

单独成园的朱执信墓占地不大，但布局得体，很有韵味。墓（衣冠冢）、柱、碑、亭组成空间丰富的主景区，山门、休息亭与管理室组成接待处，起到人员集散作用，入口大门外绿化布置另为一景，整个墓园层次结构明晰，游览行为有序，建筑风格色彩统一，颇有园林艺术价值。尤其是亭、门设计，巧妙运用西方建筑细部要素，让门、亭屋顶形象别出心裁（图 2-4-13～图 2-4-15）。凯旋门、纪功柱是西方最富纪念性意义的建（构）筑物，山门亦具有"凯旋门"韵味（图 2-4-16）。小小墓园用了"大台阶"，划界、过渡、造景、观景，四者恰到好处。不过，须知以上一切效果，多得树木绿化配置相助。否则，园地虽大，游赏趣味空间也会严重不足。

（本节"广州先烈路墓葬群"文：杨宏烈）

（三）广州黄埔军校综合纪念园

广州黄埔长洲岛位于市区东南珠江的出海口，原设有黄埔军港。在第一次国共合作时期也是黄埔军官学校的所在地，1922 年 6 月陈炯明叛变，孙中山先生就是从这里避难上中山舰的；1925 年，国民革命军又是从这里开始了东征和南征，肃清了广东的军阀势力；1926 年 7 月也是从这里出师北伐的。因此，在长洲岛这片地区就留下一批民主革命时期的纪念景点和墓葬群。这些纪念性建（构）筑物是在一个相当长的时间内，在同一地区、逐年设置军事设施，军官学校，纪念碑、塔、墓园，名人纪念公园等而形成的范围较大的综合纪念园（图 2-4-17）。它内容丰富，主题明确，含义深广，就地规划与建设由客观历史自然形成，非刻意为之。它能阐明当时当地革命活动的历史事实，使后人在游历、凭吊时，较为全面地了解这一历史时期。但至今还未见有全面的规划

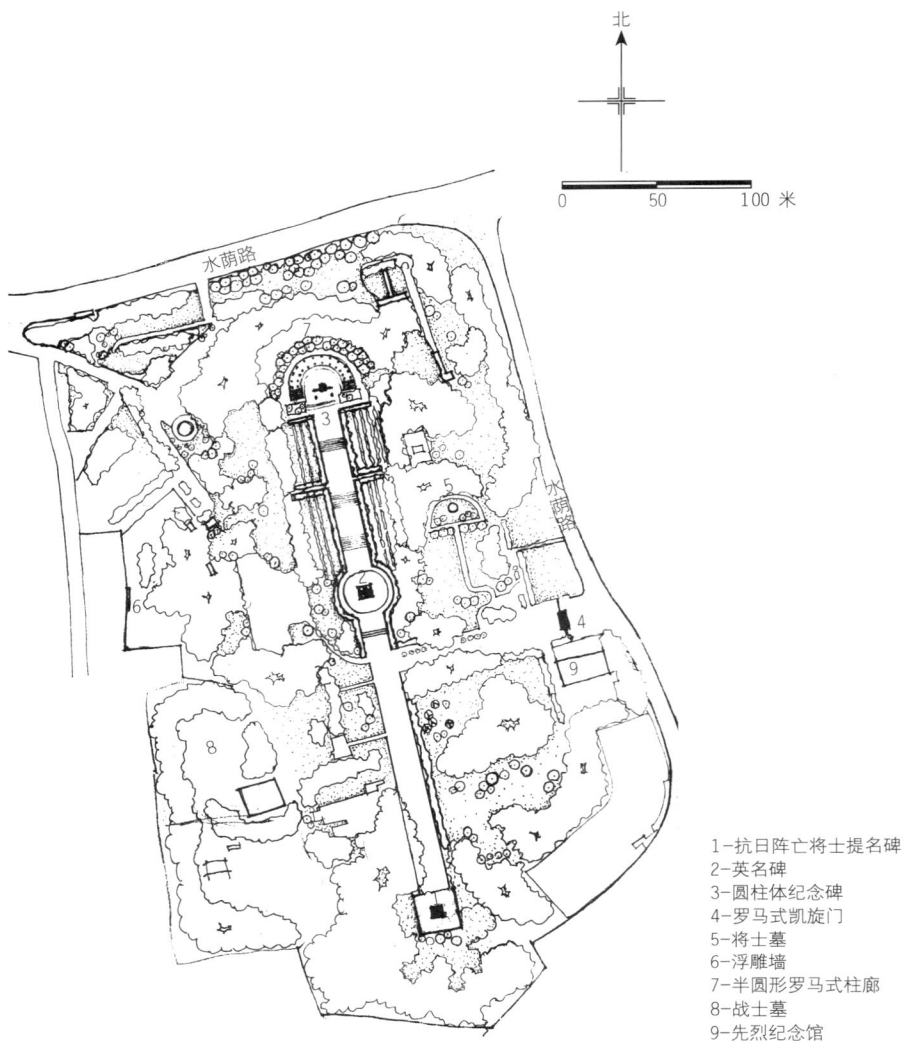

1-抗日阵亡将士提名碑
2-英名碑
3-圆柱体纪念碑
4-罗马式凯旋门
5-将士墓
6-浮雕墙
7-半圆形罗马式柱廊
8-战士墓
9-先烈纪念馆

图 2-4-6　十九路军抗日阵亡将士坟园总平面图（许哲瑶绘制）

图 2-4-7　十九路军坟园纪念柱廊

图 2-4-8　十九路军坟园二门入口

图 2-4-9 淞沪抗日暨历役革命阵亡将士公墓

图 2-4-12 蔡廷锴与蒋光鼐的浮雕

图 2-4-10 十九路军阵亡将士墓园

图 2-4-11 十九路军总指挥蔡廷锴及警备司令蒋光鼐之墓石

图 2-4-13 朱执信墓园休息亭

图 2-4-14 朱执信烈士祭亭

图 2-4-15 朱执信墓园亭柱

图 2-4-16 朱执信墓园大门

建设与历史意义的提升，令人遗憾。

目前，这里留下和部分修复的民主革命时期的文物和纪念墓群计有：

（1）军港旧址的大坡地及白鹤岗的两门炮台。

（2）军校蝴蝶岗驻地遗址、校本部旧址、孙总理纪念室、俱乐部、游泳池及教思亭等（图 2-4-18）。

（3）黄埔柯拜船坞及休息公园、济深公园遗址等。

（4）北伐战争纪念碑。正面刻有"国民革命军军官学校学生出身北伐阵亡将校纪念碑"，侧面则篆书"为民牺牲"四字（图 2-4-19）。

（5）孙总理纪念碑（图 2-4-20，图 2-4-21）。纪念碑是 1928 年 9 月黄埔军校代理教务长何遂主持筹划而建的，并确定长洲岛八卦山为碑址。纪念碑由广州同德公司中标承建，分三期完成，造价为 18200 银元。建碑部分款项为黄埔军校各期师生的捐款。1929 年 10 月 11 日上午由何遂主持纪念碑开工典礼，1930 年 9 月 26 日军校举行总理铜像落成揭幕。该铜像为孙中山的日本友人梅屋庄吉捐赠。纪念碑总高 19 米，铜像高 2.4 米。碑身正面刻有胡汉民书写的"孙总理纪念碑"六字隶书；碑右面刻有何遂手书的总理遗训《和平奋斗救中国》；碑左面有戴季陶手书的孙中山在军校开学典礼的训词，碑背面刻有篆体的总理像赞。纪念碑总体造型如同一个"文"字。

（6）东征阵亡烈士墓园（图 2-4-22，图 2-4-23）。这里埋葬着黄埔军校在两次东征、平定滇桂军叛乱及沙基惨案中牺牲的烈士遗骸。1925 年 12 月动工兴建，1926 年 6 月 16 日落成。其中有将军墓（图 2-4-24）、陆军少将烈士纪念碑（图 2-4-25），学生墓群为黄埔军校学生墓，分散于长洲岛万松岭上，这些墓群因年久疏于管理，不少墓碑残破，于是在 1984 年迁移集中于此。总面积达

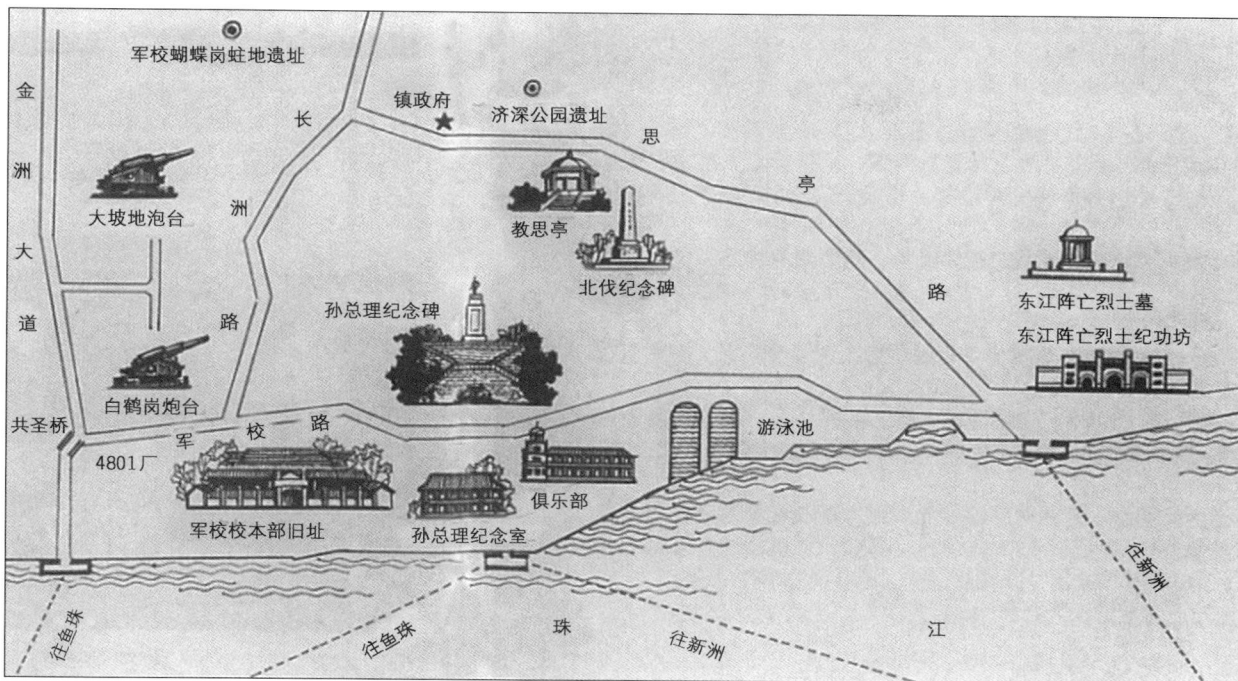

图 2-4-17 黄埔军校旧址纪念园导游图

图 2-4-18 教思亭

图 2-4-19 北伐战争纪念碑

图 2-4-20 孙总理纪念碑侧面

图 2-4-21 孙总理纪念碑正面

图 2-4-22 东江阵亡烈士墓园大门

图 2-4-23 东江阵亡烈士墓园广场的古榕

图 2-4-24 东江阵亡烈士墓将军墓

图 2-4-25 黄埔军校陆军少将烈士纪念碑

5万平方米,有"小黄花岗"之称。

(7)东江阵亡烈士纪功坊。建于1936年,是仿法国巴黎凯旋门的建筑形式建造的,坊内有三方碑刻,记载着军校烈士的姓名及陆军中将刘尧宸烈士的功绩(图2-4-26,图2-4-27)。

(8)海军广州烈士陵园

这些遗址和纪念点构成了一处庞大的黄埔军校纪念园,成为具有丰富内容的民主主义时期的爱国主义教育阵地,游人能从这里获得一段深厚而鲜活的历史知识与一份令人难忘的历史记忆。它是时代的产物,也是历史的教科书。

图2-4-26 东江阵亡烈士纪功坊

图2-4-27 东江阵亡烈士纪功坊全景

(四)开封辛亥革命河南省十一烈士墓

在古城开封东南隅禹王台公园的茂林北端,掩映着一处占地5200多平方米的墓园——辛亥革命河南省十一烈士墓。墓园坐北向南,西依蛇山,东邻果园,北枕陇海铁路,南接侧柏大道,西南与古吹台隔河相望(图2-4-28)。这里土滋肥美、环境幽静,曾是园艺学家郭须静于民国十二年(1923年)创建的农专果园一隅,极富革命硕果光耀后世的象征意义。

宣统三年(1911年)10月,武昌首义成功,各地纷纷响应,武昌军政府参谋长张钟端主动请缨回豫,组织武装起义。因谋事不密,遭到镇压,张钟端等十一烈士慷慨赴死。"张等尸骨暴诸城外多日,后由党员沈竹白以慈善名义,殡葬于开封南关瘗地"。

民国十三年(1924年)12月,老同盟会员胡景翼率国民革命军第二集团军进驻开封,翌年清明,方有人公开祭扫十一烈士墓。据当年《新中州报》报道:"日昨清明节植树之暇,刘群士(积学)约同王大燊、李品珊、秦幼山、李心海诸先生,参谒诸烈士墓。当缙俗化冥钱若干,并各封土数锹。诸烈士墓,散在各瘗地,此次往谒者,为辛亥革命遇害诸烈士张毓原(钟端)、王天杰十一人茔,在南关官坊瘗地。张毓原一墓,余十烈士共一墓,颇似粤东黄花岗……"然政局动荡,战乱频仍,祭扫活动时断时续,随着日久年深,烈士公墓渐成荒冢。

民国二十一年(1932年),河南省政府决议"先拨洋9959元,修建十一烈士墓祠",墓址勘定在当时的开封市公园内,占地六亩(不包括学校六亩)。次年7月,先将烈士遗骨迁葬,后又历时两年,重修辛亥革命河南省十一烈士墓。"位于南关外中山大马路之东拐北面,门墙高峻,门外竖有巍峨革命纪念塔一座,高可数丈,屹立街心,势颇峥嵘。北转进大门,新修马路一条,光滑平坦,直达烈士墓前。公墓系新近落成,周围八方,高约丈余,下面用洋石灰砌成道座,中间各嵌纪念石一块,党国要人,均有题词"。

开封沦陷后,十一烈士墓又遭荒废。以后随着时间流逝,物换星移,政权更迭,拓地修路,建筑益多,烈士墓周边渐为房屋包围,狭窄局促,不便瞻仰。为铭记革命历史,缅怀烈士功绩,开封市人民政府于1981年10月,纪念辛亥革命70周年之际,将十一烈士墓按原样迁往禹王台公园现址(图2-4-29)。

禹王台公园内的辛亥革命河南省十一烈士墓园,以中轴对称式规整布局,由南渐北依次有园门、孙中山铜像、花坛广场、墓台、墓碑、墓冢等,园内木香盈架、

图 2-4-28 辛亥革命河南省十一烈士墓北枕陇海铁路，南接侧柏大道，与古吹台佳胜隔水相望（根据 Google 卫星地图绘制）

图 2-4-29 1981 年辛亥革命河南省十一烈士墓迁葬至禹王台公园

图 2-4-30 辛亥革命河南省十一烈士墓巧借门外古侧柏大道，构成瞻仰甬道

桧柏常青、盘槐俯首、雪松枝垂，一派肃穆庄严景象。园外则借景古侧柏大道，形成东西、南北两条接引甬道，既可导览游人观瞻，又能强化墓园气氛，自然过渡到公园的既有环境中，不露斧斤，融为一体（图 2-4-30）。

为适当分割墓园与名胜古迹之间的视觉空间，并减轻陇海铁路机车运行产生的废气与噪声污染，园林设计中进一步强调了植物配置的密度与层次，东、西、南三面围墙内侧密植蜀桧、龙柏、桧柏三行常绿乔木，形成绿色林带，拱卫在墓园左右。北侧围墙内种植两行高大的毛白杨树，用以遮挡外部视线。由墓冢向外分设六层绿带，栽植黄杨绿篱、棕榈（间植黄杨球）、龙柏、柿树、雪松、蜀

桧等，空间层次渐进错落，产生一种韵律美。半抱墓冢的十一株柿树，性耐贫瘠、树形丰满、霜叶秋红、果实累累，象征十一烈士艰辛缔造的革命事业结出丰硕成果；九行雪松与两行蜀桧共计十一行松柏，高大挺拔、四季常青，象征十一烈士的革命精神万古长存（图 2-4-31）。

墓园内对称设置六处花坛、两个花池及两块长方形草坪，面积约 680 平方米，墓台上的花池中栽种一对翠柏，其他六个花坛中各栽龙爪槐、百日红、月季、蜡梅等花灌木，四周并围以黄杨矮篱。草坪选用耐践踏的狗牙根草，北端设置木香花架，南端栽植石榴和绣线菊。园内花团锦簇、此起彼伏，早春碧草如茵，盛夏榴花似火，晚秋柿果

图 2-4-31　苍松翠柏掩映下的辛亥革命河南省十一烈士墓墓冢

图 2-4-32　原开封市公园的孙中山铜像也迁至辛亥革命河南省十一烈士墓

染红，残冬蜡梅傲雪。园林色彩的合理运用，调和了植物配置关系，活跃了墓园的肃穆气氛，寓庄于谐，情趣盎然。

　　1991 年后，因社会各界对十一烈士墓园内孙中山铜像的地位贬低等问题提出质疑，遂做出补救性调整。撤除花坛，拓宽广场，增设沈竹白雕像，在孙中山铜像后增建影壁，正面镌刻孙中山先生名言"世界潮流，浩浩荡荡，顺之则昌，逆之则亡"，两侧镌联"革命尚未成功，同志仍须努力"，门楣题额亦改称"辛亥革命纪念园"迄今（图 2-4-32，图 2-4-33）。

（本节"开封辛亥革命河南省十一烈士墓"
文：秦钰瑄）

二、名人墓园

　　乱世的近代，英雄人物辈出，其墓园亦各具特色。

（一）南通啬园（张謇墓园）

　　毛泽东同志曾经说过，谈到中国的轻工业，不可忘记张謇。张謇（1853-1926）是近代中国民族工业的先

图 2-4-33　1991 年后增设的沈竹白雕像

驱、实业家、教育家，其园林理念及实践将在本书上篇第六章中详述。啬园就是以其字号啬翁而命名的墓园，也是他生前在其家乡选择的地点（图 2-4-34）。此墓园位于南通市的东南郊，距市区仅 7 公里，原称"啬公墓"，面积为 5.3 公顷，1923 年始建，1927 年张謇病故后立墓，后成为其一家人的墓葬，1958 年更名为"南郊公园"，1958 年后改称"啬园"。如今这里添置了一些游憩设施，作为公园向游人开放，面积已扩大到 11.68 公顷。张謇生前一直倡导公园建设，死后其私地又开放为园，"与民同乐"，可谓有始有终。啬园也因其既是墓园，又是公园的特色遗留至今。

啬园的墓阙横额只书"南通张先生墓阙"几字，不提任何职务、功绩等，以示其谦卑大度的人格，但其后人则以柱联名之曰："先生讳謇，季直其字。自号啬庵，南通张氏。年七十四，立不朽三。吉卜礼葬，当县城南。"（图 2-4-35）

张謇一生处于内忧外患，关系国家存亡的动荡年代，但为了祖国富强，民族自立，他耗尽了毕生的心血，也受尽了无数来自各方面的误解与攻击，但他却能矢志不渝，志高而德厚，正如他曾说过的："进德之积兮，则不在与世界腐败之人争闲气，而力求与古今上下圣贤豪杰争志气。"显示出张謇豪迈豁达的人格典范。

此外，墓园保存了中国传统式的园林风韵后人又增添了大众游乐的设施，特别是在建园之初，其亲朋好友更是从国外馈赠了大量名贵树木如大龙柏、日本地柏、雪松、台湾杉、璎珞柏、缩叶柳杉等，使园内树种达 59 科、104 种、8600 余株，现在皆已蔚然成景，并具树木蓊郁、松柏常青之墓风（图 2-4-36）。

图 2-4-35　南通张先生墓阙

图 2-4-34　张謇像

图 2-4-36　松柏环绕的墓园中心

（二）北京梁启超墓园

梁启超（1873—1929 年），广东新会人，近代著名的维新派领袖人物、国学大师、社会活动家。16 岁中举，后跟随其老师康有为领导维新变法运动。光绪皇帝曾赏以六品衔，专办译书事，一生办报纸、授徒，主办时务报及财务学堂。晚年主要从事学术研究，著作等身，《饮冰室合集》为其代表性著作，对后世影响甚大。

其墓园位于北京香山卧佛寺东山坡，是其晚年在清华研究院任教时，常与友人去游赏时所喜爱之地。1924 年 9 月，梁夫人李惠仙病逝后购买东沟村山地作为墓地，下葬梁夫人于其地之右侧，并谓"我虚分其左"。1929 年 1 月梁启超病逝，安眠于其夫人左侧。

墓地面积约 30 亩，四周围以高墙，整座墓园由其长子中国著名建筑学家梁思成设计，墓门简洁，墓道两边有高约 1.8 米的桧柏高篱及高约 3 米的圆柏作甬道，直通墓碑坟墓（图 2-4-37）。墓碑立面呈凸字形，高 2.8 米，宽 1.67 米，厚 0.7 米，造型平实简洁，两侧有矮墙伸出环抱，墙头左右正面上方，分别刻有先生及夫人浮雕小像，紧靠墓碑两侧，对植桧柏球两株，衬托黄白色花岗石，更显出梁启超先生在平实中见精神的寓意（图 2-4-38）。

其余无任何说明墓主生平事迹的文字，这正遵循了梁启超先生的遗言："将来行葬礼时，可立一小碑于墓门前，题新会某某及夫人某某之墓，碑文阴面记载我籍贯及汝母生卒，子女及婿妇名氏，孙及外孙名，其余浮辞悉不用。"其后辈一如其愿，不记官职，不刻生平，与墓主谦逊大度的精神完全吻合。以后，此墓园又将梁启超之弟梁其雄，其子梁思忠、其女梁思庄之墓均设于园内宽阔的松柏树林之中。梁思庄为我国著名的图书馆学家，其墓碑更为平实、质朴，通高仅 1 米许，碑座则以八册巨书的石雕造型表明其工作性质，极具特色（图 2-4-39）。

（三）冯玉祥墓园

冯玉祥（1882—1948），安徽巢县人，行伍出身，他一生经历了时代潮流中正逆两方面的剧烈动荡与变化。1924 年在直奉战争中发动政变，亲自带兵把中国最后一个皇帝赶出故宫；1926 年 6 月，国民革命军攻抵武汉时，发动"五原誓师"，宣布集体加入国民革命军，但不久就与之分离；1931 年"九一八"事变后，展开了激烈而持久的抗日战争，与中国共产党合作组织民众抗日同盟军，屡立战功；抗日战争胜利后，坚决反对内战，与蒋介石决裂，另与李济深（原名济琛）等组织中国国民党革命

委员会，受到中国共产党的尊重与欢迎；1948 年从美国考察回国途中，遭轮船失火遇难。

冯玉祥一生 66 年经历了从出生到弱冠，从青年到成年，从旧军人到坚定的民主战士，从团结抗日、反对分裂走向民主、和平的四大阶段，因此，后人将他的墓

图 2-4-37 梁启超墓道两侧的绿化

图 2-4-38 梁启超墓

图 2-4-39 梁启超之女梁思庄墓

园设立于他曾多次隐居的泰山天外村东，以 4 层、66 级台阶由平地直上顶层墓园的设计构思寓意他一生的经历（图 2-4-40，图 2-4-41）。

墓园以高达 7.5 米的墓墙为主景，墙宽 18.6 米，花岗石砌，上部嵌有郭沫若书写的"冯玉祥先生之墓"碑，中间有圆形嵌壁的铜质镏金浮雕侧面头像；下部还嵌有黑底红字的墓碣，碣高 1.09 米，宽 1.9 米，刻有冯玉祥于 1940 年 5 月 31 日所作的新诗，字体是他惯用的隶书，稳健大方，诗名为《我》（图 2-4-42，图 2-4-43）：

平民生，平民活。不讲美，不讲阔。
只求为民，只求为国。奋斗不懈，守诚守拙。
此志不移，誓死抗倭。尽心尽力，我写我说。
咬紧牙关，我便是我。努力努力，一点不错。

墓前又建有一个面积达 260 平方米的小广场，作为后人祭拜的场地。墓园中冯玉祥曾经种过树的山丘，现

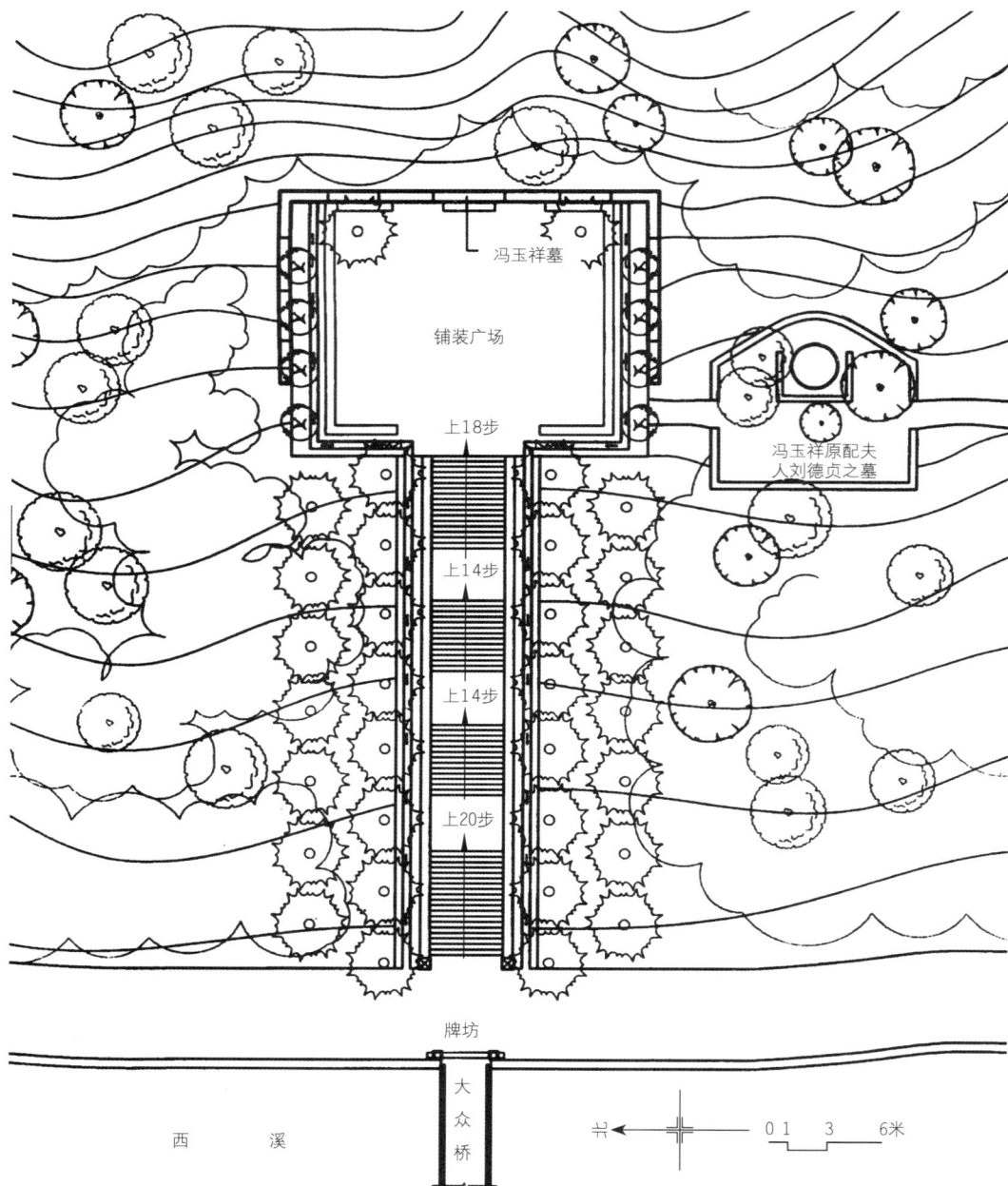

冯玉祥墓

铺装广场

上18步

上14步

上14步

上20步

冯玉祥原配夫人刘德贞之墓

牌坊

大众桥

西溪

0 1 3 6米

图 2-4-40 冯玉祥墓园平面图

图 2-4-41 冯玉祥墓园 4 层、66 级台阶

图 2-4-42 冯玉祥墓近景

图 2-4-43 冯玉祥墓石刻

在已是青翠欲滴的松柏树林，气氛宁静、肃穆，环境平实而亲切。整个墓园的设计反映出冯玉祥既是一位为国为民、终身抗日的平民将军，也是一位爱民护民、终生敬业的植树将军。

三、侨商陵墓

近代最有特色的侨商陵墓要数福建晋江市的古檗山庄了。它是清末民初旅菲律宾华侨黄秀烺先生于 1916～1918 年兴建的一个园林式的家族陵园。山庄总面积 1.7 公顷。

建造人黄秀烺出身于官宦之家，其祖上曾是清代二品资政大夫，而他本人曾经历家道中落，后出外谋生，经过艰苦奋斗而致巨富，最后也被诰封为一品中宪大夫。墓主人曾坐拥权势和殷实的财富，其养老归隐的居所和欲流芳百世的陵墓建设，或多或少都会反映这一时代的特色。古檗山庄一是打破了单一的传统墓葬建筑风格，综合了中西方各种建筑风格的创新，给人以醒目、独特而新颖的观感；二是达到了广泛而深厚，多元而有序的较高的园林文化水平，这反映于众多的古代、近代名人的题咏、碑帖、诗文、楹联、石刻等，更有国家元首级人物如一度成为民国大总统的黎元洪的题匾，以及日本天皇赠送的黄秀烺铜像等；三是其园林布局一反中国传统建筑中庭院深深的渐进式院落格局，以宽敞、广阔的草坪式墓葬群为中心。

古檗山庄的四座主要建筑物，分置于东西南北四角，面向中心墓地，也包含着终年守望、不忘祖法的意念。而荷花池呈半月形紧接黄秀烺墓，又与西南三角形园林绿地相联结，在整齐严肃的墓葬中心，增添了一份清新活泼的园林绿地，形成一种规则与自然、开阔与郁闭、严肃与活泼鲜明对比的空间，为园林式墓园的成功之作（图 2-4-44）。

四、其他纪念亭、塔

（一）广东台山街头绿地的纪念亭

这里设亭纪念的是一位近代自办公司修筑省内铁路的工程师陈宜禧。1907 年，他为创办广东省内的新宁铁路成立公司，任总理兼工程师。工程分为三段，分别于 1909 年、1912 年、1920 年的 11 年内完成，最后至新会的北街。陈宜禧被聘为农工商部四等顾问，官晋资政大夫衔，待全线完工时，他已是 67 岁的老人。其艰辛创业

图 2-4-44 古檠山庄平面图

北

6.0　0　6.0 12.0 18.0 24.0米

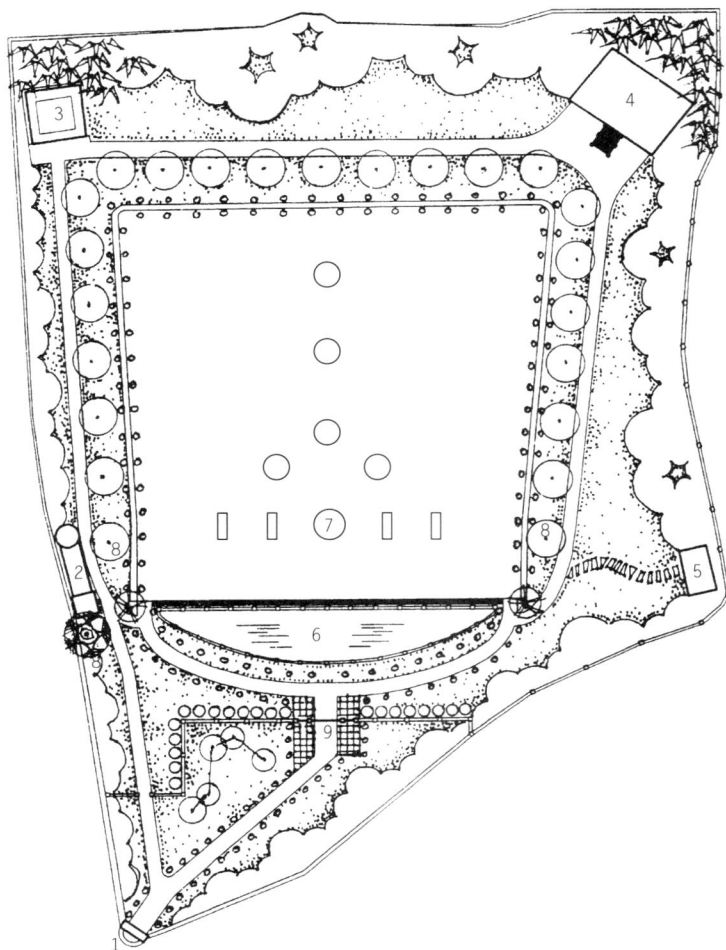

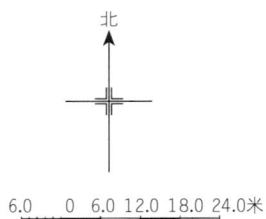

1-入口大门
2-瞻远山居（楼）
3-景庵（楼）
4-檠阴（楼）
5-息炉（楼）
6-荷花池
7-黄秀烺墓
8-木棉
9-牌坊

为世人称赞，故而由董事局发起捐资修建此亭，并立铜像于亭中，安放于街头绿地，俾使往来人群路过歇息之时，始终不忘陈公之功绩，以申景仰（图 2-4-45）。此处既为纪念又与民同乐，无需远谒，又作市街点景，实为一处可圈可点的小型纪念园林。

亭子约为 2.5 米见方的小亭，基座高约 0.8～1 米，为一个四柱圆球攒尖的坡顶，西式圆柱，柱基甚高，顶板、檐板都很简洁，边缘略饰中式云纹，并有柱联，四面不同：

一曰：谋交通便利以卜富强树业千秋堪铸像；建伟大事功不辞劳苦游踪四海合留题。

二曰：通政道参同轨盛；铸金心表绣丝诚。

三曰：为借运筹思缔造；功成铸像仰巍峨。

此亭设计部件为西式，而铸像服饰（长袍马褂）及楹联则体现了最传统的中国文化，中西合璧、相得益彰（图 2-4-46）。其立于街头绿地，是最便于瞻仰的纪念性园林小品。

图 2-4-45　陈宜禧街头纪念亭全景

（二）山东泰安总理奉安纪念碑

此碑位于泰山东路柏洞与歇马崖之间的盘山道东侧，是 1929 年山东人民为纪念孙中山总理的灵柩从奉安

图 2-4-46　陈宜禧塑像及纪念亭正面

移葬于南京紫金山而修建的纪念碑，由碑座、碑体及碑首三部分组成。

碑座有二层，下层呈五棱台形，象征"五权宪法"，共高 1.06 米；碑体高 2.03 米，刻有"总理遗嘱"；上层碑首高 4.6 米，呈三棱形，象征"三民主义"。正面刻有"总理奉安纪念碑"。通高 8.5 米，造型简洁而寓意深刻，立于上泰山盘道之侧，游人来此小憩，景仰。其设立位置的构思与碑形设计均属上乘（图 2-4-47）。

五、近代涉外坟墓

（一）澳门的坟场

澳门由葡萄牙人管治长达四百余年，目前保留的坟场共有八处，其中大多为宗教徒的坟场，如最早建的伊斯兰清真寺坟场，新、旧基督教坟场（图 2-4-48～图 2-4-50），印度祆教 ❶ 的白头坟场（图 2-4-51，图 2-4-52），也有澳门华人可入的西洋坟场、望厦坟场（如著名的岭南派画家高剑父于 1938 年来澳避难，逝世后葬于此）和孝思永远墓园（孙中山先生的原配夫人卢慕贞一直居住澳门，逝世后葬于此园）。

位于凼仔的一座山坡上的北澳坟场是一个古坟场，在

图 2-4-47　山东泰安总理奉安纪念碑

图 2-4-48　澳门旧西洋坟场中心教堂

这里埋葬着 1874 年 8 月在澳门巨大风灾中死去的市民，是澳门前所未有的风灾的见证。早期的坟场一般都比较拥挤，而墓碑、墓穴却较精致，有的还有教堂相伴。以澳门弹丸之地，能有如此之多、之美的坟场，是为特例。

（二）广州巴斯教徒墓地

巴斯人是原印度孟买的居民，信奉琐罗亚斯德宗

---

❶　琐罗亚斯德教是流行于古代波斯（今伊朗）及中亚等地的宗教，中国史称祆教、火祆教、拜火教。是在基督教诞生之前中东最有影响的宗教。

教。墓地是 1827 年经清代番禺地方政府批准给对华贸易旅居于广州的巴斯人的专用墓地，占地面积为五亩。

在墓地东、西、南、北四周，分别刻有界碑石，共四块，今余两块。墓葬 14 座，自北向南依埋葬时间顺序排列，最早的一座建于 1827 年，最晚的一座建于 1923 年。

此墓地是近代广州对外贸易的重要历史遗迹，但百余年来受各种自然灾害及人为破坏严重，故在 2002 年已被评定为广州市的文物保护单位，并于 2005 年 8～11 月拨款加以修缮（图 2-4-53，图 2-4-54）。

图 2-4-49　澳门旧西洋坟场的墓碑

图 2-4-51　澳门白头坟场大门

图 2-4-52　澳门白头坟场墓葬群

图 2-4-50　澳门新西洋坟场墓门

图 2-4-53　广州巴斯教徒墓

图 2-4-54　广州巴斯教徒墓碑

第五节　红色政权下的园林

自中国共产党成立，在江西的瑞金建立苏维埃政权以来，中国一直处于不断的内外战争之中，但是，人民的军队一向有利用战役空隙时间植树造林的传统风气。红军在瑞金一方面保护原有的风水林，另一方面也种了不少片林，树种以乡土的常绿树如香樟、石楠等为主，还有少量的色叶木如乌桕、重阳木等，至今还留有百年以上的古木。除此之外，也建设了一些纪念先烈的建筑物如红军烈士纪念亭、纪念塔等。而公园的建设在红色政权下也值得一书。

一、上饶列宁公园

如果说古代的公共游乐地基本上属于自然风景名胜的性质，近代左宗棠修建的甘肃酒泉公园，程德全兴建的齐齐哈尔仑西公园是由官府修建城市公园的开始；则江西红色政权领导人方志敏兴建的列宁公园则是在屈辱的近代，被列强入侵直接激发兴建的"红色"公园。它不是历史遗留的修整，也不是自然地理的造化；不是官员的体恤，也不是老百姓的游兴；不是文人的雅兴，更不是洋人租界的赐予；而是一种被欺凌、侮辱所激起的中华民族的自尊与愤怒，体现出奋发图强的抗争精神。

方志敏（1900-1935）是赣东北革命根据地和工农红军第十军的创办人，1922年，他因公去上海，偶然看到了一块将中国人与狗并列被禁止进入黄埔公园的牌子后，气愤至极，立志要在根据地建设一个真正属于中国人民的公园。九年后（1931年春），上饶市横峰县的葛源镇，一所命名为"列宁公园"的公园建起来了，它是红色政权下的第一个公园，也是在与列强抗争的同时建立的真正的人民公园，它已成为近代中国人自尊、自强的标志。

列宁公园占地仅0.6公顷，引附近葛溪之水入园，公园三面环水，有荷花池、游泳池，有标志性的建筑"红星亭"，更种有一片又一片美丽而有生产价值的樟树林、桃花林、桂花林、枇杷林、柑橘林、毛竹林等，构成毛泽东主张的"既好看，又实惠"的园林景观，处处体现出近代红色公园的特色。

二、延安桃林公园

处于战争时期的1941年3月，中共中央军事委员会秘书厅拟筹建一个公园供军民共享，该建议得到了中央党政要员的大力支持，王稼祥、谭政、肖劲光、叶季壮、李富春等领导同志从各方面协助筹集了3500多元，仅仅以一个半月的时间就初步建了起来，取名"桃林公园"。

桃林公园有两道围墙，内墙用青砖筑成城垛式，外墙则用黄土夯成。在内外墙之间，设有儿童游乐场、花圃、两个草亭子、音乐台、石桌石凳，比较特殊的是建有一个蓄水池，兼作水景观赏。此外，还有一个百货合作社，相当于今日的小卖部。树种以桃花为主，故以之命名，兼有柳树、梨树相配置。整个公园具桃红柳绿之植物景观，又兼有蓄水、购物之功能，中共领导们也常来此休息或举办舞会、音乐会、各种演出活动和时事报告会等，军民共享，利用率很高，实属革命时代之所需也。

第六节　中西合璧的园林风格

一、中西方园林风格的差异

这里我们所谓的"中"，主要是指中国古代传统园林，而非当代园林；而所谓"西"，主要指先进的欧美诸国，但其中也泛指东洋（如日本）、南洋（如泰国）的园林风格。

西洋的物质文明及宗教文化在近代之前传入中国，早在16～17世纪就有意大利、德意志、比利时等国的几位天主教耶稣会传教士来中国传教，著名的如利玛窦、汤若望、南怀仁等，他们是否也留下一些西方园林的痕迹，未作调查，但葡萄牙人在1553年入租澳门以后的四百年内，则建设了一些比较纯正的葡式园林，其中也有一些点缀式的中西合璧的元素。除此以外，所谓中西合璧的园林风格主要是从1840年鸦片战争以后才逐步形成的，故可称为源于近代，流行于近代，而且一直延续到中国的当代。

中西合璧园林大多分布在沿海的通商口岸城市以及出外谋生的华侨较多的地区，特别集中于上海、广东、福建诸省市。凡是外国人所居留的范围内也多少都留下一些中西合璧式园林的痕迹，如西南边境的云南省蒙自市，由于在1885年的《中法条约》中被开辟为商埠，而有中西合璧风格的周家花园的产生，中国的东三省则更多地渗入了日本、俄国的园林风情。

一种新风格的产生应该是形与神的自然结合。从造园的诸要素及其规划设计来看，西方的草坪置石，就有将不整齐的石块整齐地排列成一行作为草坪的边缘（图2-6-1）。而中国草坪的置石，则强调石块本身的形与色，按其形状半埋于草地下，半露于草坪上，显示出一种稳固的"山形"，多块石头聚集一起，则有"群山"的意象，优美的峰石则一定作为孤傲的"独乐"石。西方园林的静态水多采用几何形水池，如巴黎凡尔赛宫的中心雕塑水池及长达60米的长方形水池，前苏联列宁格勒（今圣彼得堡）的彼得宫水池也是长条与圆形结合的水池。但中国皇家园林的水池，如唐代长安城郊的曲江池，宋代艮岳的凤池与雁池，元大都的太液池，明代北京的北、中、南海，以及清代颐和园的昆明池等，尽管都城是规则的，但其园林水池却是自然形成的。而一些较小园林的水池还要表现出"水之源"："问君哪得清如许，为有源头活水来。"故常在水池的一隅设计一个"水源"的意象。西方园林的动态水以喷泉为多，表现出一

种人力引发的动感。而中国园林水池以静态为多，借水中的鱼游、鱼跃来表示水的动态。又如，在西方园林的植物配置中，喜欢将植物作几何形体的修剪，特别突出的是绿篱和绿雕，硬是要选择萌发力很强的植物，加以人为的造型。而中国在近代以前，一般只做整枝的扭曲盆景，园林中的植物配置通常都会尊重不同植物的自然形态，或仿造成"三五成林"的自然意象。

总之，西方园林的风格多显示出人工的力量，运用几何形体多，而中国园林则比较注重自然之理，以自然形态为主。所以要构成一种理想、完美的中西合璧的园林风格，创造出形神兼备的意象，必须对西方园林中人的力量与中国园林中自然的理性作深刻的理解。

二、中西合璧式园林产生的背景

不同的时代有不同的园林风格，表现出不同的时代特色。中国的近代，既是一个内忧外患频仍、社会混乱不堪、战争连绵不断、人民贫病交加的苦难年代，又是一个中西文化交流密切、人民奋发图强、思想活跃进步、图谋救国济民的巨大转折时代。种种矛盾都会在这样一个特殊的年代里展现出自强与嬗变的个性。中西合璧就是在这样的历史背景中萌发的一种园林风格，或者说是在这种时代巨流中的一种园林思潮。

西方人撬开了中国久锁封闭的大门之后，不由分说地强租了中国的城市或名胜之区，并在其中建设起住宅、学校、教堂、别墅群和园林，随之带来他们自己的文化艺术、宗教信仰与科学技术，于是形成了中国近代史上特殊的"国中之国"——租界。租界里的园林和我们常见的江南园林不同，是那样的开阔、鲜明，景色丰富。在中国人的眼里，它具有一种异样的美丽与舒适，引起

图2-6-1 西方庭园的置石形式

了老百姓的欣羡，也引起了中国园林专家们的研究兴趣。渐渐地在中国人自己建设的园林里也模仿、运用了西方园林的元素与做法，产生一些不中不西、亦中亦西的园林模式。

另一方面，为了自强，中国也派出一批又一批的年轻人到西方或东洋留学"取经"，一些官员、实业家也外出观摩，即使是贫瘠地区人们也有机会去外国谋生。若干年后，他们的眼界大开，亲眼看到外国的园林异于或优于中国古代的园林，于是对本国园林开始了改革之风。比如早在19世纪，上海的实业家张叔和先生就认为，中国古代的江南园林虽然小巧玲珑，但视野不开阔，多注重细节的雕琢，而忽视了环境的整洁美观。于是他从英国商人手中购买了一处花园洋房，并在此基础上修建了一个仿西式风格的中西合璧的园林，取名为"味莼园"。味莼园成为当时上海最独特的私人花园，不仅花园外在形式洋化，还建有当时上海最高的主体建筑，可以登临远望上海城市景色，而且游玩的内容更为丰富，如运动项目有弹子、抛球、脚踏车等，夜晚还有当时少见的电灯结彩，使来园游览的人耳目一新。花园免费开放，故极受欢迎。

高官兼实业家张謇则从整个城市的范围着手，融合中西方的造园手法设置了多种类型的公园。

三、中西合璧式园林的分类

一些在国外谋生的华侨，将辛苦积攒的钱带回来，以衣锦荣旧，安度晚年为目的，也建设了一些公、私园林，如南洋华侨陈嘉庚所建的厦门集美学村，泰国华侨陈慈黉在广东澄海所建的"岭南第一侨宅"等，都是具有中西合璧风格的园林。他们久居国外，比较熟悉并已习惯于居留国的生活及游乐方式，但是，由于居留国不同，个人的习惯爱好与文化修养也很不同，同是中西合璧的园林，类型各有千秋，但大体上可归纳为几大类别。

（一）拼盘式

即中式自成一格，西式也自成一体，中西二式同时出现于一处园林中。如上海的丁香花园，其东部以英国式的三层洋楼为主体，与宽广的草坪相衬托，视野很开阔；而西部则以曲线的龙墙分隔大草坪，墙内为一个典型的中国传统园林，亭台楼阁、小桥流水、叠石点点、鸟语花香，与东部形成中西园林风格的强烈对比，是比较典型的大块"园林拼盘"。

广东佛山的中山公园则是小块的"拼盘"。公园的南正门为"自创"的西式双柱式，而西大门则为传统风格的中国牌坊式；水池栏杆为西式瓶形，而湖心亭则为五角攒尖、琉璃绿瓦的传统中式；自然配置的高大树木"三五成林"，与层层叠叠修剪成圆盘形的绿植相互对比（图2-6-2）。这些元素在这个小型园林中和谐共处，时中时西，步移景异。

还有一种为附属于公共建筑的园林，呈现出附加与对比的鲜明的中西合璧的特色。如广州的南园酒家，主体是用于餐饮功能的广东民居建筑群，其中穿插一些大大小小、不同形状的中式庭院园林。后来，在建筑群的另一旁又添建了一栋西式二层楼房以扩大餐饮用房，楼房前面为一个与楼房高度相当的宽阔的铺地广场，正对楼房台阶式入口的广场一侧，则为一排覆西式拱门券的西洋雕塑群以及雕塑喷泉（图2-6-3，图2-6-4）。这一西式的组群与原来旧有的中式传统建筑组群形成了对比强烈、风格迥异的中西合璧的拼盘园林。

至于建筑物本身中西合璧造型的实例在近代则比比皆是，如开封的留学欧美预备学校于1919年落成的六号楼，基本上为西式建筑，但屋顶却为中国传统的硬山式（图2-6-5）；早期修建的校门为西式，改名为河南大学后的校门则为中国牌楼式。北京清华大学的教授住宅别墅群，更是有意将中、西式别墅各10套，连接成一个建筑群落。

如前所述，"拼盘式"为近代中西合璧建筑风格的普遍现象。

（二）杂拌式

杂拌式主要体现于一个园林的局部景点。如上海的

图2-6-2 佛山中山公园绿雕

图 2-6-3 广州南园酒家的西式壁龛全景

图 2-6-4 广州南园酒家的西式壁龛近景

图 2-6-5 开封留美预备学校六号楼

兆丰公园，全园为英国风格，但由于数次扩建的时间不同，各个部分具有不同的特色。如东南部地区，正对入口处以树坛体现中国式的障景，主路的东部是日本式假山，入口为曲池土丘，采用中式的挖池堆山手法以增加层次感，池北为8000平方米的英式大草坪，草坪之北原为中式古亭——牡丹亭，现在为西洋古典的大理石雕像亭。所以，仅公园的一个局部就既中又西，既西洋又东洋，再加上一点意大利式的瓶饰与石台，不仅有中国古代小园林的封闭与障景，还有西式园林的开阔与舒展，空间各异，成分糅杂，仿佛是园林景观中的一道杂拌小菜，颇有趣味。

（三）点缀、装饰式

这种类型总体看来基本属于中式或西式的园林，但有另一种元素或风格渗入。如广东澄海的陈慈黉故居，从整体建筑风格来看为广东的地方民居风格，但整座宅院外面又建起一座二层洋式楼房，楼面朝庭院，后墙向外，庭院是完全与外界隔绝的空间。而面向园林庭院的墙面却大量采用了泰国式马赛克的嵌瓷，这种装饰所占墙面大而多，故建筑的泰国式风格十分明显，而庭院也就成为西式装饰的中西合璧式庭院了。

另一个例子是广东佛山的傅氏山庄，其主体建筑及中轴式的布局为中式，但左侧的一块草坪上点缀了一个低平的毛毡花坛，故也可称作中式为主，西式点缀的中西合璧式园林。

北京圆明园的长春园基本上为西式园林，但其中运用了中国十二生肖形象的喷水头，这里中式的生肖雕塑只是点缀，却又引起了人们的注意，是颇有分量的中式元素，形成了中式点缀的中西合璧式景观。

（四）糅合式

糅合式应该是比较完善的中西合璧形式，它将西方文明与中国传统的两种不同的文化融合为一体，产生出一种中与西、新与旧相互糅合的和谐、均衡的新风格，这种风格的园林实例，以广东开平的立园和浙江南浔的园林比较典型。实例详述如下。

四、中西合璧式园林实例

（一）广东开平立园

广东开平是华侨之乡，开平的碉楼始建于明代中叶，但大量兴建则是在 20 世纪的 20～30 年代。据开平市普查资料显示，1900～1931 年，开平共建造碉楼 1600 余座。其中有一半是在 1921～1931 年间建造的。开平的立园碉楼也是在这一段时间开始修建，历时十年于 1936 年建成。它是一座以碉楼住宅别墅群为主体的私人园林，也是获得普遍认可与赞赏的园林。现仅从立园中西合璧的园林特色略述如下。

1. 中式园林与西式住宅建筑共融

一进立园大门，首先看到的是几栋独立的西式住宅建筑，穿过建筑群，再通过绿荫如盖的花架，就进入一个亭桥溪流、鸟语花香的园林，溪流旁有一座中式的牌楼，大草坪的一角坐落着造型独特的思源亭。如果不去分析立园的平面布局，可能并不会留意花园的大小之分，但会感知空间的开合之别；如果不去分辨亭桥栏杆的样式，就不会注意其中西风格的穿插，但会产生一种新鲜又熟悉的鉴赏情趣。这正是建筑与园林的中式元素与西式元素共融所达到的效果。

2. 建筑布局与园林结合自如

七栋别墅中有六幢相互错落，集中位于立园的中心部分，这是出于管理、生活方便，以及与其地位相符的考虑，别墅之间也略有树木花草的分隔。大花园环绕在这个建筑群的周边，而其园林设施又相对集中于整个用地的西南部分，小花园则偏于别墅群的正南园。主人最宠爱的二太太的独立别墅——毓培别墅独立位于大花园与小花园之间西南尖端的临流之处，不仅景色优美、环境幽静，而且凸显出别墅主人的独特地位，而这一带也就成为立园园林的精华所在。

3. 亭台桥架造型独特，树木花草配置得当

园中共有亭、花架六处，其独特之处首推思源亭。这是一座具有儒家文化含义，却又具西式形象的中西合璧的小品建筑物，为三层六角亭，是园主谢维立奉父命回乡后修建的，故名。此亭的下层开敞，二层的柱间嵌玻璃门窗围合成一个小房间，可作斜风细雨时的停憩空间，三层为平顶，过去可供眺望附近的田园景色，但今日亭旁的树木已长成，此亭也就成为林中歇息之亭了。思源亭二、三层的六角均以直径约 1 米，高约 0.9 米的圆形实墙围合，阳台突出，可供出亭外观赏，也扩大了亭子的面积与视野，节约了亭子的占地面积，趣味横生。此亭为目前极少见的具有独创性的中西合璧小品。

鸟巢是一组意大利式带穹顶的尖塔，四座大小不同的圆形亭群附近连接着一个棚架形的花藤亭，便于鸟类在"林中绿荫"中栖息。而在溪流水门两旁又设置了两

根钢质"神鞭"，每根高达 18 米。因为立园面对虎山，据风水师谈，"门外有虎，终为祸患"，所以园主人特别用重金去德园订制了这两条打虎鞭。这些小品建筑都是很有特色的西式风格。

植物种类则以乡土特色的为主，少有西式的修剪植物。树种几乎是观赏与生产并举，如阴香木、榕树、凤凰木、紫荆、桂花、木棉、大王椰子、棕榈、荔枝、龙眼、杨桃、香梅、粉单竹等，而今已是古木参天、鸟语花香、硕果满园、鱼游浅底的园林风貌，显示出主人寄傲林泉的建园初衷，有主人谢维立自撰的泮立楼墙头诗为证：

枝头好鸟语关关，园涉潭溪水一湾。
寄傲林泉无俗意，优游恍若卧东山。

4. 自然山水的利用与人文精神的鉴赏

立园虽处于平原郊野之地，但有低山可依，有潭江之水可引。主人花了一年时间，挖了一条长约 1000 米，宽约 10 米，深约 3 米的人工溪河，引潭江之水入园成溪，环流大小花园之间，并有晚香、长春、共乐三座桥亭横跨其上。在这条引入的小河下面，恰好又有许多泉眼，可以终年流水不涸。溪流的开辟，完善了立园的山水之景。

立园主人心中的园林精神文化在许多文人雅士的诗词楹联中体现出来，其中又以赞赏中西合璧风格特色者最为突出，今摘数首如下：

中式亭台西式楼，古香犹带逐潮流。
洋房挥起丹青笔，国画堂皇绘上头。

（邓炎宪）

一半唐风一半番，玲珑彩阁绕潆瀄。
奇花异草春冬色，直使留连恋立园。

（林星挟）

棕树参天伴紫荆，中西合璧造园林。
从来艺术须相补，混血新生胜老生。

（孙铁青）

的确，立园所表现的景色是"立园建筑集中西，别墅花园隔小溪"；它所体现的情怀是"中西合璧相辉映，足见当时赤子情"；它的时间概念是"园林复古新如旧，合璧中西贯古今"；而其地方特色的兼容性，又表现于"水榭江南花似锦，楼台欧美蝶留情"。立园初步做到了荟萃中西之长，通贯古今之景，形似西风、神拟唐风之情溢于诗文之中，得到雅俗人士之认同，为近代首开中西合璧园林风格之先，展现中西园林糅合之神的代表之作。

（二）浙江南浔园林

在中国近代的中、晚期（19世纪中叶至20世纪的二三十年代），南浔镇由于出产一种优质的"辑里丝"，在1850年巴黎举办的第一次世界博览会上获得金奖之后，得到了大力的发展，并成为全国少有的"富可敌国"的丝商群体。富裕后的南浔人纷纷修建园林，在一个面积仅1.68平方公里的城镇上，各种独立或附属的宅园就达27处，成为当时全国拥有园林最多的一个小镇。而且，凭借着与外商的频繁交流，他们把西方的科学技术和文化艺术引入园林建设中，从而开创了近代村镇园林的一个新阶段。

这时期南浔的园林渗透着西方园林的元素，影响着园林主人的生活方式，它在尊重、继承南浔人自己的文化传统的同时，产生出一种独特的中西合璧式园林。

首先，建筑群体的布局藏露合宜。在南浔的街道上一般看不到一条条、一片片的"标新立异"的洋式住宅，也看不到高耸的洋式钟楼或碉堡，只有在深具民间传统特色的城镇建筑群中，才能发现一幢幢西式的、并不起眼的园林大门（图2-6-6，图2-6-7），在传统的马头墙内才能发现成组的西式建筑群（图2-6-8～图2-6-13）。这些建筑大多位于传统建筑群中轴线的一侧或后园，

故这种中西合璧的布局，仍是以中式为主体的。

其次，中西合璧的风格多显露于建筑物的装修上。如中式回廊的栏板或隔扇门采用木雕，但内容为芭蕉叶形，迥异于中式的同色花雕栏板，色彩艳丽，形态抽象，十分醒目（图2-6-14，图2-6-15）。有的则直接采用西式铁花栏杆，或创造性地使用一种铸铁的文字栏板，颇有特色（图2-6-16，图2-6-17）。

墙面采用中式窗格镶嵌西洋制作的彩色花玻璃，花纹则取国画或西式纹样，这种做法不仅新颖，而且玻璃

图2-6-7 小莲庄嘉业堂藏书楼大门

图2-6-8 张石铭宅园的入口广场

图2-6-6 小莲庄的大门

图 2-6-9　张石铭宅舞厅入口

图 2-6-11　张石铭宅两栋建筑之间的广玉兰庭院

图 2-6-10　张石铭宅舞厅对面建筑的后门

图 2-6-12　小莲庄中西合璧的东升阁外观

图2-6-13　刘青梯住宅后园的西式半圆廊

图2-6-14　浅绿色的抽象芭蕉叶栏板

图2-6-16　刘青梯宅木门窗的文字雕板

图2-6-15　芭蕉叶栏板细部

图2-6-17　南浔镇史馆的文字铸铁栏板

上可数十年不着尘埃（图2-6-18，图2-6-19）。

地面多改用彩色花纹瓷砖铺装，平整而易于清洁。

以上这些都是近代园林建筑上的一种时尚，在南浔园林中十分普遍。

再次，园林建筑物的室内装修中西合璧。南浔园林中建筑物室内装修的形式有中有西，一般都保存了传统的匾联文化，但也有西式的壁炉设施，甚至专门辟有西式舞厅，并设音乐"池"。室外还开辟网球场。说明西方

的生活方式已渗入了这个中国的小镇。

在园林植物的选择上，南浔的园林也注意引种一些外国的树种如广玉兰、法国梧桐、法国冬青等，而修剪绿篱的应用则更为普遍（图2-6-20）。

还值得一提的是，南浔自南宋（1252年）建镇以来，一向崇文重教，建有各类镇学、社学、义塾、书院、学校等机构培养人才，故此地人杰地灵，人才辈出，早在明代已有"九里三阁老，十里两尚书"之说。及至经

济兴旺的近代，又产生了更多的革命家、实业家、科学家、文学艺术家、文化收藏家等，尤其是创建南浔嘉业堂藏书楼的刘承干被学者们认为是清代晚年私人藏书的巨擘，而庞元济则是江南最大的书画收藏家、鉴赏家。他们既有以实业致富的雄厚财力，又有藏书收画，刻印书刊的文化修养与志趣。南浔的名园楼阁如小莲庄的嘉业堂藏书楼、宜园的六宜阁，以及蒋汝藻的密韵楼，都是为藏书赏画而设。

总起来看，南浔人既有一股勇敢的开拓精神，又有较为深厚的文化底蕴，在西风东渐的近代，他们走出一条开放自由、求实理性，新潮与传统相结合的道路，其中就包含着南浔园林的创新与特色。

可以说，近代中西合璧的园林风格，尚处于启蒙阶段，但已初见成效，随着我国全面开放的政策，园林作为城市与环保建设的重要一环，有频密的中西文化的交流，有更多海归派的引领，一种完美的中西合璧的第三种园林风格定将于伟大文化复兴的当代应运而生。

图 2-6-19　张石铭宅顶层的西式彩色窗玻璃

图 2-6-18　张石铭宅木雕花与彩色玻璃相结合的门窗

图 2-6-20　小莲庄中式园门内的西式修剪绿篱

中·国·近·代·园·林·史

第三章 中国近代的城市公园

城市公园是中国园林历史发展的一个标志，更准确地说，是中国三千余年来园林历史发展过程中的里程碑。因为在中国漫长而优秀的园林发展中，城市公园第一次改变了园林所属的根本性质。站在这块"里程碑"上回头看，具有悠久历史、载誉世界的中国皇家园林不再新建，而是转变为人民的公园；往前看，一种人民所有、所享、所管治的新型公园诞生了。这个变化就发生在1840年鸦片战争至1949年中华人民共和国成立这百年的近代时期。

这时，中国的公园虽然尚处于初生的阶段，但它却具有一种殷实而优秀的传统园林的基础，处在公园繁荣发展的现代回顾时，我们深深地感到这个起跑点是多么重要，它标志着时代的根本转向，更展示出一种新兴力量的强烈的萌动力。在这块闪闪发光的里程碑上，我们不仅看到了新、旧园林在时序上的交替与"换岗"，也看到了代表着"世界园林之母"的"万园之园"——圆明园罹难的悲惨一幕。在过去了将近一个半世纪的今天，当我们后人在编写《中国近代园林史》的时候，仍万分悲愤。

近代的公园在中国园林历史的发展中，从整体宏观来看，是一个根本转折的新起点，但从纵向的历史渊源来看，在西方城市公园传入中国之前，中国园林受到公众游览风景名胜活动的影响，也受到儒家"与民同乐"的思想渗透，在造园艺术上则更是继承了传统园林的技艺与手法，故中国近代公园的兴起，并不能简单地说来自西方，而要更全面、完整、历史地分析其兴起的基础（主要指公园建设的理念）及其特色。

第一节 近代中国城市公园发展的脉络

公园一词在我国古已有之。魏晋南北朝时期的《北史·魏任城王云传》中有"表减公园之地以给无业贫人"之句；《辞源》中对"公园"一词的解释就是古代官家园林。而据新农出版社1953年出版的《庭园设计管理》一书所载："……澄为定州刺史，表减公园之地，以给无业"。作者解释说，由此说明当时的公园面积很大，而王澄把它的面积减少，交给失业的人去发展生产。如果以上文献无误，则中国公园之名，始于魏晋南北朝时期的北朝年代，为公元386～581年之间，距今已有1500年左右的历史了。

但是，今天的公园与古代的公园从性质、内容、表征等方面来看是全然不同的两种概念，具有全然不同的两种形态，故也不能说"公园"一词的出现以中国最早，因为二者具有明显的时代差异。

据中国在20世纪80年代首编的大百科全书的诠释："公园是供群众游息、文娱体育活动和进行宣传教育以及节日游园等活动的场所。是城市绿地系统中的主要组成部分。"这种解释已较古代的公园概念有了完全不同的意义，而从18世纪以来，西方各国（尤其是英、美各国）所兴起的近代城市公园来看，有以下三种涵义。

一是供普罗大众自由享用。公园用地一般属于国家或一个独立的政治单位，有时也有私人或集体所建的为公众所享用的公园，而这种公园的主权与国家所设立的公园不同，如可供公众享用的私园、寺观园林、集团所有的公园仍属私人、寺观、集团的产业，如有变动，市民是无法干预的。但由民主国家政府设置的公园，市民是有权提出建议或意见的。故典型的近代公园的根本特点是公家所有，供公众自由享用。它的设施、内容及活动等市民都有权利与义务来维护。而过去的皇家园林、私家园林及租界园林是做不到这一点的。

二是公园具有科学性。既要照顾到不同年龄的市民，建造适应他们爱好与活动的游乐、休息、保健的设施，并有寓教于乐的文化教育内容，又要建造一个科学的公园系统，从而出现了各种公园类型，如综合性公园、专类性公园、儿童公园、体育公园、植物公园、动物园……随着城市的发展，除公园以外，其他的园林类型也越来越多，作用也越来越广泛，具有改善城市环境，促进城市生态，防护、躲避各种自然或人为的灾害等作用，使园林专业逐步地发展成为一门综合性很强的学科，而公园则是城市园林这门学科中，最具代表性的类型。

三是具有相当的文化性。这是城市文明的一种表征，如英国伦敦海德公园的民主演讲，前苏联莫斯科的高尔基文化休息公园的命名建设，香港维多利亚公园的城市论坛。我国近代实业家也提出过公园是"人情之囿、实业之华、教育之圭表"的精辟论断。这些都说明近代公园所具有的鲜明的文化性，尤其在我国，无论是公园还是私园都或多或少地继承了中国文人园林的优秀传统：以诗词、楹联写入公园，以书法、画幅描绘公园，以雕塑、石刻装饰公园，以戏曲、茶道充实公园，等等，都表现出近代公园具有相当浓厚的文化元素，充分发挥了

园林优化人民物质文明与精神文明生活的作用，也是最能传承中国传统园林文化特色的一种园林类型。

一、中国古代的公共园林

（一）中国古代公共园林的沿革

一般都认为中国的城市公园首先是由西方传入的，是随鸦片战争后列强的入侵而逐步呈现的一种文化输入现象。但是，如果仅仅从"为市民大众所享有的游乐园地"这一涵义来看，则中国早已有之，不过，不叫它公园而称之为公共游乐地。它与今日中国城市公园的形成相伴而行，相辅相成，即使它们之间在所属主权、游息内容、范围、形式、设施等方面有着本质的不同，但仅从"享用"这一点说明，这种自古以来的公共游乐地或可作为近代城市公园的历史渊源。

大约在公元前550年的春秋时期，周代"文王之囿，方七十里，刍荛者往焉，雉兔者往焉，与民同之"，老百姓可以入内砍柴、打兔子，享受文王的园囿之乐。这种园囿已是公园发展的滥觞了。

西汉肃州的酒泉，是帝王西征的起点，这里泉水极盛，官僚与百姓同饮，由官僚经营，如明代闫立，清代的黄文炜、左宗棠，民国时的杨德亮等不断修建已具公园雏形。

到了封建社会的魏晋南北朝（220～589年）时期，如前所述，在古书中出现了"公园"一词的记载，一些文人们也可以在城市近郊的风景名胜区聚会饮宴。如《晋书·张翰》中有"暮春和气应，白日照园林"之句；《刘宗·何承天》一书中亦有"饮啄虽勤苦，不顾栖园林"之言；《晋·左思》中也有"弛骛翔园林"之说，足见在晋代已有我们今日理解的像公园那样游乐的园林雏形。《世说新语》一书中记载："过江诸人，每至美日，辄相邀新亭，藉卉饮宴"。由此可见，这也是一种风景不殊，可自由享用的公共园林的佐证。

至于东晋时期浙江绍兴会稽山的王羲之等文人的"曲水流觞"之乐，出自民间"吉日于三月三日，士民并出江渚池沼间，为流杯曲水之饮"，"五月五日，四民并蹋百草，又有斗百草之戏，采艾以为人，悬门户上，以禳毒气"，"九月九日，四民并藉野宴饮……佩茱萸、食蓬饵……登山饮菊花酒"等风俗，虽是以自然风景为主，但同为公共游乐之举，亦或疑为今日城市公（共）园（林）的由来。

特别是这一时期出现了寺观园林的类型，它一开始便向着世俗化的方向发展。寺观园林最晚在公元4世纪时就已出现，如东晋（376～396年）的20年间，慧远和尚在建造庐山东林寺时，就曾"利用原有香炉峰及其旁的瀑布，仍石垒基，即松栽沟，清泉环阶"。在寺内也别置禅林使之形成"森树烟凝，石径苔生"的园林意境。到了唐代，杜牧《江南春》一诗中"千里莺啼绿映红，水村山廓酒旗风，南朝四百八十寺，多少楼台烟雨中"则更是平民百姓亦可享用的寺观园林美景的写照。

寺观园林大多以寺观建筑为主体，面积大的有各种广阔的林木如薪炭林、水源保护林、风水林、竹林，乃至果园、茶山、菜圃、苗圃、花圃等，有的还有农田，一般都属于"寺产"。自东汉开始传入佛教，以白马寺为首的数十所寺庙绝大部分都有园林，明清以后的北京香山寺、法源寺、大觉寺、潭柘寺和杭州灵隐寺等都是具有相当规模园林或山林地这种独特景观的具有公共性质的寺观。

隋唐时代最有名的公共园林是位于长安城外东南隅的曲江池（图3-1-1）据史书记载："宇文恺营建京城，以罗城东南地高不便，故缺此隅头一坊余地，穿入芙蓉

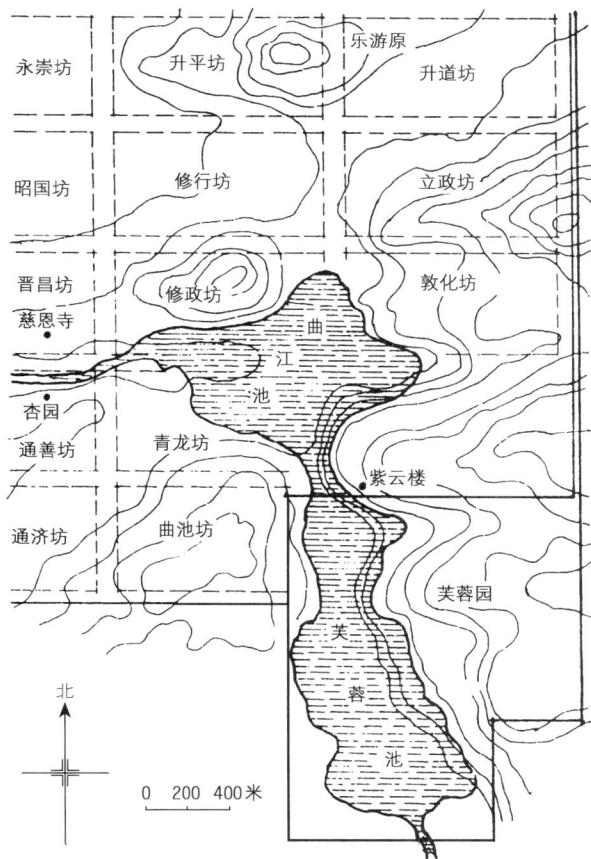

图3-1-1 唐长安曲江池位置图

池以虚之"。唐代开元时曾对曲江池大加疏凿，环池建造了不少离宫别馆，还建有一道夹城，可连通城北的宫殿。皇室还下诏允许在空地上大力营造亭馆，故当时的曲江池水面已有70公顷，池西南的芙蓉苑面积也有140公顷。苑内是青林重复，绿水弥漫，成为京城胜景，每年二月、三月的节日，自帝王将相及商贾市民都来此游乐，行市罗列，使长安城几乎"半空"。

在长安城内的升平坊还有一处高地，汉代称为"乐游苑"，唐代称为"乐游原"，武则天曾在这里修建亭子，因其位置是城内最高的地方，视野开阔，俯瞰全城，所以京城人士每到节假日都来此登赏祓禊。此处更似今日的城市公园。

还可以从一些纪实文学中看到唐代公共园林的园林盛景。如大文豪柳宗元的《零陵三亭记》中写着："零陵县东有山麓，泉出石中，沮洳污涂，群畜食焉，墙藩以蔽之。为县者积数十人，莫知发视，河东薛存义，以吏能闻荆楚间……乃发墙藩，驱群畜，决疏沮洳，搜剔山麓，万石如林，积坳为池。爰有嘉木美卉、垂水丛峰，玲珑萧条，清风自生，翠烟自留，不植而遂。"因此，就在这样美丽的山林间"乃作三亭，陟降晦明，高者冠山巅，下者俯清池"。三个亭子分别置于不同的位置与高度。应该说，这是利用自然山麓的"潜建私人牧场"改建为公共园林之一例。

扬州府志中也记载有官府修建的公共园林，其中谈到一个赏心亭的景致："连玉钩斜道，开辟池沼，并葺构亭台……郡人仕女得以游观"。这是唐人游园之又一例。

到了宋代，首都汴梁城内虽然不像唐长安城内有乐游原作为公共园林，但紧邻城东垣的皇家御苑——琼林苑与金明池，却都是定期向游人开放的。如在琼林苑射殿之南，设有球场，"乃都人击球之所"；金明池在"水嬉"（即赛龙舟）之时都是"不禁游人，殿上下四廊皆关扑钱物饮食伎艺人作坊"，端午节时，还有"龙舟竞赛"之乐。而园内也有僻静之处，"重杨醮水，烟草铺堤，游人稀少，多垂钓之士"。

即使在京都东京(今开封)，老百姓的春游也是多姿多彩的：春游期间"四野如市，往往就芳树之下或园囿之间，罗列杯盘，互相劝酬。都城歌儿舞女，遍满园亭，抵暮而归。各携枣锢、炊饼、黄胖、掉刀，名花异果，山亭戏具，鸭卵鸡雏，谓之'门外土仪'。"乘坐的轿子即以杨柳杂花，装簇顶上，四垂遮掩，真是好不热闹。

宋代文官修筑园林也是常有的事。

大文豪苏东坡先是在陕西凤翔县当过节度判官，他

于1061年秋开始疏浚水源，筑构亭台楼阁，栽植树木花草，修建了紧靠城东的"古饮风池"，称为"东湖"。这是当时一处为百姓开放的北国园林。而当苏东坡于1089年改任杭州刺史时，他又疏浚西湖，设堤建桥筑坝，建起了有名的苏堤，当时的老百姓游西湖时，已是"堤上无插足之地，湖上无行舟之道"，一派群众游乐的热闹景象。

唐宋八大家之一欧阳修的两篇亭记中更可看到古代公共园林的游乐情况。

欧阳修在1050年左右被贬至安徽滁州当太守。他写了一篇《丰乐亭记》，说出了自己当时的处境："地僻而事简，又爱其俗之安闲"，因此可以做到"日与滁人仰而望山，俯而听泉，掇幽芳而荫乔木，风霜冰雪，刻露清秀，四射之景无不可爱，又幸其民乐其岁物之丰成，而喜与予游也"。他在另一篇《醉翁亭记》中更具体地描绘了老百姓游览近郊园林的情景。滁州的琅玡山位于县城西南五公里处，这里"林壑优美，望之蔚然而深秀"，而去游玩的人群则是"负者歌于涂，行者休于树，前者呼，后者应，伛偻提携，往来不绝者，滁人游也"。由此可见当时的官民关系良好，使欧阳修深深地感到："与民共乐，刺史之事也。"

宋代的耕读文化比较发达，尤其是南迁浙江临安以后，出现了一种全国少有的农村公共园林。

浙江温州的永嘉县就有一处颇具特色的村落园林。这是一种没有围墙的开放式、外向型的公共园林。或者围绕着一个水池，在其附近筑亭、建桥、栽树，或者围绕着一块台地，设亭廊、坐椅，并晓以颇具文化特色的命题，如"七星八斗"、"文房四宝"（指纸笔墨砚的象征景物），实则此处就是给村民提供日常休息、集会、议事的公共场所，也是密切地与大自然相结合的人工公共园林。

明代建都于北京，什刹海与净业湖都种植有荷花，附近被开辟为稻田，并招募江南的农民来此耕耘，呈现出一派宛若江南水乡的、富于田园野趣的公共园林。净业湖的岸边还建造了不少的茶楼酒肆，湖面上还有画舫游船可泛舟。到了清末，由于经年淤塞，原来的什刹海、净业湖两处逐渐淤积而变成了后来的三海——净业湖，后海与前海，沿岸的摊贩聚集也愈来愈多，以至形成茶楼、酒馆、戏院林立的一处热闹市场。这种风气一直保留至今，成为今日闻名遐迩的"北京荷花市场"。

值得一提的是，中国的寺观园林自魏晋六朝时正式成为中国园林三大类型之一以后，自始至终都是一种特殊的公共园林。不论寺产属于谁，公众市民、信徒们均可自由享用的情况则是历来如此的。中国又是一个以道、释、儒为主的多宗教国家，佛寺、道观、孔庙以及其他多种多样的庙宇、祠堂、教堂等民间信仰的建筑及其环境用地，多少都有些园林，而寺观本身也有为生活、供佛所需的薪炭林、果林、茶林、菜圃、竹林或水源防护林等，也需要有供踏青、拜佛、纪念等活动的优美环境，以及欣赏大自然，启迪心灵的特殊的禅林或丛林。再加上魏晋以来舍宅为寺者甚多，故寺观园林本身也就是将私园变公园的一种客观事实。这就成为中国古代公共园林的一种必然的表现。它们的分布与内容几乎完全从属于大自然或宗教本身的需要，一般只有少量人工园林建筑，如钟鼓楼既是寺观必需，也是园林景观之所爱，其他如放生池（泮池）、小桥、经幢，供花佛坛，香炉、茶山、竹林，乃至古树名木，当然也就更加成为寺观园林的景观了。

"天下名山僧占多"，名山中如峨眉山、五岳、庐山等的寺庙动辄就达百个左右，故寺观园林在近两千年的园林历史中，已成为范围最广、最普及，也最具吸引力的一种古代公共园林。

古代私园向百姓开放的在宋代以前少见有记载，而在宋代时，洛阳的19个名园中，则有定期向市民开放的先例。但这时的私园已具有文人园林的性质，大多以"以文会友"的宴集、游赏为主，如饮酒赋诗，季节性的赏花……有时参加的人很多，要在树林中辟出空地"使之可张幄次"，容纳数十乃至上百人，如使臣王拱辰的宅园环溪，园中遍植松柏，各类花木上千种，并设一个秀野台，盛花时台上可坐百人赏花。又如李氏仁丰园，是花木品种最齐全的一座大花园，它在园中专门设置了五个亭子作为开放时市民赏花、休息的场所。

这种私园定期或定人的开放，发展到近代就有了如香港虎豹别墅（即万金油花园，参见本篇第二章）和香港大屿山悟园的完全免费开放的情况。前者带有佛教信仰，教人"与人为善"，后者则是儒家"与民同乐"思想的体现（详见下篇香港卷实例）。香港早期的私园由私人或集资兴建，经历了由私人专用发展到半开放，以至于发展到收取低廉入场券的完全开放过程。从最早的樟园，发展到增添游乐设施的愉园、太白楼、利园，最后逐步演变为一种公共游乐场性质的园林，此时就带有营利的色彩了。

（二）中国古代公共园林的特点

总之，至清代中期以后，中国历史上遗留下来的公共园林有以下几个特点：

（1）百姓的游览之所基本上都以自然名胜区为主，结合中国的民俗节日，具有十分热闹、欢腾的游览场面。而在城市或近郊则依托水系，建造面积较大的公共园林，如北京的什刹海、陶然亭，济南的大明湖，扬州的瘦西湖，杭州的西湖等。

（2）利用寺观、祠堂、书院等公共建筑物建造百姓可自由入内游息的公共园林，其中主要是寺观园林。但也有如成都的杜甫草堂、桂湖，云南的大理书院，长沙的岳麓书院等皆有一定规模的园林。

（3）农村中则有因地制宜的村落园林、水口园林，如安徽歙县的檀干园（小西湖），浙江永嘉苍坡村的村落园林等，是自然村落利用自然的山、水、林，略置亭、桥、台、碑等人工建筑而形成的园林。

（4）具有公共性质的园林还有少数官府衙署的后花园，西藏行宫的罗布林卡，以及少数民族地区景色优美的自然园林，如山西绛守居园林，兰州肃王府的节园，云南的秀山等。

（三）中国古代公共园林与中国近代公共园林的差异

在中国三千余年的园林发展历史中，虽然是以皇家园林，私家园林为主要的类型，但一般老百姓难以享受，而作为寺观的园林及自然名胜区，虽然与近代的城市公园有很大的差异，但它们才是中国近代以前真正的公共园林。

古代的公共园林多依托于大自然及名胜，而近代城市公园多修建在人口密集的城市，是人工建造的第二自然。古代公共园林规模较大，多数无一定的范围，而城市公园则有明确的界限。定期或不定期开放的皇家或私家园林，一切主权均不必入园者过问，而近代城市公园的主人则是人民，他们拥有一切享用公园的权利与义务。古代公共园林以自然美为主，其分布、内容完全是天造地设的自然物，只配以极少量的人工景物，而城市公园一般多为人为的艺术创造，受制于时代文化的观念与变化。应该说，自然的变化比较缓慢，而人文社会的变化比较快速，故古代的公共园林景观比较恒久，而城市公园的景观变化则总是随着时代潮流、风尚、乃至人们的世界观与价值观的变化而变化。因此，在不同的时期就会产生不同的公园特色，比如19世纪与20世纪的公园

的形式、内容，举办的活动等都不尽相同。可以说，中国城市公园是近代的产物，它与中国近代的爱国、进步、民主与科学的元素密切相关，而古代的公共园林就比较单纯、朴素。但如果仅从"公享"这一点来看，就可以从源远流长的中国文化中找到它们之间共同的哲学思维。

总之，城市公园不是凭空而来的，它首先反映出人类本来就有的爱好自然的天性和人群相聚的游乐群体性。随着时代的进步，城市化的进程，园林由天赐的自然美发展到人造的自然美，公园成为第二自然，因此可以说，大自然是中国悠久园林历史发展的共同根基，是中国传统园林的根本体系。

二、西方公园的兴起

19世纪中叶英国产业革命兴起，产生了新兴的资产阶级和工人阶级，大规模的集中生产，使城市人口过度集中，而民主思想的狂澜又促进了政治体制与主权的转变，科学的进步与发展更直接影响到城市的建设与发展，于是，一种新型的公园就诞生了。

这种真正属于人民大众的公园形式首先是将原有的皇家园林易主为公民使用。其实，早在18世纪，英国皇室就已开放了伦敦的狩猎园、肯辛顿（Kensington）公园、詹姆士（St. Jamess）公园和海德（Hyole park）公园（图3-1-2，图3-1-3），后来在海德公园中还添设了民政议政的讲坛。接着，法国巴黎也开放了位于郊外的布龙涅林苑（Bois de Boulogne）和凡桑林苑（Bois de Vincennes）两片森林游乐地。德国也将皇家狩猎园梯尔园（Tier Garden）开放给市民使用。意大利等国也都先后仿效，开放了皇家贵族的园林。

紧接着就是逐步新建一些更适合民众游息需要的城市公园，如英国就利用美丽的河谷、荒地修建了波德南公园（Bodnant Park）、摄政公园；法国也在巴黎市内新建了蒙梭公园（Park Monceaux）、蒙苏里公园（Park Montsourie）和苏蒙山丘公园（Park ue Buttes Chanmouts，图3-1-4，图3-1-5）；德国也在小城马克德堡新辟了一个公园，这个公园是1824年就建好的，是德国最早的公园之一；日本在明治维新以后的1873年最早建立了大阪的住吉公园。

美国的情况则有所不同，它幅员辽阔，但历史短暂。17世纪（1634年），一位殖民官威廉·贝克斯托（William Blackstone）在波士顿查尔斯河畔的一块泥沼地上，修建了一个英国式的公园，命名为波士顿公园

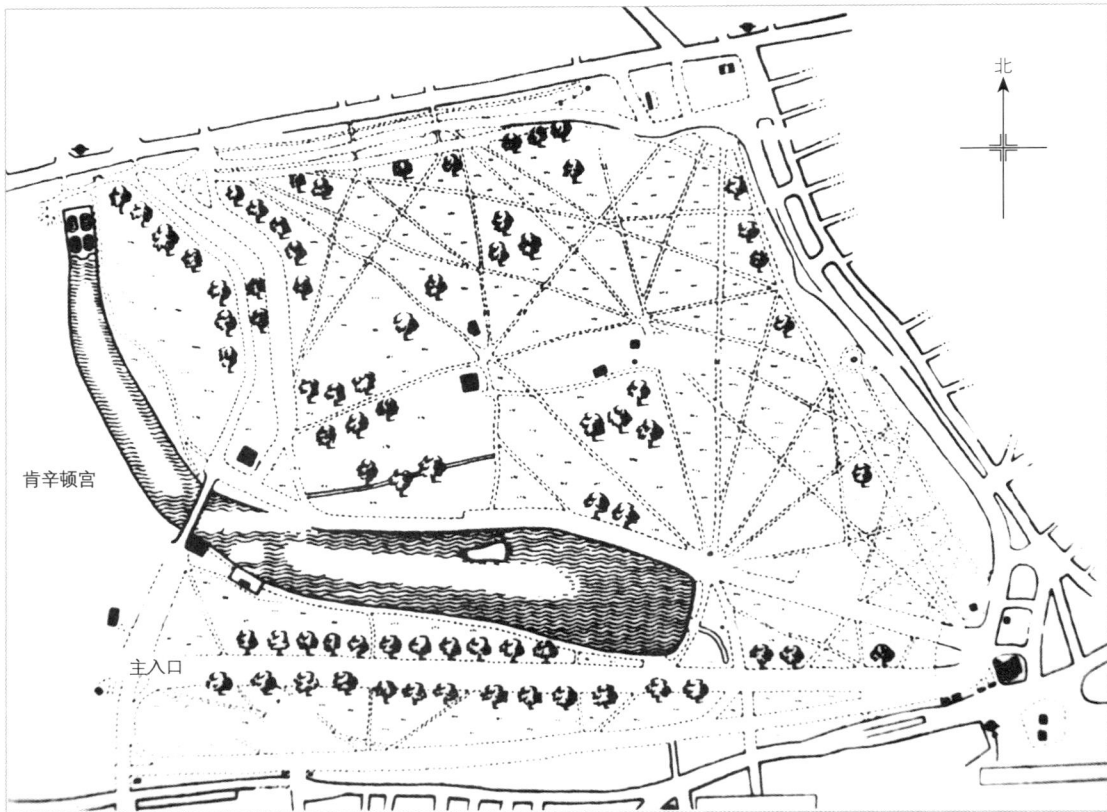

图 3-1-2　18 世纪开放的英国伦敦海德公园平面图

图 3-1-3　英国伦敦海德公园一景

（Boston Common），面积达 42 英亩，是美国最早建立的公园之一。境内原有三个小丘，但在美国革命后，这个公园里修建了一座州政府大楼，公园的性质就被改变了。

1776 年美国独立之前，多半是修建一些小规模的宅园，大多反映其宗主国的"外来"特色，并没有表现出美国本土的原有特色，直到 1858 年才正式开始建设美国的第一个城市公园——纽约中央公园（图

3-1-6，图 3-1-7），面积达 340 公顷。它的主要作用是保护原有的优美的大自然景观。公园中心有开阔的草坪，强调本地的乡土树种，边缘有浓密的树丛、树林，与外界隔离。方形的小水池、宽阔笔直的林荫主干道、平缓曲折的小径都受到了英国自然风景园林的影响。

横跨欧亚两大洲的前苏联，其城市公园的兴起，似略晚于西欧，但较西欧的公园更为完备。1917 年十月革命后，前苏联已有了全面的城市绿地系统规划的思想，那时的皇家园林也已开放为市民享用，如前苏联列宁格勒的彼得宫等。

到 1929 年，就十分明确地提出了综合性文化休息公园的概念，并首先在首都莫斯科建设了高尔基中央文化休息公园，占地达 300 公顷（图 3-1-8）。而紧挨着全苏农业展览会地区的莫斯科捷尔任斯基文化休息公园面积为 350 公顷，如包括谷地、牧场、水池等则有 500 公顷（图 3-1-9）。这种文化休息公园拥有大片的绿地，而且是一个巨大的文化教育基地，内容十分齐全。它们提出的这类公园的任务是：

（1）文化休息公园是国家机构，在城市、镇区的

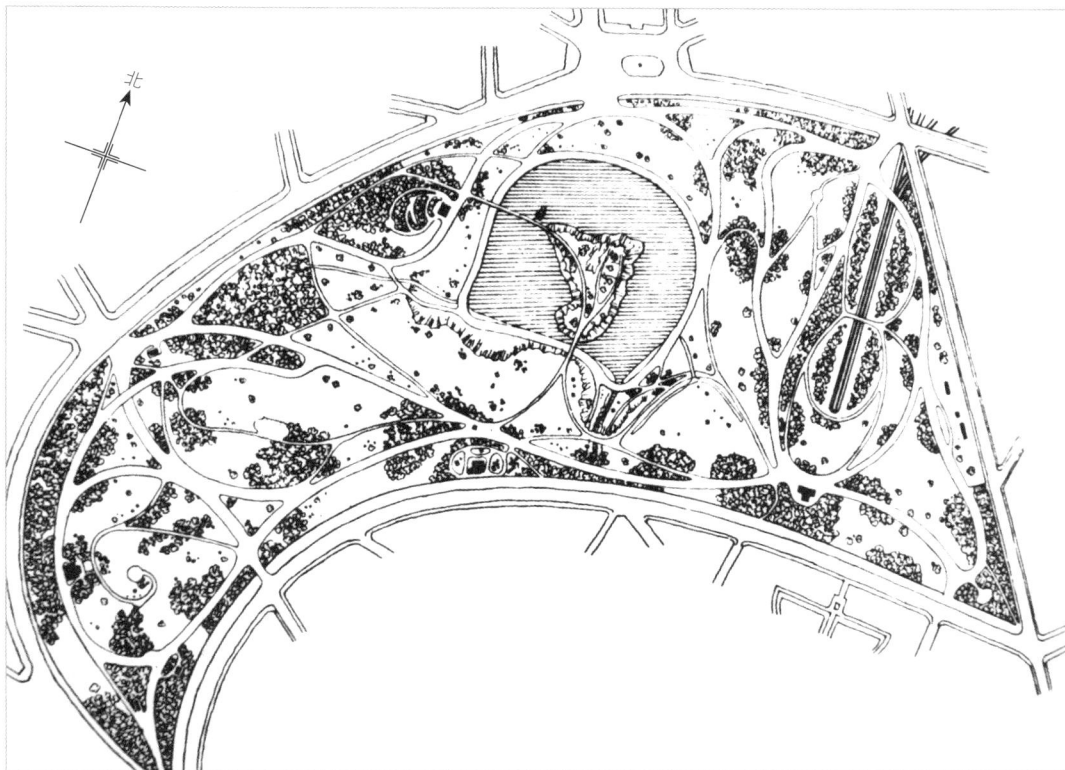

图 3-1-4　法国巴黎市区的苏蒙山丘公园平面

图 3-1-5　法国巴黎市区的苏蒙山丘公园一景

图 3-1-6　美国纽约中央公园的大草坪

图 3-1-7　美国纽约中央公园一景

图 3-1-8 莫斯科高尔基中央文化休息公园平面图

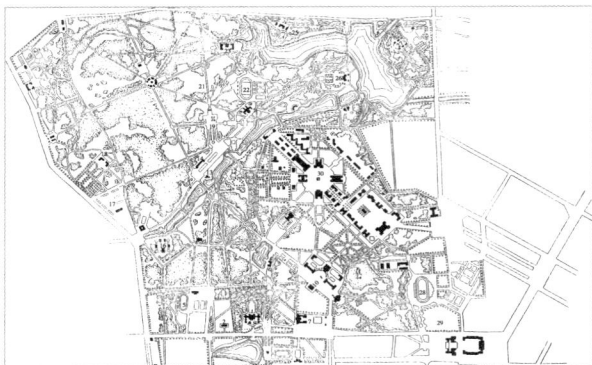

图 3-1-9 莫斯科捷尔任斯基文化休息公园平面图

中心都要建立，可更好地利用自然条件，为居民创造文化、体育、娱乐、休息的场所。

（2）建立各种文化娱乐设施，组织广泛的政治报告，解释政党和政府的政策与决议；宣传科学、教育、文艺乃至军事等方面的知识，协助开展有关的各种活动。

（3）建立讲演厅、图书室及固定或流动的展览，举办各种长、短期的讲座，放映科学或新闻影片，举行专题晚会、座谈会、咨询等活动；在政治性节假日举办大众娱乐的戏剧、音乐及小型歌舞技艺的游艺会、业余艺术团体表演等；设立群众参与的体育运动竞技设施如游泳、划船、滑雪等，由公园发给锦标奖励；还要求出版有关公园工作及活动的宣传报道资料。

（4）特别要在儿童的文化教育、体育保健方面设立专门的启迪智能的场所与设施，如建立"儿童城"、儿童游乐区等。

由以上种种公园的任务与设施可以看出，前苏联近代公园的本质是将文化教育、体育锻炼与游息相结合，寓教于乐的一种新型公园形式，是城市绿地系统中的

重要组成部分。而这个系统又是以绿地分类及其定额指标和全市绿地分布等方面综合解决园林的定性、定量与布局三大问题的，强调以绿地平衡，每人占有绿地的基本定额，以及绿地平均分布等来体现"对人的关怀"这一根本的宗旨。初期的绿地系统中还论述环境保护的效益（即绿地的防尘、调节小气候、吸收有害气体、防止水土流失等作用），是纳入城市公共卫生学内的，并做了较为深入、细致的研究工作。这些都有别于西欧其他诸国，尤其对 1949 年之后建立的中国社会主义城市园林建设起到了相当大的指导作用。前苏联的近代园林是进入 19 世纪以后最为完整的科学的园林，而其文化休息公园更是具有近代民主、科学与文化气氛的典型，应是世界后近代时期公园中的一朵奇葩。

应该说明的是：前苏联的城市绿地系统中，公园是其主要组成部分，而且各种不同类型与性质的公园又形成了林林总总的公园系统，而城市绿地系统也是公园系统之所依。这一整套园林系统理论的形成较晚，主要是在 20 世纪 30 年代前后，而当时的中国正处于内忧外患的战乱时期，故对中国的近代园林影响甚微。

三、中国近代公园的发展

中国近代原创性公园的诞生固然有其自身公共园林的深厚传统和思想基础，如"与民同乐"的儒家理念等，但是，接受近代外来民主思潮与科学观念的启示与影响却是更为明显的。

在 19 世纪初至 20 世纪，西方出现了不少关于自然科学与社会科学的理论著作，如英国博物学家赫胥黎（Thomas Henry Huxley）的《人在自然界中的地位》、《动物分类学导论》、《进化论与伦理学》；英国的资产阶级古典政治经济学体系的建立者亚当·斯密（Adam Smith）的《国富论》（亦有译为《原富论》）、《道德情操论》等。尤其是英国博物学家达尔文（Charles Robert Darwin）在 1859 年出版了震动当时学术界的《物种起源》，以及后来发表的《动物和植物在家养下的变异》、《人类起源及性的选择》等著作，从物种原始状态研究开始，开启了自然界"物竞天择，适者生存"的科学规律，直接关系到园林所依存的自然环境生态，依此又逐步演化到整个园林形态的变异及其发展的诸多方面，如树种的改变、园林类型的多

样化与系统化——即不同的生态环境会产生和演绎出具有科学性质的多种园林类型等。而法国的思想家、哲学家卢梭（Jean Jacques Rousseau）所发表的《论人类不平等的起源和基础》《民约论》中，更明确地提出了"天赋人权，民主立宪"与"人是生而平等、自由"的思想，认为私有制的产生是各种不平等规约的根源。随着新思潮的传播和社会制度的变革，当时就产生了一种过去从未有过的"公园"类型。

而且这种思潮的影响又逐步渗入专门的公园以外，渗入到有关人们生活（尤其是城市生活）与工作环境的一切共同需要的公共设施的附属园林，如种种与人民生活相关的工厂、居住区、街道、托儿所、幼儿园、医院、机关办公楼，以及科研机构、文化机构、寺观。尤其是相关资源及大城市环境保护等方面，都要有园林或绿地，因而产生了有分类（定性）、定额（定量），以及规划布局、园林风格等科学而完善的城市园林绿地系统。这种较为全面的园林绿地系统的规划与实践在中国近代虽然还少有涉及，但在某些特殊的城市如东北的几个大城市却已初见端倪。

18～19世纪的西方产业革命，产生了为数众多的工人阶级，他们逐渐成为一个国家或一个民族的主体。他们必须拥有自己的一切权利，其中就包括民众拥有和享受园林游乐的权利。它首先表现于园林主权的奠定与退让。一向由皇家所有的园林退让给平民百姓使用了，真正属于平民百姓的园林——公园诞生了。这种民主性质的转变就带来了一系列关于公园的内容、形式、范围、布局、设施等方面的变化，从而形成一种崭新的近代公园特色。所以说，时代潮流是萌发近代公园的催生剂。

（一）租界地公园和香港、澳门的公园

从19世纪直到20世纪上半叶，列强在中国建设的公园，先是由《南京条约》后五口通商的上海、宁波、福州、厦门和广州等城市划定的租界内开始，以后逐步地向中国腹地及广阔的边疆和海疆蚕食推进。当时，几乎整个中国都被划分列强的势力范围。在他们的势力范围内又划出各自的租界或公共租界，成为中国的"国中国"，在这里建设他们自己享用的园林。

以上海为例，就划定了黄浦江至界路一带的英租界，洋泾浜、关帝庙、诸家桥一带的法租界，虹口区一带的美国租界……这些租界里就建有黄浦公园（1868年建）、复兴公园（1909年建）、虹口游乐场（1904年建，

1925年改称虹口公园），还有极司菲尔公园、汇山公园，并普遍设置儿童公园，即凡是外国人居住的租界都设置有数亩或十几亩的儿童游乐场。

广州是在1840年鸦片战争以前，即在清乾隆二十四年（1759年）以后，中国最早开放的唯一口岸城市，其西南隅的十三行是清朝官府特许经营对外贸易的商行（图3-1-10）。在这个区域内，早已有美国花园和法国花园（图3-1-11，图3-1-12）而其南面隔河相望的沙面也在1861年成为英、法的租界区，更有其独立的园林设施（图3-1-13，图3-1-14）。

其他如天津、汉口、福州、厦门、青岛等沿江、沿海城市也都在其租界内设置公园。东北的哈尔滨、长春、沈阳、大连等城市由于日本与沙俄全部占领的时间较长，从城市规划到园林建设都是具有十足的"俄风"与"和风"。

纵观中国这些口岸城市的租界公园，大致有以下特点：

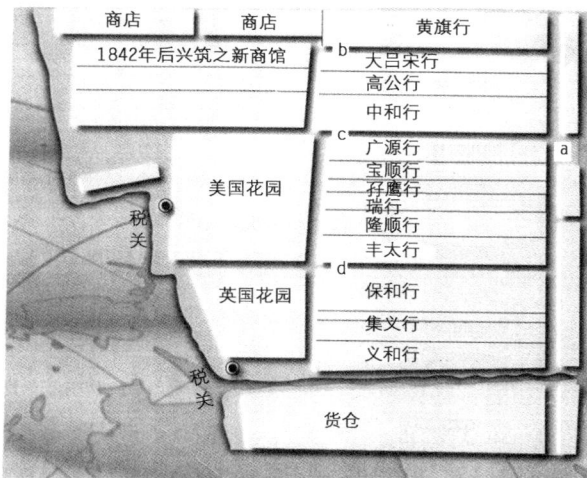

图3-1-10 广州十三行花园位置示意图

图3-1-11 广州十三行商馆前的美国花园

图3-1-12　广州十三行英美商馆及三一教堂和花园的景象
（1855年绘制）

图3-1-13　广州沙面的公园之一

图3-1-14　广州沙面的公园之二

（1）公园择地多选在城市最美或靠近河、海交通方便的地区，如上海的苏州河、黄浦江沿岸，汉口的长江沿岸，厦门的鼓浪屿，福州的马尾，广州的珠江、黄埔港等地区。在东北，由于俄国人拥有铁路附属地的种种特权，日俄战争后日本人又扩大了"满铁附属地"，所以，随路也建设了一些小公园和铁路苗圃，或是一些俄

式田园建筑。

（2）租界公园一般面积不大，从数百平方米至数公顷不等，如上海租界的公园最大约20公顷左右（极司菲尔公园），最小的仅25平方米（如罗勃纳广场小园林）。唯有青岛的森林公园（1929年改称中山公园）面积100公顷，当时位于城边。

（3）公园内容以休闲散步为主，树木花草较多。而且有以突出大型花坛的构图美为特色者如上海的复兴公园，也有设置专类花园者如月季园、小岩石园和小动物园，但少有其他文化内涵及设施。此外，也有个别纪念性公园，如上海租界地区开辟的最后一个公园——兰维纳公园，就是1941年为纪念法国在抗德战争中阵亡的曾任法国驻上海领事的外交官兰维纳而修建的。而其他公园中的纪念性雕像和碑刻倒是常有见到。

（4）在租界区内，除了公园以外，还很重视栽植合适的行道树，以及各类公共建筑物如学校、医院、教堂和住宅旁的环境园林，布置都较为精细。

（5）租界园林的风格则是各具租用国特色，大多直接移植于本国。从一个城市来看，往往形成汇集外来风韵的万国公园群，这以天津市最为典型。在市区内，自1860年开埠以来，英、法、德、意、日、俄、美、奥、比九国就都设有租界，他们在租界内先后修建了10座花园和一些公共建筑物及私人别墅，表现出各国异彩纷呈的园林风格。

中国历史已经走过了那风雨飘摇、激荡回肠的一百余年，而今这些不同风格的园林，大多数都经过连绵不断的战争破坏，城市的改建、扩建或非法利用的影响，完全保持原来风格的租界公园并不太多，有的也只是留下一点建筑物，但较之古代园林，仍是有迹可寻。特别是租界园林的历史资料基本保留，如上海园林管理局保存的近代园林资料可谓"汗牛充栋"。租界园林留给我们的，一方面固然是屈辱、悲愤的记忆和伟大民族的自责。带着那种难以忘怀的为争取中国人"自由入园"的整整60年的隐痛，承认了在我们悠久的民族园林文化中不可抹杀的渗入的"杂质"。但另一方面也给我们优秀的传统园林带来一种异族的园林文化，体现出中国园林的融合、丰富与宽容。

除了城市范围内不同列强的租界之外，早在16世纪时，葡萄牙人就霸占了整个澳门，鸦片战争后，英国人又割去了整个香港，租期长达数百年。与中国其他有租界的城市公园不同，澳门是完全的南欧风情，香港的基本格局则是西欧风貌。它们为祖国留下了较为完善的异国公园的示范，使之成为中国近代园林的独特组成部分而载入史册。

近代中国的大门被外国人敲开之后，同时也开通了中国人外出谋生的渠道，尤以广东、福建一带沿海的城乡为主。时间长了，他们在国外或经商，或做苦力，或学习文化，赚了钱了，爱国爱乡的意识就更浓了，于是回到祖国参加建设，并将国外的文化、建筑、园林、动植物等引进回国，使之融合于中国原有的本土特色，碰撞出一种中西合璧的园林新形式，成为侨商园林。被毛泽东同志誉为"民族的光辉"、"华侨的旗帜"的陈嘉庚先生就是侨商园林的开拓者，他曾亲自参与了集美学村与厦门大学的规划与园林建设。之后，又有一批广东华侨回乡建设了更多中西合璧的园林和别墅群，集建筑、园林、文化于一体，散置于广东开平、台山、佛山、梅县、汕头等地，成为中国近代较为集中的侨商园林的典型代表地区。任何交往都会带来一种进步，中西合璧的侨商园林给我们带来的是一种爱国与进步的象征，这是中国近代园林的一大特色。

（二）自创公园

如果仔细寻找中国的近代园林，我们会惊奇地发现，除了租界地的公园、侨商的公园、小花园之外，还有一种因中国人的奋发图强所激起的自创的公园。

这种自创公园是在近代这样一个特殊的历史时期，在这样一种极其困难的生存环境中由一批具有救亡图存的生活智慧与进取开拓精神的人士创造出来的。他们中有民主革命的领袖，有实业救国、教育救国的先锋，也有受西方进步思想启迪的官僚和军阀，当然还有一批爱国爱民的行业专家和知识分子，他们能够把国土环境的改善、对敌抗争的需要奋发自强办实业、启迪民智发展中国科学事业、提高人民生活需求与精神文明素质等诸多方面，与创办公园和绿化祖国联系起来，成功地从根本性质、形式与内容上兴建起一些中国人自创的近代新型公园，使中国三千年古老而优秀的园林传统，呈现出又一次巨大的、本质的园林转折。

公园是近代园林的主流形式，也是首创形式，如前所述，它的根本特点是公有，公享，公治，一切围绕着公民在政治、经济、文化、生活等需要而设置相应的园林内容与设施。如在公园里可以设置举办民众活动的演讲台、集会游行场地，设置普及科学知识的实验小园地、展览室，有各种体育运动场所如球场、游泳池，健康步道。更多的是为公民提供空气清新、景色优美的休闲、游赏空间。故近代公园的目标是建造一个有山有水、树木葱茏、花草鲜美的自然环境和具有文化、科学交流和展示的丰富的人文环境相结合的场所。

自创的新公园既不是完全复古，也不是一味崇洋，而是根据自己的民族传统，以及新时代的观念和生活、文化需求而产生的新风格公园，属于初创，但起着承上启下的传承与转折作用，是一种具有生命活力的新园林萌芽！

第二节　近代首个公园的考证

一、考证结果

公园是19世纪末从西方社会产业革命中发展起来的一种民主主义思想的产物。它不仅开拓了一种崭新的园林类型，也为此前的皇家、官府园林开辟了一条走向"公共享用"的改造道路。城市公园诞生于近代，首个城市公园的出现，就是一个时代的标志，它具有园林发展史中里程碑的意义。

在我国以往的园林文献中，虽已出现过"首个公园"的认定与记载，但多局限于"首个公园"本身的介绍，较少与相关公园比较研究，故难以作出科学的定位。

随着我国园林学科的发展以及园林形势的变化，如香港、澳门的回归，以及大陆与台湾园林界交流的日益频繁，让我们深感往日对首个公园的确定还有一些值得重新思考和研究，并给以科学说明的必要。因此，在本书开编之初就提出来，应将这首个公园的定位问题，作为中国近代史中的一个值得调查研究的项目。

数年来，经过参加本书编写的31个省、自治区、直辖市以及港、澳、台的数十名专家、学者及工作者的搜索与调查访问，已初步得出结果，见表3-2-1、表3-2-2。

序号	公园名称	建设时间				占地面积（hm²）	简要说明
		筹建	始建	建成	开放		
1	甘肃酒泉			1795	1880		清代肃州分巡道黄文炜鸠工修建，奠定规模："安生民活化之成，士大夫以时宴集，郡百姓以时休息。" 左宗棠全面整修为公园 "边防千里，以此别开生面"
2	上海华人公园			1890			在苏州河南四川路桥东，中有日晷亭，左右有茅亭四座
3	济南商埠公园		1904			5.14	山东巡抚周馥会同袁世凯奏请朝廷兴建，纳入商埠计划之中（这是当时国内在商埠区最早设立的公园，1925 年改名为中山公园，今为人民公园）
4	无锡公花园	1905		1906		3.3	由乡绅发起集资捐建，认为 "公园，邦人女群萃而游处者也，匪直耳目之娱而已"
5	昆山马鞍山公园	1905		1906		2.67	邑人方唯一筹集资，初创 "树艺公司"，次年辟为公园，1936 年作为纪念本乡先贤明清爱国学者顾炎武（号亭林）先生，更名为 "亭林公园"
6	齐齐哈尔仓西公园		1904	1907.10.5		2.0	时任黑龙江巡抚的程德全（号雪楼）发起的，"深感龙沙古漠，无丽山秀水供人游览休息，以边塞无佳境，索回俄占地而建"。1917 年改称龙沙公园，"龙沙" 泛指塞外之地
7	天津河北公园		1905	1907			时任直隶总督的袁世凯在思源堂基础上所建，初名劝业会场，辛亥革命后改为天津公园，后改为河北公园。1928 年北伐胜利后改名为天津中山公园，1936 年 4 月改为天津第二公园
8	安庆皖江公园			1901	1907 命名	13.0	巡抚王之春主持修建，与省农事试验场合并为公园
9	北京农事试验场	1906		1908	1907 试开放		发起人振贝子（载振），由 1903 年得商部奏请成立，初为园林式的农事试验场。1907 年部分开放，1908 年售票游览
10	柳州柳侯公园		1906	1909			为纪念唐代大文豪、曾任柳州刺史的柳宗元而建的公园
11	成都少城公园		1910	1911			少城系清代在成都大城西南处另建的小城，作为 "八旗" 营地，也就是后来的 "满城"，少城公园因当时地处少城范围而得名。由当时驻防成都的将军玉昆与四川省劝业道道台周善培兴建

中·国·近·代·园·林·史

外国人在华建造的第一批公园（1840～1910年）　　　　　　　　　　　　　表 3-2-2

序号	公园		建设时间			占地面积（m²）	简要说明
	名称	国别	始建	建成	开放		
1	广州美国花园及法国花园	美，法	1841	1844			位于广州十三行，类似街心花园，始建于19世纪初，图3-1-11，图3-1-12为1844年绘画本，与此同时，还有法国花园等
2	澳门二龙喉公园	葡		1848			初由神父建，19世纪末属澳督官邸，1931年后属何东，故又称何东花园；不久属澳督政府
3	广州沙面英国公园	英		1859		7000	租界内有女皇花园，有草坪、凉亭、儿童游乐园等
4	广州沙面法国公园	法				4000	主要为草坪、树丛
5	汕头英领事花园	英		1860		5000	建筑物周围的花园，今仍保留南洋杉11株（高十余米）、牛心果树等老树
6	香港兵头花园		1861	1871			兵头花园是俗称，因其园址，在1841～1842年曾用做总督官邸。公园全称为香港动植物公园，是香港最大的动植物园
7	澳门迦思栏花园	葡	1580		1861	6000	原为修道院花园，后建兵营，1861年始修葺开放为公园，主要为草坪、树丛，但留下不少葡式园林建筑
8	澳门市政公园	葡		1865		800	始建于巨石嶙峋的松山，有中国南海岸最古老的灯塔，并悬挂有黑色金属制成的台风标志
9	上海黄浦公园	英			1868	20000	上海最早的公园，初名大摆渡公园，初时仅草坪、座椅、音乐亭，英海军定期演奏，原不许华人入内，直至1928年6月1日方对华人开放
10	澳门螺丝山公园	葡		1869		9500	位于市区黑沙环海滩，为一座近圆形的小石山，由螺旋形小径可直达山顶，有眺望台可眺望海景
11	澳门白鸽巢公园	葡		1885		19200	位于澳门内港小山岗上，相传葡国著名诗人贾梅士曾隐居于园内石洞中并创作了名著《葡国魂》
12	天津维多利亚公园	英		1887		12300	采用中心花坛式布局，以一个中式凉亭为构图中心，周边为连续性花坛群
13	上海虹口公园		1895		1898	6846	初开放时华人不能入内。民国二十三年（1934年）七月二十日才对所有华人开放。光绪三十二年（1906年）虹口娱乐场（今鲁迅公园）局部开放，公园遂改名昆山广场儿童公园
14	上海靶子场公园	英		1896	1906	约166750（250亩）	英人设计，草坪占全园三分之一，有音乐台及多项体育运动设施
15	大连西公园	俄，日		1897		今有350000	初为俄人建，有动物，称虎公园，后日人添游乐设施，辟水池，中心建忠魂塔
16	台北圆山公园	日		1897			其地蕴含历史遗迹
17	庐山林赛公园	英	1895	1898		13000	1885年由英人李德立规划庐山时设计，这座带状英式自然风景园建于别墅群中，以树木、草地为主

序号	公园		建设时间			占地面积（m²）	简要说明
	名称	国别	始建	建成	开放		
18	澳门瓦斯科·达·伽马花园	葡		1898		5000	为纪念葡国航海家瓦斯科·达·伽马舰队抵达印度400年而建，内有达·伽马的半身铜像以及浮雕石碑
19	大连劳动公园	俄	1897前后				初时因公园位于当时的市区西部，故称西公园；1905年，日本侵占大连，扩建该公园，由于当时公园内豢养老虎，遂改名虎公园
20	焦作道清公园	英		1898			英福公司建，公园里水池、假山、树木花草齐备
21	基隆市基隆公园			1900			位于基隆市区
22	天津俄国花园	俄		1900		70000	原为盐商墓地，八国联军入津后改建俄租界花园，有大树数百棵，教堂一座，俄军纪念碑一方，大炮数尊，1924年归还中国，改名海河公园
23	天津德国公园	德		1900后		26000	德租界园林，有亭、阁、儿童游戏场、兽栏，1917年收回后渐毁
24	青岛森林公园	德	1897	1901			初为法占期的苗圃，引种于西欧，1914年日据时称旭公园，1922年收回主权后，称第一公园。1929年改为中山公园
25	彰化八卦山公园	日		1902			位于彰化市区
26	台中市台中公园	日		1903		95000	位于台中市自由路
27	高雄鼓山公园	日		1904			日据时建，位于高雄县凤山路，最初为台湾十二名胜之一的"鼓山神社"
28	哈尔滨公立公园	俄		1906		70000	位于道里区，初为俄军医院，后建露天剧场，建公园时仅有喷泉、商亭，以后陆续添建大门、厕所、茶亭、音乐台、喷泉、动物笼舍等
29	天津大和公园	日		1906			日租界园林，日伪时期为天津诸园之冠，1945年改名胜利公园
30	旅顺北公园	日		1907		20909	属满洲铁路局管理，1905年日本人取代沙俄占领旅顺时建
31	长春日本桥公园	日		1908		10000	原为墓地，地形复杂，靠近头道沟，不宜建建筑，沟面架桥，为中、日分界线，俗称"阴阳界"，园内有满铁展览馆
32	台北市台北公园	日		1908			日据时建，主要有博物馆、喷水池、音乐堂、运动场等欧风设施，初建时也保留部分天后宫建筑
33	上海法国公园	法		1909		约40000（60余亩）	主体为六组图案形沉床式花坛、草坪、雕塑等，1928年7月才允许中国人入内

这个结果是在全国34篇园林实例中遴选出来的，它们都有资格称得上中国近代第一批城市公园。为了保证其可比性、准确性及真实性，我们遵循了以下原则：

（1）首批的时间段限定在1840年以后的10年中开放为市民所使用的公园。

（2）中国人和外国人在中国大地上兴建的公园必须分别开来统计。

（3）公园的名称与实际情况相符。

（4）公园面积在1公顷以上，并具有综合性或专门性的内容。

（5）公园位于市区范围之内。

现就以上原则说明如下。

二、考证原则

（一）中外之别

列强引入西方园林，首先是在开埠城市的租界内，这种公园位于中国的"国中国"，是外国人独享的一种特权。故外国人在中国建的首个公园，只能说是中国人被欺凌的一个标志，是一种屈辱的记忆而非民主象征。

我们既不能否认外来影响的极大强迫性，也不能忽视中国自身奋发图强、既向西方学习又自创公园的历史性。中国古代公共园林的悠久历史与近代城市公园的出现，无疑是有其相连的内在因素，认识到这一点才能全面理解中国园林历史发展的脉络，反映历史发展的真实性。

（二）名实之分

首个公园的评定，首先是正名。而在近代公园中，往往有名无实或有实无名，如果名不正，则言不顺。故首个公园一定要有名有实，名实相符。但在中国，公园的名实有些特殊性。比如单从时间看，自1840年以来最早开放给市民享用的是1878年兰州总督署的节园（图3-2-1）。市民可以自由出入游览，督署还备有茶水数大锅，碗百余个，免费供游人饮用。但节园却没有公园名称，其内容也不够"现代"，比较单调，故不能成为近代的首个公园。

而在1880年作为正式开放的甘肃酒泉则不同了。

据甘肃大事记载，古酒泉涌流至今已有2100余年历史，有泉九眼，千年不绝。《汉书·地理志》载："城下有金泉，其水若酒，故曰酒泉。"民间传说为：汉武帝时，霍去病将军西征匈奴有功，武帝乃从长安赐御酒一坛慰劳，霍将军乃以这一坛美酒倒入泉中，与全军将士共饮，自此才名为酒泉。

明代嘉靖年间（1522~1566年），肃州卫指挥使闫玉在酒泉旁修筑亭榭，清初被毁。

清乾隆元年（1736年），肃州分巡道台黄文炜带头捐出俸银整修酒泉胜迹，修建了大厅、廊房、大门等建筑32座，并疏浚泉池，修栏筑堤，分泉湖为二，栽桃种

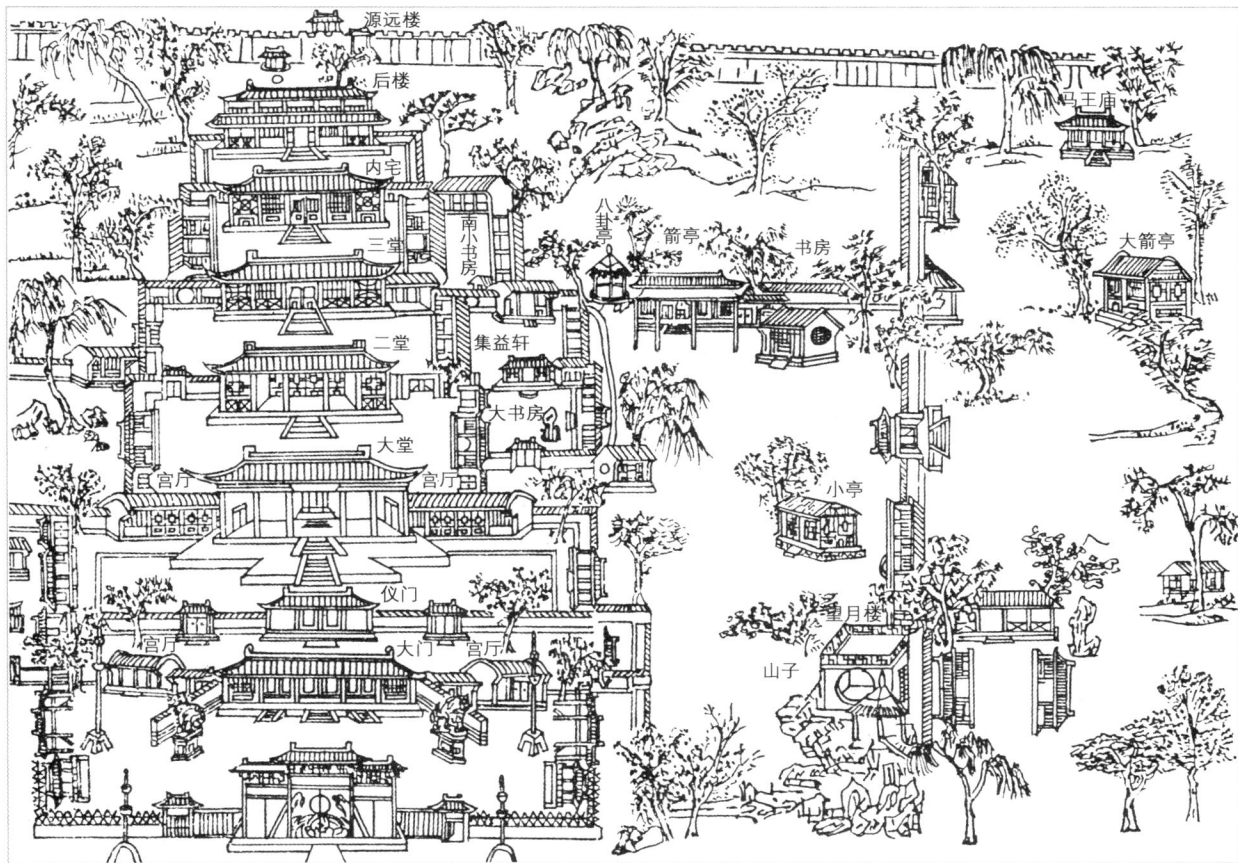

图3-2-1　清代兰州陕甘总督署及节园

柳，其布局沿用至今。黄文炜自作《酒泉记》一文，记述了他修建酒泉的目的："余之润色斯泉也，志遭时之盛也。幸生民无桴鼓之警，而安化之成也。士大夫时宴集其间可也，郡百姓以时休息其地可也。"这次整饬使这座酒泉游览地初步具有了公园之实。

清末，鸦片战争之后，陕甘总督左宗棠坐镇肃州指挥平定新疆阿古柏叛乱，闲暇时，他对酒泉进行了一番大规模的修筑，开挖泉湖，环湖植树，湖中建岛，修湖心阁，放养鱼苗，整修文昌阁、佛祖庙，添建戏台，架天桥连通东西二楼，修建月洞门及回廊，费银二百余两。他自夸曰："边陲万里，得此别开生面，他年好作画图诳也。"此时的酒泉已是"水禽沙鸥不呼而至"，"碧波荡漾，树木葱茏，清泉不舍昼夜，鸥鸟翩跹云表，亭台楼榭，深藏林际，士人百姓饮宴其中，湖光山色，不是江南，胜似江南，引得文人迁客，商贾要员，留连驻足"。

从酒泉的历史发展看，泉流始于2100余年前，修筑园林则始于明代嘉靖时（1566年前），至清乾隆的1736年已具园林雏形，但在清代同治时（1862~1874年）被毁，而重建、扩建、完成于光绪年（1877年）至1880年全面开放，1942年始定名为泉湖公园，1956年改名酒泉公园至今（图3-2-2~图3-2-5）。

从上述记载可以认定，酒泉公园应是中国人自建最早的一个公园。公园建成时虽无公园之名，确具公园之实，应属首批公园之前列。

（1）酒泉园林建设自始至终不为皇家，不为私家，也不属寺观，而是专为中国的老百姓、士人所享用。

（2）距离城市仅1.9公里，市民可经常利用，不同于远离居住地的自然名胜风景区。

（3）公园的设施已具备游、憩、赏、文的中国传统园林特色，尤其反映于园林建筑的匾联文化，以及民间传说、历史记载的园林轶事中，增加了平民游乐的深度，最具中国园林文化的典型。而左宗棠等近代将领的造园理念亦隐亦显，不能不说是受到了当时初起的民主思想的影响。

（4）全面建成公园的1877年是左宗棠利用军闲时，发动军队将士逐年建成的。建设投资的获取方式为利用公（军）饷和自顾捐俸：由公家拨款二百余两，结合官员捐俸（如早期的官员黄文炜自动捐俸修园）共建。因此认为，酒泉公园是自始至终也没有任何外人插手的中国人自建的首个公园。

北京的农事试验场为1906年筹建，一年后试开放，两年后正式开放。而确定称公园之名时已是1949年，名为万牲园（即动物园）和西郊公园。从1904年筹划至

图 3-2-2 甘肃酒泉公园酒泉池

图 3-2-3 甘肃酒泉公园一景

图 3-2-4 甘肃酒泉公园的左公杨、柳现状（2005年摄）

图 3-2-5 甘肃酒泉公园古亭

1949 年的 45 年中，其名称更迭如下：

1906 年　京师农业试验场

1914 年　农商部中央农事试验场

1927 年　北平农事试验场（属农矿部）

1929 年　国立北平天然博物馆

1934 年　北平市农事试验场

1938 年　北京特别市农事试验场（二月）

1938 年　实业部农事试验场（十一月）

1940 年　实业总署农事试验场

1941 年　实业总署园艺试验场

1946 年　北平市农林实验所

1949 年　北平市农林试验场（四月）

1949 年　万牲园（八月）

1949 年　西郊公园（九月）

1955 年　北京动物园（至今）

43 年中（1906~1949 年）共更名 13 次，平均不到 4 年就更名一次，足见当时社会动乱，机构变动频繁。但是北京这个农事试验场早就具有公园之实：它一开始就从 70 公顷的总面积内划出了 1.5 公顷作为动物园。与一般开垦荒地不同，这里既要有利于农事的研究，又要求便于游览，并能与场内保留的私园——乐善园和继园的旧址结合，地既不偏，土也肥美，泉流清冽，交通便利，园内还有植物园、温室、咖啡馆、照相馆等，一直以来都受到游人的欢迎（图 3-2-6~图 3-2-11）。1907 年 6 月，农事试验场内附设的动物园（又称万牲园）先期开放，售票接待游人。1908 年正式对外开放。但此时仍属皇家御苑，直到辛亥革命后才真正归属民国政府。所以，北京农事试验场长时期内虽无公园之名，却具公园之实，可以列入首批公园。

而另一种情况则是有公园之名，无综合性公园之实，如青岛市在德国、日本占领时期，随着城市道路的建设，街头、街边或交叉口也建了一些小绿地，称为公园，如青岛的栈桥公园，第四、第五、第六公园和西镇公园等，虽号称公园，但面积都不到 1 公顷，设计简单，不能入选首批公园。还有一种园林也具有公共开放性质，但以私园名之，如香港的虎豹别墅，自然也不能入选首批公园。

（三）时序之差

界定首个公园基本上是以建园开放的时间为准，因为园林的建设往往需要一个较长的过程，比如北戴河的莲花石公园，早在 19 世纪末即有人在此建别墅园林，但经过朱启钤等人一番苦心交涉与经营之后，直至 20 世

图 3-2-6　北京万牲园大门

图 3-2-7　北京万牲园圆廊

图 3-2-8　北京万牲园游船之一

图 3-2-9　北京万牲园游船之二

图 3-2-10　北京万牲园的人力车

图 3-2-11　北京万牲园畅观楼前的南薰桥

从上述文献中推断：一是在济南开埠典礼（1906年）之前，商埠公园已建成了；二是商埠公园是在1904年一年之中就建成了。这个问题从山东省卷中得不到确切的答案，只能依照文献中所述的"1904年建造"列入首批公园前列之中（图3-2-12～图3-2-14）。

由此例说明，在1904年前后是中国自建公园的时段范围，其时，公园的性质、内容、范围相差不太悬殊，在资料缺乏的情况下，我们在现有研究资料的基础上列

初的1919年才建成为市民开放的公园。

因此，我们将建园的时间分为筹划、始建、建成及开放四个时间段，而以最后的开放为市民使用的时间作为入选首批公园的标准，并依此排名。但是，过去的资料不全，甚至在地方志上也只出现一个建于某年的概略记录，相互之间难以比较。如齐齐哈尔的仓西公园与济南的商埠公园，同是始建于1904年，幸仓西公园经过一番详细的考证，确定其正式的开放时间为1907年10月5日。而济南的商埠公园（1925年更名为济南市中山公园）则仅见如此记载："是清政府于光绪三十年（1904年）自辟商埠时建造的。"又云："商埠公园始建于1904年，是山东省兴建最早的一处以公园命名的公共游览场所，也是国内最早由中国政府自辟商埠、自己建造、自行管理的公园。"又云："商埠公园的百年历史由此开始。"而济南的开埠则是因为"山东巡抚周馥与直隶总督袁世凯经过一年多的密谋策划的《直隶总督为添开济南、潍县及周村商埠事奏折》得到清政府批复"，并于1904年5月15日正式批准自开济南等三处商埠，1906年1月10日在济南正式举行开埠典礼。

图 3-2-12　济南市中山公园入口（1925年）

图 3-2-13　1929年济南市中山公园一角

图 3-2-14　济南市中山公园云洞岭

中·国·近·代·园·林·史

出第一批自建的公园名单。

同时，各公园的开放时间在20世纪初的十年内，相距最少的只有一年，最多也只有四五年。这一批公园大多是各省市的首个，而在整个中国的近代，也都具有先锋作用，都可称为中国公园建设的先行者，而且各有特色，为中国人自建公园提供了范例。

（四）性质之异

只有性质类似的公园，才有可比性。综合性的城市公园具有近代主流公园的代表性。如前所述，同是具有公园之名的小公园，街头绿地不能列入首批公园之内，一些以体育运动为主也兼有游览、休息作用的绿地如上海的抛球场、赛马场、游泳场、广场等可列入园林之内，但也不能以公园对待。

但是，我们在调查中发现了一个既具公园之名，又有公园之实的公园——广州长洲岛的黄埔公园。它是我国仅次于1880年开放的酒泉公园之后，于1893年建成并开放的"近代意识"更强的首批公园之一。

19世纪末，时任两广总督的李翰章于1893年在岛北部的牛膀山附近，为当时设于岛上的大英轮船公司的职工修建了这座黄埔公园。由于这里原为军港，一般人不能自由出入，至今如此，故公园也只是专为职工休憩游乐使用。其性质为一家庞大机构官员别墅的休息公园，而且位于距市区较远的黄埔港岛上，所以不能入选为近代城市首批公园。

至于外国人在中国修建的公园被录为"首批"者，与中国的首批公园在选用标准上，略有不同，但为了取得时代相关性的大体一致，基本上仍以1948年为上限。实际上，早在1948年之前即16世纪已有意大利人来中国传教，时间长达数十年随之也带来一些西方的文化。意大利的传教士在广东的肇庆及陕西的汉中待得时间较长，据云亦有涉及园林者。故我们不能断定西方在中国建造公园的最早时间，而只是从今日葡萄牙人在澳门所建的最早公园算起。

附录3-2-1

近代中国首个公共建筑机构附属公园

广州长洲岛的黄埔公园是建园最早的唯一的公共机构公园，从中可以领略近代公园的建设特色，故在此稍

作赘述。

与一般城市公园比较，此公园既有其共性，但也有明显的个性（附图3-2-1，附图3-2-2）。

其共性表现于利用附近的山冈建亭栽树，堆山叠石，有水池流泉。山冈不算高，海拔仅38.9米，临江而立，故在山冈顶设有望江亭俯瞰珠江；在半岗上设琉璃瓦小歇息亭；又在山脚依山而建了一个西式的五角亭。亭旁有一个圆形小水池，池中堆叠假山一座，其旁栽有樟树、榕树、木棉等大乔木。靠近亭子处栽有一丛散尾葵，与假山相衬的还有龙柏和其他花木，形成一处绿荫馥郁的园景。

如今，三个亭子中山顶的一个已被毁，半山的小亭已荒废不堪，只剩下山脚的这座西式亭，也已因年久失修，色彩暗淡，构件破损（附图3-2-3）。而假山堆叠没有章法，也少有其他公园设施，似乎只是一处很不被人们重视的遗物罢了。

然而这个公园却很有近代历史文化的特性。

一是公园与船坞结合成景（附图3-2-4）。船坞

附图3-2-1 黄埔公园内黄埔军校最早的建筑物今用做办公室

附图3-2-2 黄埔公园游乐场（1893年建）

附图 3-2-3　黄埔公园的西式亭

附图 3-2-4　柯拜船坞一段

为 1845 年始建，距今已有 150 年的历史，曾遭多次毁坏及重修。船坞长 550 英尺（约 168 米），宽 70 英尺（约 21 米），共有两道坞门，分内外两区，可同时分别使用。这是外资在中国建立的最早一个船坞。1856 年被毁于战火，1893 年结合公园建设又重修一次。现在去游赏，其旁的大榕树依然处于生长茂盛的壮年期，树干向坞池垂依，风姿绰约，倒影萌浓，令游者能想象出当年公园的如画美景。

二是此园为近代史上重要的革命活动场所。1917 年孙中山先生曾在此发表护法演说，并商讨召开国会和组建政府的重大事宜。而在 1922 年陈炯明叛乱时，孙中山也是由这里登上中山舰脱险的，江畔曾建有"袖海亭"以为纪念。今亭已毁。

以后蒋介石也曾来长洲岛小住过，公园也因此一度改名为中正公园，现此处仅留有孙中山演讲的大平台。

三是本园冈顶还建有巴斯教徒墓地。

第三节　中山园林现象

什么是中山园林现象？在中国的近代，尤其是 1925 年 3 月 12 日孙中山先生逝世以后，全中国掀起了一股以他的名字、职称和理念命名的城镇、街道、园林、建筑物、节日等近二十个门类的浪潮，其中大部分都与园林有关，特别是公园、植物园、纪念林、陵寝等更为突出，故可称为"中山园林现象"。这种现象的出现于中国是空前的，在世界范围内也是未曾见过的。

以"中山"命名的现象其范围之广，数量之多难以估计。如在全国大多数城市中都有中山路；广东的香山县改为中山县；在冯玉祥二度主政河南省时，更将清化镇改为博爱县，将杞县改为民权县，将白沙镇改为自由县，将府店镇改为平等县。其中的博爱、民权县名至今犹存。冯玉祥在开封时，还将古龙亭改为中山公园，在相国寺开辟中山市场等（图 3-3-1 ~ 图 3-3-3）导致了一场河南"中山化"现象。

据 1928 年 4 月 7 日当时的国民政府训令："嗣后，旧历清明植树节应改为总理逝世纪念植树式，所有植树节应即废止等。"又在《总理逝世纪念植树式各省植树暂行条例》的第一条规定："各省应于每年 3 月 12 日总理逝世纪念日，举行植树式及造林运动，以唤起民众，注意林业。"至于园林及建筑旁绿化和小品的命名等更是种类繁多，不一而足。

作为近代民主主义的先行者，孙中山就是一个时代的象征，数十年来，他为革命奔波于国内外，进行了无数次的革命活动。他从来没有自己亲自掌握的军队，屡战屡败，但百折不挠；他也没有长期的最高权位，但能上能下，进而为官，替人民做大事，退而能兴办实业，修筑铁路，筹划大港；他一生大公无私，没有自己的财富与家产，甚至连自己的居所也是由华侨友人赠送；他始终精诚无间，竭尽全力干革命，正如他自评曰"吾志所向，一往无前，愈挫愈奋，再接再厉……卒赖全国人民之倾向，仁人志士之赞襄，乃得推覆专制创建共和"。孙中山这种崇高的革命品质与道德情操，产生了一种强大的人格魅力。他与中国历史上其他的开国元勋不同，他领导的民主革命堆翻了中国几千年的封建王朝统治，将中国的目光引向世界潮流，开辟了一个全新的时代。这就是中山园林现象产生的根本原因。20 世纪二三十年代出生的人大概没有不知道中山公园这个名字的，就像没有人不知道大多数城市都有中山路一样，这种以中山

图 3-3-1　开封的中山市场牌坊门

图 3-3-2　开封中山市场管理处

图 3-3-3　开封中山市场美术馆

命名的建筑及园林已经成为一个城市的纪念体系，甚至散落在全世界，如温哥华的中山公园、新加坡的晚晴园、日本的中山肖像、英国的中山蒙难处等。孙中山在政纲及民生计划中屡屡谈及园林绿化的重要意义，并亲自指导某些园林建设，而这些也就是中山园林现象产生的又一直接原因。

一、孙中山的园林、风景名胜足迹

在孙中山短短的 59 年生涯中，一直都在为推翻帝制的革命奔波于海内外，其间他亦涉足许多园林和风景名胜，有的在他逝世后也成为纪念胜地。本书仅集录他从 1900 年开始的 25 年中，在中国园林和风景名胜处的行踪，以说明他在革命活动中对园林风景名胜的直接关注。

（1）1900 年，台北中山史迹馆。从 1900 年开始，孙中山先后三次到台湾，会晤在台湾的革命党人，其中第二次下榻日本人在台北开设的梅敷酒楼时，还为日本大和宗吉兄弟书写《博爱》、《同仁》字幅作纪念，此酒楼以后就改为"中山史迹馆"。

（2）1912 元旦至二月，南京临时大总统府。这是一座位于南京长江路的明代历史名园——煦园，总统府就设在煦园西侧（图 3-3-4，图 3-3-5）。而在此之前的 1911 年 12 月，南京临时政府参议院的园林则是建于清末、具有西方建筑风格的园林，带有树木草坪，环境幽雅。在这里曾召集了辛亥革命十七省代表，正式选举孙中山为临时政府大总统，院址在湖南路 10 号。

（3）1912 年 4 月 11 日，上海宸虹园。宸虹园位于武进路，上海中华实业联合会曾在此园欢迎孙中山，孙中山应邀发表了振兴实业的演说。又一说为同年 7 月 18 日，铁道协会致函孙中山，邀请他于 22 日下午莅临此园演说，其中谈到"苟能造铁道 350 万里，即可成全球第一强国"云云。

（4）1912 年春，澳门卢廉若花园。孙中山时任全国铁路督办，返故里香山县翠亨村，路过澳门，曾下榻卢廉若花园内的春草堂三日（图 3-3-6）。

（5）1912 年春，武昌起义军政府花园（红楼）。此园位于蛇山南麓。孙中山辞去临时大总统职务后，应副总统黎元洪之邀，携眷来武汉巡视，在府内红楼出席欢迎会，并发表演说，红楼是一座西欧古典建筑风格的二层楼房，四周为优美的花园，孙中山就在花园内接见了全体人员并合影留念。

图 3-3-4　南京煦园（民国时期为总统府花园）

图 3-3-5　南京煦园总统府孙中山办公室园林

图 3-3-6　孙中山曾下榻的澳门卢廉若花园中的春草堂

（6）1912 年 4 月，武昌黄鹤楼遗址。其时，孙中山偕一子二女登蛇山黄鹤楼遗址，俯视浩浩长江，接着又登奥略楼，向在场欢迎群众发表演说，要求大家"行中华民国事业，尽中华民国义务"。随后又游览了抱膝亭、吕祖阁，观赏了鹅字碑及石刻。另一日又登武昌梅亭山楚望台——起义军战略阵地。孙中山曾在此调查战迹凭吊忠魂。

（7）1912 年 5 月 15 日，广州黄花岗及农林试验场。

是日为黄花岗起义一周年纪念日，孙中山先生率各界人士约 10 万人至黄花岗祭悼并致祭文，祭毕先生于墓前亲手栽植松柏树四株。之后，至农林试验场，畅谈农务改良、免肥料入口税、优选品种、奖励果树等，并在场内种植橡胶树一株，又考察温室、田园及陈列室等处。

（8）1912 年 5 月 24 日，广东香洲。是日孙中山由澳门往游香洲，登山临海，遍察埠场，甚喜。该埠街道宽阔、布置整洁，为我华人之建筑事业之首屈一指者，将来定然提倡航海业、铁路工艺等事，为之促其完全。

（9）1912 年 8 月 24 日，天津广东会馆，孙中山路过天津，应会馆之邀为北方同盟会员演说。会馆占地 7500 平方米，为装饰甚为华丽的岭南建筑风格。

（10）1912 年 8 月 24 日，天津劝工陈列所、河北公园。孙中山在广东会馆演说后，到此处参加直隶总督府欢迎会。此园亭廊、山泉、草坪、花树齐备，环境幽雅，孙中山应邀在此发表演说。

（11）1912 年秋，珠海中山纪念亭。位于珠海前山镇梅花村，孙中山辞去临时大总统职务后回乡经此，万民欢迎。孙中山发表演说，并欣然应允乡民要求在此建凉亭以资纪念，并亲自持锄奠基，二十天后亭成。

（12）1912 年 10 月 18 日，上海吴淞口炮台遗址。炮台位于长江入海处杨家嘴，原为清初所建。是日，孙中山乘联鲸号兵舰来此视察。

（13）1912 年 10 月 20 日，镇江象山、焦山。象山位长江南岸，与江中焦山对峙，清军曾在此设置炮台攻击英国兵舰，孙中山仍乘联鲸号兵舰溯江西行至此登岸视察。焦山炮台至今保持完整，山上有吸江楼、壮观亭、观润阁、定慧寺、历代碑刻等名胜。

（14）1912 年 10 月 25 日，南昌百花洲。百花洲位于状元街、三道桥之间的东湖一带。是日，孙中山在行辕发表演说，讲述修建铁路等问题。此处原为水泽之乡，古有亭榭园囿，唐宋诗人多有赞誉。

（15）1912 年 12 月 10 日，杭州秋瑾墓。位西湖西泠桥畔。12 月 9 日，孙中山抵杭州。当日下午在法政学堂讲演，谈及"去年攻克南京，尤以浙军之力居多"，并谈"可痛者最好的革命同志秋瑾女侠一暝不见，兄弟此来不仅是游览西湖风景，而且为前来一临女侠埋骨之所，一伸恁吊之情"。此墓为原上海都督陈其美首倡重建，秋社同人赞成，秋妹瑾（字佩卿）赴湘迎榇，西湖凤林寺僧自愿捐地一亩许建成。1908 年初，于旧葬处建风雨亭及鉴湖女侠祠，小楼五楹，命名秋心楼（图 3-3-7，图 3-3-8）。祭拜后孙中山与一行人合影，并写"鉴湖女侠

图 3-3-7　杭州西湖西泠桥畔的秋瑾墓。近代的原墓已毁，此图为1949 年以后两度重建的现状

图 3-3-8　今日重建的风雨亭

千古"、"帼国英雄"匾联。联曰："江户矢丹忱，重君首赞同盟会；轩亭洒碧血，愧我今招侠女魂。"（注：因原件不存，个别字句不一定准确。此处根据 1981 年辛亥革命 70 周年时 89 岁的老同盟会员田桓为绍兴卧龙山西南峰的风雨亭写柱联时的记忆记录。）

同日，孙中山又祭拜了位于孤山南麓的徐锡麟墓，1927 年为纪念孙中山此行将墓地偏西的一座庭园改称为中山公园。园内有假山叠石、万菊亭、四照亭等景致。

1916 年 8 月 16 日，孙中山再度来杭州，再往西泠桥凭吊秋瑾墓时说："浙人之首先入同盟会者秋女士也。女士不再生，而'秋风秋雨愁煞人'之句，则传诵不忘。

今日又风雨凄凄，得勿犹有令人愁煞者（原注：此处指袁世凯死后，国家依然存在着种种患难和危机，仍然在风雨飘摇中），抑亦秋女士之灵爽未昧耶？"

（16）1912 年 12 月 27 日，上海秀甲园檀斋。位城内西塔底，原为一古园，鸦片战争后，其中一部分改为陈化成祠，以后整个园子变成了菜畦，檀斋亦在太平天国时被毁。

这日，孙中山又来江阴澄江镇视察黄山炮台，并在城内桐梓台讲演，提出"全国的文明，从江阴发起"。1925 年 10 月，有南菁、励实二校学生，捐建了孙中山纪念塔。

1930 年将纪念塔附近及江苏学政衙署后花园一起辟为中山公园（图 3-3-9）。

（17）1916 年 8 月 17 日，杭州西湖。

这日上午，孙中山再游三潭印月小憩，见"荷叶无穷碧，莲花别样红"，赞曰："西湖真美"！并俯身采莲一枝谓同人道："愿中华民国当如此花。"后登岸游孤山公园，见"金陵烈士名碑"，孙中山以手抚摸碑文向随行者道："辛亥革命可为纪念者之碑，大抵皆为袁（世凯）氏所毁，而此碑屹然独存，可见浙人保障民国之功矣"。旋又去拜祭秋瑾墓，绕墓徘徊，久久不去，唏嘘而叹。然后至风雨亭就餐。

18 日晨，孙中山去钱塘门至葛岭，登初阳台远眺，慨然有四海澄清之感。当步入乱石丛中，石壁凌岩，奇峰突兀，同人以为奇，孙中山谓"此皆人工所致，想浙人在昔不知为何种建筑而来此采石，以至凿石成壁，未必天然也"。又拿望远镜四顾形势。继至葛岭翁祠，有败堵当前，同人皆绕道而行，独孙中山一跃而过。

下午演讲后登六和塔（图 3-3-10）。孙中山说："伍子胥死于吴，尸沉钱塘，后人谓伍子胥忠魂未泯，怒气未消，躯水作涛，故钱塘之潮甲于天下，为一大观，余意人之精神不死，躯体虽不存，而其爱国之精神犹能弥漫天地，此即浩然之气也"。

（18）1916 年 8 月 20 日，绍兴。

孙中山一行（有胡汉民、邓家彦、朱执信、周佩箴、陈去病等）游绍兴卧龙山后（图 3-3-11），在布业会馆的觉民舞台演讲。下午去越城区下大路公祭徐锡麟，当时有县知事宋承家、中国银行行长孙寅初，陶荫轩等借了绍兴唯一的一艘"烟波画舫"，从水道先去禹陵谒大禹神像，登空石亭，参谒摩沙古碣，叹未能见到。接着又去南镇，仰望香炉峰，孙中山仔细地询问秦始皇石刻，犹忆当年该处曾有一座"一维十道"的石刻碑。

图 3-3-9　江阴中山先生纪念塔

图 3-3-11　卧龙山（沈荣绘）

图 3-3-10　杭州六和塔

图 3-3-12　绍兴兰亭

　　21 日仍舟游鉴湖，去陆游晚年诗会之所——快阁，然后去娄宫，登岸后，转骑骡行十余里去兰亭，参观鹅池（图 3-3-12）。至王右军祠，欣赏了王羲之父子书法碑刻后，在（曲水）流觞亭稍息，仍乘画舫至东湖，公祭陶成章。东湖主人陶辑民在稷山藏书楼大厅欢迎设宴，孙中山登楼参观藏书。

　　1916 年 8 月 22 日，孙中山由老同盟会员孙德卿陪同去绍兴昌安门外 30 里的孙端镇（图 3-3-13）。这里建有绍兴的第一个公园，命名为"上亭公园"，占地十余亩，园内有建水楼、钓月矶、杰阁、启明舞台等。

　　蔡元培先先也曾著文曰："吾绍之有公园，始自上亭。"孙中山一行参观公园时瞻仰了明末乡贤朱舜水遗像（明代遗物）。又应请书"博爱"二字赠予越锋时报社，题"大同"二字赠孙德卿。后孙德卿以之刻石立于公园内朱舜水像旁。孙中山在绍兴三日，以后就将其所到过的卧龙山、越王台一带，辟为中山公园，并在他小憩处设中山纪念堂（在今龙山公园内的越王台），以资纪念。

　　据朱仲华先生忆述，孙中山曾三次到海宁观潮。其中有一次是由水路乘舰艇视察东方大港；另一次是 1916

图 3-3-13　孙端镇（林文星绘）

年中秋节后的三天。估计就在由杭州途经海宁硖石镇时，孙中山还在硖石站下车接见了欢迎他的群众，其场面热烈感人。第一次是由上海至海宁观潮，有宋庆龄陪同。在海宁县乙种商科学校休息时，孙中山为学校书写了"猛进如潮"横额，又应请题写："世界潮流，浩浩荡荡，顺之则昌，逆之则亡"的字幅。

为纪念孙中山的海宁观潮，在原来的镇海塔西建有中山亭，数十年来几经修葺。亭中匾额由海宁书法家张宗祥、鄞县书法家沙孟海题写。江塘一带则命名为中山公园。1927年海宁还设立了一所中山中学。

（19）1916年8月24日，浙江普陀山。是日孙中山偕胡汉民等乘"建康号"军舰视察舟山诸岛，考察在该处建港口的条件。孙中山说："得此地自开商场，必胜宁波矣。"25日由短姑道头登岸游普陀山，在普济寺与太虚和尚讨论富国安民之道，太虚当场作诗《中山先生游普陀，作此即呈道正》，其中有句曰："佛法指归平等性，市民终见自由人"。后由了余方丈陪同孙中山一行登佛顶山，众人登高纵目之际，孙中山于云烟浩渺间，忽见慧济寺前出现海市蜃楼，为此，他命随行的南社君子陈去病代笔写下了《游普陀志寄》一文。孙中山此行还游览了法雨寺、梵音洞等名胜。

（20）1917年，1923年，广州大元帅府。这是广州纪念孙中山的标志性中心纪念地，也是1917年和1923年孙中山两度在此建立革命政权的所在地。1949年以前，此处屡遭破坏，除两栋主体建筑外，其他建筑及设施均已荡然无存，仅留有数株榕树作为历史的见证。1964年为广东省农业机械总公司占用，直至1998年才在旧址上筹建了"孙中山大元帅府纪念馆"，于2001年修葺一新，以崭新面貌对外开放（图3-3-14～图3-3-17）。

府址原为1907年修建的广州士敏土（水泥）厂址，由南北两座三层的法国建筑式楼房、后花园及其他辅助建筑组成，濒临珠江，占地约8000平方米（图3-3-18）。孙中山在此主政办公时，撰写了《建国大纲》等巨著，后花园则是他休息及接见内外宾客或摄影留念的处所（图3-3-19，图3-3-20）。

（21）1917年，肇庆飞水潭。孙中山偕夫人宋庆龄同游鼎湖山，在天溪中段飞水潭见有宽15米，高30米的瀑布终年不绝，四周苍林绿树环抱，潭水清澈见底，乃题联"众生平等，一切有情"。宋庆龄还在潭畔石壁上题写了"孙中山游泳处"的石刻。

（22）1918年，广州黄花岗，广东三河，上海故居。海外华侨为纪念在黄花岗起义中牺牲的七十二烈士建立的墓园。孙中山题写了"浩气长存"四字，鎏金镌刻于墓门正门牌坊上。园内遍植各类黄花，墓园面积3万平方米，内有广场、牌坊、墓道、月池、祭台、墓冢、记功坊、纪念碑等，现为全国重点文物保护单位。

同年春，孙中山来到粤军总司令陈炯明驻地广东大埔县三河坝、茶阳等地，并乘"协和号"火轮溯江而上，与陈商议桂、滇两军联合统一问题。1929年同盟会员徐统雄为纪念孙中山的此次来访，在县内筹款于明代兵部尚书翁万达墓道周围空地兴建中山公园，总面积达7000平方米。由胡汉民书写"中山公园"门匾。沿墓甬道入口约200米处建有中山纪念堂，堂左侧有碑亭，亭内石碑上铭刻孙中山莅临三河时的盛况。

图 3-3-14　20世纪初的广州大元帅府

图 3-3-15　1949 年后被广东省农业机械总公司占用的大元帅府

图 3-3-16　修缮后的大元帅府之一

图 3-3-17　修缮后的大元帅府之二

图 3-3-18　原广州士敏土厂旧址（1907 年）

图 3-3-19　1924 年春孙中山在大元帅府撰写《建国大纲》

图 3-3-20　大元帅府后花园合影

同年，加拿大华侨见孙中山居无定所，集资购一处两层洋楼相赠，位于上海莫利哀路 29 号（今香山路 7 号），楼前有草坪花树。三面环以竹篱，栽植着冬青、玉兰、香樟和松柏类树木，环境恬境清新。孙中山在此完成了《孙文学说》、《实业计划》等重要著作（图 3-3-21、图 3-3-22）。

（23）1919 年 10 月，上海复旦大学，孙中山应邀前往该校向全校师生作《救国之急务》的演讲，并高度评价了"五四运动"。演讲结束后，学生朱承洵等代表市学联去孙中山先生寓所答谢时，孙中山竟热情地书写"天下为公"横幅相赠，并语重心长地说："天下为公是要天下鼎鼎大公，实现了天下为公，就可以达到世界大同了"。

1923 年 2 月，孙中山又应复旦大学同学之邀，欣然在《复旦年刊》上题写"努力前程"四字。

（24）1920 年，阳朔。孙中山督师北伐，经过阳朔，并在此演讲，故后人在阳朔风景区内设有中山纪念堂。

（25）1921 年，桂林王城。北伐时孙中山设大本营

图 3-3-21　上海孙中山故居

图 3-3-22　上海孙中山故居花园

于此，当时王城就位于桂林中心的名胜独秀峰。

（26）1922 年 6 月，广州白鹅潭。16 日陈炯明在广州叛变，孙中山由观音山间道出走，先登宝璧舰、永翔舰，又转永丰舰，率各舰炮击珠江沿岸叛军，移驻黄埔。7 月 9 日又亲率舰队溯江而上，攻击东歪炮台，冲过叛军封锁线，进泊白鹅潭。孙中山在永丰舰上统帅海军将士坚守白鹅潭，叛军屡次潜攻、水雷偷袭均未得逞。

而英国的广东海关税务司竟以此处为通商港口、毗邻沙面租界为由，提出舰队须驶离白鹅潭的无理要求，孙中山严词驳斥："此为我之领土，我可往来自由。"直至 8 月 9 日，离粤赴沪前，孙中山在此坚持了一个月之久。

在抵沪之后，日本驻沪领事船津辰一郎在上海的日本式"六三花园"为孙中山设宴洗尘。

（27）1923 年 9 月 20 日，惠州飞鹅岭。孙中山于是日由东莞的石龙镇抵此，与将士筹划攻占陈炯明叛军盘踞的惠州，发动总攻击，未克。此岭三面环水，西连螺山，山势如鹅张翼，素为兵家争夺之地。现山上尚存当年的战壕和机枪掩体等遗迹。

（28）1923 年 12 月，广州市河南原岭南大学校园怀士堂。孙中山驱逐陈炯明后，回广州重建大元帅府。21 日偕夫人宋庆龄视察岭南大学，在怀士堂发表演说，告诫"学生要立志做大事，不可做大官"。礼堂为红墙绿瓦的中西合璧式，校园环境清新优美（图 3-3-23）。

（29）1924 年 1 月，广州钟楼。钟楼始建于 1905 年，楼的最高处设四面时钟亭。当时，孙中山在钟楼礼堂召开国民党第一次全国代表大会，改组国民党。嗣后又在此建立广东大学，1926 年后改称中山大学，校址迁去广州石牌。

（30）1924 年 5 月，广州黄埔军校旧址。五月，孙中山在广州市东南的长洲岛上创办了黄埔陆军军官学校，培养革命军官。共举办了四期，毕业近五千人，他们参加了统一广东的战役和北伐战争。旧址现仍保存有校门、孙中山住所、俱乐部、游泳池等遗迹。

（31）1924 年 11 月，天津张园。孙中山偕夫人宋庆龄乘日船"北岭丸"号抵津，下榻张园。张园原为清末驻武昌第八镇统制张彪的游艺场，占地约 1.3 万

图 3-3-23　广州岭南大学怀士堂

余平方米。孙中山在园内居住，由于天气寒冷，过度劳累，严重犯病，在津医治，休养近一年，滞留至年底才抱病进京。

其间曾到曹锟花园访张作霖，解说此行北上的目的。次日张作霖去张园访孙中山，劝说先生放弃三大政策，不要反对外来侵略，孙中山十分愤慨，不为所惑。

（32）1924～1925年，北京孙中山行馆。位于北京东城铁狮子胡同。1924年除夕日，孙中山抵京后即寓居于此，其间曾就医于协和医院。1925年3月11日凌晨，孙中山令孙科等至榻前，由宋庆龄托其手腕用钢笔在2月24日口授遗嘱稿上签字，12日凌晨在默念"国民会议"、"同志奋斗"的微弱声中逝世。

从上述孙中山的园林名胜足迹来看，游历及考察的时间比较集中于1912～1918年，这几年正是孙中山革命生涯中起伏很大的阶段，故乘此动荡不定之间隙，藉游历以考察民情、军情，为实现建国、强国之梦而奔波。

孙中山不论走到何处，首先就是祭拜先烈，缅怀死难同志的功绩。凡其所到之处，不论是职位下降之时还是被叛徒诬陷之时，都受到人民群众及忠诚于革命的人士的极其热烈的欢迎与帮助，他们总是渴求听到孙中山的谆谆教导与指示，而孙中山也必然应允，不辞辛苦地发表演说，甚或题笔书赠，致使其在以后的数年中积劳成疾而不治。从1912年孙中山在天津广东会馆的演讲词中，我们可以看出这位伟人共和的思想：

> 近吾国颇有南北界之说。其实非南北之界线，实新旧之界线。南方人不知共和政体为何物者尚所在皆是，盖因其无新知识，故一家之中父新而子旧、子新而父旧，新旧之分，家庭中尚不能免，惟望吾到会同胞随时随处，用力开通，由一家及一乡一县一省一国，于数年中务使人人皆知共和之良美至。美洲十数国无不共和者，以该洲草昧之地，经白种人创造其事较易。吾国数千年之专制，一旦变为共和，其诸多障碍因属意中事。此后仍需造成共和及赞成共和诸君子竭力维持。

（本节"孙中山的园林、风景名胜足迹"材料基本上由香港孙中山纪念馆提供，亦经朱钧珍删节、补充完成）

二、中山园林现象的表述

中山园林作为一种纪念性的园林景观所要表述的范围很广泛，但仍然是围绕着园林诸要素的具象形式而表现出来的，它体现园林的物质文明与精神文明。不论它的形体或大或小、含义或深或浅，其中都体现了历史、地理及社会环境的特征。其数量之多、分布之广、保存时间之长，在长达三千年的中国园林历史进程中是绝无仅有的。在数不清的大大小小、林林总总的物象景观中，我们实在无法作一个全面的普查与统计，现在只能根据孙中山的园林理念与实践，沿着他的园林名胜的足迹，择其要者，分成四类，或列表或呈旧照，或简明地说明"中山园林现象"的概貌，以表达孙中山在中国近代园林中的重要位置与作用。它将永远是中国近代园林中的一道独特而灿烂的彩霞，也是世界罕见、中国独有的以个人名字命名的中国近代园林的特殊现象。

先生之德，惠及全球；先生之志，始终不渝；先生之功，卓越超群。我们不敢以偏概全，但求从点点滴滴的景象表述中，见微知著，从中领略到孙中山为推翻帝制，创建共和，走向民主的革命进程中的伟大的精神、坚忍不拔的意志，以及他远见卓识、宽大为怀的革命气概。

现将有关孙中山的园林、建筑、小品及其他景象，分类简述如下。

这里仅作为一种类别的代表或补充来表述"中山园林现象"。

（一）全国中山公园简况一览表

这里所涉及的公园及纪念林类，含公园、纪念林园、植物园、陵园等。其中的"中山公园"是包括现存、已毁，或只是一度有其名以及由其他公园改称的所有中山公园在内，包括国外的中山公园。迄今我们所了解到的这类园林共110个（表3-3-1）。

这些公园大多是在1925年3月12日孙中山逝世后出现的。面积最大的上百公顷（如青岛中山公园），最小的仅0.09公顷（如岳阳中山公园）。内容多与纪念孙中山的各种活动有关，但也有徒具"中山"之名，却极少有与纪念孙中山有关的任何设施者，这是一个值得注意和研究的问题，本书暂作保留。

纪念林仅指森林面积较大的片林，如江苏镇江北固山纪念林、甘肃兰州中山林、浙江杭州后山纪念林、山东青岛中山公园纪念林等。

序号	省市名	公园名	建设时间	面积（hm²）	备注
1	北京	中山公园	1928	19.0	由清代社稷坛改称
2	天津	中山公园	1928	6.0	由1905年建河北公园改称
3	上海	中山公园	1944	21.2	由1914年建兆丰公园改称
4	上海嘉定	中山林公园	1928	0.1	
5	上海堡镇	中山公园	1929	2.0	位于崇明岛，各界捐资建
6	上海川沙	中山公园	1931	1.0	
7	上海青浦	中山公园	1927		由古曲水园一度改称
8	上海	中山植物园	1937	2.4	
9	重庆	中山公园	1928	37.3	位于万县城区
10	重庆江津	中山公园	1930	0.7	已毁
11	重庆綦江	中山公园	1940～1944	8.1	位于古南镇，后扩建为南州公园
12	河北保定	中山公园	1928	13.0	由城南公园一度改称
13	山西太原	中山公园	1928	11.9	
14	吉林长春	中山公园			
15	辽宁沈阳	中山公园	1926	20.0	原千代田公园一度改称
16	辽宁大连	中山公园	1945	11.3	由圣德公园改称
17	山东济南	中山公园	1904	4.0	由1904年建商埠公园一度改称
18	山东青岛	中山公园	1929	100.0	由1901年建森林公园改称
19	江苏南京	中山陵园	1927	2970.0	
20	江苏南京	中山植物园	1929	186.0	
21	江苏南京	中山门公园	1929	1.5	因运孙总理灵柩而设
22	江苏江阴	中山公园	1930	7.3	由明代衙署花园改称
23	江苏泰州	中山公园			
24	江苏徐州	中山公园	1928	4.8	
25	江苏苏州	中山公园	1947	4.8	由皇废基公园一度改称
26	江苏盐城	中山公园	1928		原为苗圃改建
27	江苏金坛	中山公园	1931		
28	江苏镇江	中山纪念林	1934		
29	浙江杭州	中山公园	1927	19.0	由清代行宫遗址改称
30	浙江绍兴	中山公园	1916	12.0	由越王台一度改称
31	浙江奉化	中山公园	1934		由1914年的衙署园林改称
32	浙江宁波	中山公园	1929	8.4	由明代后乐园改称
33	浙江衢州	中山公园	1927	3.0	
34	浙江温州	中山公园	1930	5.6	始建
35	浙江镇海	中山公园	1912		一度因孙中山来此观潮而建
36	福建厦门	中山公园	1927	15.9	由唐代郡圃改称

序号	省市名	公园名	建设时间	面积（hm²）	备　　注
37	福建漳州	中山公园	1926	3.9	由旧衙署改称
38	福建石码	中山公园	1922	0.7	位于龙海市石码
39	福建龙岩	中山公园	1927	3.5	
40	福建三明	中山公园		2.6	
41	福建泉州	中山公园	1910年代	5.0	为督署园林改建
42	江西南昌	中山公园	1928		属今八一公园一部分
43	江西萍乡	中山公园	1926	2.0	由士绅园林（方园）改称
44	江西清江	中山公园	1931		位于临江镇
45	江西清江	中山公园	1932	3.2	位于樟树镇
46	江西万载县	中山公园	1935	5.0	始建
47	江西宜丰县	中山公园	1935	3.0	始建
48	江西安福	中山公园	1935	2.0	1949年被毁
49	江西吉安	中山公园	1936	2.0	
50	江西永新	中山公园	1936	2.0	1945年后被炸毁
51	河南郑州	中山公园	1928		在郑州碧沙岗公园北部
52	河南开封	中山公园	1927	69.2	由龙亭公园一度改称
53	河南洛阳	中山公园	1927	8.0	由城隍庙改成
54	河南安阳	中山公园	1928		由天宁寺改称
55	河南焦作	中山公园	1898后		孙中山逝世后一度改称
56	湖北汉口	中山公园	1928	12.5	今已扩建
57	湖北沙市	中山公园	1933~1935	18.0	始建
58	湖北老河口	中山公园	1933	0.6	现已扩建至4.8公顷
59	湖北宜昌	中山公园	1934	0.7	当时被民众教育馆接收
60	湖北襄阳	中山公园	1928	0.9	
61	湖北恩施	中山公园	1941		由专员公署遗址改称
62	湖南长沙	中山公园	1945		
63	湖南岳阳	中山公园	1927	0.1	民国时被毁
64	湖南长沙	中山亭花园	1930		为西式钟楼的附属绿地
65	广东石龙	中山公园	1924	3.2	位于东莞市
66	广东新安深圳	中山公园	1926	1.3	由华侨捐建
67	广东清远	中山公园	1925	2.0	
68	广东汕头	中山公园	1926	20.0	
69	广东惠州	中山公园	1920	3.0	
70	广东佛山	中山公园	1928	0.9	
71	广东江门	中山公园	1927	0.1	民间捐建

序号	省市名	公园名	建设时间	面积（hm²）	备 注
72	广东连州	中山公园	1930	0.5	
73	广东阳江	中山公园	1932	0.75	
74	广东梅县大埔	中山公园	1929	1.0	位于三河坝
75	广东潮州	中山公园	1934	4.0	位于饶平县
76	广东四会	中山公园	1928	3.0	位于四会镇，今为县级文保单位
77	广东韶州	中山公园	1927	12.0	北伐战争誓师大会会址
78	广东中山	中山公园	1935	8.7	
79	广东茂名化州	中山公园	1933	5.5	
80	广东茂名高州	中山公园	1927		
81	广东饶平黄冈	中山公园	1934	4.0	
82	广东揭阳	中山公园	1932	0.67	1938 年遭日寇炸毁
83	海南海口	中山公园	1935	27.8	1939 年被毁，1952 年重建
84	海南文昌	中山公园	1937 冬	0.3	
85	广西桂林	中山公园	1925		
86	广西平乐	中山公园		10.0	被占用
87	广西桂平	中山公园	1921 年后	8.7	
88	广西龙州	中山公园	1923～1930	21.3	
89	广西靖西	中山公园		4.7	部分被占
90	广西合浦	中山公园		12.0	已毁
91	广西梧州	中山公园	1930	25.3	由北山公园改称
92	广西北海	中山公园		32.7	
93	贵州贵阳	中山公园	1926～1935		始建于 1913 年，1925 年后改称中山公园
94	贵州开明	中山公园	民国时		
95	贵州修文	中山公园	民国时		1949 年后改为革命公墓
96	贵州龙里	中山公园	1935 年后		
97	贵州都匀	中山公园	1933 年		
98	贵州思南	中山公园	1938 年		
99	四川成都	中山公园	约 1922 年后	2.5	由中城公园改称
100	四川宜宾	中山公园	民国时		由叙州公园改称
101	四川三台	中山公园	1926	1.6	位于绵阳市
102	甘肃天水	中山公园	1933	4.5	
103	甘肃兰州	中山林	1925	250.0	位于城关龙尾山萧家坪
104	甘肃兰州	中山东园	1926		

序号	省市名	公园名	建设时间	面积（hm²）	备　注
105	宁夏银川	中山公园	1929		
106	香港屯门	中山公园	1895～1911		位于屯门红楼，原为青山农场，后改今名
107	香港西区	中山纪念公园			
108	香港香港大学	中山纪念公园			
109	澳门	中山纪念公园			
110	台湾台中	中山公园	1903	8.6	1946年改今名
111	台湾台南	中山公园	1917年始建		由台南公园改称（1917年以后）
112	新加坡	晚晴园			

（二）若干中山公园实例

1. 深圳中山公园

公园位于广东省宝安区南头城。1925年时任宝安县长的香港士绅胡钰专为纪念孙中山而建，是全国最早建立的中山公园之一，面积1.33公顷（图3-3-24，图3-3-25）。初创时，当时南头电灯公司的郑先生免费为公园提供照明用电，给以支援。

园内建有多座木质凉亭，饲养了猴子、雀鸟等动物，特别是栽植了成片的樟树、秋枫、石栗、红棉、凤凰木及南洋杉等大乔木及花草。而今已是乔木成林，绿荫如盖，百年以上的古树达30余株，绿化景观甚佳。

1930年10月，南头的一位华侨陈鉴波捐款在园内兴建了一座凉亭，还在亭旁的花岗巨石上题刻了"与民同乐"四个大字。此亭及石刻一度遭毁坏，但在1995年已基本恢复重建（图3-3-26，图3-3-27）。石刻旁记事如下：

一九三○年十月，南山著名的爱国华侨陈鉴波先生捐款在园内兴建了一座混凝土结构的凉亭，当时的宝安县县长胡钰先生（香港绅士）把此亭命名为"鉴波亭"，并亲自作了"邑中名宿陈鉴波先生热心公益，见余辟治公园，慨然捐建此亭点缀其间，使其园生色不少"的题词。在鉴波亭的冈屋顶处，同时还在旁边的花岗石上题刻"与民同乐"四个字，"文革"期间，巨石被损坏，一九九五年二月为重建解放内伶仃岛纪念碑，拆除了年久失修的鉴波亭，一九九五年五月南山区委、区政府为顺应民意，追忆鉴波先生无私奉献之义举，决定在公园老区东北原貌重建鉴波亭（"与民同乐"四字原稿因年久已丢失），后请北京大学杨辛教授撰写"与民同乐"四个大字，点缀其间，使鉴波亭更加完整地重新屹立在绿

图3-3-24　深圳中山公园大门

图3-3-25　深圳中山公园秋枫林

树成荫的园区，还历史原来的面目，让游人在观赏之余，共襄善举。

现公园已扩大到49公顷。在公园境内北区保留了一段明代修建的南头县城的城墙，长646米，墙高6米，墙基宽3米，也已列入公园成为南头的古文物景观。

总之，深圳中山公园不仅是全国最早建立的中山公园之一，也是官民共同投入，并体现"与民同乐"民主思想的公园。而且，公园内容一直都在不断丰富和发展，

图 3-3-26 深圳中山公园鉴波亭及匾额

图 3-3-27 深圳中山公园"与民同乐"刻石及说明

是保护了原有的自然生态与人文设施的值得推介的公园。

2. 佛山中山公园

公园位于佛山市区东北汾江之畔，1928 年始建，1930 年定名为中山公园，面积 0.5 公顷。因滨临汾江，园内水面约占总面积的 45％。新中国成立后，面积日渐扩大，至 20 世纪 90 年代末，已扩建至 32 公顷，水面降至总面积的 37％，是广东省颇具规模的中山公园之一。

公园中西合璧的风格十分浓郁。正南门入门的第一印象为罗马爱奥尼式的立柱加上欧式的几形屋顶，但在这个西式门廊之侧放了一尊中式的石狮（图 3-3-28）。西大门为中国南方传统式的牌坊，牌坊两侧连接着中式的旁洞门，墙的漏窗则为佛山的彩陶（图 3-3-29，图 3-3-30）。西边的长园桥为中式栏板和龙头柱，而水池的湖心亭却是中式圆亭附西式宝瓶栏杆（图 3-3-31）。园内的二山门又是一个亦中亦西的"三发券"山门（图 3-3-32）。总之，中西式建筑或分别放置，或融为一体，都反映出园林建筑中西合璧的风格。

园内的植物景观总体上采用单一树种群落配置方式，如榕树、桄榔、大王椰子、白千层等多已成林，林中穿路，意境潇然（图 3-3-33）。而孤植树古榕与木棉或挺立如英雄，或稳定如长者，都表现生长良好的态势

图 3-3-28 佛山中山公园西式大门（南门）

图 3-3-29 佛山中山公园中式大门（西门）

图 3-3-30　佛山中山公园西大门漏窗

图 3-3-31　佛山中山公园水池、栏杆及亭

图 3-3-32　佛山中山公园二山门

图 3-3-33　佛山中山公园白千层群落

（图 3-3-34，图 3-3-35）。在传统式西大门之旁，又标新立异地制作了一个圆盘逐层重叠、大小交错的颇有气势的大绿雕，其前卧石、草花与之相衬，造型突出，色彩对比鲜明，构成为中式建筑环境中的西式植物景观。总之，这种中西混合的园景已不知不觉地成为游人习惯赏析的时代风格。此园表现十分突出。

3.　澳门国父纪念馆花园

澳门原属广东香山县管辖，故也可算是孙中山的故乡。孙中山青少年时就读于香港，毕业后在澳门镜湖医院行医。参加革命后，其家属均在澳门居住，今留下的一所南欧式建筑物就是孙中山原配夫人卢慕贞长期居住之所。夫人去世后，建筑物就作为"国父纪念馆"开放（图 3-3-36）。

馆左侧有一个小花园，花园的主体是孙中山的一座铜质立像，背景为一堵白色围墙，上方有孙中山书写的"天下为公"四字，两旁有大树如凤凰木、刺桐、白兰花、玉桂、蒲桃、黄皮，以及散尾葵、黄杨等盆景摆设（图 3-3-37）。整个花园十分简洁、宁静、朴素。

4.　香港的中山园林

20 世纪初，香港仍为英国强占，濒临广东。孙中山是广东香山人，13 岁时随母亲去美国檀香山探亲时路过香港，第一次登上了这块由外国人管治的土地。以后他又在香港、澳门求学、执业及从事革命活动，前后达九年，来往香港的次数则难以统计。但是，就在这仅占他一生约 1/6 的时间里，却奠定了他一生从事革命事业的思想基础。

他曾在香港的皇仁书院和西医书院就读，并以优秀成绩毕业。据他自己回忆："30 年前在香港读书，暇时辄闲步市街，见其秩序整齐，建筑宏美，工作不断进步，脑海中留有深刻之印象"，并"察觉香港之政治好，街道好，卫生与风俗无一不好"。又说："我每年回故里香山两次，两地相较，情形迥异，香港整齐而安稳，

图 3-3-34　佛山中山公园古榕树

图 3-3-35 佛山中山公园古木棉树

图 3-3-36 澳门国父纪念馆

图 3-3-37 澳门国父纪念馆花园

香山不是。我在里中时，竟须自作警察以自卫，时时留意防身之器完好否？我恒默念：香山、香港相距仅五十英里，何以如此不同，外人能在七八十年间于一荒岛上成此伟绩，中国以四千年之文明，乃无一地如香港者，其故安在？"以上就是孙中山在青少年时期对香港的感悟。

以后，他从事革命活动后，于 1895 年 2 月在香港的士丹利街 13 号成立了兴中会总部，曾策划了两次反清的武装起义，均未成功；1905 年至 1911 年的同盟会时期，香港是该会南方支部所在地，他曾策划了十次武装起义，均告失败，其中有八次是在广州进行，都是以香港作为指挥部和后勤部。他利用了香港的特殊地位，在此策划革命起义，转运枪支弹药，招募资金等，因而在香港留下了他的不少文物与足迹，香港市民也为他修建了一些园林和纪念地。在 1997 年 7 月 1 日香港回归之前，香港的中山公园——红楼等甚少人知晓。

（1）香港红楼中山公园。公园位于屯门青山湾蝴蝶村之旁，此处三面环山，为天然避风良地。早在唐代中叶就驻有重兵，所谓"屯门"即指屯田防卫的海门，是当时沿海重要军镇之一。现在这里称为青山，在过去称为屯门山，居高临下，左瞰青山湾，右眺零丁洋，环境险要、清幽。

1895 年孙中山发动广州起义失败，被迫渡海赴日本。他于船上与香港富商李璞相识，其后常有通信，商购军火事。后李璞经陈少白介绍加入兴中会。红楼此处原为李璞的青山农场办事处。李璞去世后，由其子李纪堂继承其遗产，纪堂也全力资助革命。五年后，孙中山由日返港，授李纪堂为政府财政管理员，一直将红楼作为兴中会策划革命武装起义的联络据点，用以接待起义人员，储存军火粮食等。革命领导人黄兴一度也寓居于此指挥革命。

这里原有一座三开间的中西式二层楼房，因后来建筑外墙粉刷为粉红色，故俗称"红楼"。此楼背靠西北，面向东南，后枕杯渡山，前瞻青山湾及大屿山，地方僻静，形势极好。周围还有 250 亩坡地，用于种植及畜牧。左山坡还专辟了一个小型的打靶场。前有小树林，村外有淡水池场，附近有一村庄，也建了一座碉堡可以守望。1910 年邓荫南还在此设了一间工厂，经营制糖和舂米业，从工厂到红楼有一条石板路作运输用，俨然成了一个可自给自足的国民党香港根据地。后由台湾国民党人组织发起正式将红楼及附近山坡辟为中山公园。

今日的红楼已破旧不堪，仅有简陋的园门一座，附近山坡亦呈"无人问津"的荒野地（图3-3-38~图3-3-40）。笔者去调查时，见红楼深锁无人，竟找不到任何管理人员，仅见一老妪背着箩筐上山坡砍柴、收菜，询及有关公园之事，则木然而不答。但见红楼旁的一块平台上则布置若干碑刻，计有：孙逸仙博士纪念碑（图3-3-41）、孙中山"世界潮流"碑（图3-3-42）、"广慈博爱"碑（图3-3-43）、"博爱"碑（图3-3-44）以及国父遗嘱碑和香港孙逸仙纪念会鸣谢碑记等。

公园整体布局混乱，但仍以孙中山半身铜像及其后的纪念碑为主体。园内除原有的几株大树（荔枝树、榕树、马尾松树）外，留有三株桄榔树。据文记载，此树为孙中山及黄兴寓居于此时手植，惜由于缺乏管理，长势极弱（图3-3-45~图3-3-47）。

（2）香港孙中山纪念馆。位于香港中环半山卫城道7号的孙中山纪念馆原是近代香港富商何东之弟何甘棠于1914年所建。甘棠是英商怡和洋行的买办，他以自己的名字命此建筑为"甘棠第"。

此建筑为三层洋楼，经何氏家族及耶稣基督教会多年占用保养，至今修整一新，历经九十余年仍是美轮美奂（图3-3-48）。

纪念馆于2006年12月12日正式开放，主要内容为"孙中山与近代中国"及"孙中山时期的香港"的文件、文物、蜡像及图片展览，并通过多元化的视听节目，全面地阐述了孙中山先生的革命事迹，以及香港在19世纪末至20世纪初的革命民主与维新运动中所扮演的重要角色。

在建筑物前庭，设置有孙中山在香港时期穿着青年时代服装的全身雕像（图3-3-49）。青年时代的孙中山在香港接受西式教育，完成了中学及大学的课程。由于他曾直言自己的革命思想源于香港，故此次铜像的构思，便以他在求学时朝气蓬勃、满怀革命理想的青年人模样为蓝本，手执中西书籍，凸显他在香港刻苦读书、孜孜不倦的态度，也反映出他在求学期间博览群书，探求救国救民的抱负。

（三）孙中山史迹径

孙中山历年在香港求学和革命的活动都集中在港岛的中区及西区，故自1996年11月至2006年初的近十年期间，香港中西区议会三次将孙中山的活动地点整修并编组了一条极具历史纪念意义的"孙中山史迹

图3-3-38 红楼附近的山坡被辟为中山公园

图3-3-39 红楼

图3-3-40 通往红楼的小路

图 3-3-41　孙逸仙博士纪念碑

图 3-3-43　"广慈博爱"碑

图 3-3-42　孙中山"世界潮流"碑

图 3-3-44　"博爱"碑

图 3-3-45 香港红楼园中的古树

图 3-3-47 园中的三株桄榔树

图 3-3-48 香港孙中山纪念馆

图 3-3-46 香港红楼园中荔枝树下的休息桌凳

图 3-3-49 孙中山青年时塑像

径"（图 3-3-50，图 3-3-51）。它西起香港大学般咸道出口，东至德己立街和记旧址共 15 处纪念点，竖牌立像，增建简单设施，记录了孙中山在香港的主要行踪与活动，增进和加深了游览者对孙中山及中国近代的认识与了解。

（1）香港大学。位于西环般含道，是香港历史最悠久的高等学府，成立于 1911 年。前身为 1887 年创办的香港西医书院。孙中山曾于 1887～1892 年就读于此书院。

（2）拔翠书室。位于东边街，前身为拔翠男书院，由英国圣公会创办，是孙中山在香港就读的首间学校。

（3）同盟会招待所，位于普庆坊。孙中山于 1905 年在日本东京创立中国同盟会，同年底成立香港分会，1907～1908 年间，分会策划潮州黄冈与惠州起义时，为接应往来之革命党人，于普庆坊等处设立招待所。

（4）美国公理会福音堂，位于必列者士街 2 号。1883 年孙中山在此堂接受喜嘉理牧师洗礼，受洗时取名"日新"，后来的"逸仙"之名，即源于此。孙中山于 1884～1886 年就读中央书院时，即在福音堂二楼居住。

（5）中央书院，位歌赋街 44 号（图 3-3-52）。中央书院是香港第一所提供西式现代教育的官立中学，创办于 1862 年。孙中山在 1884 年入校注册记录上填写的名字为孙帝象（帝象是他的乳名）。

（6）"四大寇"聚所杨耀记，位于歌赋街 8 号（图 3-3-53）。"四大寇"是指孙中山、陈少白、杨鹤龄与尤列四位志同道合者，他们常聚首杨鹤龄的祖店杨耀记店铺内畅谈反清革命思想。杨鹤龄是孙中山的同乡好友，尤列是杨鹤龄的广州老同学，陈少白是孙中山在香港西医书院的同学。

（7）杨衢云被暗杀地点——结老街 52 号。杨衢云是香港兴中会会长，负责在港策动 1895 年的广州起义（图 3-3-54）。此役流产后，杨远走越南、新加坡及南非等地，设立兴中会分会。1900 年惠州起义失败后返居香港，设馆教授英文，至 1901 年 1 月 10 日在馆内被广州清吏买凶暗杀。

（8）辅仁文社，位百子里。文社为杨衢云与谢缵泰于 1892 年创立，其宗旨为开启民智。社员常私下聚谈政事，讨论中国改革问题，孙中山常在此与社员接触频密，聚谈革命。

（9）皇仁书院。位鸭巴甸与荷李活道交界处，1894 年由中央书院改称今名，并由歌赋街迁至今址，此时孙中山已离开，但 1884 年在今址举行新校舍奠基礼时，他亦曾在场。中国近代史上有不少重要人物均曾就读该校，如唐绍仪、王宠惠、何东等。

（10）雅丽式利济医院及附设香港西医书院，位荷里活道 77～81 号。1887 年，孙中山由广州博济医院转学于西医书院，习医五年。1892 年以优异成绩毕业（十二科考卷中有十科获荣誉成绩）。1911 年西医书院并入刚成立的香港大学。

（11）道济会堂，位荷李活道 75 号。会堂于 1888

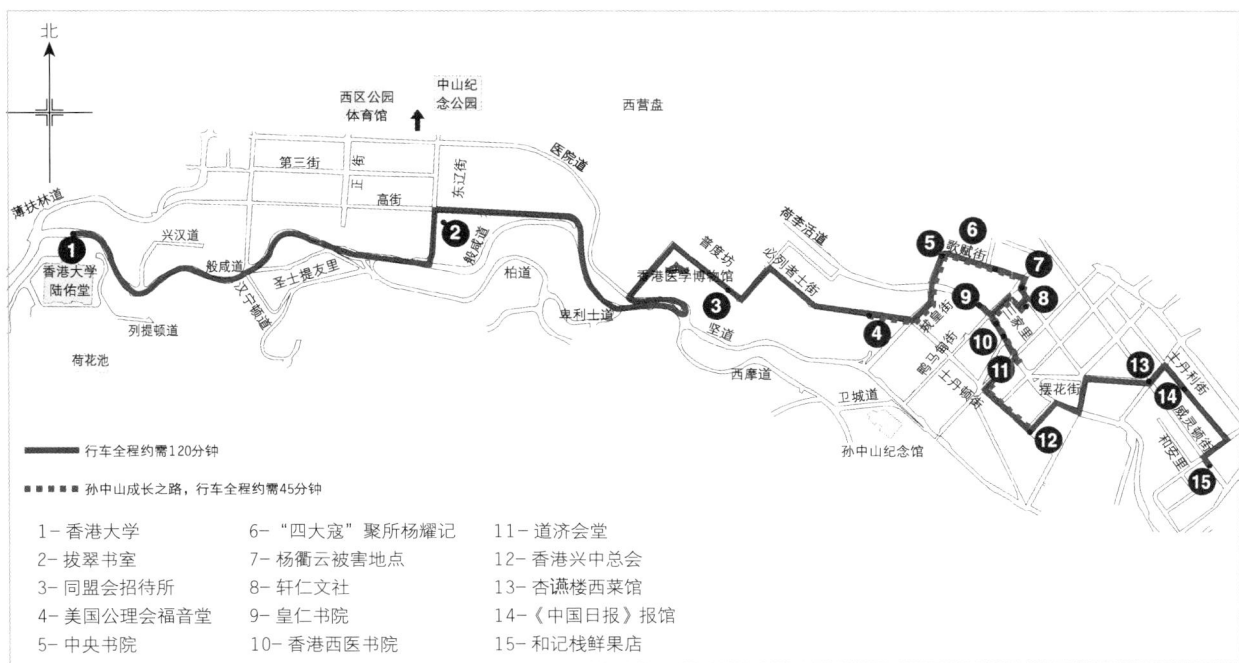

图 3-3-50　孙中山史迹径路线图

1-香港大学　　　6-"四大寇"聚所杨耀记　　11-道济会堂
2-拔翠书室　　　7-杨衢云被害地点　　　　12-香港兴中总会
3-同盟会招待所　8-轩仁文社　　　　　　　13-杏谳楼西菜馆
4-美国公理会福音堂　9-皇仁书院　　　　　14-《中国日报》报馆
5-中央书院　　　10-香港西医书院　　　　　15-和记栈鲜果店

行车全程约需120分钟
孙中山成长之路，行车全程约需45分钟

图 3-3-51 史迹径地面标志

图 3-3-52 中央书院

图 3-3-53 "四大寇"

图 3-3-54 杨衢云

图 3-3-55 兴中会址

年建成。孙中山在港习医时，经国文老师区凤墀介绍，结识了王宠惠（民国时期内阁成员），其后，区、王两人均成为孙中山革命的支持者。

（12）香港兴中会总会，位士丹顿街13号（图3-3-55）。兴中会是孙中山于1894年在夏威夷创立的第一个革命组织。次年成立香港兴中会总会，就设于士丹顿街，以乾亨行商号来掩护兴中会的反清活动，并筹组第一次革命起义——乙未广州之役。

（13）杏谦楼西菜馆，位摆花街2号。香港于19世纪80年代起已普遍出现西餐馆，其中以杏谦楼西菜馆最为人所熟知。孙中山在习医期间也常与几位同道以此为聚会地点。1895年策划广州起义时，外地来港的革命志士多暂居于附近的威灵顿街一带。

（14）《中国日报》报馆，位于士丹利街24号。1899年孙中山命陈少白来港筹办第一份革命机关报。1900年1月《中国日报》创刊，报馆亦成为革命党人聚会之所，1900年惠州起义的大本营即设于报馆的三楼。报纸在港发行了11年之久。

（15）和记栈鲜果店，位于德己立街20号。1903年的广州壬寅之役即在此商号的掩护下策划而成。

在这条史迹径上，目前仍可看到一些当时孙中山活动的痕迹。如 1923 年，他在香港大学的一次演讲中给香港人留下了十分深刻而激动人心的印象，从而让香港人了解到孙中山萌发革命思想的源泉，而这股源泉如今已在香港大学保存着一个历史记忆的绿色空间，它是孙中山革命思想的回顾之地，也是中国近代革命活动的一次令人永不忘怀的历史见证。

（四）香港大学中山纪念园

1892 年孙中山毕业于香港大学的前身香港西医书院，在他经过数十年奔波于中国汹涌澎湃、动荡不安的民主革命浪潮中，终于取得了 1911 年辛亥革命的胜利，在准备于 1923 年 3 月第三次建立革命政权，就任中华民国军政大元帅的前夕，于 2 月 20 日应邀来香港大学讲演。据云在这一天的上午 11 时，孙先生由陈友谅陪同，一进校门，就有多位港大同学用藤椅将孙先生高高抬起，一直抬到大礼堂（今陆佑堂）稍事休息。

出席这次会议的有港大代校长告罗·司芬、副校长布兰华特夫人、香港西人商会主席约克·皮亚博士，香港著名商界领袖爵绅何东以及辅政司施云等共约 400 余人。

会议开始，首先由学生会主席何世俭（何东之子）致辞。他说："用任何语言来介绍孙先生都没有必要，他的名字是中国的同义词，他的经历如果用书来记载的话，无疑是最吸引人的事迹，如果爱好自由是伟大的考验，那么，孙先生将与伟人共存。"

这时，辅政司施云也出人意料地上台致词曰："现在在我们面前的，就是这样一位中国的伟大人物，一个真正的绅士和一个胸怀广阔的爱国者。"这就是一位当时英属香港政府官员对中国革命先行者孙先生的评价与景仰。

当天，孙先生穿着长袍马褂，头戴毡帽，仪表端庄，举止从容，神采奕奕，健步走上讲台，全场欢声雷动，经久不息。孙中山操作熟练的英语演讲，他说：我这次来香港就如同回到自己的家乡一样，我曾经在香港读书，受的教育是香港的，曾经有人问我："你是在哪里获得革命思想的？"吾今直言答之，革命思想系从香港得来。

孙先生在讲到他以香港为革命思想的发端，并多次在香港发动和领导中国的无数次的革命起义和革命团体进行各种宣传活动……终于取得了推翻帝制的辛亥革命的胜利时，他对香港民众为此而作出的贡献给予了充分的肯定，也表现出他对香港的一份深厚的感情。在他的讲词中曾有"扶林莪莪，上庠奕奕，我之有知，根基是棋"之句，意思是对这一所树木繁茂、高大美丽的香港大学所给予自己的革命思想的福荫之地的浓郁的怀念。

接着他又很诙谐地谈到他在读书期间的趣事：因他每次在假期返家乡时，深感乡下卫生状况太差，于是他就发起"洒扫街道"的清道夫运动，亲自带头当清道夫。他一回乡下就倡议青少年参加，也得了知县的支持，惹得同学们哄堂大笑，全场报以雷动的掌声。

他又举出在乡间看到官衙腐败的情况，所谓的父母官是可以用五万元大洋买来的，后来到省城，其腐更加一等，他亲眼所见清政府的腐败无能，从而奠定了他要推翻旧政权的决心与信念。想到自己是医生，但医人不能医国，于是放弃了医生的职业而走上职业革命的道路。

最后，他讲到当前是进行民主革命，就要以民为主，推翻帝制，建立民国，人人都有份，不能放弃，并比喻废除了帝制就好像拆掉了一间旧屋，但新屋尚未建筑完工，一有暴雨，居民受苦更深（指还有人想恢复帝制）。但新屋必有竣工的一日，希望大家建立信心，努力学习西方的经验，完成民主革命的任务。

演讲完毕，仍由五六位同学用藤椅抬着孙先生到大门，两旁的学生们如同受过严格训练的士兵一样，每走一步就揭帽致礼，孙先生亦频频揭帽答礼，全体欢腾如沸，直到大门下来与一众各位共同摄影留念。

次日（1923 年 2 月 21 日）孙先生离港返粤，香港政府放礼炮欢送，保安的严密属一级，五步一岗，十步一哨，给孙先生的这次返港，画上了一次过去在香港从未有过的动人而圆满的句号，也增强了他在以后不到二十余天在广州建立第三次革命政权、就任民国政府军政大元帅的威望。

就在当年孙中山演讲的陆佑堂附近的绿色空间内，于 2003 年建立了一座孙中山的持杖坐像，他的衣着、座椅及神态都是根据当时的实况塑造的，以留永久纪念（图 3-3-56～图 3-3-58）。

（五）孙中山塑像

孙中山塑像几乎遍及全国城市各处。有不同的造型，或坐或立，或半身或全身，或持杖或招手、或长袍马掛、或西服革履、或凝视昂首、或挟书阔步，生动显示出孙中山先生在不同时期的容颜仪态，表现出其伟人的崇高形象。塑像由不同的材质制成，或铜质，或石质（如汉白玉石、花岗石、大理石），或玻璃钢，或蜡质，近年也有用塑料材质的。不同的大小，置于不同的位置，室内室外，山顶池边，有的作

图 3-3-56　香港大学的绿色空间荷花地左侧为孙中山塑像位置

为道路的焦点，有的立于街道广场的中央，有的配以建筑牌坊，有的绕以似锦的繁花，数量之多，难以计数（图 3-3-59～图 3-3-61）。

值得一提的是，孙中山的日本友人梅屋庄吉于1930 年在日本打造了同一形态的四座孙中山铜像，各重一吨，由当时的中山大学教授何思源往日本迎接，梅屋庄吉亦亲自护送。其中一座于 1930 年 12 月 28 日乘日本邮轮"白山丸号"运抵上海，1931 年 1 月 10 日再乘中国军舰"靖安号"运至广州黄埔港，再以木船运至中山大学，全体师生于 1 月 14 日下午迎接至石牌农场举行新校址奠基及铜像揭幕仪式。此像于 1954 年春移至广州中山纪念堂，1956 年 11 月 12 日再移至迁校于河南区原岭南大学康乐园新校内落定（图 3-3-62～图 3-3-64）。

第二座原安放于南京中央陆军军官学校，抗战时改置于南京新街口广场，现又移迁于中山陵的中山纪念广场。

第三座安放于广州黄埔陆军军官学校内。

第四座安放于广东中山市中山故居内。

而我国自行设计制造的首座孙中山铜像是 1927 年冯玉祥第二次主豫期间铸成的，现安置在开封市辛亥革命烈士陵园内。

近些年来，由于科技进步，新造的中山塑像越来越大。如青岛和深圳的中山公园内的中山塑像，虽为半身胸像，却高达 10 米，宽达 27 米，为洁白花岗石作，重达 88 吨，由著名雕塑家钱绍武主持工程（图 3-3-65）。这两座中山塑像的规模为目前全国之冠，以颂扬孙中山的伟大与气势。

图 3-3-57　孙中山坐像

（六）其他纪念建筑及小品

除了公园、纪念林、校园及塑像之外，还有很多以中山命名的纪念堂、馆、塔、碑、桥、亭等，名目繁多，不胜枚举（图 3-3-66～图 3-3-78）。

图 3-3-58　香港大学的中山阶

图 3-3-59　孙中山双手持杖立像

图 3-3-60　孙中山右手置背后的立像

图 3-3-61　孙中山右手持杖立像

图 3-3-62　广州石牌中山大学校园的孙中山铜像
1948年正经历着"反饥饿、反迫害运动"、中山先生的大衣上也贴有"反迫害"的标语，铜像下面是当时的三位中山大学学生

图 3-3-63　石牌中山大学原有的孙中山塑像已迁至原岭南大学，此处为后造

（a）

（b）

图 3-3-64　仿日人梅屋庄吉赠送的孙中山铜像
（a）正面（b）背面

图 3-3-65 孙中山半身石像

图 3-3-66 郑州碧沙岗公园"三民"亭群之民族亭

图 3-3-67 郑州碧沙岗公园"三民"亭群之民权亭

图 3-3-68　郑州碧沙岗公园"三民"亭群之民生亭

图 3-3-69　广州越秀公园中山纪念碑全景

图 3-3-70　广州越秀公园中山纪念碑立石

图 3-3-71　广州越秀公园内从纪念碑俯视的绿化景观

图 3-3-72　广州越秀公园内从纪念碑门洞向外望的绿化景观

图 3-3-73　广州越秀公园"孙先生读书治事处"碑

图 3-3-74　广州中山纪念堂全景

图 3-3-75　广州中山纪念堂古树

图 3-3-76　台北国父纪念馆入口

图 3-3-77　台北国父纪念馆全景

图 3-3-78　镇江中山纪念林（徐大陆摄）

三、国外的中山园林

1. 新加坡晚晴园——孙中山先生南洋纪念馆

晚晴园位于新加坡比较偏僻的大人路，是一座以二层的西洋建筑物为主体的园林。庭园面积不大，原是当地殷商张永福奉母养老之所。20世纪初，孙中山多次往南洋向华侨鼓吹革命，筹募款项，张永福就将这所院落借给孙中山作为革命活动中心。当时孙中山领导的黄冈起义、镇南关起义就是在这里策划的。

新加坡国家古迹保存局将这栋建筑物评定为古迹。由新加坡中华总商会负责策划修葺工作（图3-3-79，图3-3-80）。1939年9月6日，冯玉祥还为晚晴园修葺竣工纪念题字曰"伟迹长存"。

在修葺计划中，整个园林被设计为"蕉风椰雨"的南洋风情。进门的大树下，是孙中山幼年时在家乡翠亨村聆听太平天国老兵冯爽欢畅谈革命的情景雕像。入口处为一株参天的"烈士树"。在园林中还遍植了孙中山爱吃的六种南洋果木：人心果、水薤❶、山竹、凤梨、密仔蕉、小芒果；同时也种植了孙中山最怕吃的水果——榴莲❷。

此外，馆内还展示了一幅大型油画，再现了孙中山当年雄立湖边，向无数蓬头垢面的华人矿工鼓吹革命思想的沸腾场面，重现了这一段可歌可泣的华籍锡矿工人史。

2. 加拿大温哥华中山公园

温哥华中山公园位于市区的华埠内，总面积约1公顷（图3-3-81）。四周围以高约3米的围墙，境内分为东园与西园两个部分，中间以复廊及漏墙相隔，互不通行。东园约占总面积的三分之二，主要是政府为华埠社区所建供居民日常游憩的中国式园林，不收门票。1983年建成开放。园内以一个大池塘为中心，设小岛建东亭，有小桥连接岸边，东南部则为低平起伏的小丘树林，步径蜿蜒其中，甚为幽静，便于歇憩。

西园则为一座以苏州明清时代的文人园林为蓝本的精致的中国传统式园林，另以孙中山的字号"逸仙"而命名曰"逸园"（图3-3-82，图3-3-83）。园林布局与设计均请苏州市王祖欣与冯小麟两位建筑师主持，取苏州名园之精华，如园内复廊仿沧浪亭（图3-3-84），涵碧榭、华枫堂、四宜书屋、云蔚亭等建筑物，乃至假山

图3-3-79 早期的晚晴园建筑

图3-3-80 修葺后的晚晴园主体建筑

石的构造亦全部仿苏州四大名园中类似景观而建（图3-3-85～图3-3-87）。园内的植物景观，虽因地理距离差别较大，但也有70%的植物品种与苏州园林植物相同或相近，主要有银杏、松、柳、梅、玉兰、牡丹、竹、芭蕉、菊花、莲花等科属的植物，故整体景观一如苏州式传统园林风格。

东、西两园虽不相通，但在景观上却可互借。东望西园，亭台楼阁、小桥流水、山石嶙峋、布置精巧，宛如处在中国古代情境下的苏州园林中，耐人细赏；西望东园，则一泓池水、亭桥掩映、平畴石径、视野开阔，

---

❶ 水薤（Aponogeton natans），热带水生草本植物，花果期为夏、秋季，其块茎可食用。

❷ 榴莲，一种有怪气味的热带水果，以南洋的泰国一带最为普遍。

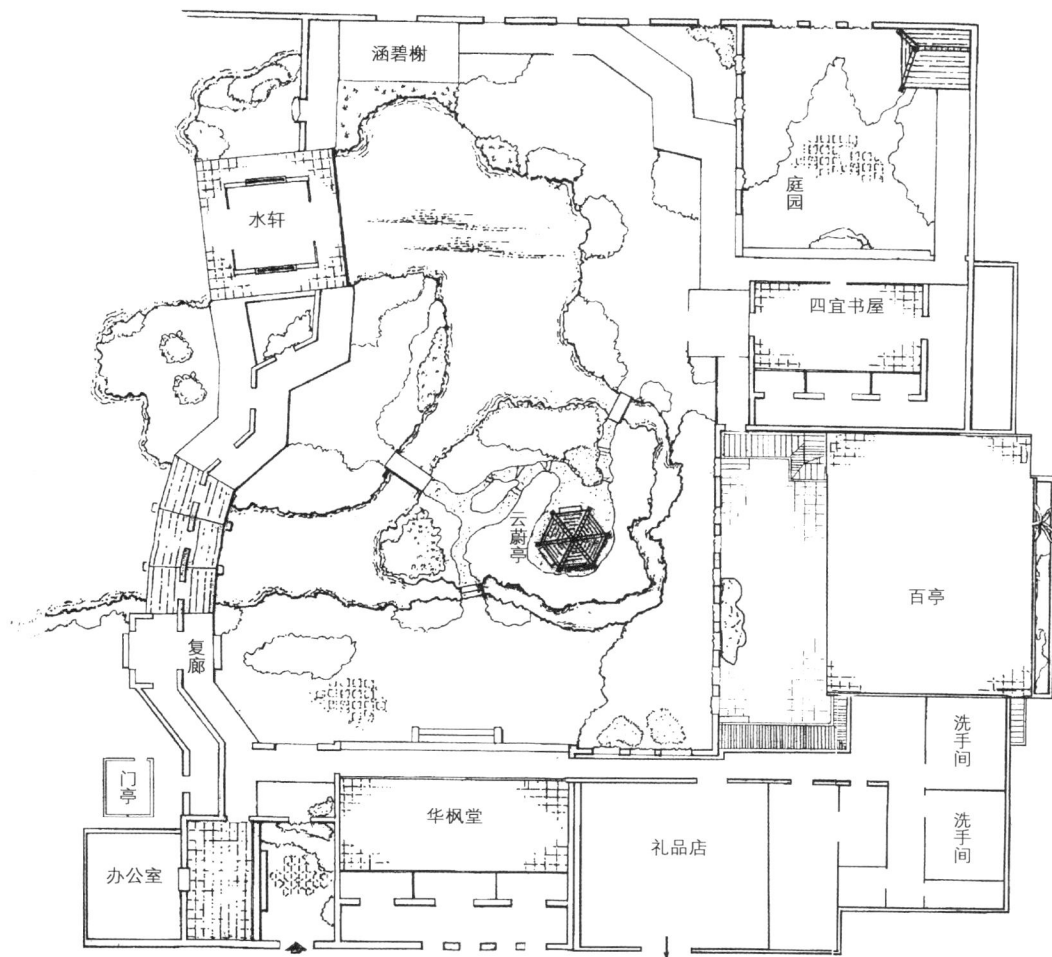

图 3-3-81　温哥华中山公园平面图

图 3-3-82　温哥华中山公园之西园入口

图 3-3-83　温哥华中山公园逸园的中国古钱铺地，有石、竹相衬

图 3-3-84 温哥华东、西二园分隔的复廊

图 3-3-85 温哥华中山公园西园中的涵碧榭门窗景

图 3-3-86 温哥华中山公园西园中的华枫堂

图 3-3-87 温哥华中山公园假山上的云蔚亭

植物三五成林，荫下歇憩，怡然自乐。两园风格不同，但浑然一体，共融华夏园林之意境中，亦足以显示对中华伟人孙中山的怀念之情。

（本节"加拿大温哥华中山公园"供稿：李日华）

附录 3-3-1

屯门青山红楼中山公园碑记

国父孙中山先生名文，字逸仙，一八六六年十一月十二日生于广东省香山县翠亨村。一八七九年随母远赴檀香山，就学于意兰尼书院，初涉西方国家之政治与历史。一八八三年来港先后入读拔萃书院、中央书院及西医书院。习医期间，除潜心医学外，更勤治中国经史典籍。复见清廷腐败，乃以鼓吹革命为职志。

一八九四年十一月二十四日，国父在□岛创立兴中会，为中国国民党的前身，以"驱除鞑虏，恢复中国，创立合众政府"为誓词。翌年，认为革命时机已见成熟，遂于香港乾亨行设立总会，以利筹划起义。一九〇五年八月为纠合群力共策革命，又于东京成立中国同盟会。十一月同盟会机关报《民报》发刊词中正式揭民族、民权、民生三大主义为革命之目标，呈现三民主义之体系。其后历经十次起义失败，终于一九一一年十月十日，武昌起义成功，建立亚洲第一个民主共和国。

一九一二年中华民国元年一月一日，国父就任中华民国首任临时大总统，四月一日，为大局着想，毅然辞去总统之职，并举袁世凯自代，但因宋教仁被刺、袁世凯称帝，乃发起二次革命与讨袁护法。一九二一年，复于广州被推选出任中华民国非常大总统。□于军阀割据国事□□，一九二四年十一月，抱病北上共商和平统一大计。翌年元月，肝癌恶化入住北京协和医院，至三月十二日，终因药石罔效逝世。

自一八九五年广州起义至一九一一年间，由国父领导及策划，并以香港为基地的起义行动，先后合计六次。其间参与革命之志士，多次聚集于屯门青山农场，共商国事，香港为革命之策源地。农场之红楼更为多次策划革命之重要基地，对中国国民革命，曾起重大之作用。

青山主楼主人李纪堂早岁追随国父革命，慷慨捐输，其后人及香港各界爱国人士，为纪念香山红楼于国父领导革命中之重要地位，乃辟为中山公园。竖立孙逸仙博士纪念碑及铜像，由屯门社区服务中心及爱国人士悉心维护，浸为香港缅怀国父之胜地。仰崇国父丰功志业，垂范后世，感念后人坚贞奉献。永维胜绩，乃志其始末，籍申敬思。

中华旅行社总经理郑安国谨志

孙逸仙博士纪念碑记

孙逸仙博士领导国民革命手创中华民国，其目的在求中国之自由、平等及联合世界上以平等待我之民族共同奋斗，以期进于大同。

博士识深量宏、学贯古今，其真知灼见，旋之四海而皆准其仁风义举侠之百世而不惑，既推翻数千年之帝制政体，缔造共和，更揭筑三民主义，五权宪法，为国家谋根本之改造，丰功伟绩与新大陆之华盛，并山河之寿，同争日月之光，举世钦崇诚千古之完人也。

红楼位于青山白涌，山明水秀，风景奇佳，面积宽

广，海滩绵长，当年李公纪堂献为博士进行革命指挥策划之所，方策胜绩，犹若益以东方独特之构筑，发挥中华文化之精神，为东方之珠宝增声誉，世界旅游人士亦将咸来景仰，香港孙逸仙纪念会有见及此，联合各界将红楼地区建设孙逸仙纪念公园而于楼者敬土灵碑，以肇其始，承述其末，谨为之记。

国父革命事迹碑刻

不偏不易气豪雄

为家为国尽孝忠

烈士英风头颅掷

黄花碧血满地红

四维政纲永流芳

八德提倡世大同

革命精神垂千古

赤稿残民天何容

香港　黄煜坤　书

一九八九年十一月十二日

中·国·近·代·园·林·史

第四章 中国近代的学校园林

我国培养人才的教育机构，代有不同，但正式命名为学校、并附有独立园林的校园，则始于近代。它是近代一种新的园林类型，以后又普及到各种其他公共建筑物如博物院、祠堂、会馆、戏院等，但只有校园是形成较早、也较完备的一种公共建筑群园林。

"校园"一词，通常多指学校所占用地的范围。在此用地内，除学校所需各类建筑物之外，还有空地存在，空地上可以植树栽花或建设园林，故统称为校园。本章所述主要为近代有园林设置的大学及其他专科、中学的校园。并且，追溯了我国传统的学院、学堂的景观及园林，也涉及所在的风景名胜区，以探求我国近代校园的历史发展。

古人云"天下名山僧占多"，其实，古代的书院亦多如此。如宋代著名的湖南长沙岳麓书院就是"纳于大麓，藏之名山"的一所名校。周叔弢有联曰："院以山名，山因院盛，千年学府传于古；人因道立，道以人传，一代风流直到今。"据不完全统计，我国历代创建的大小书院约有七千余所，至今保留下来的，也多是依附于山林名胜的书院。

又如直隶（今河北保定）的莲池书院，其选址也是利用皇家园林——莲池而建。1903年因毁于"庚子之变"而停办后，其环境仍以园林的形式延续下来，至今还保留着书院的法帖、石刻等，发挥了良好的历史文化作用。

又如江西吉安的白鹭洲书院，创建在赣江中的白鹭洲上，其地"香障环青，万顷一碧，朝旭夕阴，花雨涛雪，"虽有水患，但屡毁屡建，始终没有离开这一块优美的临水胜地。这里能看到烟波飘渺、水天相接之景，能令人视野开阔、心旷神怡，既能引发学人的千载之思，又能激起生徒论时政之想。至于"四山围合"的白鹿洞书院，则更是"清泉堪洗砚　山秀可藏书"，在这个封闭的空间里，更可傍百年树，读万卷书，潜心修身养性，以图他日治国平天下。

总之，从以上这几所古代著名书院环境来看，或藏于山林，或临于水际，或深居于洞穴，或依附于园林，都是借山水之灵，依园洞之秀，以经史伦理为主，求得"学而优则仕"的功名，一直延续到清末。

第一节　校园发展的历史沿革

中国是世界上创立学校最早的国家之一，早在奴隶社会的夏商周时代已开始设立学校，名称为"庠序"。据《孟子》记载："夏曰校，殷曰序，周曰庠"，后来就将一种乡学名曰"庠序"，这时都没有关于园林的记载。

西周时，在一国的都城中设有实施高等教育内容的国学，但名称各有不同，天子设立的名"辟雍"，诸侯设立的曰"頖宫"，都相当于后来的大学，亦曾有过"太学"之名。又据《礼记·王制》记载："大学在郊"，而《庄子·渔父》记载有"孔子游手缁帷之林，休坐于杏坛之上"之句，是讲学于杏坛、开私学之先声。

以上所说的乡学、国学及私学的情况，后代学者才有所论及。如东汉时蔡邕所著的《明堂月令论》中记载着：辟雍之名，乃"取其四面周水，圜如壁"。这大概是关于校园临水涉及园林的最早记载。而孔子讲学的杏坛，直到明清时代顾炎武著《日知录》中才比较具体地谈到："今之杏坛乃宋乾兴间（孔子）四十五代孙道辅增修祖庙，移大殿于后，以讲坛旧基，甃石为坛，环植以杏，取杏坛之名耳。"这"环植以杏"或堪称校园绿化之始。

至汉武帝时（公元前124年）开始设立太学，这应是中国有正式大学之始。东汉时（146年）的太学已发展到三万人。至汉景帝时（公元前150年）称为学堂，至晋武帝时又设国子学与太学并立，是封建时代教育的最高学府。至隋炀帝时又改称国子监，沿用至明清，直至清末光绪三十一年（1906年）才被废除，而设立学部。这指的是教育管理机构，而正规的学校则始于唐代设立的书院。如唐玄宗六年（718年）的顾正书院中"置学士，掌校刊经籍，征集遗书，辨明典章、以备顾问应付"。这是以教师自由讲学与集体研究学术为主，探讨经邦济世之所。至唐贞元时，有李渤隐居读书于庐山白鹿洞书院，又作为藏书讲学之所。直到五代时，书院才真正具有高等学校的性质。

到了宋代，书院大兴，一批有名的书院如白鹿洞、睢阳、嵩阳、石鼓、岳麓等堪称宋代书院的典范，这些书院多选择山林名胜之区，以使师生潜心读书、讲学，并以研究儒家经典学术为主，也议论时政，更注意到环境建设的优美。宋代以前的书院园林，大多是在传统建筑群层层深锁的院落中栽种几株乔木，或设高台、置山石、栽花木，很简洁。河南的嵩阳书院是由佛寺改建的，至今仍保留了三株"将军柏"，原来都是种在院落中，其中轴线两旁还设有"泮池"等。总之，如果说校园的园

林绿化始于西周时的杏坛，以植树为主，以后各朝代的校园则是随着中国公共建筑群的累进院落式型制，以庭院园林（有树木、花台或山石）为主。到了宋代，书院就又从庭院园林走向了大自然的山林名胜之地。这种由树下设坛讲学到建筑群的庭院园林，再发展到融入大自然山林的校园环境，应该说是中国古代校园园林的发展脉络，也是其主流和传统。

第二节　近代教育思潮与理念

1840年的鸦片战争使中国受到了从未有过的欺凌与冲击，面临历史上救亡图存的最紧要关头，迫使一批有识之士纷纷提出种种救亡强国的措施与途径。他们深感外国的船坚炮利，对"落地开花炸弹"赞不绝口，视为"神技"。他们认为"中国的文武制度，事事远出于西人之上，独火器不能及"，"外国猖獗至此，不亟亟焉求，中国将何以自立"？故要"师夷之长以制夷"。

继而翰林院编修冯桂芬提出"采西学、制洋器"的主张，要"以中国伦常名教为原本，辅以诸国富强之术"，这就为当时的洋务运动提供了"中学为体，西学为用"的理论基础，随之便开展了一场以李鸿章、张之洞、康有为与梁启超等为首的历时30年的洋务运动。要求变法、维新，兴办教育。

在"中西学互用"的教育思潮中，一批著名的近代人物，进一步纷纷提出了他们对教育改革的理论与具体措施，更直接地影响到校园的园林和环境。

1. 康有为

康有为（1858-1927），广东南海人，是近代改良派的领袖。光绪时进士，《百日维新》运动的倡导者，曾七次上书变法维新，反对民主革命，后受慈禧镇压而流亡日本。

在其所著《大同书》中，他提出了一段学校教育的理念，和近代开启的新式学堂校园规划密切相关。

他认为应将体育强身的休闲娱乐、游赏活动与青少年德、智、体、美的全面教育相结合。认为不同年龄的学生，其体育活动与强健身心的程度是不同的，因此要建造与之相应的设施、与校园环境。他曾具体地提出：

（1）幼稚园（6～10岁的儿童）应该"以养为主，而开智次之，今功能（课）稍少，而游嬉较多，以动温其血气，发育其身体"。

（2）小学生应有"体操场、游步场，无不广大适宜；秋千、跳木、爬竿无不具备，花木水草无不茂美，

足以适生人之体"。在这一年龄阶段的儿童,"贵以养生健乐为主",是因为"人的寿命基于童稚也"。

(3)中学生(11~15岁)除"养体、开智以外,又以育德为重",因为他们年少体弱,血气未足,所以除设置"体操场、游步园"之外,还应"操舟渚,莫不毕备",以供学生锻炼之用。

(4)大学生"于育德强身之后,以开智为主,所以在校园内要设置花木、亭池、舟楫,以听学生之游观、安息、舞蹈"。

足见康有为的教育观点不仅是为了体育强身,去掉"东亚病夫"的耻辱,而且能细致地考虑到从幼稚园到大学不同阶段的德、智、体、美、群五育的培养。

2. 梁启超

梁启超(1873-1929),广东新会人,一直倡导变法维新。他认为"变法之本,在育人才,人才之兴,在开学校,学校之立,在变科学",而要变科学首先必须推翻那"所学非所用,所用非所学,天下之无谓,至斯极矣"的科举制度。"五四"运动时,他反对"打倒孔家店",倡导文体改良,著有《饮冰室全集》。1897年他在长沙时务学堂任教时,创办了《时务报》。在他制定的《湖南时务学堂约》中,有《摄生章》一篇,其中提到"张而不弛,文武不能也,一张一弛,文武之道也"。又提到"夫学童者,脑实未充,干肉未强,操业之时,益当减少……自余暇暑,或游苑囿,以观生物,或习体操,以强筋骨,或演音乐,以调神魂"。

他给8~12岁儿童所设计的功课表中,每天除算学、问答、图学、文法外,安排一小时的"操身之法",并说明"或一月或二月尽一课(指包含数个动作的一个单元教学),由老师指导,操毕听其玩耍不禁"。

在这里,他强调的是学生生活要一张一弛,有空要游乐于园林,欣赏自然,做体操,玩耍,听音乐……这些活动都需要有相应的场地、设施。他主张学习西方学校举办运动会的风气。这也是西方体育文化的输入,使中国人认识到西方体育文化的竞争性、科学性和娱乐性。

3. 蔡元培

蔡元培(1868-1940)是我国近代著名的教育家,有"教育界泰斗"之称誉。他一生的主要活动是实践自己"美育救国"的主张,始终不懈地推行和实施美育,为我国近代美育体系的建立和美育思想的发展作出了重要贡献。他出任教育总长时,第一次把美育确定为国家教育方针之一,他为《教育大辞书》所撰写的美育条目中,对美育进行了科学的解释:"美育者,应用美学之理

论于教育,以陶养感情为目的者也……以智育相辅而行,以图德育之完成也。"他的审美教育说最为突出的贡献是他提出了"以美育代宗教"之说。他认为美育是自由的,而宗教是强制的;美育是进步的,而宗教是保守的;美育是普及的,而宗教是有界的。他通过历史的考察和分析,肯定美育取代宗教是历史的必然。他一生坚持并实践了"美育救国"的主张。他为社会大众能有一个较好的审美娱乐的园林化场所而向当局为民拼命,尽管受当时历史条件的局限,难以完全实现,但表现出了一个伟大教育家应有的科学态度和勇敢精神。

4. 鲁迅

作为中国近代文学的奠基者,鲁迅(1881-1936)从事文艺创作是与他的美育思想紧密联系在一起的。他从宣扬日本军国主义的幻灯片中看到了国民精神的麻木和病态,从反面领悟到美育的重要性,他认为愚弱的国民,即使体格如何健全,如何茁壮,也只能做毫无意义的示众的材料和看客,病死多少是不必以为不幸的。要改变他们的精神,要推动、提倡文艺运动。故弃医从文。美育要从儿童开始。他在第一篇小说《狂人日记》里发出了"救救孩子"的战斗呼喊。他在教育部工作期间,积极支持蔡元培提倡美育。1912年6月,蔡元培因愤于封建军阀攫取资产阶级革命成果而辞去教育总长职务时,中央临时教育会议立即取消了美育。鲁迅对此极为愤慨,在日记中写道:"闻临时教育会议竟删美育。此种豚犬,可怜不怜!"鲁迅重视美育,尤重视美术对培养道德的作用。他认为"美术之目的,虽与道德不尽符,然其力足以渊邃人之性情,崇高人之好尚,亦可辅道德以为治"。1915年3月,当时的教育部社会教育司编辑出版了《全国儿童艺术展览会纪要》一书,书中收有其《儿童艺术展览会旨趣书》一文。该文十分强调艺术的教育作用,认为"儿童之精神"应具有"德与智与美三者",艺术能使儿童"观察渐密,见解渐确,知识渐进,美感渐高"。总之,鲁迅认为,通过文艺可以改变人们的精神,通过审美教育可以培养人们高尚的道德情操。在近代有名的大学校园建设中,非常重视校园环境的精神作用,以充满进步,影响人品的健康成长为主题,给园林环境注入了美育的生命力。

5. 朱剑凡

朱剑凡(1883-1932),湖南宁乡人,1902年留学日本学习师范教育,三年后回国,立即冲破清廷的禁令,捐献自己家的园林——蜕园办了一所周南女子学堂(初时称周氏家塾),并以男教师"垂帘授课"的形式,排除了封建势力对兴女学的流言蜚语。提倡女子教育是近代

早期维新派的一致主张，他们提出"妇女占中国人口半数，如不读书、不劳动，无异于无故自弃其半于无用，欲求争雄于泰西，其可得乎"？

朱剑凡对于人才的培养，要求做到德、智、体、美、群五育的全面发展，而在校园内设置体操场、纪念性景物以及各种可操作的小园林就是必备的设施。

除了原有的亭台桥榭、花木扶桑的蜕园之外，在学校内还辟有"学级园"、"公共园"、"美育园"、"饲养园"、"纪念树园"，使学生们都可接触自然现象，陶冶性情，培育美德。各园都由学生自己管理，有一位老师指导。

朱剑凡在春秋佳日还经常带学生去郊野春游、秋游、野餐，使学生能"纵观农圃山水、公共建筑及古贤祠墓，以开拓眼界，赏心悦目，增进健康"，使课内学习与课外活动互相促进。

周南的体育老师在课余时，常领着学生游戏、爬山、捉迷藏，"走回廊"，还经常纠正学生走路、坐立的姿势，灌输给学生从小注意自己的举止动作及仪表礼遇的修养。

6. 陶行知

曾被毛泽东同志称为"伟大的人民教育家"的陶行知（1891-1946），在教育思想上极富创见，其美育思想闪耀着求实的光辉。他主张"生活即教育"，"社会即学校"，提出"以社会为学校，奉自然作宗师"的口号。在教学方法上主张"教学做合一"，认为这是一种艺术的教育。主要教育内容始终围绕争取大众解放，反传统等目标，与国家的兴亡息息相关。在校园中他主张学生参加劳动，提高动手能力，接触自然以从中获得美育成果。在美育思想指导下增加校园内容。陶行知的美育思想就其本质来说，是属于新民主主义的革命教育思想。

第三节　近代学校的兴起与类型

一、近代学校的兴起

紧随着上述的教育思潮与理念之后，就兴起了各式各样的教育机构，由书院改为学堂，又由学堂改为学校，这个转变的过程都是在近代完成的。当然，就近代而言，在一个时期内，书院、学堂、学校是同时共存的。书院制度历史悠久，其变革也不是一朝一夕就能完成的，而是有一个过程。在1840年鸦片战争前后，中国仍然创办了一批书院，其中一些书院名称沿用至今，但教学内容则几乎完全改变为新式的教育了。

一些近代名人、官僚所创办的书院，堪称近代书院的典型。

1885年左宗棠在江苏江阴创办了"南菁书院"，位于江阴县城，目的是"补救时艺之偏"。学校面向全省优秀之士，除仍授以经学、古文之外，加授天文、算学、舆地、史论等课程，并建有观星台，供学生考察天文气象之用。以后改为江苏高等学堂。张之洞于1888年在广州创办了广雅书院，二年后（1890年）又在湖北武昌创办了两湖书院，这两所书院都是晚清具有较大影响的新型书院，它们既保留了旧书院的基础课程如经学、史学，更增添了理学、算学、经济学等新课程，其宗旨就是贯彻"中学为体，西学为用"的指导思想，以备振兴中国实业，使中国富强，并强调"勤学为务，立品为先"，是培养教育救国、实业救国人才的摇篮。以上这几所书院虽然都选址城区，为了新课程教学的方便，但仍然争取建造了人工园林的优美环境。尤其是广雅书院的园林至今保存良好。

湖南醴陵的渌江书院，原创于唐代城内的靖兴寺，到清代道光时的1830年，因靠近市区不利读书而迁往西山，重新建设校园。左宗棠一度也在此做过山长（即校长）。民国以后改为实验学校，今为醴陵第一中学占用。原来的石刻碑文、瑞渌池、亭、榭等均被保留修缮。其中有两首对联，盛赞醴陵西山之美与书院所具灵气与爽气的情景：

醴酒宴嘉宾　琴韵书声　遥知渌水源头远
陵云弘壮志　地灵人杰　独得西山爽气多

沅澧共澄鲜　独此间渌水钟灵　到处原泉香出醴
衡庐依咫尺　愿吾侪丹梯接武　及时溪谷蔚为陵

一联以"醴陵"二字为首，二联则以"醴陵"二字为尾，写的都是风景园林，从中亦可体会书院园林文化的妙趣。

有些书院没有依靠自然的山林，只做庭院绿化，但也极力突出其园林特色，如福州的古藤书院，不仅以藤花命名书院，更以楹联反映出其园林景观的微缩变化：

一联曰：

万菊充庭秋富贵，双藤蔓地古烟霞。

另一联曰：

一庭荒草围新绿，十亩藤花落古香。

足见其园林是以"庭"为主的。

有些城市中的书院则趋向于建筑物本身的华丽装饰，最具代表的是广州市的陈氏书院，亦称陈家祠堂，总面积为 13200 平方米，是一座三进院落式建筑群，每一栋建筑物均有前庭或后院的天井，但它们不同于江南一般所见的精致庭院，这里少有大树，只是摆设盆景，重点集中在建筑物本身的雕樑画栋上。在屋顶屋檐、门墙窗上都设置各种各样表现历史故事或花鸟虫鱼等的陶塑、灰塑或砖雕，五颜六色，精巧绝伦，反映出浓重的广东地方建筑特色，成为中国古代建筑艺术的殿堂的一朵奇葩。同时，这也是近代书院园林的一种特色。

近代书院中还有一种是利用皇家园林兴办的官学。如北京景山的五峰华亭处，早在清康熙时就设有"景山官学"，学生都是内府的三旗子弟。直到光绪二十九年（1904 年）乃将这皇家园林内的官学改为三旗高等小学堂。无疑这种学堂是居住于园林之中的，享受着特殊、高贵、豪华的皇家园林景色。

除了皇家园林中的学堂之外，较大的王府中也有办学堂的，最典型的是内蒙古赤峰市喀喇沁王府后花园的崇正学堂，附属于王府西侧的院落。而毓正女学堂则利用后花园的燕贻堂为校址。其校训中也提到："民族的振兴，有赖于民众文化之提高，而民众文化之提高，则有赖于母教之水平。"学堂设置的课程较多，着意注重广泛培养学生的兴趣，常举办同窗会、游园会等，寓教于乐。这是内蒙古地区的第一所女学直至创办人贡桑洛尔布王爷进京供职时，学堂才停办。

二、近代学校的类型

（一）按性质划分

综上所述，按性质划分，我国近代自办的学校大体上有如下数种。

第一类是语言学校。要向西方学习，首先要懂西方的语言文字。1862 年，清王朝的奕䜣亲王奏请创办北京同文馆，这是近代第一所培养翻译人才的学校。以后陆续又在上海、广东开设同文馆，此外，还有新疆的俄文馆、湖北的泰西方言学堂等。

第二类为技术学堂，也就是实学、学以致用的技术传授学堂。如福州的船政学堂，采用西方教学法，是全国最早的科技专科学校。接着又创办了中国近代最早的技工学校——艺圃，其中设绘事院，学习绘制船、机器等图纸，也就是全国第一家船舶设计院。此外还有 1880

年的天津水师学堂、1889 年的威海水师学堂，以及烟台海军学堂，湖北农务学堂等。还有 1887 年由私人创办的西医书院（今日香港大学医学院前身）。

第三类为师范学堂。师范应是培养人才先锋的地方，只有"学高才能为师，身正才能为范"。1897 年设立的南洋公学的师范学堂是我国近代官办最早的一个。1902 年创办的京师大学堂也附设有师范馆。民国初年已有国立高等师范学校，并逐步发展到中等的、初级的师范学校。

第四类为女子学校。一批早期维新派人士如梁启超、王韬、郑观应、陈虬等人深明女子教育的重要意义，认为"女子无才便是德……实祸天下之道"，"蒙养之本，必自母教始，母教之本，必自妇学始，故妇学实天下强弱之大源"（梁启超语）。认为"欲强国必兴女学"，"推女学校之源，国家兴衰存亡之实系焉"（经元善语），"女子沉沦黑暗，非教育无以拔高明，要自立于社会，有学识技能，才能拔于黑暗"。

虽然这批有识之士能对女子教育有此远见卓识，但在中国境内最早的女子学校，都是由外国传教士首办的。1892 年由美国卫理工会传教士林乐在上海三马路创办的中西女塾，旨在培养亦中亦西的女子通才。1898 年 5 月，上海电报局长经元善也创办了经政女塾。进入 20 世纪后，不同形式的女子学校相继出现。如 1902 年蔡元培在上海开办了爱国女学、上海务本女塾等。但在 1904 年，清政府见女学云起，发出《奏定学堂章程》，禁办女学，一时官办女学受到限制。但此时社会上开放女蒙、私办女塾、振兴女子教育已是不可遏止的时代潮流。湖南的教育家朱剑凡顺潮流，逆"章程"，毁家兴学，于 1905 年创办了长沙的周南女塾，一度屈从"垂帘授课"的方式，又于 1906 年面谕清政府学部，要求振兴女学。1907 年学部不得不颁定了《女子师范学堂及女子小学堂章程》，这才标志着中国女子教育终于在学制上取得了合法的地位。

第五类为教会学校。这是 19 世纪初由外国传教士带入的。早期只在沿海岛屿或通商的口岸城市设立，规模小，程度低，或仅附属于教堂，鸦片战争以后，则遍及列强租界的城市及乡村。

至 1919 年"五四运动"前，他们兴建了一批大学，如 1879 年美国圣公会创办的上海圣约翰书院（今圣约翰大学）、1885 年美国长老会创办的广州格致书院（今岭南大学）、1889 年美国创办的南京汇文书院（金陵大学）、1889 年美国公理会在北京通州创办的路河书院，还有 1901 年的苏州东吴大学、1903 年的天主教上海震旦大学，至 1920 年，又将路河书院与北京协和女子大学、北京汇文大学三所大学合并为燕京大学，选址于北京西郊的八个古园林区（即承泽园、蔚秀园、朗润园、镜春园、鸣鹤园、游春园、勺园、燕南园），而成为近代大学校园中的佼佼者。

其间著名的专科学校还有北京的协和医学院、长沙的湘雅医学院，以及一些教会中学如长沙的雅礼中学、福湘女中等。所有教会办的学校，都必须接受宗教的熏陶和传教士的训练，提倡西文及西艺（如制药、采矿、医术等技术科学）。

第六类则是在某一特定历史时期需要开办的学堂。如1891年康有为在广州长兴里开办的万木草堂，主要宣传托古改制，授以维新学派的思想。虽然办学时间仅仅三年，但培养了一批如梁启超、陈千秋等出色的人才，他们在后来的戊戌变法运动中起了重要的作用。而其名称也体现了万木森森，树人树德的初衷。

维新派人谭嗣同等也在1897年于长沙创办了时务学堂，在教学中宣传变法思想。由梁启超任总教习，教学内容包括经史诸子和西方的政治、法律与自然科学。学生按日作笔记，由教习批改。可惜由于保守派的攻击，开办数月后被迫停办。

又如在近代末期抗日战争、解放战争时期所开办的，如广州的黄埔军校、保定的陆军军官学校，以及陕北公学、延安鲁迅文艺学院、抗日军政大学、华北联合大学、延安大学，还有在乡村运动中在农村所开办的一些平民学校等。

以上这些林林总总的学校，不仅有普遍的大、中、小学校，乃至幼稚园，还有国立、公立、私立、教会管属等不同性质的学校，但都是在战乱纷纭、国家存亡的危急时期开办的。在侵略与凌辱、挨打与贫弱中反而产生了一种自尊、图强、奋进与觉醒的思绪之心，在中国大地上掀起了一场教育革命、教育救国的蓬勃发展的浪潮，训练出一批又一批的爱国志士、仁人，他们有政治家、实业家、军事家、文学家、工程师，在由旧民主主义和新民主主义的抗争中力挽狂澜，为建设一个崭新的中国而努力奋斗。1905年，旧的科举制度被根本废除，新的教育思潮不断涌现，中西文化在战乱中碰撞、交流，使近代后起的校园建设，尤其是大学的校园建设，产生了过去从未有过的对舒适、文雅、洁净和亮丽的追求。学校园林就是近代产生的，也是时代潮流创造的一种崭新的园林类型。

（二）按位置划分

校园不同于公园，它主要是为培育人才所创造的一种安静、洁净和优美的生态环境，并提供各类该学科所需要的教学设备的场地。新型的学校校园按其分布位置可分为城市、郊野及园林三种类别。

1. 城市型

甲午战争后在维新思想的推动下举办的学校，课程设置简单，教学设备较少，师生员工不多，校园规模不大，多选在城市，或县城文化政治中心地带建校。如京师大学堂设在北京地安门内马神庙、沙滩一带。

根据新学制设立的幼儿园、小学、中学及专科学校，多结合居民、工厂所在地，与社会功能结合。学校均有固定位置，有校门和围墙区划，单独成一体，享有市政设施。

2. 郊野型

洋务运动后发展的大学，多选在远离城市的近郊。如燕京大学、清华大学选在京城的西北部。南开大学选址在天津郊区八里庄，利用了大片水洼地，水景成为校园的主体景观。

郊野型的学校选址远离市区，主要原因是使读书环境远离城市的喧嚣。这种类型的学校规模都较大，不仅有校舍建筑，还可利用农田开辟试验园地、自然科学园、园艺场所等。如1901年建成的温州蚕桑学堂，占地30亩，其中桑园就占20亩。学校向各界推广优良桑苗，派学生进行技术指导，这样，育蚕户获得了优良桑苗，学校也获得了经济收入，并因此提高了声誉，成为当时的名校。

3. 园林型

利用古园林遗址或在官府花园基础上建校，利用古园林遗址的山水地形、花草树木、建筑遗址，将中国传统造园艺术应用于学院规划。如燕京大学是借清代皇家园林燕园、勺园等几个古园遗址规划为校园的。它利用轴线使校园各部分建筑形成有机的整体融入自然山水之中，并借西山万寿山之景，引万泉河之水，形成大片的水面。长堤大桥、幽亭曲榭形成了以山水园林为中心的校园美景。

又如清华大学也是在清代皇室园林——清华园、迎春园、长春园的基础上发展的。

属于园林型的学校多数在建校选址时就注重利用自然环境，且应用园林艺术布局手法规划学校，同时也很注意绿化树种的配置，如具有百年校史校园中仍存活的古树，就是当年绿化的成果。

第四节　近代校园的规划与功能分区

不论学校性质如何，位置在何处，近代学校的创办者们一般都具有以下共同的规划与园林建设的理念，反映于校园选址、规划构思、规划布局、功能分区、建筑设计、历史风貌与精神文化等诸多方面。

一、园址选择

校园选址理念仍传承着崇尚自然、天人合一的传统理念。汉代王充是我国古代伟大的唯物主义哲学家和教育家。他认为世界上最根本的物质是"元气"，提出"天地合气、万物自由"的观点。"天"是物体，天地就是自然，万物是有物质性的；"气"是自然运动而成。读书的环境要选万物自生的自然场所，只有天人合一的环境才能体现读书的静中出思。无论是古代书院还是近代新成立的大学，都注重选址于有可利用的自然环境或古园林遗址之所，多注重地理条件，并加以改造和艺术化处理，使学校立足于山水之间，配以建筑、植物，加上运动场地，创造了优美的校园环境。注重自然生态环境。绿树成荫，山水环抱，永远是优雅、理想的读书环境。在近代涌现出的拥有"美丽的校园"之称的大学不在少数。

如武汉大学选址于湖北省武昌东湖之滨的珞珈山。珞珈山属小丘陵，有十几座山丘，山峦起伏，婉转绵延，珞珈山为群山之首，学校选址即以珞珈山为中心。校舍建筑群依托山势，体现出上下节奏和远近层次，视野舒展开阔。东北临东湖，山水交相辉映。武汉大学环境优美，风景如画，被誉为"世界上最美丽的大学"之一。

又如广东中山大学校址选在珠江之畔，南海之滨，利用山水之胜，造就山水校园；厦门大学选址在福建厦门五老峰对面，背山面海，其所在之处亦是明代郑成功演武厅遗址，突出了爱国精神；山东齐鲁大学北依趵突泉，南眺千佛山，环境优美，被称为非正规的公园；天津南开大学选在天津郊区大片水洼和芦苇之处，水体面积超过一半，利用自然苇塘和莲池，辅以岛、堤、路、桥、草亭、小溪、桃林等建成以水景为主的校园环境。其他如清华大学、燕京大学是在皇家园林基础上结合当地地理条件，建设成为有山有水的具有古典园林特色的校园；山西铭贤学校则是在山西太谷孟家花园基础上建校的。

在近代废科举、建学堂的初期，为培养专门人才而建专科大学时，其择址也受到官方建校理念的影响。1905年成立京师大学堂后，1908年筹建分科大学，在对农业大学选址时，政治官报中记载："学部：奏请拨望海楼地方苇塘、官地建筑农科大学片……查有阜成门外望海楼地方，苇塘官地约计十六七顷，南北甚狭，东西

较长，若就其势，开浚沟渠，堪为农事试验场之用，附近民地亦可设法购买，建筑农业大学……谨奏。光绪三十四年七月二十日奉旨，依议。钦此。"

1911年4月邮传部筹办商船学校时，"奏为设立商船学校……商务振兴，必借航业，航业发达，端赖人才。通商以来，门户洞开。我国地居大陆，不习海事，虽有轮船招商局，仅逼域内，未涉重瀛……据称，吴淞江面宽阔，各国商船络绎往来，地居南北之中，交通至便，毗连浚浦局船澳，建筑船校为天然适当之区……甬民习于水性，招生尤为合宜……"

从历史的记载和具有百年校史的大学现状中可以看出，学校的选址理念都是以结合地理、自然条件为基础，与培养目标相关联的，这反映出我国学校选址的历史特色。

二、规划思想与布局

中国近代校园借鉴了欧美近代大学学院派的规划体系，有明确的功能分区，并留有一定规模的绿化用地，校园建筑流行欧美折中主义，结合中国传统建筑形式，同时遵循因地制宜、因环境制宜的地域特色和人文精神以形成校园规划，体现了东方风格的特点。

我国兴办近代教育之初，改学堂为学校，并兴办大学，此时所进行的校舍布局，其立意还是以儒学思想为主，提倡礼制，主张布局中正有序，尊卑礼行，平面布置要求方整对称。19世纪30年代广东国立中山大学在建校规划时，其规划立意取自《白虎通》"天子立辟雍，行礼乐，宣教之"的理念，仿辟雍的布局，辟雍的平面似璧，周围是圆形的水面或环状水渠，中山大学石牌校区的中轴北端亦设环形道路。其总平面呈钟形布局，隐喻"警钟长鸣"，取"钟"、"中"的谐音，寓意对孙中山先生的纪念，构思立意符合人文精神和国情。建筑布局则依据中国传统与伦理礼制各得其所：礼堂居中，左为文学院，右为法学院，农学院居中轴之北端，以示中国"以农为本"的传统国情，东南为理学院，西为工学院，体现中国"左文右武"的传统礼制制度。湖之东为女生宿舍，湖之西为男生宿舍，体现"男左女右"的传统伦理秩序。

此外，自19世纪以来，各国基督教会在中国先后设立了教会大学，把西方校园规划的建设理念引入中国，将建筑物、教学楼、实验楼、办公楼、教师住宅、学生宿舍、运动场、绿地及其他附属建筑和道路都容纳在一个地方，以学校功能为主，联系为一个整体。如上海圣约翰大学，始建于近代，是1859年英国

基督教传教士施约瑟在上海开办的最早的学校。校园约60%以上的土地植树，铺设草地。校舍建筑是有回廊的2～3层建筑，以砖木构筑为主，青砖灰瓦，吸取我国江南民间建筑的特点，校园环境优美。这所学校在新中国成立后停办，现为华东政法学院。又如华西协合大学（现为四川大学）是1905年由美国、英国和加拿大三国基督教联合创办的私立大学，校园规划融合中国古典园林特色和西方规整式园林特点于一体，校园建筑具有古朴的东方美感，青砖黑瓦，大屋顶，大红柱，屋檐下置斗栱，屋脊上点缀龙凤神兽，同时又融入西方建筑的楼基、墙柱、拱廊、玻璃门窗、浮雕装饰等，体现出中西合璧的时代特色，校园环境清旷雅致，风光远近闻名。

教会学校无论是在办学模式还是校园规划上，都对东西方文化交流起到一定的促进作用，其重要贡献还在于增进了国家之间的相互了解与友谊，向东方解释西方，向西方解释东方，它的校园规划对我国后来校园建设起到很好的启示作用。

三、建筑形式

近代校园风格以中式风格为主，融入了西式设计理念和设计方法，体现了兼容并蓄、中西合璧的建筑风格。

20世纪二三十年代，中国处于半封建、半殖民地的社会，呈现出半开放、半封闭的状态。在鸦片战争以后，一批有识之士为振兴中华、御侮图强，倡议走教育救国的道路。同时，受洋务运动的影响，大学教育得以逐步发展。学校建筑多采用中国传统的建筑形式，但又融入西方建筑设计理念和建筑技术，形成了中西合璧式的风格。每个学校又结合当地的地域特色和建筑材料，体现出各自特色。当时所建成的学校建筑，被公认为当时最漂亮的建筑。

如1903年天津北洋大学建成的教学大楼，屋顶用坡屋顶，柱式用罗马拱券，显示出帝王官学的气势。1923年建成的金陵女子大学学校建筑也是中国传统宫殿式，建筑材料和结构则采用了西方先进的钢筋混凝土结构。建筑物之间以中国古典式外廊相连接，中西方建筑风格达到有机的统一，形成金陵女子大学的建筑风格特征（图4-4-1）。1934年落成的河南大学大礼堂是一座宫殿式多屋顶的组合建筑，为近代中西合璧建筑的经典（图4-4-2）；1919年落成的六号楼为

图4-4-1 金陵女子大学
（图片来源：http://www.jllib.cn/njmgjz.cn/jyzj/b147）

图4-4-2 河南大学大礼堂
（图片来源：http://cul.china.com.cn/jianzhu/2011-02/23/content_4022688.htm）

河南大学最早的中西建筑手法相结合的新式建筑，既具厚重典雅之神，又显恢弘现代之韵（图4-4-3）。南京国立中央大学大礼堂属西方古典建筑风格。三层，钢筋混凝土结构，正面采用爱奥尼柱式山墙构图，顶部为钢结构穹隆顶，高34米。雄伟庄严，成为该校标志性建筑之一（图4-4-4）。

山西铭贤学校于20世纪30年代建成的嘉桂楼和亭兰图书馆，造型雄伟壮丽，覆琉璃瓦大屋顶，以水泥做成仿木梁坊，上绘有中国式彩绘，建筑下部为天然砂石台基。其他新建房屋外形采用了山西民居式样，青砖、铜瓦，但室内有地下室和暖气锅炉，具有西方建筑的功能和设施。福建厦门大学"一主四从"的群贤楼建筑群中，居中的主楼采取中国传统建筑形式，两侧为配楼，仿西洋古典建筑形式，楼群以红砖、粉墙、山墙、坡顶、拱券连廊为构成要素，中西合璧，而且建筑风格具有闽南特色。

图 4-4-3　河南大学六号楼
（图片来源：http://cul.china.com.cn/jianzhu/2011-02/23/
content_4022688.htm）

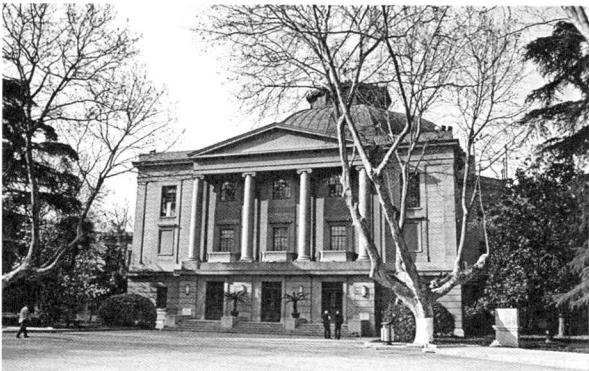

图 4-4-4　南京国立中央大学大礼堂
（图片来源：http://ryanzheng.tuchong.com/779774/）

20 世纪二三十年代是大学校园建筑的兴盛时期，在中国传统建筑文化的基础上，吸收了西方新古典主义的建筑风格，特点是体量宏伟、柱式运用严谨，东

西方建筑文化的结合处于当时建筑中的先进地位。此外，还有利用古园林遗址和遗存的古园林建筑改造为学校建筑的。

以上学校不同建筑风格都是在中西合璧总趋势的影响下，各自突出特色。

四、布局形式

校园是学习场所，体现着文化和教育的社会精髓。校园规划在不同的历史时期、发展阶段、地域环境中，在不同的政治经济、文化技术条件下，有着不同的表现形式，概括有以下几种布局形式。

（一）庭院式

庭院式多由校舍建筑围合形成封闭的院落，以室内讲学为主，但随着时代的发展，单一的讲学空间已不能满足需要，随之逐渐形成多层院落的形式，但有门可沟通，保持着一个整体环境。建筑坐北朝南，以居中面南的建筑为尊，东西两侧次之，面北者为低，这与中国封建社会的宗法和礼教制度有关（图 4-4-5）。

例如，1889 年建的山东威海水师军事学堂核心区为三进两跨的院落式建筑群，学堂比较重要的建筑布局在院落的北侧，次要建筑安置在东西两侧，院落层层递进（图 4-4-6）。

又如燕京大学燕园的建筑群体布局，采用了两条主次分明的轴线，串联了具有中国特色的三合院建筑，母题在各主要分区重复，形成统一的格调和节奏。这种由三合院或四合院为建筑母题形成的院落式布局，为我国近代普及中小学或改造民居为学校时常采用的一种普

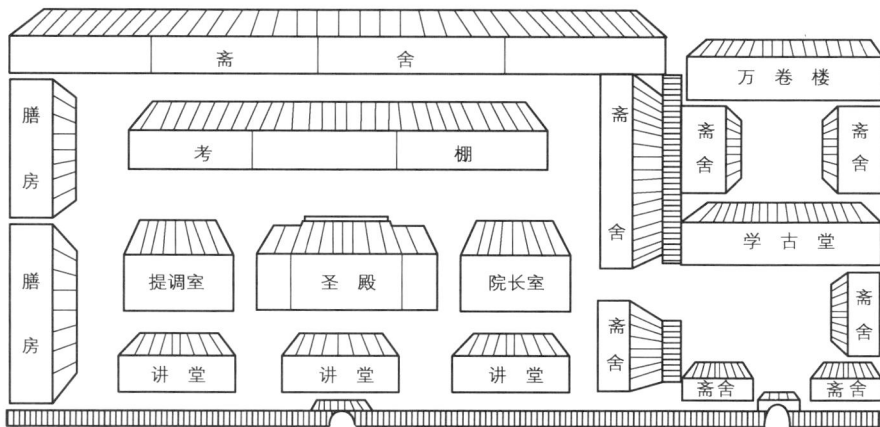

图 4-4-5　光绪时期莲池书院建筑格局示意图

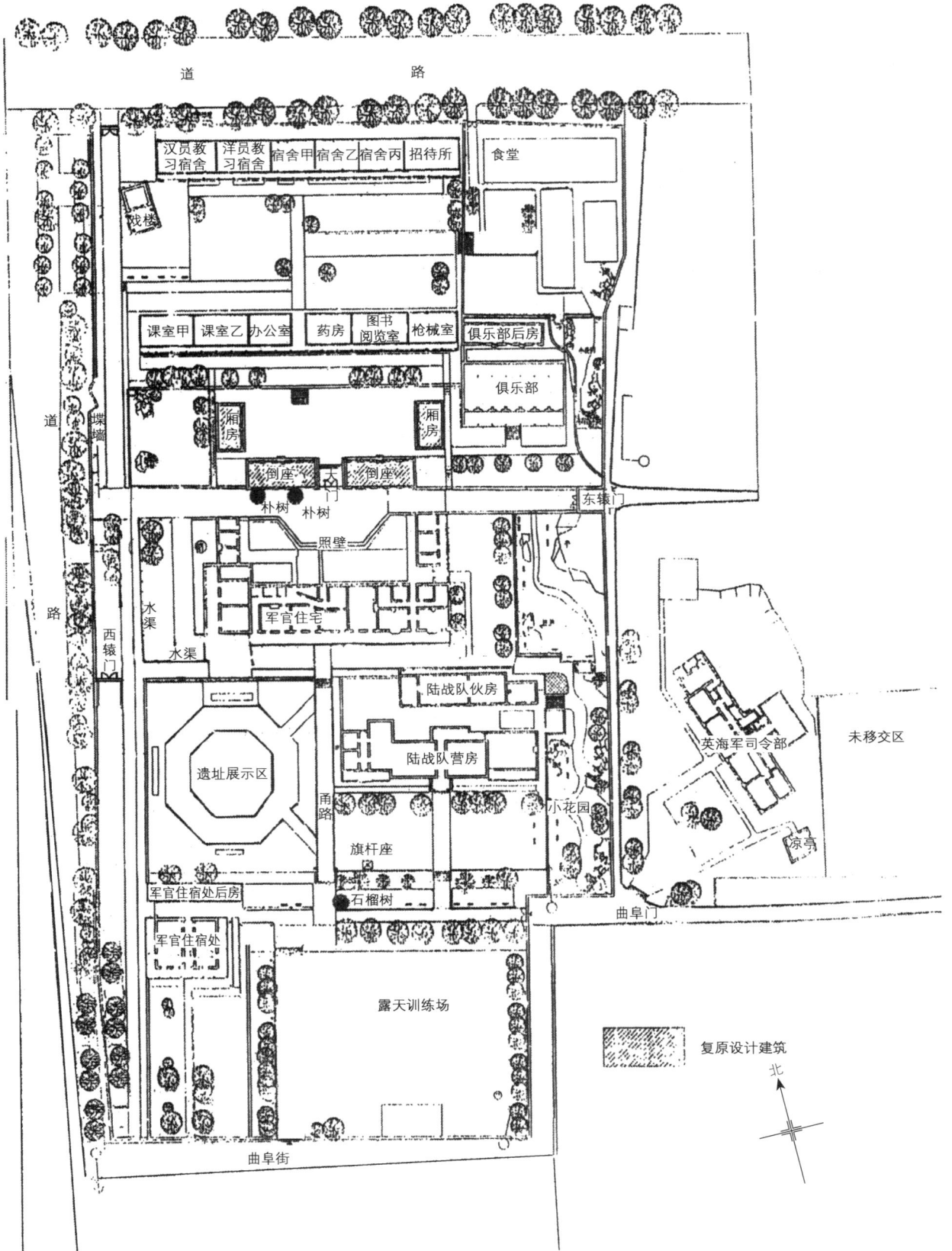

汉员教
习宿舍
洋员教
习宿舍
宿舍甲
宿舍乙
宿舍丙
招待所
食堂

戏楼

课室甲
课室乙
办公室
药房
图书
阅览室
枪械室
俱乐部后房

俱乐部

厢房
厢房

倒座
天井
倒座

朴树
朴树

照壁

东辕门

道路

道路

蝶端

西辕门

水渠

水渠

军官住宅

遗址展示区

陆战队伙房

陆战队营房

英海军司令部

未移交区

甬路

小花园

凉亭

旗杆座

军官住宿处后房

石榴树

军官住宿处

露天训练场

曲阜门

复原设计建筑

北

曲阜街

图 4-4-6　山东威海水师学堂总平面图
（图片来源：中国甲午海战馆学术研究中心）

中·国·近·代·园·林·史

遍的规划形式。如我国第一所国立大学（北洋大学）的校园规划就是以西式草坪与中式庭园结合的形式组成的院落空间。一方面显出封建秩序，另一方面增加了室外活动场所，扩大了外空间容量，使庭院式的规划形式更加丰富。由此可知，校园规划布局是随不同发展阶段而有不同的表现形式的。天津北洋大学现存的团城，其建筑平面为凹字形，四面围合，内设中庭，有古槐数株，是典型的中国北方四合院型制，外形极似城堡，等级秩序十分明显。

纵观近代校园所呈现出的院落式布局，虽没有古代学宫的泮池、牌坊、石桥，但大量的三合院、四合院仍显出古代学宫的影响，也为在后来中西结合的校园规划中，保持了具有中国传统特色的建筑符号。

（二）中轴式

这是在校园总体规划布局中，为突出主体建筑、重要的景观小品或某一特殊功能用地（绿地），常用突出中轴（主轴）并设计副轴的形式，以主副轴线关系或斜向轴线将校舍功能建筑组合为有机整体的一种规划模式，主轴有时和中轴合并，有时单独存在。此种布局以轴线控制网络，也常结合主次道路同时规划，有利于突出整齐秩序。

我国自古以来封建等级森严，在学校建筑布局中早有体现。如湖南岳麓书院，将头门放在中轴最前端，二门之后为讲堂，右侧为斋舍，左侧为教学斋，藏书楼形成楼阁式，位于讲堂之后，也是书院中轴线上最高的建筑，以突出其崇高地位（图4-4-7，图4-4-8）。

又如1928年始建的国立中央大学，其前身为三江师范学堂，是南京最早的综合大学。校园总平面布局以中轴线为主，两侧排列有序、错落有致地设置建筑群。在中轴线的尽端设计了高34米的三层主体建筑，为钢筋混凝土结构，钢结构穹顶，穹顶外部球体用青铜薄板覆盖，正面采用爱奥尼柱式山墙构图，属西方古典建筑风格，成为国立中央大学的象征（图4-4-9）。

河南大学校园的总体布局则沿用了书院式布局，主体建筑居中，前门后堂，左右斋房，但在中轴线上加设了花坛，扩大了视野。这种手法来自西方，是加强绿化的一种设计。此外还采用借景的手法，将北宋皇祐元年（1049年）建造的铁塔纳入校园景观，加上中西合璧式的建筑，使河南大学呈现出古朴典雅的风韵，其以中轴为序，副轴呈垂直关系的网络布局，亦体现出校园的秩序和规整。

四川华西协合大学的整个校园以一条中轴线纵贯南北，南起钟楼，中间经一宽阔的河渠，止于广益学舍，主要建筑物平衡对称，列于轴线和大路两侧，为典型的中轴线布局（图4-4-10）。

以中轴为主，副轴为辅，垂直相交的网络布局，可体现出校园的秩序与规整。在中轴线的节点或端点设计主体建筑或抬高建筑可突出重点，使主体建筑更加雄伟庄严。这种布局形式是我国传统园林加强效果的一种设计手法。此外，也有主、副轴不是垂直关系的，但若成为一个整体也同样会达到整齐有序的效果。

图4-4-7　岳麓书院藏书楼阁轴线效果图
（图片来源：http://pretour.b54.vhostgo.com/sight/hunan/ylsy_670.html）

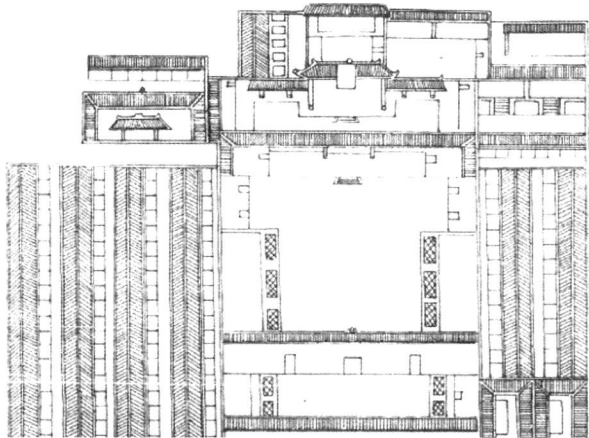

图4-4-8　清末岳麓书院图

图4-4-9　国立中央大学主体建筑

图4-4-10 华西协合大学的钟楼和中轴线

（三）中心式

中心式布局以主体建筑或教学核心为中心，其他功能区布置在周围，形成展臂之势。如武汉大学的建筑群，利用山势，选择最佳位置以突出图书馆，其他建筑随山势跌落，起衬托作用。并将远山近水组合到开放性庭院内，形成多层次、有内聚力、富有文化氛围的环境（图4-4-11，图4-4-12）。

这种布局形式因地制宜，有可利用的山形时，以突出校园最美的建筑景观为中心，形成突出主体的建筑群落。对没有地形变化的校园，在规划时也可先将主体建筑物集中，形成核心，然后再将次要建筑布局在周围，这样可以不失核心作用。

清华大学的前身是清华学堂，系用美国退还的一部分庚子赔款办起的留美预备班。1914年由墨菲作校园规划，以主体建筑教学楼、图书馆、礼堂为核心，其他功能布局在周围（图4-4-13）。

（四）自然式

自然式布局或利用原有的地形地貌加以改造，或以模仿自然为主，着重创造富有诗意与自然景观的园林校园。它不要求严整对称，有利于与周围环境相协调。自然式布局的校园空间有山、有水、有小品建筑，植物配置丰富。学校被设计成有地形变化的山峦岗阜，利用原地形的河湖、池塘，将水引入校内并改造成校园的水体景观。再保留原有的形态良好的树木做绿化基调形成次生林，这种有山、有水、有林的自然景观是校园规划最珍贵的素材。加上吸收古典园林"借景"、"点景"手法，虚实并进，疏密相间，开阖有致也容易形成优美的景色。如天津南开大学校园规划，就是利用郊区自然大片水洼，因地制宜。校园一半是水面，道路依水而设，堤路结合，木桥相通，岸边设茅草亭，池塘种满莲藕。这里以自然水景为主，现已成为有名的风景点。

厦门大学为了结合园址的历史条件及自然环境，以明代郑成功演武亭遗址建群贤楼，并以群贤楼为中心成一字形的教学楼，教学楼借景对面的五老峰，使二者互相辉映，巧妙结合在一个空间视角之内，既突出了历史遗迹又结合了自然。

我国近代园林建筑史上堪称高校校园的旷世杰作——燕京大学校园规划则充分利用了古园林的地形，它以山水园（未名湖）为中心，借景玉泉山的玉峰塔，并用中国塔的形式容纳水塔功能，建成有名的博雅塔，成为燕园的制高点，与未名湖开阔的水面一起形成湖光塔影。其他建筑小品在类型、尺度上结合中国园林传统形式，经"风景化"的精心处理，达到了"师法自然、高于自然"的境界，赋予校园园林艺术美、个性

图4-4-11 武汉大学早期建筑景观

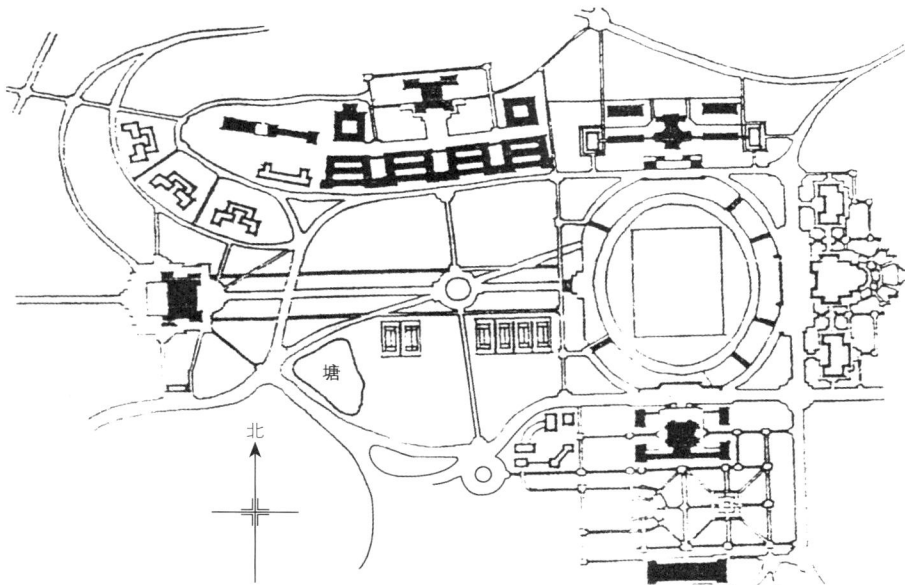

图 4-4-12　武汉大学校园总平面图

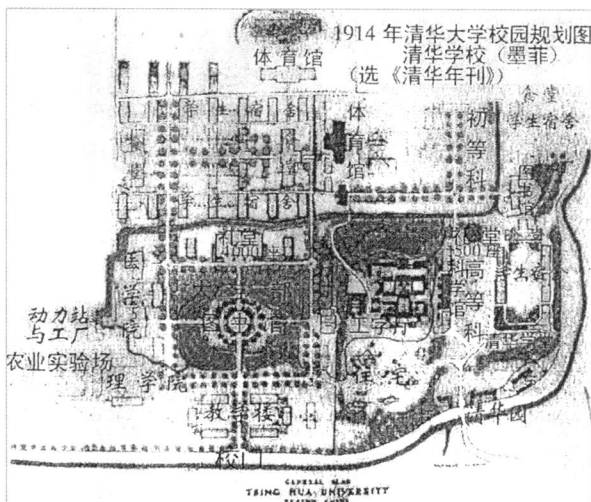

图 4-4-13　1914 年清华大学校园规划图

图 4-4-14　北京大学（原燕京大学）未名湖及水塔
（图片来源：http://tupian.hudong.com/29430/2.html?prd=zutu_thumbs）

美的鲜明特色。燕京大学并入北京大学后，在原基础上又扩展提高，经北大时期发展，植物品种更加丰富，绿化覆盖率已达 54%，校园生态环境比较优质，四季景观富有特色，各种人文景观小品展现着浓厚的文化底蕴。燕大校园规划建设的成功，使这片清朝曾经辉煌、清末民初沦为荒地的园林遗址重新焕发出青春。它以人工和自然的结合，展现出中国传统山水园林的风貌，成为校园规划中最优秀的作品，为其他校园规划提供了成功的典范（图 4-4-14）。

以自然式为主的规划可更多地包容各种形式，容易形成中心景区，更易结合造园艺术提升艺术的含量。

（五）独立式

在新型学校普建时，由官方主办的占一部分，此外还有私办、教会办、侨办等多种形式，一般利用教堂、修道院改造，或以书院方式独立建设。校园是按照校方培养目标来定校园规划的。此种办学规模较小，多在城市内，以独立办学为主。

另一种则规模较大，由爱国华侨经办，占有大片土地，有平地、农田、林地，地形较为开阔，独立开发经营。集美学村是爱国华侨陈嘉庚先生在家乡福建厦门集美镇于 1913 年创办的。他选在三面环海、北部靠山的五老峰南麓购地，先创办集美小学，为增加师资力量又继办师范中学和高等师范，并购买民田为实习工厂、农事试验场，开办橡胶园。除办师范学堂外，又办高科，水产航海学校，增加门类，同时设立了科学馆、图书馆和医院，使集美具备了系统、完整的学村规模。围绕着学校，还开办了银行、电厂、自来水厂、游泳池、体育馆等服务设施。1927年，这里就已发展到11所学校，规模之大、门类之全、影响之广，在国内堪称唯一。为筹措办学资金，陈嘉庚不惜牺牲金钱，耗尽毕生精力，他是中国近代史上第一代爱国华侨，回国办学的楷模。如今在厦门大学群贤楼处，建有陈嘉庚纪念堂和陈嘉庚的全身塑像，纪念和歌颂着他的功绩。此外还修建了首任厦门大学校长萨本栋的墓碑。

以"学村"形式的办学，与今日开发形成的高教区或学校区有些近似，虽然"学村"是在民国初年始建，但学、工、商并举，以学为主的综合发展，仍为今日办学的借鉴（图4-4-15～图4-4-17）。

五、功能分区

近代校园的功能与内容逐步增多，既要有教室又要有宿舍，既要有体育运动又要有后勤服务，既要有绿地又要有道路……如要集中管理，活动便捷，不出校门就可完成主要教学活动，就是要有明确的功能分区。古代讲学只设讲堂，后来设学堂，民国元年实施新学制后建立的学校，已单独成为一整体，有门、有墙、有教室、有宿舍、有体育场，中小学还设有自然科学的实验园或植物园，专科学校还设有校办工厂。大学则有礼堂、图书馆、科学

图4-4-16 集美学村尚忠楼

图4-4-17 集美学村葆真堂

馆、体育场等，为满足师生学习、生活和娱乐的需要。当时校园总体规划多借鉴欧美大学近代大学学院派的规划体系，以功能分区为主要思路，其内容大体如下：

（1）教学区：包含教学主楼、图书馆、礼堂、科研楼。教学区一般呈围合型或半围合型，以静为主。

（2）行政办公区：办公大楼含会议厅、接待处等对外联系的内容，多与校门相连。

以上两区多处在校园的中心位置。教学中心是学校总布局的核心，其建筑形式常体现出学校的性质和特点。教学中心前常以宽阔的广场或绿地、建筑小品组成优美、亲切的公共开放空间。

（3）学生生活区：含学生宿舍楼、留学生楼、专家公寓及相应的食堂。

（4）体育运动区：含室外运动场地，包括比赛场、室内器械室，有的学校还设有室内风雨操场。

图4-4-15 集美学村养正楼

（5）后勤服务区：含锅炉房、车库、维修车间、存贮等。

（6）教工生活区：含教工宿舍、商业服务设施、校医院（室）。

（7）集中绿化区：含中心花园、小园林。

（8）场圃实验区：苗圃、林场、植物园等。

（9）校办工厂。

（10）道路：联系各功能区，以路作为分区的主要界限。但也分主、次路，主路常与主要校门相接，运输车走次要路口。

按功能分区的规划布局形式，也各有不同，但多数参考了模式分区规划（图4-4-18）。模式分区规划内容为：从主入口进来为教学区，大会堂为中轴端点的主体建筑。行政楼、教学楼、实验楼、图书馆分列在中轴两侧。教工区设单独入口，安排在校园东侧，避免噪声干扰。而校医院位于教学区和教工区之间的适中位置。学生区包括学生宿舍、食堂、球场、田径场、风雨球场。游泳池设置在校园的西侧，远离教工区，但离教学区及活动场地比较近。工厂区为单独入口，接近校外道路。由燕京大学的早期规划和1948年国立清华大学规划的内容，可理解其功能分区的情况（图4-4-19，图4-4-20）。

至新中国成立前夕，我国高等院校已达130所，包括专科学校以上共达207所，校园所包含的内容大同小异，但大多数都是以功能内容为分区的依据。

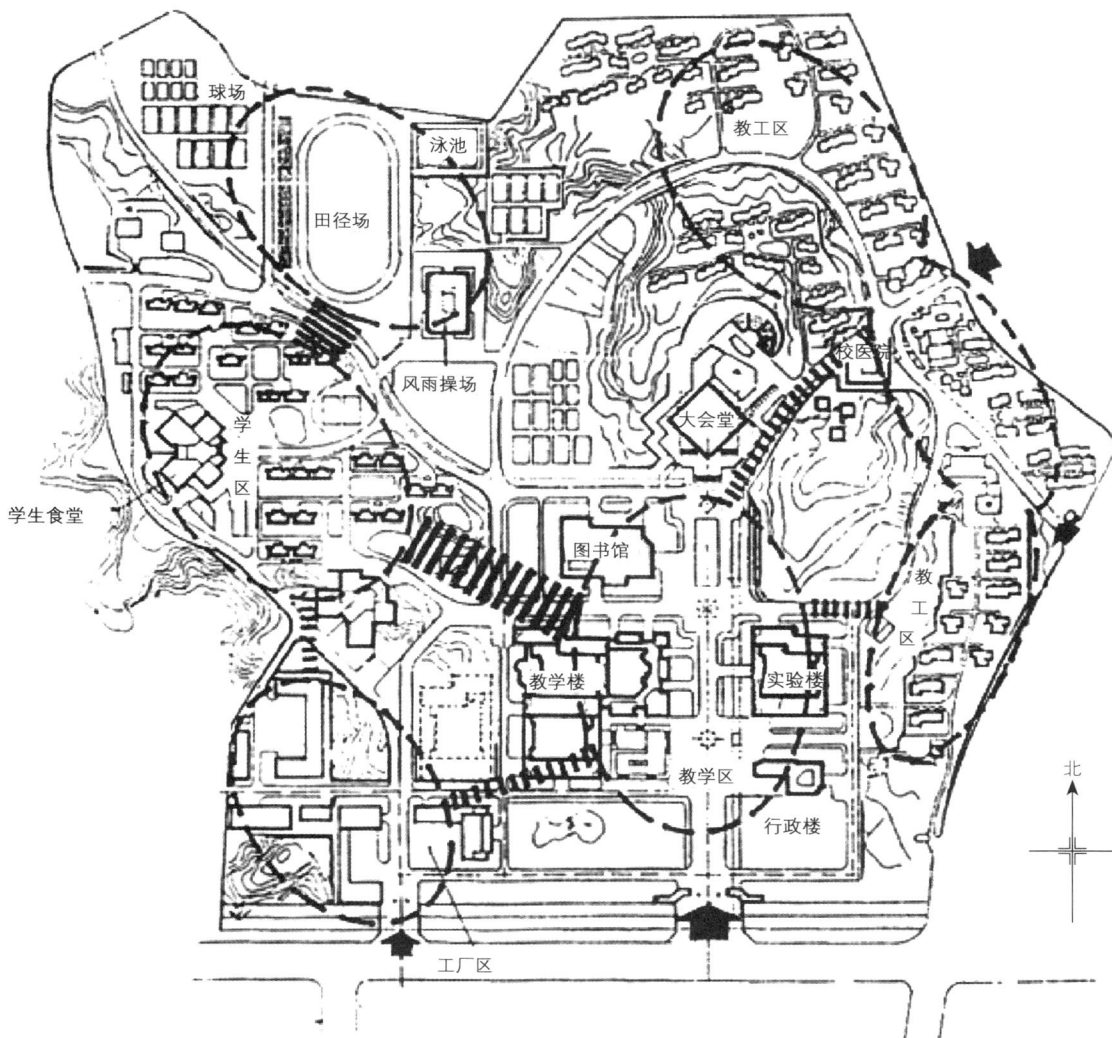

图4-4-18　模式分区规划

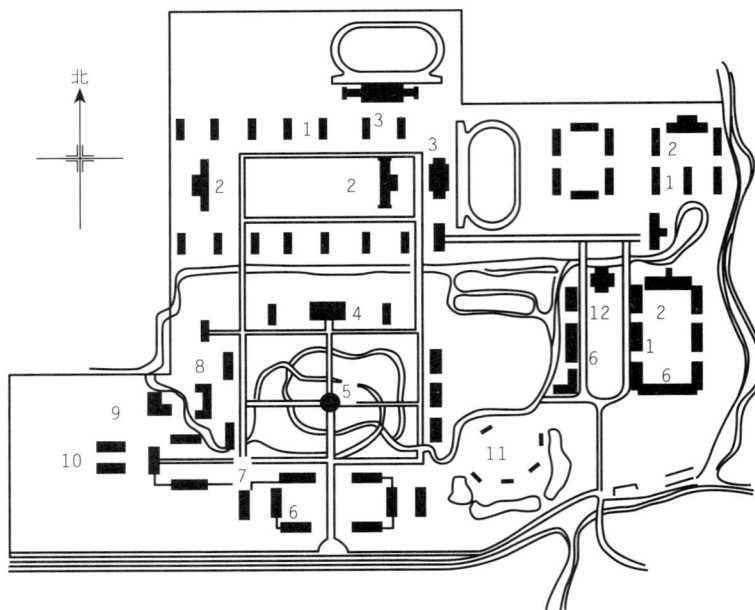

图 4-4-19　燕京大学早期总平面图

1-学生宿舍；2-食堂；3-体育馆；4-礼堂（4000座）；5-图书馆；6-教学楼；7-理学院；8-医学院；9-动力站与工厂；
10-农业试验场；11-住宅；12-礼堂（1600座）

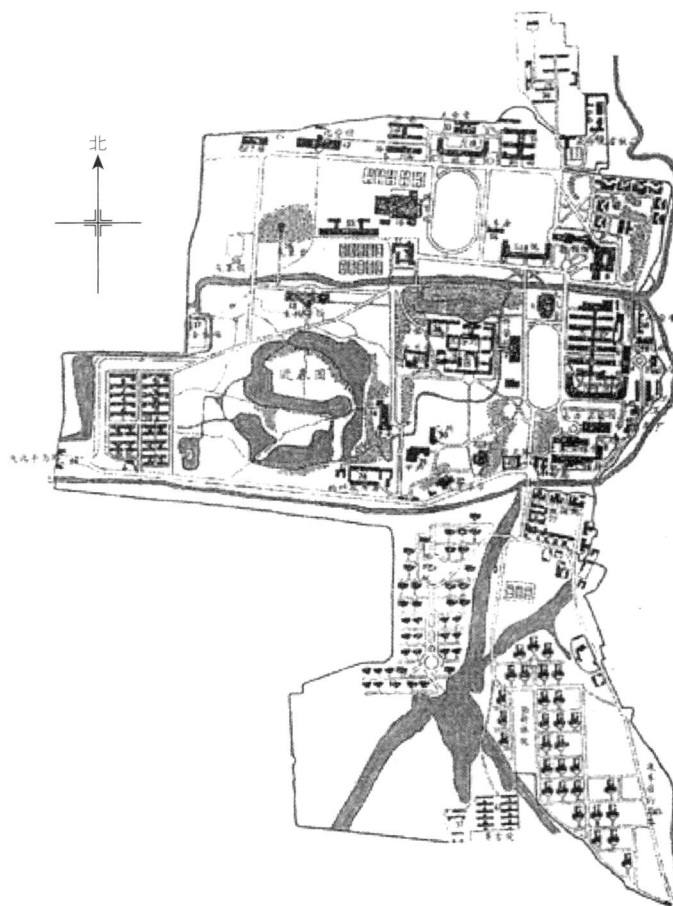

图 4-4-20　1948 年国立清华大学平面全图

第五节　校园文化风貌

具有历史风貌是我国近代校园景观的一大特征。古老的校园必然拥有悠久的历史，所留下的历史风貌如校舍的建筑形式、古老树木、独特的景观小品、校名的匾额也正是历史的印记。如沪江大学（现为上海理工大学）至今仍保存完好的三十余座清水红砖的哥特式建筑群，见证了百年学府的沧桑变化；又如清华大学大礼堂前刻有"行胜于言"的石日晷，无声地显示出教书又育人的历史传统；国立中央大学校内的"六朝松"，见证历史的同时，更显示出校园绿化树木的顽强生命力。此外，南京大学和河北保定女二师的烈士纪念碑，具有近代反帝反封建的历史纪念意义。

爱国主义、民族精神成为中国近代史中校园进步力量的标志。校园环境是物质功能和精神功能相结合的产物，优美的校园环境为开展各种活动，探索、追求真理，健全体魄提供场所，激发爱国民族情感，培养精英栋梁之才。中国从鸦片战争以反侵略为中心的抗战民族精神，到洋务运动适应变法，形成自强救亡图存、教育救国、实业救国的爱国主义精神，再到五四运动反帝反封建的全面觉醒，爱国主义、民族精神始终是学校进步精神建设的主流。在社会改革的进程中，爱国民主运动是社会进步的动力。学生的进步活动给校园的环境注入了新鲜血液。在 1935 年"一二·九"运动和 1947 年"反饥饿、反内战、反迫害"运动中，青年学生成为运动的先锋。校园的进步活动，凝聚了反封、反帝、反迫害的强大政治力量，这种精神继承着我国革命的光荣传统，发挥了近代史中校园精神的重大作用（图 4-5-1～图 4-5-3）。

学校是知识与文化传播的殿堂，也是培养健全体魄和高尚情操的育人场所。有人称前者为第一课堂，后者为第二课堂。第二课堂是第一课堂的补充。校园文化常通过一定的物质景观元素体现出来，如校门的设计和装饰，学校的校训、校史，墙壁上的画像，伟人的教导，操场上的标语以及绿地上的绿树、花丛中的纪念碑、雕像，曲廊、亭柱上的楹联、题刻，独特的校园建筑风格……学府的意境通过物质景观元素记载着历史和纪念的内涵，校园景观积淀着历史传统文化，它所营造出的浓郁的学府文化氛围对学生起到了潜移默化影响。校园文化是陶冶情操、提高品德、激发情感的无言教科书，具有示范、导向、凝聚、创造、约束和熏陶作用。我国近代有名的学校因其富有特色的校园文化和园林化

图 4-5-1　河南大学"一二·九"运动中，师生在开封火车站卧轨请愿

图 4-5-2　河南大学抗战时期，师生到农村演出（《放下你的鞭子》）

图 4-5-3　西南大学 1947 年举行"反饥饿、反内战、反迫害"的示威游行

的景观，声誉经久不衰。

不同时代的文化背景都在校园的环境形态上留下痕迹。从中国古代传统的"礼制教育"到近代教育对"自由、民主、科学"的爱国崇尚，往往会体现在校训文化以及纪念性碑文、楹联中，反映出一个时代的精炼语言，蕴涵着历史的记忆，给人深刻和可贵的精神启迪。这一方面体现在思想教育方面的校训、校歌上，另一方面则体现在校园的景观小品中。

一、校训

校训是一种文化，是办学的行为准则和道德培养目标的高度概括，是学校历史和文化的积淀。在我国学校教育继承了儒家的优良传统。儒家文化强调的"修身，齐家，治国，平天下"与学校教书育人的宗旨相统一。提高学生思想道德素质，增进民族自尊心所凝聚的教育宗旨是以校训、学风的形式体现的。

我国许多著名的大学都注重弘扬儒家文化精髓，各自具有其独特的校训，鲜明体现出不同的办学理念和治学特点，由此形成的校训文化成为大学教育中的集中体现。如最受国人喜爱的清华大学校训"自强不息、厚德载物"，出自《周易》的"天行健，君子以自强不息（乾卦），地势坤，君子以厚德载物（坤卦）"，其意思是做一个高尚的人，要不屈不挠，战胜自我，做人做事都应顺应自然，胸怀博大。它精辟地概括了中国文化对人与自然、人与社会、人与人关系的深刻认识，是中华民族性格的重要表征。又如天津北洋大学校训"实事求是"，源于《汉书》。河间献王刘德传中"修养好古，实事求是"；天津南开大学校训"允公允能、日新月异"提倡的是功能教育，一方面培养青年公而忘私、舍己为人的道德观念，另一方面则是训练青年文武双全、智勇兼备、为国效劳的能力；武汉大学校训"自强弘毅，求是拓新"中"弘毅"出自《论语》"士不可以不弘毅，任重而道远"；厦门大学校训为"自强不息，止于至善"；中山大学校训为"博学、审问、慎思、明辨、笃行"；国立台湾大学为"敦品励学，爱国爱人"；香港理工大学校训为"开物成务，励学利民"；湖南大学1933年的校训为"忠孝廉洁，整齐严肃"，是从湖南岳麓书院制定，由宋代朱熹手书的"忠孝廉洁"，以及清代欧阳正焕所提的"整齐严肃"而来（图4-5-4）。

河南大学的校训"明德新民，止于至善"源自《礼记·大学》，鼓励师生寄意高远（图4-5-5）。

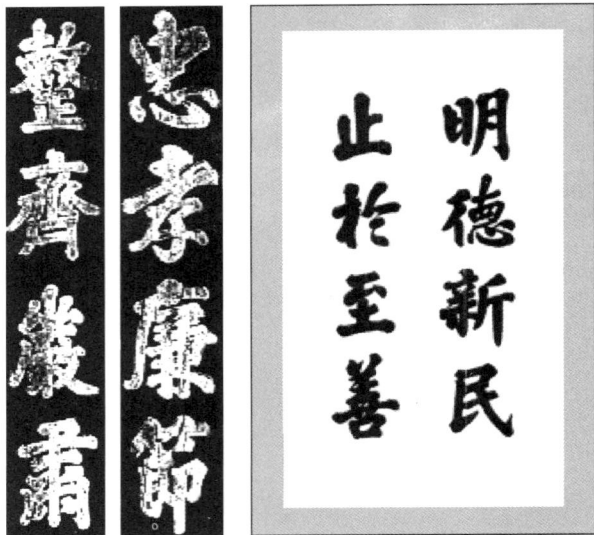

图4-5-4　宋朱熹手书　　图4-5-5　河南大学校训

大学校训有着深厚的文化底蕴，它体现出一个大学良好的精神风貌和文化氛围，但由于学科差异也形成了各自的传统和精神，代表着不同时代的学风。

学风是学校治校、教师治学和学生求学做人的风气，它不仅反映学习的态度，同时也反映了教育思想。学风代表着一个学校的治学和精神气质，影响极为深远。历史上，南宋著名理学家、教育家朱熹提出读书之法"莫贵乎循序而至精"；陆九渊也提出人要有大志，读书贵在精读、细思，反对贪多而不求其解；明代理学家王阳明提出知行合一的学说，常与门人游邀琅琊滚泉之间，诸生随地请正；近代教育家陶行知受此学说影响，改名为"行知"，提倡教、学、做合一，做是学的中心，也是教的中心；徐特立是我国杰出的人民教育家，早期投身革命，在抗战时期就提出书本知识与行动结合、劳心与劳力合一、教育与生产劳动结合，提倡爱祖国、爱人民、爱劳动、爱科学、爱护公共财物的"五爱"。学风不仅体现教育思想，更表现出一种精神力量。近代历史时期一些著名大学在学生运动中涌现出的先进知识分子、激发出的爱国精神、形成的全国进步政治力量，造就了一代与国家民族命运相维系的爱国人士，有力地展示了先进学风的气势，这就是近代校园的文化精神。

二、校歌

校园文化的体现除校训与学风外，还有通过组织各种社团活动以活跃学术风气；创办各种学刊、杂志以传播新知识新信息；举办文娱活动，组织文艺汇演、体育比赛，使校园充满青春朝气、自由、民主、科学的学习风气。当时以音乐形式，用歌词、歌曲表达出坚持真理、追求进步、百折不挠、召唤未来的情感，用音乐的力量鼓舞志气、激发民族感情。校歌成为近代大学文化精神的见证。

清华大学校歌的作曲、撰词即是优秀传统文化的结晶，表达了清华大学的教育宗旨和校训精神。河南大学

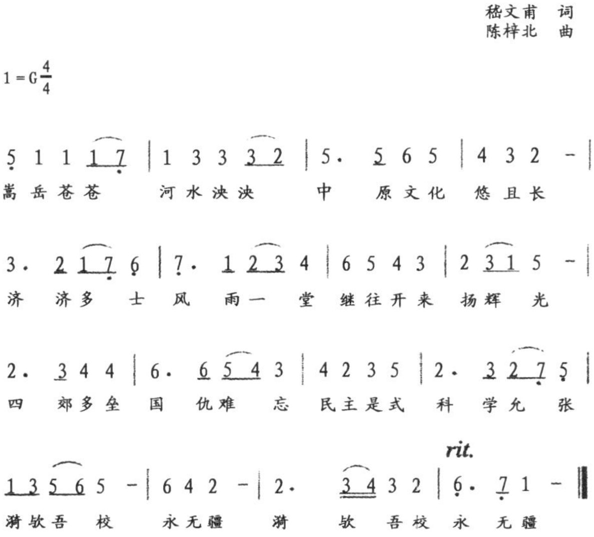

校歌为1940年创作，歌词中的"民主"原为"三民"，"科学"原为"四维"。歌中唱道："四郊多垒，国仇难忘"，激发出强烈的爱国情怀。

三、校门

校园景观小品是通过一种小型的造型艺术作品以反映校园历史的文脉，显示校园独特的文化内涵，在校园中起"画龙点睛"的作用，其类型较多，如雕塑、碑石，以及具有实用性或服务性的建筑小品（门、墙、塔、亭）等。

校门是进入校园的第一景观，不同形态的校门代表各自的特色与个性，如早期关中书院校门采用典型的传统牌楼式（图4-5-6）；河南大学校门则是在牌坊的四柱上覆盖筒瓦，顶部四角如翼，加重大门的凝重感（图4-5-7）；而清华大学的二校门（1909年起建）则完全采用西式的三门洞，牌坊式，极有"留美预备学校"的纪

清华大学校歌

1= 'B 4/4

张慧珍女士 作曲
汪鸾翔先生 撰词

（歌词）
1. 西山苍苍 东海茫茫 吾校庄严 巍然中央
2. 左图右史 邺架巍巍 致知穷理 学古探微
3. 器识其先 文艺其从 立德立言 无问西东

东西文化 荟萃一堂 大同爱玷 祖国以光
新旧合冶 殊途同归 看核仁义 闻道日肥
熟介绍是 吾校之功 同仁一视 泱泱大风

莘莘学子 来远方 莘莘学子 来远方
服膺守善 心无违 服膺守善 心无违
水木清华 众秀钟 水木清华 众秀钟

春风化雨 乐未央 行健不息 须自强
海能卑下 众水归 自胜以忠 赫赫吾校
万物滋润 如一失 行健不息 名无穷

自强 自强 行健不息 须自强
光 光 学问笃实 生
无穷 无穷 赫赫吾校 名无穷

自强 自强 行健不息 须自强
光 光 学问笃实 生
无穷 无穷 赫赫吾校 名无穷

河南大学校歌

（1940年）

稽文甫 词
陈梓北 曲

1=G 4/4

嵩岳苍苍 河水泱泱 中原文化 悠且长

济济多士 风雨一堂 继往开来 扬辉光

四郊多垒 国仇难忘 民主是式 科学允张

rit.

濟歃吾校 永无疆 濟歃吾校 永无疆

图4-5-6 关中书院
（图片来源：http://news.folkw.com/www/dongtaizixun/083804293.html）

图4-5-7 河南大学校门（建成于1936年）
（图片来源：http://www.haochi123.com/s_tese/2005_8/tese1623.htm）

念意义与特色（图4-5-8）。还有一种校门采用界碑加四根立柱的形式如香港中文大学，而北京大学的西校门则在传统的有匾额的正大门之外，仅用一块卧石书写校门的来历，以之作为标志。

四、校园雕塑

雕塑是造型艺术，往往作为校园环境中最富特色的、最有文化含量的文化景观，大多含义深刻、有些历史遗存的雕塑、更成为近代校园中无声胜有声的静物。

1. 表现历史人文的雕塑

原岭南大学校园中心轴线上的旗杆、孙中山雕像、悝亭等序列，成为校园的重要标志小品（图4-5-9）；原燕京大学校园中的西班牙作家塞万提斯铜像是西班牙马德里市政府赠品（图4-5-10），启示着对共同文化的尊重。

2. 具有纪念意义的雕塑

如原燕京大学校园内大草坪上的五四纪念石雕（图4-5-11）；南京大学烈士纪念碑，位于四方形台基上，

图4-5-9 中山大学（原岭南大学）校园中心轴线上的旗杆、孙中山雕像、悝亭等序列

图4-5-10 北京大学（原燕京大学）校园中《堂吉诃德》作者塞万提斯的青铜雕像

（图片来源：http://pkunews.pku.edu.cn/xwzh/2006-03/04/content_106034.htm）

图4-5-8 清华大学二校门

图4-5-11 北京大学（原燕京大学）校园内五四纪念石雕

四周以常绿高大的松柏衬托，显现纪念地的庄严肃穆（图4-5-12）；河北保定第二师范校园内的纪念碑，纪念1932年震撼北方的"七六"惨案（图4-5-13）。

此外还有河南大学在宝鸡石羊庙办学旧址上留下的纪念雕塑（图4-5-14）。

3. 反映求知、劝学和哲理的碑刻

这类雕塑作品通过自身的形象寓意或镌刻醒世名言，在景物观赏中使人受到熏陶与教育。如清华大学西区大礼堂前刻有"行胜于言"的石日晷（图4-5-15）。

又如湖南大学岳麓书院内保存完好的学规碑刻和入门对联"惟楚有材，于斯为盛"，道出人才辈出的恢宏气势（图4-5-16，图4-5-17）。此外，书院园林小品中的景门（图4-5-18）、文泉（图4-5-19）、古井，北大校园的华表（图4-5-20），东南大学古老的镂花门窗（图4-5-21）都给人以沉思，唤起回忆。

五、其他（亭、塔、钟、古树、名木等）

天津南开大学的水景是以莲池和苇塘取胜。于北莲池建赏莲亭，为重檐芳草亭，于南莲池建秀山雕像，两池以长堤相连。校园内还建有七座桥（砖拱桥、石拱桥、木板桥等）。这些景观小品显示出南开大学校园的一派自然风光。又如四川华西大学的钟楼（原名柯里氏纪念塔），位于校园中轴的终点，是校园的标志物之一，为校园环境增加了艺术感染力。

原燕京大学的博雅塔不仅是本校的景观建筑，还成为校外附近地区的视觉高点。

此外，校内留存的一些古树、名木多为建校时保留的树木，如今成为珍贵的、有生命的文化遗产，是历史与环境变迁的见证物，其古老的姿态成为校园历史中的

图 4-5-13　河北保定第二师范校园内纪念碑

图 4-5-12　南京大学烈士纪念碑

（图片来源：http://blog.sina.com.cn/s/blog_56fca7720100bcop.html）

图 4-5-14　河南大学旧址的石羊雕塑（1945年）

奇观。如南京的中央大学（今东南大学）的六朝松（圆柏）树龄已有1500余年（图4-5-22），树高9.58米，树围2.65米，饱经风霜仍苍劲挺拔。四川华西大学的银杏和法桐是当年建校时所植，也已近百年，都已成为古树、名木。绿化作为植物景观不仅发挥了自然美，还发挥着历史岁月的生命之美。

由于景观小品体量小、造型多样、内容丰富，只要突出特点，赋予其内涵并加以渲染就可达到较理想的效果。这是近代校园突出环境特色的一种艺术形式。

总之，校园文化体现了学校的文化色彩和教育意识，而学校园林则为校园文化提供了自由活泼、进步向上和审美的场地。校园精神与校园文化留给学子的记忆，会成为其后来生活、工作中永恒的动力。

图4-5-15 清华大学的石日晷

图4-5-17 岳麓书院大门对联
（图片来源：http://www.nipic.com/show/1/47/8cfeaf645a2ab95e.html）

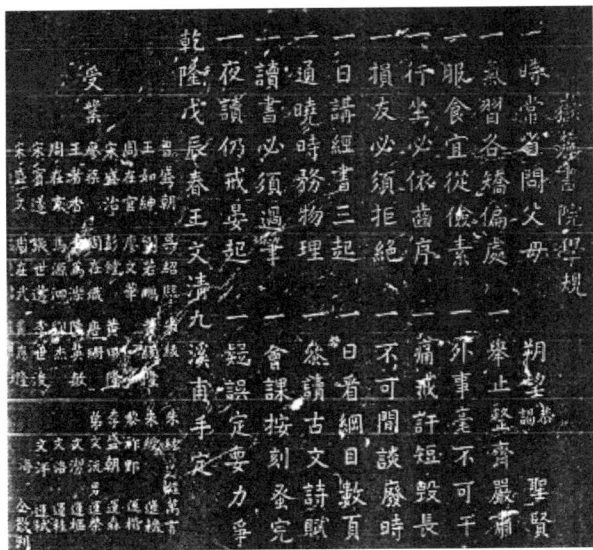

图4-5-16 岳麓书院的学规碑刻

图4-5-18 岳麓书院园林景门

图 4-5-19　岳麓书院文泉

图 4-5-21　中央大学（今东南大学）镂花门窗

图 4-5-20　北大校园华表

（图片来源: http://edu.sina.com.cn/gaokao/2009-04-17/1951196497.shtml）

图 4-5-22　中央大学的六朝松

（图片来源: http://www1.njyl.com/xinwenzx/xwxs.asp?newid=3068）

第六节 实 例

一、山东威海水师学堂

山东威海水师学堂位于山东威海刘公岛丁公府西北约300米处。光绪年间，清政府筹巨款，购船造舰，兴办海防，建立海军。为给海军培养急需的专门人才，清政府在沿海一带陆续开设海军学堂。1889年（光绪十五年），李鸿章奏请清政府在刘公岛设立水师学堂，以便就近兼习驾驶、鱼雷、枪炮等技术。获准后，遂在刘公岛西端向阳坡地择购民地，建校舍60余间，占地面积1.8公顷，花费购地银、工料银近万两。威海水师学堂是继福州马尾船政学堂、天津水师学堂之后，北洋水师兴办的又一处正规水师学堂。

威海水师学堂总办由海军提督丁汝昌兼领，下设委员、总教习、洋文教习各一名，汉文教习两名，美国人马吉芬担任总教习。北洋舰队的敏捷、康济、威远、海境四舰专作学堂练船。水师学堂地处北洋海军基地威海港内，北洋海军可为其提供武器、练船，供学生操练。部分教习亦由北洋海军的教练兼任，因此，该校学生在进行课堂学习的同时，得以兼习其外场课中的枪炮和体育课程（步兵操法、柔软体操、器械体操、泅水、木棒、哑铃、平台、木马、单杠、双杠等属于德国和日本军操中的有关内容），这是该校办学的一大优势，是当时其他学堂所未有的。

威海水师学堂是当时清政府所建立的海军高级学校和高级人才的培养基地之一，它虽是北洋海军所设立的第三所水师学堂，但其在办学理念上比前两所学堂更为先进和全面，仅在课程开设项目上分为内、外科目相结合的这一作法（即理论与实践相结合、文化课学习与体育教育相结合），就一扫中国旧传统教育体系的一大弱点及中国传统科学思想的弱点。因为，缺乏实验精神，重描述而轻实行，鄙夷实际技能，是中国传统教育科学思想及传统教育体系的一大弱点。如清政府北洋大臣李鸿章就曾指出："中国的科学技术所以落后于西方，盖因中国之制器也，儒者明其理，匠人习其事。造诣两不相谋，故功效不能相并。"到过福建船政学堂的英国海军军官寿尔曾说过，船政学堂学生"从智力来说，他们和西方学生不相上下，但在其他方面就不如西方，他们虚弱、缺乏精神和雄心，在某种程度上有些中国气味"。李鸿章也承认"闽厂学生大都文秀有余，威武不足，似庶常馆中

人，不似武备院中人"。同样指出了清朝末期中国海军学堂学生军事素质不高、体质不好的缺陷。刘公岛北洋水师学堂在教学方法上改革（内堂课目与外场科目结合进行），并借助学堂地处北洋海军基地的便利条件，利用驻岛海军和陆军的设施、船舰开展实习教学。就连有些科目的操练教习，也是由驻岛陆海军中聘调借用的。

威海水师学堂培养了不少栋梁之才，吴纫礼系威海水师学堂毕业之首名，历任北洋、国民政府之要职，中将军衔，新中国成立后，曾任安徽省委委员、全国政协委员、中华人民共和国国中央政府人民军事委员会委员。罗开榜也历任国民政府陆军部次长，代理陆军部总长，中将军衔，1912年任段祺瑞组建的定国军总参谋长，1924年任段祺瑞执政的中华民国临时政府高参。另外，杨教修、崔富文、李圣传均在海军服役，也成为著名的海军将领。

甲午战争时因遭日军海陆夹击，威海卫及刘公岛陷落，水师学堂亦毁于战火，学堂随之停办。

甲午战争后，水师学堂堞式外墙（图4-6-1）、东辕门（图4-6-2）、西辕门（图4-6-3）、俱乐部（图4-6-4）、戏楼、照壁、旗杆座，以及部分房屋尚存。水

图4-6-1 堞墙

图4-6-2 东辕门

图 4-6-3　西辕门

图 4-6-5　石榴

图 4-6-4　俱乐部

图 4-6-6　朴树

师学堂园内存有 3 株百年古树,为水师学堂初建时所栽植,其中有石榴 1 株,位于旗杆座左侧,冠幅 1 米左右,高近 2 米,生长状况良好,树姿优美,每年都开花结果(图 4-6-5)。另有朴树 2 株,位于北洋水师学堂正门西面 10 米处,东边一株干径约 40 厘米,西边一株干径约 30 厘米,高 10 米有余,长势良好(图 4-6-6)。

　　1894 ~ 1944 年刘公岛伪海军起义前,这里曾先后被英国和日本侵略者占据。新中国成立后,学堂为中国人民解放军海军管理使用。1988 年,被国务院列为全国重点文物保护单位。2000 年,威海水师学堂收归中国甲午战争博物馆管理保护。2001 年,《威海水师学堂保护规划方案》经专家学者论证,由国家文物局批准实施。水师学堂修复工程主要包括学堂复原和英租建筑保护两大部分,学堂部分以小戏楼、东西辕门原始建筑为基础,在原址复原学堂正门(图 4-6-7)、倒座(图 4-6-8)、东厢房、西厢房等,与原始建筑结合起来,形成水师学堂建筑群。采用原状复原的方法,开辟了教员公事房、课室、药房、枪械室、学员宿舍等展室,复制大量海军训练器材,恢复学堂操场。英租建筑保护区内的英国皇

图 4-6-7　学堂正门

图4-6-8 倒座

图4-6-9 陆战队营房

图4-6-10 军官住宿处

图4-6-11 学堂建筑被毁遗址展示区

图4-6-12 露天训练场

家海军陆战队营房（图4-6-9）、陆战队伙房以及军官住宿处（图4-6-10）等基本保存完好，在保持原貌的基础上，对建筑进行了全面维修。修复后的水师学堂主要分为学堂核心区、学堂建筑被毁遗址展示区（图4-6-11）、英租建筑区、露天训练场（图4-6-12）4个展示区。其中学堂建筑被毁遗址为四面坡屋顶大型建筑，建于1890年，毁于甲午战争，基址大部分被东侧英租时期所建的英海军陆战队营房所叠压。

水师学堂核心区的建筑为三进两跨的院落建筑群，坐北朝南，建筑风格为典型的中国式古典建筑，园林的总体呈现较规整的布局（图4-4-6）。园门为学堂东墙中部的东辕门和西墙中部内侧的西辕门。正门位于学堂中轴线上，面向南，大门对面是传统的衬托性建筑照壁（图4-6-13），为学堂原始建筑，属于三段式大照壁，中间高，两翼稍低。中心与两翼灰盘上原来均绘有图案，惜年久风雨侵蚀，已漫漶。由正门进入，庭院式的组群与布局采用均衡对称的方式。水师学堂正门一开间，左右倒座、东西厢房各五间，作为学堂委员与教习的办公用房。进正门后为学堂的第一进院落，前排建筑（图4-6-14）为学员日常学习场所包括课室、药房、图书阅览室、枪械室。由前排建筑中间过廊到学堂第二进院落，后排建筑设有汉员教习公事房、洋员教习公事房、学员宿舍、招待所。学堂前排建筑中间有南北过廊，后排建筑样式与前排相同。位于学堂东南角的俱乐部，建于1890年，原貌保持良好，曾作为马厩。位于学堂西北角的戏楼（图4-6-15），建于1890年，是刘公岛两座戏楼之一，是水师学堂的附属文化娱乐设施，建筑具有中西结合的特点，东面山墙上装饰欧式风格双拱券窗，西面山墙上装饰圆形北洋海军双龙徽帜。

水师学堂的附属园林规模虽小，但设计精致，位于陆战队营房的东侧，小花园占地面积约60平方米（图4-6-16）。园林的东面由围墙封闭，西、北两面由建筑

图 4-6-13 照壁

图 4-6-14 前排建筑

图 4-6-15 戏楼 (英租时期照片)

图 4-6-16 小花园

围合，东面地势较高，采用阶梯分层护坡式种植方式，选用的植物品种有竹子、臭椿、刺槐等，有效地对园墙进行了遮挡。绿化采用疏林草地形式，园路为鹅卵石铺装，营造出宁静和谐的书院氛围，树种选用树型优美、树冠扩展的黑松、柿树和大叶黄杨。学堂建筑周围的树木种植一般则采用规则式列植，通过绿化表现军式学院的庄严肃穆，树种选择干枝高大挺拔的银杏、朴树、臭椿、刺槐、榆树及可观花的紫薇、石榴等。

尽管历经 100 多年的战火洗礼和岁月沧桑，威海水师学堂仍是我国唯一一处有迹可寻的清代海军学校。2004 年 5 月，修复后的水师学堂对外开放，成为一处爱国主义教育的重要场所。

（本节"山东威海水师学堂"
文：戚海峰、梁中贵、田磊）

二、北京大学工学院

20 世纪 20 年代，北京有八所国立大学，号称"国立八大"。八大之一的国立北京工业大学是北京第一所，也是唯一的一所工科大学。它是 1903 年（清光绪二十九年）11 月 8 日成立的，当时名为京师高等实业学堂，这就是北京大学工学院的前身，当时创建在端王府的废墟上。端王府占用的那块地方则是明朝官园（官荣园）朝天宫所在地。百年来，该校曾 11 次变更隶属关系。1952 年，各大学院系调整，原北京大学工学院并入清华大学后，端王府校址由新成立的北京地质学院接管使用，地质学院迁入新校址后，此地又为中国科学院心理研究所等单位继续使用。今天的官园中国儿童少年活动中心则是在原北京大学工学院旧地址上将原有旧建筑全部拆除新建的。现在官园里已经找不到北工时期的寸砖片瓦、一草一木了。

原工学院端王府旧址处在北京西四北祖家街端王府夹道，地处拥挤市区，四周已无发展余地（图 4-6-17，图 4-6-18）。校门开向东墙南端端王府夹道。一进工学院大门（传统中式歇山屋顶），是一条两侧植有树木的甬道。甬道尽头，坐北朝南设有二门（西洋门楼式）。进了二门迎面正对教学主楼。主楼为二层建筑，正面中间建有局部拔起四层高的钟楼，主楼正面东西两段各设有一旁门，门旁遥遥相对守护着两座大石狮子。东门旁还树立着 1931 届毕业同学赠送给学校的一座日晷。主楼有东西走廊，正门迎面为会议室，左右两侧为办公室。走廊西端南北向设有两个大阶梯教室，各可容百人听课。正

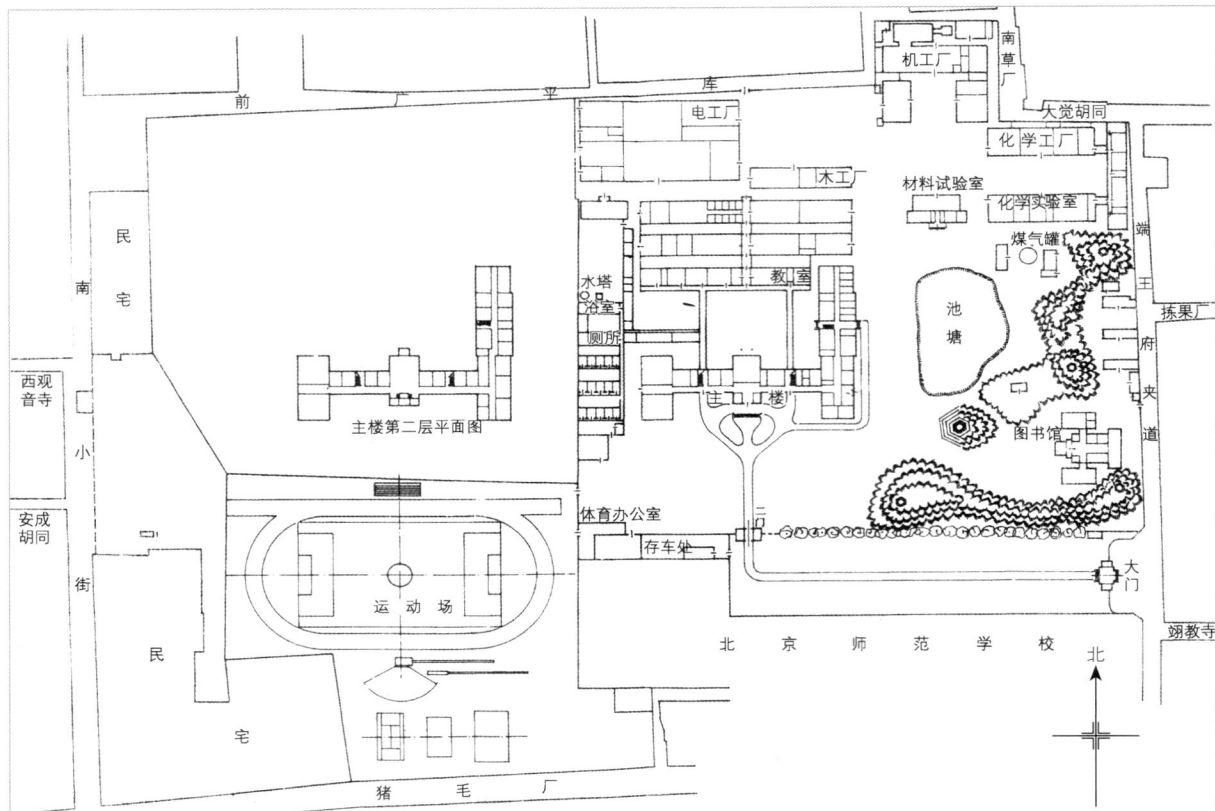

图 4-6-17　北平大学、北京大学工学院平面图

面二楼也有东西走廊，中部小礼堂，两侧为教室，西端还有两个阶梯教室。主楼东部建筑向北延伸，呈 L 形，楼上楼下各有中间走廊。教室和其他教学用房大部分分布在这个区域。主楼后有一小院落，北面三排连通的平房，分别用作教室、实验室、制图室以及学生社团活动室等。再往后一直到校园的北边墙以内，是实习工厂区，有铸工厂、机工厂、电工厂、木工厂、化工厂、机织工厂、材料实验室、化学实验室、煤气罐等。全校采暖的锅炉房设在机工厂后，顺延北外墙。教学主楼的西侧，顺校园西墙由南向北依次为教职员单身宿舍、厕所、浴室、机井、水塔、职工及学生食堂等杂用房间。校园东南部为花园区，有林木花草、假山、茅亭、池塘等。在花园的东南部靠近大门处有图书馆。学生体育场在二门以西的西门外，有标准的 400 米跑道、足球场、一应俱全的田径运动设施和体育办公室。在二门与主楼间的空地上，有排球场、篮球场和网球场，是同学们平时课余活动的场所。还有部分学生宿舍和食堂建在附近居民地区，不包括在此图中。

校园历经百年岁月，几经变迁，如今已找不到创建时期的设计图纸，只能根据昔日学生在校时学习生活的回忆来整理。

北京大学工学院虽然经过百年变迁和改扩建，但总的布局基本上维持了原貌，其规划布局还是合理的，首先是功能分区，看似挤在一起，但实际使用起来很有顺序，教学、实验、学生活动与工厂实习，既联系方便又有分隔，动静之间互不干扰。

从总体上说，中国传统院落布局习惯将主体建筑正对院落主要入口，该地段的大门只能开在东墙南端，出口对着端王府夹道。为了保持主体教学楼的南北朝向，从大门顺院落南墙向西辟出一条甬道，用树和绿篱与院落分隔出来。甬道西端设了座二门，这样处理使主楼正对二门，也避免了校园内部面对街道过于开敞的问题。

教学主楼东端向北延伸形成 L 形的二层楼房，与西侧北侧的外廊平房围成四合院形式，院内植些花草树木，使环境富有传统中式院落的气氛。

走读学生来校，多数是骑自行车，从喧闹市区远程奔来，进入学校大门后，要经过相当长的林荫甬道，环境的变化让人逐渐静下心来。到二门处存车，再穿过二

运动场

图书馆

北京大学工学院鸟瞰图

二门视点

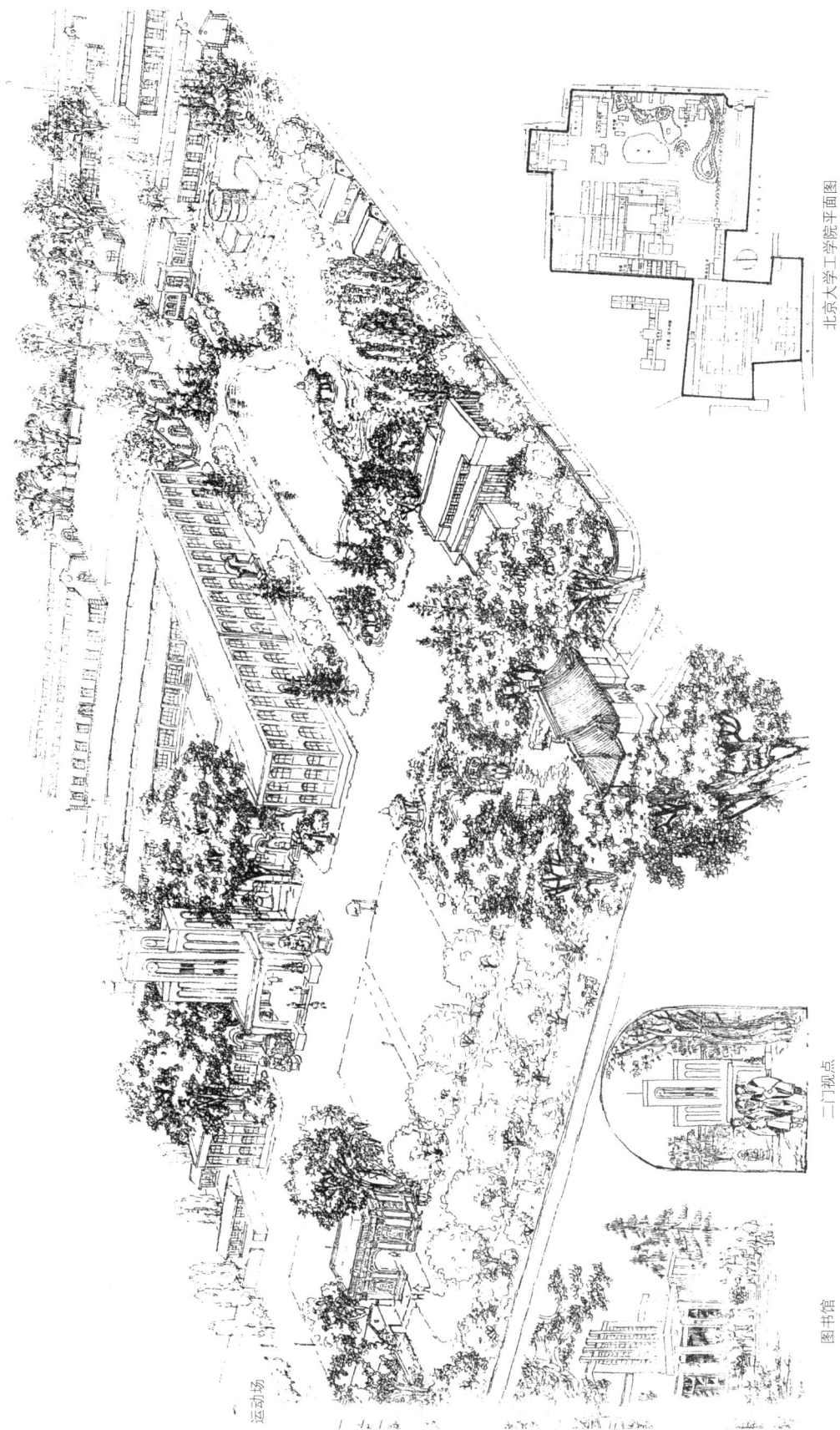

北京大学工学院平面图

图 4-6-18 北京大学工学院鸟瞰图

门的拱券，会感到视觉豁然开朗，看到绿树衬托着的主楼四层高的时钟，达到心情转换的效果。另外，住在校园附近宿舍的同学徒步进入校园后，可以不走林荫道，而是就近穿过绿篱，通过假山下的近知洞，经花园进入教学楼，饶有趣味。

北京大学工学院曾设有机械、机电、化工、土木、建筑、纺织六个系（其中，1938年后纺织系停办，1942年增设建筑系）。在校学生最多时的1947年曾达到603人。自1903年建校以来，至1952年院校调整并入清华大学以前，估计半个世纪为国家培养了工科毕业学生约5000人，完成了那时期的历史任务。

（本节"北京大学工学院"整理：冯庄）

三、湖南长沙周南女中

周南女中是1905年5月1日由近代著名教育家朱剑凡先生创办的，校址在长沙市旧城区西北的泰安里。

朱剑凡是湖南宁乡人，原为明王朝朱元璋的后裔，其先祖在清王朝开国时流落湖南，获一周姓湘人保护，改为周姓，朱剑凡的父亲周达武官至甘肃提督，曾以巨款购得长沙泰安里的一座古园林——蜕园。1883年周达武获一子名周家纯，辛亥革命后，周家回复朱姓，家纯改名为朱剑凡（图4-6-19），并于1894年定居长沙泰安里蜕园。1902年朱剑凡赴日本留学，三年后回国，致力于

图4-6-19　周南女中创始人，革命教育家朱剑凡先生

创办女校，直至1932年49岁时，因操劳过度而早逝，但他创办的周南女学堂虽几经沧桑却一直燃烧着光辉灿烂的百年薪火，培养了一批又一批的出色人才。直至今日，周南中学仍然保持着炽热而巨大的凝聚力，也保持和传承着湖湘文化的优良传统，成为湖湘首屈一指的百年名校。

（一）周南女中创办的经过

提倡女子教育是近代早期维新派的一贯主张，一批维新派人士提出："妇女占中国人口半数，如不读书、不劳动，无异于无故自弃其半于无用，欲求争雄于泰西，其可得乎？"（陈虬语）郑观应（近代改良派，商战理论家）著有《女教》一文，指出："拘于无才便是德"之俗语，女子独不就学……政化之所由衰也。又说："中国……如欲富强，必须广育人才，如广育人才必自蒙养始，蒙养之本，必自母教始，母教之本，必自学校始。推女学之源，国家之兴衰存亡系焉。"梁启超亦应声而出："女子无才便是德，实揭天下之道。""妇学实天下强弱之大源。"朱剑凡则说："女子沉沦黑暗，非教育无以拔高明，要自立于社会，有学识技能，才能拔于黑暗。"

这股兴办女校的社会思潮，极其强烈地刺激着朱剑凡，使他决心竭尽自己的力（包括自己的家产以及其夫人魏湘若女士的嫁妆首饰约11万余银元）以及他毕生的心血创办了周南女学堂。以后周南之校名几经改变，但直到1956年改为同时招收男女生的周南中学为止，历经半个世纪都是以"救国图存，启迪民智，解放妇女"为办学的宗旨，以"德、智、体、美、劳"五育并举的方针来培养妇女人才的，而要实现这些就必须排除对兴办女学的流言蜚语，采用男教师"垂帘授课"的形式，女学生们只能在帘外听老师讲课，不能做任何面对面的交流（图4-6-20），因而形成了中国近代教育史上一种奇

图4-6-20　"垂帘授课"

特的现象。

尤其是在早期的新民主主义革命中，救亡图存是最迫切的任务，一批卓越的女革命家如向警予、杨开慧、蔡畅、杨展、帅孟奇、劳君展、曹孟君等都出自周南，而在其他文学、社会方面的人才如著名作家丁玲、中国的第一个女法官钟期荣等都是很优秀的妇女人才。

世界著名作家韩素音在她的《早晨的洪流——毛泽东和中国》一文中也认为，当时的长沙是妇女解放运动的沃壤，它以拥有中国最优秀的女校——周南女子中学而自豪。不能否认，美丽的校园也为女学的培育提供了最为优越而骄人的学习环境，在这里孕育着奋进、健康而优美的女界先驱的内在精神与气质。国民党政府教育部也曾为朱剑凡伉俪创办的周南女校颁发了一等奖。

（二）蜕园追踪

据长沙市人民政府所立"蜕园旧地"牌云：蜕园相传为唐代进士刘蜕之读书处。刘蜕自号文泉子，"破天荒进士。"清咸丰年间有浙江巡抚胡兴仁买下此地，辟为私家园林，题名"蜕园"，清光绪初，朱剑凡父亲购得此园，加以扩大复修，成为当时长沙市首屈一指的私家园林。园林南部临通泰街，北部为水池，石船水阁，睡莲荷花，争奇斗艳，池塘狭窄处有石桥连接两岸，古色古香的廊榭环绕四周。园林正中，筑有可容纳百人的戏台、宴会厅和三层高的魁星楼，登临楼上，可俯瞰长沙市容，又可极目湘江和岳麓山景，园林隙地遍植四季名花，乔木成荫。

但是，由于近代战乱频繁，蜕园惨遭破坏，特别是1938年长沙文夕大火，蜕园除两栋教学楼外，亭廊池榭等毁坏殆尽。新中国成立后稍有修复，但庞大的园林全貌已不复再现。我们通过周南中学北京校友会多方调查，辗转采访到一些老校友，她们的回忆各有不同，但园林的内容、布局以及带给学生们的校园文化精神则是共通的，以下文字与图片（图4-6-21～图4-6-23），即来自他们的回忆。

从泰安里入学校大门（图4-6-24）后，就是一个东西向的长方形大操场，在两栋平行的教学楼之间为天井，天井的地面不深，雨水流得很快，从未因大雨溢水，天井的一旁还有一条南北连通的风雨走廊。

一、二年级教学楼是原有建筑，红色砖墙，故称为红楼（图4-6-25）。楼的一角曾嵌有一块"安如磐石"的花岗岩石碑。两间教室相当大，除一、二年级学生上课外，还可在里面做操或游戏，每个教室约摸南北宽二

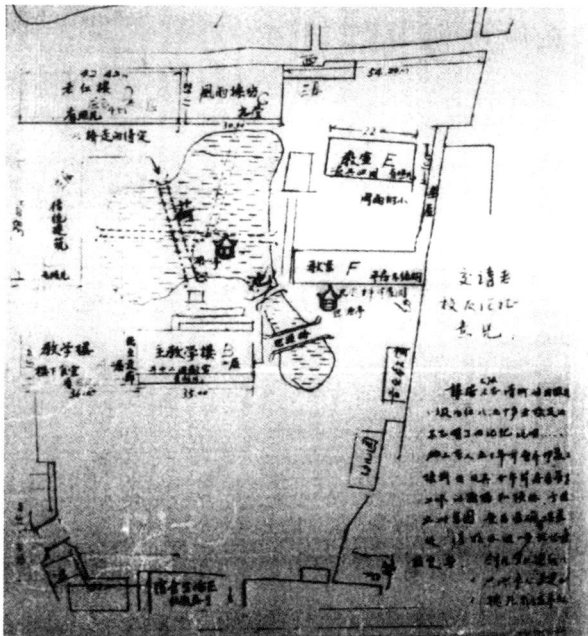

图4-6-21 20世纪30年代老周南校园平面示意设计稿草图

图4-6-22 20世纪30年代周南女中校园印象图

图4-6-23 校园早期建筑布置

图 4-6-24　周南女中 20 世纪 40 年代的校园大门

图 4-6-25　红楼

丈，东西长四丈有余，均设木门出入。

礼堂有一面临水，而池塘四壁为花岗岩条石砌成，池边有栏杆，池中有水草，也养有金鱼。后来将礼堂改为剑凡堂。

池旁有六角亭，周边围实，西面有窗，东面开门，亭曰"思源"，其柱联曰："室雅何须大，花香不在多。"（图 4-5-26）池旁还有一座石拱桥曰"思源桥"（图 4-5-27）。

池塘中还有一个小岛呈橄榄形，岛上的高处有二、三间小房，李士元校长及夫人就住在这小房子内，岛上也是绿草如茵，花木扶疏，蝉鸣鸟语，十分雅静。

总之，周南女中的校园在当时确为少有的美丽的校园，其中的亭台廊榭都是传统形式，而教学楼则以实用为主，取中西之长，与园林配合，形成中西合璧的近代常见风格。

（三）校园的环境与女子教育

周南女中作为女子教育的先锋，在推行德、智、体、美、劳五育全面发展的方针下，对体育与美育给予了特殊的关注。

1908 年，在名为"周南女学堂"的时候就举办了第一次学校运动会，此为长沙市中学运动会的首创，也是湖南女校体育运动的先锋。1928 年又组成了湖南省第一支女子足球队。周南女中的排球曾在第七届全国运动会上与上海、台湾并列冠军，争取到"泰安球王"的美誉，这些都是源于朱剑凡洗雪"东亚病夫"国耻之志。他认为"炼就强健的体魄，是做道德学问事业的基础"，又认为"凡人不能强健身体者，即为社会的罪人"。因此，他不惜以重金从日本聘来女教师执教体育，特别是后来自己培养的陈嘉钧老师，一生都为周南的体育教学，付出了全部心血，使周南的体育成绩一直位于领先的地位。陈老师做到了体育课的内外结合，课余的体育活动办得十分灵活、丰富，并结合游戏、舞蹈、爬山、"叠罗汉"等活动，极具趣味性。

朱剑凡在春秋佳日还经常带学生去郊野春游、秋游或野餐。"纵观农圃山水、公共建筑及古贤祠墓，以开拓眼界，增长见识，赏心悦目，增进健康"，使课内学习与课外活动互相促进。

至于园林美育，无疑，蜕园给予女学生们的不仅是亭台廊榭、树木花草、池塘鱼跃、假山流泉的形象美感，更主要的是给予她们那深刻的内在遐思与愿景。一位校友（曹季梁）曾深情地怀念着周南的校园：那宽广的操场，那六人才能抱的参天大树，那健身房的篮球、排球。再深入其境，那碧波荡漾的荷塘，荷塘中亭亭玉立的红白

图4-6-26 思源亭

图4-6-27 思源桥

荷花，宛似一位位周南的女学生。我遐想，那汉白玉的石拱桥上不知留下多少周南学子的脚步，那荷塘中的假山不知藏有多少秘密，那思源亭里不知流传多少革命者感人肺腑的故事。那通往校园深处横跨荷塘的木质曲廊，不知留下多少女学生爽朗的笑声。而在操场西北角掩映于绿树丛

中的红楼，曾经作为学生寝居的地方，有多少女学生在这里编织未来的理想。这些难道不都是校园的美在哺育着少年的心灵，如沐浴于春风，默化于无形。无怪乎朱剑凡认为，学校应处于"风景秀丽之处"，因为学生求学于山明水秀之所，自然会兴趣丛生，收事半功倍之效。

除了传统形式的蜕园而外，这里结合教学还开辟了一些小园林，如"学级园"、"公共园"、"美育园"、"饲养园"、"纪念树园"，让学生观察自然现象，陶冶性情，培育美德。各园都由学生自己管理，有一位教师指导。一位学生这样回忆当时的情景：到小园林里去是上劳动课，请花工师傅教我们栽花种树。每班有一个小花园，即学级园。每人种一盆花，插上各人的名字，以后就会时时惦记着去护理它，直到开出美丽鲜艳的花朵，使我们享受到劳动收获的喜悦，也学会了栽培花木的技术和一种爱好自然的美感。

周南女中的另一人文美育是重视学生的外表，提出所谓"五杂件"的详细规定。

朱剑凡认为："吾国贫弱，懒惰依赖，是其大因，女子尤多娇惰不事事，本校力矫其弊，凡生徒所及者，均极端倡导之。"学校对学生的衣服、袜子、发簪、鞋子、雨伞的色彩和式样都有所规定。认为："戒指、表链非作业时所必要，头部插戴花饰非生徒上所必须，当废不用。"甚至于学生走路、坐立的姿势，体育教师都随时给予纠正。教授学生举止动作及仪表礼节的修养和常识，足见这种从内在到外表全面培养的校风。

（四）校园文化的特色

校园文化体现出一个学校的特色，它可以从校训、校歌、校刊、校风等方面用文字（含石刻）、歌声、图画等形式表现出来。

周南女中最早期培养学生的校训为：自治心（节制、整洁）、公共心（博爱、忠恕）、进取心（勤勉、耐劳），以后又简明、概括地归纳为诚、朴、勇。上世纪中期，老校友、我国近代杰出的妇女运动家蔡畅返母校时，又提出了"诚朴、健美、笃学、奋进"八个字，也列入校训。这些都反映出周南女中的文化素养与精神风貌。

20世纪20年代与三四十年代的校歌中表现出了周南女中所处自然环境的特色："洞庭南、湘水偎、山郁郁，水谐谐，美璞醢、育珠胎，周南生，水媚山辉"，以及"地处长沙，山环水复深深锁"，都说明周南之创办与兴盛是受湖湘地域文化的影响，地灵而人杰。谁能估量这山山水水、亭台楼榭、树木花草的园林与风景，让这

些年少青春的女孩子们产生多少终生不忘、矢志向上的人生启示与志向呢？周南的校歌，恰似一种无形的、默化于心中的园林。

校园中的一亭一桥皆名"思源"，翼然临于池侧，其意盖在于劝勉诸生常思其成长之由，不忘立身之本。

校刊也是一种文化园地。1910 年任教于周南的徐特立就创办了湖南最早的教育读物——《周南教育》。1919 年。学生周敦祥等又创办了湖南妇女界最早的一份刊物——《女界钟》，其内容皆"纯真之流露，救国之嘶鸣。期为炎天冻雨，末世警钟"，尤其是处在战乱不宁、饱受欺凌的那个年代，他们要"以文艺之花，醒救国之梦，离象牙之塔、蔷薇之宫，而游心于血战沙场，（在）十字街头，去种种风花雪月之空文，为种种明耻叫战之实论，焦思舌虑，以求有补于国家"。

总之，在近代，周南虽仅仅是一所女子中学，但对全中国半边天的妇女解放来说，有如星星之火。它的园林景观和文化景观孕育出莘莘学子，实现了"周礼盍在、南化流行"的创校理念，成为享誉百年的三湘名校，也完成了中国近代从传统教育向民主教育的转型。

（本节"湖南长沙周南女中"
文：朱钧珍，资料提供：谭丽都、易松涛等）

四、山西太谷铭贤学校

铭贤学校创办于光绪三十三年（1906 年），宣统元年（1909 年）由南关迁现址（图 4-6-28）。学校总面积为 45.5 公顷，其中已建成校园面积 15 公顷，校内建筑面积 20118 平方米。1907 年留美归来的孔祥熙先生受欧柏林大学的委托，回到故乡山西太谷创办了铭贤学校，自任校长。由小学发展到中学，民国五年（1916 年）增设大学预科，以后又陆续增设农科、工科、商科等。日寇入侵山西后，1939 年学院内迁至四川金堂县，仍有专人留守校部，1943 年扩充为学院。1950 年迁回太谷原址时仍是内迁前原貌。1951 年私立铭贤学校收归公有，成立山西农学院，1979 年更名为山西农业大学。

铭贤学校位于太谷县东门外二里的杨家庄边上，办学之初原有建筑为太谷大族孟氏的别墅（俗称"孟家花园"），系《辛丑和约》中太谷县折价赔与美国教会（公理会）的。铭贤学校于 1909 年迁入后，再购入农田，逐年发展，建农场、果园、家畜饲养场、铁工厂等。校舍新建筑建于 1909～1937 年，此为学校全盛时期。校园由美国人规划，在"孟家花园"的大门向南为中轴线，以扇面形状向东西两侧辐射扩散，规划布局合理，宽宏大

北

图例
楼房
平房
瓜棚豆架
花卉
草坪
道路
围墙
阔叶树
针叶树

图 4-6-28　铭贤学校校园平面图（面积：15 万平方米）

方，其建筑以西洋式风格为主，富丽堂皇。可惜正逢抗日战争爆发，铭贤学校校园建设没有按规划图纸完工。

（一）校园的分区与布局

20 世纪 30 年代，铭贤学校分为南北两片（两片中间是杨家庄进太谷县城的大道，故学校不能占用），南片称"南院"，北片称"北院"。

1. 北院——教学区

北院在原孟氏别墅的基础上扩建而成，保留了原有古典式北方建筑风格的孟家花园别墅和花园（图4-6-29），新建了学生宿舍（韩氏楼）、办公院、礼堂兼教室（小礼堂）和图书馆、实验楼作为教学之用。新建房屋虽由美国人设计，但多用青砖、筒瓦，与太谷民居用材是一样的。除办公院为一层以外，其他建筑多为二层，外形采用山西民居式样，但内部完全是西洋式，有地下室、暖气锅炉，门窗也是西洋古典式。嘉桂科学楼（图4-6-30）和亭兰图书馆（图4-6-31）建于20世纪30年代，造型雄伟壮丽，是美国著名建筑师墨非设计的。建筑下部为天然砂石的台基，有地下室；上部为青砖二层楼，琉璃瓦大屋顶，还以水泥作成仿木的梁枋，上绘有中国式的建筑彩绘，内容为中国书籍、古玩等（图4-6-32），其做法与原燕京大学的仿古式楼一样，只是小了一些，所以和原孟家花园的格调完全协调。

2. 南院——教学办公及教工宿舍区

南院建筑以西洋式风格为主，富丽堂皇，各具特色。办公楼都是西洋式建筑，但外形都为中国化设计；屋顶用中国式筒瓦，而门窗、阳台为西式（图4-6-33）。教授住宅建成一幢幢独立的别墅式平房，布局灵巧秀丽，青砖筒瓦，有地下室和独立的暖气锅炉，设备极好；每座住宅外都有短围墙围合的小院，与美国郊外别墅作一样的处理；两排宿舍中间是两座网球场；每座小院间是自然式的小道，道旁种有行道树（图4-6-34，图4-6-35）。

南院用青砖的高墙围住，入院门后，是一片自然式的中西合璧的建筑和大片的网球场，令人仿佛置身于美国城郊别墅区。此与中国式的校区自有不同的景色，但这样西化的规划及建筑形式又添入了山西当地的建筑装饰风格——用青砖、筒瓦的建筑冲淡了美国式的布局。此种我中有你，你中有我的大布局，加上山西的自然风光，自会别有情调。如今，此部分大体还保存在山西农业大学校园内（图4-6-36）。

铭贤学校虽是一座美国教会办的学校，校园规划、建筑设计也出自美国人之手，但他们都能结合地方特色，

图 4-6-29 铭贤学校校门

图 4-6-30 嘉桂科学楼前庭绿化

图 4-6-31 亭兰图书馆近景

图 4-6-32 学校建筑上的彩绘装饰

图 4-6-34 原铭贤学校教授住宅之一

在全局上与周围环境协调，尤其是"北院"教学区，容纳了典型山西风貌的中国古典式园林，新建的校舍在外形上也选用了中国式，但细部又是美国式的，具有现代化的功能设施，房屋与道路采取自然式布局。此种中西融合的设计布局，创造和保持了建筑之间的协调与统一，很值得我们思考与借鉴。

（二）校园绿化特色

铭贤学校校园是在孟家花园的基础上扩建而成的，其特色是中西合璧、古朴典雅、亭台楼阁、曲径通幽、假山叠翠、池水涟漪、林木苍翠、花木芬芳、瓜棚豆架、芳草鲜美，景色清雅脱俗，加以有国外引种和自己培育新优良品种的条件因为在 1927 年成立了农科，由美国人 Romond·T·Moyer（中文名穆懿尔）任农科主任，成立了三个农业实验场，后又在李伯玉、贾麟厚等主持下建立了南山几处果园、园艺场，校园周围都是农田、果林，故而处在一片绿色中（图 4-6-37）。学校聘 1934 年在金陵大学农学院园艺系毕业的贾麟厚执教并负责全校绿化工作，并从美国密苏里州的斯特克兄弟种苗公司引进了首批苗木。其时有苹果树 45 个品种，还栽种了西洋大樱桃、大桑葚、梨树、桃树、杏、李、柿、葡萄等果树；校门外新建园艺圪洞园艺场（占地 50 亩，修筑成梯田式小花园），引种培育了玫瑰、虞美人、美人蕉等数十种花卉；还有从

图 4-6-33 三号办公楼（春景）

图 4-6-35 原铭贤学校教授住宅之二

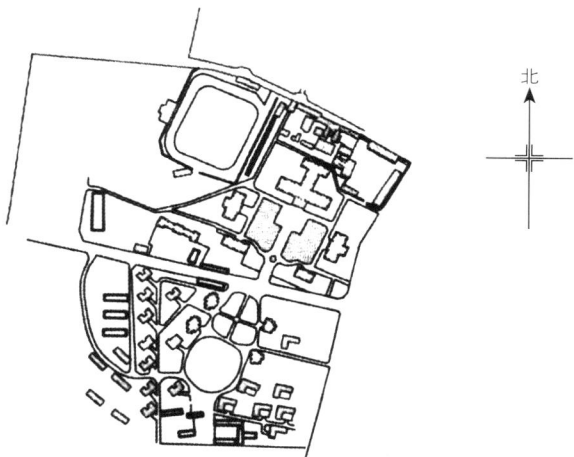

图 4-5-36　山西农业大学校园内铭贤学校原址现状平面图

北

图 4-6-37　校园鸟瞰图

图 4-6-38　韩氏楼前草坪

图 4-6-39　小礼堂春景

英国引入的天鹅绒草、红牛毛草等观赏草皮，在办公室门前、韩氏楼（图 4-6-38）等处种了大片的草坪（也有从乌马河引来的细叶苔）；在南院各西洋式建筑上爬满了美国地锦，又引进了几种绿篱；还用大缸植莲（三个品种），并在艾蒿上嫁接九月菊，开花四百余朵，蔚为大观。1935 年在校园里韩氏楼、科学楼、图书馆一带种了许多毛白杨，现已长成参天大树（据 1982 年林学系学生测定，单株材积达 5.032 立方米）。为绿化校园还引进了中国梧桐、泡桐等；校园内广植的桧柏是从老爷庙采籽育成的；亦从东山等处引种野生观赏树种。校园内光是花灌木品种就有榆叶梅（重瓣）、重瓣黄刺玫、迎春、牡丹、毛樱桃、连翘、丁香（有细叶丁香、暴马子丁香、华北丁香、北京丁香等品种）等，尤其在丁香盛开的季节，校内到处香气袭人（图 4-6-39），引得校外人都前往游览、照相，留连忘返。

（本节"山西太古名贤学校"文：陈尔鹤等）

五、山东济南齐鲁大学

济南的齐鲁大学是旧中国 13 所教会大学之一，是 20 世纪初由美国、英国、加拿大三国的 14 个基督教会组织在山东合办的一所教会学校，称山东基督教共合大学。1917 年学校更名为齐鲁大学。1949 年停办。1952 年以后其校址为山东医学院、山东医科大学，今为山东大学医学院校址和山东大学齐鲁医院院址。

1864 年，美国北长老会传教士狄考文在登州（今蓬莱市）办免费义塾，起名"蒙善学堂"。1872 年学堂正式定名为"登州书院"。

1904年，登州书院和英国浸礼会在青州办的广德学堂合并起名"广文学堂"，校址迁至潍县（今潍坊市），决定合办大学，成立山东基督教共合大学。

1908年，英国传教士卜道成在济南筹建大学。1911年校舍落成开始招生。1917年三个学堂集合到济南，结束了自1904年以来三地分散的局面。学校更名为"齐鲁大学"（对外和在教会内部仍称山东基督教共合大学）。

齐鲁大学第一任校长是英国人卜道成。其校园面积约545亩，设立文、理、医、农、神、社会教育、天文和国学研究所，规模庞大，成为科系繁多的综合性大学，学源广泛，师资力量雄厚，是当时山东省内最大的一所高等学府。抗战前的20年（1917~1937年）是齐鲁大学历史的主要时期。1930年老舍先生（舒庆春，字舍予）来齐鲁大学文学院任院长，留下了脍炙人口的散文如《济南的秋天》、《济南的冬天》等。

（一）校舍布局和校园绿化

1. 校舍布局

由齐鲁大学平面图（图4-6-40）和《图说济南老建筑·近代卷》（张润武、薛立著，济南出版社）一书的资料介绍中，可以了解其学校发展和建设是有总体规划的。在总平面图中也可看到，学校的功能分区比较明确。

（1）教学区位于中部，布局很有特色。以南北主轴和东西副轴形成教学区的空间，将主要功能建筑、办公楼和礼拜堂分别安排在南北轴线端点。将物理楼（考文楼）、图书馆和化学楼（柏根楼）与神学院安排在东西轴线上。其中物理楼、化学楼又与办公楼形成品字形布局，使之相互呼应。在六栋建筑间形成一个大花园，辅以八条放射状卵石路通往四方。这种以花园为核心的布局将建筑、园林融为一体，形成教学区优美幽静的学习环境，冲破了当时正处于清朝末期封建教育制度统治下的校园建设呆板的面貌，创造了自然的新气象。对后来其他新建学校结合园林创造幽静的学习环境，起到了示范作用（图4-6-41）。

（2）生活区与教学区紧密相连。生活区分教工生活区和学生生活区。教工生活区又分教授住宅和副教授以下员工住宅，分别安排在教学区的北侧。教授住宅区有12座是花园式的别墅，多为二层小楼，还附有网球场。副教授以下员工住宅为多排面积不等的平房。

学生生活区邻近教学区，分男生宿舍区和女生宿舍区。男生宿舍区由两列八幢二层的砖木宿舍楼组成，为六个院落，号称四百号院。女生宿舍区分别叫景蓝斋和美德楼，是独立的院落。所有的宿舍朝向都为朝阳的南向。体育场位于宿舍区的北侧，与学生区离得很近，便于课外活动，也体现出以学生为本的功能分区规划构思。

（3）在校舍西部规划了自备供水系统，建有水塔和煤气房。西南角为附属小学。

（4）学校还建有农场、奶牛场、观星台、测候所、发电所等。

齐鲁大学的校舍布局中，办公、教学、运动、生活功能分区明确，成为当时设施齐全、技术先进的学校校园。

2. 校园绿化

中心花园面积约二万平方米（长200米，宽100米），为西方园林式布局，讲究对称、平衡、整齐、秩序。以折线、放射线等几何线段规划，将学校主体建筑组织在一个园林空间内，使建筑融入园林环境之中，突出了教学区的园林特点。

校园内的道路两侧也进行了绿化，对称种植。每条路种植一个树种，并以所种植的花木命名，自北向南依次为杏林路、槐荫路、丹枫路、松音路、青杨路、长柏路等。所起的名称既体现出树种的形态、习性、色彩，还蕴涵着艺术意境。如"杏"和"林"结合，会使人联想杏花林的美景；"槐"和"荫"结合，则会有"槐荫当庭"之感；"丹"和"枫"结合，一个"丹"字点出红枫秋景；"松""音"则寓意着松涛之声；"青""杨"结合又是早春杨柳青青的春景；而"柏"则显示出冬绿常青。这里应用了中国传统植物配置的文化内涵，提高了绿化的品位和意趣。

此外应用绿化攀缘于墙体，也是西方绿化较为推广的一种垂直绿化形式。齐鲁大学内有一座礼拜堂叫圣·保罗楼，是神职人员的住所。圣·保罗是《圣经》中的人物，被基督教奉为圣人。在这座建筑物的山墙尖上竖立着十字架，灰砖清水墙上布满了翠绿的爬山虎，苍老又肃穆。老舍先生在散文《非正规公园》一文中对此有过描述："……进入校门便见一座绿楼——爬山虎的深绿肥大的叶，一层一层把楼盖满，只露几个白边的窗户。每阵小风，使那层层的绿叶掀动，横看竖看都动得有规律，一片竖立的绿浪（图4-6-42）……"

齐鲁大学北依趵突泉，南眺千佛山，借景校外洪家楼天主教堂高耸华丽的尖塔，赋予了校园独特的文化气息。教堂的建筑风格集科隆教堂和巴黎圣母院于一身。融校园景观为一体，从任何角度都可看到（图4-6-43）。

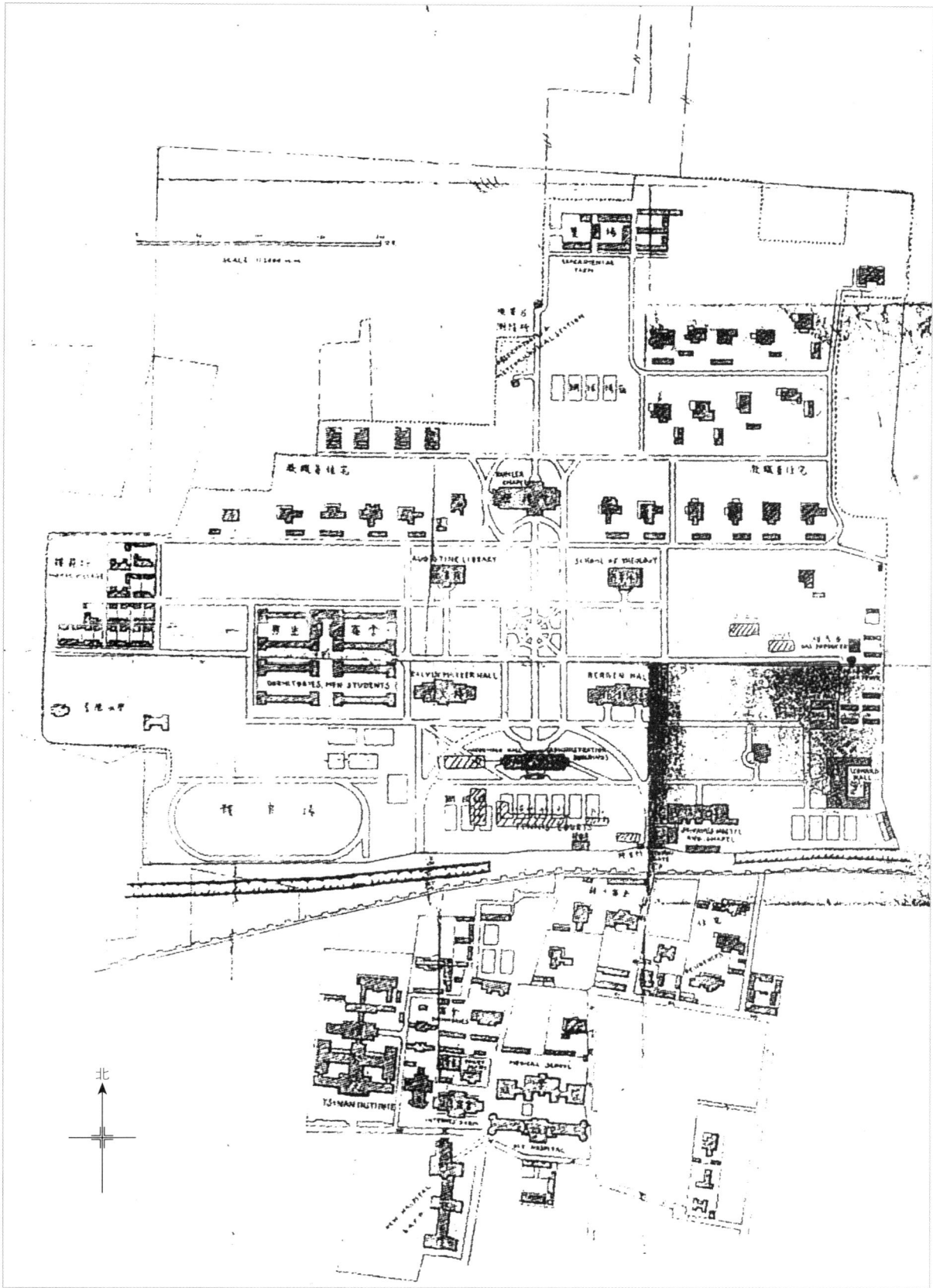

图4-6-40 齐鲁大学总平面图（包括齐鲁大学医学院、附属医院和广智院）

校园内四季树木常青，花木色泽交相辉映，环境恬静优雅。行走其间，古木参天，浓荫匝地，槐叶飘香，难怪这里被称为公园式的美丽校园。

齐鲁大学的校园是充满人文底蕴、文化品位和绿化、美化均为上乘的校园，显示出高等学府的学习气氛。几十

图 4-6-41　齐鲁大学校园中心花园鸟瞰
（正中是办公楼，右为考文楼，左为柏根楼，远处是南圩子城墙和城墙内的齐大医院，引自〔日〕村松伸：《二十世纪初期中国における「中国建筑の复兴」と西洋人建筑家》）

图 4-6-42　圣·保罗楼的绿墙

图 4-6-43　借景天主教堂

年后成荫的大树，见证了其发展的历史（图 4-6-44）。

老舍先生曾说过，"上帝把夏天的艺术赐给瑞士，把春天赐给西湖，秋和冬全赐给了济南"。

（二）中西合璧的校园建筑

齐鲁大学的建筑在结合中国传统建筑细部处理上具有独到之处。

1923 年建成的办公楼，其平面布局是西方近代建筑的形式：内走廊、南北布置房间，两面采光，门窗贴脸、护墙皆为木质。受欧洲新艺术风格的影响，装修考究。办公楼的立面为三段式，中间一段为五开间，东西两翼各六开间，主次分明。建筑自下而上为毛石墙基、青砖墙体。整个建筑的墙面划分、门窗组合、石窗台、石门楣与线脚等的处理基本上是西洋古典手法，而大屋顶则是采用中国传统的建筑形式，为东西走向的庑殿式四坡顶屋面。屋顶上铺青平瓦，屋角略有起翘，屋顶上的花屋脊和歇山山墙上都有精致的砖雕，而吻兽和屋脊正面入口上下的细部构件却都为典型的中国传统形式。建筑中还应用了中国传统的垂花门斗。办公楼的建筑造型庄重大方，比例尺度恰当，细部处理得体，是一件较成功的中西方结合的建筑作品，被誉为"中国建筑复兴样式"的代表作，成为该校的标志性建筑和校园历史文脉的象征（图 4-6-45，图 4-6-46）。

除了办公楼建筑体现出中西合璧手法外，与之呼应的柏根楼（化学楼）在门窗装饰上还将中国传统建筑中的"和玺彩画"进行了简化、概括，作为所有长条形石窗楣的装饰纹样（图 4-6-47）。在屋檐下的墙体和窗下墙体上都嵌有中国传统的圆"寿"字的纹样。这些手法都说明建筑师在细部处理上非常注重突出中国传统文化。在考文楼（物理楼）主入口的处理上，则应用单

图 4-6-44　几十年后成荫的大树

图4-6-45　原齐鲁大学办公楼南立面

图4-6-46　原齐鲁大学办公楼正门
（南门，歇山屋顶、圆钟、垂花门和带抱鼓石的石台基是南门的主
要特征）

图4-6-47　原齐鲁大学柏根楼南墙局部处理
（将中国传统的"和玺彩画"简化、概括，作为建筑石窗楣的装饰
纹样）

图4-6-48　齐鲁大学考文楼主入口
（北门，两个又粗又壮的附壁墙垛夹着一个门楼，门前的抱鼓石更
使人倍感亲切）

坡小灰瓦顶民居门楼的形式，带有济南传统民居的风韵
（图4-6-48）。

　　以上三楼在建筑形式、细部处理上都非常协调，共
同组成了齐鲁大学教学中心地段浓郁的文化氛围。男生
宿舍楼中，中国传统民居的屋顶和西式的檐部、墙体转
角的隅石处理也都很地道（图4-6-49）。

　　此外，在圣·保罗楼的山墙尖、入口门窗和窗下
墙的部位也均布置有众多精致的砖雕，内容为中国传统

图 4-6-49　齐鲁大学男生宿舍楼局部
（中国传统民居的屋顶和西式的檐部、墙体转角的隅石处理都很地道）

图 4-6-50　圣·保罗楼的门窗券和窗下墙上的精美砖雕，内容都是中国传统的吉祥图案

吉祥图案，如蝙蝠、松鹤、鹿寿以及花草等（图 4-6-50）。这种重视中国传统建筑符号并加以灵活运用的手法，使其具有独到之处。

特别值得一提的还有女生宿舍——景蓝斋的建筑处理，它以蘑菇石为墙基，采用折线形的屋面和折线形的门罩以及正中曲线形的檐口（图 4-6-51），在红瓦屋顶上还有简洁而富有装饰感的烟囱，连同日耳曼式的曲线形似眼睛状的老虎窗一起，表现出北欧的建筑风格，又使人感到是地地道道的西式小洋楼，似有画龙点睛之感（图 4-6-52）。

而 1924 年建成的学校大门，其造型又完全采用了中国传统三间三楼式的牌楼形式（图 4-6-53）。

以上建筑、无论是西洋式的、中国民居式的、中西合璧式的，还是中国传统式的，整个校园建筑风格谐调，古朴典雅，简洁大方。这些充满异国风情的校园建筑，成为一道不可多得的美丽风景。

齐鲁大学的校园规划、校舍建设，不仅在山东最有名气，在全国也是名列前茅。当时有"北燕"（北京燕京大学）、"南齐"（济南齐鲁大学）之称。

齐鲁大学在中国近代教育史中发挥过巨大的示范与导向作用，为中国高等教育作出了不可磨灭的贡献！

（本节"山东济南齐鲁大学"文：杨淑秋）

图 4-6-51　景蓝斋入口

图 4-6-52 由庭院内看景蓝斋
（屋顶阁楼层上那几个像人眼睛似的曲线形老虎窗，尤其引人注目）

图 4-6-54 清华大学大礼堂前的草坪

图 4-6-53 齐鲁大学校友捐款修建的大学校门（1924 年）

图 4-6-55 清华学堂为近代早期建筑

六、北京清华大学

（一）清华大学的历史沿革

清华大学是中国著名高等学府，坐落于北京西北郊风景秀丽的清华园。是中国高层次人才培养和科学技术研究的重要基地之一。

清华大学的前身是清华学堂，成立于 1911 年，当初是清政府建立的留美预备学校。1912 年更名为清华学校，为尝试人才的本地培养。1925 年设立大学部，同年开办研究院（国学门），1928 年更名为"国立清华大学"，并于 1929 年秋开办研究院，各系设研究所。1937 年抗日战争爆发后，南迁长沙，与北京大学、南开大学联合办学，组建国立长沙临时大学，1938 年迁至昆明，改名为国立西南联合大学。1946 年，清华大学迁回清华园原址复校，设有文、法、理、工、农等 5 个学院，26 个系。

清华大学校园，地处北京西北郊繁盛的园林区。它是在相毗邻的几处清代皇室园林（清华园、近春园、长春园一隅）的遗址上发展而成的。1911 年建校时，只包括清华园一处，面积约 450 亩；园内除工字厅及其附近的几处古建筑外，新建校舍只有大礼堂、二校门、清华学堂、二院、三院、北院等几处（图 4-6-54～图 4-6-56）。转

图 4-6-56 清华大学二校门

年，近春园和长春园一隅（东南隅）亦并入，面积扩大了一倍多，之后，随着学校规模的日益扩大，从 20 世纪 30 年代初期开始，又向四外发展，购进用地 800 余亩，到抗日战争爆发时，园墙内地面已达 2000 余亩。新中国成立后，校园重点向东发展，京张铁路向东移。到 1987 年 10 月止，总面积已达 4619.35 亩（含核能所 710 亩，代征地 146 亩）。园内建筑面积从建校时的 3000 余平方米发展至约 81 万平方米。

清华园外部环境优美，周围高等学府和名园古迹林立；园内山林俊秀，水木清华；清澈的万泉河水从腹地蜿蜒流过，勾连成一处处湖泊和小溪，润育着园内花木禽鱼，也润育着一代代清华学子高洁的志趣和情操。老校歌亦有"西山苍苍，东海茫茫；我校庄严，巍峨中央"之赞誉。20世纪30~40年代，清华校产曾远及西山的"松堂"、圆明园旧址西边的"王怀庆花园"等处。抗日战争胜利后又接管了颐和园对面的敌伪"土木工程专科学校"旧址，成立了"清华农学院"。新中国成立后，经过院系调整，校园以外的房地产几乎全部调出，校园才又基本集中于清华园一处而向四外发展。

新中国成立以前，人们习惯地把紫荆和丁香视为清华的校花，但未见诸典籍，可能只是一种约定俗成。首先是由于这两种花与校旗、校色一致（紫荆花为紫色，丁香花分紫、白二色）；其次是由于它们都是在校庆日前盛开；第三，丁香花一簇簇群放，象征着清华莘莘学子亲密相处、共发芬芳。

学校创建之初，曾由外籍教师创作了一首英文歌词的校歌，但词和曲都不令人满意。贺麟于1925年在《清华周刊》上撰文指出："我根本认为清华的英文校歌不能代表清华的精神，更不能代表中国文化的精神。我仔细一想，原来此歌是一位美国女士做的，才恍然觉悟此歌原来是代表很幼稚的美国化。而此种美国化，又不是我们所需要的。"正是在这种背景下，1923年前后，学校公开征集校歌，汪鸾翔应征的歌词，经校内外名人评审入选。汪鸾翔当时是在清华教授国文和哲学的教师，为使校歌词旨隽永，他用文言文写成。三段歌词，气势宏伟，涵义深刻。贺麟认为，这首校歌是我国优秀传统文化的结晶，可以代表中国文化之精神。而同时又能符合校训，传达出清华教育的宗旨。且校歌措词亦颇得体，而大家均觉欣赏此歌。他正式提议取消当时的英文校歌，用汪鸾翔的中文校歌取而代之。

"自强不息，厚德载物"是清华大学的校训。"自强不息"、"厚德载物"出自《周易》："天行健，君子以自强不息"（乾卦）、"地势坤，君子以厚德载物"（坤卦）。意谓：天（即自然）的运动刚强劲健，相应于此，君子应刚毅坚卓，奋发图强；大地的气势厚实和顺，君子应增厚美德，容载万物。早在1911年，清华学堂初创时就提出"以进德修业、自强不息为教育之方针"（《清华学堂章

程》）。1914年，著名学者梁启超莅校作《君子》为题的讲演，以"自强不息"、"厚德载物"勉励学生，后被铸入校徽，高悬于大礼堂的上方，成为师生共同遵守的校训。

清华大学在教育史、科学史、学术史上所创造的杰出业绩，师生在拯救民族危亡和争取民族解放的斗争中所表现出的英勇献身精神，以及在社会主义建设各条战线取得的成绩，都是"自强不息"、"厚德载物"这种历史精神在新的历史条件下的光辉体现。

（本节"清华大学的历史沿革"
文：潘江琼、唐浪）

（二）近代清华大学校园规划

近代清华大学的校园建设可分为四个阶段，进行过三次校园规划，在建设过程中作出重要贡献的五位中外著名建筑师是：斐士（Emil Sigmund Fischer）、墨菲（Henry K. Murphy）、庄俊、杨廷宝、沈理源。而后面三位均被列入"20世纪中国已故著名建筑师"[1]名录，他们的建筑设计作品全部包含于清华大学（近代）早期建筑中，2001年6月25日清华大学被国务院列为"第五批全国重点文物保护单位"。

第一次清华学堂1909~1911年校园规划（建筑承包者、建筑师斐士）；

第二次清华学校1914年校园规划（建筑师墨菲和庄俊，校长周贻春）；

第三次清华大学1930年校园规划（建筑师杨廷宝，校长罗家伦）；

第四阶段（1931~1937年）"有建筑无规划"（建筑师沈理源，校长梅贻琦）。

1. 清华学堂1909~1911年校园规划[2]

1909年清政府在北京设立游美学务处，由外务部和学部共同管辖，负责选派游美学生和筹建游美肄业馆。1911年2月游美学务处和肄业馆迁入清华园。因"文宗显皇帝御书匾额（按：咸丰御笔《清华园》现仍恭悬园内"，宣统三年三月十一日（1911年4月9日）奏准游美肄业馆改名清华学堂。游美肄业馆学生名额500（开学时486）名，学制八年，分中等、高等两科，各四年制。

《1914年清华学校全图》（图4-6-57）的发现，彻底纠正了流传90年的"清华学堂没有校园规划图"的错

❶ 原载《建筑科学与文化》附录：世纪的纪念——20世纪中国已故著名建筑师，北京：科学技术文献出版社，1999-10。
❷ 罗森撰文《清华校园建设溯往》，原载2001年4月出版的《建筑史论文集》第14辑。

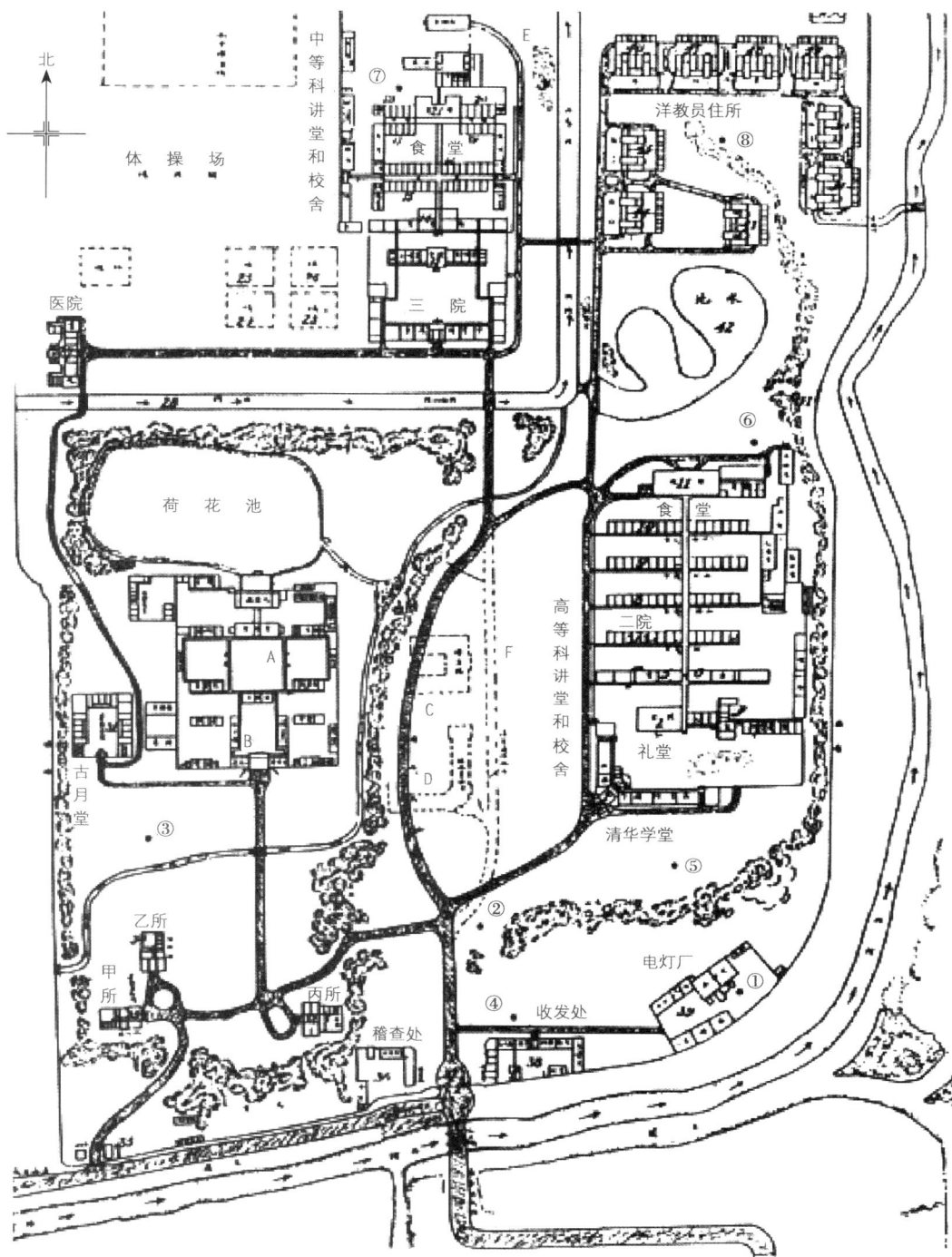

北

体操场

中等科讲堂和校舍

⑦

食堂

三院

医院

洋教员住所

⑧

水木 清

⑥

荷花池

食堂

二院

A

高等科讲堂和校舍

B

F

C

礼堂

D

古月堂

③

清华学堂

⑤

乙所

甲所

丙所

②

电灯厂

①

稽查处

④

收发处

图 4-6-57　1909～1911 年清华学堂规划平面图（引自《远东时报》1914 年 2 月号）
A-工字厅，B-学务处，C-规划的图书楼，D-规划的理化实验室，E-土山上有土地庙，F-规划道路；①至⑧是水井：①为机井，②和④为古井，⑥供高等科食堂，⑦供中等科食堂，⑧供北院住宅

误结论，它实际上是《1909～1911 年清华学堂规划平面图》。

清华学堂校园占地 450 亩，规划新建总面积至少21018 平方米。这次规划，首先按学校性质和学生规模，制定了清晰合理的功能分区、完整的道路系统和服务设施。1909～1911 年清华学堂规划平面图具备规划图的主要特征，以虚线画出了待建的道路和建筑。中外教员住所分别建在东北角的北院和西南角的古月堂、甲乙丙所。教务及行政办公室则设在工字厅。1921 年校刊"清华园与清华学校" ❶ 一文错误地记载着"工字厅的西边有垂花门，额曰怡春院，即今庶务长的住宅"。但是已发现规划图中并没有，并且 1909 年内务府档案记着"怡春院"在"东所"。因此，近百年来清华一直把西跨院北端小院儿称为"怡春院"，是一个以讹传讹的错误。

图中发现了八个黑色大圆点表示的八口井，说明当时还没有自来水，自然没有抽水马桶，只有旱厕。

《Henry K. Murphy, an American Architect in China》一书写道："Emil Fischer, the Austrian builder who probably designed the first educational buildings at Tsinghua in 1909, used a variety of foreign styles." 该书作者认为斐士可能就是校园的规划和设计者。斐士的重要贡献是：规划校园时基本保留了清华园皇家园林。采用多种欧洲建筑形式和风格，留下至今仍然是清华园最美的建筑——二校门和清华学堂。清华学堂领导和规划者最严重的错误则是拆除了康熙四十六年建的熙春园大宫门（图中乙所南向道路端部，依稀可见其遗存）和乾隆三十三年建的观畴楼（1909 年称"佛楼"）这两座重要古建筑。

2. 清华学校 1914 年校园规划

1913 年 8 月 26 日周诒春接任为第二任校长。其第一大贡献是着眼独立的民族教育事业，提出把清华改为独立大学。1914 年 6 月周校长请他的耶鲁大学校友美国建筑师墨菲（Henry K. Merphy）和丹纳（Richard H. Dana）担任建筑师。

1913 年购入近春园及近春园西墙外一长条土地（包括长春园东南偶过街楼、水磨村东部和黄木厂），校园面积已达 900 亩。

1914 年 10 月墨菲为清华学校制定了一个完整的大学校园规划。这个规划的主要特点是在校园中布置两个学校，东部为包括初等科和高等科的八年制留美预备学校，西部以近春园为中心规划了大学部。

墨菲规划了东部（图 4-6-58），对斐士的规划作了重要更改，创造性地规划并建成了大礼堂前的椭圆形大草坪和著名的"四大建筑"大礼堂、科学馆、图书馆和体育馆，成为清华校园规划中近百年来被世人称道的两个亮点。在科学馆南侧则保留了与清华学堂对称的建筑。

庄俊曾获中国建筑学会授予的"建筑泰斗荣誉证书"，1910 年被清华学堂派往美国伊利诺伊大学，是我国最早的出国留学的土木建筑工程师。1914～1923 年任清华讲师和驻校建筑师长达九年，负责监理"四大建筑"的设计和施工，参与部分规划和绘图。此后庄俊先后主持了照澜院、西院及土木工程馆的设计和施工，为清华建校作出重要贡献。

3. 清华大学 1930 年校园规划

1928 年 8 月 17 日清华学校改为国立清华大学，设立文、理、法学院并附设工程科，罗家伦就任国立清华大学第一任校长。11 月提交校董会《整理校务之经过及计划》报告，提出应增添容纳一千人的男女生宿舍，建设自然历史馆，扩充图书馆，修建办公处等扩充校园的

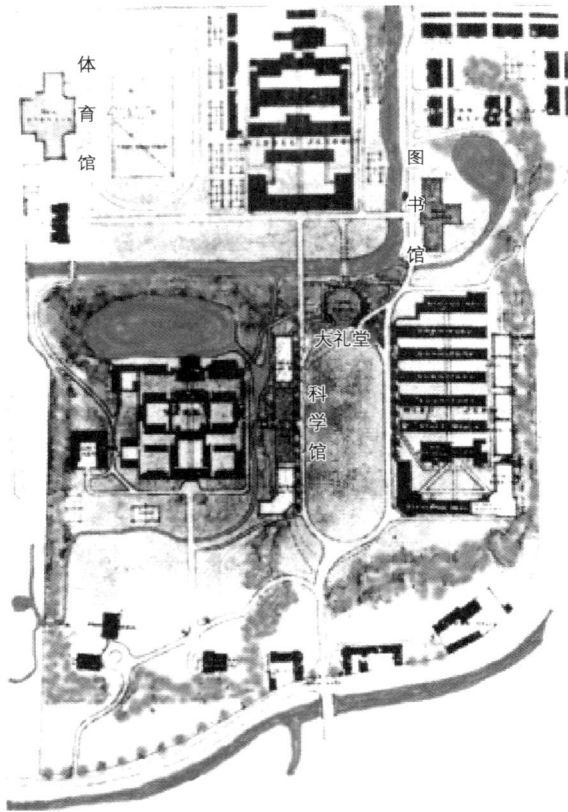

图 4-6-58 1914 年清华学校东部校园规划图

❶ 原载《清华周刊》本校十周年纪念号，1921 年 4 月。

规划任务。委托天津基泰工程公司承担建筑规划。

1930 年成立清华大学建筑委员会。2 月主持规划的杨廷宝完成了《国立清华大学总地盘图》（图 4-6-59），将 1914 年一个校园中两个学校的方案，统一成多学科的综合大学校园。其特点是在近春园中心建博物馆，环湖布置生物学馆及学术建筑。

这个规划进一步完善了墨菲的方院式布局，拟拆除二院和同方部建新的教学楼，并在校园西北角土山上建天文台，拟拆除三院，建学生练习会所与食堂，运动场南北两端分别建男女生宿舍，大草坪南端设行政楼。但后来按规划建成的只有被称为"新四大建筑"的生物学馆、天文台（气象台）、明斋和图书馆扩建。其中杨廷宝设计的图书馆二期扩建，被中国近代建筑学界誉为是新老建筑连接的天衣无缝甚至超过原建筑的经典之作。

4. 清华大学 1931～1937 年的校园建设

1931 年 12 月 3 日梅贻琦就任校长，发表就职演说时他的一句名言说："大学者，非谓有大楼之谓也，有大师之谓也。"他建立起中国工程教育史上占有重要地位的清华工学院。这期间盖的房屋最多，但却没有总体规划，可称"有建筑无规划"，不能不说是个失误。

梅校长时期的主要建筑师是基泰公司的沈理源，他设计了一些专业楼馆及宿舍楼等（图 4-6-60）。

这时（1937 年）校园占地为 1600 亩，校舍建筑面积达 99646 平方米。

5. 近春园遗址

自从同治十二年皇帝为重修圆明园下令拆毁近春园 260 余间殿宇游廊后，近春园便沦为"荒岛"，没有人知道拆毁前的状况。1979 年清华大学以重金改造"荒岛"辟为近春园遗址公园。实际上应称为"古今图书

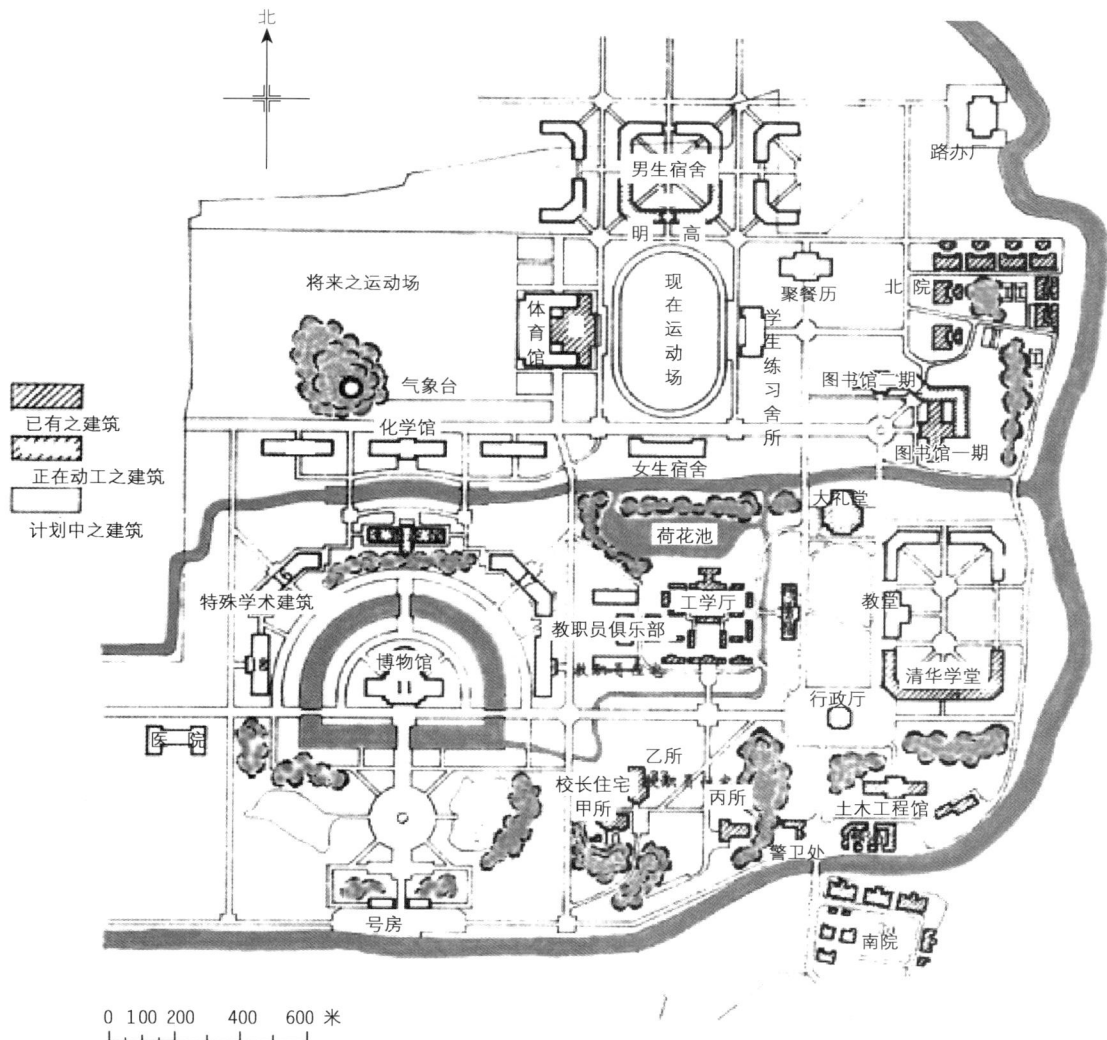

图 4-6-59 国立清华大学总地盘图（1930 年）

图 4-6-60　1935 年国立清华大学全校平面图

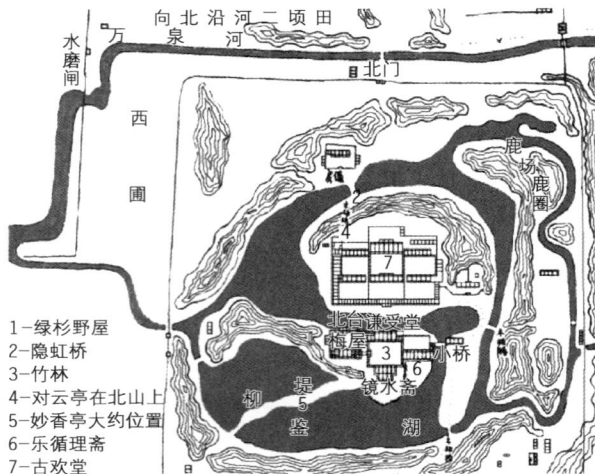

1-绿杉野屋
2-隐虹桥
3-竹林
4-对云亭在北山上
5-妙香亭大约位置
6-乐循理斋
7-古欢堂

图 4-6-61　道光二十八年（1848 年）春泽园平面图（苗日新考证）

集成馆·春泽园·近春园遗址"。近春园有不为人知令人震惊的历史。早在康熙五十五年（1716 年）这里就是《古今图书集成》编书馆，80 位编校者住了 10 年，图 4-6-61 中"荒岛"中央第一排 34 间房屋就是他们的宿舍。苏州人说得好："园林是可以看的昆曲，昆曲是可以听的园林。"园林和昆曲一起构成了几百年来中国人共同的精神家园。290 年前的仲秋一夕，胤祉邀陈梦雷于"柳堂"（图中鉴湖）乘舟游湖，备酒赏月，由王府的梨园伶人演奏了陈梦雷所撰昆曲《月夜泛舟》。

这个园子最后的成年人主人是出生且病卒于此园的嘉庆皇孙、道光四弟绵忻的独生子瑞郡王奕志（1827-1850）。奕志号西园主人，他以园中两座殿宇名称命名其著作为《乐循理斋诗稿》和《古欢堂集》，共载诗词文约千首，全部是住在此园时写的，史称其诗才堪比七步成诗的曹植，在上书房皇族中名列第一。他是清华校园土地上的第二位历史文化名人。在其诗中考证出了春泽园中的全部殿宇名称。奕志死后，咸同两朝此园没有转赐他人，因此《道光二十八年（1848 年）春泽园平面图》展现了近春园拆毁前的盛况。

奕志住在"梅屋"，把自己的书室"镜水斋"比若

人间仙境。的确，这里才是胜过水木清华荷花池全园最美的水上花园。奕志有二百首诗词描绘春泽园（近春园·荒岛），请欣赏 300 年来描写今近春园风景的最优美的一首词，奕志在"小桥一带"北、东、南三面都是荷花的曲阑处观荷的情景。

眼儿媚·观荷

朝来池上采芙蓉，霞彩绚波中。小桥一带曲阑，三面掩映妆红。翠翘影在湘帘底，淡淡碧烟笼。问谁管领，金茎珠露，玉槛香风。

1927 年住在西院 45 号的朱自清先生写下著名的散文《荷塘月色》，因此，"荒岛"所在的湖称为"荷塘"。近春园遗址东北土山上建有荷塘月色亭，亭内悬"荷塘月色"匾，是朱先生手迹（图 4-6-62）。河塘中心岛西南为纪念吴晗先生而建有"晗亭"和"临漪榭"（图 4-6-63），有邓小平手书"晗亭"匾额。

（本节"近代清华大学校园规划"
文：苗日新）

（三）近代清华大学校园景观

1. 近春园景观

1860 年英法联军焚毁近春园使之沦为荒岛，1927 年仲夏，住在附近（西院）的近代中国知识分子的代表、著名文学家朱自清感于世变，夜不成寐，写下不朽散文《荷塘月色》。这有感而发足以证明，清华园的历史对师生思想、人格的影响。120 年后的 1979 年，学校彻底改造"荒岛"为近春园遗址公园：建石桥、假山、瀑布、

图 4-6-62　荷塘月色亭

图 4-6-64　"水木清华"匾联

图 4-6-63　荷塘中心岛西南的"晗亭"和"临漪榭"

图 4-6-65　"水木清华"全景

草坪、鱼池和"临漪榭",修"晗亭"和"荷塘月色亭",昔日"荒岛",今日已是夏日荷花满塘,冬季环岛冰场、雪树银花,成为园中之园。

2. 水木清华景观

水木清华(荷花池)——在工字厅北。山丘环拢着一泓秀水、瀑布假山岸边环绕,清澈湖水映辉着岸边垂柳(图 4-6-64,图 4-6-65)。著名文学家梁实秋求学时曾这样描述"水木清华":"工字厅的背后就是荷花池,这里是清华园里最幽绝的地方。池的四周摇曳的杨柳,拂着水面。荷花池的景色四时不同,各臻其妙。"校友们用数不清的诗词赞美校园:"饮水思源,水木清华"(费孝通),"水木清华,人文日新"(周培源),"水木清华,春风化雨,教我育我,终生难忘"(朱镕基)。青松翠柏掩映着闻亭、自清亭和闻一多、朱自清塑像;他们的精神和十万清华学子的实践铸就了清华的灵魂——爱国、奉献。

3. 校河景观

万泉河水自西门蜿蜒曲折地流经校园西北,它自海淀和六郎庄之间向北,流经畅春园、(圆明园的)万春园、熙春园(清华园和近春园),最后,万泉河和从(圆明园的)长春园流出的退水渠汇合而流入清河(图 4-6-66～图 4-6-68)。

4. 工字厅前景观

工字厅前的布局,除拆了乙所外,大体保持了 1909 年的原貌,蜿蜒曲折的小溪由工字厅的东北流向西南,把清华园的荷花池和近春园的荷塘连接起来。

5. 喷水塔

位于体育馆南端小广场南端的喷水塔,是 1919(庚申)级毕业时献给母校的礼物,下座正面刻有"养源"二

图 4-6-66　清华河道景观之一

图 4-6-67　清华河道景观之二

图 4-6-68　清华河道景观之三

字，背面是英文"I SERVE"，表示毕业后的理想和志趣。著名学者钱端升、黄子坚、钱昌祚等都出在这个年级。

位于图书馆新馆小广场前池内的喷水塔，是 1922 级同学毕业时献给母校的纪念品，它是一座样式古朴的铜质喷水塔，基座的下面刻着"Class 1922"字样。喷水塔原建于图书馆东铜门前，为配合新馆之建又迁放于此处。

6. 1920 级日晷

位于礼堂前大草坪南端的古典计时器——日晷，是 1920 届学生毕业时，献给母校的礼品。上部是日晷的造型，下部底座分别刻着 1920 级的铭言"行胜于言"的中文和拉丁文，以及建造年月日（图 4-6-69）。日晷是我国古代简单的计时器，它的功用是利用太阳光对于一个倾斜的指针所产生的阴影位置来表示时间，一般都是把一个不锈金属针装在一个石刻的圆盘的中心，再将圆盘斜卧在一个平台上，南高北低，使指针的上端正指北极，下端正指南极，圆盘的上下两面各刻上"子、丑、寅、卯……"十二时辰。当太阳正南的时候，针的影恰好投在正北的方向，也就是午时。每年春分以后，看圆盘上面的影；秋分以后看下面的影。

7. "三一八"断碑

在"水木清华"北山之阴、北校河南畔有一座用白色石断柱改制成的纪念碑。这是为纪念在 1926 年 3 月 18 日惨案中牺牲的韦杰三烈士而建立的纪念物，人们都叫它"三一八"断碑。新中国成立后，清华学生会于 1957 年 3 月把它移到图书馆前，以便广大同学随时瞻仰和学习烈士事迹，发扬学校的革命传统精神。1986 年又移至现址（图 4-6-70）。

8. 王国维纪念碑

第一教学楼北端后山之麓，有一座庄严肃穆的纪念碑，正面端书"海宁王静安先生纪念碑"，这是为纪念我国清末民初大学者王国维先生而建（图 4-6-71）。1929

图 4-6-69　1920 级日晷

图 4-6-71　王国维先生墓碑

图 4-6-70　"三一八"断碑

年夏，清华国学院停办，该院师生为纪念这位杰出的学者，募款修造了这座纪念碑。碑文是陈寅恪教授所撰，语意深长，为一时之杰作。其文曰：

海宁王先生自沉后二年，清华研究院同人咸怀思不能自已。其弟子受先生之陶冶煦育者有年，尤思有以永其念，佥曰宜铭之贞珉，以昭示于无竟。因以刻石之辞命寅恪，数辞不获已，谨举先生之志事以普告天下后世。其词曰：士之读书治学，盖将以脱心志于俗谛之桎梏，真理因得以发扬。思想而不自由，毋宁死耳。斯古今仁圣所同殉之精义，夫岂庸鄙之敢望？！先生以一死见其独立自由之意志，非所论于一人之恩怨，一姓之兴亡。呜呼！树兹石于讲舍，系衰思而不忘；表哲人之奇节，诉真宰之茫茫，来世不可知者也。先生之著述，或有时而不章；先生之学说，或有时而可商；惟此独立之精神，自由之思想，历千万祀，与天壤而同久，共三光而永光。

碑式为梁思成所拟。闽县林志钧（宰平）书丹、鄞县马衡篆额。

9. 1948 级纪念坪碑

在大礼堂门前左首草坡上，有一面白色汉白玉坪石，平卧于草坪上，因那是清华大学 1948 级同学毕业时献给母校的纪念礼物，姑可称之为"1948级坪石"。因原建时曾有栏杆围护，故原名曰"草地阑干"。其碑面篆书："国立清华大学一九四八级学生于中华民国三十七年七月毕业 修此草地阑干敬献母校永为纪念"。

10. 闻亭与闻一多雕像

闻亭位于大礼堂西侧（与大礼堂一路之隔的丘山上），山下小广场内建他的纪念雕像一尊，通体用红色大理石雕成，益显闻一多的"红烛"性格。雕像背后砌一墨色墙面，上嵌闻一多名言"诗人的天赋是爱，爱他的祖国，爱他的人民。"

由雕像之侧登 23 级石阶即达闻亭。亭为六角式，周围林木森茂，弥显玲珑庄雅氤氲之气。该处原为一钟亭，是建校时为号令全校起居作息而设，亭内悬古钟一口，为明代遗物，径可四尺，上铸"大明嘉靖甲午年五月日阜成门外三里河池水村御马太监麦建造"字样。钟声清洪，可远及海淀，闻一多曾以"振聋发聩"四字赞美它的性格。"七七事变"后，校园陷于敌手，横遭劫掠。钟亭被毁，亭钟连同亭下另一珍贵文物——明代铜炮，都被日寇劫走，至今下落不明。抗战胜利后，学校返回清华园。翌年（1947 年），闻一多遇难一周年期间，在北平的一批级友为了纪念闻一多而集资重建钟亭，并命名为"闻亭"，亭内匾名由级友潘光旦题书，亭式由著名的建筑学家梁思成设计（图 4-6-72）。

11. 自清亭与朱自清雕像

自清亭位于工字厅后"水木清华"荷花池之东畔，为一四角古式方亭。四周以石砖砌成矮墙为槛，槛外再配以清溪翠竹以及玲珑之假山石，与周围四时变幻的自然景色相衬托，形成一种清幽庄雅的自然氛围。它原是清华故园里的一座古亭，原名"迤东亭"，因其位置在工字厅东墙外小河之畔的丘山上（今科学馆一带）而得名，后因建科学馆、大礼堂而移于现址，其建造时间约在嘉庆、道光之际，迄今至少已 200 余年。1978 年，为纪念朱自清先生逝世 30 周年，学校决定重修迤东亭，并命名今名，以资永久纪念（图 4-6-73）。1987 年 5 月校庆期间，学校又在附近（荷池北畔）建立了一尊朱自清汉白玉雕像（现已移至荷池之西北隅丘山之麓）。

（本书"近代清华大学校园景观"
文：潘江琼、唐浪）

图 4-6-72 闻亭

图 4-6-73 自清亭

七、北京燕京大学

　　燕京大学，是美国教会于1919年在中国创办的一所私立综合大学，简称燕大，由原北京汇文大学、通州华北协和大学、协和女子大学合并而成。燕京大学校园是一个集教学、研究、学生与教职工生活为一体的综合性大学社区，简称燕园。本文重点阐述的是以未名湖为中心的主体校园部分，包括西校门一带的办公教学区，未名湖以北的男生宿舍区，未名湖以南的女生宿舍区，以及未名湖东岸的水塔等配套基础设施工程区。这部分主体校园的布局，充分尊重、合理利用了古园林地貌，经精心规划设计建设，形成了一个风景优美、有机联系的燕大校园核心区。

　　在1952年全国高等院校院系调整中，燕京大学合并于北京大学。北京大学的校址从北京市内的沙滩等地，迁到燕京大学校址，燕园就成为后来北大校园发展的基础。

　　燕园的规划建设在中国近代园林、建筑史上，堪称高校校园的旷世杰作，具有重要的历史意义和独特的文化价值。1948年12月15日，北平解放前夕，毛泽东主席指示前线指战员："请……注意保护清华、燕京等学校及名胜古迹"，因而使燕园在北平解放时完整地保留下来。新中国成立以后，燕园于1990年和2001年，先后被列为北京市文物保护单位和国家重点文物保护单位。

（一）校园的历史地理环境

1. 历史上的北京西北郊

　　燕京大学位于北京城的西北郊，地处西山山前冲积扇向东部平原过渡地带，坐落在巴沟低地与海淀台地的交接处。这里有连绵起伏的西山为背景，玉泉山、万寿山等残丘突起，岗丘错列，冲积扇缘地下水资源丰沛，泉水汩汩出露，四季长流，一派北国江南景象。自金朝建都以来，这一带就是京城历代帝王权贵、文人雅士钟情郊游、选址造园的风景胜地。经金、元、明、清历代开发，尤其是清朝大规模皇家园林营造之后，形成了以圆明园、畅春园、静宜园、静明园、颐和园等皇家园林为主体，包括清朝内务府统管的众多赐园和私家园林在内的园林区。❶正如著名历史地理学家侯仁之教授在

1987年《新建畅春园饭店记》中所云："北京近郊海淀镇西北一带，地势低湿，草木丛茂，原有流泉淙淙，随地喷发，汇为湖泊，名曰海淀。早在辽金以前，滨湖低地，已历经开垦，修渠作埂，艺稻植荷，俨然江南景色。……元初新建大都城，城内游人时来泛舟海淀，美其名曰丹棱沜。及至晚清，仕宦世家，喜其风光宜人，就地置产，引水造园……"（图4-6-74）❷

　　2. 燕大校园内的古园林遗址

　　燕京大学范围内有多座明清园林遗址。燕大校园核心区为明末著名文人米万钟的勺园及清乾隆宠臣和珅的淑春园。校园核心区外围，北侧有清嘉庆时惠亲王绵愉的鸣鹤园、庄静公主的镜春园及清道光六子奕訢的朗润园；校园西侧隔颐和园路还有畅春园、承泽园、蔚秀园，以及现五四运动场北侧晚清末代皇帝溥仪堂兄溥侗的治贝子园等（图4-6-75）❸。

　　这些古园林大部分与圆明园仅一路之隔，园主几经变更，属清朝廷内务府管辖。古园林的占地一般比较大，园子中的建筑多为宅院、戏台、寺庙、亭、廊、台、榭……园林性质集居住生活、赏景休憩、文化娱乐、宗教活动等多重功能为一体的近郊山水别墅型园林（图4-6-76）❹。山水地形与圆明园中的园中园一脉相承，如出一辙。

图4-6-74　清代海淀诸园林分布图

---

❶ 参见：周维权.中国古典园林.北京：清华大学出版社，1990：161.

❷ 参见：侯仁之.燕园史话.北京：北京大学出版社.1988.

❸ 参见：谢凝高，陈青慧，何绿萍.燕园景观.北京：北京大学出版社，1988.

❹ 参见：何重义，曾昭奋.圆明园与北京西郊园林水系//圆明园（第一辑）.北京：中国建筑工业出版社，1982.以及：谢凝高，陈青慧，何绿萍.燕园景观.北京：北京大学出版，1988.

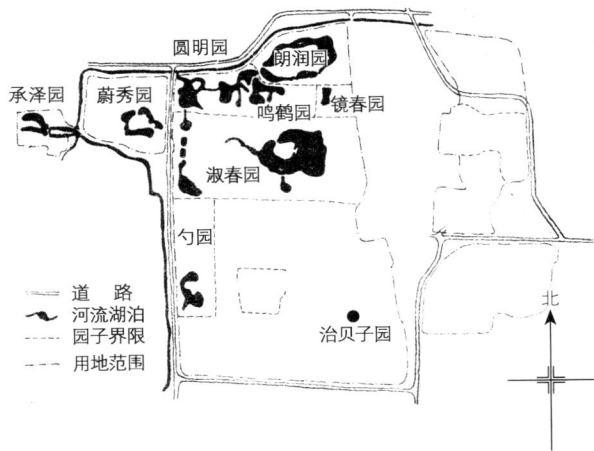

图 4-6-75　燕大校园古园林分布图

这些古园林历经沧桑，在 1860 年英法联军火烧劫掠圆明园之后，除朗润园尚较完整保存，大部分古园林同时遭到了严重破坏。而后数十多年中，又屡遭流氓、地痞、恶霸、军阀、奸商的摧残、盗卖。其中的勺园、治贝子园几乎被夷为平地，其他几座园林也是千疮百孔、满目疮痍。保留下来的只有盗不走、搬不动或来不及破坏的山形水系、部分古建筑和一些古树。这些幸存的有形历史遗存，是北方古园林至今保存不多的遗址，成为中国那段历史的见证，具有重要的历史文化和艺术价值。

在这些古园中生活的主人，以及在其中发生的重要历史事件，不少与那个时代的中国命运休戚相关，这些人物和事件，又是一种不可见却可述的无形的历史文化遗产，成为燕大校园不可割裂的历史文化内涵。

勺园　建造年代同处于计成《园冶》成书的明代万历年间。当时园林的主人米万钟和他的这座园子皆名震京城。勺园与一路之隔的明神宗皇亲国戚李伟的清华园，为当时北京西郊的两大名园，园林艺术造诣皆很高。从众多文人对勺园景色的描述可以看出，勺园的造园艺术更胜清华园一筹。因而有"京国林园趋海淀，游人多集米家园"，"旁为李戚畹园，绮丽之胜，然游者必称米园焉"之评说，可见勺园造园艺术水平较清华园略胜一筹。❶

勺园是一处以理水为特色的水景园。造园手法的精到之处，在于因水成景、借景西山，自然与人工、园内与园外风景的交融渗透。园林主人多年宦游于江南名园

（a）淑春园平面图
1- 东大门；2- 水文陂；3- 石舫；4- 慈济寺；5- 南门；6- 西门

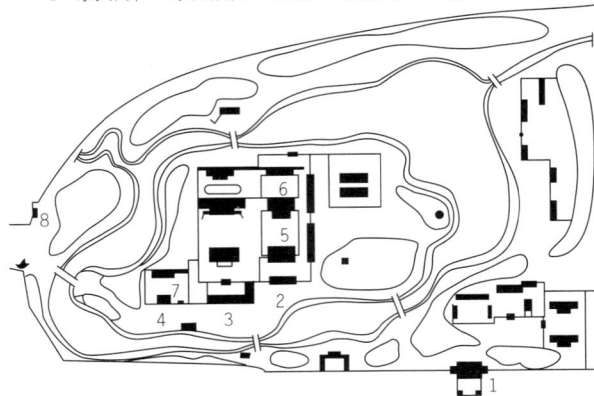

（b）朗润园平面图
1- 宫门；2- 东所；3- 中所；4- 西所；5- 寿和别墅；
6- 恩辉余庆；7- 益思堂；8- 后门

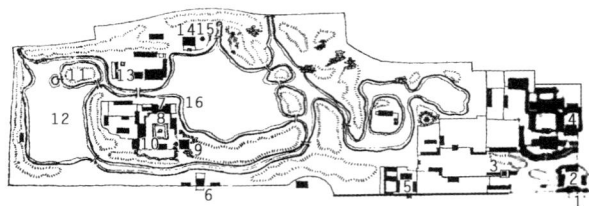

（c）鸣鹤园平面图
1- 正门；2- 二门；3- 城关；4- 戏台；5- 膏药庙；6- 丽春门；
7- 延流真赏；8- 金鱼池；9- 方亭；10- 颐养天和；11- 福岛；
12- 西泡子；13- 井亭；14- 花神庙；15- 龙王庙；16- 钓鱼台

图 4-6-76　燕大校园古园林平面图

胜景，园林造景借鉴江南园林的造园手法，透出浓郁的江南文人山水园的情调。它利用堤、岛、桥、建筑和植物，把空间分成多个变化多端的层次，"园仅百亩，一望尽水，长堤大桥，幽谷曲榭，路穷则舟，舟穷则廊，高柳掩之，一望无际"，创造了"到门唯见水，入室尽疑舟"的水景园特色。另外，借景西山的手法，使一个平地水景园具有了"更喜高楼明月夜，悠然把酒对西山"的境界（图 4-6-77）。勺园的造园艺术标志着海淀园林

❶　参见：周维权 . 中国古典园林 . 北京：清华大学出版，1990：161.

图4-6-77 勺园之一部分布置想像图

发展的一个新时期,对促进明清北京西郊地区园林造园艺术水平的提升,起到了积极推动作用。❶ 燕大校园中古园林遗存的山形水系、古树名木、古建遗存,反映出海淀丰水地区造园的一般特点。

清初勺园已荒落,顺治后内务府在勺园旧址上兴建弘雅园,清中叶后又改称集贤院,充作文职官员去圆明园上朝途中的落脚休息之所。英国马戛尔尼使团曾在这里住宿。火烧圆明园前夕,清政府曾在此关押过英法俘虏,而被利用为英法联军火烧圆明园的借口。20世纪70年代,勺园一带成为北大留学生生活区,在现勺园5号楼北侧的小湖西岸,留有花岗岩条石砌筑的勺园建筑遗址。❷

淑春园 是乾隆赏赐给他的宠臣和珅的园子。淑春园的兴盛衰落与和珅的命运密切关联。原初园子景色以水田为主,风景单调。和珅凭借皇上对他的宠幸,把园子建造得富丽堂皇,冠绝京城。他违背朝廷王法规制,仿照皇家园林颐和园的"清晏舫"和圆明园内"蓬岛瑶台"营建了石舫和湖中三岛。今天未名湖中的石舫基座遗存(图4-6-78)就是和珅枉法造景的见证。据说在他当政二十多年,家资值银八百兆两,足值二十年国库收入的一半有小余,甲午、庚子两次战败赔款,"和珅一人之家产足以当之"。❸ 嘉庆四年正月三日,乾隆逝世,和珅垮台入狱赐死。根据故宫博物院《史料旬刊》第十四期刊登的和珅家产查抄奏章称,淑春园的全园建筑,有房屋1003间,游廊楼亭357间。❹ 现存的建筑遗址只有石舫基座、普济寺庙的红色庙门(现称花神庙,图4-6-79)和临湖轩的基址(临风待月楼)遗址。清朝后期,此园赐给了多尔衮后代睿亲王仁寿,故称睿王园(又称墨尔根园),直至1921年燕大校园初辟为止。

朗润园 是清咸丰年间,恭亲王奕䜣的西郊别

图4-6-78 淑春园石舫遗存

图4-6-79 淑春园普济寺庙门遗存

---

❶❷❹ 参见:侯仁之.燕园史话.北京:北京大学出版社.1988.
❸ 参见:肖东发.北大人文与风物丛书 · 风物.北京:北京图书馆出版社,2003.

墅。奕䜣在晚清政局中是一位举足轻重的人物，曾与李鸿章、张之洞等一起掀起过中国近代史上著名的"洋务运动"，策划成立具有历史意义的"总理事务衙门"，管理外交、外贸、兴办新学堂、兴建兵工厂等。他主办的京师同文馆于1902年并入京师大学堂，成为北京大学成立最早的一部分。奕䜣去世后，由于朗润园离颐和园近，就被用做内阁军机处和奏事诸大臣会议的地方。慈禧在颐和园垂帘听政时，搞假立宪议改官制于此园。[1]1912年清帝逊位后，清皇室由于警惕军阀徐世昌拆毁该园木料运回老家，把朗润园赏给了贝勒载涛作私产，载涛成为朗润园最后一任园主。载涛在清末宗室中是一位很有影响的王爷，新中国成立后毛泽东主席委任他为中国人民解放军炮兵司令部马政局顾问，担任过一、二、三届人大代表和政协委员，为增进各族人民的团结和祖国的和平统一事业作出了贡献。他出钱买下了一批即将被盗卖的圆明园遗物，客观上保护了圆明园的这部分遗产。其中的翻尾大石鱼、一对石雕麒麟和丹墀，随地产转给了燕大。西洋楼大水法石屏风在"文革"后完璧归赵，运回圆明园原位放置。[2]

幸运的是，1860年英法联军火烧圆明园时，近在咫尺的朗润园却未受到破坏。20世纪20年代初，载涛将朗润园卖与燕京大学作教职工宿舍区，这时期燕大对朗润园也基本未经修缮和增建。原春和业、恩辉余庆殿、澄怀撷秀殿等古建筑仍保存旧貌，土山上的方亭匾额"涵碧"为奕䜣手笔。[3]北大校园林科调查显示，目前古园内还有二级古树45株，成为朗润园百年风云变化的历史见证。

随着北大校园规模的发展，校园用地严重不足，20世纪50年代的北大校园规划时，朗润园及其毗邻的鸣鹤园、镜春园一带作为教工生活区保留利用。但在朗润园东部湖滨新建了六幢五层公寓教工住宅和一座招待所楼，主岛内外先后扩建了203间平房，对古园林的环境风貌、环境质量造成干扰和污染。[4]1995～1997年，中国经济研究中心投资修缮了湖心岛原古建筑群，增建了万众楼，成为该机构的办公场所。校方又对周围土山岗峦、树木花草、亭、桥等按古园风貌进行了整治完善。

鸣鹤园、镜春园 这两座园子在淑春园的北面，原本为淑春园的组成部分，后从淑春园中分出，西侧较大的园子赏赐给嘉庆第五子惠亲王绵愉，称鸣鹤园，东部较小的园子锡给了嘉庆四女庄静公主，称镜春园。鸣鹤园全盛时，与自得园、自怡园、澄怀园、熙春园等园子，同称京西五大邸园。英法联军火烧圆明园时，鸣鹤园建筑大部分遭毁，庚申之变后，园子几经易主，但地形和园林景色大致保持原样。[5]建筑物中只有翼然亭、龙王庙中的六角亭、垂花门等为昔日遗存。1928年以后，司徒雷登从陈树藩手中购得此园，作为燕大新校园教工宿舍区。20世纪90年代以来，在鸣鹤园西北挖山填湖，平整场地，盖起了动物试验楼、生物技术系、大熊猫保护中心、动物营养研究室和考古教学楼群等建筑，形成南北一条街，把燕园北部原本连在一起的古园林区，从东西方向割裂开，河湖水系污染严重，此举实属破坏古园风貌的败笔。1992年，在赛克勒考古与艺术博物馆的修建中，对鸣鹤园西南面的部分园林环境进行了与古园风貌相协调的保护性的美化整治。

镜春园，如今只存一方小湖，材料厂代替了当年曲径通幽、闺阁秀丽、花木庭荫的园林之美。

治贝子园 位于今天北大五四运动场及三号、四号教学楼附近。昔日的古园，今日已被运动场及教学楼群所代替。20世纪90年代，在治贝子园建筑遗址上，建造了北大中国哲学暨中国文化研究所的办公院落，在这座四合院入口门楼上，季羡林先生所书的"治贝子园"四字，暗示这里是晚清治贝子园的部分重要遗址之所在，遗址周围的古白皮松、古油松、古槐树是昔日古园的重要见证。在碑刻《治贝子园重修记》中，这样描述治贝子园的变迁：治贝子园为宗室贝子载治之别业。光绪中叶，其子溥侗继有此园，因酷爱京剧，别号红豆馆。迨入民国该园为燕京大学购得，易名农园。星移斗转，昔日临湖晓山，嘉木庭林，抱厦游廊，半已倾圮，半已夷平，惟后殿数间，东西回廊残存矣！……清帝逊位后，因园主挥霍无度，生活窘困，而以园抵债给了日商银行，1928年，北京地方法院把治贝子园拍卖给了燕京大学，作为农学院教学实习的农园。[6]

（二）建校办学的时代背景、宗旨、燕大精神

1. 燕京大学建校的时代背景

鸦片战争之后，当帝国主义列强闯开中国封建帝国

---

[1][3][5] 参见：侯仁之 . 燕园史话 . 北京：北京大学出版社 .1988.
[2][4][6] 参见：肖东发 . 北大人文与风物丛书 · 风物 . 北京：北京图书馆出版社，2003.

闭关自守的大门，西方尤其是美国基督教海外传教运动加速在中国进行。由于对外扩展需要和所谓"开化落后民族"、使"中国基督教化"的使命感，美国的海外传教活动，在20世纪初达到新高潮。作为传教工具和培养传教人才的一批教会学校，在中国纷纷成立。他们懂得中国"儒家思想的支柱是受过儒家思想教育的士大夫阶层，如果想对儒家的地位取而代之，就必需在中国培养受过基督教和科学教育的人"，西方的军事、政治、经济等都已在中国进行了实验，但都显示出"不适当和毫无希望"。征服中国的唯一办法是利用基督教，用西方文化来影响和征服中国，办教育便是传播西方文化最简捷的途径。当时在中国已经有半个多世纪办学经验的美国教会，把重点放在了兴办大学上，主张各派别的教会组织团结起来，联合创办学校。在此背景下，1919年汇文大学、华北协和学院、华北协和女子学院三所教会大学联合成立了燕京大学。司徒雷登作为最佳的人选，被推荐为燕京大学第一任校长。❶

2. 燕京大学的创办人司徒雷登

司徒雷登1876年出生于杭州，他的家庭是美国基督教徒传教士的教育世家，在美国接受并完成中、高等教育，成绩出类拔萃。在他一生86个年头的生命历程中，五十来年是在中国度过的。司徒雷登一生的成就，堪称为虔诚的基督教徒、出色的教育家。作为基督教徒的传教士，他是现代派传教士的代表人物。现代派传教士主张对不同的文化应更多地给予理解和尊重，认为传教的目的不仅仅是为了拯救个人，而是为了促进整个社会的进步，办教育更多的是注重培养人道主义的精神和为社会服务的技能。作为教育家，司徒雷登决心要把燕大办成："不要成为世界上最有名的学校，也不要成为有史以来最有名的学校，而是要成为现在中国最有用的学校"。司徒雷登在中国的几十年，倾其全部才华、智能、精力、情感，创办了中国一流、在国际上也享有盛誉的高等学府燕京大学，为中国培养了一批为各界服务的尖端人才。对此，毛泽东几次对司徒雷登在中国的教育工作中所作出的贡献有过积极的评价并表示敬佩。❷1947年，司徒雷登被美国政府任命出任美国驻华大使，1949年中华

人民共和国成立前夕被召回美国。这个大使使司徒雷登成了其在华50年生涯的"无奈的结局"。

司徒雷登是中国传统文化的推崇者，他熟读儒家经典、酷爱中国书法、绘画、戏曲、中国的山水风景。他能讲一口流利的杭州和南京等地方言，西湖等地名山胜景、宝塔寺庙，北京的宫殿都曾使他着迷。❸

司徒雷登对中国传统文化的推崇，体现在燕大新校园的选址和建设上，把抛开北平城内的燕大旧址，把另选校址作为接任燕大校长的条件之一。他决心把新校园建成世界一流并"保存中国最优秀的文化遗产"。1921年他"亲自靠步行，或骑毛驴，或骑自行车，转遍了北京四郊"，亲自从陕西督军陈树藩手中，以六万中国大洋（其中两万作为奖学金）买下了在北京西北郊西山脚下"那块原是满洲一位亲王废弃的园子"❹，作为新燕大校园的校舍基地❺。

3. 燕京大学的性质、办学宗旨、管理体制与燕大精神

燕京大学创办初期，为美国教会在中国的教会大学，1927年北京政府教育部注册正式批准。此后燕京大学的性质与办学宗旨，由原宗教大学的宣传宗教、为宗教培养传教士，转变为"以学术为目的的教育机构，使学生在智、德、体方面得到发展，成为国家的领袖人才，以满足国家与社会的需要"。❻把学校最终办成一所中国大学，使燕京大学彻底中国化、国际化。❼彻底中国化、国际化的办学宗旨体现在教育制度与教育内容上，也体现在燕大校园规划建设中。

校领导管理体制由校长掌握实权的美国托事部、北京董事会和校长办公室组成。燕大的经费绝大部分来源于美国教会和美国私人捐赠，中国方面也提供了部分资金，美国政府没有给过一分钱。❽

燕京大学的校训为："因真理、得自由、以服务"。❾燕大校训融入了师生生活和人格的各个方面，形成民主、团结、向上的燕大精神，这不仅有利于学术发展和增加燕大的凝聚力，也有助于师生爱国民主观念的增长。燕大师生继承发扬本校从"五四"、"三一八"、"一二·九"运动以来的革命传统，一次又一次地走在运动斗争的最前列，在现代学运斗争史上写下了光辉篇章。

❶❷ 参见：何迪.燕京大学与中国教育现代化//燕京大学校友校史编写委员会.燕京大学校长司徒雷登：35.
❸ 参见：夏自强.还历史以本来面貌//燕京大学校友校史编写委员会.燕京大学校长司徒雷登：61.
❹ 约翰·司徒雷登.燕京大学——实现了的梦想《在华五十年》（摘登）//燕京大学校友校史编写委员会.燕京大学校长司徒雷登：76.
❺ 即为淑春园、勺园一带的古园林遗址。
❻❽❾ 引自：燕京大学校友校史编写委员会.燕京大学史稿1919-1952.北京：人民中国出版社，1999.
❼ 引自：郝平.无奈的结局——司徒雷登与中国.北京：北京大学出版社，2002.

下附燕大校歌歌词❶：

雄哉壮哉燕京大学，轮奂美且崇；人文荟萃中外交孚，声誉满寰中。

良师益友如琢如磨，情志每相同；踊跃奋进探求真理，自由生活丰。

燕京事业浩瀚，规模更恢宏，人才辈出服务同群，为国效尽忠。

（三）校园的规划建设

燕大校园新建的校舍基地，总用地880余亩，学生规模800生。新校舍由三部分组成：一部分是校园，面积770余亩，包括办公楼、教学楼、图书馆、男女生宿舍及医疗室、男女生体育活动场馆及水暖供电等配套设施；二、三部分是燕南园和燕东园的新建教职员住宅区，面积分别为40、70余亩。另有中关园燕大公墓一处。❷

1. 规划设计者与规划方案

主持燕大校园的规划设计者是受教育于耶鲁大学的美籍建筑师亨利·墨菲（H. Y. Murphy）。在西方建筑师中，他是第一个来中国，探讨西方建筑与中国传统建筑形式相结合的美国建筑师。1914～1935年间，他在中国

北京、上海、南京、福州、长沙、福州等城市，留下了多个建筑规划设计作品，南京京陵女子师范大学校园就是墨菲设计的。墨菲曾任中华民国时期首府南京的都市规划委员会顾问。❸

墨菲燕大校园规划设计的理念为："确定使用改良的中国建筑形式来做学术建筑。优美的曲线和绚丽的色彩用于外观，主体结构用强化的混凝土，装备现代照明、采暖和管道。那样，建筑自身就象征着我们的教育宗旨——保护中国文化遗产中所有最具价值的事物"；"新建筑、传统和国家首都之间至关紧要的相互联系，有着总体上的一致性"；"中国人自己的特色空间，一系列长方形庭院"；"最纯粹的中国建筑的象征、最与众不同的中国景观的人造形式就是塔"，墨菲在规划中作的第一个决定是"用塔的形式容纳水塔的功能"❹。

燕京大学校园1921年开始建设，1929年基本建成。校园规划（图4-6-80～图4-6-83）反映了规划思路的形成过程，以及一些重要建设项目的变化。最终的规划实施方案（图4-6-82，图4-6-83）体现了对古园林遗址的山水地形、树木、建筑遗址的充分利用，系统全面地传承了中国建筑和山水园林的传统风貌。燕大校园的

图4-6-80　1920年燕京大学校园规划鸟瞰❷

❶❷ 引自：燕京大学校友校史编写委员会. 燕京大学史稿1919-1952. 北京：人民中国出版社，1999.
❸❹ 引自：Jeffrey W. Cody. Building in China: Henry K. Murph's "Adaptive Architecture" 1914-1935. The Chinese University Press, University of Washington Press.

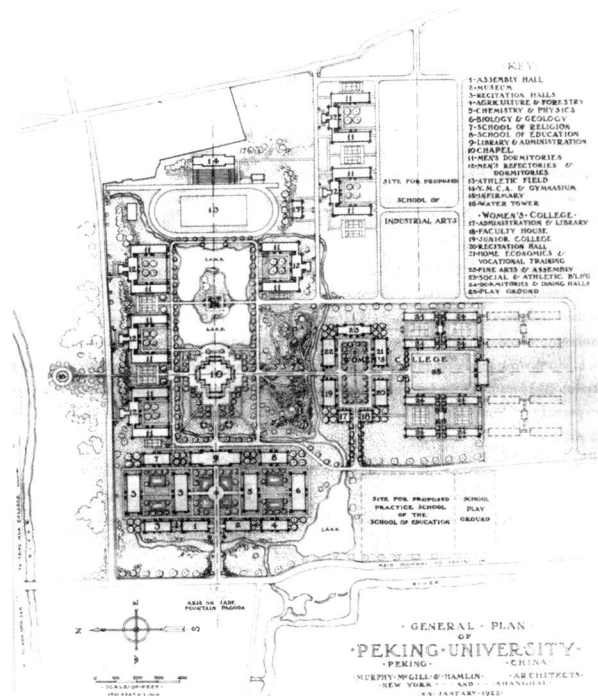

图 4-6-81　1922 年燕京大学校园规划方案❶

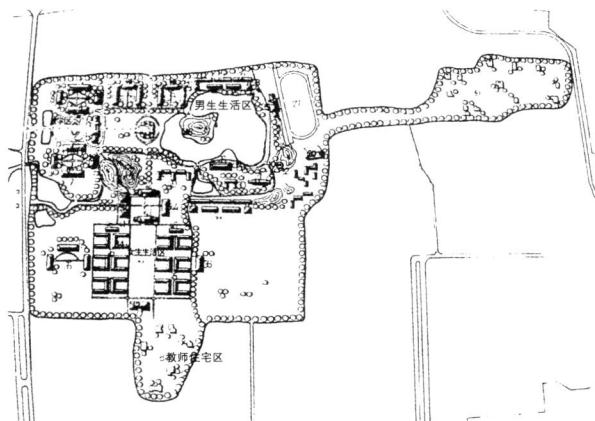

图 4-6-82　墨菲规划的燕京大学校园总平面❸
（北大发展规划部提供）

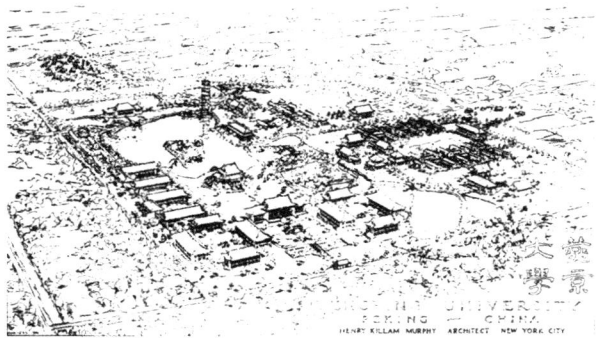

图 4-6-83　1926 年燕京大学校园规划透视图❹
（本图为图 4-6-82 的规划透视）

建设基本按该方案格局实施。从图 4-6-82 与图 4-6-84 的对比可看出，规划中的有些建筑项目，是在燕京大学与北京大学合并之后逐步完成的。

燕京大学新校园建成之后，凡是来访者包括胡适在内的司徒雷登的中、美朋友，无不称燕京大学是世界上最美丽的校园，它肯定有助于加深学生对这个学校及其国际主义理想的感情。齐全的校园基础设施发电厂、自来水、暖气系统以及污水处理设施等，使数百学子和他们的师长及眷属生活在当时具有西方最新设备的环境中。❷

2. 古园林地形的利用改造

燕大校园古园林的山水景观，借西山、万寿山之景，引万泉河、玉泉山之水，因高就低地利用了园内之台地、陡坡地、低洼湿地等多变的微地形，挖低成湖堆高成山，形成了古园林山水景观的风格特色。今天北部朗润园、鸣鹤园的地貌基本保持原样。作为教学行政、学生生活的主体功能区利用的淑春园遗址，在充分利用

原有山水地形景观的基础上，根据校园使用功能和新校园景观的要求，对古园地貌作了适当的改造。如果把本文图 4-6-76（a）淑春园的平面图与现在燕大校园核心区的山水体系图（图 4-6-85）❺进行比较，可以发现未名湖中的大岛、古油松、石舫台基，未名湖周东、南、西三座石桥的位置，东南岸的普济寺的拱形庙门，临湖轩建筑的临风待月楼遗址，以及西校门内方池西北岸的古桑、临湖轩前方的二棵古白皮松、钟亭旁的古油松等众多古树及其所在的位置，都应当是燕园规划建设时改造地形的控制点。改造后的地形，调整了部分过于曲折迂回的水面，突出了主体水域未名湖开阔坦荡的气势和办公楼前两处严谨方整的方形水池，强调了未名湖南岸

❶❹　引自：Jeffrey W. Cody. Building in China: Henry K. Murph's "Adaptive Architecture" 1914-1935. The Chinese University Press, University of Washington Press.

❷　参见：约翰·司徒雷登.燕京大学——实现了的梦想《在华五十年》（摘登）// 燕京大学校友校史编写委员会.燕京大学.

❸　引自：清华大学建筑设计研究院文化遗产保护设计研究所.未名湖燕园建筑文物保护总体规划.2005.

❺　参见：谢凝高，陈青慧，何绿萍.燕园景观.北京：北京大学出版社，1988.

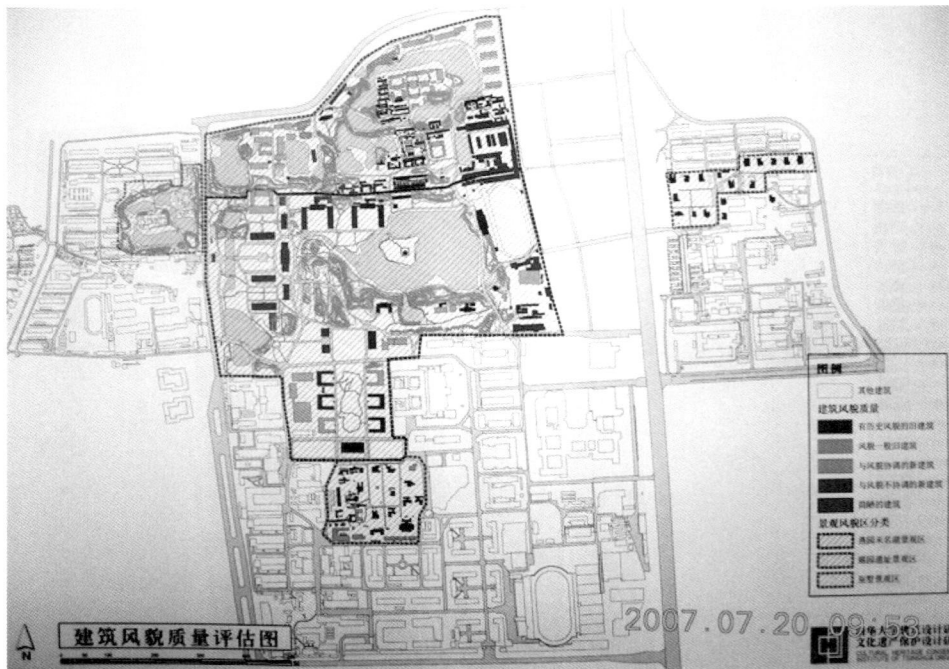

图 4-6-84 2006 年北京大学建筑风貌质量评估图 ❶

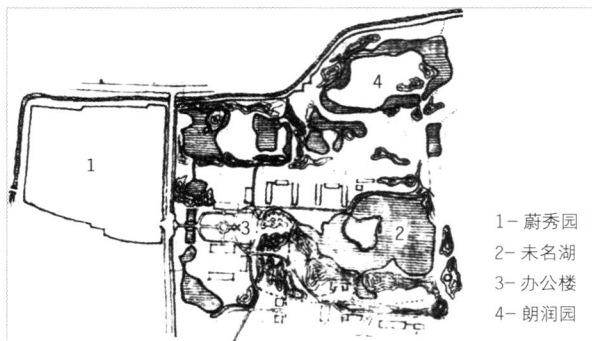

图 4-6-85 燕大校园山水体系图

1- 蔚秀园
2- 未名湖
3- 办公楼
4- 朗润园

自西到东的山势。在未名湖北岸男生宿舍区一带，填掉了部分水面，增加了部分建设用地……

　　燕大校园河湖水系水资源丰富，外引万泉河，内有地下泉水补给，流量稳定，四季长流，水质清冽，水温变化小，有些河段冬不结冰，可见青青小草在严冬的小溪中摇曳。1921 年 7 月，在现水塔附近的一口 164 尺之深的水井施工中，泉水喷出地面十多尺 ❷。西校门内方池中，1959 年开凿的第一口自流井"喷水甚旺"。20 世纪 60 年代，喷泉仍高出水面一米多高，蔚为壮观。燕大校园的水景，从娄兜桥涵洞引入万泉

河水，再分南北两支，南支南流折北再入未名湖，在东北方向流入万泉河。北支流经镜春园，绕郎润园，最后出东北隅，再汇入万泉河，两条支流串联了十来个大小不同的湖泊，再现了大自然中形态各异的水景，大者如海，小者如池，细流时曲时伸、或宽或窄、有急有缓，似溪涧、河流、港湾，虽由人作，宛自天开。改造后的燕大校园水系，以开阔的大型湖泊未名湖为中心，西以石平桥锁住东来的潺潺溪水，东有石拱桥隐去湖水的出口，还有一湾水塘隔山过桥，幽藏在未名湖南面。湖中布列大岛小屿，岸线曲折回环，使偌大的未名湖水域时而辽阔坦荡，时而峡小静谧，步移景换，美不胜收。燕园建成以后，未名湖的名称由国学大师钱穆命名。

　　20 世纪 70 年代以来，地下水位不断下降，泉水枯竭，冬季断流，万泉河水不丰。西校门内自流井停止喷涌。这不仅影响到燕园的山水景观，还关系到北京大学的整体环境质量。侯仁之先生在 1988 年的《燕园史话》中预计到这一严峻的事实，提出燕园景观的水环境必须另寻出路。20 世纪 90 年代，从新改道的万泉河引来京密水渠之水入园。近年来，地下水位以

❶ 引自：Jeffrey W. Cody. Building in China: Henry K. Murph's "Adaptive Architecture" 1914-1935. The Chinese University Press, University of Washington Press.

❷ 参见：肖东发. 北大人文与风物丛书·风物. 北京：北京图书馆出版社，2003.

更快的速度下降，枯水季节朗润园、鸣鹤园的部分河湖已干涸见底。只得采用抽取地下水的补水措施（在塞克勒博物馆西面 2 米高的人工瀑布）勉强维持燕园水系景观。20 世纪 90 年代又实施了校园水系的自循环工程，打通了从郎润园通向鸣鹤园的水道，把原来从校园东北角排入万泉河的"尾水"改向西流，保证办公楼一带湖泊和未名湖重点地段的园林景观用水。

燕大校园的山峦岗阜为人造土山，成形于挖湖堆山的造园手法，土层丰厚，有利植被生长。山体高仅数米，蜿蜒起伏，林木繁茂，柔媚秀丽，犹如江南秀丽河山的再现。岗峦之间支垄沟连，营造出幽静的盆地、高旷的岗阜、也幽也敞的山谷等形态不同的山体空间。

校园的总体山形脉势，从西至东逶迤绵延约 500 米，形成一道巨大的景观生态障屏，障住了体量庞大的办公教学楼群，衬托出坦坦荡荡的未名湖。透过未名湖湖面，湖光山色的燕园与十里之外的西山万寿山连在了一起，园内的这派人造山脉仿佛是西山之延续（图 4-6-86）。

园内的道路，凡穿过土山的急坡陡峭之处，用天然石块垒叠成崖。缓坡地也三五成组、聚散有致地点石成景，似乎是真山岩体的出露，这种石山与土山结合的工程，既防护了水土流失，又点缀了风景，为未名湖山水园林平添了许多自然野趣（图 4-6-87）。

3. 以山水园林为中心的功能分区

燕大校园可分为五片主体功能区，即主入口与教学行政办公区；男生宿舍与体育活动区；女部教学、女生宿舍与体育活动区；基础设施工程区；未名湖山水园林区。教工宿舍分散在主要功能区的外围，新建了燕南园和燕东园，并将承泽园、蔚秀园、朗润园、畅春园、鸣鹤园等古园林作为教工宿舍区加以利用（图 4-6-88）❶。

主体功能区的布局以未名湖山水园林区为中心。办公楼为主体的教学行政办公区，在未名湖园林区西部一带山丘之西；男生宿舍区连同第一体育馆在内的男生体育活动场馆，环列在未名湖园林区北岸和东岸；女生部区，南阁、北阁、俄文楼、女生体育馆在未名湖园林区西南的台地上；水塔、供暖、煤气等基础工程配套设施

区，位于未名湖东南岸的山丘背后，与校园主功能区隔湖相望。这四片主要功能区的分区特点是，相对集中，便于教学，方便生活，有利于保护、利用古园林遗址，为营造安静优美的山水环境提供了条件，也为水塔这个

图 4-6-86　燕园的山形地势

图 4-6-87　山间路旁叠石

❶　参见：谢凝高，陈青慧，何绿萍 . 燕园景观 . 北京：北京大学出版社，1988.

图 4-6-88 燕大校园功能分区图
1-教学区；2-男生宿舍区；3-女部教学与女生宿舍区；4-教工宿舍区；
5-体育活动区；6-污水处理站；7-水塔等基础工程设施区

图 4-6-89 引人入胜的燕园之路

图 4-6-90 豁然开朗的未名湖

后来成为燕园标志性景观的全方位成景，准备了开阔的视域空间。

前面五个主要功能区，在总体上形成了以未名湖山水园林区为中心，其他各功能区环绕未名湖的"品"字形格局。这一格局把风景秀丽、山林野趣、湖光山色的园林区，深藏在校园的中心，为营造渐入佳境、引人入胜的燕园景观空间体验埋下了伏笔。当你从东、西、南、北几条主要园路穿过山林来到未名湖时，一种柳暗花明、豁然开朗的喜悦心情不禁油然而生（图 4-6-89，图 4-6-90）。

4. 融入山水风景的轴线网络与建筑母题

燕园的建筑群体布局采用了两条主次分明的轴线系列，串联了三组功能性质不同的建筑群。第一条东西向主轴线，起始于西校门，经办公楼，穿岗丘，越未名湖湖心岛，消失在东岸山林之中。关于这条轴线的东西向定位，侯仁之在《燕园史话》中说：他（建筑师亨利·墨菲）站在土山顶上四面眺望，西方玉泉塔忽然映入他的眼睑，他高兴地说："那就是我想找的端点，我们校园的主轴线，应该指向玉泉山上那座塔。"❶（图 4-6-91）在这玉泉山的玉峰塔，西方建筑师与中国传统造园的审美理念发生了碰撞，借景手法不谋而合。第二条南北向主轴线，由第二体育馆开始，穿一至六院之间的大草坪，越山林过未名湖，经男生宿舍两组三合院之间，最后消失在北部古园林中。另有多条与东

图 4-6-91 西山玉泉塔对景
（引自桑祥森主编的摄影集《燕园景观》）

❶ 参见：侯仁之. 燕园史话. 北京：北京大学出版社. 1988.

西、南北主轴线垂直相交的次轴线来分别组织教学行政区、男女生宿舍区的空间布局。第一体育馆以其正立面的法线，交于两条主轴线交点，求得与未名湖自然风光正对的最佳景向（图4-6-92）。

燕园规划正是运用了这一轴线网络法，使校园各部分建筑形成严谨有序的有机整体，并使之融入生机盎然的自然山水之中，达到了建筑与山水环境、人与自然环境充分交融，高度统一。燕园建筑群的组合形式正是与这一轴线网络相适应，采用了中国特色的三合院建筑的母题，在各主要分区内重复，形成了燕园的统一格调和节奏韵律。

5. 风景美的建筑

一般校园建筑因人流众多，使用集中，建筑体量相对集中而庞大。但是，燕大校园建筑却因相对分散小巧，而求得与地形多变的园林环境相适应。主要建筑的主体结构引进了西方钢筋混凝土建筑材料和施工技术，但在建筑形式上，则是中国传统的梁柱、斗栱、大屋顶。单体建筑采用了中国式殿堂、楼、阁、亭、廊、塔等多种建筑类型。建筑形体、尺度经过"风景化"的精心处理，与山水风景相协调，赋予校园风景美、个性美的鲜明特色，从而对山水风景起到画龙点睛的作用。无论是草木葱茏的春天，还是万木萧瑟的冬季，燕大校园的建筑都是山水风景中的重要一笔。

下文中提及的建筑名称，均以现在的命名为依据。

办公楼 原称贝公楼，为校领导机构之所在，体量高大，雄伟庄重，俨然校园的魁首，像是皇宫大殿，威严地坐落在东西主轴线的端头，校园大门的对面。但是，歇山加庑殿的屋顶形式，以及别致的门楼、红色柱窗斗栱、白色墙体、素色彩画的质朴风格，使这位雄伟庄严的首脑带有几分亲切和活泼（图4-6-93）。

第一体育馆 它半隐半露地坐落在未名湖东岸假山之后。三段式的屋顶、红柱花窗的立面处理，显得端庄秀丽，又有几分神秘色彩，在开阔湖面的衬托之下，犹如东海上的琼楼仙阁（图4-6-94）。

水塔 又名博雅塔，燕园的最高建筑，参照通州燃灯塔而建。塔高37米，13级，矗立在未名湖东南岸的土山上，堪称燕大校园的标志性建筑。它以中国传统寺庙建筑中塔的形式，包装水塔构筑物的外形，点缀在未名湖畔，与远在玉泉山的玉峰塔遥相呼应，构成燕园风光的绝景。登塔远眺，可以一览燕大校园融入西郊、西山银湖接燕园的恢宏壮丽的大地风景。燕大时期，每逢

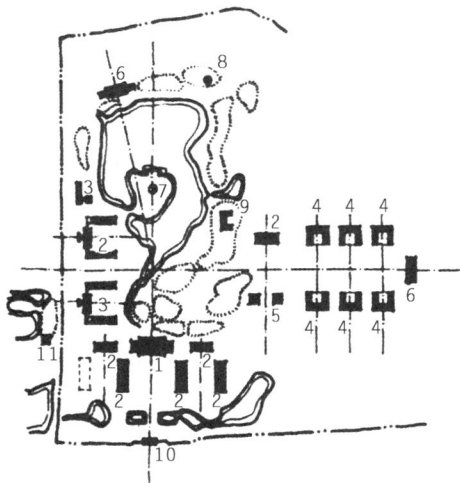

图4-6-92 燕大校园主要建筑轴线分析
1—办公楼；2—教学楼；3—男生宿舍；4—女生宿舍；5—南、北阁；6—体育馆；7—湖心亭；8—水塔；9—临湖轩；10—校门；11—翼然亭

图4-6-93 雄伟庄严而亲切的办公楼

图4-6-94 犹如琼楼仙阁的第一体育馆

校庆等重大节日，水塔皆向校友开放。它那挺拔高矗的身姿，与密密层层的塔檐，与平坦浩荡的未名湖水面，与岸边的丝丝垂柳，与无限生机的山林岗阜之间，产生或和谐、或对比的美学对话，使燕园人无不为之动情感叹，给人以无尽的美的享受和人生感悟。（图4-6-95）

男生宿舍 男生宿舍区的建筑，因为身临未名湖北岸，利用红色柱廊、山花等手法进行一番乔装改扮，成为未名湖北岸的一景（图4-6-96）。置身于柱廊中，男生们还可以独享湖光塔影、山林野趣的风景美。男生宿舍的三合院建筑向湖山绿地风景网开一面，体现了燕大思想开放、学术自由的理念。

女生宿舍 女生宿舍区，六组三合院与第二体育馆组成的大庭院"静园"，为女生提供了不同群体、不同层次的户外活动共享空间。六组三合院落设以围墙遮拦，空间封闭幽静，体现了我国淑女闺房不外露的传统。六个小门楼尺度亲切，体量小巧，藤萝绕缠，体现了温文尔雅的女性特质（图4-6-97）。

临湖轩 是燕大校长司徒雷登的寓所和接待来宾的地方，建在未名湖南山坡淑春园临风待月楼的遗址上。西北有山林环抱，东北有山色湖光可餐，南有竹林屏障，东临幽谷深池，周围密林环绕，环境特别清幽。临湖轩建筑因山就坡而筑，南一层北二层，体量小巧，幽藏于竹林之中，不夺山水风景自然美。细心观察者还能发现，在临湖轩南侧庭院，两棵挺拔古雅的白皮松，与远隔未名湖东岸的水塔遥相呼应，形成一幅"双松夹塔"、妙趣横生的对景画面（图4-6-98）。建于20世纪20年代的塔与白皮古松，历史悠悠数百年的时间差，在此巧合成景，这不能不说是规划设计者对水塔精心定位的结果。可惜的是，此景现在已被附近的树林掩没了。临湖轩之称呼，由当时年青教师冰心提名，后由北大文科院院长胡适题写了匾牌。现为北大外宾接待室。

钟亭 该亭坐落在未名湖西南山峦上，圆形攒尖顶，位置适中，造型优美。内挂的古钟购于北京南苑御宫，清雍正皇帝降旨所制❶。在上、下课时间，每半小时敲打一次，洪亮的钟声穿山掠湖，在校园的每一角落回荡（图4-6-99）。

岛亭 为纪念积极为燕大筹款建校的第一任副校长鲁斯（Harra Luce）而建，原称"斯义亭"。该亭位于未名湖湖心岛，校园东西轴线的中心部位，环湖视线的焦

点。亭的位置重要，古松相伴，林木掩映，环境清幽。燕大学生曾在此举行宗教仪式。1998年北大百年校庆时，鲁斯基金会捐款重修，改称为"鲁斯亭"。

南阁、北阁与体斋 南阁、北阁，原称"甘德阁"、"麦风阁"，坐落在办公教学楼群与女部教学与女生宿舍区

图4-6-95 燕园的标志性建筑——博雅塔

图4-6-96 风景优美的建筑——男生宿舍

图4-6-97 幽雅内秀的女生宿舍

❶ 参见：周维权．中国古典园林．北京：清华大学出版社，1990．

图 4-6-98　双松夹塔

图 4-6-99　钟亭

之间。这两座方形攒尖顶的楼阁式建筑，为纪念燕大首任女部主任、原华北协和女子大学的校长麦美德博士而命名，为女生部办公楼与音乐系教学楼。它们的特殊建筑形态采取了颇具风景特征的中国园林建筑中阁的形式，体态端庄典雅，像是从三合院的母题节奏韵律中游离出来的三个动听的装饰音符，引导规整严谨的建筑群，自然地

❶　参见：冯宝华．燕园的半天然植被 // 学圃滋荣．北京：北京师范大学出版社，1999.

过渡到生机盎然的山水风景环境之中（图 4-6-100）。

体斋这幢方形攒尖顶建筑，布置在男生宿舍区未名湖西北角的转弯处，也有异曲同工之妙（图 4-6-101）。

这三座方形楼阁式建筑的作创思路，显然源于北部鸣鹤园的翼然亭（图 4-6-102）。

校景亭　原名翼然亭，为鸣鹤园景点之一。亭四角重檐方形。燕大时改称校景亭并重修，在亭内彩绘燕大校园十二景。

校友桥　西校门内的石砌拱形桥，为燕大校友集资而建，水中倒影与三孔桥洞形成三个圆，造型生动，亲切别致（图 4-6-103）。

（四）校园的植被景观

燕大校园的植被景观种类多样，具有乡土优势，针阔结合，乔灌搭配，不同尺度各成群落，总体上形成一片以松柏和多种落叶阔叶树混交的森林景观。

燕大校园在新校舍建设之前的绿化现状是，古园林的绿地沦为佃户的水田和旱地，河湖水系已成为沼泽或开垦为稻田，土丘上荒草丛生，点缀着零星的油松、圆柏（图 4-6-104）。

燕大校园绿化的奠基人是原燕大美国人丁·吉布教授，他主持并亲自动手培育树苗，种植了 3 万余株树木❶。他针对古园林遗址的自然环境和现状植被，选择了一批本地常见、具有景观优势的乡土树种，在校园内，凡是应当绿化的所有裸露土表均进行了全面绿化。特别是以未名湖为中心的周围山丘岗阜的绿化，因山、就坡、依水，结合校园绿化的功能要求，以自然风景式的种植方式，进行大面积的人工种植。至今经历了七八十年至上百年的自然生态演替，在很少人为干扰情况下，已形成大树参天、鸟语花香、山林野趣、气势壮阔的半天然林。今天看来，它不失为城市环境中人工绿化的成功范例。今天的燕大校园，像是一座森林中的花园校园。

这片人工半天然风景林有如下突出的特点和作用：

1. 规模宏阔，覆盖率高，景观生态效应显著

据 20 世纪 80 年代航测图解译，以未名湖为中心的燕大校园区的绿化覆盖率为 64%。这片人工半天然林的核心区域，即以未名湖为中心的湖山风景林，南北最宽处约 350 米，东西长度约 500 米。它像一道巨大壮阔的天然绿色屏障，吸纳了人流众多的喧哗声，又隔开了建

图 4-6-100　颇具风景魅力的南、北阁

图 4-6-101　体斋也有异曲同工之妙（黄润华提供）

图 4-6-102　校景亭（翼然亭）

图 4-6-103　校友桥

图 4-6-104　未名湖蓄水之前的燕大校园及绿化状况

筑高大又密集的教学区和有碍景观的水、暖、气工程构筑物，从而保障了未名湖区的纯净；这道屏障，映衬出了坦荡的未名湖曲折有致的岸线、高耸的水塔、端丽的第一体育馆、古朴的庙门，以及男生宿舍建筑等环湖可圈可点的亮丽景点，把它们连成一幅恢宏壮丽的未名湖全景图。

这片未名湖山地的半天然风景林，向周围延伸渗透到各功能区的建筑庭院空间，从而在植物品种和种植形式上，统一了校园植物景观的风格。

今天，在北京西郊大生态环境中，燕大校园的这片半天然林，延伸了自西山逶迤向东，经颐和园万寿山，到圆明园、北大和清华园，连成一体的绿色走廊，在生态学上，对北京西郊生物的迁移传播起着重要作用。燕园内日益增多的益鸟灰喜鹊、小松鼠等，盖得益于这绿色廊道的形成。

2. 树种丰富，为植物学教学实习与科普园地

据《北京大学校园植物识别》[1] 所载，北大校园植物，重点常见植物 88 科 432 种，其中有北京地区少见珍贵的树种，如马褂木、水杉、七叶树、黄檗、鸡爪槭、杜松、流苏树、梧桐等。这中间七八十年以上树龄的大树、古木基本上都是古园林和燕大时期留下来的。这是一笔巨大的生物遗产，具有很高的生态、景观、文化价值。羊胡子草、二月蓝、紫花地丁、野菊花等土生土长的地被植物，具有独特的保护环境功能和观赏价值。校园植物在燕大时期，就已实行悬挂学名标牌的措施，一直延续至今，在校园内，外校师生参观者络绎不绝。燕园植物景观成为植物学教学和科普实习的园地。

校园绿化中常见树种是：桧柏、油松、侧柏、白皮松、雪松、国槐、洋槐、元宝枫、黄栌、银杏、白

---

❶　参见：冯宝华 . 北京大学校园植物识别 // 学圃滋荣 . 北京：北京师范大学出版社，1999.

蜡、栾树、椿树、桑树、垂柳、法桐等 16 个树种，它们数量众多，约占乔木总数的 65%。这些树木长势健美，控制着校园植物景观风貌和生态质量的大局，起着骨干树种的作用。其中油松、桧柏、白皮松、国槐和银杏，在校园的植物景观中起到更为关键的作用，成为燕大校园的特色树种。雪松、法国梧桐和洋槐等外来树种也在此安家落户，成为燕园绿化树种的重要组成部分。

在骨干树种中 12 种常绿树扮演着基调树种的角色，其中油松、桧柏、侧柏、白皮松尤多，广布于校园各区。它们或成片栽植于山丘岗阜，增加了山势之高旷；或丛植、群植作为背景，烘托春秋景色和建筑环境；或孤植、丛植于建筑一角、道路端头、空间转折之处，形成对景，使校园的植被景观层次丰富，美景处处。由于常绿树数量优势，广泛分布，校园虽大，却处处有苍松，四时皆有绿，使校园景观和谐统一。

3. 季相优美，各具特色

由于常绿与落叶，乔木与灌木、草本相结合的丰富植物群落结构，并得益于起伏多变的地形，因而燕园具有林冠起伏跌宕，林缘线曲折进退的形态美、春、夏、秋、冬四季变化的色彩美（图 4-6-105～图 4-6-108）。

燕园的春天由山桃和垂柳拉开序幕，继而数十种落叶树、花灌木争先恐后萌叶开花，展现一派万物复苏、气象万千的景象。每年的阳春三月，曲折漫长的湖岸线，桃柳争春，为刚从严冬中走过来的苍山老林和未名湖，披上了一层薄薄的绿、淡淡的红。这时的未名湖景区既坦荡大方，又秀丽动人，独受学人的钟爱。燕园的夏景，让人留连的是西校门内一带的池塘荷花，遗憾的是近年来逊色了；燕园的秋景处处迷人，但仍要数未名湖旁山峦岗丘的风景林最喜人，特别是俄文楼与南北阁之间的山林。从九月下旬开始，白蜡初染柠

图 4-6-105 燕园之春

图 4-6-107 燕园之秋

图 4-6-106 燕园之夏

图 4-6-108 燕园之冬

檬黄色，暗示着初秋的来临。随后五角枫、银杏、白蜡、桑树、栾树、椿树等秋色树，献出各色的黄、红色，把这里染成了一片金红色世界，颇有几分西山红叶的韵味。

办公楼前，由桧柏、油松、垂柳、银杏、雪松、桑树等色彩鲜明的大树、古木营造出的景观，展现出春、夏、秋、冬皆宜人的四季美。

4. 建筑环境植物景观的个性化特点

借助植物营造建筑与环境景观的个性化特性，是燕园景观的又一特色。

办公楼庭院 办公楼周围环植以油松、白皮松、桧柏、云杉、早园竹等多种常绿树，三合院中对植以银杏、雪松的大草坪，烘托出校园首脑建筑环境和肃穆庄重的权威形象。西校门、方池、校友桥周围的依依垂柳，则营造出一番亲切、温馨的气氛。这些多层次的植物景观，与一对华表、方池、石拱桥等建筑小品，规整对称、井然有序地交替融合，形成了燕大校园景观的序曲。当人们踏入西校门，透过门柱，映入眼帘的是一幅层次丰富、景观壮美而秀丽的山水园林建筑校景图。这幅画面体现出了燕大特有的"燕大精神"的校园文化魅力，吸引着一代又一代的学子对燕大校园的向往和留恋。

宿舍区庭院 六座女生宿舍庭院（一至六院）种植了不同的庭荫树和花灌木，营造出各具特色，舒适、温馨、美丽的女生宿舍小天地。院子中的花木常常探出矮墙，呈现"满园春色关不住，一枝红杏出墙来"的含蓄阴柔之美。静园两侧，三座并列三合院入口门楼，紫藤树攀援而上，每当四月紫藤花开时，景象委婉、妩媚可人，女生宿舍区成为燕大校园最迷人的地方。

男生宿舍红一至红四楼的庭院绿化，因傍依未名湖，享有近水楼台先得月的优越性，院内植物仅寥寥几棵乔木，却衬托出男生简朴、粗犷的阳刚之美。

5. 古树名木

据 2003 年调查的 GDP 卫星定位，全校共有古树514 株，其中 300 年以上的 1 级保护 25 株，100 年以上的 2 级保护 489 株。名木古树数量之多，为全国高等院校之冠，甚至一般公园也不能与之相比。这些古树是历史的孑遗，也是生态优选的结果，它们为燕大校园绿化树种的选择提供了科学依据，具有很高的生态学价值；这些古树是珍贵的有生命的文化遗产，是燕园前后

百余年来，历史与环境变迁的见证，具有很高的历史文化价值。其中未名湖区（原淑春园）古树占全校总数的27.4%，北部古园林区占 24.7%。它们的主要树种是桧柏、油松、侧柏、白皮松、银杏、国槐、榆树、桑树、流苏、酸枣、楸树等 11 个树种。其中桧柏、油松、侧柏具有极大优势。它们广泛分布在岗阜山地、道路两侧、建筑周围、古建院内等视觉敏感之处。这些古树虽老态龙钟，但千姿百态，生命力极强，成为燕园的奇观。如：临湖轩前两棵姐妹白皮松，挺拔高雅，生机勃勃；岛亭的油松，苍劲古朴，长势健壮，如群龙腾空；西校门内的古桑（图 4-6-109），胸径 1.27 米，虬枝古干，枝繁叶茂；办公楼前华表旁的银杏，为燕园建校初期所植，树干粗壮，冠大荫浓，辉煌庄丽。这些古树之所以保存至今，得益于燕大校园规划建设者对它们的尊重，以及后来管理者的有效管理（图 4-6-110）。

6. 校园的植物景观风格

未名湖园林区的半天然林，造就了燕大校园的整体植物景观风格：简洁大气、恢宏壮美、自然古朴、富有生机。这一风格全面体现在校园环境之中。与民族特色的建筑协同体现了"彻底中国化"的办学方针。

校园的各种道路，在自然林中穿越；建筑庭院，除具有防护功能的规整绿篱外，所有乔木、灌木一概不加人工几何式修剪；建筑过度空间，以三五成丛的原生态的乔、灌木，把严谨的建筑庭院导向未名湖的自然山水环境之中，常常出现"飞檐奇松"等建筑与植物对比呼应、生动亮丽的景色。

近来在某些地段出现规整修剪的黄杨球，这与燕园植物景观的风格是格格不入的。

图 4-6-109　办公楼前庭的古桑

图 4-6-110 化学南楼庭院中的古柏

图 4-6-111 华表（黄润华提供）

图 4-6-112 垂柳系石鱼

（五）校园的雕刻碑碣

在燕大校园内，有一批陈设在山水林木之间的雕刻碑碣，它们有的出土于校园，有的收集于民间，有的是圆明园之旧物，还有的是为纪念近代为国殒身的青年学生。它们几经飘零，辗转至此。每一件制品都有一段历史尘封的人文情结，给校园抹上了一笔笔或神秘、或美丽、或光辉的色彩。它们之所以能保存至今，得益于燕大校园对它们小心翼翼地保护性利用，使它们成为校园风景中富有特色的人文建筑小品。

华表 位于办公楼前庭的一对华表，通体刻有云纹、蟠龙等图案，审美价值很高。这两通华表花饰雕刻略有差异，粗细也略不同，耐人寻味。这对华表原为圆明园安佑宫遗物，后经圆明园主事者提议，北平市政府认可，移置于燕京大学校园保存至今（图4-6-111）。

石麒麟与"龙云石" 办公楼西门两侧的石麒麟，神态威武，通体雕刻精细。石麒麟在中国传统文化中，与龙一起被认为是吉祥崇高的化身，其形象集兽中精华之大成，雄健之中溢出秀美与和善。两尊石麒麟之间的龙云丹墀，二龙戏珠图刻得栩栩如生。两者同为圆明园安佑宫遗物。

翻尾石鱼 现存未名湖西侧水面，原为圆明园西洋楼景区谐奇趣大喷水池中的装饰物，此雕刻工艺精美，造型生动（图4-6-112）。

石舫 位于未名湖岛东侧，淑春园石舫基座遗址，它见证了当年清乾隆朝中一段极为重要的历史教训，即清乾隆宠臣和珅一生飞黄腾达，而至贪赃枉法，最后落到"加恩自尽"的结局（图4-6-78）。

乾隆石屏风 未名湖北岸的四扇青石屏风，上刻乾隆题写的两副对联：

画舫平临苹岸阔，飞楼俯映柳荫多；
夹镜光澄风四面，垂虹影界水中央。

这四扇石屏风原是圆明园"夹镜鸣琴"的遗物，而两副对联的诗境倒是和未名湖的景致对应得恰到好处。

石雕五供、石供桌 未名湖西岸山脚陈列着一组石供桌、香炉、蜡矸和宝瓶等明代晚期陵墓的祭供器，用于供奉先人，追思恩泽。图案精美，保存较为完整，具有较高的历史、文化、艺术价值。它们从何处又为何来到未名湖畔还是一个待考证的谜。

杭爱碑 杭爱是清朝有功之重臣。此碑为康熙敕建的杭爱墓之两尊墓碑。原立于六院与俄文楼之间的土山上，燕大建校时，移置于女生宿舍区大草坪北侧东、西两角。碑文为康熙对他一生政绩的表彰。

梅石碑 位于俄文楼西北侧土山脚，原为圆明园"茜园"的遗物。石碑上刻有明代两位著名画家所画的古梅和奇石。碑面刻有乾隆御笔诗。关于梅石碑曲折离奇的故事的诗文，有着一定的历史研究价值。

乾隆御制诗碑 为畅春园遗物。碑文如下：

> 清明时节易种树，拱把稚松培养看。
> 欲速成非关插柳，挹清芬亦异滋兰。
> 育材自合求贞干，挈矩因之思任官。
> 待百十年讵云远，童童应备后人观。
>
> 种松戏题
> 丁未仲春中瀚御笔

魏士毅烈士纪念碑 在档案馆南侧，纪念在1926年"三·一八惨案"中，为国壮烈殉身的燕大年青女生魏士毅。

北大时期的燕园，增置了"国立西南联大纪念碑"，北京大学的"三·一八遇难烈士纪念碑"、"北京大学革命烈士纪念碑"、"蔡元培雕像"、"李大钊雕像"、"塞万提斯雕像"、"斯诺墓"、"葛利普教授墓"、"赖朴吾、夏仁德墓"等，为完善、丰富燕园的人文景点，衔接北大与燕园的人文内涵做了有益的尝试。如斯诺墓，安置在斯诺曾经应聘讲学的新闻馆北侧山冈上。简单朴实，面向未名湖，背枕新闻馆，对着花神庙门，寄托了斯诺生前心系中国的美好愿望。

燕京大学校园是在20世纪20年代建造的一座现代化高等学府，是中国近代中西文化科学技术有机融合的典范，是一个体现了西方的规划建筑理念、西方的建筑科学技术与中国民族传统的建筑、中国传统山水园林风貌环境相结合的优秀作品。燕大校园的选址与规划建设的成功，使这片清朝曾经辉煌，在清末民初沦为荒地的园林遗址，重新焕发出青春。燕大校园培养了一大批为中国社会各界服务的尖端人才。燕京大学毕业的著名历史地理学家侯仁之说："从入学的第一天起，我就为这座校园的自然风光所吸引"，"导师对校园历史的研究，使我深受启发，一直影响着我日后研究的方向"，"直到引导我进行对于北京西北郊区历史上著名园林区的实地考察，进而又扩大到整个北京地区开发过程的

研究"。❶

北京大学迁校以来，在近半个多世纪的大发展中，对燕大校园特别是以未名湖为中心的核心区的使用过程，是成功的保护过程。北大新发展的校园建设，传承了燕大校园的风貌，弘扬了北京大学的历史文化传统。燕园的湖光塔影、一楼一亭乃至一树一碑，都与北大的精神融合在了一起，形成北大校园的文化特征，启迪、感化、熏染、陶冶着一代又一代学人，在这里健康地成长。

为保护好燕大校园这座国家重点历史文化遗产，正确处理遗产保护与北京大学校园发展的关系，北京大学做了很多艰苦卓绝的工作。校发展规划部邀请清华大学文化遗产保护研究所制定了《未名湖燕园建筑文物保护总体规划》。保护规划对燕大校园用地内的总体规划布局、山水园林环境、各类建筑、人文遗迹，直至围墙、露天灯具、井盖等都进行了比较全面、深入细致的调查研究，在此基础上制定的保护规划，重点突出，层次清晰。保护规划将以未名湖为中心的主体校园区作为第一层次核心保护区，把它放在对燕大校园独特价值风貌的形成、北大校园发展和风貌文脉延续起决定作用的重要地位加以严格保护。北部朗润园、鸣鹤园、镜春园等古园林区，从燕大校园用地的完整性、与未名湖区山水植被园林环境的延续性、北方古园林遗存的稀有性等因素考虑，作为第二层次的历史园林风貌区进行严格保护。燕南园、燕东园及蔚秀园则为第三层次保护区。新发展的北京大学校园部分，作为文化遗产保护区的外围建设控制地带，加以有效控制。今天，校方正加大保护规划的实施力度，根据保护规划，在北部古园林风貌区拆除违章、临时建筑，整治环境的保护措施正在实施，这一历史园林风貌区将呈现一个低层、低密度、传统风貌建筑和历史园林环境为特色的教学、科研、对外交流区。❷

燕大校园的价值是无法用金钱估量的，她的影响跨越百年历史，超越五大洋洲。北大正向着世界一流大学的目标奋斗。燕大校园这座国家级文化遗产，也正朝着世界一流的保护目标而努力，使中国近代史上这颗璀璨明珠永久美丽，世代享用。

（本节"北京燕京大学"文：何绿萍）

❶ 参见：燕京研究院. 燕京大学人物志（第一辑）. 1999.
❷ 参见：清华大学建筑设计研究院文化遗产保护设计研究所. 未名湖燕园建筑文物保护总体规划. 2005.

八、福建厦门大学

厦门大学是由著名爱国华侨领袖陈嘉庚于1919年筹办，1921年正式建成开学的，是中国近代教育史上第一所华侨创办的综合性大学（图4-6-113）。厦门大学北靠五老峰，南临大海，右倚南普陀古寺，校园环境优美，校舍建筑宏伟壮丽，别具一格，其中校主陈嘉庚的个人素质和修养对厦门大学的校园风格产生了决定性的影响。

（一）校园选址及规划布局

甲午战争之后，国势危如累卵，近代大学方兴未艾。面对严峻的国势，新加坡爱国华侨陈嘉庚的一片拳拳爱国之心，开始投注在国民教育上。他在故乡先建集美学村之后，继而开始筹建厦门大学（图4-6-114）。1919年，陈嘉庚与黄炎培一起去南普陀选定校址，选择厦门本岛南侧五老峰下演武场遗址作为厦门大学校园所在地，正是寓意秉承先辈遗志，爱国兴邦。

陈嘉庚最初委托了当时著名的美国建筑师亨利·墨菲做了校园的总体规划，而后他在吸收了一部分墨菲的规划思想后又亲自制订了一个建筑布局错落有致，与自然环境结合紧密的校园规划，以利于校园今后的逐步扩大与发展。

校园初期最重要的建筑当属从1921~1925年相继落成的现位于校园西校门口的群贤五幢建筑群，南北朝向，自西往东一字形布局，依次是同安楼、囊萤楼、群贤楼、集美楼、映雪楼，以群贤楼中厅轴线对称布局，五楼廊宇相连，与北侧的五老峰巧妙相呼应，而"一主四从"也自此成为厦门大学标志性建筑的布局手法（图4-6-115）。群贤楼群的建筑风格为典型的"嘉庚式建筑"，同样是源于陈嘉庚"头戴斗笠、身穿西装"的建筑设计思想。墙身吸收了西方古典建筑中拱券、柱廊等做法，而屋顶则采用了闽南传统的曲脊大屋顶式样，可谓是中西合璧，博采众长（图4-6-116）。

1937年，厦门大学改为国立大学，但不久全面抗

图4-6-113 厦门大学总平面图

战爆发，厦门大学被迫内迁闽西山城长汀办学。而在厦门沦陷期间，厦门大学校园被日寇强占为军营，校舍被破坏严重。1945年抗战胜利后厦门大学回迁厦门，开始着手进行校园重建工作。1949年新中国的成立使得陈嘉庚兴学救国的宏伟志愿终可实现，带着兴奋的心情，陈老先生决定再筹巨资扩建厦门大学，并动员其女婿李光前捐赠港币六百万元，南安其他爱国华侨也纷纷慷慨捐赠。

　　1950～1955年，在陈嘉庚亲自关照下，厦门大学校园开始了第二次的大规模建设热潮，其中突出的代表性建筑为建南楼群。建南楼群位于校园南部靠海的一个名为八仙棋的山岗上，由陈嘉庚于1951～1954年主持修建完工。楼群由"一主四从"呈上弦月形排列的五幢建筑组成，中部为主建筑建南大会堂，两边轴线各对称布置两幢建筑，靠西是南安、成义两楼，靠东为南光、成智两楼。与群贤楼群南北朝向、东西一字形对称布局不同的是，新五幢楼各建筑中轴线并非并列关系，而是结合地形走势呈弧线状排列，面对大海形成环抱之势。在建南楼群下方设运动场，其三面利用地形高差布置看台，形若上弦月，故命名曰"上弦场"（图4-6-117）。建南楼群的建筑风格依然采取中西合璧的形式，墙身采用石砌西式造型，屋顶采用闽南建筑色彩的中式坡屋面，美观端庄，再辅以建筑周边颇具南亚热带风情的观赏植物与小游园，山、海、建筑、园林结合起来共同组成了一幅动人的画卷。

　　芙蓉楼群由一组建在演武场东边、环绕洼地的学生宿舍楼组成，共六幢，其中前四幢由陈嘉庚主持修建，并在1951～1954年间陆续竣工，分别名曰：芙蓉第一、芙蓉第二、芙蓉第三、芙蓉第四。芙蓉宿舍楼普遍为三层楼，局部四至五层，长条山字形平面，均沿用中式屋

图4-6-114　陈嘉庚铜像

图4-6-115　群贤楼鸟瞰

图4-6-116　群贤楼外观

图4-6-117　建南大礼堂和上弦场

顶、西式墙身的"嘉庚"建筑风格。四幢建筑廊柱均用
砖石精细砌筑，三层外廊均为连柱圆拱券，红砖白石交
叉砌筑，精致美观。

如今这几组建筑依旧保留，构成厦门大学校园的基
本骨架和标志性建筑，反映出陈嘉庚顺应地形、有机生
长的校园建设模式。

（二）校园绿化环境

厦门大学地处亚热带海滨，当地雨量充沛，气候温
暖潮湿，校园植被丰富，呈现出变化多样的优美的绿化景
观。随着各时期的建设，校园在园林绿化方面也呈现出多
样性，校园内并无统一的行道树，而是随区域的不同而采
用不同的树种，有时在同一条道路两侧即呈现出多树种并
列的场景。在校园入口道路和重要建筑周边种植有亚热带
观赏类树木如大王椰、假槟榔、蒲葵等，而龙眼、芒果等
果木类植物也是校园内主要行道树之一，既有观赏价值又
具经济价值。此外凤凰木、银桦、白千层、柠檬桉、小叶
榕、红花羊蹄甲为校园中最常见植物，其余樟树、南洋
杉、圆柏、白玉兰、女贞、木棉、海枣则穿插种植在各绿
地中，有的高大挺拔，有的逶迤多姿，因时令不同而展现
出花色树形的变化（图 4-6-118～图 4-6-124）。

图 4-6-119　群贤楼前的蒲葵

图 4-6-120　建南楼群前的蒲葵和圆柏

图 4-6-118　第三学生宿舍芙蓉楼前高大的柠檬桉

图 4-6-121　学生宿舍旁的大王椰

图 4-6-122 校园入口前的大王椰、木棉和草坪

图 4-6-123 校园绿地中的散尾葵和假槟榔

图 4-6-124 校园中的柠檬桉

　　特别值得一提是校园内保留的十几株上百年树龄的大榕树，它们散落在校园各角落，枝繁叶茂，成为夏日遮阴避暑、乘凉休息的好去处，在视觉上也成为具有南国风貌的焦点景观（图 4-6-125）。

图 4-6-125 老榕树

（三）校园中心园林

　　厦门大学校园最优美的地方当属校园中心区以大片绿地与芙蓉湖为核心的绿地（图 4-6-126～图 4-6-130）。这里原是校园中的低洼地，后经整治形成湖面，周围由学生宿舍及教学楼环绕，空间开阔。园中包括四个功能区：文娱游览区、园中园、文化休息区和森林草地区。园内设置了适量建筑小品，如雕塑、座椅等。经过精心营造后的园区碧湖绿柳、绿草如茵，构成了一处既开阔又围合的园林空间，芙蓉湖旁是一片略向水池倾斜的树木草地，这里不仅有一些假槟榔、小叶榕和竹林，还保留了一株枝干苗壮、风姿绰约的百年古榕。

　　园中园也是厦大校园的一个特色。在校园的一角有一处纪念园，展示了一些与厦门大学历史关系密切的人物雕塑。如鲁迅的石雕像，旁有鲁迅的名句"俯首甘为孺子牛"石刻（图 4-6-131）。紧挨着的则是一位在革命战争时期，为进步事业献出自己宝贵生命的厦门大学学子罗扬才烈士的浮雕像，再入园内则是一块纪念厦门大学功勋校长萨本栋先生的墓碑。园内遍植着各种常绿而长寿的松柏类植物，郁郁长青，以示永恒。纪念性园林加强了厦门大学历史文化的宣传教育作用，提升了校园景观文化的内涵。

（本节"福建厦门大学"文：王明非）

图 4-6-126　芙蓉湖远景

图 4-6-127　芙蓉湖及学生宿舍

图 4-6-128　芙蓉湖边的绿化

图 4-6-129　芙蓉湖边的假槟榔

图 4-6-130　芙蓉湖小岛上的陈嘉庚与学生群雕

图 4-6-131　鲁迅雕像

九、广州石牌中山大学

国立中山大学原名国立广东大学，是孙中山先生于1924年以陆海军大元帅名义下令创建的两所大学之一❶。是由当时广州的国立广东高等师范学校、广东公立法科大学、广东农业专门学校及广东公立医科大学等校合并而成。

1925年孙中山逝世之后，国民党元勋廖仲恺首先提议将广东大学改名为中山大学，1926年8月17日正式宣布称为国立中山大学。

自从广东大学改名之后，全国各地就掀起了一场陆续创办或筹备中山大学的热潮。酝酿中的中山大学共有九所之多，位列第一的为广州中山大学，第二为武昌中山大学，第三为杭州中山大学，第四为南京中山大学（由原来的东南大学改名）；并拟将开封中山大学列入第五中山大学，其他为江西、安徽、兰州、西安的中山大学。这时南京国民政府的大学院也仿效法国实行的"大学区"制，率先在广东、湖北、浙江、江苏四省将国立中山大学改名为第一、二、三、四中山大学区，至1928年初，又决定"将各地中山大学悉易以所在地名，仅留广州的中山大学（之名），以资纪念总理"。当时政府的大学院副院长杨杏佛也认为，"大学以中山名，原是纪念总理的意思，但纪念不在多"，而各省纷纷成立中山大学，"不但失却了纪念意义，而且在国际交往上尤感不便"，故除广东广州石牌的中山大学之外，其余的都以地名改称为武汉大学、浙江大学和江苏大学，以后江苏大学又设为国立中央大学，故近代纪念性的中山大学仅保留了广州石牌的一所，直至新中国成立初期。

1. 校址选择

石牌中山大学的校址选定，实际上是首任校长邹鲁根据中山先生遗愿执行的，因原来广东大学位于广州市区文明路"校舍散处市内，不适藏修，尤难发展"❷，而石牌新址位于距市中心约10公里的东郊，此处背倚白云山林，面朝珠江三角洲平原，宽阔的场地、起伏变化的丘陵地貌，为建设独特的山水校园提供了良好的空间环境。正如邹鲁所言："白云山环其侧，珠江绕其前，校内冈峦起伏，池沼荡漾。"❸校园规划也充分反映了设计师与大学管理者对空间环境以及对现代教育与传统文化的理解。

中山大学校园规划的宗旨和理念首先是传承和弘扬中华传统思想，成就国家栋梁。"不但求之中国不落后，即求之世界各国亦不落后"❹。其次是体现中国"以农为本"、"以农立校"的传统国情，以及中国山水园林布置的传统校园风格。再次，一次要吸取先进国家校园建设的优点，兼容并蓄，创造现代化校园的时代风貌。

为此，在1925～1930年的校园规划建设期间，校长邹鲁先后聘请国内外著名建筑师，如德籍海克教授、留法中国建筑师吕彦直、留美中国建筑师杨锡宗等主持

---

❶　为培养国民党文武干部，孙中山先生1924年1月24日下令创办陆军军官学校（即黄埔军校）。同年2月4日，下令筹组国立广东大学，后改名国立中山大学，民国期间中山、黄埔一文一武两所大学蜚声中外。

❷❸　参见：邹鲁.国立中山大学新校舍记 // 易汉文.钟灵毓秀：国立中山大学石牌校园.广州：中山大学出版社，2004：128.

❹　参见：邹鲁.国立中山大学新校舍记 // 易汉文.钟灵毓秀：国立中山大学石牌校园.广州：中山大学出版社，2004：128.另据邹鲁的《回顾录》178～234页所述，邹鲁在其文章《环游世界》中详细记载了他自1928年（民国十七年）1月14日至同年11月26日前后318日考察日本、美国、墨西哥、巴拿马、古巴、加拿大、法国、瑞士、意大利、奥地利、匈牙利、捷克斯拉夫、德国、瑞典、挪威、丹麦、荷兰、比利时、卢森堡、英国、葡萄牙、西班牙、希腊、土耳其、叙利亚、巴力（勒）斯坦、埃及、印度、安南（越南）等29国的情形，所至大小城市不下百余处，全面考察了亚洲、北美洲、欧洲、非洲各国政治、经济、社会情形，其中特别关注了各国教育制度及校园建设，涉及各国著名大中小学校园80余座，考察范围之广泛，内容之详尽在今日交通便利发达的条件下亦属惊人之举。

和参与设计，他自己也考察了亚洲、非洲、北美洲和欧洲等 29 个国家的校园，最后在杨锡宗提出的概念方案基础上，拟定了一个三期六年完成的校园建设计划[1]，直至 1938 年抗日战火延至广州前夕，校园建设才初步完成。

2. 校园布局

中山大学石牌新校址占地已达 806.7 公顷，根据以上的规划思想，其总体布局有以下特色：

（1）采用极具形式感的钟形平面，一条强烈的中轴线贯穿于中心区南北，与两侧环道构成校园空间的整体布局，采用局部规则与整体自由相结合的形式，但保留主轴空间的规整，校内主要公共设施及各学院大楼依次展开（图 4-6-132～图 4-6-134）。礼堂正

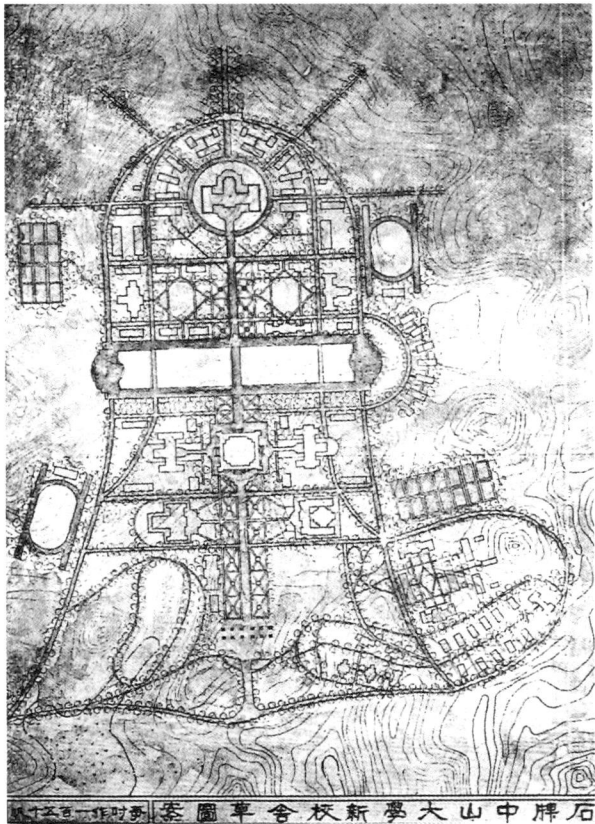

图 4-6-132 1930 年石牌中山大学新校舍草图案[2]

北为农学院，其东南为理学院，西南为工学院。礼堂之南，孙总理铜像屹立，像之东为图书馆，西为博物院。礼堂东南为天文台，西南为大门。礼堂西北隅有湖，湖之东为女生宿舍，湖之西南为蚕学馆。男生宿舍则居礼堂东北隅，教职员宿舍处于图书馆东南隅。运动场、游泳池则散居各处，使不同功能的各处自成一区而不相妨碍，极具科学性，并融会了中国传统"以农为本"的重农思想、"左文右武"的传统礼制，以及"男左女右"的伦理秩序等儒学思想内涵（图 4-6-135～图 4-6-141）。

（2）体现"以农立校"的理念。中国历来是以农立国的大国，故在校园规划中除了以农学院址立于北端中心位置作为中轴终结点以外，校园内辟有大片农林用地。在大门之左有稻作场，还有果园、花圃，共植竹、树、果木 200 万株，辟白玉山林场，种树约 160 万株，不仅增加了校园之绿色生态美，而且还能解决学校部分话费之需。

（3）运用中国造园艺术的传统手法，因地制宜地利用天然地形、地势，强化校园的风貌特征。取南北走向之左、中、右三条地形轴线作为"山系"，又择低洼地整合池沼，分筑六湖，形成东西走向之半环形"水系"，构筑山水融合之空间格局。并将山岳、湖池和道路都按其所在地理方位，冠以中国名山、胜水、省份之名。如山丘则题曰"衡山"、"黄山"、"麓山"、"崂山"、"武陵"；湖池则题曰"洪泽"、"鄱阳"、"洞庭"、"巢湖"；路侧题曰"九一八路"、"松花江路"、"海滨路"（后为纪念首任校长邹鲁而名）。还在依山傍水之处，设置纪念性园林小品加以点缀，如钟亭、植树亭、启新亭、明远亭、刘义亭，以及日晷坛、喷水池、校训石刻、励志石刻，尤其是总理铜像等，处处都使入校者产生祖国幅员辽阔、山河壮美、文化丰厚之启迪。爱国之心，油然而生。

（本节"广州石牌中山大学"
文：刘尔明、张寅山）

[1] 邹鲁拟定的"三期六年"建设计划，每两年一期。事实上，第一期工程 1933 年 3 月起，至 1934 年 9 月竣工，包括农学院农学馆及附属设施，理学院化学教室，工学院的电器工程、机械工程、土木工程等教室，男、女生宿舍及食堂，同时修筑公路 70 余里。竣工当年秋天，农学院、法学院、工学院率先迁入新校上课。第二期工程始于 1934 年 10 月，至 1935 年秋竣工，工程包括学校正门牌坊，文学院 1 座，农学院农林化学馆 1 座，园艺温室 1 座及农场设施若干，理学院及工学院教室及有关工厂宿舍，新筑道路 50 余华里。是年秋天除医学院及附属医院、附中、附小外，学校全部迁至新校园。第三期由于第二期工程欠款，被迫延期至 1936 年 7 月开始，为期三年。1937 年"七·七"事变后，政府停止拨款，至 1938 年 10 月日寇占领广州西迁时才部分基本完成，形成校园的基本框架。

[2] 引自：易汉文. 钟灵毓秀——国立中山大学石牌校园. 广州：中山大学出版社，2004.

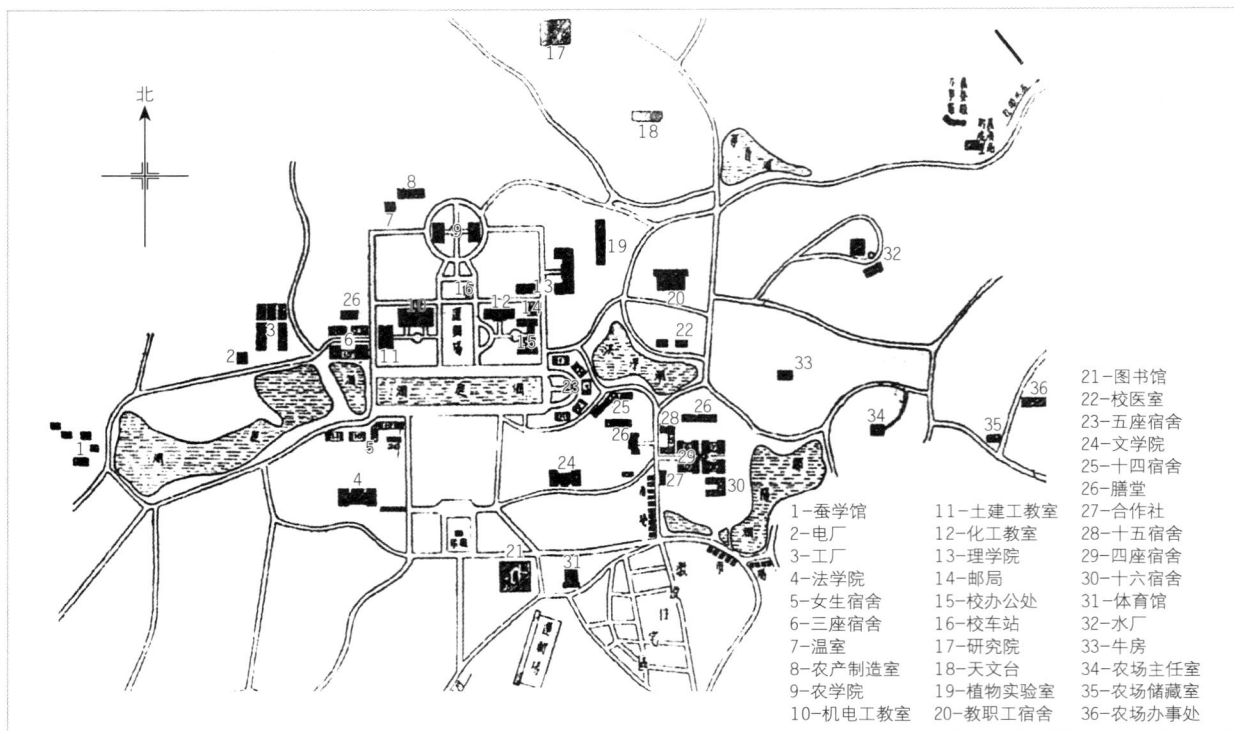

21-图书馆
22-校医室
23-五座宿舍
24-文学院
25-十四宿舍
26-膳堂
27-合作社
28-十五宿舍
29-四座宿舍
30-十六宿舍
31-体育馆
32-水厂
33-牛房
34-农场主任室
35-农场储藏室
36-农场办事处

1-蚕学馆   11-土建工教室
2-电厂   12-化工教室
3-工厂   13-理学院
4-法学院   14-邮局
5-女生宿舍   15-校办公处
6-三座宿舍   16-校车站
7-温室   17-研究院
8-农产制造室 18-天文台
9-农学院   19-植物实验室
10-机电工教室 20-教职工宿舍

图 4-6-133　中山大学石牌新校园规划平面图（王绍曾提供）❶

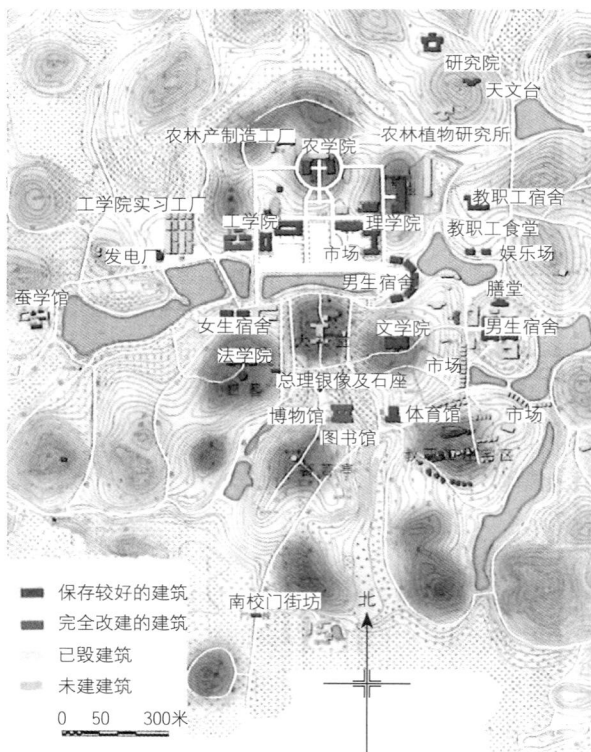

图 4-6-134　校园中心区建筑与地形 ❷

图 4-6-135　原石牌中山大学正门

图 4-6-136　石牌中山大学农学院（今为华南农学院）

❶ 引自：邹鲁. 国立中山大学新校舍记 // 易汉文. 钟灵毓秀——国立中山大学石牌校园. 广州：中山大学出版社，2004：128.
❷ 引自：郑力鹏. 中国近代国立大学校园建设的典范——原国立中山大学石牌校园规划建设. 新建筑，2004（6）.

图 4-6-137　石牌中山大学文学院

图 4-6-138　原石牌中山大学法学院的百步梯

图 4-6-139　原石牌中山大学的古榕树

图 4-6-140　原石牌中山大学化学馆旁的凉亭

图 4-6-141　石牌中山大学喷水池

十、湖北武汉大学

　　武汉大学是我国近代以来，逐步发展、建立起来的一所著名高等学府。随着社会组织的更迭、政治格局的变化，其校名几经变易❶、校址多次迁改❷。然而，武昌珞珈山则是武汉大学作为一所综合性大学得以充分成长、壮大的真正基地，取得了享誉国内外的盛绩。近代学界名流胡适先生认为，武汉大学的成就代表了中国的新兴与进步，大学校园更是"国内最值得称许和赞助之一个新建设"❸。其校园建设、园林绿化素以校区恢弘的建筑群体布局和珞珈山优美的自然山光水色闻名。本部分

❶　武汉大学的前身是湖广总督张之洞创办的自强学堂（1893～1897 年）。随着办学的发展，先后改组、易名为方言学堂（1897～1911 年），国立武昌高等师范学校（1913～1923 年），国立武昌师范大学（1923～1924 年），国立武昌大学（1924～1926 年），国立武昌中山大学（1926～1927 年），国立武汉大学（1928～1949 年），武汉大学（1949～　）。
❷　原自强学堂位于武昌城内大朝街口的三佛阁。从 1902 年改名方言学堂，校址便迁至武昌东厂口，直到 1927 年。1928 年成立国立武汉大学，在当时的武昌郊区珞珈山辟建新校区。1938 年，日寇侵华，迫于形势，学校西迁四川乐山。抗日战争胜利后，于 1946 年迁返武昌珞珈山校区。
❸　参见：周鲠生 . 肩负起建立华中学术文化中心的使命 // 国立武汉大学周刊，第 374 期 . 转载于：刘双平 . 漫话武大 . 武汉：武汉大学出版社，1993：100.

内容主要考察武汉大学珞珈山校区园林绿化的近代发展史，即从1928年选址珞珈山、建立国立武汉大学新校区，直至1949年新中国成立，探讨这一时期校园园林绿化的发展沿革、设计思想，以及体现的校园人文精神。

（一）校园建设的思想基础

武汉大学校址在历史上多有变动，而在各个发展阶段，其创办者都认为校园环境的优劣直接影响教书育人的效果，因此非常重视校园的物质条件、环境设施的建设。

1897年，时任湖广总督的张之洞改组自强学堂为方言学堂，并选址武昌东厂口，学堂北倚蛇山，南临长湖、紫阳湖，东临抱冰堂与农林场，西接省议会、阅马场，地势高爽，风景宜人，是当时湖北各学堂中最理想的办学位置。张之洞选此地辟建学堂煞费苦心，而他本人所强调和秉持的建造学堂三原则之首即为"便于卫生"，而"水土之污洁，空气之通塞，光线之斜正，一有不慎，则贻害其多"[1]。

1928年，国立武汉大学另辟新址，组建之初，刘树杞代校长(1928年7月至1929年2月)认为良好的校园环境是塑造一所优秀大学的基础："校址——伟大学校的建筑可以说是学校发扬的处所"[2]，并明确指出新的国立武汉大学要"追求更伟大的建筑，更新鲜的外表"[3]。

1929年3月，王世杰（字雪艇）继任校长（1929年3月至1933年4月），主持、组织了国立武汉大学新校区一系列初始建设的运作。其时，武昌东厂口老校房屋陈旧，校区狭窄，抑制拓展，致使一些有名望的教授不愿意受聘。这些使王世杰意识到校园环境质量低劣的弊端："一个大学设备简陋，不易聘到好的教授，因而造出的人才亦就不能美满，在社会生出好的影响就少，而被社会藐视的成分就多。"[4]于是，与张之洞的建校宗旨相仿，他也将"适当的校舍"作为创建新大学的首要条件，"要想将武大造成一个真正的大学，第一个条件，便是完成新校舍的建筑"[5]，且"不办则已，要办就当办一所有崇高理想、一流水准的大学"。[6]

王世杰1933年调任南京国民政府教育部长后，继任的王星拱校长（1933年5月至1945年7月）、周鲠生校长（1945年7月至1949年8月）延续了校园建设的传统，在农学院叶雅各教授等的努力下，不断完善新校区的林木、植被及建筑设置，使武汉大学校园成为闻名国内外的最美丽的校园之一。

（二）得天独厚的校园选址

1928年11月，国立武汉大学新校址选定武昌珞珈山。

早在1919年，地质学家李四光在从英国返回的航船上就与农学家叶雅各提到湖北武昌城外有个落驾山（闻一多后将其名改为珞珈山）。1928年8月，以李四光为委员长的新校舍建筑筹备委员会对武昌珞珈山进行了实地勘察。基址地貌属小丘陵，珞珈山为群山之首，北面有火石山、狮子山、小龟山、侧船山、扁扁山（如今的半边山）等十几座山丘，山峦起伏，宛转绵延。整个场地东、北临东湖，烟波浩渺，西临茶叶港，仿佛探入东湖的一个半岛。如此山环水抱、以珞珈山为中心的新大学校址，在校舍建设和环境建设方面很快得到了委员会的一致认可。

在校舍房屋的建设上，因校区内山丘落差起伏不大[7]，校舍建筑群依托山势，有上下的节奏、远近的层次，却不致损害功能分区之间的有机联系。山石则可节省石料与地基的营造，且当地农田有限，不致占用很多的耕地。

在校园环境的经营上，校区自然风景优美，视野舒展开阔，山水交相辉映，正契合中国古代书院相地选址的"仁者乐山，智者乐水"的传统理念。叶雅各说："武昌东湖一带是最适宜的大学校址，其天然风景不唯国内各校舍所无，即国外大学亦所罕见。"[8]水是珞珈山不可多得的自然资源，不仅有湖水，而且有泉水。从武汉大学中国文学系毕业的殷正慈曾追忆东湖，赞叹道"宜雨宜晴宜画时，烟波浩渺柳垂丝。打浆一篙人去远，盟鸥旧燕可相思"[9]并用晋代谢道韫咏雪联句中的"未若

❶ 参见：《张文襄公全集》卷五十七，转引自：吴贻谷. 武汉大学校史（1893-1993）. 武汉：武汉大学出版社，1993：20.
❷ 参见：国立武汉大学周刊，民国十八年1月10日. 转引自：吴贻谷. 武汉大学校史（1893-1993）. 武汉：武汉大学出版社，1993：106.
❸ 参见：吴贻谷. 武汉大学校史（1893-1993）. 武汉：武汉大学出版社，1993：107.
❹ 参见：刘双平. 漫话武大. 武汉：武汉大学出版社，1993：28.
❺ 同上，29页.
❻ 参见：殷正慈. 记王雪艇先生谈珞珈建校 // 董鼎. 学府记闻——国立武汉大学. 台北：南京出版有限公司，1981：28.
❼ 地面极端标高为20.5米（湖滨）到118米（珞珈山）。
❽ 参见：王世杰. 珞珈山新校址是如何选定和规划的. 国立武汉大学周刊，第36期. 转载于：刘双平. 漫话武大. 武汉：武汉大学出版社，1993：174.
❾ 参见：殷正慈. 珞珈三忆 // 董鼎. 学府记闻——国立武汉大学. 台北：南京出版有限公司，1981：271.

柳絮因风起"形容其淡远、柔美。珞珈山一带的山,虽然在当时尚属武昌郊区的荒山野岭,但是山形绵延多姿,实属自然的恩赐。珞珈山校址依山傍水的自然资源优势,奠定了武汉大学校园绿化、园林建设的绝好基础。

(三)宏图初创:1928～1938 年的校园园林绿化

1928 年,美国建筑师凯尔斯(F.H.Kales,1899-1979)受邀主持国立武汉大学珞珈山新校区的规划设计工作。总体规划充分契合地形,以一片三面环山(狮子山、火石山和小龟山)、西向开口的山谷低洼地为中心,展开校园的建筑布局与园林绿化(图 4-6-142,图 4-6-143)。新校舍在 1930 年 3 月至 1932 年春基本落成,后逐步有所添建。建筑依山就势,巍然壮观:校园绿化、环境建设同时展开,成绩斐然。郭沫若先生在他的《洪波曲》中赞叹道:"武昌城外的武汉大学区域,应该算得是武汉三镇的物外桃源吧。宽敞的校舍在珞珈山上,全部是西式建筑的白

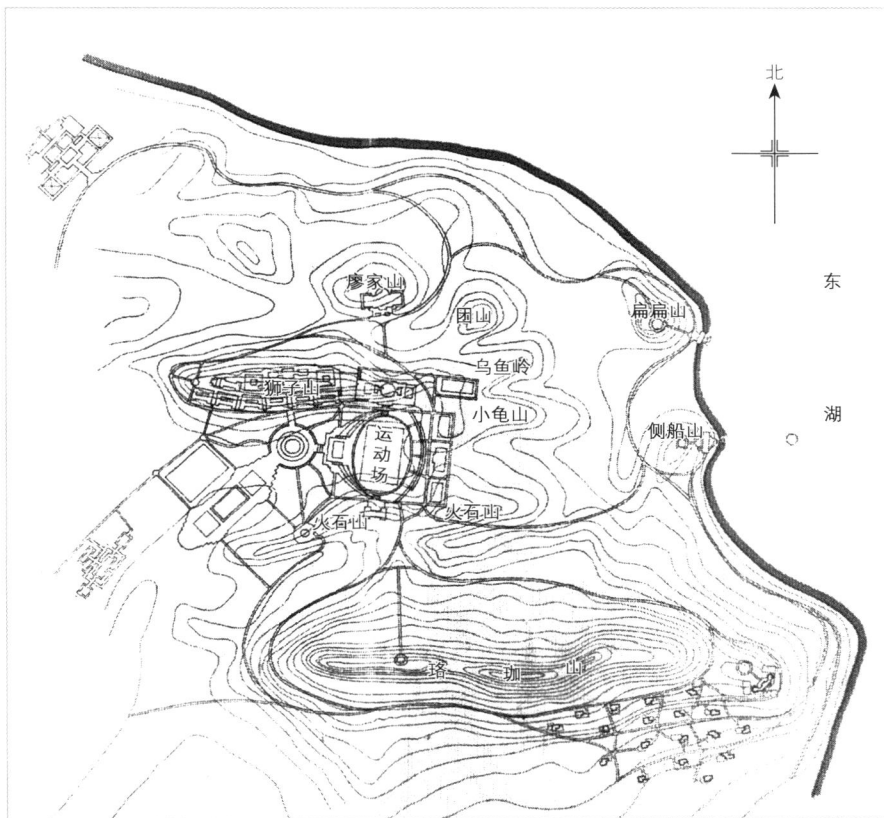

图 4-6-142 珞珈山武汉大学校园设计总平面图 ❶

图 4-6-143 珞珈山新校舍风景图 ❷

❶❷ 引自:国立武汉大学.国立武汉大学一览:中华民国十八年度.武汉:国立武汉大学,1930.

垩宫殿，山上有葱茏的林木，遍地有畅茂的花草，山下更有一个浩渺的东湖。湖水清深，山气凉爽……太平时分在这里读书，尤其是教书的人，是有福了。"如此赏心悦目、别致幽雅的武汉大学校园，依托珞珈山的自然山水资源，以人工山林为整体基调，以中心绿地、特色庭园作闲暇想读，以建筑设施强化景观秩序，以植物园、花卉园、苗圃等辅助生产教学，形成了相辅相成、错落有致的园林绿化体系。

1. 人工山林

珞珈山校区在1928年全面绿化之前，是武汉郊区的蛮荒之地。珞珈山上残留的树种只有山坡北麓约20～30株马尾松，加上山南的零星树木，总数不过百，其余基本为零散、杂乱的灌草丛所覆盖[1]。

在校园绿化的初始总体设想上，为配合环境建设和教学需要，叶雅各教授曾希望珞珈山和磨山（位于东湖东面）全面造林，并提出珞珈山应大规模地栽种果树，同时饲养牲畜，鸡群、羊群遍山坡，鸭群游东湖。在造林上，为便于山林维护，叶雅各强调"火路"的设计。珞珈山造林前，结合地形修筑6尺宽的生土化防火路，道路间距约300尺。这些"火路"网的设置将可能的火灾隐患控制在15亩以内。

山体绿化以植小树为主，作为校林，强调普遍绿化的渐进过程与远期效益；大树作行道树，主要是生长迅速的悬铃木，以较快形成校园主干道路的景观效果与校园整体绿化的线性骨架。至1929年，小树已种50万株，

成活约60%，即30万株[2]。在珞珈山、扁扁山及狮子山北坡等80平方公里的丘陵带栽植了大批的马尾松、即青冈、梅树、枫香、黑松、侧柏等[3]。其中，至1935年，栽种的松树已有一人高[4]。

2. 中心绿地、特色庭园

校园中心绿地即由前述东面小龟山、南面火石山、北面狮子山三面环山的低洼地开辟而成，整体空间西向开口，设置运动场与下沉式花园。三面环绕的山体上，学生斋舍、理学院、工学院等建筑群依山就势、彼此呼应，形成形体空间连贯的整体，增强了三合院式的空间格局。中心绿地与周边山体、建筑形成了虚实相生、收放相宜的空间效果，绿地在合围包被中，朴素自然，宁静典雅，是师生室外畅游的校园中心（图4-6-144）。其中，运动场西面，围绕一片自然水面形成了校园的中心湖景观和下沉式花园。湖东面成片栽植的榛树现已形成校园内树木参天的"情人坡"树林（图4-6-145）。

狮子山南麓、学生斋舍脚下，是一片坡地花园。山坡上种满了各式花木，另有纵横交错的小路，排列着大大小小的草地，天然石凳棋布，任凭想读、散步、小坐、卧游，确是课余放松身心、交往休闲的一方净土（图4-6-146）。

另外，值得一提的是梅花。校园景观令人"最难忘的，应是梅花如海"[5]，成为校园独特的风景线。在窗前、水畔、坡边、谷地，无不有梅花的风姿。殷正慈在《珞珈杂忆》中咏叹道："我与梅花有旧盟，此身端合住山林。古枝老干垂垂发，冰雪玲珑天地心。"[6]校园的特

图4-6-144 校园中心区 [7]

❶ 参见：周进，刘贵华，潘明清，霍波，何建龙.武昌珞珈山植被及其演替研究 II.植被演替.武汉植物学研究，1999，17（4）：332.
❷ 参见：王世杰.珞珈山新校址是如何选定和规划的.国立武汉大学周刊，第36期.转载于：刘双平.漫话武大.武汉：武汉大学出版社，1993：175.
❸ 参见：周进，刘贵华，潘明清，霍波，何建龙.武昌珞珈山植被及其演替研究 II.植被演替.武汉植物学研究，1999，17（4）：333.
❹ 参见：李先闻.珞珈山琐记 // 董鼎.学府记闻——国立武汉大学.台北：南京出版有限公司，1981：239.
❺❻ 参见：殷正慈.珞珈三忆 // 董鼎.学府记闻——国立武汉大学.台北：南京出版有限公司，1981：269.
❼ 引自：国立武汉大学.国立武汉大学一览：中华民国廿二年度.武汉：国立武汉大学，1933.

色园林绿化激发了主客相融、诗情画意般的情景。

3. 建筑设施

校园的建筑设施不仅是完成校园各种内部功能的必需，还成为园区造景的要素，提升景观质量，并在组织空间的起承转合中，运用障景、借景、对景等传统园林的设计手法，"巧于因借，精在体宜"，强化了校园景观秩序。

1930年3月，在街道口设立了题有"国立武汉大学"校名的牌坊作为校门，1932年改立石制牌坊，是校园内外空间感知意义上的一道屏障，提示了校园的边界，也是校园园林空间的起点（图4-6-147，图4-6-148）。

校园内外相隔，借景使两者形成景观的互动；校园内建筑随山势高低起伏，借景使校舍与园区成为内在相合的一体，完善了校园的景观结构。在山之巅，俯仰天地，东湖之景尽收眼底；反之，位于狮子山头的图书馆、文学院、法学院等建筑群亦为园外所瞩目。在山之谷，漫步中心庭园，近有圆穹顶的理学院、攒

尖顶的工学院、歇山顶的学生斋舍，丰富的建筑界面如绚丽的画卷铺陈（图4-6-149）；远有珞珈山水塔，与自然山体构成了变化丰富、刚柔相济的天际轮廓线（图4-6-150）。

校舍建筑群通过轴线形成外部空间序列，经营对景，丰富了校园的景观层次。校园中心区的工学院、理学院分居运动场南、北两端的火石山和笔架山上，相对而望；坐落在东面小龟山、乌鱼岭上的大礼堂（现人文科学馆）、物理楼、生物楼建筑群，则与西面的体育馆遥相呼应，形成东西轴线。建筑群通过轴线组织对位、对景，形成园区空间的张力，更促进了校园景观的整合。

另外，校园主体建筑群虽然都依托山势，如图书馆设在狮子山之巅，坐落主位，庄重宏伟，却绝无对自然山体、对园林环境咄咄逼人的压迫之感。建筑群的设置继承了传统园林"虽由人作，宛自天开"、"道法自然"的主旨，与环境融合，在与林木花草的相互掩映中，极富适地、适人的亲和力。

图4-6-145 "情人坡"檀树林

图4-6-146 狮子山南麓坡地花园

图4-6-147 1930年建造的国立武汉大学校门 ❶

图4-6-148 1932年建造的国立武汉大学校门 ❷

❶❷ 引自：武汉大学校史编辑研究室．武汉大学校史简编（1913—1949）．内部发行，1983．

图 4-6-149　珞珈山校舍全景 ❶

图 4-6-150　远借珞珈山水塔 ❷

4. 植物园、花卉园、苗圃

为满足校园园林绿化建设的苗木供应以及师生教学研习的需要，武汉大学1933年9月成立农学院筹备处，着手创办植物园、花卉园、苗圃等各种场园。次年11月，在校园东部划出山地314亩为植物园建园用地。植物园的建设除前面提到的考虑校内教学需要外，还用于校外民众的植物知识普及。当时植物园内有针叶树19种，阔叶树215种，并有美国哈佛大学阿诺德树木园（Arnold Arboretum of Harvard University）、英国皇家植物园（Royal Botanical Garden）、日本农林省林业试业场等处惠赠的800多种木本和草本植物。花卉园毗邻农学院，占地约7亩，培植有木本花卉130余种，草本花卉60余种，热带观赏植物10余种。苗圃至1934年约有180亩，为荒山造林、庭园观赏及行道树提供树苗。1935年，为使植树绿化更多地服务社会，在校区东面的磨山收购民

用山地3000余亩，逐年有计划地造林、培植多样丰富的山林景观 ❸。

（四）颓败惨淡：1938～1946年的校园园林绿化

由于抗日战争形势所迫，1938年4月，武汉大学西迁四川乐山。10月，珞珈山校区沦为日军侵华的中原司令部。在抗战期间，武汉大学的校园园林绿化遭到了极大的破坏，乏善可陈的建设性工作以日本人栽种的樱花树为主。

在强占校园之初，日军放言"对于无抵抗性之非军事设施，决无意破坏，尤其对此山明水秀之高级学府校园的一草一木，当善加爱护" ❹。然而，除了校舍建筑被留作日军文武官员自用而保护较好外，珞珈山上的树木遭受了严重的摧残，加之对附近居民砍柴无法有效地加以管束，林木几乎被破坏殆尽 ❺。珞珈山校区的果园和林场也因无人照管而凋敝荒芜。

1939年初，武汉大学珞珈山校区换作日本办理后勤的机关，换防的文职武官高桥少将觉得"一较日本风光、箱根之风景优美的文化地区……惟值此春光明媚，尚欠花木点缀，可自日本运来樱花栽植于此，以增情调。" ❻ 当时留守武汉的汤子炳 ❼ 与日军关于校区保护的问题进行交涉，对此甚感不满。因仅仅栽种作为日本国花的樱花，颇有炫耀武威与长期霸占的意味，所以提议"可同时栽植梅花" ❽，但高桥以"樱苗易

---

❶　引自：武汉大学校史编辑研究室. 武汉大学校史简编（1913–1949）. 内部发行，1983.

❷　引自：国立武汉大学. 国立武汉大学一览：中华民国二十年度. 武汉：国立武汉大学，1932.

❸　参见：国立武汉大学. 国立武汉大学一览：中华民国廿四年度. 武汉：国立武汉大学，1935：159–164.

❹　李天松. 武大校园樱花// 武汉文史资料.1994（4）：72–73.

❺　周进，刘贵华，潘明清，霍波，何建龙. 武昌珞珈山植被及其演替研究 II. 植被演替. 武汉植物学研究，1999，17（4）：333.

❻　李天松. 武大校园樱花. 武汉文史资料.1994（4）：73.

❼　又名汤商皓，1934年毕业于国立武汉大学经济系，后留学日本，1937年回武大任教.

❽　李天松. 武大校园樱花. 武汉文史资料.1994（4）：73.

得，梅种难求"❶为由断然拒绝，而坚持只栽种樱花。当年所植不超过30株❷，主要分布在学生斋舍正前方的樱花大道上。

虽然汤子炳的提议被日本人否定，但是为了维护中国人的尊严，当时在日军医院工作的中国工人和武大西迁时因患病而留下的老师，仍然在绿化栽植上做了一些实际的工作。他们在樱花大道与珞珈山之间种植了梅花，在东湖边种植了桃花，在学生斋舍西边种植了桂花等中国的典型花卉。这些成为以后武汉大学"梅园"、"湖滨"、"桂园"等学生宿舍庭园得以进一步发展的基础。

由樱花扎根武大的肇始之实，可知其种植的初始动机是为了增加校区环境视觉感知上的趣味性，美化趋于颓败的校园。对于驻扎武大校园的日本官兵来说，樱花昭显了他们专横强占的侵略野心与嚣张气焰，同时也抚慰了他们的思乡之情。它们经日本人之手栽植，是日本人在霸占珞珈山校区期间留下的唯一带有建设性意味的遗产，也成为日本侵华的实物罪证。

新中国成立后，经过不断地更新、培育、补植，武大樱花的数量和种类都比最初时丰富得多，樱花大道两旁多彩多姿的樱花则构成了武大"樱园"的标志性景观。每逢阳春二月，花团锦簇，繁丽烂漫，美不胜收，游人如织，所谓"三月赏樱，唯有武大"（图4-6-151）。需要指出的是，由于樱花树的生命周期不算太长以及管理的问题，如今武大的樱花已不再是当年日本人留下的花种。然而，由于樱花在武大出现的历史渊源，除了其本身所散发的大自然的浪漫主义情怀，它还应具有在实物

图4-6-151　阳春三月赏樱，游人如织

教育层面上的精神功能，表达反抗侵略、励志向上的爱国主义情怀。

（五）调整修复：1946～1949年的校园园林绿化

抗战胜利后，武汉大学于1946年3月迁返武昌珞珈山，至10月全部东还。

此时的校园绿化经过侵华日军的破坏性扫荡，徒有败象。而他们留下的樱花树，并没有因其出于敌手，而再遭挞伐，表现了武大师生的通达与宽容。多年以后，当年留守武大的汤子炳先生在其回忆文章中叹道："树本无辜……景物无分国界也。"❸

西迁乐山时被迫停办的农学院于1946年8月恢复，原学院在东湖附近设置的五千多亩农田、果园和林场几近荒废。在叶雅各教授的亲自主持下，开展了大规模的垦荒兴种和修整复原工作。这些不仅为植物学、林学、园艺学等教学和科研工作提供了实习的基地，而且为校园的绿化、美化、生态化奠定了坚实的基础。当时恢复的林木，经过几十年的经营，如今已长成参天大树，成为新的人工山林。有珞珈山上的针叶和常绿阔叶、落叶阔叶混交林，主要由针叶林带（马尾松、湿地松）、常绿阔叶林带、落叶阔叶林带、杂木林带（主要是一些乡土树种，有牡荆、黄荆、山胡椒、野胡椒、盐肤木、刺槐、女贞、苦楝、石楠和构树等）几个林带组成。还有小龟山东北面山丘上的青冈栎和石楠林，图书馆北坡下、狮子山北麓的树林，东湖之滨、半边山和侧船山上的侧柏林，水杉、水松、池杉混交林，以及火石山东、西两头，即工学院的东、西两侧的枫香和榛树林（图4-6-152）。

整个校园成片地栽植有各种针叶林、阔叶林、花木林，为果园、水田作物、蔬菜园、苗圃等所覆盖。

在建筑设施上，为追念在1947年"六一"惨案中惨遭屠戮的学生，谴责国民党发动内战的行径，于1948年在校园学府路旁、体育馆西南修建了"六一"纪念亭。纪念亭掩映在丛丛翠柏之中，翠柏整齐划一、对称分列在道路两旁，道路的底景与对景便是六角攒尖的纪念亭。整体构图庄严肃穆，表达了深深的缅怀之情（图4-6-153）。

总之，近代武汉大学的园林绿化大致经历了建设、破坏、修复等几个阶段，饱含文化的积淀，蕴涵历史的记忆。作为大学校园整体环境的重要组成部分，给人以

❶ 李天松.武大校园樱花.武汉文史资料.1994（4）：73.
❷ 参见：吴挠.武大樱花史略（种植史）.http://www.alumni.whu.edu.cn/ShowArticle.asp?id=351.2005.
❸ 参见：吴挠.武大樱花史略（文化史）.http://www.alumni.whu.edu.cn/ShowArticle.asp?id=374.2005.

图 4-6-152 武汉大学校园鸟瞰

图 4-6-153 "六一"惨案纪念亭

深刻的思想陶冶与可贵的精神启迪，得到了社会各界的赞美。它在传承文化、培育人才、服务社会等方面成为一所具有中国特色的综合性大学。

1. 园林传统的继承发展

武汉大学校园从选址到营建，继承了中国园林的"山水"传统，依托山环水绕的实地条件，形成了"可观"、"可游"，步移景异，韵味无穷的园林景观。在植被经营、植物配植上，一方面注重植物的生态习性，综合考虑、合理布局，体现本土植物景观特色；另一方面则以特色树木、花卉，如梅花、桂花、桃花等，传承、发扬我国的传统文化，增强地域认同感和民族自豪感。在建筑规划上，建筑群"轴线对称、主从有序、中央殿堂、四隅崇楼"，通过对景，以及外借、内借、俯借、仰借等各种借景手法，使校舍建筑与园林绿化水乳交融、交相辉映。

中国传统园林中建筑与山水、绿化等相辅相成、浑然一体的创作理念，在珞珈山新的场地条件下得到了成功

的诠释。中国园林传统的发掘与再现，使武汉大学校园成为一个理想的、极具中国特色的求学与研究的场所。

2. 校园实体的育人意义

"寄教学于课堂之内，寓学习于环境之中"是大学校园的功能，武汉大学校园的育人意义有直接与间接两层含义。植物园等的培植直接服务教学、促进研究，成为实物教材。而园林绿化、建筑景观所承载的历史与文化则在精神层面造人、育人。园林随时间嬗变，随历史更迭，在人与景的参悟、对话中，激发审美感受，物我交融。于个人，修养身心，培养情操，升华道德；于社会，激发民族情感，塑造精英栋梁。

3. 园林绿化的社会功能

武汉大学校园园林绿化的社会功能有显性与隐性。植物园、花卉园等的设置，不仅为校内师生所用，也为校外市民视觉观瞻、休闲赏玩、普及植物知识，为社会大众服务。而珞珈山校区优美的园林绿化实属来之不易，它激发了学校师生内心学以致用、服务社会的责任感❶，体现了空间与时间的跨度，是大学内在的社会功能。

（本节"湖北武汉大学"文：赵纪军）

十一、香港民生书院

在英国殖民香港约八十余年后的 1926 年 3 月 8 日，一所完全由华人自己兴建的民生书院诞生了。它的诞生反映了香港华人即使在异族人统治下，仍然坚持了以培育本国、本民族文化教育人才为主的志气，以 80 年的艰苦努力与风风雨雨的历程，证实了中国人民挥之不去、压之不垮的爱国精神。

早在 20 世纪 20 年代，九龙半岛人口剧增，港英政府在九龙湾北岸填海造了数百栋民房，却没有一所学校。

1916 年，香港一位曹善允博士倡议集资兴学，后经绅商区泽民及莫干生两位先生捐资二万元筹建民生书院。校址在启德滨二号，面临九龙湾，背靠狮子山，当时仅仅是建了一座独立的三层楼房作为中学部。另外，在启仁道还建了一小学部，校园面积有限，但两处相距很近。经过近十年的筹建，于 1926 年 3 月正式开学，当时仅有18 名学生。但运动场却有八万平方英尺（合 7440 平方米）并设有足球、篮球、网球等运动场地，目的就是要

---

❶ 参见：周鲠生 . 大学之目的 .《国立武汉大学周刊》第 130 期 . 转载于：刘双平 . 漫话武大 . 武汉：武汉大学出版社，1993：189；石瑛 . 大学生应该有一个远大的目标和理想 .《国立武汉大学周刊》第 67 期 . 转载于：刘双平 . 漫话武大 . 武汉：武汉大学出版社，1993：269.

体现体育救国，洗刷"东亚病夫"的屈辱，创造优良的体育锻炼的环境。1931年9月18日，日本人侵占我国东北三省后，书院更开始举行军事训练，每周有两个下午穿着制服练操，这在香港其他的学校是没有过的。

民生书院创办的另一特色是特别注重中文和中国历史，这与当时官立的给予津贴的学校完全不同。小学、初中注重打好中文基础，高中时才以英语授课。同时也重视讲国语，当时在香港是没有人讲国语的，而民生书院的校长则说：凡是中国人都要学国语。他不仅请高水平的国语教师来授课，还举办国语的演讲比赛。书院同时还注重中国伦理道德的培养，从小学开始就读《孟子》，中学读《论语》，要求学生每星期用毛笔写一篇三百字的文言文，这种以中文为主的办学方针，在当时的英属殖民地社会，遭到了极大的阻拦与困难。

由于办学经费严重不足，校方不得不向官方申请津贴，但港英教育司派了一位名为布朗的官员来校视察。他趾高气扬，看不起民生书院的师生讲国语，竟以学院教中文太多，作了"不可领取津贴"的决断。因当时由港英政府发放津贴的学校都是以英文为主的，中文课只放到每天最后一小时讲，有些学校甚至完全不教中文，而以法文、葡文代之。华人学生中有些竟然完全不懂中文，连自己的中文名字也写不出来。后来经校方坚决要求更换了视察员后，政府才应允每年给学院6000元津贴，以勉强维持下去。但是由于书院仍然坚持既定的语言政策，与港英政府背道而驰，始终未能列入政府的津贴学校名单之中，仅仅以"特殊津贴"补助，但民生书院则因保持中文学校的"校格"而取得了成功。直至1945年又主动申请取消港英政府的资助，恢复私人集资办学，至今已成为一所完全自给自足的私立名校。

现在学生人数不断扩大，至今已有6000余人，1927年已由中学扩展到小学、幼稚园，而在此前，曾为提倡女权开办过女子中学，1958年又照顾到失学儿童而开办了夜校。目前民生书院已是一所完全的书院，培养了一批香港早期的精英，如黄丽松等人。

人才的培养是与其生活、学习的环境分不开的。目前民生书院在嘉林边道的主校园面积已达14万余平方英尺，辟有8万平方英尺的运动场，还有游泳池等运动小场地，特别是在1985年，还修建了一座具有历史文化意义的校史博物馆。这是目前全港唯一拥有校史博物馆的一座中学，馆内陈列有该校自20世纪20年代创办以来的照片、文献、实物等，展示出书院几番迁徙、几经磨难的历程，极具纪念价值，也使民生书院在香港成为

一所历史最长、最完全及最具爱国精神的教育品牌。

民生书院虽然是一所带有基督教色彩的学校，每天早上有简短的早祷会，星期日上午做礼拜，但它不属于任何教会，院方也从不勉强任何学生信教。她以"光与生命"和"我为人人，人人为我"为校训。秉承这一训示，在培养学生科学文化知识之外，更警示莘莘学子要互相关爱，有爱就有光，有光就能照亮生命的辉煌，并带来人际间的和谐生活。校园的设施也是不断配合知识教育与人格培养而设的。

其园林的特色是：空间组合能运用开阔与封闭的对比手法，产生视觉与感觉上的艺术景观。校园面积不大，而运动场却几乎占去总面积的三分之一，位于主入口处，与其左侧一个凹凸相间的教学楼建筑群相衬，显示出学校的规模。主入口虽然只是一个小小的白色校名牌坊，在其后面却有两株并立的高大乔木——凤凰木与荔枝树。五月，当凤凰木花盛开时，与荔枝树红绿相间，极为绚丽，正好作为小入口的标志（图4-6-154，图4-6-155）。

由入口顺着左侧一长条形建筑群向里走，穿过建筑群短短的通道，似有"柳暗花明又一村"的感觉，眼前看到的是一处僻静的小庭院。庭园一侧是一株冠幅达20余米的古橡树（图4-6-156），另一侧则是两株高耸的木棉树（图4-6-157），这三株树几乎覆盖了整个庭院。浓荫下有小块的草坪及休息桌椅（图4-6-158）。

这样的景观处理使得庭院具有简洁、静谧而优美

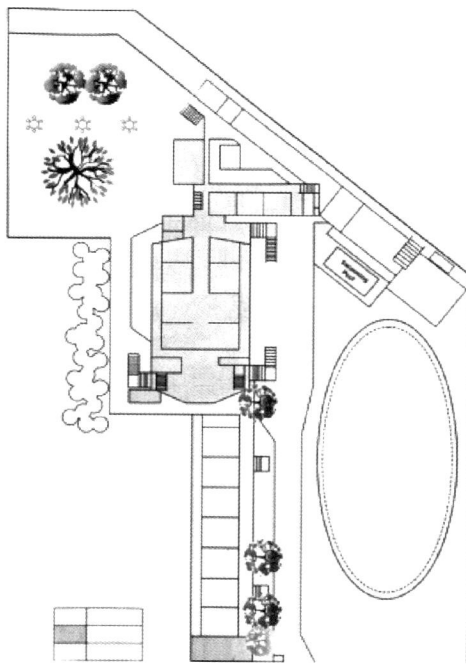

图4-6-154　香港民生书院平面示意图

图 4-6-155　香港民生书院全景

图 4-6-156　校园内的古橡树

图 4-6-157　教学楼旁的木棉树

图 4-6-158　教学楼的庭院休憩空间

的性格。在 80 周年校庆的时候，校友们返校回忆着他们生活、学习过的校园时，不少人都有十分惬意而深刻的感受，这是对民生书院校园的肯定，是人才培育中不可缺少的、默化于无形中的课堂，且看在这里成长起来的一批香港精英们的自白吧：

我欣赏民生美丽的校园，也怀念昔日的校园生活，走进校门，便看见火红的凤凰木翠绿的枝叶，加上耀眼的红花，守护着民生的校门，为民生带来了不少生气。还记得昔日曾在这树荫下温习功课，与同学嬉戏，也曾在这里等候着家长接我回家呢。校道旁是大操场，这操场比一般学校宽广，有跑道、足球场、篮球场等，从小一到中六我就在这个操场上上体育课，跑步、抛豆袋、打篮球等。民生这个美丽的校园，确实给我带来无穷的美丽的回忆。（林绮其）

我想，小时候我不怕上学，正是因为有这个漂亮的校园。校道上的凤凰木亦是我喜欢逗留的地方，它也像民生书院一样历史悠久呢！它就像慈祥的母亲，站在操场边看守着在操场上锻炼的孩子，它就像一把大伞，替在树荫下的孩子们遮挡炽热的太阳，遮挡丝丝的细雨，也像一位亲密的好友，伴随着民生书院近九十载。（张澄清）

校园内鸟语花香，树梢上的小鸟随着风的节奏演奏起一段优美的乐曲……这正好像是一首《莫扎特的交响曲》，既活泼，又带点庄严，伴着一个年轻有为的学生在听课。（廖冬佑）

当我走过校舍旁的古老大树时，它们好像告诉我，他们见证了民生书院的成长，更令我想起民生建校时的沧桑与波涛……（曾孝贤）

总之，一所学校的园林，就像是一个培育人才蓓蕾的苗圃。它有形，似不见情，它无语，却有神，美丽的形散发出深情的神。而民生书院的园林虽是小小的、简朴的，但它却是默默地、静静地在诱发出对百年来殖民教育的沉思。

（本节"香港民生书院"文：朱钧珍）

附录 4-6-1

中国近代教育学制

（一）直系教育（包括幼儿、初等、中等、高等教育四个阶段）

（1）幼儿教育

以增进儿童身心健康，开导事理，培养生活的优良习惯，以备小学基础为教育宗旨。我国最早的幼儿教育机关有武昌模范小学蒙善院（1903年）；上海务本女塾幼稚舍（1904年）。

（2）初等教育：分初小（四年）、高小（二年）形成完小

小学教育以启其人生应有的知识，立其明伦爱国家之根基，并调护儿童身体令其发育，为升中学做基础，以此为教育宗旨。1936年规定的小学课程包括：公民训练、国语、社会、自然、算术、劳作、美术、体育、音乐等。

我国最早官办的新式小学堂，始于1897年盛宣怀奏办的南洋公学外院。比较著名的还有上海私立沪南三等学堂（1895年）、北京八旗奉直第一号小学堂（1898年）、天津蒙养东塾（1900年）。

（3）中等教育：初中三年、高中三年

以入仕从事实业和升学作为办学宗旨，1936年规定的课程中，初中课程包括：公民课、国文、外国语、史、地、算、自然、生理卫生、国画、体育、工艺、职业、童子军等；高中课程包括：公民课、国文、外国文、数学、本国历史、外国历史、本国地理、外国地理、物理、化学、生物、军事、体育和选修科目。

我国近代最早官立中学堂为天津西学学堂。中学堂分官立、公立、私立三类。由地方士绅或公众团体集资经办的称公立中学堂；个人出资或外国教会经办的称私立中学堂。

（4）高等教育

高等教育分大学、独立学院和专科学校。

大学分文、理、法、教育、农、工、商、医八学院。合三学院（理学院或农、工、医之一）以上者可称大学；不满三学院的称独立学院。修业年限为四年（其中医学院为五年）。

专科学校分工、农、商、医、艺术、音乐、体育等类，学习期限为二年至三年。大学以教授高深学术，养成硕学宏才为目标；专科学校以教授高等学术，培养专业人才为目标。

大学堂的教育宗旨是"激发忠爱，开通智慧，振兴实学"，后又定以"端正趋向，造就通才"（《钦定大学堂章程》中规定）为我国近代学校正式颁布的第一个大学教育宗旨。

中国近代官办形成的大学堂始于1895年盛宣怀所奏办的天津西学学堂（后更名为北洋大学），设工程、电学、矿物、机器、律例五科，学制四年。

1897年7月清光绪帝准设京师大学堂（后更名为国立北京大学）为各行省之倡。各省高等学堂根据1901年的兴学之诏，山东将济南泺源书院改为山东高等学堂（后为山东大学）；1902年成立山西大学堂（后为山西大学）；此后还有国立清华大学（1928年由清华学堂改名）。除国立、公立大学外还有私立大学，当时比较著名的有复旦大学、南开大学、厦门大学、私立民国大学、私立武昌中华大学、朝阳大学等。

以上为直系教育，在直系教育外尚有师范教育、实业教育自成系统。

（二）专科教育

专科学校以教育高等学术，养成专门人才为宗旨。

1912年教育部公布的有法政专门学校，医学、药学、农业、工业、商业、美术、音乐、商船、外国语学校。国立专门学校统由教育部管辖。各地方设立的为公立专门学校；由私人或私法人筹集经费设立的专门学校为私立专门学校。入学资格须为中学毕业或具有同等学力者。

（三）师范教育

我国近代官办师范教育始于1897年设立的南洋公学的师范学堂。1902年京师大学堂附设的师范馆正式成立（它是现在北京师范大学的前身）。民国初年成立的有国立北京高等师范学校、武昌高师、北京女子高师，此外，广东、湖南、河北、山西、福建、河南、南京，沈阳也都成立了高等师范学校，以上均属高等教育，学制四年。此外中等师范学校分初级师范学校和高级师范学校，前者招收高小毕业生入学，后者招收初级师范及普通中学毕业生，学制为三年。

（四）女子教育

中国最早办的女子学校为师范学校，有宁垣女子师范学堂（1904年）、浙江女师、福建女师。私立最早的有上海竞仁女子师范学堂。

（五）教会学校

外国传教士在中国兴办学校始于19世纪初。早期阶段只在沿海岛屿设立，规模较小，程度低，附设在教堂中只作为传教辅助机构成立的教会学校。鸦片战争在不平等条约签订后，随着外国侵略者对中国政治的干涉，教会学校大批涌入中国。

由美国基督教传教士主办的比较著名的有：

1879年美圣公会成立的上海圣约翰书院，后发展为圣约翰大学；

1885年美长老会在广州设立格致书院，后发展为广东岭南大学；

1889年美以美会设南京汇文书院，后发展为金陵大学；

1893年美公理会在河北通州设立的潞河书院，后与北京汇文大学等校合并，发展为北京燕京大学。

各个教会大学大多在五四运动前建立，后来还有苏州东吴大学（1901年）、长沙雅礼大学（后与文华等书院大学部合并，改称华中大学）、山东基督教共和大学（1904年建，1917年改名齐鲁大学）和天主教办的上海震旦大学（1903年）。教会学校要求学生入学必须接受宗教的熏陶，接受传教士的训练。提倡学习"西文"或"西艺"（西艺即算、药、矿、医、光、化、电等）。

（六）革命根据地的教育

教育为政治革命服务，根据不同历史阶段革命重心的变化和革命任务的需求，教育政策和学校作出相应的调整。根据地的教育多在农村，其目的是将教育推广到社会的各个层面，使广大群众直接参与各种新式的办学活动，成为教育事业的主人，从而推动根据地社会化大教育的蓬勃开展。

抗日大学的教学，强调理论和实践的统一。办学的宗旨是为了革命斗争，配合革命的中心任务，培养革命人才，培养军事干部、党政干部和各方面的专业人才，达到为政治革命服务的目的。比较著名的有：中共中央党校（1935年）、中国人民抗日军政大学（1936年）、陕北公学（1937年）、鲁迅文学艺术学院（1938年）、华北联合大学（1938年）、中国女子大学（1939年）、泽东青年干部学校（1940年）、延安大学（1941年）。

新中国成立后，上述学校均统一到新的学制之中。

附录4-6-2

近代书院一览表

序号	书院名称	建设时间	地点	建造者及补充说明
1	石鼓书院	唐初建，1871年重建	衡阳市北石鼓山上	彭玉麟捐资千金
2	岳麓书院	宋太祖开宝九年（976年）	今长沙市岳麓山下	
3	文定书院	或为宋代		
4	芝山书院	1225年	漳州西北登高山上，旧为临章台开元寺	宋朱熹讲学于此，左公（左宗棠）1866年过此
5	莲池书院	1733年（清雍正）	保定	
6	镜蓉书屋	1736年（清初）	香港彩岭	
7	渌江书院	1753年（1830年迁今址）	醴陵西山半山	知县管乐倡建
8	诂经精舍	1801年（清嘉庆六年）	杭州孤山	阮元创建

序号	书院名称	建设时间	地点	建造者及补充说明
9	海阳书院	1802 年	河北滦县，原杨少卿祠	知州莫谟重建
10	蓬壶书院（原名引心书院）	1810 年	台南赤嵌楼西北侧（今台南市中区赤嵌街）	1897 年改今名
11	振文书院	1814 年	台中西螺镇广福里	乡绅王有成建
12	凤池书院	1815 年	福州凤池里	汪志伊、孙尔准创，吴荣光易今名
13	屏东书院	1815 年	台湾屏东市胜利路	知县刘荫业等人倡建
14	九峻书院	1821 年~道光	陕西礼泉县	
15	峻南书院	1821 年~道光	陕西礼泉县	
16	二帝书院	1821~1850 年	香港锦田水头村	士绅组成的二帝会创办
17	珠泉书院	1822 年	湖南嘉禾县城	知县鄢翔捐俸倡建
18	钟吾书院	1823 年	江苏宿迁县城北马陵山麓	华凤喈等捐资
19	兴贤书院	1823 年	台湾漳化县员林镇	
20	文开书院	1825~1827 年	台湾鹿港青云路	台湾著名书院
21	彝山书院	1828 年	开封彝山之麓	
22	玉屏书院	1829 年	云南石屏	
23	蓝田书院	1833 年	台湾南投县崇文里	祀文昌帝君、朱熹
24	寿阳书院	1836 年	阳朔依群山而临漓江	
25	学海书院	1843 年	台北万华环河南路	
26	观津书院	1843 年	河北武邑县	知县雷五福民办集资
27	登瀛书院	1847 年	台湾彰化北投堡	
28	道东书院	1855 年	台湾彰化美和镇	
29	云山书院	1864 年	宁乡县西 45 里水云山下	刘典倡建
30	应元书院	1869 年	广州越秀山麓	王凯泰创建
31	桂山书院	1872 年	丰城市区叠彩山麓	巡抚刘长佑创建
32	登州书院	1872 年		

序号	书院名称	建设时间	地点	建造者及补充说明
33	船山书院	1875 年	湖南衡阳市南 3 千米的东洲岛上	知县张宪和
34	德山书院	1875 年	常德德山	
35	尊经书院	1875 年	成都南校场	张之洞创建
36	聚奎书院	1880 年	初就宝峰寺设杏坛，江津白沙镇黑石山	为当时江津四大书院之首
37	南菁书院	1885 年	江苏江阴县城	黄体芳、左宗棠创建
38	渔浦书院	1885 年	慈利县阳和乡，背倚太华山	乡贤李绍华等捐资
39	广雅书院	1888 年	广州西村	张之洞创办，院内总体布局中轴对称，前庭主体建筑居中。广雅书院园林植物以松、竹、梅、荷为庭院主景，取得了因景胜情、寓情于景的艺术效果，也体现出其育人办学的理念和宗旨
40	两湖书院	1890 年	武昌营坊口	张之洞创兴建
41	陈氏书院	1890 年	广州城	陈姓合资建
42	磺溪书院	1890 年	台湾大肚乡磺溪村文昌路	现主体建筑存
43	两溪书屋	1891 年	慈利县东南零溪乡	乡绅朱功九捐资
44	研经书院	1893 年	衡山县城北	士绅公建
45	东山书院	1895 年	湘乡城东东台山下	乡绅刘锦棠等倡建
46	求实书院	1899 年	长沙城内	陈宝箴、梁启超
47	民生书院	1916～1926 年	香港九龙嘉林边道，九龙湾北岸填海地	1916 年曹善博士等倡议
48	复性书院	1939 年	位于四川乐山乌尤寺	马一浮主持创建
49	勉仁书院	20 世纪 30 年代		
50	达德书院	1946 年	香港屯门	
51	正谊书院		福州	左宗棠创建
52	古藤书院		福州	

序号	书院名称	建设时间	地点	建造者及补充说明
53	远东书院		香港	
54	莲池书院	1733 年	保定莲池	
55	大程书院	始建于宋，以后累有修葺，清光绪十年（1884年）知县孟宪章又重新修建	河南扶沟县城内书院街	成为北宋理学家程颢所创办的书院，清乾隆十二年（1747 年）改为"大程院"，建有大门、龙门、东西文场、立雪讲堂、官厅等 110 多间，前有照壁，东南有文昌阁，魁星楼，并建有围墙。现遗有古槐一株、古松二株
56	大吕书院	创建于康熙三十年（1691 年）后光绪三十年（1904 年）建成第一高等小学堂，1931 年，又创办今是中学	河南新蔡县古吕镇	建有典礼堂、时雨堂、居仁斋、成德斋、由义斋、达才斋等建筑，古朴典雅、雄浑壮观。初为童试场所，后开挖池塘，种植芙莲，聚石为山，遍植松柏、花卉，成为休息之所
57	城南书院	始建于南宋绍兴三十一年（1161 年）	今长沙市天心区书院路	
58	真光书院	1870 年	原址广州沙基金利埠（今六二三路）	由美国基督教长老会传教士那夏理创办，这是外国人在广州开办的第一所学校。为广州女校之鼻祖，起初为教会学校。由美国牧师祁约翰博士设计。校园为对称式，共五座建筑，三开间的门楼正对居中轴线的教学楼真光堂，其余四座宿舍楼位于其南部，建筑平面呈工字形，外装修朴素，一色的红清水砖墙，绿色瓦顶，檐下有出挑，是中西合璧较为成功的例子

近代学堂一览表

序号	学堂名称	建设时间	地点	建造者及补充说明
1	京师同文馆	1862 年	北京马神庙沙滩一带	清奕䜣亲王
2	威海水师学堂	1889 年提议	山东威海卫刘公岛丁公府西北 300 米处	官办
3	中西女塾	1892 年	三马路（今汉口路）	上海美传教士林乐如发起创办（卫理工会）
4	自强学堂	1893～1923 年	武昌大朝街口的三佛阁	张之洞创办，1928 年迁至武昌郊区珞珈山，改名为国立武汉大学
5	京师大学堂	1897～1902 年	北京景山东街和沙滩红楼等处	清光绪帝正式下令设立

序号	学堂名称	建设时间	地点	建造者及补充说明
6	时务学堂	1897 年	长沙小东街	
7	崇正（文）学堂	1902 年	内蒙古，赤峰（旧称昭乌达盟）喀喇沁旗王府花园内	喀喇沁旗第十二代王爷贡桑诺尔布创建
8	毓正女学堂	1903 年	内蒙古，赤峰喀喇沁旗王府燕贻堂	喀喇沁旗第十二代王爷贡桑诺尔布创建
9	守正武学堂	1903 年	内蒙古，赤峰喀喇沁旗王府	喀喇沁旗第十二代王爷贡桑诺尔布创建
10	聚奎学堂	0.213 公顷	清光绪五年	江津市白沙镇黑石山。现为聚奎中学

附录 4-6-3

近代中学及大学校园一览表

序号	名称	面积	建设时间	地点	创办人	备注
一、北京市						
1	国立北京大学工学院		1903 年		官办	
2	国立北京清华大学	2000 余亩	1911 年	北京西北郊	官办	
3	北京燕京大学	270 余亩	1919 年	北京西北郊	美长老会传教士司徒雷登	
二、天津市						
1	北洋大学		1895 年 10 月，1951 年并入天津大学	天津北远河边	公建	
2	南开中学校园	7.67 公顷	1904 年	天津南开四马路 22 号	张伯苓、严修等	
3	南开大学	26.67 公顷	1919 年	天津八里台	张伯苓、严修等	

序号	名称	面积	建设时间	地点	创办人	备注
三、上海						
1	上海圣约翰大学	13.3公顷	1897年建，1952年并入其他院校	上海苏州河畔	美圣公会主教施约瑟	校园约60%以上土地植树，铺草皮
2	上海县立公共学校园	0.53公顷	1923年建，1928年改为市立公共学校园，1933年撤销	上海尚文路	各教育单位	分农作物、蔬菜、果树、花卉、动物五个区，对学生进行教育
四、南京						
	国立中央大学	7.4公顷	1904年	南京鼓楼区、仙林区、栖霞区	官办	
五、重庆						
1	江津中学	0.32公顷	1905年	江津		
2	华西协合大学		1905年		英、美、加拿大三国基督教会的5个差会联合创办	
3	重庆大学	70公顷	1929年	沙坪坝区		部分历史建筑保存
4	北碚复旦大学	不详	1939年	重庆北碚		校舍及环境基本完好
六、河北省						
	保定师范学院		1904年	保定西下关街		
七、河南省						
1	华英女校		刘青霞创办于光绪三十四年(1908年)，1911年停办	尉氏县城西隅刘家花园	刘青霞	为河南首家私立女校，由中原首富刘耀德家南花园改建而成，花园占地十多亩，分前园、中园、南园三进，亭台楼榭、花木繁茂、环境优雅。学生寝室、教室安排在中园，建有一个大厅和十多间住房
2	河南大学	49公顷	历史上系清代河南贡院旧址，1912年创建河南留学欧美预备学校，预校时期即辟建有花园。1923年在冯玉祥支持下创立中州大学，校务主任李敬斋完成整个校园的规划设计	开封古城东北隅原河南贡院旧址		校园划分为四个部分：校本部、运动场、农事试验场和教职员工住宅区，其中校本部规划为主体建筑集中，前门后堂、左右斋房的传统书院风格。利用明清城墙作为校园的东垣，把铁塔、湖引入校园景区，中轴线上设计几何图形的花坛，并运用园林借景，把宋代铁塔纳入校园景观。建筑风格保持了明清以来优秀民族建筑群样式，同时又融合了部分西方建筑手法，美观实用，浑厚典雅，是近代中国公共建筑中最具有民族特色的校园规划，至今仍发挥作用

序号	名称	面积	建设时间	地点	创办人	备注
八、山东省						
1	齐鲁大学		1917 年			
2	山东大学		20 世纪初始建			刺槐、樱花、悬铃木、日本黑松遍布全园，其中台地式园林独具特色
九、山西省						
	铭贤学校	15 公顷	1907 年	山西太谷	孔祥熙	校园规划由美国著名建筑师墨菲设计
十、湖北省						
	国立武汉大学	5167 亩	1928 年	武昌珞珈山	国民政府	
十一、湖南省						
1	明德中学		创建于光绪二十九年（1903 年），初名明德学堂，后改名为明德学校	今长沙市开福区湘春路	胡元倓	校园环境优美秀丽、四季花香，建筑工艺精湛
2	周南女中		1905 年	长沙泰安里	朱剑凡	
3	福湘女中		1913 年由美国基督教长老会遵道会、循道会成员牧拿亚女士创办	今长沙市开福区长春巷		校园环境清幽雅静、花木葱茏，校园内书声琅琅、琴歌悠扬
十二、广东省						
1	岭南大学		1888 年	原址广州城内，1904 年迁至广州康乐村		东堂由美国纽约的斯托顿事务所完成施工设计，有中国第一座钢筋混凝土混合结构建筑。20 世纪 20 年代的建筑形式具有中国传统特色，校园内广泛种植具有经济价值的果树

序号	名称	面积	建设时间	地点	创办人	备注
2	广州培正中学	6.75 万平方米	培正中学最早为培正书院，1889 年由廖德山、冯景谦等自行集资创办，1928 年扩建	校址最初在德政街，1907 年在现址即东山培正路 2 号建立新校		校内有梅州堂、古巴楼、科学馆、白课堂、图书馆、学生宿舍等主要建筑。白课堂是培正中学迁址后建成最早的建筑，平面为简单一字形，周围围廊式，对称布置，有中间主入口及两端次入口，两座单跑梯设于东西两端，无门厅，属于近代建筑早期的券廊式。据说此楼的图纸是外国华侨带回来的，两层均为简洁的方柱加联系券，外形轻巧通透。主体结构为砖混体系。澳洲堂、古巴楼、陈广庆纪念饭堂以及王广昌寄宿舍为培正中学第二阶段的建筑。外来的设计图纸，带有半地下室，其建筑形式带有南美"殖民式"风格，屋顶则结合中国传统建筑的处理手法
3	广州私立协和女子师范学校	5 万多平方米	1911 年	广州市西山（西村）	美长老会碧卢夫人	校园宽广，绿草如茵，古木参天。建有纽丝伦楼、长学堂、协和堂、德山堂等十多座红墙绿瓦、融汇了中西建筑风格的校舍，掩映在绿树丛中，清静幽雅
4	国立中山大学	733.3 万平方米	1924 年	原址为文明路，原广州贡院，1924 年按孙中山先生选定的广州东郊石牌五山筹建新校		石牌校舍总体规划为杨锡宗主持。总体规划采用中轴对称与院落布局相结合的手法，总平面呈钟形。但该规划忽略了因地制宜，未能充分利用基址的地形、地貌。在建筑营造上尊重校方旨意（总规确定采用中国民族传统形式）
5	思明学校	2.4 万平方米	1926 年	广州市花都区花山镇平西村	旅美侨胞刘氏倡建	东校原校舍为前后两座楼房，高两层，中西合璧式建筑风格。校舍外墙红色，灰色屋顶，水泥、砖混合结构。前座楼房正面有骑楼，左右两侧各有四个圆拱门。西校为前、中、后三座楼房，灰色屋顶，水泥、砖混合结构。学校周围绿草如茵，树木葱茏，旁边水塘水清如镜，碧波涟漪。中西合璧式建筑与园林绿化倒影在水中，相互辉映，美不胜收

十三、福建省

	国立厦门大学	166 公顷	1921 年	厦门市思明区	爱国华侨陈嘉庚	

中·国·近·代·园·林·史

第五章　中国近代别墅群园林

　　鸦片战争后，从 1891 至 1948 年，外国殖民者想方设法租借了莫干山、庐山、北戴河海滨和鸡公山的若干区域，修建了数以千计的避暑别墅类建筑物，开辟了中国为避暑而专门建造别墅群落的先例，也是在中国土地上产生的一种特殊的建筑群落。

　　以避暑为目的，别墅一般选址于靠近城市、交通方便而又能享受到自然山水的清凉世界。这些别墅是以 1～3 层的单栋住宅组合而成的一种建筑群落，因地势高低错落分布于面积较大、既有优美景观又气候凉爽的地段，有一定的规划布局及相应的配套设施；其建筑风格基本上以欧美、亚洲各自不同文化背景影响下的建筑风格为主，也有中西混杂的"合璧式"风格。这些地区往往成为国际建筑的博览园，其功能经过近 70 年的风风雨雨，已由专门供外国人避暑之用而逐渐发展为召开重大会议、名人休闲和大众游览的场所，具有政治、社交、游览的多种综合功能。

　　除了庐山、鸡公山、莫干山及北戴河海滨的四大别墅群外，在近代的租界地还有一些为外籍人士、海外侨胞生活而建造的别墅群，如青岛的八大关、厦门的鼓浪屿，以及中国官僚、商贾自己修建的别墅群，如在 20 世纪 40 年代国民党政府迁都重庆后所建的黄山官邸别墅群等。

　　从概念上说，所谓别墅，在中国亦称别业，就是在居住者自己生活起居的本宅以外，另置专为游憩、休闲、避寒避暑的"第二居所"。早在晋代，大官僚谢安就建有专为下棋用的别墅，还有些人则是为了"晚节放乐，笃好林薮"而另建别业。但随着私园的发展，别业与宅园合而为一，不仅具备生活起居的功能，也兼游憩、娱乐、社交等功能，称为"宅园"、"花园"、"山庄"、"别墅"乃至"祠堂（宗祠）"等，实际上就是一种多功能的住宅建筑群。别墅在中国古已有之，著名的如汉代长安北茂陵的袁广汉宅园、魏晋时石崇的金谷园、唐代王维的辋川别业、李德裕的平泉山庄，以及宋代诸多的洛阳名园，到明清时则逐渐形成了北方、江南、岭南不同地区的三大私园风格。这些私园，有在城市的，也有在郊野山林的，它们的建筑风格不同，布局各异，但多数是成群成组，构成一个完善的建筑群落。农村也有大片集中的"大屋""大院"形式。作为一种近代的居住建筑群落，别墅群因其与园林的密切结合，在本书各省市的章节中多有涉及，故总体可以归纳为如下几种：

1. 郊野避暑别墅群

（1）浙江莫干山别墅群

（2）江西庐山东谷别墅群

（3）河北北戴河海滨别墅群

（4）河南鸡公山别墅群

此类别墅群大多以避暑为主要目的，依自然山水而设，规模较大，可以形成多种类型的园林系统。

2. 城市别墅群

（1）山东青岛八大关别墅群

（2）福建厦门鼓浪屿别墅群

（3）重庆黄山官邸别墅群

（4）广东佛山简氏别墅群

此类别墅群大多位于城市一个相对独立的区域，一般地形地貌差异不大，属于一般居住性别墅群。

3. 乡镇别墅群

（1）广东开平立园别墅群

（2）广东开平马降龙雕楼别墅群

（3）广东开平自力村别墅群

（4）广东台山翁家楼别墅群

（5）广东澄海陈慈黉故居别墅群

（6）云南建水朱家花园

（7）云南大理严家花园

此类多数为私人居住别墅，有的为私人单独建设，有的为家族集资建设，但总体以侨商兴建为多。它是传统布局型制的演变，吸收了同一时期国外城市住宅布局及设计的特点，并融汇了大量"中西合璧"的建筑与园林语汇和细节。

4. 大学校园别墅群

（1）广东广州石牌中山大学教授住宅别墅群

（2）北京清华大学教授住宅别墅群

（3）湖北武汉珞珈山武汉大学教授住宅别墅群

此类别墅群是专门为近代新型大学教授而建的较为高级的别墅群，集中于校园一隅，与校园环境紧密结合，一般采取源自西方的独立式住宅布局方式。

以上这些别墅群的园林大体上有几种类型：

（1）自然中的建筑。分散的单栋别墅或集中成片的"大屋"群，全部渗入自然山林之中，从整体外观上看是一片"藏屋"的森林，但深入"林"中就会发现，屋旁还有庭院场地、花草植栽（如盆栽、花坛、花缘）或攀爬的藤本植物，总体景观效果是"山林"的韵味，建筑相对单一，环境却各有千秋，如北戴河及莫干山的别墅群。

（2）综合园林景观。数以百计的单栋别墅构成庞大的群体，多数都是利用地形、地势与山林、水体等综合布置，构成一种较为丰富多样的园林绿地系统，不仅有大小公园、儿童游乐场、宅旁园林，甚至还有可观的动植物园、道路绿化，乃至苗圃、花园等。还有一些别墅与原有名胜结合，作为文化游览和避暑休闲的场所，如庐山、鸡公山别墅群。

（3）以小型天井、庭院为主的园林。这是一种以建筑为主体的园林，庭院有大小，园林布局则有繁简。小者一花一草、一树一石，大者或浓荫覆盖，或池塘鱼跃，或花香鸟语，或草木含情，甚至也穿插一点人文故事，虽然建筑本身绿化比重不大，但往往与广阔的田野和山林等自然环境紧密相连。如广东侨乡的碉楼别墅。

（4）附属独立的园林。完整而集中的园林与住宅建筑并列于一旁或一角，自成一园。如云南建水的朱家花园（亦称朱氏宗祠），与住宅群并列，是以水池为主体的独立园林，其面积占总用地的1/3；云南建水的张家花园中偏于东南一角的园林，其园林面积仅占总面积的1/8左右。

除以上与居住环境直接相关的园林形式外，由于人类聚居形式与环境的改变，还派生了大量不同功能类型、不同形态特征的园林形式，特别是避暑社区的发展。围绕避暑居住、游憩这一基本活动，演绎出大量相关活动及与之对应的园林空间场所，这些专项的园林形式大致包括以下几类：

（1）公园。以避暑者娱乐、休闲、游览等公共活动为主，以山水空间、植物及人工小品为景观元素所构成的景观空间。如庐山的林赛公园（Lindsay Park）、北戴河的莲花石公园及鸡公山的逍夏园等。

（2）宗教园林。围绕宗教建筑或宗教场所而设置的园林空间。早期避暑胜地的开发与使用均是西方传教士以教会的名义进行，因而这些胜地的别墅园林往往与教堂的宗教园林融为一体；同时，西方异质的宗教建筑与园林形式又与胜地内中国本土的寺观园林结合在一起，形成丰富多彩的宗教建筑与园林体系。

（3）学校园林，与教育设施结合为一体的园林。各避暑胜地均开设了为避暑人士子女提供教育的各类学校，如庐山的英国人学校、美国人学校及鸡公山的美文学校和瑞典学校等。这些学校大多规模不大，校园建筑形体的处理采取与别墅相近的手法，园林则以大自然为背景，设置相对宽阔的场地，并广植树木，构成一种开放式的校园园林。

（4）体育园林。避暑活动往往与体育娱乐活动融为一体，早期避暑胜地的外籍人士往往将体育运动作为增强体质及相互交流的工具，在各避暑区域建造了网球场、游泳池，在北戴河甚至设有高尔夫球场，在莫干山则设有露天舞池。这些设施往往结合特定的环境，与园林景观相融合，在以观花赏景为主旨的传统园林形态中注入了体育参与的新型景观类型。

（5）培训会议基地园林。由于社会上层执政者们对避暑生活方式的钟爱，引发了以执政者为中心的政治活动转移，庐山一度成为国民党的"夏都"，北戴河亦在20世纪20年代成为了中国北方暑期政治中心。围绕政治和军事活动而设立的相关设施，催生了一种以会议培训功能为主的新园林形式，如"庐山军官训练团"团址、莫干山的白云山馆等，其园林设计基本上以主体设施功能为中心，采用周边植物、小品点缀的简约处理。

（6）植物园。植物园作为一种集植物、园艺研究与大众教育、观赏于一体的新型园林形式，其早期发展可以追溯到避暑区建设所需的苗圃及试验基地。北戴河、庐山、鸡公山及莫干山等地均有中外植物学家与园艺家进行植物物种引进、果木栽培实验，改良当地景观与生态环境的记录，如1930年前后，美国园艺学家辛伯森在北戴河成功地引进一系列果木，并创立试验基地"东山园艺场"。1920年前后，英国植物学家波尔登在鸡公山进行植物引种研究，成功地解决了池杉与落羽杉的驯化，并在鸡公山广为种植。当然最具规模的典型案例是中国植物学家建立的庐山植物园。随着社会的发展，这些早期以植物科研为主的基地逐步演变为集科研、大众观赏和教育于一体的新型园林空间。

（7）纪念性园林，一般为纪念某一历史人物或重大历史事件而建设的园林。如庐山国民党"陆军第九十九军抗日阵亡将士纪念园林"是为纪念为国捐躯的抗日将士而建的一组纪念性园林，借自然山水之气势彰显烈士之英灵。而北戴河的朱家坟则为朱启钤先生家族墓园，以中西合璧的形式，将私人墓地设计成公共园林的一部分，以一种更开放的方式寄托对故人的缅怀和追思。

正是以上这些不同的园林形式构成了近代园林空间体系的基本骨架，每一类型的园林以其独特的方式向人们展示了近代园林发展的历程。因而，别墅群园林无论位于何处，也不论规模大小，形式差异，其共同的主导思想是为使用者尽可能地创造清新、优美的户外环境和

游览、休闲的文化意境，而这种文化意境则有雅俗之别。中外各异的生活方式与情趣在近代形成了中西合璧的风格与内涵，渗透于各种园林类型之中。而本章只针对外国人修建的以避暑为主的四大别墅群之建筑与园林作重点论述，并对与整体避暑环境相关的园林形式作简单的介绍，其他别墅区案例请详见本书下篇各相关章节。

第一节 中国近代四大避暑胜地
别墅群园林

庐山、鸡公山、莫干山与北戴河海滨合称为中国近代四大著名避暑胜地。四大胜地自19世纪末叶的晚清与20世纪前半叶的民国时期出现了规模化、系统化的避暑别墅建设，类似的建设规模在中国风景区的建设史上前所未有。作为一种物质形态，这些别墅群落不同于中国传统文化中文人雅士归隐山林，追求陶渊明式"采菊东篱下，悠然见南山"的意境而产生的自然山水园林，亦与围绕皇家避暑生活而展开的规模宏大的离宫、别苑等皇家园林，或反映都市中贵族商贾、文人墨客对寄情山水、雅好自然的向往而形成的"富自然之趣，兼诗情画意"的私家园林有极大的不同。它们的出现彻底改变了封闭的小农经济时代以古代寺观园林及私家园林为主体的传统风景区人文景观体系，形成一种与近代都市生活方式紧密相连的休闲度假别墅景观。

追溯近代四大避暑胜地别墅从早期的传入、迅速的发展到逐渐凋零的历史，探讨其作为一种建筑类型与自然环境的关系，不难发现，它们与殖民化背景下近代城市与建筑的发展一脉相承，每一发展时期在形态空间与相应的景观设计方面均具有鲜明的特征。其起源无疑是西方列强从政治、经济、文化诸方面对中国传统文化整体入侵的反映，正如著名学者胡适在其《庐山游记》中所作的精辟总结："……牯岭 ❶，代表西方文化侵入中国的大趋势。"其发展反映了代表国内当时文化主流的社会阶层包括官僚军阀、商业巨贾、海外华侨及社会名流对一种都市与乡村相结合的新型生活方式的迎合与呼应，同时亦说明了别墅这一新的建筑类型对近代城市空间与特定自然环境的适应。其衰败与转型则是战争的摧残与社会变更的结果。

---

❶ 牯岭之名，源自牯牛岭，"有石如牛"，故名。牯牛岭在庐山顶，李德立在此规划、售地、建房后，根据庐山气候清凉这一特点，称其为 Cooling（清凉之意），其中文音译正为"牯岭"。这种"假借汉文之音而别注其义"的巧合，得到了中外人士的认可，无形中，"牯岭"与"庐山"画上了等号。

一、概述

(一)历史背景

1840 年鸦片战争起,西方列强的坚船利炮轰开了封建中国的大门,在强大外敌的武装威胁下,腐败无能的清政府被迫与西方列强相继签订了《广州条约》、《南京条约》、《天津条约》、《马关条约》等一系列辱国丧权的条约,强行开放国门。清政府允许列强在沿海商埠城市进行居住与贸易等活动,并允诺其在中国内地的传教活动:"传教士入内地置买田房产,写明教堂公产字样,立契之后照纳中国律例所定如卖契、税契之费,多寡无异,卖业者毋庸先报明地方官府。"于是,大批外国人涌入中国沿海通商口岸及内地进行传教与商贸活动,且购置田地、房产,他们不仅在通商口岸城市中设立租界区,还以传教、探查军事防务、调查了解资源及风尚人情等名义深入周边内陆及名山大川,采用低价勒索及强行非法收购、霸占的手段在各地买卖土地、购置房产,进行土地与房产投机,以保证其通商与传教"事业"的长期稳定发展。

从 1842 年中英《南京条约》后的五口通商即授予英国人在广州、福州、厦门、上海、宁波的居住权和贸易权起的若干年内,列强各国相互援引该条约,先后有台湾、登州、潮州、汉口、九江、南京、天津等地增辟为对外贸易的商埠(又称条约港口),至 1917 年类似商埠达 92 处[1]。其中 16 个商埠城市设有外国的租界,即专为外国居民设立的特区,其中不仅外国居民在租界领事的治外法权管辖下,租界当局亦对租界内中国居民行使管辖权,中国当局无权过问,地方行政(警察、卫生、道路、建设等)都由外国人管理,财政收入是租界当局所征收的地方税。租界事实上成为中国领土范围内主权彻底沦丧的"国中之国"。租界主权的沦丧,一方面使其成为列强入侵的基地,另一方面,又从某种程度上大大加速了中国城市近代化的进程,这源于其开发、建设及管理均按西方的理念、方式和制度进行。部分租界范围划定后,西方殖民者对租界及周边地区进行土地开发与市政规划,修筑道路,建设市政,改造生活环境,并以租借的形式对租界范围内土地实行有偿使用,以维持租界区的不断发展与完善。至 1900 年,占据优越人文、地理条件的上海、天津、汉口等地迅速发展成为以租界区为主体的近代重要商埠城市。据统计,三地租界范围内总面积在 1910 年前后分别达到约 32.5、15.2 及 1.8 平方公里。[2]

租界区的大规模开发,促进了各种新类型建筑的产生和发展,别墅作为一种居住建筑的类型由西方传播至中国,其原型可以追溯至早期租界第一代相对稳定的临时住所——殖民式建筑(Colonial Style House)。这种建筑类型源自西方的建筑传统,在西方早期殖民地印度及东南亚一带有大量实践,它们形态简单,功能混合,建造方便。一般占地相对宽敞(1 公顷左右),建筑置于场地中央,采用 2~3 层的外廊式矩形平面,底层为办公,上层为居住,立面采用简单的平屋顶或四坡顶的形式(图 5-1-1)。这种办公、居住混合的建筑形式在早期租

汉口原英国领事官邸

芜湖海关税务司署

图 5-1-1 殖民式建筑 [3]

---

[1] 据(美)费正清编《剑桥中华民国史》,1912~1949 年,上卷 126 页和 127 页解释:"条约港口"(treaty port)是一个多种含义的名词。《南京条约》的英文本更广义地写成 "cities and towns"(城和镇),所以更增加了精确说明的难度。法律上通商港口分为三类:"条约港口"即由于某项国际条约或协定而开辟的港口;"开放岸口"即中国政府无条约义务而自愿开辟的港口;"停靠港"即外轮获准在那里登岸或载客,有条件载客,但外国人不得居住的港口。

[2] 参见:杨秉德,蔡萌. 中国近代建筑史话. 北京:机械工业出版社,2003.

[3] 引自:杨秉德,蔡萌. 中国近代建筑史话. 北京:机械工业出版社,2003.

界中广泛应用于领事馆、洋行、海关、税务司及俱乐部等建筑。其集中的体量、混合的功能、简单的形式，不仅满足了建筑功能的变化并适应当地气候环境，亦同时适应于租界城市开埠之初快速建造的需要。随着城市不断发展所带来的城市土地价格的上涨、建筑规模的大型化、功能的复杂化，这种在早期商埠城市如澳门、上海、广州、汉口等广为流行的"殖民式建筑"被各种功能类型更为单一的形态逐步取代，于是起源于西方的城市别墅作为一种新的居住建筑类型在中国租界城市与避暑胜地渐次登场。

1900～1937年是中国近代通商口岸租界区与租借地城市发展的鼎盛时期，也是西方近代建筑在中国传播发展的兴盛时期。这一时期租界与租借地城市空间格局基本形成，城市中建造了大量满足不同新型城市功能的各类建筑如公共建筑（包括行政办公、商业、金融、旅馆、医院、学校、图书馆、教堂等）、工业建筑、居住建筑等。其中，由于居住建筑服务于不同的社会阶层，其类型包括了别墅、花园洋房、大型公寓及里弄式住宅等，而每一种类型由于基地特征、项目规模及使用人群的变化，具有不同的形态特征。别墅及花园洋房（联排

别墅）作为一种服务于社会上层的高档物业类型在这一时期大量建造。以早期规模最大、发展最为充分的上海租界区为例，1900～1937年建造的别墅类建筑达160余万平方米，以数千栋计。[1] 按建设时间顺序大致分为三个主要高潮。首先是1900年以前的零星建造。其次，1900～1937年建造了一批大规模的花园别墅。早期其设计者与使用者均是外国人，这些别墅一般占地宽阔，规模巨大，动辄上千平方米或数千平方米，形式则是当时西方各国豪宅的复制与移植。如建于1900年的英国洋行大班林克劳夫别墅，1906年的英国汇丰银行大班别墅等（图5-1-2）。其中1920～1936年期间，由于第一次世界大战的爆发，不少外国人回国，此前建造的大部分别墅易主为中国人，同时，由于西方各国的经济危机，导致大量国际游资及华侨资本进入房地产的开发，加之国内大革命爆发所引发的时局动荡，外在与内在不同因素的叠加，催生了租界区城市的畸形发展，此阶段别墅建设与其他类型建筑的建设达到空前的鼎盛时期。无论是项目的数量规模，抑或类型的多样、建设水平均达到了租界城市形成以来的顶峰，各种风格类型的别墅包括古典的、近代的、东方的、西方的、城市的、乡村的、简

福开森路（今武康路）117号1号住宅

福开森路（今武康路）99号乡村别墅

1906年建造的英国汇丰银行大班的住宅

1900年建造的英国泰兴洋行大班的住宅

图5-1-2 早期上海租界别墅 [2]

[1][2] 参见：陈从周，章明．上海近代建筑史稿．上海：上海三联书店，1988．

约的、繁杂的、国际的、地方的充斥着租界的不同区域，❶这种发展一直延续至1937年抗战前夕。最后，抗日战争至1949年属于别墅发展的尾声和凋零期。但战争开始后，致使大量国民背井离乡，难民纷纷从敌占区、沦陷区逃入租界中立区以躲避战祸，求得一时的安定。人口的增长，对住房的刚性需求，使别墅建设不同于其他类型建筑的停滞状态，依然有部分项目建成。特别是1946年前后的内战及社会动荡带来的通货膨胀、百业萧条，房地产特别是高档物业作为一种货币保值的手段，使别墅的建设成为中国近代建筑活动几乎停顿过程中的"回光返照"现象。

（二）总体概况

与早期通商口岸租界区城市发展的历史一致，随着城市的发展及周边交通环境的改善，四大避暑胜地优美的自然环境作为一种与近代城市生活方式紧密相连的土地资源的价值渐渐被外国传教士们发现。庐山、鸡公山、莫干山与北戴河海滨均与早期主要通商口岸城市毗邻，铁路、航运、汽车等现代化交通手段使胜地与城市之间联系便捷。其中庐山、鸡公山、莫干山自然成为夏日炎热的长江中下游重要通商口岸城市上海、南京、镇江、汉口、九江等地的"后花园"，而北戴河海滨与都城北京及北方重镇天津、营口之距离可谓"朝发夕至"。四大避暑胜地得天独厚的自然环境成为殖民化背景下大量涌入中国的各种外籍人士避暑、休闲、疗养的基本物质条件。而西方社会自英国工业革命后，对城市与乡村及人与自然关系的重新思考则为这些地区的发展注入了社会与文化的基础。英国工业革命以来，城市人口的急剧增长、环境污染、城市犯罪等一系列问题使社会学家、规划师与建筑师开始探讨人与自然相融的理想居住模式，这些探讨包括19世纪的空想社会主义思潮、欧文的新协和村，以至对整个20世纪城市规划产生深远影响的"花园城市"理论，"乌托邦"的理想主义者试图将乡村美丽的自然景色融入都市的现代文明，创造一种新型的城市与自然紧密结合的生活方式。因而，正是这种西方列强对中国政治与文化全面入侵的历史背景，以及特定的地理位置和自然条件的影响，共同演绎了四大避暑胜地别墅群的发展。

总体上，四大避暑胜地的建设略为滞后于近代商埠城市租界区的发展，其真正意义上的大规模建设始于上海、武汉、天津等城市租界区格局基本形成，并进入城市与建筑发展的鼎盛时期的1900年前后。因此，按时间顺序，四大避暑胜地大体上可分为：发现和规划期（1900年前后）、大规模建设期（1900～1927年）、鼎盛期（1927～1938年）、衰落期（1938～1949年）四个阶段。

1900年前后，随着商埠城市租界区的发展，这些城市周边地区的名山大川逐步被西方殖民者发现并加以利用。庐山是外国人最早涉足进行别墅与休闲设施建设的名山，其历史可以追溯到1870年法国传教士在山脚下莲花洞建造的第一栋别墅，紧随其后的是，1885年俄国商人未经官府同意强行租北麓龙门山九峰寺正殿背后的房屋及土地，并改为避暑别墅之用；第一位在莫干山建茅舍避暑的外国人是1896年的美国人白鼎，第一栋真正的别墅则是由英国商人贝勒随后以教会的名义建造的；鸡公山别墅的建设略为滞后，起始于1902年平汉铁路建成通车后，由在信阳地区传教的美国传教士李立生、施道格等于1903年开始建造；而北戴河海滨则是由修筑津榆铁路的英国工程师金达最先发现的，他怂恿当地华人进行土地投机，吸引外国传教士涉足，英国传教士史德华与甘林于1896年前后租地400亩建造别墅。与此同时，殖民者对所控制的土地进行规划和建设，然后分块高价转卖，进行非法土地投机❷。由于每一避暑地社会、政治情形的不同，理论上形成了避暑胜地三种不同的建设管理模式：①庐山的"租界式"。租界式意味着主权的完全沦丧，1895年12月31日由英国驻九江领事和清政府九江道台签署庐山英租界条约，将传教士李德立（Edward Selby Little）强租的牯岭、长冲一带4500余亩土地变成租期99年的租借地。随后，美国与俄国的传教士纷纷援引。租界建立后，传教士们"名正言顺"地成立"牯岭公司"、"大英执事会"、"牯岭市政议会"等权力机构，全面操纵避暑区规划建设与土地投机。②莫干山与鸡公山的"准租界式"。准租界式不同于庐山的主权沦丧，而是一种事实上由外国人主导，清政府并未完全承认的形式。早期传教士们以教会或私人名义非法租买占有土地后，由于地方官吏的无知，纵容其开发活动与土地

❶ 参见：陈从周，章明.上海近代建筑史稿.上海：上海三联书店，1988.作者将别墅建筑形式根据其造型特征分为：仿古典式、乡村式、西班牙式、美国殖民式、混合式、立体式六种类型。

❷ 参见：孙志升.到北戴河看老别墅：老别墅丛书.武汉：湖北美术出版社，2002.

投机行为，使形形色色的外国人有恃无恐，纷纷以"教堂公产"的名义上山筑舍避暑或从事土地投机❶。外国人的行径自然引起当地民众及部分官吏的不满而上书省府，因涉及国家主权，两地逐步回收主权，成立由中国政府主导的管理机构，并分别于光绪三十三年（1907年）及民国十三年（1924年）逐步将外国人避暑的地基房屋作价收回，仍租于外国人，在避暑区开辟外国人避暑区。③ "开放式"。北戴河海滨区则不同于上述情形，是清政府自愿开放的避暑区，这种开放是有鉴于庐山等地传教士利用教案要挟清政府，掠夺资源的教训。在1896年前后拟定于北戴河、秦皇岛一带建港口之前，"恐我奥区复为有力者所掠夺"，清政府指派矿务督办张翼对秦皇岛沿海地带进行勘察，并以津榆铁路公司名义筹资，将秦皇岛至北戴河一带80%以上的土地抢先购买。1898年，清政府确定北戴河赤土山以东至秦皇岛为通商口岸，将北戴河以东至金山嘴沿海内三里以及往东至秦皇岛对面划定为"允中外人士杂居"的避暑之地，此前仅外国传教士进行零星的建设活动。

上述避暑胜地别墅区三种开发模式中，早期的开发建设及使用均以外国人为主体，外国人相对集中，甚至不许中国人介入。与列强入侵相伴的资源掠夺的投机行径，事实上导致了这些区域以休闲、度假别墅群建设为主的大规模开发，自1895年前后至1927年前后，四大避暑胜地别墅群的基本格局包括外国人团体、个人避暑别墅及相关公共设施业已形成。统计表明，这些区域数以百计的别墅所有者以外国传教士、商人、医生、政客、学者、商业机构为主体，国籍跨越东西方约20余国。❷

从这些不同年代的统计数据可以看到中国本土官僚政客、贵族商贾、海外华侨及文人墨客等逐渐介入避暑、休闲生活方式的历史。除北戴河海滨别墅群的建设中国人自始至终参与外，其他胜地中国人大规模建造或购买别墅则起始于第一次世界大战后上述各地租界主权的逐步回收，中国政府1917年宣布对德宣战，政府收回

德国、奥地利列强在华利益，四大胜地别墅部分易主为华人。上层华人的参与，使早期功能相对单一，以短期避暑度假为主的避暑胜地别墅演变为集国事决策、贸易商谈、休闲度假等多功能于一体的混合体，也使这些胜地别墅群的建设达到鼎盛时期，并与中国近代历史上许多重大事件和人物紧密相连。如庐山自1926年后逐步演变成蒋介石南京政府之外的"夏都"，蒋介石本人自1926年至1948年有13个年度在庐山短期停留、居住；1926年至1936年间，国民党上层元老如汪精卫、张学良、林森、陈诚、冯玉祥、吴鼎昌、戴笠等纷纷上山购买、修筑别墅。因"夏都"的政治地位，这里不仅大量修筑了别墅，亦掀起公共建筑如图书馆、国民党中央党部传习学舍、大礼堂、旅馆等建设高潮（图5-1-3，图5-1-4），鸡公山、莫干山亦留下了蒋介石的足迹。然而，中国人大量介入避暑别墅建造活动，在鸡公山则源于周边地区军阀和政客在1920年前后的参与，直系军阀吴佩孚部第十四师师长靳云鄂、湖北督军肖耀南及其同僚杜节义等建造了颐庐和避暑山庄别墅。莫干山由于主权逐步回收，据统计，至民国十八年（1929年），山上200余幢别墅中，外籍所有仅余78幢，其余均陆续转卖于中国业主。此后，大批上海、浙江当地官僚政客、商贾文人涌入，包括国民党元老张静江、黄郛，商人周庆云及上海大亨杜月笙、张啸林等均上山筑造别墅，避暑颐养（图5-1-5）。国内势力广泛介入，他们不仅上山修筑别墅，亦带动、吸引商户纷纷上山开设旅馆、商店、酒楼，避暑别墅周边形成街市林立、歌舞升平、热闹非凡的天上街市和山中闹市的景象。❸

避暑胜地大规模的环境整治和别墅及附属设施建设的场景一直延续至抗日战争全面爆发。随着战争的到来，其发展与租界城市一致，各种建设受到不同程度的影响，几乎完全停顿。战争之初尚有大量难民逃至这些远离都市的山中城市，但残酷的战争并未使这些昔日的世外桃源幸免。其中庐山最为惨烈，1938年日军占领庐

<hr/>

❶ 据《莫干山志》载：莫干山自1896年至1911年"来者更多，购地益广……其始犹为教会中人，继则洋商、医士等源源而至。凡执契来税者，皆写有教堂公产字样。前后各县令，均以有案可援，未敢指驳，一律准其纳税完粮。不六七年，计其所买土地，已至1600余亩之多（现已至1900余亩）。"

❷ 庐山在牯岭公司的操作下，至1927年共建成各类别墅560幢，别墅主人国籍来自18国；鸡公山1904～1938年共建各类别墅300余幢，现存212幢中外籍占178幢；莫干山至民国二十五年（1936年）前别墅大部分为外国人所建；而北戴河至1924年底共建别墅526幢，其中四分之三为外籍人士拥有，另据1949年统计，北戴河全区别墅719幢，其中外国人拥有483幢。

❸ 《庐山史话》记：1937年庐山鼎盛期，除别墅外，各类店铺260余家，另有医院4处，旅馆8家，学校3所，儿童游戏场1处，浴出1处，游泳池5处，电影院1处，网球场18处……《鸡公山志》与《莫干山志》亦对抗战前街市林立的盛况有详细记载，如：鸡公山抗战前各类店铺42家，还设夏季夜市及临时执法点。此外，南北街尚有宾馆、餐馆、照相馆、邮局、银行、娱乐厅等。盛时各类避暑人士及商户近万人，山中小城成了名副其实的"不夜城"。

图 5-1-3　庐山国民党高官、财阀吴鼎昌别墅

图 5-1-4　庐山"美庐"——宋美龄别墅

图 5-1-5　莫干山白云山庄——国民党元老黄郛别墅

山外围的九江及附近地区，围困庐山，炮击归宗寺等历史名胜，并于 1939 年侵占牯岭别墅区。随后，在日军侵占庐山的 6 年期间，杀害平民 3000 余人，牯岭周围的芦林、太乙村、女儿城等别墅区几成废墟，东谷、西谷及正街等区多处毁坏。据统计，山上房屋全毁达 220 处，半毁 260 处，52 座庙宇遭损坏，砍伐森林 10 万余株。北戴河海滨别墅区亦经历了类似劫难。早在 1935 年日军侵入河北省东部时，日伪管理机构"冀东防共自治委员会"（后称防共自治政府）就纵容日本浪人利用港口，将海滨变成大规模的走私基地，至 1937 年战争全面爆发，走私活动才逐渐平息。1938 年在日伪政机操纵下的北戴河管理局，为配合日军的"政治表演"还制定过欺世盗名的《北戴河海滨建设计划书》❶，战争爆发后变成一纸空文。1941 年太平洋战争爆发，美日宣战，日伪驱赶外侨，窃占别墅，拆毁铁路，并在海滨度假区修建大型战时陆军医院，划定军事禁区，原避暑或长住者纷纷外逃或被关入集中营，避暑区"楼房七百余所，十室九空，如入空山无人之境"，有诗"痛惜桑田变沧海，忍看华屋变山丘"对此作了生动的描述。庐山、北戴河的惨状亦同样在莫干山与鸡公山避暑别墅区上演，在此期间，"颓墙断栋，触目皆是，花木枯槁，满院蓬蒿"，别墅及其他设施建设就此停顿。

自抗战期间至 1949 年，四大避暑胜地别墅建设仅庐山及莫干山由于与蒋介石国民政府的政治关联，有过十分短暂的恢复，然而频繁的战乱使它们总体上失去了往昔的光辉，逐渐走向衰落。

（三）别墅群环境与空间特征

一个新兴的城市或聚居点整体格局的形成往往是多种因素相互作用的结果。四大避暑胜地别墅群特定的地理位置、自然条件及历史背景是它们发展的外部条件，而形态形成和发展的真正动力或决定因素是其使用者与开发者对这些因素的整体综合的结果，即人对特定自然形态的理解和开发过程中所遵循的基本原则决定了避暑胜地别墅群的空间形态。

整体上，四大避暑胜地别墅群作为一种自然中的人工形态，它以大自然为背景，其开发强度和规模远远低于早期一般的租界城市，特定地域的自然形态，如地

❶　参见：孙志升 . 北戴河，中国现代旅游业的摇篮 . 北京：北京燕山出版社，2001.

形、地貌等因素始终作为环境中的主导因素而存在。纵观四大避暑胜地别墅群，我们可以将其归纳为两种不同的空间格局：一种具有明确的规划和整体的秩序，在其形态的发展过程中，无论是土地规划还是建筑设计，均具有强烈的人工控制的痕迹，而这种控制不仅反映了早期规划和开发者对环境的理解和尊重，还表达了当时西方城市规划中所流行的花园城市及带形城市等理论和实践的影响；另一种则显示了人工环境在自然环境中有机生长的特征，在群落形态的形成过程中，建筑遵循自然形态的规律进行景观与空间组织，单体的选址和设计均是以景观为中心，依山就势，顺理成章，整体则呈现一种自发的、随机的适应自然条件变化而变化的自由形态。前一种形态的典型是庐山牯岭和北戴河海滨别墅，鸡公山和莫干山则属后者。两种不同的形态均反映了别墅群设计者、使用者及管理者对建筑与环境即人与自然和谐一致的价值取向，从这一理念出发，针对不同避暑胜地别墅群的物质形态构成，从规划选址、土地规划、道路组织、景观创造及规划管理诸方面的经验进行剖析，将有助于我们对其空间环境特征的理解。

1. 规划选址——得天时、地利之势

四大避暑胜地别墅群整体空间的发展过程，始终反映了人与自然的和谐关系，这种关系首先表现在对地形环境的选择上。即使避暑别墅既远离都市喧嚣，全方位融入自然，又易于建设并形成便利的休闲生活环境。庐山位于江西省北部，北临长江，东濒鄱阳湖，集大江、大湖、大山于一体，其气候属中国亚热带东部季风区域，鲜明的季风气候使夏日气温较长江中游一带山下低8℃左右。山体地质构造属地垒式断块山，断块山体不断上升，受第四纪冰川侵蚀，山顶地势较为平展，山谷宽衍，山势浑圆。断块山的构造使山地周围断层形成许多峭壁断崖和峡谷，峡谷中往往伴有溪流与瀑布等自然水体，景色险峻秀丽，刚柔相济。正是这种得天独厚的自然条件与地理位置使庐山为历代名人雅士、帝王僧侣所钟爱。

早期避暑别墅区集中于山体北端海拔1100余米的牯岭，整体地形呈"U"形谷地。东西侧的日照峰、松光岭与虎背岭、橄榄山之间围合成一条山间自然平坦的走廊，中间就是牯岭，由西至南延伸东西两谷，包含数平方公里的高山谷地。北有高峰峻岭抵御寒冬风雪，南有开阔的谷口保证山林长期生存所必需的阳光与空气，而周围岩层裂隙中四季不断渗出的泉水在谷地中央形成

的溪流——长冲河，为庐山避暑别墅区的发展提供了充足的水源（图5-1-6）。

北戴河海滨避暑别墅区则位于河北省东部渤海之滨，用地背倚东西长约5公里、海拔153米的联峰山。朝南沿延绵15公里的渤海湾海滨展开，其外围昌黎、抚宁、卢龙、山海关等地山峰相连，构成天然屏障。用地范围内地形、地貌变化丰富，属山地、平原、海滩混合地貌，包含了山峦、丘陵、沙滩等不同类型的地形、地貌特征。南向的海滨是其自然景观的中心，同时，山地与平原呈弧形环绕，地势自海向陆逐渐升高，利于海洋暖湿气团向陆地深入。"天风浪浪"、"云山苍苍"、"沙软潮平"、"气候凉爽"均构成避暑别墅区独特的优势。

鸡公山与莫干山总体上属山林环境，两者在山体海拔高度及与周边城市距离上比较接近，山林环境受地理位置、地形地貌及植被分布影响，自然形成山下至山顶不同海拔高度上阳光、温度、湿度及水文条件呈显著变化的立体气候。鸡公山南邻湖北省大悟县，北连河南省信阳市，东西与大别山、桐柏山首尾相接。地理上位于中国南、北方天然分界线上的冷暖空气交汇区，地貌属混合花岗岩地貌，海拔最高811米，山体基本呈南北走向，周围坡陡谷深，高低起伏，地形复杂，山顶较缓，大小山头相对高差不大，往往在山头之间出现较大的平缓谷地。山体两侧深平的峡谷形成两条天然的通风走廊，带走夏季酷暑，地貌山势的变化使整体山峦起伏、怪石林立，且常有溪流、瀑布及古树、名木穿插其间。气候则直接受江淮气旋、江淮切变线与江淮梅雨等因素影响，雨量充沛、气候湿润，形成植物种群丰富的南北植物过渡带。

莫干山位于浙江省北部德清县境内，距杭州80余公里，距上海、南京200余公里。属天目山脉余脉，地貌以北东25°走向的银子山——庾村断裂带为界，分成西部低山侵蚀剥蚀构造和东部丘陵侵蚀剥蚀山前平原地貌。特殊的地貌使境内山峦连绵，围绕海拔700余米的主峰荫山有中华山、上横山、金家山、炮台山等海拔在400～700米之间、高差变化不大的山峰数座。起伏的山峰与发达的"V"形山谷，使区内涧泉交汇，聚而成溪或池，同时受地理位置，地貌地形特征及气候土壤等因素影响，区内修篁遍地、松林遍布，前人有"涓涓泉水松间听，冉冉白云衣上生"，"百道泉源飞瀑布，四周山色蘸幽篁"等赞美之辞（图5-1-7，图5-1-8）。

2. 局部集中，整体分散——人工与自然的契合

四大避暑胜地别墅的总体形态呈现出明显的局部集中、整体分散的特征，这种特征贯穿于山地和滨海不同的地貌、地形区域，亦同时存在于规则的、有计划的发展和自由的有机生长形态之中。这种空间形态的形成源于：①地形、地貌对建设的限制，可建设用地有限；②建设过程中，对区域范围内有价值自然元素如山体、岩石、树木等的珍惜与保留；③早期传教士拥有土地范围的形态及切分方式；④早期避暑活动模式以小规模的个人或团体为主。牯岭避暑区别墅规划就采取了一种局部相对集中的土地利用模式，易于在短期内形成一个具有相对完善的配套设施、建筑与环境相得益彰的避暑社区。无论是土地开发、投机，抑或是社区环境氛围的形成，其布局方式在近代建设史上无疑是一种非常成功的尝试。牯岭避暑区别墅规划布局在仔细考虑了山谷特殊的地形地貌及建筑与周围景观整体关系的前提下，采用了"一个中心、三大组团"的基本结构，以围绕蜿蜒的长冲河展开的带状景观空间作为主体，而沿河中段两岸则

以开放的自然公园为中心（图5-1-9，图5-1-10），主要的公共设施如教堂、会堂、图书馆、旅馆、饭店、医院等设施布置，与沿河两岸的中心平缓地带一起，形成了强有力的景观与公共设施一体的社区中心。别墅则以紧凑的方式围绕中心于东、南、西三侧布置。组团内部主要采用均匀地块的划分方式，大部分地块单元尺寸约为250英尺×150英尺（约76.2米×45.7米）。相对规则的地块划分满足了土地投机迅速出让地块的要求，同时以一种十分明确的方式回应了建筑与山谷地形的关系，形成了以公共区域为中心的开放式规划结构。

北戴河海滨别墅亦在1920年前后就已逐步形成东、中、西三个与海滨平行的区域，每一区域遵循特定的地段环境进行别墅建设，集聚了不同的使用者：东部为以东山为大本营的外国教会传教士聚居区；中部以石岭为中心，别墅所有者大多为商贸人士，早期德国与俄国商人居多；而西部则以联峰山为中心，这一区域云集了各国外交使节及中国的官僚商贾；早期是德军军营，周围

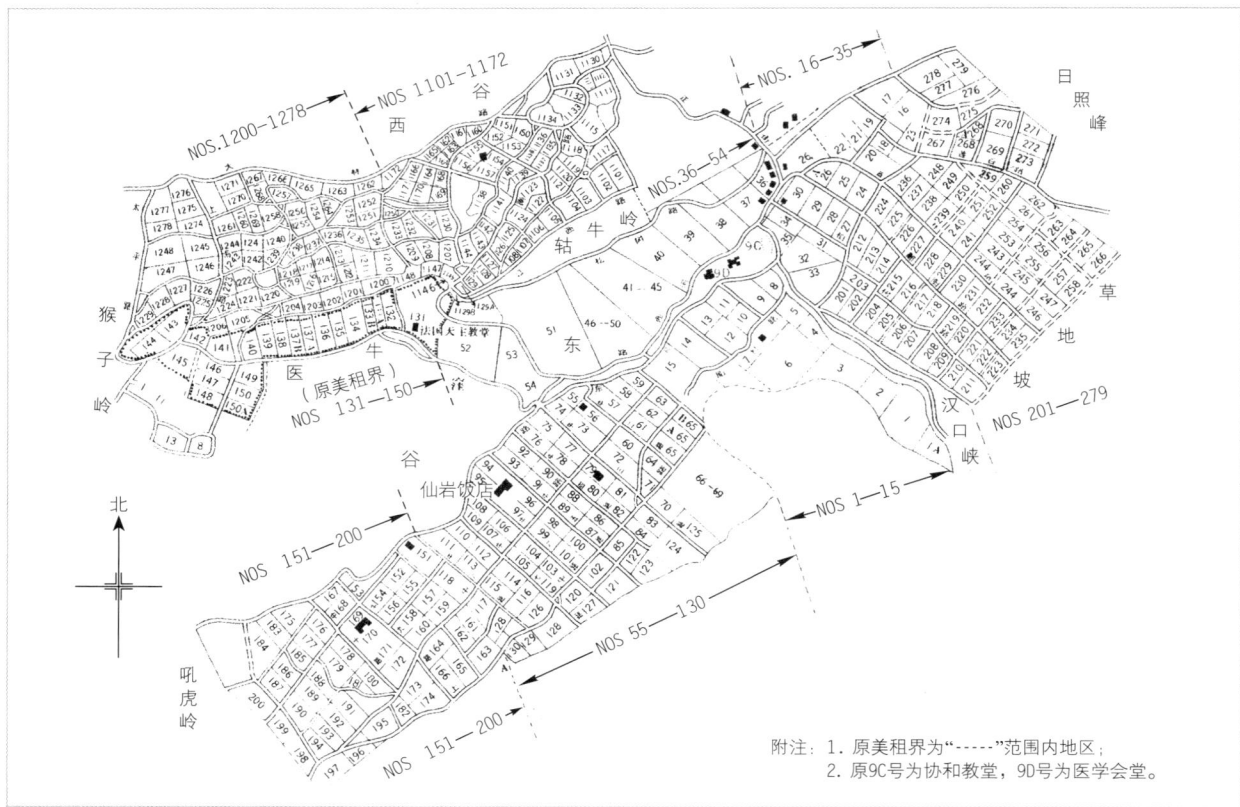

图5-1-6　原庐山英租界别墅区域图❶（参考：1925《庐山指南》）

---

❶　引自：方方．到庐山看老别墅．武汉：湖北美术出版社，2001．

图 5-1-7　莫干山松月庐松林别墅

图 5-1-8　莫干山竹林与别墅

图 5-1-9　庐山牯岭自然公园

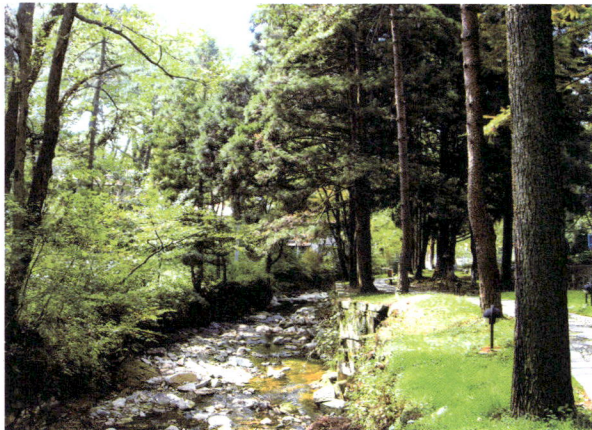

图 5-1-10　庐山牯岭长冲河景色

德国人的别墅较多。第一次世界大战之后，中国政府遣返德国侨民，国内的达官贵人、商贾们才逐步进入此区买地筑楼。

　　早在 1898 年，中心横石岭一带有房产的教会组织成立了类似今天常见的业主委员会的自治机构——"石岭会"（Rocky Point Association），但其职权范围远远超出了单一的管理与维权。事实上，石岭会成立之前，除教会及教职人员之外，一般外国商民在北戴河并无永租土地的权力，石岭会成立后，他们以团体的名义越权统一收购土地，同时高价分散销售以吸引会员，以一种变相的形式进行土地掠夺和投机。随着在北戴河避暑的外国人数量的增长，在不同的区域又陆续成立了东山会（East Cliff Association）、庙湾会（Temple Bay Association）及灯塔会（Light House Association）等。这些避暑会多则上百户，少则几户，围绕某一区域的地块，自发建设，并逐步扩大。与庐山别墅群类似的是同样以地块划分区域，不同的是由于地块以小规模用地为主，其路网和地块相对自由，缺乏明确的统一规划。从一张 1939 年制作的石岭会区域图，我们不难发现，地块规模小至两三幢用地，大至七八幢用地，反映早期传教士和其他西方人进入避暑区后以小规模的私人和团体为主的特征（图5-1-11）。

　　鸡公山与莫干山避暑别墅群整体空间形态更是反映了人工结构与特定地形地貌环境的契合，呈现出局部集中、整体分散的特点。莫干山早期别墅分布于荫山和中华山一带，后逐渐伸展至上横山、炮台山、金家山等地，别墅成群成组，或依山而筑，或傍水而建，总体散布和点缀于 500 余亩的山地之上，诗句"参差楼阁起高岗，半为烟遮半树藏"（图 5-1-12）就生动地反映了建筑与

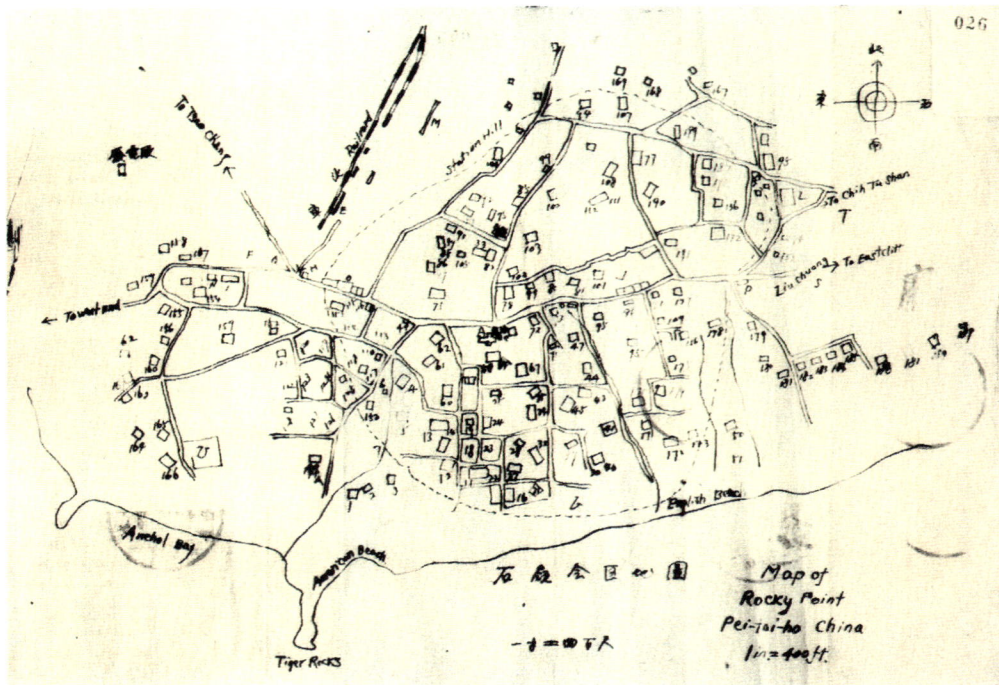

图 5-1-11　1939 年制作的北戴河石岭会区域图 ❶

环境相互依存的关系。

　　鸡公山别墅群的分布亦有类似特点，总体上分为南岗、北岗、中心区及避暑山庄四个部分。从现存的别墅分布来看，应该缺乏严格专业意义上的整体规划，别墅的建设相对较为自由，建筑更注重与特定地段环境的关系，其总体处于一种自发"生长"的状态（图 5-1-13）。南岗、北岗两个相对集中的组团围绕中心区逐步形成一种山地常见的自然式分布格局。北岗是早期教会区中心，

图 5-1-12　"参差楼阁起高岗"——莫干山意象

形成于 1904～1918 年间，其地块划分完全根据自然的地形与地貌，至 1925 年，相对平坦的基地均已建满。鸡公山的开拓者们如传教士李立生、施道格的别墅均建于此区，现存的美文学校校舍、小教堂、公会堂等公共设施亦位于此区（图 5-1-14）。南岗则主要以武汉及长江流域的外国商人别墅居多，当时称为"洋商区"或"买卖场"。不同体量、不同风格的别墅建筑因地制宜地点缀于不同的山间台地上，现存的姐妹楼、马歇尔楼、亚细亚楼、德国楼、三菱洋行别墅、汇丰银行别墅及逍夏园均位于此区。逍夏园是洋商们避暑的公共会所，内有咖啡厅、游泳池、网球场及公共花园等娱乐设施（图 5-1-15）。鸡公山别墅中心区则位于北岗与南岗之间的交叉地带，以 20 世纪 20 年代初建于南北街之间山间台地上的"颐庐"为中心（图 5-1-16），此区共建别墅 84 幢，由于中心区位于避暑官地与教会区之间，因而自然形成了为避暑区服务的山中街市——南北街。

　　避暑山庄别墅与前面三区的形成完全不同，南、北岗及中心区的发起者和建设者以外国人为主体，而避暑山庄则是由国内军阀和政客在受国外生活方式的影响下建造形成的。山庄坐落于鸡公山北侧与平汉铁路之间的

❶ 引自：孙志升．到北戴河看老别墅．武汉：湖北美术出版社，2002.

图 5-1-13　鸡公山别墅分布图（1935 年）❶

❶ 引自：河南省《鸡公山志》编纂委员会．鸡公山志：河南风景名胜志丛书．郑州：河南人民出版社，1987.

图 5-1-14 鸡公山美文学校

图 5-1-15 鸡公山逍夏园一角

图 5-1-16 颐庐为鸡公山别墅中心

狮子岭山麓一侧，1921～1924 年间由湖北督军肖耀南及同僚发起，是以国内人士为主体规划、建设的避暑别墅区。由于北伐战争及时局的变化，工程未全部完成，目前仅存 10 组 20 幢别墅，建筑沿狮子岭至北岗一带的登山道路展开，自由地散布于不同的山间台地上，大部分

采用集中的体量，不拘朝向，全方位向周围景观开放，且各栋之间有步行小径相连。

3. 道路系统——理性与感性的交织

四大避暑胜地别墅区道路系统的形态有别于一般城市道路的规则形态，由于地形地貌的复杂性，功能以步行为主，兼具空间连接、地块划分及景观创造等作用。为了协调、平衡不同功能之间的冲突与矛盾，它们同样呈现出依山就势，最大限度地与自然协调一致，全方位地将人工建筑融入自然环境的特点。

庐山牯岭别墅区道路采用中心环路与周边格网式道路相结合的形式，充分体现了规则的格网系统与随机的自然景观系统之间的高度融合。其严谨性表现在既满足了空间的可达性与选择性，又照顾了开发者对土地出让的要求；其浪漫性则体现在对项目功能的忠实表达和对自然景观与环境的强化。沿中心环道两侧的地块面积较大，有利于开发过程中的功能细分与调整，它不仅集中了社区公共活动和社会服务设施，亦穿插了与河道紧密结合的自然风景园林——林赛公园（Lindsay Park）。格网式道路系统并非机械呆板地划分用地，而是随时以网格的局部调整来适应特殊的地形与景观，如长冲河南岸采用平直的东西向主路，辅以南北向台阶形景观路，构成在高度方向上变化的格网（图 5-1-17）。而牯岭的西谷区网格则以随山地地形变化的曲线形道路为主，形成路随山转、景随路动的动态景观系统。这些规划手法为格网系统在山地中的灵活运用作了充分的诠释。

不同于庐山一开始就按明确的整体规划逐步发展，北戴河海滨道路系统形成得益于朱启钤先生 1919 年发起成立的北戴河避暑区中国业主自治维权组织——公益会十余年的孜孜努力。早期的路网与零星自发的建设模式一致，对应于变化的地形环境和小规模用地边界，呈现出自由而随机的网状分布，但总体上南北方向路网密度略大于东西向，形成主体朝向海景的格局。随着别墅区的不断扩展，早期教会及不同的外国团体和个人各自为政的建设难以满足日益增长的海滨避暑需求，实际上造成了土地资源的浪费，且空间缺乏整体的公共意识。鉴于此，公益会对海滨别墅区的长远规划始于对全区道路进行的总体规划，逐步整修。十余年间按严格的英国标准共修筑各种支、干路达 22.4 公里。系统的道路整治使得海滨原来三个相对独立发展、自发蔓延的组团形成一个东西向主要道路与南北向次要道路相结合的线性格网系统，通过道路网格的整治将自发的小规模建设置于统一的规划之中。

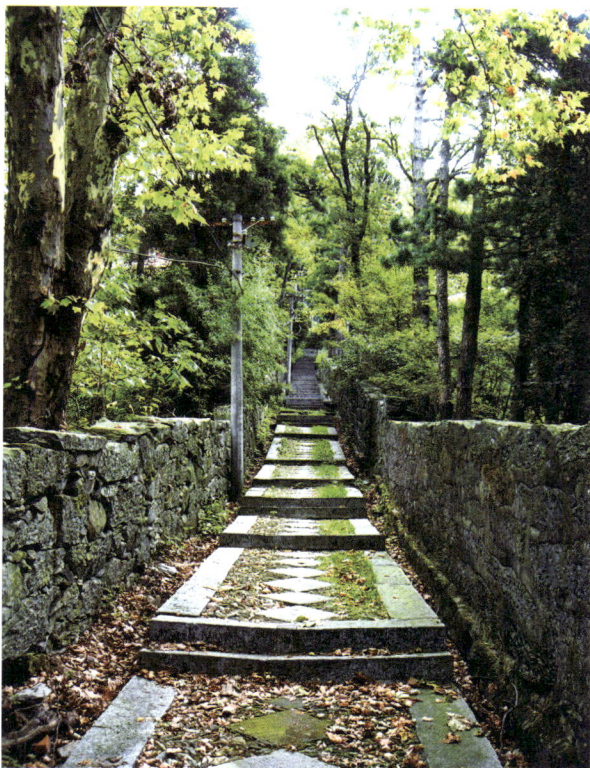

图5-1-17 庐山牯岭台阶形景观通道

4．建筑布局——以景观为中心，自由灵活的原则

四大避暑胜地别墅群的单体建筑布局充分体现了以环境为主体，以自然风景为中心的自由灵活的原则。从自然环境与风景的角度出发，任何人工的开发和建设均属于人工对自然系统的一种"入侵"行为，但当人类的活动不可避免时，努力寻求一种人工与自然之间的平衡就成为设计的最高原则。无论总体形态是整体相对集中抑或局部分散，首先，人工建筑总体上均处于一种相对较低的建筑覆盖率，建筑采用集中的体量，使周边自然环境在整体中始终处于主导和控制地位。描写莫干山和北戴河别墅的诗句"参差楼阁起高岗，半为烟遮半树藏"及"万里波澜拍岸边，五云楼阁倚山巅"对自然与人工的相互依存、融合的关系作了最确切的表达。其次，建筑物的朝向不拘泥于正南正北，总是随自然形态和景观的变化而变化，这种建筑布局的自由、分散状态从一定程度上有效地避免了形成都市环境中以建筑为主体的连续空间界面，使人工建设始终依附于自然，作为自然景观中的点缀。同时，在建设的过程中，对构成主体的自然环境要素如河流、山岭、峡谷、岩石乃至树木等均仔细地保留和维持，更突出了以自然环境与景观为中心的整体结构。从几个典型的实例中，我们可以看到上述特

征的表达方式。庐山美庐别墅位于牯岭东谷的长冲河东岸，始建于1903年，以后经数次加建而成。建筑集中于地块的北侧，坐北朝南，采用东西长、南北短的"L"形布局，主体面朝长冲河，背负城墙山，遥对远处的大月山。背山面水的整体环境，及中间低、两侧高的基地环境，十分符合传统风水学中描述的"太师椅"格局。主体建筑南侧留出宽阔的园林与场地，作为人工建筑与自然环境之间的空间过渡。园林设计因借山体、岩石、流水、树木等自然要素，并点缀以草地、小径、泉井、竹林、小桥等强化避暑环境的可游、可居的特征，并使建筑穿插和隐入以大自然为主的环境氛围之中（图5-1-18）。庐山的赛珍珠别墅及莲花山房则是坡地别墅的典型。位于牯岭东谷片区，建筑坐东朝西，依山而筑，主体以高台的形式占据基地东南角，西北留出"L"形的室外庭院，西侧小径与主要入口台阶的转折布置构成建筑与室外庭院良好的空间过渡，并自然地表达了山地建筑与场地之间的空间递进关系，140余平方米的小尺度建筑通过空间与体量的布局及台阶、门廊等细节的处理，使建筑与山体、林木相互穿插，融为一体（图5-1-19）。庐山的莲花山庄地段周边环境与赛珍珠别墅类似，位于普林路莲谷附近，东端远处为日照峰，西北遥对西谷别墅区，建筑总体亦采用"L"形体量组合，坐东朝西，形成背倚山体，面对西北山谷的布局，并透过层层松林遥对西谷别墅区。为了强化建筑倚山势、望远景的特征，西北一隅结合入口处设观景平台，客厅朝向远景的两侧均以外廊包围，外廊两端封闭，中间设半圆形敞廊，主要景观方向与建筑布局高度一致，建筑完全隐入山林之中（图5-1-20）。

其他避暑胜地别墅以景观为中心，自由灵活布局的案例同样随处可见。莫干山的松月庐、鸡公山的避暑山庄萧家大楼及北戴河吴家楼，无论对景观的利用还是建筑布局特征都较为鲜明。莫干山松月庐位于莫干山东北端屋脊头的山脊台地一隅，周围共有7栋别墅，每栋别墅依周边景观的变化，以不同形体的组合，错落地散布于山脊台地上，并融于绿荫之中，构成"玲珑半山栖，掩映修篁间"的山林田园景象。每栋别墅前的空间共同构成层次丰富的场地和庭院，不同的植物如松柏、黄杨、玉兰、银杏、桂花等或点缀于庭院中央，或衬托于建筑周边，有效地缓解了建筑与环境的对立关系，同时建筑良好的体量关系亦更加突出了自然环境的主导地位。松月庐本身的平面几成矩形，为避免三层体量过于突兀，通过矩形两端体量和屋檐

图 5-1-18　庐山美庐庭院环绕

图 5-1-19　庐山赛珍珠别墅穿插于山林之间

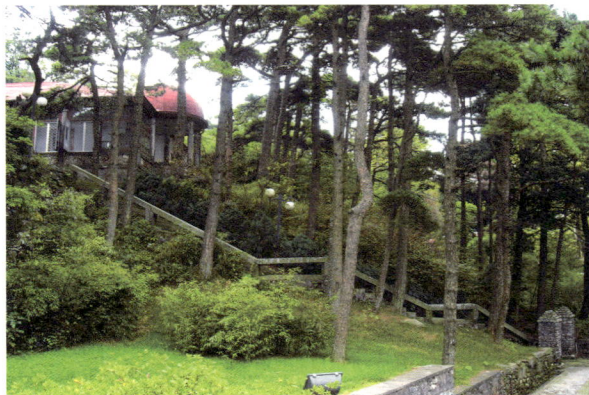

图 5-1-20　庐山莲花山庄敞廊面对开阔的景观

高度的叠落处理及场地中高大乔木的穿插，使建筑与景观产生自然的过渡，同时二层屋面平台的设置，不仅使开阔的远景与室内空间形成连续的景观场景，而且为俯览群山秀色，仰观日月星辰提供便利条件（图5-1-21）。鸡公山避暑山庄别墅群坐落于鸡公山狮子峰南侧山麓，沿狮子岭至北岗一线登山路径自由展开。由于局部地形的变化，建筑大多朝向景观开阔的一侧，其中1号别墅萧家大楼通过连接登山主道的支路由东南侧接近主体，三层集中的体量雄踞基地一隅。为了尽量将西、南两侧的山峦远景纳入，建筑朝西，基本对称布置，两侧主立面以简洁开阔的门廊正对深远、壮丽的远景。而东侧则利用辅助用房的较小体量与主体并置，自由的侧面轮廓打破了集中的体量与环境的对立。主体门廊的弧形拱券，双柱划分及石砌栏杆、台阶、石狮等细节赋予简洁的形体以人性化的尺度，北侧实体墙面上悬挑阳台的点缀更为立面增添了轻松、活泼的元素，同时使室内与室外景观直接对话。建筑屋顶形式采用主体部分为平顶，其余部分为坡顶的组合方式，更为全方位观赏周围山色提供难得的屋顶花园（图5-1-22，图5-1-23）。

北戴河吴家楼的布局相对山地别墅尽管在形体处理上较为"城市化"，但建筑布局以面向海景为中心，处于联峰山南麓丛林之中，建筑与海景联系，透过层层树林构成的植物景观。南向立面采用高台及空透的券廊强化南侧面朝大海的特征，并由一条甬道直接与大海相连。甬道两侧由高大的侧柏形成遮阴蔽日的夹景，侧柏外侧则布置由油松、刺槐等组成的混交林；别墅西面配置了银杏、桧柏等植物；东北两面则保留了别墅建设之前的油松林和穿插其中的柞栎、麻栎、刺槐、元宝枫、榆树、杨柳等。丰富的植物景观为避暑别墅增加了融入自然的气息（图5-1-24）。

5. 规划管理——朴素的可持续发展理念

在一种自然状态下的荒郊野岭中建设合适的避暑居住环境，优美的自然环境只是前提条件之一。为了满足现代人类生存的基本要求，在建设过程中不可避免地要对既存的自然环境进行改造，而在这种改造的过程中，如何将人类对自然的破坏减小至最低程度，并通过规划设计及管理等手段恢复或补偿人为的建设对自然所造成的伤害至关重要。四大避暑胜地别墅区的规划与实施通过高质素的专业服务（从规划设计至建造过程）、保护与开发并行的经营理念及严格的管理手段等，践行了一种朴素的可持续发展理念。

图 5-1-21　莫干山松月庐庭院一角

图 5-1-22　鸡公山避暑山庄萧家大楼雄踞山麓

图 5-1-23　萧家大楼门廊

图 5-1-24　北戴河吴家大楼敞廊

（1）高质素的专业服务

正因为四大避暑胜地别墅群的形成与早期租界城市的发展密切相关，它们的设计与建造自然成为城市建筑活动的延续。鸦片战争后，大量的国外工程师与建筑师及其他专业工作者参与了中国近代大规模的城市建设过程，这些专业工作者与避暑胜地早期的土地拥有者或其他外国人群体如银行家、实业家及政客等具有千丝万缕的联系，自然地参与到别墅群的规划设计与实施过程之中，使得这些避暑胜地别墅与传统民居的"非建筑师的建筑"具有本质意义上的区别，它们大多出自专业设计师之手，即使是由建造者按使用者要求建造的，亦经历了相互参考、相互借鉴的过程。

庐山牯岭别墅区的规划完成于 1898 年，传教士李德立通过种种手段控制了牯岭周边部分土地后，并"成功地"将控制区域"租界化"。同时聘请工程师、建筑师及社会科学学者，共同制订总体规划，进行别墅设计，其中美国建筑师史密斯及后来加入的中国建筑师李氏于 1936 年前长期在庐山从事别墅设计。鸡公山及莫干山的别墅设计亦有较多的专业设计师或机构参与，其中，莫干山的皇后饭店及松月庐由曾对上海近代建筑产生深远影响的匈牙利建筑师邬达克（L. E. Hudec）设计 ❶。北戴河海滨别墅区则更是体现了专业房地产开发机构与设计师的集体智慧。早在 1901 年，具有建筑设计、房地产开发与经营背景的先农公司介入北戴河别墅的设计与经营业务，1928 年前后，中美合资的中华平安公司亦涉足别墅建设，主要单体设计则由德国工程师魏迪锡与奥地利建筑师罗尔夫·盖林设在天津的建筑事务所完成。因

❶　参见：陈从周，章明.上海近代建筑史稿.上海：上海三联书店，1988.邬达克先后设计过上海大光明电影院、国际饭店、吴同文住宅、爱神花园等上海近代著名建筑。

而建造与设计反映了当时的较高水准，而整体的规划则呈局部与小规模建设自我完善状态，其总体格局的形成是后来不断经营的结果。在经营过程中，被当时西方建筑师誉为"在世最伟大的中国建筑专家"❶并曾担任中国营造学社社长的朱启钤先生发起成立的北戴河海滨公益会发挥了积极的作用。正是这些专业人士和机构的积极介入，才使四大避暑胜地别墅群在总体上体现了专业服务的高素质与高水准。

（2）保护与开发并行的环境经营理念

四大避暑胜地别墅群在环境开发建设过程中十分强调保护与开发并行的理念，如在北戴河海滨别墅区环境整治过程中，朱启钤先生痛心于早期发展各自为政的局面，坚信"山川风物之美"乃"人类缔造经营所致"，从整体出发对重要的景观资源进行保护与开发是避暑区长期健康发展的保证，因而在公益会成立之初，他即向内务部呈文，提出要保护重要的名胜古迹，并严格控制重要的景观区域与节点。文中重点提出：①将联峰山南麓莲花石区域开辟为公众游览公园；②联峰山因"高者岩，秀者峰，层叠环抱，林壑且美"，将逐步整理道路、树林，点缀亭榭；③将位于避暑区东侧"悬崖绝壁"的鸽子窝预留为第二公园。他建议政府拒绝外国人永租这些区域土地，"以杜纷争"及"保留地方名胜古迹"，"留为中外人士登临凭眺之所"。这实质上是将区域景观资源作为一个整体系统来考虑，并极力以保护与开发并行的手段，维持避暑区的公共性和开放性。

四大避暑胜地别墅群不仅在规划建设中充分尊重山峦、草木、水体、岩石等原生环境，亦十分强调采用人工的手段对原有自然进行完善与补充。如牯岭别墅区中央公园带的种植与草地建设，以当地树种为主，对主要公共区域及房前屋后庭院进行绿化种植，前后共植树十万余株。并有意识地引进雪松、法国梧桐等外来树种，形成丰富与多样的植物景观。注重整体环境保护，绿化与建筑同步并进是四大避暑胜地别墅区人工与自然和谐相处的重要原因之一。为了保证区域的绿化建设需要，大多兴建苗圃与植物园，研究和引进驯化外来树种，如北戴河前后兴建苗圃达300余亩，自行培育了白果松、罗汉松、马尾松及龙爪槐、合欢等北方珍贵树种，并引进了生长速度较快的德国刺槐，广泛应用于海滨避暑区的固沙、造林及环境景观建设。

（3）严格的规划与管理

四大避暑胜地别墅区的环境建设及管理具有不同的模式。庐山这种"租界式"别墅区完全效仿城市租界区的管理，由传教士李德立成立的"大英执事会"及其下属管理机构——"牯岭市政议会"对避暑区进行全盘控制、管理。"准租界式"或"开放式"别墅区两种模式的主权属中国，因此早期除警察、治安等管理权属当地政府外，其他事务诸如卫生、绿化、道路、市政、公共设施、维持管理等事实上处于一种以外国人为主体的相对自治的状况。鸡公山、莫干山及北戴河等早期均有由外国避暑者自发成立的避暑会、庙湾会、东山会、灯塔会等类似今日的"物业管理委员会"机构负责上述事务，其中，由于北戴河海滨是政府决定开放的中外人士杂居避暑区，随着中国避暑业主的增加，于1919年成立"海滨自治公益会"，代表政府行使自治权力。这些不同的管理机构无论以何种形式存在，除去"殖民"、"侵略"的政治因素，事实上对四大避暑胜地作为一种物质环境的建设与维护起了积极的作用，它们制订的一系列措施与规章制度保证了这些区域长期、健康的发展。

从一份当时的《莫干山避暑会章程》中我们可以解读其管理的有章可循和有法可依。本章程开篇即指出避暑会创立的宗旨有三，即："一谋完美之组织，二求交通之便利，三改良公共事业以谋社会之便利与安宁"。为了将这一宗旨落至实处，避暑会以"纳税"和"捐费"的形式向避暑区地主或房主"摊派"别墅区日常管理、公共设施如道路、公园、泳池、网球场等的建设及维持费用。章程还对维持管理事务进行了详细的责任范围划定，包括清洁道路，沟渠，除去崩土，物业管理，庭院去除杂草、收拾花卉，保护竹林、竹笋及木石；章程中还特别提到花草、树木的种植和维护及水源保护的责任，并列专章指出，为"增加山之美态"，各业主应遵循十条建议，即"一、种植树木。二、伐除枯树及萎竹与夫不美观之草莽。三、铁皮之屋顶，应漆以雅淡之颜色。四、土堤应铺以纤草，或用他法覆盖露出之泥土。五、屋后之场地，应设法围蔽，或用他法以增其美观。六、清洁道路。七、留意房屋之外观。八、篱垣等可免则免，使无遮蔽风景之弊。九、凡在公共道路旁建筑篱垣以包围私有产业者，应向内让出地步，庶道路可以放阔。十、

❶ 参见：赖德霖．中国近代建筑史研究．北京：清华大学出版社，2007．

中·国·近·代·园·林·史

一言以蔽之，各户皆应增加其房屋四周之美观，而为本山生色。"❶

北戴河公益会为了将海滨避暑区规划建设纳入统一的管理之下，不仅致力于公共事业的建设和维持，而且制定了一系列措施对公共环境进行管理与控制，除公益会章程里涉及的事项外，还以警察局或当地政府的名义进行系列公告。如：①禁止在海滨使用汽车、摩托车，维持公共场所的步行气氛；②禁止在联峰山砍柴、采药、行猎，以及挖土采石和私人土地买卖，强调对原生态环境进行保护与维护；③禁止沙滩建房，限制私自买卖沙滩地，并认为临海建房不仅有碍观瞻，亦损害海滨的公共开放形象；④明令在联峰山区域内严禁猎鸟等。这一系列措施无疑有效地保护了海滨作为一种公共资源的价值。

（四）别墅建筑类型与设计特征

探讨一种建筑类型的形态、空间及其风格的设计特征，往往会追溯到这些特征的形成及其影响因素，一般而言，它们包含了复杂的社会文化、自然环境、建造技术及材料运用等诸多方面，其中社会文化的因素对形式的构成起着决定性的作用。著名建筑文化学者阿摩斯·拉普卜特（Amos Rapoport）在《住屋形式与文化》（House Form and Culture）一书中将建筑分为纪念性建筑与民俗建筑两大类，两类建筑源自不同的设计传统，表达了不同的设计意念。他认为："纪念性建筑物——那些归属于壮丽建筑设计传统的建筑，其目的是向老百姓显示权威，或向同行的设计家、鉴赏家展示设计者的聪颖或主事者的艺术修养。相反地，民俗传统直接而不自觉地把文化——它的需求和价值，人们的欲望、梦想和情感——转化为实质的形式。"因而纪念性建筑属于"建筑师的建筑"，其形成靠知识的传授和书本的流传，而民俗建筑属于"非建筑师的建筑"，其形成是某一文化集团中人们代代相传的集体记忆。从这一概念出发，决定避暑胜地别墅建筑形式的主要因素是人，即建筑的使用者、设计者和建造者，他们的生活方式、价值观念及由此产生的对建筑的不同理解决定了建筑的基本功能，设计师及建造者将这些功能根据特定的环境场所，以技术的手段转化成一种实质的形态。由于使用者、设计者及建造者构成关系的多元性，使避暑胜地别墅的形态的产生过程综合了上述"建筑师"与"非建筑师"两种设计传统

的特征。

首先，避暑别墅作为一种与近代城市发展相关的生活方式的载体，它必然受到城市居住形式的影响及来自不同文化背景的使用者需求的影响。避暑的生活方式源自生活于闹市者避开都市炎热与尘嚣，接近自然的动机，因此早期租界城市中出现的"殖民式"建筑、城市别墅，甚至双拼小住宅自然成为避暑别墅模仿的"蓝本"。关于四大避暑胜地别墅建造过程的文献中均有使用者或业主与工匠们参观上海、杭州、武汉等地城市住宅的记录，同时这些别墅在形态上完全不同于传统民宅的处理，如集中的体量及与基地的紧密关系，实际上反映了城市土地的高效使用及土地作为一种资源的价值。

同样，来自不同文化背景的使用者及设计者的需求与理解亦深深作用于避暑别墅的形态。早期的避暑别墅均由外国人使用、设计，中国当地工匠建造。教会及传教士是外国人的主体，而外国人作为一种群体，事实上来源于近20个国家，涉及不同的地理区域与文化背景，而别墅的形态与风格无疑反映了这种地域与文化背景的复杂性。因此，总体上，早期庐山以英美租界为主，建筑以英美乡村别墅为主；北戴河以德国、奥地利建筑师为主设计，建筑则更多地体现德奥风格；而鸡公山、莫干山以折中式为主；同时，我们往往可以从某一避暑胜地发现东方的、西方的、近代的、古典的不同形式与风格的集萃与融汇（图5-1-25～图5-1-27）。19世纪20年代前后，中国本土官僚商贾的逐步介入与参与亦对避暑别墅的功能与形态产生一定的影响。当地政客名流的参与，丰富了别墅的功能内涵，早期以避暑度假活动为主的单一功能演变成一种包括国事决策、贸易洽谈、休闲度假、彰显身份等多功能的混合体，从现存的庐山美庐别墅的数度加建，北戴河的吴家楼、章家楼，莫干山的皇后饭店及鸡公山的颐庐上千平方米的建造规模来看，其远远超出别墅作为一种简单的休闲度假设施之功能，这种功能的演变亦明显地反映在别墅的空间与形体组织上。

作为一种文化传播的过程，别墅这种源自西方设计传统建造的建筑类型在避暑胜地的发展与西方近代建筑在中国各地发展的规律一致，自然经历了移植、适应、发展这一过程，从而构成中国近代建筑文化的组成部分。从城市、乡村到风景区这一自然的传播途径中，避暑胜地别墅区跨越广大的时空范围，它们必然受制于当地的

---

❶ 参见：莫干山志编纂委员会.莫干山志.上海：上海书店出版社，1994.

图 5-1-25 德国人设计的北戴河德国府 1 号楼

图 5-1-26 鸡公山小颐庐（折中式）

图 5-1-27 融汇当地民居风格的莫干山白云山馆

文化、当地的环境、当地的材料及建造技术。正如使用者、设计者和建造者来自不同的文化背景和地理区域，四大避暑胜地亦分布于中国不同的地理和文化区域，西方的建筑体系在这些区域周围的传播与发展显然是不平衡的。就总体设计与建造水平而言，像城市租界区的发展一样，主要城市的水平高于一般城市，这种地缘的区别使得北戴河、庐山、莫干山相对高于鸡公山。北戴河及莫干山毗邻西方文化在中国传播的前沿——沿海城市天津与上海；庐山则由于与长江中下游武汉、九江、上海的便捷联系，亦成为西方文化由沿海逐步进入内地的枢纽；而鸡公山在传教士进入以前，几乎与外部是隔绝的，避暑别墅及西方建筑体系在这一区域是一种完全的新生事物。尽管不同的避暑胜地在别墅设计和建造过程中呈现出不同地区的差异性，但这并不妨碍我们透过这种建筑的表象，从设计与使用及环境关系的角度对形态特征进行客观的归纳与探讨。

1. 建筑类型的多样性

四大避暑胜地别墅区的建筑类型总体上呈现出一种多样化的特征，这种多样化首先表现为功能类型的多样。任何一个别墅区的建筑并非全部由单一的避暑别墅集合而成，而是围绕避暑、休闲活动为主的多种类型的综合。以庐山为例，早期的避暑者以教会人士为主体，因而建筑以教堂和别墅为主，不同的教会前后在庐山共建教堂 12 所；随着避暑区规模的不断扩大，各种与避暑、休闲活动相关的附属设施如学校、医院、俱乐部、图书馆、礼堂、宾馆、旅舍、浴室、餐厅、商店等逐步形成避暑区的公共建筑体系和商业街市。由于建筑单体规模相对较小，许多公共建筑如学校、医院、旅舍等依然以小尺度的别墅形式建造。建筑的风格类型及材料特征更是表现了这种多样化。尽管早期教会以英国传教士为主，但宗教组织分属不同派别，仅基督教在庐山就有 20 余个派别，此外还有天主教。这些教派从属于 20 余个不同的西方国家，源自不同地理区域的建筑风格同样反映在庐山别墅区的建筑类型中。建筑本身结构与材料的变化也反映在庐山别墅区建筑类型的变化中。尽管大多数为钢筋混凝土结构、砖石结构、砖木结构，但实际运用则是几种形式的不同组合。综上所述，这些特征共同构成了避暑别墅区建筑功能、结构形式及风格类型的多元化特征（图 5-1-28～图 5-1-30）。

2. 以风景为中心的开放建筑体系

避暑胜地的别墅建筑是近代西方国家的一种功能相对简单的住宅体系，其平面和体形的设计一般采用高效

图 5-1-28 庐山英国教堂

图 5-1-29 庐山美国学校

图 5-1-30 鸡公山美文学校

而紧凑的布局。与中国传统的以院落为中心水平延展的布局方式不同，紧凑的布局使建筑的内部空间与外部环境形成一种直接、开放的对话关系，在形体组织中十分注重外部檐部、阳台、台阶，甚至建筑转角的形体与空间处理。有人曾把北戴河海滨别墅归纳为"屋必有廊，廊必深邃，用蔽骄阳，用便起居"。其他避暑胜地的别墅亦常常采用这种半开放式的檐廊处理。如庐山的大部分别墅均设有形态各异的檐廊作为室内外空间的过渡，鸡公山的颐庐采用四面环廊处理。避暑山庄的大部分别墅面向开阔景观的一侧多采用整体拱廊对应壮观的山色，一反中国传统的封闭式"深宅大院"的内向式空间处理。"高台筑屋"亦是避暑别墅中常用的处理手法。为了使室内空间有良好的视景条件，海滨或山地别墅通常将建筑的主要功能空间布置于高出地面的台座上，既满足建筑本身储藏或佣人房间等辅助空间的需要，又有利于建筑的防潮处理，同时高台本身亦作为建筑与环境的过渡元素，是一种集功能、景观、形象于一体的建筑表达方式（图 5-1-31～图 5-1-33）。

3. 宜人的尺度设计

避暑胜地别墅通过良好的尺度设计，使建筑作为一种与环境相结合的形体设计的艺术得到充分的展示。①建筑与环境在尺度上呼应与对位。建筑有时作为环境中的点缀，可强化周边环境在景观中的作用。如鸡公山的颐庐占据自然地貌形成的山间台地，集中的体量不仅强化了台地在周围环境中的中心作用，亦全方位地拥有了开阔地景观。大部分建筑则是积极地融入周边环境，尽量使人工的建筑消解于自然环境之中，如布局中通过对自然地形的巧妙利用，建筑与场地、山峦及树木之间形成一种互相重叠与穿插的关系，化解建筑体量的突兀。前述庐山美庐别墅、赛珍珠别墅及莫干山静逸别墅均是十分成功的案例。②建筑本身以丰富的体量组织形成宜人的尺度。大部分别墅规模为 200 平方米左右，建筑高度则以二层为主，偶见三层，小尺度的建筑通过精心的体量组织及立面材质划分，易于形成虚实相间、人工与自然相互穿插的关系。当体量较大而容易形成与环境之间的紧张关系时，则通过体量的分解、材质的变化、细节的设计进行建筑与环境的适应处理。如北戴河章家大楼主体三层，尽管采用集中的体量处理，但形体的叠落、立面材料的分段穿插、虚实的对比及屋顶的变化依然使建筑与环境具有良好的尺度关系。莫干山的白云山庄则是化整为零，主楼、副楼及小品在特定的基地中构成小尺度的群组，群组中的个体依地形及景观的变化构成人

图 5-1-31　高台府邸——北戴河西山别墅

图 5-1-32　台地与敞廊——鸡公山马歇尔楼

图 5-1-33　别墅与台地一体——莫干山白云山馆

工与自然"你中有我，我中有你"的场景。即便是鸡公山的瑞典楼或美文学校等大体量的公共建筑，亦通过体量的分解、屋面的组合及主要入口檐廊及台阶等近人细节的组织，赋予建筑以人性化的尺度及与环境的良好关系（图 5-1-34～图 5-1-36）。

4. 因地制宜，突出材料的真实性

从某种意义上而言，建筑是一种利用材料组织表达形体和空间的艺术，四大避暑胜地的别墅建筑充分利用

图 5-1-34　化整为零的莫干山白云山馆建筑群

图 5-1-35　北戴河章家大楼外观

图 5-1-36　莫干山白云山馆的体量组合

不同的材料特征，真实地表达了建筑的艺术性。庐山别墅大部分砖石就地取材，部分外墙及屋面材料为进口材料，如铁皮屋面板、陶瓦、鱼鳞板外墙，新型进口面板与传统材料的并置处理凸显了材料的真实性。北戴河外墙由粗犷的毛石、细腻的白粉墙及木质门窗穿插构成，其他区域别墅则以石材为主，辅以鱼鳞板或木板等材料。坡屋面材料主要采用铁皮、陶瓦及石板等不同材质，通过拼贴，构成生动的组合。如北戴河的吴家楼采用粗犷的毛石砌筑基座，这种材料在建筑局部，从底座向上延伸至檐廊列柱与建筑转角，与白色粉墙的主体相互穿插，并统一于红色的波形瓦屋顶之下，立面材质的对比、光影的变化充分表达了海滨环境的开敞与明媚；而庐山等地别墅则广泛应用当地的石材或石材与木材的组合。自然与真实的材质，赋予建筑朴素、质朴的外观（图 5-1-37～图 5-1-39）。

图 5-1-39　鸡公山翠云楼简洁的材料与形体

图 5-1-37　北戴河东坡路 3 号院 5 号别墅质朴的立面材质

图 5-1-38　庐山美庐立面不同材料的并置

5. 丰富的屋顶体系

避暑胜地别墅广泛采用了多样的屋顶形式，总体以坡屋顶为主，但屋顶组合自由、灵活，并不固定于某一类型、某一风格，随建筑风格变化而变化，从单坡、双坡、四坡到组合屋顶随处可见，甚至中国式的攒尖顶、庑殿顶和歇山顶均可找到实例。屋面的材料亦多种多样；陶面瓦、铁皮瓦一般由国外直接进口，石板瓦则产自本地。山地别墅由于运输困难及冬季的冰冻原因，大部分采用铁皮瓦或就地取材的石板瓦。这些不同材质的屋面往往结合建筑的风格具有多样的组合特征，屋顶依室内空间变化自由组合，老虎窗、伸出屋面的壁炉、烟道等细部构成屋面细节语汇，并丰富了建筑的第五立面。多样化的形体组合及材质拼贴，使建筑自然地融入周边环境中（图 5-1-40～图 5-1-42）。

6. 建筑与庭院场地相互结合

避暑别墅庭院设计不同于中国传统住宅及私家园林的设计，作为一种自然环境中的建筑，它们广泛地利用自然环境这一基本要素。一般而言，其房前屋后的半私密庭院、花园构成避暑环境整体的一部分，无论是海滨或山地别墅，其围墙是相对开放的，大部分直接利用树木、沟渠或山坡等自然屏障作为空间划分的元素，这些

图 5-1-40　莫干山白云山 7 号屋顶穿插与细节

图 5-1-41　莫干山白云山馆副楼简洁的人字坡组合

图 5-1-42　鸡公山颐庐

自然的元素经过简单的人工处理往往构成动人的景观细节（图 5-1-43～图 5-1-46）。早期各胜地避暑会会员章程均有类似围墙高度以"不妨碍相邻建筑观景为宜"的条文，事实上庭院是私人领地与公共景观之间的过渡，其设计充分体现了使用者意愿，一般以自然式为主，更注重建筑与环境的整体关系，不拘泥于几何形态的完整。"卜居处必使建筑物足以为风景之点缀，若为节蓄计，或茅屋数椽，聊足容止，或累石为墙，务取质素，绝对粉饰涂泽，庭院间一意整洁，存山居之本色。"这生动地说

图 5-1-43　庐山美庐庭院与原有地形岩石

图 5-1-44　莫干山白云山馆台地庭院

图 5-1-45　莫干山白云山馆地形与场地

图 5-1- 46　莫干山白云山馆挡土墙与景观

图 5-1-47　鸡公山翠云楼与八月桂

图 5-1-48　庐山河西路 442 号疏林草地庭院

明了自然风景与建筑的关系。同样，四大胜地避暑别墅群庭院、花园往往伴随着古树、名木、特色花卉的装点，而使景观增色。如鸡公山颐庐前的凤尾柏、翠云楼的八月桂、庐山美庐的美国凌霄与松林及莫干山松月庐的松林与竹丛，这些自然的素材历经半个多世纪的风雨沧桑，成为建筑与庭院景观不可分割的一部分（图5-1-47，图5-1-48）。

四大避暑胜地别墅群的起源与发展与中国近代社会发展的历史息息相关，它们是构成中国自然与历史文化景观的有机组成部分。作为一种物质形态，它们忠实地记录了别墅这一源自西方的建筑类型在中国传播与发展的历程，而作为一种历史文化遗产，它们不仅具有美学和历史的价值，而且，更为重要的是，隐藏在这些物质环境形成过程背后的价值观念和设计原则对我们今天的建设依然具有积极的意义。正如马克思在评价英国对印度殖民统治而造成的印度社会革命时所指出的："英国不管是干出了多大的罪行，它在造成这个革命的时候毕竟是充当了历史的不自觉的工具。"西方列强的入侵使四大胜地由一种农耕时代以寺观园林为主体的人文景观，向与城市生活紧密相关的以大众休闲度假为主体的多主题景观转换。因此从历史发展、专业进化的角度，充分挖掘这些人文景观形成过程中规划、设计与管理的经验，将有助于我们对建筑与环境关系的理解。

今天人口的激增与技术的进步给人类的生存带来了巨大的变化，人类不仅挣脱了自然的枷锁，亦放弃了对自然简单的"宗教式"崇拜，这些因素极大地影响着人们对待改造和利用其周围环境的态度。随着风景资源的大规模开发与利用，避暑环境的保护和设计问题也日趋复杂，远非传统的理念与方式所能解决。然而，我们必须承认，现代环境设计同样是人类意识作用的产物，同时，"新的艺术和新的文化形成过程的特点，首先是综合的力量，把新的与旧的、当地的与外国的、贵族传统与民族风格相互交织在一起，在这一综合中起决定作用的是渗透到艺术中的民族精神"❶。过去的经验累积形成了今日避暑别墅群的现状，在文化发展的历史进程中，我们想要超越历史，首先必须了解历史。因而，对过去的历史与经验进行归纳与反思无疑将有助于今天和未来的发展。

（本节"概述"文：刘尔明）

二、庐山近代别墅群园林

（一）综述

庐山位于江西北部，长江南岸，突起于鄱阳湖入江之处，北邻九江市，南接星子县，其地理坐标为东经 115°50′~16°10′，北纬 29°28′~29°45′。庐山最早称为敷浅原、天子都、天子鄣、南鄣山。相传周朝时有匡俗（又称匡裕）兄弟七人于此结庐隐居并得道成仙，后人便把他们求仙的地方称为神仙之庐、匡庐、匡山等名。而庐山之名，正式见于史籍记载，则是在史学家司马迁的《史记·河渠书》："余南登庐山，观禹疏九江。"

庐山山体呈长椭圆形，空中鸟瞰，宛若肾脏，地质上属地垒式断块山，东南、西北方位的山体陡峻，东北、西南方位平缓，整个山体由西南向东北方向倾斜、延伸，长约 29 公里，宽约 16 公里，总面积约 302 平方公里，最高峰大汉阳峰，海拔 1474 米。

庐山气候属亚热带东部季风气候区，具有鲜明的季风和山地气候特点，春晚秋早，冬季长寒，夏季短凉，雨水丰沛，风速较大，多云雾。据资料统计，庐山年平均气温为 11.6℃；每年 7 月~9 月平均温度 20.5℃；最热月 7 月，平均气温为 22.6℃；极端最高温度 32℃，极端最低气温 −16.8℃。年平均降雨量为 2068 毫米，多雨年份降雨量可达 3000 毫米以上，相对湿度为 78%，大风日数达 100 余天，有雾日近 200 天。夏日年平均为 1.5~2 个月；冬日年平均长达 5 个多月；春季年平均 3 个月左右；秋季年平均近 1.5~2 个月。

庐山以红壤、棕壤、灰棕壤、黄壤、淡灰壤为主要土壤，生物物种非常丰富，有以热带性和温带性科属为主要成分的各种植物 3400 多种，昆虫 2000 余种，鸟类 171 种，以及其他各类动物。

庐山由于临大江大湖的特殊地理位置和优越的气候条件，自古以来就成为文人墨客、隐士、宗教人士，以及西方人士的钟爱之地，他们或隐居，或讲学，或赋诗，或作文，或辟山建寺，或辟地避暑，或居山办公，从而使庐山的山水诗文、佛学、道学、理学、隐逸休闲文化、建筑文化、园林建设在历史长河中得到了不断的发展。自晋以来，庐山不仅成为佛教净土宗的发祥地，更是中国山水诗文重要的策源地，是佛教中国化和千年宋代理学发展大趋势的代表，由此演绎出以自然山水为框架，飘逸洒脱的草堂园林（如白居易草堂、李白读书堂）、书院园林（如白鹿洞书院、濂溪书院）、寺观园林（如东林寺、简寂观）。

随着近代九江口岸的被迫开放，西方文化的渗入，庐山成为国际性的避暑胜地，以牯岭为中心的山中小城也由此诞生。20 世纪 30 年代初，随着蒋介石多次重要会议的召开和暑期军官训练团的开办，国民政府各部门也纷纷来山办公，庐山成为国民政府的夏都（图 5-1-49），由此带来独特的建设方式、建筑风貌和园林类型。这种人文与自然的完美融合，1996 年联合国教科文组织世界遗产委员会给予了高度概括："庐山的历史遗迹以其独特的方式，融汇在具有突出价值的自然美之中，形成了具有极高美学价值并与中华民族精神和文化生活紧密相联的文化景观。"

1. 别墅园林

庐山别墅园林主要分布在庐山山巅的牯岭和太乙峰下太乙村，形成于 1895~1948 年之间。建设主要分为两个时期：1896~1927 年，为西方建设方式、建筑风格引入及建设的鼎盛期，主要集中在牯岭东谷一线，园林以英国自然式疏林草地为主调；1927~1948 年，为中西文化相互交融时期，建设扩展到牯岭西谷、太乙村，园林多以中国的写意山水园为主调。共计建有别墅 1400 余处，现存 630 余处（图 5-1-50）。其中以英国传教士李德立所建的东谷别墅群最具代表性。东谷海拔 1100 米左右，为山顶平缓谷地，"谷向西南倾斜，四周有较硬之岩层以为屏障。谷中岩石性极疏松，无潮湿之虑"❷。因此，夏季凉爽宜人，空气清洁，极适合建房避暑，为英国传教士李德立所看中，强租此地。1895 年，李德立在庐山成立了以开发避暑别墅为主要目的的牯岭公司，1896 年春又专门成立了托事部管理公司，1899 年成立以别墅业主代表为成员

❶ 参见：（罗）亚·泰纳谢. 文化与宗教. 张伟达，等译. 北京：中国社会科学出版社，1984.
❷ 参见：吴宗慈. 庐山志（民国），上册. 南昌：江西人民出版社，1996：25.

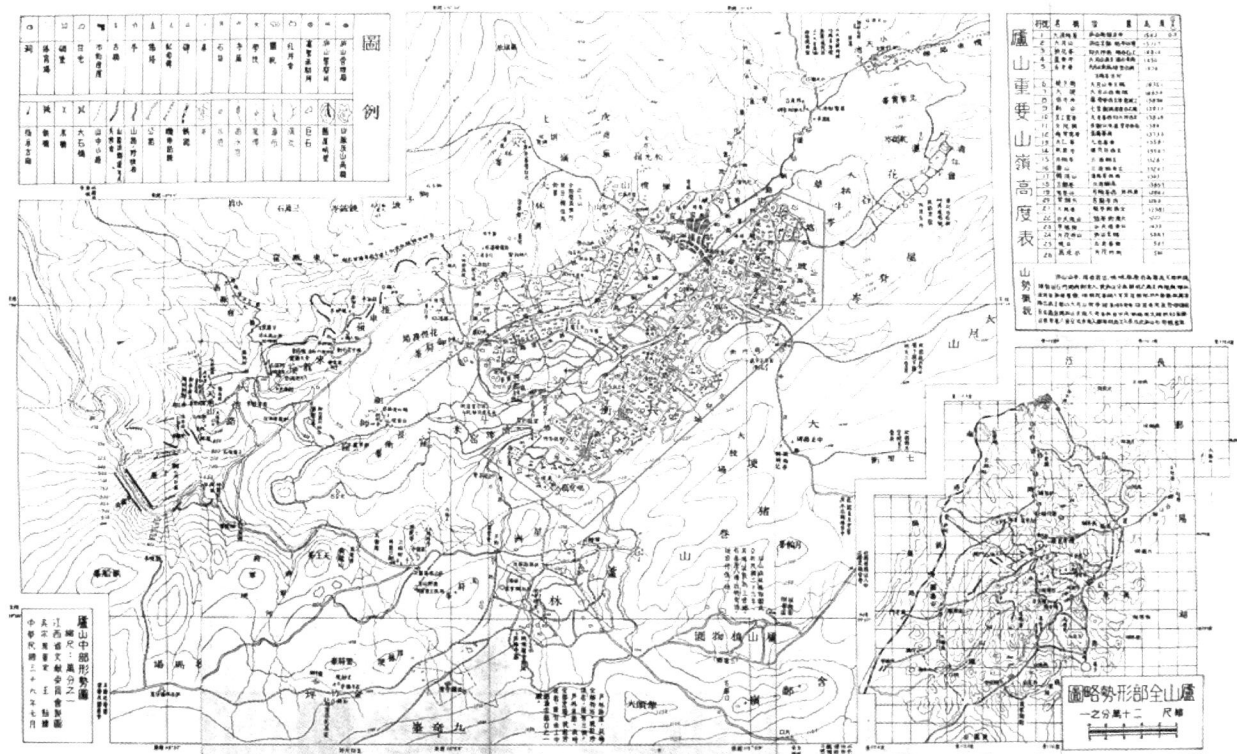

图 5-1-49　1947 年庐山早期地形图

图 5-1-50　牯岭东谷近代建筑分布示意图

的市政议会，与托事部共同管理和建设牯岭。建设的主要项目有道路的改良、路灯的设立、植树、环境的美化、公园、球场、教堂、医院等。经过多年的努力，牯岭的东谷已是别墅建筑各具特色、道路四通八达、居民增长、森林繁盛、水源不绝、百鸟翔集之地。其间表现出的道路交通城市化的整齐划一与山林别墅环境的轻松浪漫的完美统一，标志着庐山别墅园林的形成与成熟。

2. 公共园林

庐山近代公共园林建设因受到牯岭开发者和民国政府的高度重视而得到了迅速的发展，形成了内容丰富多彩，形式各具特色的庐山公共园林。其主要形式有：公园、植物园、培训基地园林、纪念性园林、山岭绿化、道路绿化、圃地建设等。至今庐山的主要公共园林依然有很大一部分是当时的遗留。

（1）公共园林的发展与建设

庐山近代公共园林的建设可分为两个阶段。第一个阶段为 1895～1935 年，为英传教士李德立主持建设阶段。此阶段最为突出的公共园林是建于 1898 年保留至今的林赛公园。据李德立在《牯岭开辟记》中所述："当我假（1896 年回国修假）满回到牯岭，光景焕然一新了。……前之野穴荒山，而今尽为楼台亭阁所点缀。……1899 年的建设……即能看到牯岭的道路的改良，路灯的设立。……沿路和各私人的地面，植树有万余株。公园球场亦已计划，不久当能成功。宏伟的礼拜堂早已建成，造价约 4000 元。"❶ 由此可见，当时牯岭的公共园林建设是整个牯岭开辟计划中的重要组成部分。

第二阶段为 1936～1948 年，为民国政府建设阶段。此阶段由于民国政府的直接介入，庐山的公共园林建设变得更为迅速和丰富多彩。据《庐山续志稿》记载：1935 年 12 月 30 日国民政府收回牯岭租借地后，决定由中央每年拨十万元为庐山事业费从事建设，并由省政府拟具就收回租借之地建立大规模之国家公园的计划。1934 年由北平静生生物调查所和江西省政府农业院合作创办的庐山森林植物园于 8 月 20 日成立，次年 5 月便拟定了包括森林、园艺、植物、博物馆、自然分区、性质分区等计划；1936 年植物园主任秦仁昌执笔专题就庐山植物保护编写了《保护庐山森林意见》，文中就庐山森林之现状、所有权、森林破坏之原因进行了剖析，对森林保护的迫切性进行了论述，并提出了具体保护的办法。1936 年、1946 年两次制定的庐山管理局组织规程中，都专门明确了庐山林木园艺等事项执掌机构为庐山管理局三个科室中的第二科。1936 年在庐山管理局咨询委员会各委员的建议中，已明确庐山植树宜采用法国梧桐。同年，江西省政府特令庐山管理局、庐山林场（建于宣统三年）、庐山森林植物园共同拟定全山造林计划，计划中明确了包括行道树种植在内的各造林区域的具体地点、行道树、童山造林、水源区造林宜采用的树种及造林方法，并对林地的保护、育苗造林的面积进行了详细的规定。至 1947 年已开辟苗圃约 60 亩（图 5-1-51），造林 10018 株（图 5-1-52），种植行道树 294 株（图 5-1-53），为牯岭提供点缀风景、布置庭园之观赏花卉 40 余种，木本花卉 20 余种。同年，管理局在年度工作计划中再次将庐山园林建设作为重点，要求重修风景区建筑

图 5-1-51　1936 年童山造林成果

图 5-1-52　苗圃

图 5-1-53　解放初庐山别墅建设期种植的法国梧桐行道树

❶　参见：李德立.牯岭开辟记 // 庐山建筑学会.庐山风景建筑艺术.南昌：江西美术出版社，1996：226-227.

物，修建纪念工程；赓续上年度造林计划，增造林木 20
万株；整理、补植、新植行道树；整顿苗圃，培养幼苗；
指导园艺、美化住宅及公共场地环境，以增美山容；协
助植物园，搜集世界特异花种、苗木，藉供研究试培；
设计布置公共小型花圃及道旁休憩草地。

1947 年 4 月 16 日牯岭遭遇火灾，灾后管理局专门
制定了牯岭区繁荣恢复计划，计划明确规定，重建以园
林化为重要原则。即："①避免市区尘俗之普通建筑，重
新布置为园林化商业市场，于牯岭进口处，改建公园形
式；②布置公园，包括修路、植树、建筑亭台等；③种
植新路及正街之行道树；④办理征收公园及住宅之土地
手续。" ❶

（2）公共园林的类型

庐山的公共园林主要有公园，培训地园林和纪念性
园林。

① 公园。庐山近代公园主要有两个类型：一为以
充分尊重自然地形、地物为前提，对植物、水体进行适
度修饰的，并以为居民提供休憩环境为主要目的，园林
风格以英国自然式疏林草地为主的公园，如林赛公园；
一为以人工构筑的亭、坊、植物为主要园林要素的，反
映某一明确主题的公园，如花径公园。

花径公园位于牯岭镇以西，原大林寺西半里许，近
代的主体园林建筑与景观为民国汉阳人士李凤高（字蔚
林，晚岁更号拙翁，为清鄂督张之洞之高足弟子，善书
法）于 1929 年夏携客过大林寺时，在此地发现"花径"
石刻后乞地募资所建，建成时间为 1930～1932 年之间，
为中国写意山水园林。"花径"二字（图 5-1-54），经拙
翁考证，为明朝以前的好事者为之。此地为唐朝诗人白
居易当年赏桃花，留下"人间四月芳菲尽，山寺桃花始
盛开；常恨春归无觅处，不知转入此中来"这首《大林
寺桃花》诗文之遗址。园中有覆于石刻上具有保护和景
观效果的木质、轻巧的圆形小伞亭——花径亭（图 5-1-
55）；具有纪念意义的石木结构、铁皮为瓦的方形亭——
景白亭（图 5-1-56）；立于景白亭前的景白亭记碑刻；
立于山巅，以"花径"为横额，"花开山寺"、"咏留诗
人"为楹联，"白香山赏桃花处"为提示的质朴而小巧的
石坊（图 5-1-57）。同时，为续前盛，其间遍植有桃树
百株；在石坊一侧建有六角赏花亭（图 5-1-58），以居
高临下之势，为赏桃望云，游者长题短咏之所，从而形

图 5-1-54 花径石刻

图 5-1-55 花径亭春景

图 5-1-56 景白亭冬景

❶ 参见：吴宗慈 . 庐山志（民国）上册 . 江西人民出版社，1996：634-635.

图 5-1-57 花径石坊冬景

图 5-1-58 赏花亭冬景

成了以纪念白居易赏桃遗址为主题的一组园林景观。至1954年，庐山管理局在此基础上建设了占地面积36.5公顷的花径公园。公园以自然山水为框架，以人文、植物、水体、动物为主题，规划建设因地制宜、因山就势，至2006年，公园内已辟有白居易草堂区、如琴湖区、觅春园区、孔雀馆区、动物园区、草花生产区、茶园区，成为庐山居民休闲的重要场所和来山游客必到的景点。

② 培训地园林。庐山培训地建成于1933～1937年之间，为蒋介石驻庐山期间，为实现其安内攘外之建国方策所辟，是"庐山军官训练团"团址。主要由两部分组成，一部分位于庐山山麓海会寺，由整齐排列的校舍和具有明显校园功能特征的园林所组成；另一部分位于庐山山巅牯岭东谷长冲河畔的火莲院，由庐山图书馆、庐山传习学舍、庐山大礼堂三大近代建筑和具有意大利台地园林及校园园林特征的园林所组成。

③ 纪念性园林。庐山近代纪念性园林是以亭、石坊、碑、塔等园林小品为主体，以自然山水与植物为依托，以人物为主要纪念对象的园林。在庐山的主要代表为陆军第九十九军抗战阵亡将士纪念园。

北伐战争中，北伐军付出了重大的伤亡代价。为告慰阵亡将士的英灵，1926年12月，作为北伐军总司令的蒋介石下令在庐山筹备建筑阵亡将士墓并亲往选址，当月将墓址选定在三面环山，一面临滚滚长江，秀美而又相对平缓的小天池山崖上，并亲自为阵亡将士插墓基标，限次年5月完工。后此事被搁置，至1946年4月，陆军第九十九军军长梁汉明，副军长甘清池，参谋长梁为焯，师长黄保德、艾瑗、朱志席等感于军中四师之众，在抗战中转战南北，会战诸役，咸能尽死以成仁，舍身以取义，身经百战，躬冒矢石，出生入死，前仆后继，血溅沙场，膏涂原野，壮烈牺牲者逾数万人，经共同决议，在报请批准后，在牯岭斜路之终点，视线开阔的小天池山巅之上，即当年蒋介石所选墓址处，耗时5个月，建起了一组用于纪念抗战英雄的园林建筑。这组建筑以稳重的三角形方式布局于庐山山水之间。主体由三部分组成，即石坊、纪念碑、烈灵台（图5-1-59）。重心设在纪念碑处，碑高30英尺（约9.1米），碑座四方形，上刻有蒋介石和当时名流题字28幅及碑记。碑身三角形，象征三民主义，上刻有"陆军第九十九军抗日阵亡将士纪念碑"字样，以此彰显烈士的事迹。入口设在纪念碑前90英尺（约27.4米）处，建有双柱石坊一座，由军长梁汉明题写的"浩气长存"作为石坊的横额，以"灵归庐岳，气壮山河"作为双柱正面的楹联，背面题刻已失，石坊前设有九级石阶（与烈灵台中的九级石阶共同暗喻九十九军），引导人们进入园中进行纪念。烈灵台则设在纪念碑右侧300英尺（约91.4米），即小天池崖顶处，由九级石阶组成的圆台和高14.5英尺（约4.4米）的圆亭组成，亭内供有烈士牌位，以供人们祭奠。该园主体建筑纪念碑毁于"文化大革命"时期，石坊虽经扶起，但已失原状，仅存完好的烈灵台现已改名为望江亭。

3. 植物园园林

植物园园林是以植物研究为主体，兼对公众进行科

图 5-1-59 陆军第九十九军纪念碑

普教育，以植物群落分区布置为景观特色的园林。代表为庐山植物园。

庐山植物园位于牯岭三逸乡，成立于1934年，是植物学家胡先骕、秦仁昌、陈封怀三位教授亲手创立的我国第一座以开展科学研究为目的的大型正规化植物园，占地面积300多公顷。园内植物种类丰富，历史文化内涵深厚，园林景观优美，生态群落完整，在国内外都是具有较大影响的山地植物园。2003年被中国科学院院长路甬祥院士称为"华夏之绝艳宝地"，特题词"华夏之园"。

4. 寺观园林

近代，庐山宗教种类颇多，据《庐山志》所载：庐山有各国宗教团体，计有数十组。其中以基督教最盛，天主、东正各教均有之。本国教派有佛教、道教、回教。这些教派在庐山均建有各自的寺观和教堂，从而形成了多种宗教汇聚一山、和谐共处的庐山宗教景观。由此产生的宗教园林亦表现出不同的特色。

中国本土佛教、道教、回教寺观在近代有近百处，其主要的园林特点是民居式的主体建筑融入自然山水之中，经过精心整理的环境与周边融合共生。清幽的放生池与自然溪水或泉水相连，高大而长寿的乔木（如银杏、柳杉、桂花、罗汉松、青钱柳等）散植在庭院内，使园中突显出清幽典雅、宁静而不乏神秘的环境氛围。主要的代表有：东林寺、大林寺（图5-1-60）、海会寺（图5-1-61）、黄龙寺、天池寺、诺那塔院、清真寺（图5-1-62）等。而国外人士管理的宗教场所的园林特点为：分布在东谷别墅区内（如基督教教堂，图5-1-63）的，以英国自然式疏林草地为特点的园林环境，其建筑除有各自教派明显的宗教标志外，则多表现出欧、美宗教建筑和别墅建筑的特点。而建于东谷别墅以外的教堂

环境（如天主教堂，图5-1-64和东正教堂等）则与中国本土教派场所的园林特征相似。

5. 草堂园林

草堂园林在庐山历史上一直非常繁盛，可追溯到唐朝甚至更早。当年白居易受贬来到庐山，就曾在庐山的

图 5-1-61 海会寺

图 5-1-62 清真寺

图 5-1-60 大林寺

图 5-1-63 基督教堂

图 5-1-64　天主教堂

北香炉下筑草堂，撰写了《庐山草堂记》一文，成为中国园林的经典之作，其间山、池、溪、竹、松、堂及花木在百步之内布置得井井有条。至近代，庐山的草堂园林则以清末举人易顺鼎的匡山草堂最为典型。该草堂是一处中国传统特色的写意山水园，园中充分运用了中国的造园理念和手法，将远山近水引入园景中，寓情于景，抒发情怀，是一处不可多得的草堂园林，可惜毁于民国后期。

易顺鼎，字实甫，龙阳人，一字中实。清末历任广西、云南、广东等省巡道；民国期间，常以卑官居京师，后抑郁而亡。

光绪季年（1878 年），易顺鼎筑匡山草堂于庐山栖贤寺侧。据自著《匡山草堂记》中所述，匡山草堂临三峡涧，有楼三间，堂六间。

有名号可图咏者得十有八：曰兰若草堂，可兰若可草堂也；曰琴志楼，志在高山，志在流水也；曰豌岩，种兰处也；曰鼻功德圃，圃中种桂与梅也；曰听湍轩，涧之

端，他处亦可听，而轩尤宜也；曰茶烟廊、曰粥饭寮，山厨也；曰云锦亭，取李白诗中语，亭对五老峰也；曰鳌矶，象形兼会意也；曰龙溜，有瀑如悬溜，形兼声也；曰小绿小洋，潭深如洋，其色绿也；曰藏舟壑，泊小艇可泛洋也；曰缒仙梯、曰飞虹梁、曰三峡船，皆作于石上者也；曰松社，思岁寒也；曰十二阑，指事也；曰玉井，种莲池也。草堂俯涧十数丈余，而楼出其上。……堂之后为圃，桂四株，梅二株。圃之后墙之内为岩，三石七土。自圃五步而登，兰之本数十。堂之前为轩，筑短垣辟疏牖焉。终日闻龙溜声与涧声相乱，徐辨之，龙溜如坠雨，涧如怒雷。出轩左门为茶烟廊、粥饭寮。北行十步，又东南下涧至云锦亭。从轩望五老，见其四而止，至亭则皆见矣。置镜于亭之南，摄五老入镜中，峰顶、云瀑、松石、僧樵，一一可数。亭在涧西磐石上。石再叠，方广方半亩。由缒仙梯以达于鳌矶，前对龙溜，下瞰小绿小洋。月中散坐，怡然悄然，有黄帝脱屣之思。矶南窈曲，如港如坞，老树断岸，天然泊舟也。……南石渡北石，相距三丈，则取道于飞虹梁；西石渡东石，隔涧相距又四丈，则取道于三峡船。桥架水上，人行空中，奇险之观，天下无有也。……轩之右门外，曲廊相接，植杂花蕉竹，为十有二阑。阑以内有室三间，为松社，设宾榻以待足音跫然者。……阑以外为玉井，上有石桥，自岩后引水注焉。熏风南来，菡萏怒发。其花十丈，其藕如船，庶几见之，堂之地，西抵豌岩，东抵三峡船，东南抵藏舟壑，南抵松社，北抵粥饭寮。❶

6. 官署园林

庐山近代官署园林主要有两处，一处为位于九江市庐山区姑塘镇境内鄱阳湖畔的海关（图 5-1-65），始设于 1723 年，1901 年管理权为英国人所控制，建筑为欧洲风格，庭院依山势逐步向山上展开，层次分明，整个

图 5-1-65　姑塘海关

❶ 参见：吴宗慈.庐山志（民国）下册.江西人民出版社，1996：121-122.

建筑与庭院颇为壮观。至今建筑与庭院格局保持完好，但园林已荒芜，现为文物保护单位。另一处为庐山芦林地区民国政府行政院暑期办公用房规划（图5-1-66），由当时的庐山管理局设计。规划对行政院各部门的办公用地、区域内外道路、行道树、花卉、绿地、公园均进行了详细布置。对建筑要求以简单、朴素、坚固、适用为原则，建成新式楼房。该规划因抗战军兴，于焉中止。抗战胜利后的翌年夏，内政部派员来山勘察，有旧事重提之意，但均因种种原因未能得以实现。

7. 书院园林

庐山近代书院园林表现不是十分突出，仅保持有始于唐、盛于宋、沿于明清的白鹿洞书院，以及宋代的廉溪书院，其园林为中国写意山水园林。20世纪70年代末，白鹿洞书院经整修，已对游客开放。

庐山因良好的气候和优越的地理交通条件，成为近代中国乃至世界的重要避暑胜地，先后有不少于23个国家的人士来庐山避暑，有约18个国家的人士在庐山建有别墅或拥有别墅产权，形成了明显不同于我国园林特点，但又明显融入了中国园林的一些具体特征的近代庐山园林种类。同时，由于庐山避暑时间长达5个月之久，因此，与之相配套的教堂、学校（图5-1-67~图5-1-70）、医院（图5-1-71）、旅馆（图5-1-72）、商业、娱乐场所、游泳池、体育场馆都得到了迅速的发展，由此而衍生出的相应的园林类别，因与以上七种园林类型相类似，在此就不再单独列开另述。

另江西省立庐山林场、江西省立林业学校作为近代庐山绿化美化主力军的重要组成，先后成立于清宣统三年（1911年）和1927年。庐山林场所辖面积二万余亩，虽因资金来源渠道不同先后几易其名，但最终还是以庐山林场之名沿用至今；1927年省立林校由江西省立第

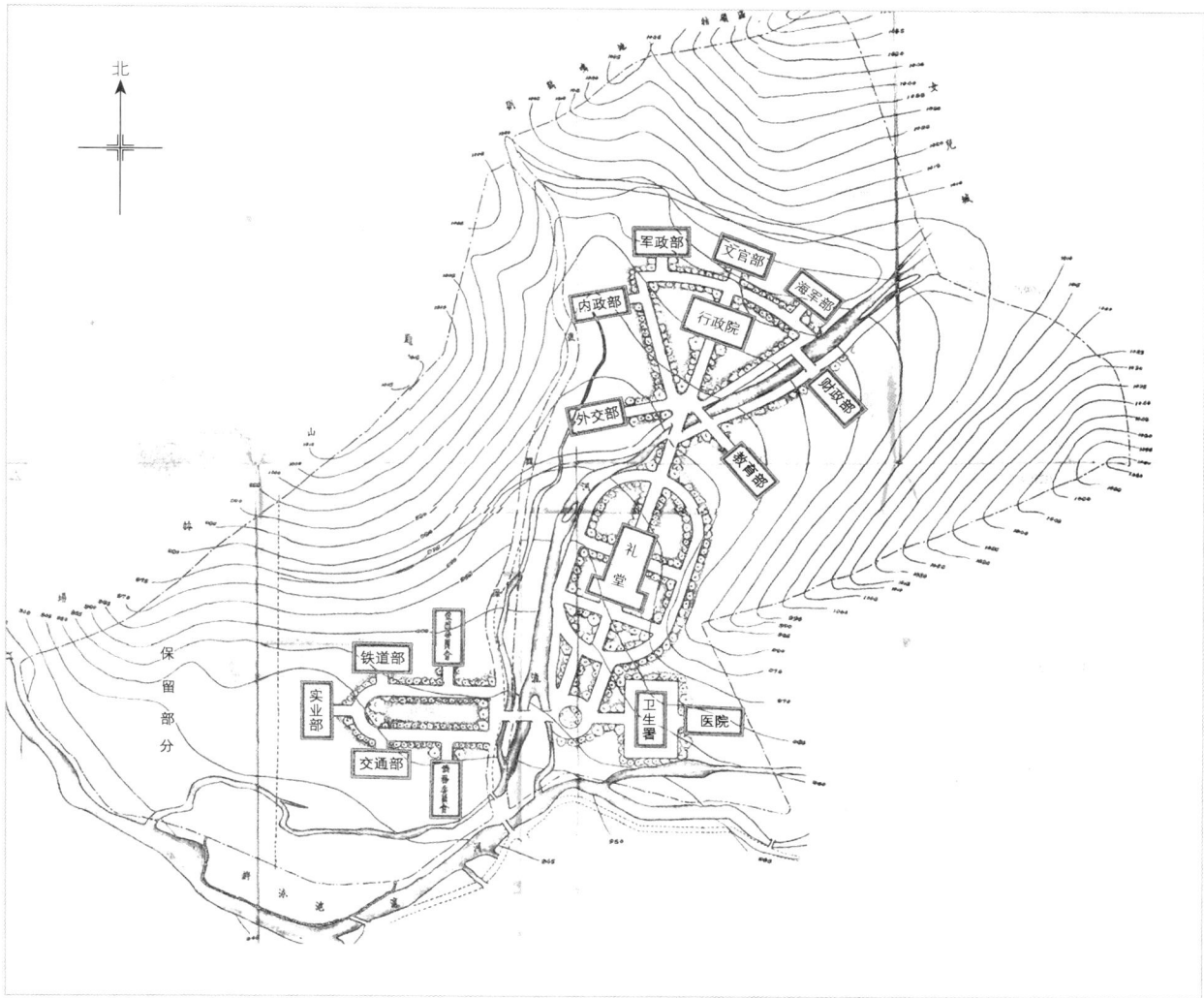

图 5-1-66　1936 年牯岭芦林地区行政院暑期办公用房规划图

图 5-1-67　美国学校校舍

图 5-1-68　美国学校学生宿舍

图 5-1-69　法国学校

图 5-1-70　英国学校

图 5-1-71　美国普仁医院

图 5-1-72　英国人的仙岩旅社

十三中学与公立西宁职业学校合并成为江西省立星子林业学校，同年 7 月迁移庐山，10 月正式定名为江西省立林业学校，至 1932 年归并于九江沙河农业学校。林场、林校虽几经变迁，但庐山今日之秀美，水源、林地之丰茂与之工作业绩是分不开的。

（二）东谷别墅

庐山牯岭东谷别墅群（图 5-1-73，图 5-1-74）位于庐山牯岭镇东谷，海拔 1100 米左右，空气清新，林木繁茂，水流潺潺，终年不断，夏季气候凉爽，是最早被西方人士开发的国际性山地避暑休闲胜地，"代表西方文化侵入中国的大趋势" ❶。在 20 世纪三四十年代一度成为国民党政府的夏都。

鸦片战争后，1858 年，清政府被迫签订了《天津条约》，九江被开放为通商口岸，外国人可以自由居住、租

图 5-1-73　20 世纪初东谷别墅群

图 5-1-74　2004 年东谷别墅群秋季全景

赁房屋、购置土地，并可进入内地传教、经商和游览。旅居中国的外国人，因苦于夏季的酷热，便在庐山租赁土地建屋避暑，1870 年前后，法国传教士在庐山脚下莲花洞建起了第一处避暑房屋和教堂，从此翻开了西方文化侵入庐山的历史。

1885 年，英国基督教"美以美"会教士李德立组织了一个五人团体对庐山的"山麓直至山巅，前后都视察了一遍。在山的背后，发现了许多有趣的地方"，"认为在这些处所，建筑别墅，极为合宜。……便决定要在这山巅，得一块地皮。" ❷1895 年 11 月，李德立便通过英国驻九江领事迫使清政府九江道台签订了《牯牛岭案十二条》，以低廉的价格（每年租金 12000 元现金）与清朝当地政府德化县订立了长冲地区 300 多公顷的租地契约，采用边销售、边规划的办法，通过中国报纸、西方宣传工具及教会的势力对牯岭进行了大力的宣传，在几年之内，将牯岭所租之地全部售给了外国居民。至 1905 年形成了详细的规划图，并按规划建起了 147 幢别墅；1931 年，庐山已建成具有明显欧美各国特色、风格各异的别墅、房屋 788 幢（其中租借区 526 幢）❸，这些别墅分属于英（图 5-1-75～图 5-1-77）、美（图 5-1-78）、德（图 5-1-79）、瑞典（图 5-1-80）、俄（图 5-1-81）、芬兰（图 5-1-82）、法（图 5-1-83）、奥地利、挪威（图 5-1-84，图 5-1-85）、瑞士（图 5-1-86）、丹麦（图 5-1-87）、葡萄牙（图 5-1-88）、意大利、日本（图 5-1-89）、比利时、加拿大（图 5-1-90）、捷克（图 5-1-91）、中国（图 5-1-92，图 5-1-93）等 18 个不同国籍的业主（图 5-1-94）。

1. 规划布局

牯岭东谷即长冲地区约有 350 公顷的平坦谷地，谷中横贯长冲河，谷地纵向坡度 5°～15°，横向坡度 10°～35°，宜于建设。1895 年李德立自租地之日起，便邀请海思波（A.Hudson Broomhall）一起主持、组织庐山牯岭的规划和东谷别墅设计，同年组织了十多名英国汉口教会的外籍工作人员对庐山山体周边及牯岭中心区的历史、社会、宗教、古建筑、古文化遗存、民俗、地质、地理、野生动植物、景观景物、生态环境等进行了庐山近代历史上第一次全面的风景资源调查，并在此基础上于 1905 年形成了具有明显欧美规划风格的《庐山牯岭规划图》（图 5-1-95）。

❶ 参见：胡适 . 庐山游记 . 上海：上海商务印书馆，1928：26.
❷ 参见：李德立 . 牯岭开辟记 // 庐山建筑学会 . 庐山风景建筑艺术 . 南昌：江西美术出版社，1996：213.
❸ 参见：吴宗慈 . 庐山志（民国）上册 . 江西人民出版社，1996：462.

图 5-1-75　牯岭开辟者英国传教士李德立别墅

图 5-1-79　德国人别墅

图 5-1-76　英国人别墅之一

图 5-1-80　瑞典人别墅

图 5-1-77　英国人别墅之二

图 5-1-81　俄国人别墅

图 5-1-78　美国人别墅

图 5-1-82　芬兰人别墅

图 5-1-83　法国人别墅

图 5-1-87　丹麦人别墅

图 5-1-84　挪威人别墅正立面

图 5-1-88　葡萄牙人别墅

图 5-1-85　挪威人别墅背立面

图 5-1-89　日本人别墅

图 5-1-86　瑞士人别墅

图 5-1-90　加拿大人别墅

图 5-1-91 捷克人别墅

图 5-1-93 中国人别墅之二

图 5-1-92 中国人别墅之一

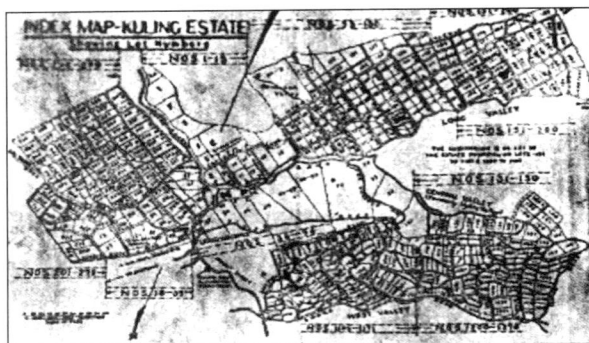

图 5-1-94 牯岭产业区界限附图

图 5-1-95 1905年李德立牯岭规划图

规划依照长冲地形的自然走向，以长冲河为中心分为两大不同的功能区。长冲河外围区以坡度相对较大的山地作为修建避暑别墅的主要建设用地；以长冲河两岸为中心的中心区，以地势相对平缓的地块作为公共绿地和主要交通用地。

别墅建设用地按长方形或不规则的多边形将山地划分为279块，每块地约为31000平方英尺，规定每块地建筑面积与地块面积的比例为15%左右，预留出庭园绿地的位置，同时各地块之间以道路连接，以低矮石墙相分隔（图5-1-96），使东谷各别墅之间既保持了相对的独立性，又有较好的整体性。

公共绿地的规划采用沿河绿化的方式进行，以富有变化、蜿蜒曲折的长冲河为主线，运用借景的方式，将周边的公共建筑（教堂）、别墅作为绿地中重要景观的组成部分，将横跨长冲河用于满足交通功能的小桥，修建成具有欧洲风情的木桥（图5-1-97，图5-1-98）或石桥（图5-1-99），作为点缀，中间空地植以乔木、草地、少量灌木，形成了视线相对开阔的具有英国自然式园林风格的公共绿地。该绿地建成于1898，是19世纪中国第一批建成的公园之一，即现在的林赛公园。❶

东谷别墅区内的道路以横贯其中的长冲河为起点，按纵横两个方向形成网格式布局，覆盖整个别墅区。横向，沿河岸线在河流两岸各设有一条步行主干道，在别墅群内每相隔一定的距离，以近平行于等高线的方向设多条横向步行道，与以河岸为起点，近垂直于等高线方向，每隔一定距离所设的多条纵向步行道相交叉，形成"井"字形通道，从而使别墅群内步行道四通八达，纵横交错，方便别墅居民的出行。道路用材就地采用石材和边角料，修成简单的块石路面，由块石与鱼鳞片石组合成图案（图5-1-100），形成了朴素、典雅的庐山早期步行道特色。

2. 别墅的建筑风格与庭园特色

庐山东谷别墅主要建设于1936年以前。1895年，英国人李德立自租地后，便开始东谷避暑别墅的开发谋划，聘请了一些在中国教会中工作的英国工程师参与东谷别墅区规划和别墅的设计。规划中以网格化的土地利用方式，将土地分块销售，规定每块售价为二百元。❷ 在设计上，以英、德为主的建筑师们在充分尊重房主（基本为外国人）的兴趣、爱好、生活习惯和自然条件的前

图5-1-96 用于分割空间的矮墙和道路

图5-1-97 木桥之一

图5-1-98 木桥之二

❶ 参见：欧阳怀龙.庐山的早期规划//中国近代建筑总览（庐山篇）.北京：中国建筑工业出版社，1993：14.
❷ 参见：吴宗慈.庐山志（民国）上册.江西人民出版社，1996：404.

图5-1-99　石桥

图5-1-100　别墅入口处的石造门阙

提下，以匠心独具的别墅设计方式和就地取材料的建造方法，形成了建筑朝向不拘一格，以石为墙、木（或石）为廊（多为淡淡的乳白色）、瓦楞铁为顶（多漆成红褐色），功能相同、风格各异的东谷别墅建筑群。1927年后，随着中国形势的变化，中国的军阀、富豪进入牯岭，开始了牯岭地区第二次建筑高潮，中国建筑师的作品开始在牯岭出现，他们在设计中充分发挥中国传统建筑的优点，吸收消化西方别墅建筑的长处，建造出了一批中西合璧式的建筑，使中西建筑文化在庐山牯岭相互交融，从而进一步丰富了庐山别墅建筑的风格和式样。

另外，由于来山避暑的时间较长，一般在5个月左右，因此，为了满足不同国家、不同宗教信仰的避暑居民的需要，在牯岭范围内还建有不少其他功能的建筑和设施，如基督教教堂、天主教教堂、伊斯兰教清真寺、东正教教堂、法国学校、英国学校、美国学校、医院、旅馆、商店、网球场、游泳池等，使庐山的建筑类型和园林类型趋于多元化。

东谷别墅在规划之初，就非常注重别墅庭园的建

设，对每块用地中的别墅体量、别墅间的距离以及别墅建筑占地面积和庭园用地面积都进行了严格的控制。规定每块别墅用地中庭园面积应占总用地的85%左右，有效地保证了别墅绿地的面积。

东谷别墅的庭园大多数为自然式庭院，既具有欧洲园林的风情，又具有中国园林的韵味。这主要表现在空间的划分上，它们均以低矮的石墙划分别墅与别墅、别墅与道路之间的空间，入口处均设有简洁朴素的石造门阙，门阙左侧通常刻有别墅房号，右侧刻有别墅的名称（图5-1-100），以此保持各别墅间相对的独立性和整体上的完整性。在庭园的设计和建设上，在园内主体别墅建造之初就注重用地范围内地形、地貌、地物的保护，建筑注意因山就势，随地形变化而布置，最大限度地减少了对地形、地貌、地物的破坏，保持了别墅用地内原有的自然缓坡地形。在庭园布置中，注意保留用地中露出地面的风景石、植物等地物，使其成为园内景观的重要组成部分，同时注意充分利用长冲内丰富的溪水和泉水资源，建成兼具景观和泳池功能的水体。水体驳岸以自然石材砌成规则或不规则的轮廓线，使水体颇具自然之灵性。在植物的选择和布局上，特别注重利用景观资源的调查成果，以乡土树种为主，如黄山松、厚朴、白玉兰、银杏、水杉、金钱松、鹅掌楸、四照花、椴等，辅以从欧洲、日本引入的树种如日本柳杉、云杉、悬铃木、美国凌霄、日本冷杉、日本樱花为庭园绿化树种，这些树种多以自由散植的方式植于庭园中，总计万余株。林下植以草坪，草坪中点缀着富有野趣的观花灌木、花卉，如欧洲水仙、石蒜、杜鹃等；矮墙边植以用于垂直绿化的藤本（如常春藤等）。就单个庭园而言，形成了绿树成荫、生机勃勃的良好的园林氛围，整体上使整个东谷形成了视线开阔的疏林草地景观。这正如周銮书先生《庐山史话》中所说："无数的红色屋顶，掩映在绿色的树海之中，各种款式的别墅，随着山势起伏，错落有致，构成一幅'人间天堂'的美丽图画。"

（三）美庐别墅

美庐别墅（图5-1-101）位于庐山牯岭东谷河东路180号，长冲河东岸，以鲜明的英国别墅风格和显赫的人文历史背景成为庐山近代别墅中的典型代表。

美庐别墅原为巴莉夫人别墅，是英国基督教"美以美会"女传教士温妮佛丽德·吉·巴莉（Winifred J. Barrie）1903年从英国人西·阿·兰诺兹勋爵（Lord See

图 5-1-101 美庐别墅

图 5-1-102 "美庐"石刻

O. Reynolds，建造者）处购得❶。由于巴莉太太与蒋介石夫人宋美龄私交甚厚，1933年将别墅连同庭园赠送给宋美龄女士。蒋介石亲笔题写"美庐"二字，并于1948年命人镌刻于院内岩石上，"美庐"由此而得名（图5-1-102）。

20世纪30～40年代，庐山一度成为国民政府的夏都，"美庐"也就顺理成章地成了"首脑官邸"。在此期间，蒋介石先后召开了涉及外交、财政、军事、政治等各方面的重要会议多次，开办了多期涉及不同对象（党、政、军人员）的训练团，共培训人员2.5万余人。1937年，鉴于对日外交问题的日益严重和七七卢沟桥事变的发生，他特邀了全国各大学教授、各阶层与各党派领袖来庐山商榷，同年7月15日，周恩来代表中国共产党来庐山向国民党提交了《中共中央为公布国共合作宣言》❷，阐明了中国共产党抗战之态度。7月17日蒋介石召开"谈话会"，发表了对日外交谈话，称："如果战端一开，那就是地无分南北，年无分老幼，无论何人，皆有守土抗战之责任，皆应抱定牺牲一切之决心，全国应战以后之局势，就只有牺牲到底，无丝毫侥幸求免之理。"❸从此，拉开了中国近代史上全民族一致抵御日本侵略的序幕。抗战胜利后，中国共产党领导的解放区与国民政府之间的矛盾日趋激烈，美国政府所派总统特使马歇尔八上庐山，与蒋介石共商"调处国共军事冲突"，但最终无果而终。新中国成立后，中共中央庐山会议期间，毛泽东主席亦钟爱此地，多次在此下榻。后郭沫若、胡耀邦、宋庆龄等多位党和国家领导人也曾下榻此地。1996年，"美庐"被列为国家重点文物保护单位，现已成为庐山重要的人文景点，供游人参观。

1. 庭院风格与布局

"美庐"别墅占地面积约6500平方米（东北长约100

米、西南宽约65米），按形式服从于功能的建设理念进行布局（图5-1-103）。依山临水的庭院总体上表现为英国自然式庭院的设计风格，同时融入了中国传统造园艺术的理念。设计以充分尊重自然和使用者的兴趣爱好为前提，通过有机组合山体、缓坡、植物、孤石、水系等自然要素，营造出人工景物与自然景物相协调，安适、静谧的环境氛围。

庭院用地呈长方形，地势东南高、西北低，以低矮的石墙与其他别墅进行空间分割。院内随地形的变化布置有建筑、疏林（图5-1-104）、竹林、草坪、孤石、"美庐"石刻、景观亭、美庐泉、游泳池、防空洞等景观和功能设施。主入口设在长方形用地临长冲河的一边，与主体建筑、景观亭呈三角形构图，遥遥相对，中间以缓坡、疏林、竹林相分隔。别墅和高处的亭子遮隐于缓坡、疏林、草地之间，一旁石丛中渗出的泉水潺潺流过，一种深远、宁静的意境由此而生。

2. 别墅建筑风貌

"美庐"别墅的主体建筑位于庭园用地的一侧，依地势而建，原主体建筑占地面积455平方米，总建筑面积996平方米，朝向西南。建筑具有典型的英国乡村别墅风格，主楼两层，1934年按蒋介石夫妇意图增建的附楼为一层，使整个建筑轮廓变得起伏而富于变化。入口木制十字形主台阶与开敞式石质外廊相接，与附楼的木质鱼鳞板外墙、屋顶阳台古朴的石围栏相互呼应，构成了主体和谐统一，古朴、端庄的建筑形象。

3. 植物配置

"美庐"别墅庭院中植物种类丰富，在不足6500平方米的庭园用地中有40余种不同植物（表5-1-1）。这些植物以不同的方式配置，营造出了四种不同的植物景观氛

❶ 参见：方方.到庐山看老别墅.武汉：湖北美术出版社，2001：60.
❷ 参见：熊炜，徐顺民，张国宏.庐山.北京：中国建筑工业出版社，1998：50.
❸ 参见：吴宗慈.庐山续志稿.江西省庐山地方志办公室印，1992：489.

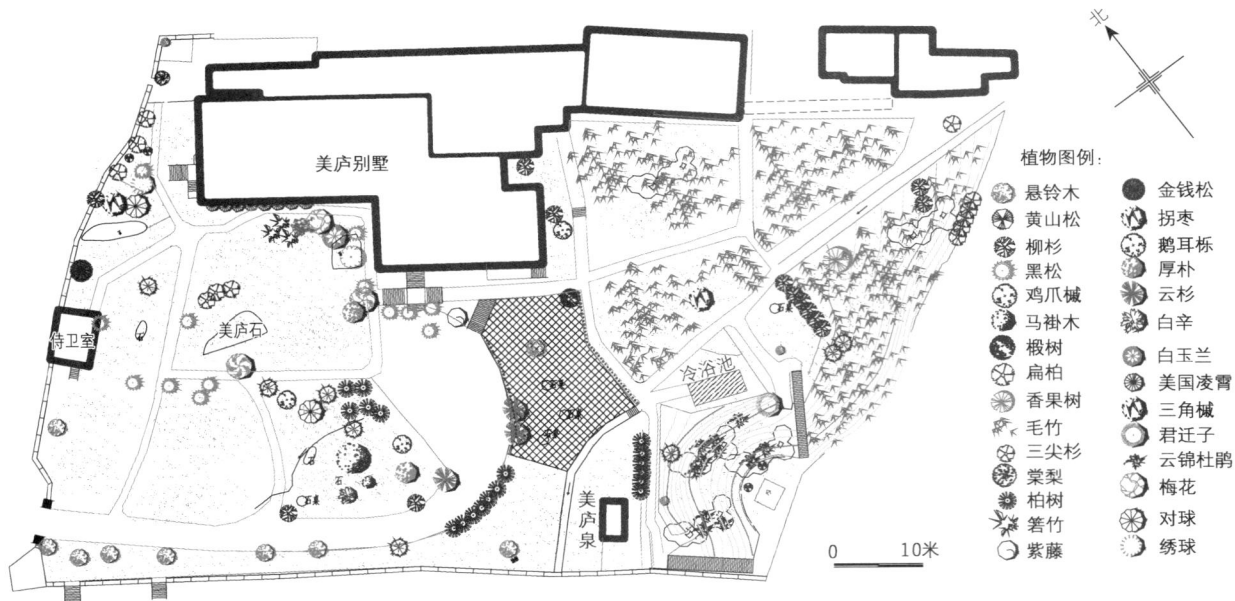

植物图例：
- 悬铃木
- 黄山松
- 柳杉
- 黑松
- 鸡爪槭
- 马褂木
- 椴树
- 扁柏
- 香果树
- 毛竹
- 三尖杉
- 棠梨
- 柏树
- 箬竹
- 紫藤
- 金钱松
- 拐枣
- 鹅耳栎
- 厚朴
- 云杉
- 白辛
- 白玉兰
- 美国凌霄
- 三角槭
- 君迁子
- 云锦杜鹃
- 梅花
- 对球
- 绣球

美庐别墅

特卫室

美庐石

冷浴池

美庐泉

北

0　10米

图 5-1-103　美庐别墅庭院平面图

图 5-1-104　庭院内的疏林

围。在别墅庭院的一角设置视线开阔的草坪，在草坪旁植以成排高大的悬铃木，形成了院内夏季绿荫如盖，秋季红叶流丹的景观效果。在主体建筑右前方的空间中，以疏林草地的种植方式，在孤石之间，矮墙之旁，主体建筑的墙体之上，种植了近30种以乔木、草地为主，花灌木、地被为辅的植物，使园内一年四季殊形异色，景色宜人。至今该区域仍生长着受过蒋介石特别关照的庐山最大的一株金钱松（图5-1-105）和宋美龄种植的美国凌霄（图5-1-106）。在主体建筑的另一侧采用片植的方式，种植了从奉化引种的毛竹，以满足屋主人的兴趣和爱好；而在坡度较大的山体上，则采用自然方式，在原有乔木林下配以云锦杜鹃，以丰富园内的植物景观层次。

图 5-1-105　受到蒋介石特别关照的金钱松

图 5-1-106　宋美龄女士种植的美国凌霄

美庐别墅主要景观植物与种植方式　　　　　　　　　　表 5-1-1

种类	种植方式	种类	种植方式	种类	种植方式	种类	种植方式
悬铃木	成行种植	香果树	自然式	厚朴	自然式	卫矛	丛植
黄山松	自然式	三角槭	自然式	溲疏	自然式	三尖杉	丛植
鹅掌楸	自然式	细叶白辛	自然式	椴树	自然式	石蒜	丛植
云杉	自然式	枫杨	自然式	五裂槭	自然式	箬竹	丛植
鸡爪槭	自然式	君迁子	自然式	鹅耳枥	自然式	六月雪	丛植
梅	自然式	柏树	自然式	紫藤	孤植	云锦杜鹃	片植
拐枣	自然式	黑松	自然式	十大功劳	孤植	毛竹	片植
桑树	自然式	小叶女贞	自然式	绣球	孤植	鸢尾	片植
金钱松	自然式	日本柳杉	自然式	对球	孤植	美国凌霄	成行种植
玉兰	自然式	杉	自然式	结香	孤植	常春藤	成行种植

（四）林赛公园

林赛公园位于庐山牯岭镇东谷，海拔在 1000 米左右，建成于 1898 年，地势较为平缓，沿长冲河两岸呈带状分布，至 2006 年占地面积仍保有 1.3 公顷，是李德立东谷规划中的重要组成部分。作为当时东谷别墅区重要的休憩用地，公园采用了以植物、水系、孤石等自然景观为中心，以朴素、典雅的石质道路为纽带（图 5-1-107）的英国自然式园林的设计风格，形成了鲜明的特征。

在设计、建设上，以尊重自然生态为前提，以道路为纽带，对原有的自然地形、地貌及景观加以组织，创造出人与自然的和谐与共荣。

在理水上，特别注重保持长冲河原有的自然风貌和天然形态，对河岸及岸线不经任何修饰（抗战胜利后，民国政府对河岸进行了修整，使原自然河岸成为当今的切式驳岸），任其在公园中自由地蜿蜒，任河中浑圆的孤石与水流、边坡自然地相互依偎。而坡地与滩地中的水流，则用隐露结合的手法引导，汇聚于不规则驳岸的小池中，形成一汪浅浅的静水，与长冲河的流水相互衬托，丰富水景层次。

在植物的运用上，利用公园中原有树种，使其成为公园的重要组成部分，为赋予园内的生物多样性和植物季相变化，在重视栽植本地乡土树种（银杏、金钱松、香果树、黄山松、杉、灯台树、椴、三尖杉、鸡爪槭、白檀、四照花、厚朴、梅、槐、柏、君迁子、鹅耳枥、朝天樱）的同时，适当引入了少量的观赏价值较高的国外树种（悬铃木、美国刺槐、日本冷杉、日本柳杉、云杉），使公园内一年四季树影婆娑，季相变化各具特色：春有山花烂漫，夏有绿叶滴翠，秋有红叶流丹，冬有绿色如春。在布局上采用疏林草地式（图 5-1-108），青青绿草遍植于园内的每一角落；而观花灌木或与孤石相伴，或三五成丛，或以色彩取胜，或以形态怡人，星星点点的点缀于园区；乔木则疏密有序地自由散植在园内，使园内既有开敞的空间，供居民享受阳光，又有浓密的树荫供人避暑消夏。

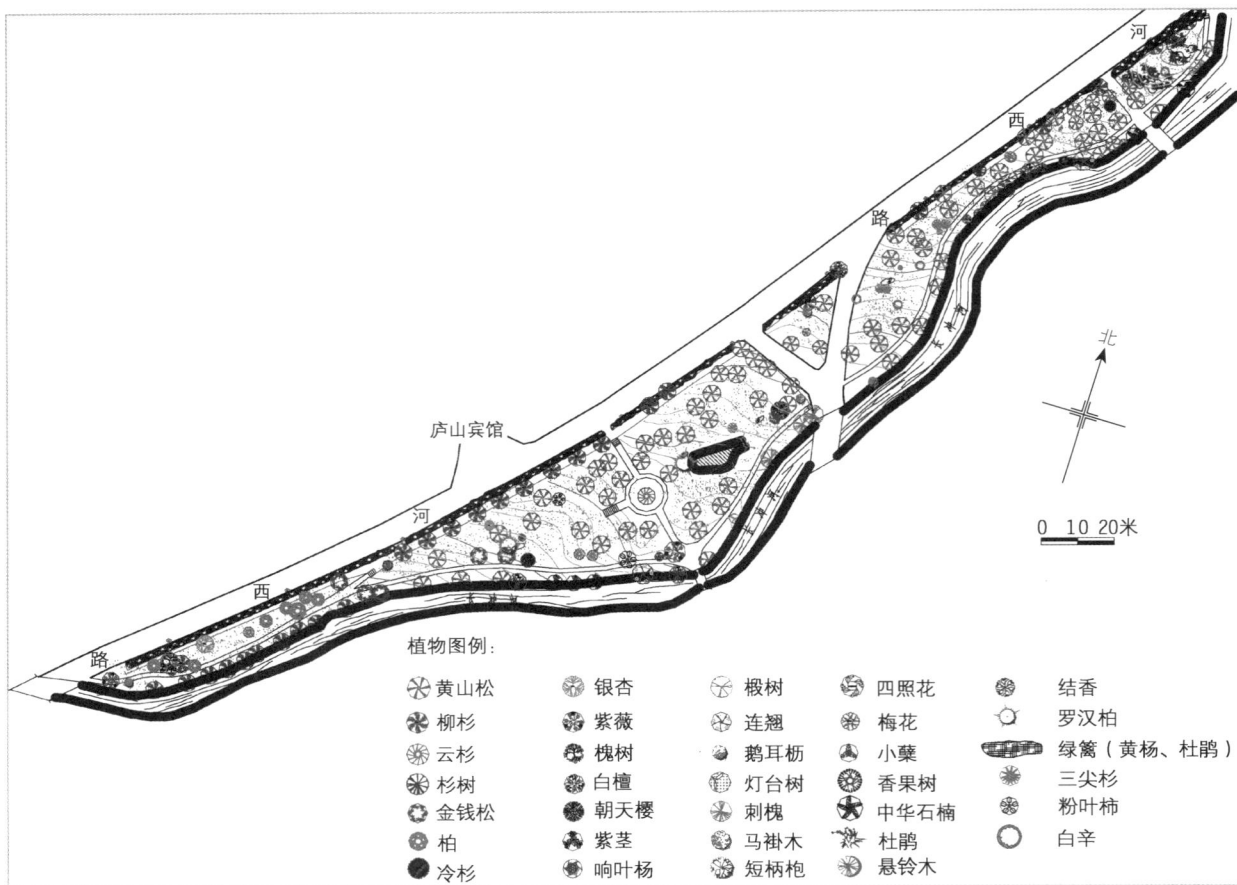

植物图例：

⊛ 黄山松　⊛ 银杏　⊛ 椴树　⊛ 四照花　⊛ 结香
⊛ 柳杉　⊛ 紫薇　⊛ 连翘　⊛ 梅花　⊕ 罗汉柏
⊛ 云杉　⊛ 槐树　⊛ 鹅耳枥　⊛ 小蘖　⊙ 绿篱（黄杨、杜鹃）
⊛ 杉树　⊛ 白檀　⊛ 灯台树　⊛ 香果树　⊛ 三尖杉
⊛ 金钱松　⊛ 朝天樱　⊛ 刺槐　⊛ 中华石楠　⊛ 粉叶柿
⊛ 柏　⊛ 紫茎　⊛ 马褂木　⊛ 杜鹃　◎ 白辛
● 冷杉　⊛ 响叶杨　⊛ 短柄枹　⊛ 悬铃木

图 5-1-107　林赛公园平面图

图 5-1-108　疏林草地与沿河岸线曲折蜿蜒的道路

图 5-1-109　庐山植物园中心区全景

在道路的布局上，以鱼鳞石或块石为主要材料的主干道设置在长冲河两侧，沿河岸线曲折蜿蜒（图5-1-108）；小道或深入林中，或进入草地，或引导人们寻觅流水的踪迹，或连接着不同的功能区域。园内所有的道路均以景观的组织和活动的需要为设计原则，自然而有序地分布。置身于林赛公园，那份宁静与悠闲，会让人们洗去尘世中的浮躁，多出许多沉稳。漫步在公园的小道上，偶尔举目远眺，近处的别墅、树林、草地，远处的山体、天空尽收眼底，山野中的清凉与空灵，让人们受益无穷。

（五）庐山植物园

庐山植物园位于庐山含鄱口山谷中，是我国老一辈植物学家胡先骕、秦仁昌、陈封怀等教授于1934年创立的中国第一座供植物科学研究的大型的正规化植物园[1]。原名庐山森林植物园，属民办官助性质，隶属北平静生生物调查所和江西省立农院，致力于森林植物及园艺植物研究；1949年收为国有，隶属中国科学院植物分类研究所，1954年更名为"中国科学院庐山植物园"[2]。数十年来，庐山植物园依照建园总体规划，遵循"优美的园林外貌、丰富的科学内涵"的建园宗旨，历经几代植物学工作者、造园师的努力，共引种栽培高等植物3400余种，在300公顷的山地上开辟了松柏区、杜鹃园、岩石园、蕨园等专类园（区）10余个，形成了优美独特的园林景观，在国内乃至国际上均具有较大的影响（图5-1-109）。

1925年胡先骕先生获美国哈佛大学博士学位回国后，于1928年与秉志等人创办了北平静生生物调查所，有感于植物多样性保护、研究、利用的迫切需要和中国丰富的植物资源、复杂的植物区系，决定创建植物园。胡先骕通过考察论证，认为："庐山地处长江下游，气候温和，土质肥沃，为东南名胜，交通亦称便利，于此创办森林植物园，洵为适当。"[3]1934年8月20日，在胡先骕等贤达的倡导及推动下，历经辗转筹措，由静生生物调查所与江西农业院合办的庐山森林植物园终于在庐山辟地成立。参与捐款的当时党政要员及社会名流有：林森、蒋中正、蔡元培、陈果夫、陈诚、熊式辉、韩复榘、胡适之、范旭东、任鸿隽等[4]。

创建之初，胡先骕先生即以英国邱园为建园标准[5]，委任游学欧洲多年，对西方园林有着深刻了解的秦仁昌教授为第一任主任，负责建园工作。在短短的四年中，通过野外采集及国内外的种苗交换，共收集各类植物3100余种，如西南高山松杉、杜鹃、报春、龙胆、百合等，繁育了大批苗木，在荒凉的山地上开辟了草本植物区、石山植物区、水生植物区、茶园、温室及苗圃等（图5-1-110）。1938年7月长江要塞马当失守，10月庐山植物园职工被迫西迁云南。抗战胜利之时，该园已杂草丛生，景物全非。1946年8月，被誉为"中国植物园之父"的陈封怀教授（第二任主任）奉恩师胡先骕先生之命回到庐山，面对断垣残壁、满目疮痍的景象，在经费极为拮据的情况下，开展了园区恢复和重建工作[6]。

---

❶　参见：胡宗刚.胡先骕与庐山森林植物园创建始末.中国科技史料，1997.18（4）：73-87.

❷❹❺❻　参见：胡宗刚.静生生物调查所史稿.济南：山东教育出版社，2005：83-119.

❸　参见：胡先骕.静生生物调查所设立庐山森林植物园计划书，1934.南昌：江西省档案馆档案，全宗号61，卷宗号1056.

图 5-1-110　庐山植物园 20 世纪 50 年代初期中心区全景

1. 园林风格与特色

庐山植物园四周环山，地形起伏，沟壑纵横，溪水潺流，具有良好的自然山水构架。该园在园林建设和建筑设计中自始至终贯穿了与周边自然环境相协调、依山就势的建园宗旨；展区布局因山就势，因高就低，错落有致；园林道路依山形水势迂回曲折，起伏蜿蜒，体现了"本于自然而又高于自然"的造景意境，为一处典型的自然式山地园林风格的植物园。在园林造景上不仅继承和发扬了中国传统的造园艺术，同时借鉴、吸纳了欧洲园林审美理念与造园技法，尤其是早期的一批展区，具有浓厚的欧洲式园林色彩。如石山植物等展区采用英国自然式布置方式，实现了园林与环境的和谐统一；水生植物区采用四层圆、辐射式对称的方式布局（图 5-1-111），草花区采用轴线控制的手法（图 5-1-112），植物配置沿轴线铺展，并在植物主次、起止、过渡、衔接上做精心处理，具有法国、意大利古典几何式园林特征。这些展区奠定了庐山植物园的园林基础和风格基调，加之几十年中，国内外许多著名的植物学和园林专家曾亲临指导或参与建园工作，形成了如今中西合璧的园林风格和独特的山地园林氛围❶。

2. 园林布局

庐山植物园园林总体布局分远山、近山和中心区三个部分。园区外围的远山区主要为当地的天然次生林，用于保护、抚育当地的乡土树种及自然种群；近山区大面积成片栽植松柏类植物，形成了以常绿针叶树种为主体的园林背景和基调；中心区为园内平缓的山坡、谷地，用于布置植物专类园区。园林整体布局从大处着眼、远近结合，既统一又各具特色，形成了气势雄伟的景观氛围❷（图 5-1-113）。

庐山植物园园路按其功能分为三级。主干道从大门入口直达园中心，为便于通车，用水泥铺设而成，宽 3.5～5.5 米；以日本冷杉等为行道树，形成了意境幽深

图 5-1-111　庐山植物园 1936 年建成的水生植物区

图 5-1-112　庐山植物园 20 世纪 50 年代初期草花区全景

的景观效果（图 5-1-114）。次干道主要为园中心的环形道路，与主干道连接而贯穿全园，为展区之间的脉络；路面中央多用花岗石对角方石镶嵌鳞片石、两侧以花岗石条石铺设而成，宽 1.8～1.9 米，美观实用（在多雨高湿的庐山，尤其是斜坡路段起到了防滑作用）、朴素大

❶　参见：张乐华，王凯红．庐山植物园在中国近现代园林建设中的地位．中国园林，2005（10）：19-23.
❷　参见：陈俊愉．庐山植物园造园设计的初步分析，1964．庐山：庐山植物园档案．

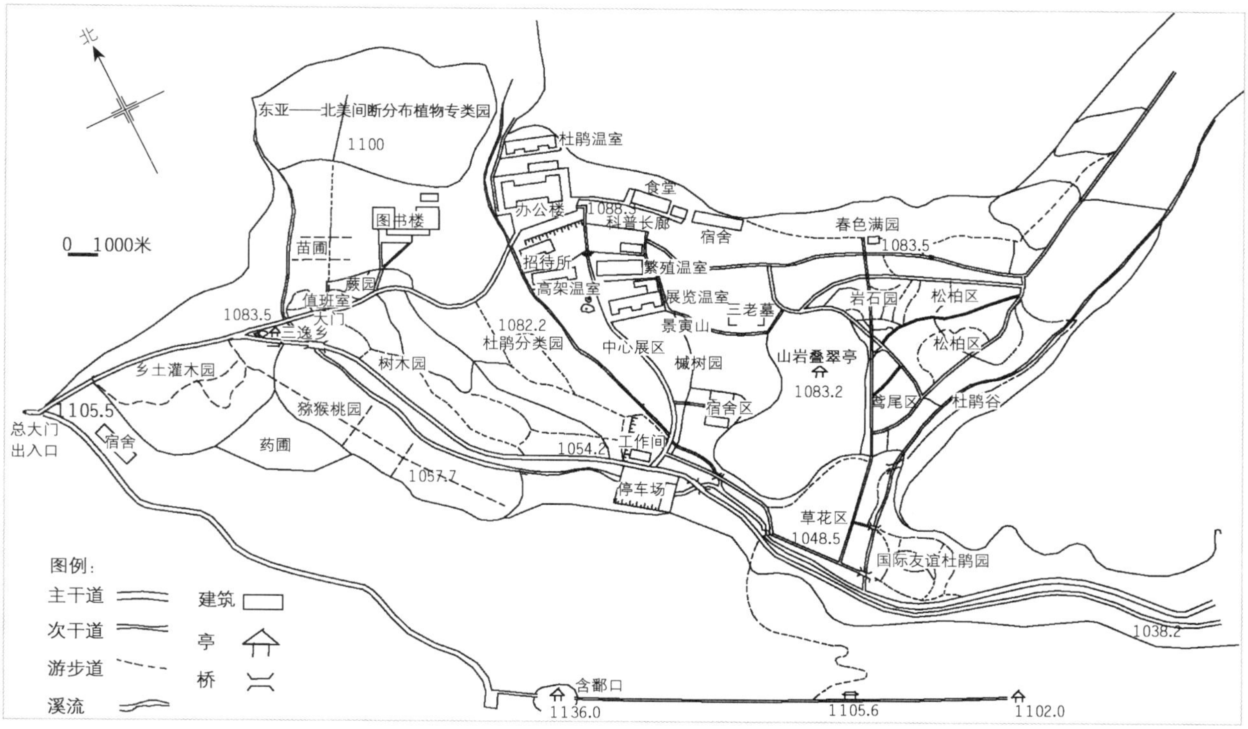

图5-1-113 庐山植物园总体规划平面示意图

图5-1-114 庐山植物园主干道——入口公路

方。游步道依地形起伏走向而蜿蜒铺设，用于各展区小区的分隔，宽0.8~1.4米；路面用材多就地取材、形态各异，有鱼鳞石镶嵌成不同图案、水泥镶嵌鹅卵石、不规则片石等多种形式，充分体现了山地造园的特点。如树木园采用大石片筑路边，中间铺不规则块石，缝隙嵌鱼鳞片石，组成不同图案；岩石园有橡木三合土路（路面以煤渣、石灰渣、黄泥混合铺垫，两侧以小片石镶边，橡木作台阶）、片石路（用不规则的大片石紧靠或丁字形跳跃铺设）（图5-1-115）。总之，园林路面整体有形、局部多变、各具特色，与园林景观融为一体，有效地丰富了园林景致。

植物园大门以鹅卵石砌成，为四方形立柱结构，简朴大方，其上原有一对石狮（"文革"期间被拆除），足踏滚球，跃跃欲试，疑欲从山林腾空而起（图5-1-116）；而松柏区入口及景寅山牌楼为椽木搭成，楼顶用树皮呈人字形披盖，小巧玲珑，朴素雅致，颇富有山林野趣。

"漈廊"位于温室区与草花区之间，体量适中，实现了由山体至水系的自然过渡与统一，并与山体、水系、小桥组成了一幅"小桥流水"、"诗情画意"的中国传统园林风格的山水写意图。幽深的廊道以窗格分隔，配以花团锦簇的紫藤、星星点点的美国凌霄、毛茸茸的猕猴桃等，依山临水，微风飘香。在此游憩、戏水、听瀑，颇有空灵之感（图5-1-117）。

园内沟壑纵横，溪流众多，园林小桥的形态因展区造景意境、立地环境而异，设有木质小桥、竹桥、石桥、水泥拱桥等建筑形式，形态不一、风格迥异，与园区融为一体，既联结了交通，又增添了园林的情趣。岩石园的小桥用栅栏状木板条平行铺设，两侧为方形木质栏杆，并嵌成图案，漆成红色，小巧玲珑，意境深远，起到了万绿丛中一点红的景观效果（图5-1-118）。

园内现存亭台两座，"仰贤亭"位于三逸乡，四方形木质结构，为入园公路的重要对景，点出了植物园功能和主题；"山岩叠翠"亭位于松柏岭，六角形水泥结构，为园中心区最高点，登高望远，群山佳景尽收眼底，同时与含鄱亭、望鄱亭遥遥相对，互为犄角，有效地因借了庐山著名景区——含鄱口的自然和人文景观（图5-1-119）。

图 5-1-115　庐山植物园园林游步道——岩石园

图 5-1-116　庐山植物园大门

图 5-1-117　庐山植物园草花区"潺廊"

图 5-1-118　庐山植物园岩石园小红桥

图 5-1-119 庐山植物园山岩叠翠亭

（六）庐山军官训练团团址

国民政府军事委员会委员长蒋介石为实现安内攘外之策，于1930～1932年间，对江西省内的红军先后发动了四次围剿，均以惨败告终。蒋介石深感军队缺乏严格训练，骄奢懒散，自私自利，不团结，不统一，不懂"主义"和"革命"问题之所在，经深刻反省，在听取了德国将军冯·赛克特的建议后，于1933年决定成立庐山军官训练团，对军官进行信仰、纪律、革命精神和技能的训练，以挽救国魂、军人魂。后鉴于蒋介石的七分政治、三分军事的想法，训练对象由军官扩大到党政人员、大中学校长、训导员、军训人员、新生活运动干部等各类人员。训练团自1933～1937年先后在五老峰下海会寺内、牯岭火莲院遗址处开办以来，一直为蒋介石所关注，在短短的五年时间内，共培训了2.5万多人。抗战胜利后，蒋介石认为这五年的庐山暑期训练是"中华民族起死回生，转危为安的惟一枢机"。

1. 海会寺培训地

海会寺培训地为庐山军官训练团主要的培训地。动工于1933年7月1日，首期建设仅用了18天的时间，

由于时间仓促，仅以满足训练功能、修筑道路为主，受训人员均住在简易的帐篷内，训练场地粗糙，配套设施简陋。由于一直受到蒋介石的特别关注，其建设极为迅速，至1937年，已成为功能设施完整的培训地。据1933年和1937年先后两次来庐山受训的军官回忆，"'与上次大不一样'，'五老峰下的海会寺前，在一个较为平坦、开旷的山坡上，一幢幢楼房依山而建（图5-1-120），拾级而上，颇为壮观。房屋全用当地山石垒砌而成，坚固而朴实。附有一系列伙房、卫生间、礼堂、俱乐部等建筑，约可容纳二三千人食宿。营房外建有一片广阔的可容十几万人的操场（图5-1-121），场内有种种球赛场地和军事体育器械。此项建设是蒋介石亲自审批的，专门用于训练军政干部兼作阅兵用的永久性军校'"。[1] 另据庐山历史照片中的一些场景，当时海会寺军训团团址上已拥有绿草如茵兼具运动和训练的场地（图5-1-122）；环绕

图 5-1-120 海会寺军官训练团团址中的营房外观

图 5-1-121 营房外的操场与绿化

---

❶ 参见：汪国权，王炳如．庐山夏都纪事．南昌：江西高校出版社，2003：130.

图 5-1-122　绿草如茵的训练场兼运动场

场地、房屋的四周已有成行成排的乔木林地作为休息地，加之背靠五老峰，泉石清幽，松杉郁翠，使这里的环境显得更为优美而宁静。所有这些，在抗战时，均为日军飞机所炸毁。新中国成立后，这里先后改成人民解放军"康复医院"、"共产主义劳动大学庐山分校"、"九江师范"，现为九江市管理。

2. 火莲院培训地

火莲院培训地（图 5-1-123）位于牯岭东谷长冲河以西，占地面积 2 公顷，由庐山图书馆、庐山传习学舍、庐山大礼堂、建国坪、建国桥、胜利桥、亭廊、石刻（图 5-1-124）、常绿针叶植物、游泳池、石凳等组成。主体建筑雄伟而庄严，环境严肃，局部亦不乏活泼，是蒋介石庐山军官训练团的另一重要培训基地。

（1）历史建筑

图书馆（图 5-1-125）位于火莲院的中心位置，背山面水，形势极佳，建成于 1934 年冬。建设前期，蒋介石曾多次于火莲院"缓步扶杖，沉默徘徊，状有所思"❶。在建设过程中，蒋介石"对于本馆之建筑，特别关怀，在工程进行中，常时来工地巡视，有时且亲加考验工程、施工是否切实"❷。其建筑风格为中国宫殿式，琉璃瓦盖顶，三栋联立，二层高，从空中俯瞰全部建筑之轮廓如同陆上飞机，现出展翅欲飞之姿态，从正面看，庄严而堂皇。1937 年 7 月 17 日在此召开了中华民族一致抵御外敌的"庐山谈话会"，1938 年 5 月由宋美龄主持召开了"战时妇女工作谈话会"。现作为餐馆和商店使用。

传习学舍（图 5-1-126，图 5-1-127）位于图书

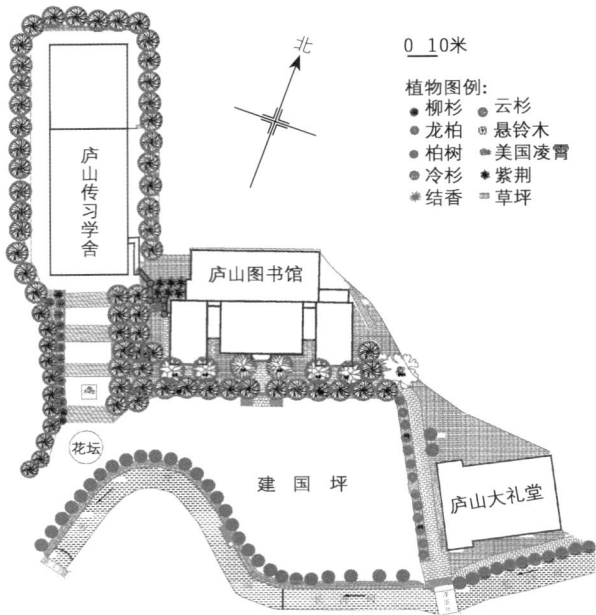

图 5-1-123　牯岭火莲院军官训练团团址平面图

图 5-1-124　图书馆前的石刻

图 5-1-125　庐山图书馆

❶　参见：吴宗慈 . 庐山续志稿 . 江西省庐山地方志办公室印，1992：194.
❷　参见：吴宗慈 . 庐山续志稿 . 江西省庐山地方志办公室印，1992：195.

图 5-1-126　民国期间的庐山传习学舍

图 5-1-127　新中国成立后，庐山传习学舍已改为庐山大厦，成为接待游客的宾馆

馆右侧山坡上，由国民政府中央党部所建，建成于 1936 年。建筑上部有蒋介石的亲笔提额"庐山传习学舍"，中部有"明礼义，知廉耻，负责任，守纪律"的字样，为庐山近代少有的钢筋水泥、铁制门窗的六层西式建筑。内有教室、办公室、暖气、电灯、漱口池、洗盥室、学员卧室等设施，可住学员 1200 人。1937 年 7 月至 8 月

间，两期高级将领与大中学校长、训导主任的训练在此进行；1946 年三民主义青年团的"夏令营"在此举行。后改名为庐山大厦，沿用至今，现为接待游客的宾馆。

大礼堂（图 5-1-128）位于图书馆左侧，长冲河河畔。由国民政府中央党部建成于 1937 年，建筑为"宫殿式，覆琉璃瓦，内分两层，下作膳厅，上为礼堂，可容千数百人，并可放电影，一切设备极为完善"❶。现改为庐山会址，对游客开放。

（2）布局与风格

火莲院培训地的园林以"形式服从于功能，功能建设兼具景观效果"为建设理念，采用了依山就势、因地制宜、灵活多样的布局手法，形成了具有明显中西园林融合特点的培训地园林风格（图 5-1-123）。由于三幢主体建筑建造时间、建设单位的不同和迫于地形等原因，建筑布局上有些不太协调。为弥补建筑布局上的不足，在园林上采用了常绿针叶大乔木成行种植的手法对空间进行分割，形成了多个相对独立的活动空间，为各个功能区内的环境营造提供了条件。

传习学舍为学员的宿舍和文化理论学习地，所处位置在三幢建筑中最高，偏于整个用地的一角。学舍正面环境的建设，借鉴了台地园的造园手法，采用了依山就势的方式，筑造了以挡土墙为分隔的五层台地，以台阶、水池和时令花卉花坛作为台地园中的主景，形成了相对开阔而赏心悦目的视觉效果。同时以常绿针叶树种柳杉作为台地中的植材形成配景（图 5-1-129），实现了与周边环境的相对分割与独立，为学员创造出一种轻松的学习氛围。

图书馆为学员获取精神食粮之地，为培训地不可或缺的功能设施。此间因其功能的需要，则采用了门前对植云杉、冷杉、柳杉和成行种植柳杉的手法，将图书馆与建国坪即训练场进行了有效的分割，为图书馆创造了安静的环境。

大礼堂为学员用膳、开会聚集、娱乐之地，其旁有长冲河静静流过，前植有一排龙柏与建国坪相分割，使大礼堂形成一种幽静而不乏浪漫的环境氛围。

建国坪（图 5-1-130）位于长冲河北面，其东北面有大礼堂，西北面有图书馆，建成于 1935 年，1946 年命名为建国坪，场地面积 4300 平方米，地形不甚规则。四周由龙柏、柳杉、柏树与主体建筑和长冲河相隔，场地环境相对闭合而严肃，为学员训练场地。

---

❶　参见：吴宗慈 . 庐山续志稿 . 江西省庐山地方志办公室印，1992：159.

图 5-1-128 庐山大礼堂

图 5-1-129 传习学舍前的台阶、台地、华灯、水池、花坛

图 5-1-130 建国坪

园中道路由块石和鱼鳞石两种材料组成，沿主体建筑和长冲河分布，其侧或设兼具装饰作用的护栏，或设兼具护栏功能的休息石凳，由分布在建国坪两角上的建国桥（图 5-1-131）和胜利桥（图 5-1-132）与外界道

图 5-1-131 建国桥

图 5-1-132 胜利桥

路相接。

游泳池设在长冲河内，由一个直线形和拱形小围堰组成。

总之，庐山军官训练团团址的园林作为庐山近代园林的一类，已明显不同于中国传统园林，以形式服从于功能为原则，以大规模的学员学习和训练为主要目的，具有现代学校园林的雏形。

（本节"庐山近代别墅群园林"文：谢玲超）

三、莫干山近代别墅群园林

（一）综述

莫干山位于浙江省北部德清县境内，因春秋末年莫邪、干将受吴王阖闾之命在此铸剑而得名，中心区北纬30°36′，东经119°52′，主峰塔山海拔720米，山体呈西北高、东南低之势，面向杭嘉湖平原，形成了独特的小气候，号称"清凉世界"，是江南著名的休闲避暑胜地之一。

莫干山植物区系复杂，种类丰富。据初步调查，共有高等植物136种374属614种，其中列入保护树种的有水杉、南方红豆杉、银杏、金钱松、鹅掌楸、香果树、天目木兰、天目木姜子等，另外，由于近代别墅的兴建，同时引进了许多国外优秀的园林树种，如悬铃木、日本冷杉、日本晚樱、日本五针松、大王松、云片柏等，在我国的树木引种史上占有一定的地位。莫干山植被区划属中亚热带常绿阔叶林北部亚地带，而毛竹林又是莫干山山林植被的主体，正如诗人所云："夹道万竿成绿化，风来凤尾罗拜忙，小窗排队长"，构成了罕见的竹海景观。莫干山分布有各种竹林20余种，其中芦花荡公园的"黄金嵌碧玉"、"碧玉嵌黄金"竹，色彩黄绿相间，为观赏竹之珍品，这里也是这两种竹子的模式标本产地。莫干山的庭园绿化骨干树种是悬铃木、白玉兰、山茶花、桂花、紫薇和杜鹃花等，另外点缀以八仙花、锦带花、麻叶绣球、石蒜、麦冬、鸢尾等，构成夏季绿荫为主，四季花开满山的花园美景。

汉代以来，由于江南经济的发展，莫干山逐渐开始了其开发利用的历史。吴王刘濞采矿铸钱的遗址至今仍存，东晋名士郭文不远千里自洛阳来山结庐，还有南朝的沈约、唐代的孟郊、宋代的苏轼、明代的王阳明等，或留下了游踪足迹，或留下了诗文题刻，使莫干山成为"江南第一山"的历史文化名山。但莫干山的再度兴盛，却与我国半封建半殖民地的近代史有着十分密切的关系，自1840年鸦片战争以后，西方列强强加给清政府一系列不平等条约，允许外国人在开放口岸自由居住，购买土地，建造礼拜堂和医院、至内地游历、通商和传教。莫干山不仅风光优美，而且毗邻大开放通商口岸上海，交通便利，受到当时沪杭一带外国传教士的青睐。1891~1894年间，美国浸礼会教士佛利甲最早登山"游猎"，见山上修篁遍地，清泉竞流，环境优美，下山后广为宣传。不久又有"教士梅生霍史敦、史博德两博士联袂而至，凭屋以居"，并将所见所闻刊于外文报刊上，于是，外籍人士纷纷上山购地建屋、避暑度假，莫干山也因此与庐山、北戴河、鸡公山并列为中国四大避暑胜地。

莫干山别墅群分布区域集中在莫干山风景名胜区中心景区的3平方公里范围内，所处山体海拔450~650米之间。前人有诗云："参差楼阁起高岗，半为烟遮半树藏"。莫干山现存的270多幢别墅，形象丰富，无一雷同，分别代表了欧、美、日、俄等10多个国家的建筑风格。布局上组团成群，参差错落，高低掩映，融入无边无际的茂林修竹之中，构筑了一幅瑰丽多姿的园林画卷。别墅设计注重建筑单体与环境空间的和谐与统一，依山就势展开，高低错落有致，或对山相望，或隔溪而居，或左右为邻，或上下而立。有的坐落于溪边泉畔，可枕流漱石，看水涨水消，鸣泉飞瀑；有的掩映在修竹花木丛中，可品竹赏花，听鸟歌蝉唱，竹浪声声。郭沫若先生曾作诗题赞："惊看擘画凭劳力，造就乐园在世间"。

莫干山别墅与中国近代史上的许多重大历史事件与人物息息相关，一些别墅的原主人也是近代史上的风云人物。近代曾在莫干山上演并足以影响历史发展的事件至少有三件：① 1927年的蒋宋联姻；② 1937年的国共合作谈判，团结抗日；③ 1948年币制改革会议，决定发行金圆券等。同时，黄郛、汪精卫、张静江、杜月笙、张啸林、钱新之、张叔通、蒋抑厄、周庆云等人在山上的活动以及所留下的轶事，构成了近代史上重要一页，因此莫干山别墅群承载了极其丰富的历史文化信息。

另外，莫干山还有很多早期园林建筑，作为避暑胜地的休闲观景场所，置于林间路旁，有的虽然用材较为简单，但建筑形式各有特色，点缀于自然风景之中，并丰富了避暑胜地的人文景观。如建于20世纪20年代，南浔巨贾周庆云所建的应虚亭（周庆云为第一部《莫干山志》的编撰人，对莫干山风景区的开发建设贡献颇多）。又如民国著名政治家黄郛为纪念其母而建于1928年的清凉亭（图5-1-133），原名陟屺亭，取《诗经》中"陟坡屺兮，瞻望母兮"之意。还有建于20世纪20年代的德国坟八柱圆亭（图5-1-134），原为某德国贵妇人的骨灰安放处，亭顶琉璃系特制，自宝顶至檐口，每一轮数量不变，而规格逐步增大，穹顶原有圣经故事彩绘，建筑考究、华丽。

莫干山除白云山馆等别墅的亭台楼阁外，还有丰富的户外场地、庭院等场所，如，露天舞池、乐队演奏台等作为建筑室内空间的延伸、功能的补充及环境的过渡。而颐居的花园除美轮美奂的古建筑花厅外，还利用采石留下的山体，因山就势构筑了荫山洞，尽管规模不大，却也深得曲径通幽、小中见大的园林意境。

（二）白云山馆庭院

白云山馆（莫干山杭县路509号）位于莫干山金家山顶，建于1915年，原为英国人琼斯度假别墅，后由国民党元老黄郛购得，并以本人字膺白与夫人沈亦云的最后一字取名为白云山馆。黄郛对别墅周围庭院进行了扩

图 5-1-133 清凉亭

图 5-1-134 德国坟八柱圆亭

建，增设了门房、亭子、露天舞池（图 5-1-135）等小品，使这一建筑布局更完善，结构更合理，功能更全面，成为一处具近代特色的山地别墅庭院（图 5-1-135～图5-1-137）。

在主体建筑周围因山就势，增建了配套建筑及丰富的场地小品，特别是主楼西侧的露天舞池设计别具一格，极富时代气息，为他处所罕见（图 5-1-138～图 5-1-141）。绿化配置结合休闲度假的功能要求，以法国梧桐为主，高大挺拔，浓荫蔽日。另外，庭院内的一株美人茶高 5 米，地径近 40 厘米，冠幅达 7 米，据说乃 1927 年 12 月蒋介石与宋美龄结婚后在白云山馆度蜜月时，因发现其与"美龄"谐音而亲手移植，至今每年冬末春初，花开不断，吸引了无数游人。

白云山馆内还发生一件近代史上的重大事件——国共合作会谈，1937 年 3 月 27 日，中共中央副主席周恩来根据"西安事件"时与国民党达成的共识，与正在休养的蒋介石会谈，并初步达成了"团结御侮，共同抗日"

图 5-1-135 白云山馆门房

图 5-1-136 白云山馆主楼与副楼

图 5-1-137　白云山馆亭子

图 5-1-138　白云山馆主体建筑

图 5-1-139　白云山馆场地与小品

图 5-1-140　白云山馆台地形庭院

图 5-1-141　白云山馆露天舞池与美人茶

的合作意向。正如周恩来所记述的"一登莫干，两至匡庐……两党得更接近，合作之局以成"。白云山馆也因其建筑特色与重要史迹而作为莫干山别墅群的标志性建筑，列为全国重点文物保护单位。

（三）潘家花园

潘家花园（莫干山荫山路 92 号）位于莫干山剑池景区，初建者为潘姓上海商人，1930 年先建成一西式别墅，名颐居（图 5-1-142）。1934 年又在山对面增建了一座古典建筑——花厅（图 5-1-143），形成了占地 6 亩的山地园林，因业主姓潘，当时又叫潘家花园。

潘家花园的主要园林构筑是位于颐居与花厅之间沿

图 5-1-142　1930 年建成的颐居

图 5-1-143　由颐居远眺 1934 年建成的花厅

图 5-1-144　荫山洞入口

图 5-1-145　荫山洞

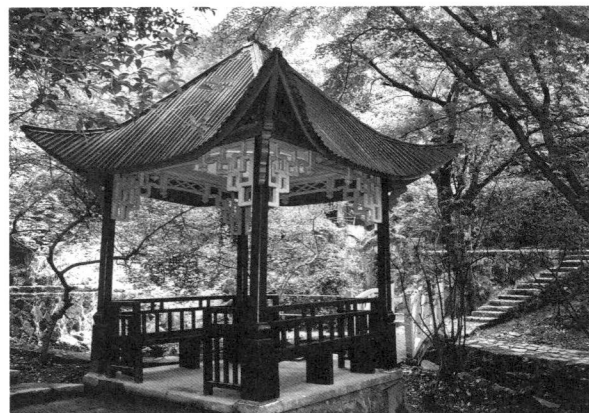

图 5-1-146　憩石亭

山溪而建的荫山洞，该地原为建房采石留下的遗址，建造者根据采石场地形地貌，采用本地花岗岩石与钢筋混凝土结构的假山及山洞（图 5-1-144，图 5-1-145），虽然体量不大，却也蜿蜒回旋，忽明忽暗，曲径通幽。洞内还利用山泉构成了与环境浑然一体的小桥流水的意境，一座小巧的拱桥跨溪而过，连接一座名为"憩石亭"的方亭（图 5-1-146），亭子为木结构，上覆铁皮瓦，红亭黄桥，色彩艳丽，与山上别墅建筑协调一致。花厅建筑面积 350 平方米，外观两层内部三层，为重檐歇山式古典建筑，屋顶绿色琉璃瓦覆盖，屋脊上塑龙凤呈祥等各种寓意吉祥的动物，室内及走廊上布满了花鸟及戏曲故事等彩绘浮雕，整个建筑雍容华贵，气度不凡。

颐居及花厅庭院的植物配置以竹林、桂花、茶花、鸡爪槭为主，荫山洞周围以春、夏杜鹃为主景，保留了白玉兰、紫玉兰、黄檀、梧桐、板栗等天然乔木，其主景区杜鹃花占地约 1 亩，高约 3 米，干粗 5～10 厘米，4 月底 5 月初开红花，繁茂似锦，极为壮观（图 5-1-147，

图 5-1-147 潘家花园入口门楼

图 5-1-148 建筑与竹林相互穿插

图 5-1-148）。

1981 年，时任中共中央总书记的胡耀邦视察莫干山时，曾在花厅内接见了在山上休养的老干部代表，座谈国家改革开放政策。现花厅也已列入莫干山别墅群全国重点文物保护单位，荫山洞假山也列入保护范围，得到了有效的保护。

（四）皇后饭店

皇后饭店位于莫干山上横景区上横路 126 号，民国二十三年（1934 年）由浙江商人、原浙江兴业银行常务董事蒋抑厄出资建造。起初，该建筑作为蒋氏私家度假别墅而建，据《莫干山志》载："落成不久，蒋即将产权赠予兴业银行，供同仁小憩。声称如银行不存，由董监事会转赠国家。"因此，于 1948 年租赁给杭州西泠饭店作为公众避暑之用，当时风行"美丽"牌卷烟，因烟标美女与皇后媲美，别墅因此得名。

皇后饭店建筑由当时活跃于上海租界，在中国

近代建筑史上极负盛名的匈牙利籍建筑师邬达克设计，数十年来，由于功能及使用者的变化，虽室内外历经数度修缮、改造，其总体布局、平面空间、体形设计及环境细节依然忠实地记录了设计师对建筑与环境关系的精心把握和推敲。由于基地属于典型的山坡地段，且坡度较大，平地空间局促，因此，为了尽量获取开阔的远景，建筑紧倚峭壁，面对连绵起伏的群峰，不同于城市型别墅中点状式的紧凑布局，而是采用以客厅及垂直的楼梯为中心，以敞廊、卧室两侧的舒展体型平行于等高线布置，室内主要公共区域如客厅、敞廊、内置阳台、楼梯间直接面对景观一侧（图 5-1-149，图 5-1-150）。为化解线形的体量与环境之间的对立，设计通过巧妙的平面和形体的前后错落、立面上下材质的穿插，以及平行于主体的登山坡道与粗犷层叠的护坡处理等方式，使得由巴洛克式楼梯形成的圆形体量自然形成主体视觉的焦点（图 5-1-151，图 5-1-152），而简洁的坡屋面统领下规则的弧形门窗洞口，错落层叠的护坡、花池、台阶使整体式的建筑与局促的场地之间建立了一种精心设计的层次和尺度，人工建筑与自然环境产生了一种轻松而渐次的过渡。另外，建筑周边高大挺拔、姿态优美

图 5-1-149 皇后饭店门楼

图 5-1-150　主体建筑依山就势

图 5-1-151　以螺旋楼梯为视觉中心

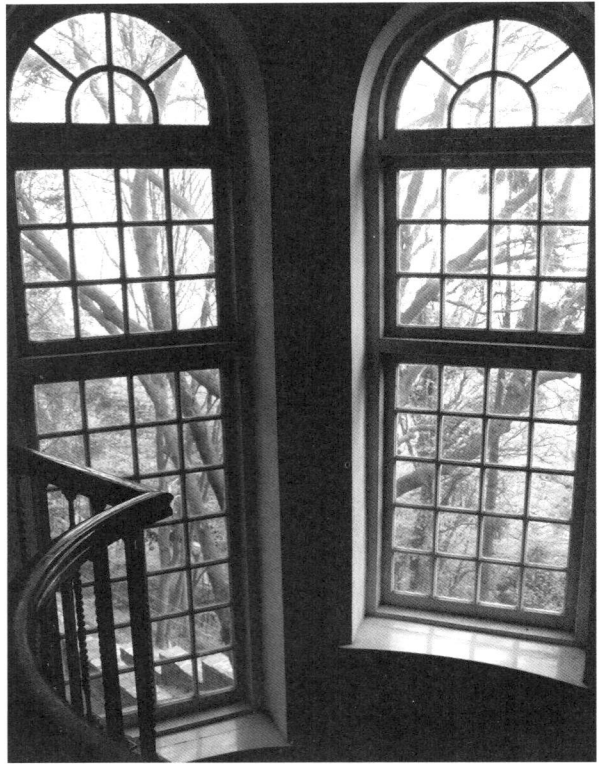

图 5-1-152　巴洛克式螺旋楼梯与外部景观

的柳松、金钱松、毛竹及玉兰的相互穿插更使建筑与自然融为一体（图 5-1-153～图 5-1-155）。

1954 年 3 月，毛泽东主席在杭州主持制订中华人民共和国第一部宪法期间，曾游历莫干山，下榻皇后饭店，留下七绝诗句："翻身复进七人房，回首峰峦入莽苍。四十八盘才走过，风驰又已到钱塘。"莫干山皇后饭店由于其建筑特色与历史价值，现已作为莫干山近代别墅群的一部分，列为全国重点文物保护单位。

（本节"莫干山近代别墅群园林"
文：周忠朗；摄影：刘建林）

四、北戴河近代别墅群园林

（一）综述

北戴河海滨地处渤海湾中部，位于秦皇岛西南 15 公里，是渤海北岸一座伸入海中的半岛形小城，总面积 70.14 平方公里，其中原海滨中心区域东西宽约 13 公里，南北长约 1～1.5 公里，面积约 17 平方公里，为环海的狭长地带，地势险要，远在汉代，即已成为舟楫停泊之所。及至明代，

图 5-1-153　粗犷、错落的护坡景观

图 5-1-154　树池与护坡处理

图 5-1-155　人工与自然的穿插和过渡

为巩固海防，除在山海关修城设卫外，并在海滨金山嘴设立了金山卫，派兵驻守，又成为海运的积储之地。

海滨气候温和，冬暖夏凉，全年平均温度为摄氏10℃左右，七、八月平均温度为24.5℃，一、二月平均温度为-5℃。年平均相对湿度为69%，年雨量约633毫米，海水温度七月最高27℃，最低23℃。海滩沙软潮平，气候凉爽，是北方最优良的避暑胜地。

光绪末年，清政府修筑津榆铁路，英国铁路工程师金达首先在海滩建木屋，避暑办公，外国人开始涉足北戴河。光绪十九年（1893年）津榆铁路通车后，中外人士纷至沓来，他们在海滨购地筑屋，使之成为中国晚清和民国时期四大著名避暑别墅区之一。自此，"北戴河闻名于世，亚洲罕有其匹"。

清光绪二十四年（1898年），北戴河被清政府正式辟为"允中外人士杂居的避暑地"，成为我国历史上第一个由中央政府开辟的避暑别墅区。

由于大批外国人蜂拥北戴河购地筑屋，因此一些国外的建筑师也来到北戴河淘金，最为著名的就是德国人魏迪西和奥地利人罗尔夫·盖苓。他们针对在北戴河杂居的中外人士不同的文化背景和使用要求，设计出了形式多样、风格各异、特色鲜明的避暑别墅（图5-1-156）。

北戴河避暑别墅的主流风格是："屋必有廊，廊必深邃，用蔽骄阳，用便起居。游息入夜，每多卧于廊际，以呼吸新鲜空气。最佳之建筑则四面回廊，可因时趋避风日。或谓东北不必筑廊设平台可矣，纵有阳光，为时

图 5-1-156　奥地利建筑师罗尔夫·盖苓别墅（1920 年摄）

甚暂。屋之四周，或有繁荫巨干之乔木，或细草如茵不种树，各因其地之所宜，墙以刺槐或刺松围之（后来多改用侧柏为墙），时时修剪，使之齐一，高仅及肩，不妨远眺"。

由于北戴河避暑别墅大多都是建造在沿海一带的丛林和联峰山林之中，因此避暑别墅的绿化面积往往是建筑面积的几十倍以上，成为名副其实的园林别墅。北戴河园林别墅十分注意与自然环境的融合与协调，"卜居处必使建筑物足以为风景之点缀，若为节蓄计，或茅屋数椽，聊足容止，或累石为墙，务取质素，绝不粉饰涂泽，庭院间一意整洁，存山居之本色"。

北戴河园林别墅的建筑结构多为石木结构，高度大多数是在地下室上面建一层，最高的也没有超过三层。别墅的屋顶形式也多姿多样，有单尖顶、双尖顶、单坡顶、双坡顶、庑殿顶、歇山顶、攒尖顶、波浪顶、混合顶等。众多的红色屋顶掩映在绿树丛林之中，形成明确、典雅的滨海特色。特别是一些高级的别墅还在别墅的前角建有别致的亭子作为陪衬与点缀，丰富了建筑的体量（图 5-1-157，图 5-1-158）。

北戴河园林别墅多以原有的高大乔木植物景观为基础，在丛林之中因地制宜地进行土木建设。为了使建筑通透而不妨观瞻大海，往往配制一些低矮耐修剪的整形植物品种，人工修剪的造型和整个建筑及周围植物相协调，从而形成了北戴河独特的园林建筑艺术风格，并构成了北戴河园林别墅建筑文化的基本特征。

关于北戴河园林别墅的文化感受，诗人徐志摩在1923 年写的《北戴河海滨的幻想》一文里描述到："我独坐在前廊，偎坐在一张安适的大椅内……，廊前的马樱、紫荆、藤萝，青翠的叶与鲜红的花，都将他们的妙影映印在水汀上，幻出幽媚的情态无数；我的臂上与胸前，亦满缀了绿色的斜纹。从树荫的间隙平望，正见海湾：海波亦似被晨曦唤醒，黄蓝相间的波光，在欣然地

图 5-1-157　民国时期著名的实业家、教育家卢慕斋别墅花园双亭

图 5-1-158　段芝贵别墅院内的西式凉亭

舞蹈。但我独坐在廊前，却只是静静的，静静的无甚声响。妩媚的马樱，只是幽幽的微展着，蝇虫也敛翅不飞。只有远近树林的秋蝉在纺纱似缍引他们不尽的长吟。"

"知者乐水，仁者乐山"是中国园林建筑的精髓，西方园林则追求一种秩序与控制的意识。北戴河的园林别墅既不是西方的流派，也不是中国传统的流派，它主张舒适，主张幽雅，主张享受，主张个性，主张环境与建筑的自然和谐，主张人与建筑、人与环境的和谐，应该说，以人为本是北戴河近代园林别墅的精神。

北戴河近代园林别墅以其独特的历史价值和艺术价值而闻名于世，也显示了中西文化在这里碰撞、交流与融合的历史过程。

（二）私家别墅园林

1. 吴家楼别墅

20 世纪初，北戴河被世界誉为"东亚避暑地之冠"。当时在这里和北洋政府高层里，流传着一首民谚四绝："吴家楼、段家墙、霞飞馆的大草房，河东寨的四姑娘。"这民谚的前三绝就是指北戴河三个著名的别墅与园林建筑。

吴家楼坐落于联峰山南麓丛林之中的原西海滩 51 号，始建于 1916 年。别墅的南门有一条直通大海的甬道，甬道两旁是高大的侧柏，遮阴蔽日；行道树外侧是由油松、刺槐等组成的混交林；别墅的西面配置了银杏、桧柏等植物；东、北两面则是建房前原有的油松林，在松林里面，稀疏分布着柞栎、麻栎、刺槐、元宝枫、榆树、杨柳等植物（图 5-1-159，图 5-1-160）。

吴家楼的主人吴鼎昌，清末进士，北洋时代安福系政客。曾任北洋时期中国银行总裁、财政次长。曾投资大公报及盐业银行。1927 年以后，吴鼎昌投靠蒋介石，任贵州省主席、南京政府实业部长，1948 年任南京总统府秘书长，被中国共产党宣布为第"十七号战犯"。

2. 段芝贵别墅（俗称段家墙）

段家墙是指 1920 年建设的段芝贵别墅及围墙。段芝贵曾经追随袁世凯，封为一等公爵，袁死后投入皖系。段家大院内植物配置的主调是原有的油松和建房时栽植的侧柏、桧柏和白皮松。高大的松柏下面，是修剪整齐的低矮植物。在段家大院西南角，有一座造型典雅的凉亭。段家墙绵延约 300 米，以花岗岩毛石砌成，上嵌水

泥条形空格，墙头覆盖深红色缸瓦。段家墙的墙外为一列枝繁叶茂的油松，绿树下面的红瓦、白墙与造型别致的凉亭，和郁郁葱葱的松柏林一起将主楼衬托得更加富丽堂皇，因此，称段家墙为民谚第二绝（图 5-1-161，图 5-1-162）。

1958 年夏，中共中央在北戴河决策和指挥炮击金门时，此楼为外交部法律专家倪征燠、刘泽荣和周鲠生等人的住所，也是我国 12 海里海洋权及其直基线划分方法的诞生地。

3. 章家别墅（张学良行辕）

章家别墅位于北戴河联峰山南麓原西二路 4 号，别墅的主人是天津巨商章瑞亭。由于民国时期张学良将军曾经两次入住此楼，所以人们忽略了章家大楼的主人，而改称为"张学良楼"。

章家别墅由奥地利建筑设计师罗尔夫·盖苓设计，当地著名建筑承包商阚向午施工，1925 年建成。主楼周边围以小院，小院外再套以大院，大院门为精工巧制的欧式雕花铁门。主楼前有一块硕大精致的假山石，西南角有一座攒尖顶式、用隔扇门封闭的单檐六角凉亭。别

图 5-1-159 吴家楼正面

图 5-1-160 吴家楼西面

图 5-1-161 绿树红瓦段家墙

图 5-1-162 段芝贵别墅

墅东侧有一荷花池，北侧则为一运动场，整体环境优美典雅（图 5-1-163，图 5-1-164）。

章家别墅的植物配置主要是以油松、侧柏、桧柏和白皮松等高大的乔木为主，辅以草坪，使院落既遮阴，又通透。

张学良曾经三次来过北戴河，而章家大楼有两次作过张学良的行辕。一次是 1929 年的夏天。张学良来到北戴河与赵四小姐"偕白首之约"。第二次下榻这里是 1930 年，拥兵 30 万的东北军首领张学良来这里躲避中原大战各路军阀的游说干扰。

此楼后来落入汉奸殷同之手，曾被国民党政府没收，新中国成立后由人民政府接管。1954 年 4 月 21 日，毛泽东第一次来北戴河曾下榻在此。

4. 雍家楼（徐家楼）

雍家楼位于北戴河原北岭路 14 号，联峰山东南麓的丛林之中。高大的油松林和侧柏林里，混杂着刺槐、桧柏、榆树、元宝枫等乔木，别墅周围环境幽雅而别致。

图 5-1-163　章瑞亭别墅

图 5-1-164　章家别墅西南侧的攒尖顶单檐六角凉亭

庭院外绿树成荫，庭院内阳光充溢，和谐宁静（图 5-1-165，图 5-1-166）。

这幢别墅晚清时期为德国人建造，转卖给军火商雍剑秋后略加修改。后来，雍剑秋又转卖给北洋政府交通部次长徐世章。1953 年初，徐世章家属将此别墅转卖给新建的地质部疗养院。

1953 年暑期，经过周恩来总理批示，李四光来到北戴河休养并下榻雍家楼。1954 年夏天，李四光第二次来北戴河休养，仍居住在这幢别墅里。

5. 顾维钧别墅

顾维钧别墅位于原中海滩 1 号，始建于民国初年。为多坡组合铁皮瓦屋顶，全封闭式三面围廊，坐落在紧邻大海的一处高坡平地之上，周围以油松、侧柏、桧柏等高大树木，掩映着红色的屋顶；楼旁和道路两侧原来是高不及胸的侧柏绿篱（现配以耐修剪的桧柏球、黄杨球等植物）造型；高大的乔木下面是平整的草坪。别墅东面是以藤萝架为主的园林小品花园，别墅前面两列高

图 5-1-165　雍剑秋别墅（后为徐世章别墅）

图 5-1-166　徐家楼庭院

大的油松闪开一条直通大海的通道。推开别墅的廊窗，透过眼前的绿色与通透的围墙，就能望见扑面而来的苍茫大海。别墅、庭院与蓝色的大海构成一幅幅连续的美景（图5-1-167，图5-1-168）。

顾维钧曾任袁世凯政府英文秘书及内阁秘书，并曾出任驻墨西哥兼驻美公使。1919年和1921年，作为中国代表先后参加了巴黎和华盛顿会议。1920年被任命为中国驻国联首席代表、国联行政院委员，并兼任驻英公使。先后六任北洋政府外交总长。出任蒋介石政府驻法、英公使。1945年，参加起草联合国宪章。出任驻联合国第一、二届中国代表团团长。1956年任蒋介石"总统府"资政，1957～1968年任海牙国际法院法官，1964年起任该法院副院长。1968年退休后，寓居美国，1985年在美国病逝，享年97岁。

顾维钧在北洋政府任职期间，对北戴河情有独钟，经常来这里避暑和度假。在他晚年完成的《顾维钧回忆录》中深情地说："那时，每逢夏季，我经常在星期五晚上去北戴河休周末。""我在北戴河休假，很喜欢游泳和钓鱼。"

（三）德国府别墅

德国府别墅坐落于北戴河海滨原西经路49号，1904年开始动工建造，1908年夏落成。建筑师是德国人E·赫洛尔特，由德国路德维希卫戍军团建筑总监担任工程指导。

别墅建造在高约6米的石坡上，距离大海只有200余米，站在坡顶可将万顷碧波尽收眼底。别墅院落植物配置的主调是洋槐和橡树林，在两幢别墅之间的通道两侧，配置了一些耐修剪的整形植物品种和草皮，修剪出来的造型和两边建筑的造型相协调。别墅的外围是原有的高大油松林，浓荫密蔽，使别墅显得更为庄重、宁静。别墅前面坡下为杨树林，有通道穿林而过，直达海边（图5-1-169～图5-1-171）。第二次世界大战后，这两栋别墅重新被国民党政府没收。

1948年底被人民政府接管后，这两栋别墅是刘少奇及其家人来北戴河办公和避暑的地方。

图5-1-167 顾维钧别墅

图5-1-169 德国府公使别墅

图5-1-168 顾维钧别墅前直通大海的小路

图5-1-170 丛林之中的德国公使别墅

（四）海关楼别墅

海关楼位于北戴河原西海滩7、8、10、16、17号，始建于1903年，主要功能是接待清朝各级税务司来此避暑休养（图5-1-172）。五座别墅都建造在临海山坡的丛林之中，东、西、北面有建房前留下的高大油松和刺槐，别墅前面山坡下有茂密的松林。海关别墅前伸向海边的岛坝两侧，是高大的侧柏、长柄栎和刺槐等树木组成的混交林，郁郁葱葱、遮阴蔽日。在岛坝尽头的悬崖之上，有一座距离大海不足50米的攒尖顶凉亭，名曰"鹦鹉亭"（图5-1-173）虽然五座海关别墅同属总税务司，但是它们的建筑形式无一相同。标有1903字样的海关别墅，为双坡顶连接攒尖顶，周围外廊开敞。两面用20余根木柱支撑着宽阔的檐廊，坐在这里不仅可以享受大海的气息，而且还可以越过脚下的松林，观赏到海浪逐沙滩、海鸥追帆船的胜景。

1901年12月15日，秦皇岛海关成立。当时的秦皇岛海关是天津海关的一个分关，德国人德璀琳担任天津海关及秦皇岛海关税务司。1900年，他与英国伦敦墨林公司在中国的代表胡华（即后来的美国第31任总统胡佛），利用开平矿务局督办张翼，盗卖了中国开平矿务局资产和秦皇岛港权及北戴河的地产。1904年11月，德璀琳与张翼赴伦敦为开平煤矿公司与英国墨林公司打官司胜诉。1913年1月4日，德璀琳死于天津。

建在离秦皇岛口岸不到20公里的总税务司北戴河海关别墅，不仅向我们展现了一百多年前的建筑艺术，而且记录了中国海关的屈辱史。

1948年底，人民政府接管了海关别墅。

（五）北戴河莲花石公园

莲花石公园位于北戴河联峰山上，始建于民国八年（1919），是一座利用自然山地、岩石、山林和明代寺庙而营造出来的人工山地公园。园内有奇石直立，形似莲房，又有圆石凸出地面，形若荷盖，因此取名莲花石公园（图5-1-174）。

霞飞馆的大草房坐落在北戴河历史上的第一座公园"莲花石公园"内，又名"松涛草堂"。由奥地利建筑师罗尔夫·盖苓设计，木架结构，茅草盖顶，造型古朴典雅（图5-1-175）。"松涛草堂"坐落在葱郁的松海之中，周围点缀着五角枫、丁香和木槿等乔、灌木。当年，每到夕阳西下，中外女士纷纷来"霞飞馆"宴饮跳舞，故人称此为"仙人宫"、"神仙窟"。

图5-1-171 德国府西楼

图5-1-172 建于1903年的清朝总税务司海关楼

图5-1-173 鹦鹉亭

1930年，张学良在此宴请英驻华大使和英远东舰队司令。

莲花石公园由朱启钤领导的"北戴河海滨公益会"兴建。朱启钤字桂辛，晚年号蠖公。20岁随姨父瞿鸿机（晚清曾任军机大臣）入京，开始宦途生涯。曾任京师大学堂译学馆监督、京师巡警厅丞、东三省蒙务局督办等职。1912年任中华民国首任交通总长，1913年任代理内阁总理，后改任内务总长，曾任袁世凯登基大典筹备处长。1916年袁世凯死后，朱启钤遭通缉。徐世昌任总统

图 5-1-174　位于联峰山上的莲花石

图 5-1-175　建于 1920 年的霞飞馆。由奥地利建筑师罗尔夫·盖苓设计（此照片摄于 1920 年，由罗尔夫·盖苓之子弗朗西斯·盖苓提供）

后，又启用他作北方总代表去上海与南方军政府举行南北合谈，谈判破裂后，朱启钤离开政界。

朱启钤是中国第一家文物博物馆古物陈列所创建人，他与梁思成创建了中国第一个古建筑研究所——中国营造学社，是开放北京皇家京畿名胜，改建北京正阳门，打通长安街，开放南北长街、南北池子，修筑环城铁路的倡导者和执行者。他还是我国建国前唯一没有外国资本的大型煤矿——山东枣庄"中兴煤矿"的创建人，"中兴轮船公司"董事长。朱启钤在担任内务总长期间，对京城的清规戒律逐一清除。民国三年，朱启钤主持开放天安门西侧的社稷坛为公园（即今中山公园）。

1916 年，朱启钤到达北戴河即发现"各国外侨"纷纷组织团体，骎骎焉有喧宾夺主之势，对其"殆以我不能自治，取而代之"尤为愤慨，于 1919 年经北洋政府内务部批准，成立了"北戴河海滨公益会"，朱启钤被推为会长，任期十年。公益会集区内规划、交通、卫生、绿化、环保、治安等为一体，实施规范化管理，保护主权，抵御外侮，建设海滨，整修古迹。并且于当年决定：凡名胜古迹载于县志者，以群力保护之，次第规划为公共游览之地。

根据这一决定，鉴于东联峰山土地于光绪二十三年（1897 年）被大部分卖给张翼，公益会出面劝说张翼之子张叔诚以莲花石土地的一部分捐建公园和体育场。张叔诚赞同保存名胜宗旨，交出部分山地给公益会葺治经营，而不私相买卖。朱启钤以他开辟北京中央公园的经验，亲自设计了北戴河莲花石公园。置景为："莲花石公园之麓缀以石桥，环拱如虹；桥下凿石为池，雨后泉流有声，海潮松涛若应弦节；树荫繁密处建草堂，可供觞咏；花径蹊间分布石座具，可休游屐。""古刹观音寺行将倾圮，敦促张叔诚君一力修复。寺与公园间有山涧十数丈，可望而不可及，架木为桥以通之；参天古树，掩映梵宇，夜静钟声，另一境地。"根据设计，以莲花石为中心，在莲花石南修建一座单檐、攒尖顶式凉亭；莲花石西面是风景秀丽的莲花峰——龙山。莲花石北就是北戴河民谣第三绝——"霞飞馆的大草房"，在霞飞馆东侧，有一座奥地利设计师罗尔夫·盖苓设计的攒尖顶式、红色垄瓦的钟亭，里面悬挂一口明代嘉靖五年（1526 年）铸造的铜钟（图 5-1-176）。此钟原在北京御马槛，当年有人将其走私出境，被截获后，朱启钤利用担任京师巡警厅承时期的关系，把古钟留在北戴河。钟亭东侧建有鹿囿，为北京怀仁堂药店代养梅花鹿 20 余只。公园东南建有运动场，内设篮球场一个、网球场两个（当时网球为世界刚刚兴起的女子运动，在中国还非常罕见），另有秋千、滑梯供游客娱乐。公园路旁树荫下，置石凳、石

图 5-1-176　奥地利建筑师罗尔夫·盖苓设计的钟亭效果图

桌。对始建于明朝的古刹观音寺正殿及东西配殿的柱子进行拆换，门窗全部重新油漆彩画，并在西侧新建禅房三间，辅以回廊（图 5-1-177）。公益会特别请文物专家郭世五仿照北京广华寺的观世音像，对山门内的神像重新雕塑。在观音寺与霞飞馆之间的山涧上架起一座木桥，名为"蝶公桥"（图 5-1-178）。莲花石公园建成时，在莲花石的东南立有一尊赑屃座雕龙石碑，石碑正面为当时的大总统徐世昌为公园建立亲笔题诗的手迹石刻："海上涛头几万重，白云晴日见高松。莲花世界神仙窟，孤鹤一声过碧峰。汉武秦皇一刹过，海山无恙世云何。中原自有长城在，云壑枫林独啸歌。"石碑的北面是朱启钤作、由担任过安徽省长、民国交通总长的许世英书写的《莲花石公园记》（图 5-1-179）。对于莲花石公园，时人吟咏极多。晚清戊戌变法领袖人物康有为也在此留下诗一首："万里波澜拍岸边，五云楼阁倚山巅。天开图画成乐土，人住蓬莱似列仙。幕卷涛声看海浴，朝飞霞翠抱山妍。东山日出西山雨，士女嬉游化乐天。"1924 年朱启钤又在莲花石公园东侧购地设计了朱家坟茔地，使朱家坟成为北戴河二十四景之一。

图 5-1-177 通往观音寺山门的白皮松通道

图 5-1-178 连接霞飞馆与观音寺的蝶公桥

（六）朱家坟

朱家坟位于北戴河莲花石公园东部，西邻霞飞馆，东邻双桥，南邻朱家的"蠡天小筑"和（曹汝霖、朱启钤、梁士诒、任振采交通系四巨头的）"同功堂"别墅（"九一三事件"林立果、林立衡住所），北邻观音寺。

朱家坟占地面积 4000 余平方米，始建于 1924 年，是我国北方极为罕见的融西洋墓地与湖南长沙墓地为一体的式样。墓地围墙镶嵌花饰、琉璃瓦盖顶。墓地内松柏夹着刺槐郁郁葱葱、馨香四溢。四周为高大的油松、刺槐和栎树等组成的混交林。墓地用侧柏绿篱区分为东西墓穴，一侧的爬地柏以异形的体魄，展示着顽强的生命力。通往墓穴的三条甬道旁是罗列整齐的白皮松（图 5-1-180）。墓穴北部为紫薇、木槿等花灌木。西部营建了六个墓穴，每个墓穴均呈正方形，四周设有花岗岩周边，内植花卉。墓地内高大的塔柏、泛光而斑斓的白皮松、道斑苍苍的马尾松、挺拔入云的落叶松伴着翠柏，密密匝匝，幽静安谧。引人注目的林间古藤，似千万条龙蛇在松海里游弋，爬满了支架。每逢春夏之间，肥硕

图 5-1-179 徐世昌亲笔题诗的赑屃座雕龙石碑

图 5-1-180　朱家坟内罗列整齐的白皮松通道

图 5-1-181　朱家坟西部

图 5-1-182　朱家坟内藤萝架与小憩草亭

的紫藤萝繁华累累。在藤萝架的东侧，点缀着一座"小憩草亭"。整个墓地展现出中西结合、南北相融的气韵（图 5-1-181，图 5-1-182）。

基地原为德国工程师魏迪西的别墅用地，1923 年魏迪西回国后，将别墅卖给了朱启钤，由三女儿朱松筠居住。朱启钤对风水学有一定的研究，夫人于宝珊也认定此处风景佳胜，即有埋骨于此之意，遂选了这块吉地作为朱氏墓地。起初本不打算拆迁原为魏迪西的别墅，后经堪舆，认为别墅原址风水极佳，所以将别墅原样迁于新址，在房址上营造墓地。墓地为朱启钤自行设计，当地建筑商阚向午施工建成。原设计是一室二穴的合葬墓，分男左女右，主墓还设有机关，以备死后打开坟墓安葬。1927 年，51 岁的于夫人病故于天津"蠖园"，翌年送达这里下葬。新中国成立后，鉴于北戴河朱家墓地被划为禁区，朱启钤逝世前不再要求葬在北戴河，在北京万安公墓买了寿穴。逝世后，中央统战部征求家属意见，最后经周总理批准，遗体安葬在北京八宝山革命公墓。这里成为于夫人与朱启钤的衣冠冢。

朱氏墓地西段是朱启钤从张叔诚手中买下的，以备儿孙辈日后使用。东北角上单独安葬的是朱启钤七女儿朱浦筠女士，1929 年她在天津南开中学读书时患脑膜炎去世，死时年方 17 岁，因茔地设计无女儿墓穴，故临时葬在这里。

"子孙墓"第一排东穴是朱启钤长子朱沛与夫人孟广慧合葬墓。朱沛早年毕业于天津南开大学，与周恩来是同期，民初曾任津浦铁路账房总管、总务总长等职。朱沛墓往南分别是朱启钤长孙、次孙墓。西排汉白玉棺盖墓穴，原设计是朱启钤次子朱渤（海北）墓穴。朱海北曾追随张学良做副官，后其六妹朱洛筠 1934 年在德国与张学铭（张学良的胞弟）结婚，朱家与张家就成了姻亲。改革开放后，朱海北任中央文史馆馆员，1996 年逝世后葬北京八宝山革命公墓，享年 87 岁。

（本节"北戴河近代别墅群园林"文：冯树合）

五、鸡公山近代别墅群园林

（一）综述

鸡公山，古称鸡翅山，位于大别山西端豫鄂交界处，南距武汉 174 公里，北距信阳 38 公里。主峰海拔811 米，主景报晓峰 767.5 米。地处南北方的过渡地带，四季分明，冬长夏短，春秋相当。雨量充沛，平均年降水量 1346.9 毫米，溪泉瀑布众多。夏季凉爽宜人，平均气温 23.7℃。区内植被丰茂，拥有植物 259 科 2061 种，覆盖率 90% 以上。

鸡公山雄居义阳三关（武胜关、平靖关、九里关）之间，战略地位十分重要，历为兵家所争。山脚下的武胜关为中国古代九大名关之一，犹如一把巨锁，将大别山与桐柏山紧扣一体，构成江淮之间绵亘千里的天然屏障，素有"中州锁钥，楚豫咽喉"之称。20世纪初，卢汉铁路（卢沟桥—汉口）通车后，传教士入山探奇，并辟地建房，鸡公山逐渐成为中国四大著名避暑胜地之一。改革开放后，鸡公山被国务院首批公布为国家级风景名胜区，其后又被列为国家级自然保护区，21世纪初又被评为国家4A级旅游区，景区面积由原来27平方公里扩展到255平方公里。

鸡公山古代是一片原始森林，由于战乱、兵灾而变为次生林。随着西方近代传教士、商贾的渗入，将西方园林文化带入山区，与中国园林文化进行融合，逐渐发展成为以鸡公山北谷（教会区）、洋商区、避暑山庄为中心的以避暑、休闲为主的近代园林。

（二）园林发展分期

鸡公山园林在近代的发展分为起始、鼎盛、衰落三个阶段。

（1）起始期（1902～1907年）

20世纪前，鸡公山上人迹罕至。为避匪患和战乱，明朝始有三户人家。1902年，卢汉铁路（即平汉铁路）通车后，渐有开发。当年10月，美国传教士李立生等人入山探奇，发现鸡公山泉清林翠，气候凉爽，景色优美，适宜避暑。次年，李立生、施道格、马丁逊三位传教士开始在山上建别墅，并在西方报纸上撰文宣传。武汉、襄樊、信阳、确山及长江中下游的传教士联袂登山购地建房。这些避暑用房一般按传教士本国建筑风格设计，并广植各国花木，改造庭院环境，把西方园林引入了鸡公山。截至1905年，已建有美、英、法、俄、日等各国式样的别墅27处，寓居外侨男女六七十人，次第扩充，日进无已。此时清廷才发现，未经政府允许，信阳知州私自出卖土地，犯了"失领土罪"。两广总督张之洞亲临处理，所置房产均出资赎回，另行出租，并将鸡公山划为教会区、避暑官地（洋商区）、豫森林地、鄂森林地四个区。同时，制定了《鸡公山收回地基、房屋，另议租屋避暑章程十条》。从此，鸡公山的建设和园林发展走上了正轨。

（2）鼎盛期（1908～1936年）

自张之洞处理外人租地交涉案后，鸡公山吸引外资兴建别墅有了法规，极大地推动了景区发展。武汉、襄樊、长沙、广州、郑州、西安、上海、天津等地的美、英、法、德、日、俄、挪威、瑞典、瑞士、丹麦等二十几个国家的传教士、商人纷纷闻风而至；中国的军阀、地主、买办、富豪亦接踵而来，大兴土木。1906～1934年为迅速发展阶段，1935年为鼎盛期。据史料载，别墅编号最高号码为500号，坐落在北岗E区，是Dr. E. C. Andreassen的房产。同时，户口调查统计，外籍侨民达2201人，足见避暑胜地的兴旺。

在此期间，不但建有园林庭院式别墅，而且花园、泳池、亭榭、教堂、学校、医院、网球场、游乐场地、邮局、电报局、街区等一应俱全，形成了"山城"的雏形。当时与庐山、北戴河、鸡公山、莫干山统称为外国人在中国的四大避暑胜地。各别墅周围栽植异国花草、林木，并悬挂国旗，形成一道独特的风景线。近代诗人刘景向曾用"花木多从异国来"、"十里风飘九国旗"的诗句对当时情境作了真实的描绘。

（3）衰落期（1937～1949年）

1937年卢沟桥事变，日寇挺进中原。同年10月28日，鸡公山沦陷，日军驻守一个小队（相当一个排）使名山蒙尘，原有别墅遭到严重破坏。公房门窗楼板被窃一空，残垣断壁，惨不忍睹。所有别墅几乎人去楼空，花木枯萎，野草蔓生，狐兔出没，一片荒芜。据目睹者称，风景树木被砍伐80%，道路被扒毁，有些建筑仅四壁孤存，短短几年，面貌全非。

抗战胜利后，国民党政府接管，对山上建筑略有修复，修路植树，筑亭整容，但很难恢复旧观。随后三年的解放战争，只能任其风雨剥蚀，自然损坏。

在衰落阶段，虽然破坏很多，但初、后期仍有一些建设。1937年秋，国民党军事委员会武汉行营为蒋介石来山修了防空洞；1946年在逍夏园修砌了荷花池和池心亭；1947年，为蒋介石庆祝60大寿，在南岗建了"中正亭"；恢复了英人在逍夏园所建花圃和公园。因蒋介石消极抗日，节节败退，后人把"中正亭"易名为"伤心亭"，原亭较小，呈八角形，后自然倒塌，1984年在原址重建。

据政府部门调查核实，新中国成立前别墅遗存212幢，风景林木尚有一些遗存，主要集中在中国人宅院周围。西洋国花只有法国鸢尾和英国狗蔷薇被保留下来，前者见于房前屋后，后者长于林间。

（三）近代别墅园林

东西方虽相距遥远，但在美化环境，改善居住条件，把生活起居之地变成可游、可居的乐园方面则是一致的。由于地域、民族、文化、经济、习惯的不同，东西方在园林的形式、建筑的风格上存在着较大的差异。

避暑别墅源于西方的花园别墅或乡村别墅，与中国的苑、宅园有一定类似之处，两者均强调建筑与自然的关系。因此，在各个别墅区内，均有人工建筑、园林、步道、小品、池亭、网球场及生活设施，构成相对独立完整的园林居住区。

鸡公山避暑别墅以北岗（教会区）和南岗（洋商区）居多，属中国人的别墅多在森林区，以及教会区和洋商区之间的结合部。这些别墅多为石墙红瓦，绿树围绕，绿树红瓦构成了鸡公山别墅景观的基本色调（图5-1-183～图5-1-186）。

据调查统计，鸡公山 500 余栋别墅的使用者来自 23 个国家，因战乱和自然损坏。由于民族、经济、文化和地域不同，其建筑风格亦不相同。依建筑式样分，有古典式、乡村式、折中式、殖民式等；依国籍分，有美国式、英国式、德国式、法国式、俄国式、丹麦式、瑞典式、北欧式、日本式、挪威式等。更多的是多种样式的混合（图5-1-187～图5-1-192）。如美国式大楼，原为美文学校校舍，平面布局呈"工"字形，中轴线对称，两翼对称均衡，具有折中式建筑的特点，正面为开敞式券廊，居中筑有高耸的钟塔（图5-1-193，图5-1-194）。

清末，中国民族资产阶级萌生，工商业初兴，买办相继出现，加上军阀地主，都争相涌入鸡公山避暑胜地的边缘、缝隙，兴建别墅。他们既吸收西方的建筑风格，又在原风格基础上有所创新。中国人在鸡公山所建别墅多为折中式建筑，没有固定格式，任意模仿历史上任一风格和流派，并加以发挥。如颐庐（又名志气楼）就是这种折中式的典型。

颐庐位于鸡公山中心区南北两岗之间的中心台地上，是直系军阀吴佩孚部第十四师师长靳云鄂于 1921～1923 年建造的，建筑面积 1200 余平方米，主体三层，采用集中的体量对称布置（图5-1-195）。底层为警卫、佣人、储藏等附属用房，主要起居室空间置于二楼，三楼为卧室，顶层采用鸡公山为数不多的上人平屋顶，屋顶居中位置及一侧分设两座造型独特的亭子。主要立面三层均采用连续的拱廊装饰，入口大台阶直通二层，建筑雄伟而庄严。为了维持对称式的立面构图，平面交通体居中，两侧布置房间，空间单一。而建筑立面和细节设计充满了各种不同建筑语汇的堆积，从西方变异的罗马拱廊、爱奥尼柱头、大台阶、彩色玻璃窗花到

图 5-1-183　北岗一角之一（1933 年）

图 5-1-184　北岗一角之二（1933 年）

图 5-1-185　南岗一角（20 世纪 30 年代初）

图 5-1-186　教会区与洋商区交汇处（20 世纪 20 年代中期）

图 5-1-187 汉协盛别墅（原叶剑英下榻处，亦称叶帅楼）

图 5-1-191 马歇尔楼（俄式楼，曾用做工程局、租地局）

图 5-1-188 将军楼（北岗北端，原为德国某将军住处，故得名）

图 5-1-192 三菱别墅（原日本三菱洋行别墅）

图 5-1-189 中正楼（原英国花旗银行别墅）

（a）

（b）

图 5-1-193 美文学校
（a）美文学校门前网球场 （b）美文学校宿舍楼与教学楼

图 5-1-190 美龄舞厅（原英国华昌洋行别墅）

图 5-1-194　美国式大楼

图 5-1-195　颐庐

中国式的雕花栏杆、建筑装饰和变异组合式蒙古盔顶，无不集中反映了早期国人对外来建筑形式的理解，将一种当时殖民地城市中的豪宅毫无节制地添上各种异域的细节搬进了山林。同时从另一个侧面反映了封建军阀在表达一种狭隘的"民族情节"时，流露出对腐朽奢侈生活的追求。颐庐周围的园林景观非常丰富。大门前下方是一个大花园，并植有不少风景树，如翠柏、白玉兰、腊梅、梧桐、百日红等。草花、短命木本花卉早已荡然无存，现在尚存翠柏15株、白玉兰16株，树龄近90年。翠柏，又名凤尾柏，是我国珍贵树种，靳云鹗特意从外地引进。最大的树围101厘米，针叶翠绿，主干匍地，姿态古怪。颐庐周围最大的一株白玉兰胸围110厘米，春节前后，争相绽放，白花挂满枝头，幽香扑鼻。

萧家大楼为鸡公山避暑山庄1号别墅，是湖北督军肖耀南于1921~1923年间所建。总体道路由东南侧接近建筑，主体采用三层集中体量雄踞避暑山庄山麓一隅，为了尽量将西侧与南侧的山峦远景纳入建筑，建筑朝西基本对称布置，并设开阔的门廊。而东侧则利用辅助用

房的较小体量与主体并置，自由的侧面轮廓打破了集中的体量与环境的对立。主体外廊的半弧形拱、双柱划分及石砌栏杆、台阶、石狮等细节赋予简洁的形体以人性化的尺度，北侧实体墙面上悬挑阳台的点缀更为立面增添了轻松、活泼的细节，同时，使室内与室外景观具有直接的对话。建筑屋顶形式采用西侧主体为平顶，其余部分为坡顶的组合方式，平屋顶为全方位观赏周围景色提供了难得的场所。

瑞典大楼位于东岗，20世纪20年代中期建造，四层（含地下室），片石基础，料石墙体，建筑面积2443平方米，平面呈"工"字形，中轴对称，一层为教室，二、三层为宿舍，地下室为餐厅。楼中部凹入部分筑有2米宽的罗马式圆拱券廊，并加石栏围护，显得庄重肃穆。镔铁皮多面坡屋顶，并开设"老虎窗"，跌宕起伏，富有韵律感（图5-1-196）。

昔日，此楼为瑞典人办的瑞华学校校址，专收西方商人子女就学，亦有部分华人子女入读。

姊妹楼位于南岗，北楼为袁世凯侄孙、新编第十二师师长袁英1912年所建，称袁家大楼；南楼为南阳镇守史吴庆桐仿北楼式样建造，称吴家大楼。由于外形和结构相同，人称姊妹楼。两楼均为料石墙体，红瓦茸顶，单楼建筑面积767.95平方米。两楼依山势而立，东南外墙又在同一轴线上，相距5.2米。檐廊面向南方，既别具一格，又充分利用了阳光。站在东岗、报晓峰、月湖等处远眺，似窈窕淑女，婷婷玉立，又似妙龄姊妹，相互偎依（图5-1-197，图5-1-198）。两楼也是最佳远眺点，西有田园风光，京广铁路、公路奔驰的火车、汽车；南望报晓峰雄姿；东望月湖，波光潋潋；北望别墅群落。

鸡公山北岗、南岗外国人避暑区的园林布局以建筑物为中心，植树种花，不筑围墙，风景林木和时令花卉围绕住房。如英国建筑的逍夏园（大门为月亮门），门前配置了一连串五个花园，引种了西方各种奇花异草和风景树木。再如美国别墅，主要集中在北岗教会区，房屋四周种植了红枫、紫丁香、风信子、百合皇后、金鸡菊、绣球和美国国花月季，加上邻近的山花、杜鹃、连翘、兰草，每到春夏季节，繁花似锦，鲜艳夺目，蜂嗡蝶舞，动静相随，形成一片自然画景。

中国人的别墅采用向心的院落式布局，以石砌矮墙、寨墙、围栏等形式表示所属，如颐庐、姊妹楼、萧家大楼、盘庐、张宅、中心区5、6、7号和南岗119号别墅等。附设的园林景物全在院内和所属范围边缘。园

图 5-1-196 瑞典式大楼

图 5-1-197 姊妹楼之一

图 5-1-198 姊妹楼之二

林追求意境和内涵，沿袭了古典园林的构造法则："诗的意境，画的构图"，把人工美与自然美紧密结合。院内和房屋周围广植中国特有的吉祥风景树，如梧桐、桂花、白玉兰、翠柏、凤尾柏、云柏、侧柏、桧柏、银杏、松、竹、梅等。梧桐树上栖凤凰，象征着福祥临门；龙凤是中华民族崇拜的图腾，以龙凤命名的树，高雅华贵，令人敬重；白玉兰为多年生乔木花卉，洁白无瑕，象征着人物品德高尚；松、竹、梅象征人的骨气，傲冰雪、斗严寒的精神。

（四）公园

20世纪二三十年代，鸡公山兴建别墅鼎盛时期，分别在山顶和避暑山庄建逍夏园和颐心园两个公园。公园作为人群活动的公共场所，集赏景、娱乐、休闲、运动等功能于一体。

（1）逍夏园

逍夏园设有游泳池、网球场、苗圃、景亭、乒乓球场等园林小品及设施。集中布置于山谷平地上，自西至东排列，一连五处，人称公园一区、公园二区、公园三区、公园四区和公园五区。总长度约300米，宽100米。逍夏园是别墅区内外国人集中消遣娱乐之地。公园内种有百余种花卉，供入园者观赏。每当夏季，这里外国人群集，游泳、打球、赏景、休闲。苗圃地三亩有余，在息影亭后山沟，培育各种时令花卉百余种，并向山上别墅户主和游人出售。

今日逍夏园在公园地基上建有月湖、宾馆、苗木、荷花池、池心亭、音乐喷泉、礼堂、万国广场、健身设施、苗圃、游乐园等，面貌大有改观。除了逍夏园房屋遗存外，其他茫然无存，但仍然是一处娱乐场所，是广大游客驻足之处。

（2）颐心园

位于避暑山庄、肖宅和杜宅之间的一块平地上，园内建有退思亭，广植花木。它是山庄华人住户活动的公共场所。颐心园种植有各种时令性花木和珍贵风景树，供人观赏。园内退思亭仍存遗址。此园北伐后渐荒，无人问津，至今仍是如此。

（五）宗教园林

鸡公山风景区拥有基督教、佛教和道教。三大宗教都是在上世纪初至30年代进入核心景区（鸡公山顶）。园林亦随着中西宗教文化的交融而平行发展并相互渗透。基督教传教士全系外国人，他们从海外引种了不少花木，丰富了鸡公山园林景观。

区内，宗教活动场所有八处：龙泉寺（遗址）、新店福音堂、灵山金顶、鸡公山小教堂、公会堂、活佛寺、灵化寺、天福宫（遗址），后五处全在鸡公山顶，建在古木参天、怪石林立、流水潺潺、繁花似锦的深山中，将自然美与人工美融为一体，既满足了信徒的宗教活动，又吸引游人观赏。

（1）基督教

20世纪初，平汉铁路通车后，基督教信义宗传入鸡公山。1920年8月，此宗多个分支在鸡公山进行联合，称为"中华信义会"。该宗有 16 个成员教会（即地方总会），分布在粤、湘、豫、鄂、陕、鲁和东北等地，景区成为他们的教会中心。活动场所有三处：小教堂、公会堂、福音堂。前二处在山顶，后一处在山脚下。

小教堂（图 5-1-199）1907 年建在流水淙淙的宝剑泉旁，绿树成荫，同时植有银杏树一株，现已年过百岁。周围有悬铃木、枫杨多株，已有 70 年的树龄。昔日的鸡公山，基督教发展迅猛，教士、教徒云集，从周一至周日用英语、瑞典语、挪威语、华语四种文字分时段进行祈祷。文人刘景向在 1923 年出版的《鸡公山竹枝词》中写道："钟声数声散群鸦，礼拜堂前日影花。东岭西溪人络绎，喃喃都颂耶和华。"这首诗是当时宗教活动繁华景象的写照。

在小教堂不堪重荷的情况下，1913 年建了公会堂，面积较大，专供团体礼拜（图 5-1-200）。1953 年修复后，改为大礼堂，现保存完好。堂外植有松柏、鸡爪槭、悬铃木，一片绿荫。此堂伫立在崖边，站在此处遥望东方日出，群山逶迤，有"横看成岭侧成峰，远近高低各不同"的真实感受。

（2）佛教

佛教对植物非常崇拜，佛典规定，"五树六花"是寺庙必植之物。五树是指菩提树、大青树、贝叶宗、槟榔、糖棕或椰子；六花是指荷花、文殊花、黄姜花、黄缅桂、鸡蛋花和地涌金莲（千瓣莲花）。1932 年，英富商潘尔恩（Byrne）的西餐厨师尹寿耐，在南岗建立了活佛寺，供奉济公活佛、千手观音、财神、雷神等。当年尹住持种植的花木遗株有银杏两株及鸡蛋花、黄姜花等。银杏树每逢秋季，硕果累累，树叶蜡黄，成为南岗的标志性地景。

活佛寺 1960 年自然倒塌，1991 年在原址重建（图 5-1-201～图 5-1-207）。

（3）道教

灵化寺坐落在报晓峰西南山腰，民国十六年（1927），苏裴然官途失意，在此建寺，披发为道。寺内无泥塑偶像，只供奉一个"灵"字，依此名山、名寺。灵化山大门刻有门联，外联：归元之路，入圣之门。内联：天中蓬壶，世外桃源。门额刻有"灵化山"三个大字（图 5-1-208，图 5-1-209）。该寺 1974 年自然倒塌，1993～1994 年，鸡公

图 5-1-199　小教堂

图 5-1-201　活佛寺牌坊

图 5-1-200　公会堂

图 5-1-202　活佛寺南大门

图 5-1-203　活佛寺侧景

图 5-1-204　活佛寺放生池

图 5-1-205　活佛寺地藏王洞

图 5-1-206　活佛寺净心洞

图 5-1-207　活佛寺智慧泉

图 5-1-208　灵化寺大门

图 5-1-209　灵化山大门内侧

山自然保护区在原址重修（图 5-1-210）。

灵化寺因含曲径、怪石、清泉、林荫、山花等风景独佳，成为游览胜地。怪石有月牙石、天柱石、鬼门关、静心洞、船石、卧牛石、一线天、上天梯等，还有苏道人修炼处的仙人洞，观看天象的窥星台（图 5-1-211～图 5-1-213）。山道旁有灵泉、佛光显现处等景点。

图 5-1-210 灵化寺主殿

图 5-1-211 灵化寺仙人洞

图 5-1-212 灵化寺鬼门关

图 5-1-213 灵化寺窥星台

灵化寺门前有昔日苏道士亲植的篱笆墙雪柳树丛，现仍有遗株 11 棵，长成 6 米高的灌木排树，成为灵化寺的一大景观。

（六）古树名木

1985 年普查，鸡公山景区发现 35 个树种，480 多株。树种列计有银杏、翠柏、法桐、枫杨、五角枫、黄连木、榔榆、化香、白玉兰等。2007 年夏又进行了第二次普查，计古树名木 45 种 367 株，百年以上的 118 株，300 年以上的 21 株，1000 年以上的 4 株。由于景区较原 27 平方公里扩大近 10 倍，普查难度增大，遗漏肯定有。两次普查，时隔 22 年，有些已不复存在，由此可见，古树名木需要悉心保护。

区内古树名木分为古老型、纪念型、价值型和珍稀与濒危型四种。①古老型有唐银杏和唐宋遗株铃木茶（图 5-1-214）。唐银杏相传为唐朝开国名将尉迟敬德所植。他老年出游，途经此地，用白果树干钉了一个栓桩，后成活抽芽，干直叶茂，长势旺盛。其后传说种种，当地人把它当图腾敬奉，以保风调雨顺，人寿安康。于是，建庙以祭。此树距今已有 1300 余历史，中空，周围萌发五棵幼株，最大一株胸围 10.5 米，原树枯朽，其位置东西 1.5 米，南北 2.2 米，可置桌对弈。鸡公山为古茶区，《信阳县志》载：大茶沟尚有"唐宋遗株"；《唐地理志》载：义阳（信阳古称）土贡品有茶。现已证实，土贡品就是铃木茶（图 5-1-215）。②纪念型古树名木遗存较多。1921年春，冯玉祥将军驻守鸡公山区时，与中国植物学家韩安和英国人波尔登一起对鸡公山区和铁路沿线进行了兵工植树造林，开创了兵工绿化祖国的先河。他在韩安旧居门前所植法桐，至今犹存，被称为将军树，一株胸围3米，另一株2.68米。树高13~15米，长势旺盛。靳云鄂将军在1921~1925年栽种的花木遗株最为丰富。至今仍有翠柏、白玉兰、梧桐、紫薇等46株，占全部别墅周围古树名木的五分之一，是鸡公山近代园林别墅的一大景观。③价值型。韩安和波尔登在20世纪20年代前后引种的池杉、落羽杉是我国最早引入的珍贵树种，现为国家种子资源库，全国20多个省市自治区均由此引种，成片的落羽杉有"祖母树"之称，为延续优良品种，不变性、不变质，改为无性息繁殖（图5-1-216）。④珍稀和濒危型。鸡公山拥有国家级保护植物9种：香果树、独花兰、天竺桂、桢楠、天目木姜子、野大豆、天麻、青檀、黑节草。省级保护植物10种，2007年夏调查，别墅周围、寺庙附近共有近代遗株201棵。其中国花两种：英国国花狗蔷薇，法国国花鸢尾；海外引入花卉两种：金鸡菊、月见草。灌丛众多，种类有：溲疏、天竺、绣线菊、小叶女贞、八仙花（绣球）等。

（本节"鸡公山近代别墅群园林"文：姜传高）

图5-1-214　李家寨唐银杏与银杏亭，树龄1300年

图5-1-215　大茶沟尚存的唐宋遗株铃木茶

图5-1-216　落羽杉林

附录5-1-1

庐山近代园林名录

序号	园林名称	面积（公顷）	建设时间（年月）（始建、扩建、补毁）	地点	园主	备注
1	东谷别墅群	350	1895年始建，至1948年停止建设，至今保存有500余处别墅和公共建筑	牯岭东谷	1949年前，分属于18个不同国籍的业主，现为国有	
2	西谷别墅群	170	主要建成年代为1927~1948年，至今保存有100余处别墅和公共建筑	牯岭西谷	1949年前，分属于18个不同国籍的业主，现为国有	中国写意山水园为主要园林特色

序号	园林名称	面积（公顷）	建设时间（年月）（始建、扩建、补毁）	地点	园主	备注
3	林赛公园	1.3	始建于1898年，保存至今	牯岭东谷	原为牯岭公司所有，现为国有	
4	庐山植物园	300	1934年始建，抗战时期受损严重。1946年恢复重建，不断完善，至今已形成了独特的园林景观	牯岭含鄱口	国有	
5	庐山军官训练团团址	2.0	1935～1937年建，1949年后改变用途，现为宾馆、餐馆、庐山会址，对游客开放	牯岭火莲院	国有	
		不详	1933年建，抗战时被毁	五老峰下海会寺	国有	
6	匡山草堂	不详	建于1878年，民国期间已废	栖贤寺侧	易顺鼎	园中建有十八景，为写意山水园
7	姑塘海关	不详	建于清末，抗战时受损，现仅存院落	庐山区姑塘镇	国有	现有西式建筑一组，庭院已荒芜，为文物保护单位
8	大林寺	0.33	始建于东晋，先后多次被毁，1922年重建，1959年如琴湖底毁	如琴湖底	佛教	以自然山水为框架的写意山水园，为佛教场所。主要建筑有佛堂、方丈楼、讲经台、僧房，为民居风格
9	太乙村别墅群	不详	始建于1922年，1938年部分被毁，战后（抗战）全毁。20世纪八九十年代有所恢复，现为宾馆	太乙峰下	古层冰、曾晚归等私有	中国山水园林，由粤人古层冰、曾晚归等人约友数人在此兴建。康有为曾有诗曰：太乙峰头太乙村，七人筑室各柴门
10	庐山花径公园	36.5	1930年始建，1953年第一次扩建，1988年第二次扩建。现为庐山主要景点之一	牯岭西谷	国有	以自然山水为框架，以纪念白居易赏桃花写下的《大林寺桃花》诗篇为核心的纪念性园林。当时的主要园林景观有花径亭、景白亭、赏花亭、石坊、桃花等
11	大天池	6.3	始建于东晋，先后多次废兴。1927年、1933年、1939年经唐生智、林森部分修复和扩建。现为庐山主要景点之一	牯岭大天池	国有	原佛教用地，现寺已不存，主要建筑有建于近代的园佛殿、天池塔、天心台、照江岩石刻及亭、题于近代的"天池寺"山门、文殊台、老姆亭、大天池、古石围墙、石刻等
12	蒋介石行馆	不详	始建于1935年，抗战时期为日军焚毁。20世纪末有所修复	观音桥	国有	为蒋介石抗战前休息之地，围以石墙，馆址适中，环境清幽，抬头可见开先瀑布，举足即至青玉峡
13	诺那塔院	1.0	1937年始建，新中国成立后曾进行过大修。现为庐山景点之一	牯岭小天池	佛教	以自然山水为框架的佛教用地。主要景观有白塔、诺那塔院、小天池等

序号	园林名称	面积（公顷）	建设时间（年月）（始建、扩建、补毁）	地点	园主	备注
14	庐山陆军第九十九军抗战阵亡将士纪念园	1.2	1946年建，"文化大革命"期间被毁，仅剩烈灵台和后来被重新扶起的牌坊。现为庐山景点之一	牯岭小天池	国有	以自然山水为框架的纪念性陵园。主要建筑有石坊、纪念碑、烈灵台
15	芦林别墅区	55	1898年始建，1954年建芦林湖，已毁	牯岭芦林	俄国东教堂尼娑	

附录 5-1-2

庐山近代园林大事记

1. 1870年前后，法国传教士在庐山莲花洞建第一处避暑别墅和教堂。

2. 1878年（光绪季年）易顺鼎建匡山草堂于庐山石人峰下栖贤寺旁，民国后期废。

3. 1885年英国传教士李德立登庐山觅避暑之地。

4. 1895年英国传教士李德立获牯岭长冲谷地"租借权"，与清政府九江道台签订了《牯牛岭案十二条》。

5. 1896年李德立牯岭公司筹建牯岭最大的教堂——协和教堂。

6. 1898年俄东教堂教士尼娑租借芦林公地建房纳凉。

7. 1898年美国传教士海格思租借牯岭医生洼，建房。

8. 1898年林赛公园建成。

9. 1899年英国传教士在上海出版英文版《牯岭开辟记》一书，该书为外国人第一次以其母语文字介绍庐山。

10. 1901年，始建于1723年的姑塘海关的管理权为英国人所控制。1938年收回。

11. 1903年美庐别墅建成。1933年8月8日蒋介石入住美庐别墅。1948年蒋介石命人在美庐别墅的卧石上刻了"美庐"二字，从此离开庐山，再未回来。

12. 1905年英国传教士李德立编制完成了《庐山牯岭规划图》，并建成别墅147幢。

13. 1909~1911年，白鹿洞书院内办高等林业学堂。

14. 1911年庐山林场成立。

15. 1914年法国天主教教主樊体爱租狗头山建医院。

16. 1917年牯岭建成506处别墅等建筑。外国来山者1746人，分别来自15个国家。

17. 1921年英国人都约翰开设的仙岩客寓落成。

18. 1922年重修大林寺。1923年世界佛学联合会在大林寺召开。

19. 1922年美国学校校舍建成。

20. 1922年粤人古层冰、曾晚归等人约友数人在太乙峰下兴建太乙村别墅。

21. 1926年、1932年、1933年、1937年，蒋介石先后在牯岭召开了11次会议。内容涉及军事、政治、外交、财政等。

22. 1927年江西省立林业学校成立。

23. 1928年牯岭建有外国人别墅508处，华人别墅194处，店面175处。

24. 1929年汉阳人李凤高发现"花径"石刻，1930~1932年，花径园林景观初步建成。

25. 1931年牯岭已建成具有欧美各国别墅建筑特色、风格各异的别墅、房屋788幢（其中租借区526幢）。

26. 1933年海会寺军官训练团成立，同年训练中下级军官7500余人。

27. 1934年由北平静生生物调查所和江西省政府农业院合作创办的庐山森林植物园于8月20日成立。

28. 1935年、1936年、1937年在牯岭火莲院分别建成庐山图书馆、庐山传习学舍、庐山大礼堂，作为庐山军官训练团团址。1937年7月至8月间，两期高级将领与大中学校长、训导主任的训练在此进行；1937年7月17日在此召开了揭开我中华全民族一致抵御外敌的"庐山谈话会"；1938年5月由宋美龄主持的"战时妇女工作谈话会"在此召开；1946年三民主义青年团的夏令营在此举行；同年"三民主义青年团第二次全国代表大会"在此召开。

29. 1935年蒋介石建行馆于观音桥，抗战时为日军所焚毁。

30. 1936年1月1日国民政府收回牯岭租借地。

31. 1936年明确：本山植树宜采用法国梧桐。同年，江西省政府特令庐山管理局、庐山林场、庐山森林植物园会同拟定全山造林计划。

32. 1936 年完成庐山芦林地区国民政府行政院暑期办公用房规划。

33. 1939 年庐山失守，为日军所占领，至抗战胜利光复。

34. 1939 年日军占领庐山期间，庐山树木被砍伐十万余株，其中白鹿洞书院古树名木损失巨大，山上房屋被毁 480 余幢。

35. 1946 年陆军第九十九军抗战阵亡将士纪念园建成。

36. 1949 年庐山解放。

附录 5-1-3

莫干山主要近代园林名录

名称	类型	面积（亩）	地址	建造时间	景观特色
白云山馆	庭园	10	杭县路 509 号	1915～1935 年	法国梧桐为主要庭荫树，露天舞池为特色，蒋宋种植美人茶为亮点
静逸别墅	庭园	3	嘉兴路 410 号	1934 年	以天然枫杨、柳杉等大树为主，配以红枫、桂花和锦带花等，呈自然山林风光
潘家花园	庭园	6	荫山路 92 号	1930 年	以花厅古建筑为主，利用周围山水地形，构以假山、石洞、亭桥，并配植了大量的杜鹃，花开时节堪称一绝，颇有江南园林的情趣
松月庐	庭园	7	金家山路 550 号	1933 年	以天然马尾松大树林为骨架，配植了桂花、瓜子黄杨、山茶和大面积草坪，所营造的松风雾雨、别开胜境，宛如世外桃源
林海别墅	庭园	8	莫干山路 546 号	1934 年	林海的泉、亭、网球场和日本五针松、美国大王松、广玉兰、山茶花等构成了自然山水园林
雄庄	庭园	4	邮政局路 48 号	1932 年	屋前为圆柏、鹅掌楸、瓜子黄杨和绿篱组成的规则式绿地，左侧为金钱松林，右侧有水池喷泉
芦花荡	公共园林	50		1898～1949 年	有号称莫干第一泉的鹤啄泉、芦苇荡，更有露天舞池掩藏在成片的桂花、红枫和古龙柏树中，园中保留了大量柳杉、枫香、青枫栎、白玉兰等原生态大树，是一处具有时代气息的近代山地园林
天桥	公共园林	5		1929 年	利用原采石场增建小画桥，与亭台结合，引自然山水汇集成一方小型戏水池，配以平整的草地，中西合璧，小巧玲珑

鸡公山别墅建造国国花一览

国别	国花
美国	月季
英国	狗蔷薇
俄罗斯	向日葵
日本	樱花、菊花
德国	矢车菊
挪威	欧古楠（杜鹃花科）
瑞典	欧洲白蜡
丹麦	木春菊
芬兰	铃兰
印度	荷花
菲律宾	毛茉莉
法国	鸢尾花
荷兰	郁金香
比利时	虞美人
西班牙	香石竹
葡萄牙	雁来红、薰衣草
瑞士	火绒草
意大利	雏菊
希腊	油橄榄、老鼠簕
印尼	扶桑
朝鲜	金达来（朝鲜杜鹃）

第二节　近代城市别墅群园林

一、青岛八大关近代别墅群

八大关近代别墅群位于青岛市南区的太平山麓，汇泉角与太平角之间的沿海丘陵地带。区域总用地面积近70公顷。基地西邻汇泉湾，南接太平湾，沿海丘陵地貌使区内地势起伏多变，围绕海湾展开（图5-2-1），同时，空气湿润、四季分明的海洋性气候是八大关区域成为著名风景旅游区的先决条件。20世纪30年代初，国民党统治时期，青岛市政府将此区划定为"特别建筑公地"，采用公开竞租的方式租售土地使用权，开始了此区的集中开发计划，大批军政要人、豪门富商来此建造别墅。早期区内道路多以胶东的地名命名，后来又以中国著名关隘的名字取代，分别为韶关路、宁武关路、紫荆

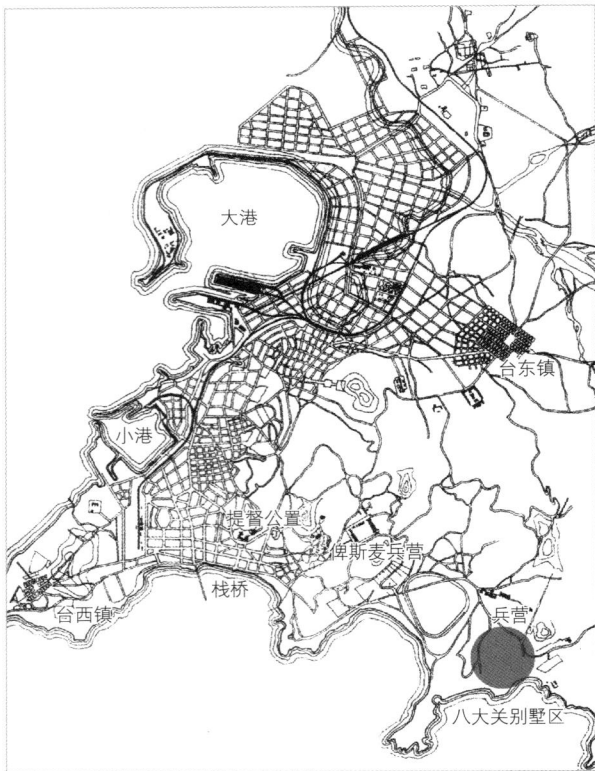

图5-2-1　1910年青岛市区扩张规划与八大关位置 ❶

关路、武胜关路、嘉峪关路、函谷关路、正阳关路、临淮关路、居庸关路、山海关路。"横七纵三"十条路构成以平行于海岸的道路为主，纵深垂直联系为辅的网格，贯通全区（图5-2-2）。由于开始只有八条路，后增加两条，人们习惯称此地为"八大关"。事实上，此地以东还有黄海路、太平角一、二、三、四、五、六路和湛山一、二、三、四路，以西还包括荣成路和汇泉路，构成宏观上的"八大关"整体。这一整体内的太平角别墅区建成于20世纪20年代北洋政府统治时期，至20年代中，"太平角一至六路已是国际化色彩浓郁的街道" ❷。据1937年的统计，此区居民80%以上为各国领事与侨民。

经过20多年的持续发展，至20世纪40年代，八大关别墅群基本形成，共建成各类别墅300余座，总面积达145368平方米，早期以德国建筑师为主设计建造，以后汇聚了美、俄、日及中国建筑师的作品。建筑风格集中反映了德、俄、日、英、法、美、西班牙等不同地域文化的影响，素有"万国建筑博览会"之称。八大关

❶ 引自：杨秉德，蔡明．中国近代建筑史话．北京：机械工业出版社，2004：57（作者依原图加工）．

❷ 参见：李明．画说青岛老建筑．窦世强绘．青岛：青岛出版社，2004：128．

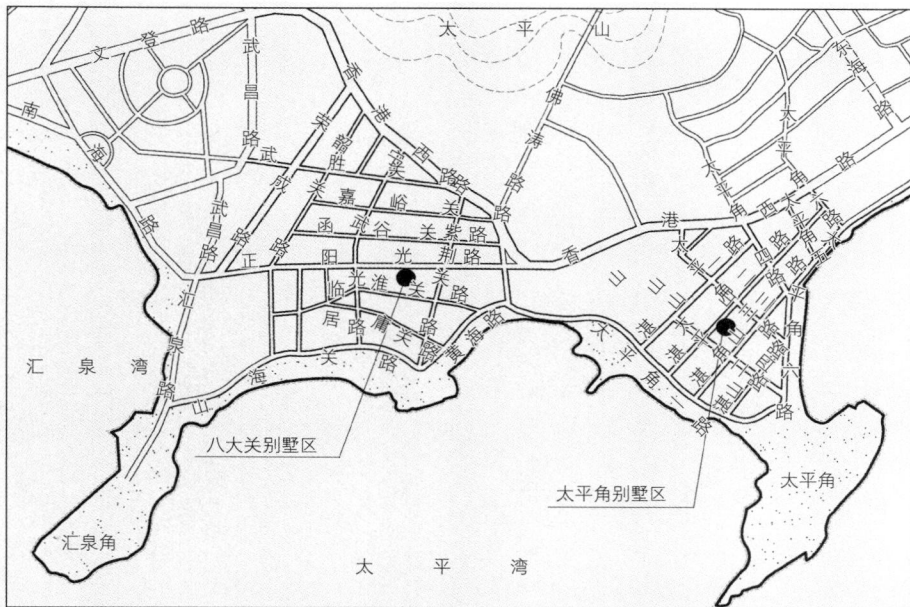

图 5-2-2　八大关街道图

别墅群无论整体规划，单体设计，庭院细节等诸方面均具有鲜明的特征，并体现了近代别墅设计与建设的较高水准。

八大关近代别墅群环境的形成与青岛城市整体发展息息相关，早期青岛市作为中国近代城市发展过程中出现的租借地城市——一种新型的城市类型，它不同于上海、汉口、天津等城市租界区，相比之下，租借地城市国家主权彻底沦丧，除名义上仍然属于中国领土外，实际上与被割占的领土无异，完全成为占领国的"殖民地"。不同于城市租界区多国租界并行的现象，租借地城市是单一列强为军事占领或经济入侵从无到有而建设的新兴城市。因此，租借地城市一开始就制订了明确的总体规划，而不同于租界城市多国租界各行其道，形成城市空间与景观"拼贴"的特征。

1897 年德国列强借口"巨野教案"出兵占领胶州湾，1898 年中、德签订《胶澳租界条约》，中方将胶州湾以 99 年租期租予德方。随即在 1900 年，德国殖民当局按西方国家所流行的"带形城市"与"花园城市"等规划理念制订了青岛城市规划，并付诸实施。随着城市的发展，1910 年在原规划基础上制订了市区扩张规划，并基本形成了具有租借国城市与建筑特色的近代城市风貌。尽管以后青岛近代城市的发展历经日本两度占领、北洋政府及国民党政府等不同历史时期，但城市规划与建设始终以德国人 1910 年规划框架为基础而持续发展。其中特别是 1929 年南京国民政府接管后的 1931 年至 1937 年，沈鸿烈任青岛市长期间对城市规划及市政建设的关注，促进了城市健康有序地发展。这一时期，市政府制定了城市建设的相关法规，如《青岛市暂行建筑规划》，从城市空间的角度出发，将建设管理定量化和制度化，不仅详细规定了不同区域建筑密度、道路宽度及道路两侧建筑物与道路关系，而且在"特别区域建筑"一章中规定，建筑物密度最大不得超过 50%，要求保护绿地，限制层数，采用透空围墙等。同时成立"建筑审美委员会"，对城市景观进行管理。❶ 正是这种严格的制度化管理的背景塑造了"八大关"别墅群的空间环境特质，这种特质虽然历经了近百年的沧桑变化与更替，我们依然可以透过现存的总体形态、街道空间、建筑风格及环境细节进行解读。

（一）因地制宜的整体布局

八大关别墅群的整体布局源于明确、清晰的总体规划，作为租借地城市，青岛自城市发展之初就制订了完整和明确的城市总体规划，统一的整体规划理念在城市发展的各个阶段得到不断的完善和严格的实施。早期规划不仅反映了规划者对明确的功能分区、合理

---

❶　参见：杨秉德，蔡萌．中国近代建筑史话．北京：机械工业出版社，2004：56.

的空间组织、多元的城市景观及严谨的管理模式等物质环境规划目标的追求，而且，因地制宜地将区域内的山地与海景等独特的自然资源纳于城市空间结构的整体之中统一考虑，人工的城市与建筑空间以山与海等自然元素为主题而构建，总体规划则是通过理性、严谨的规划与设计手段将人工与自然的关系进行重新整合。

八大关别墅群作为当时远离城市建成区的低密度高档别墅区更是充分地体现了城市总体规划中人工与自然和谐一致的空间理念。总体上，原有自然的形态如岸线、岬角、山峦、谷体等的特征得到充分的尊重，这些不宜建设的景观敏感地段的大部分原生环境被仔细保留，并作为点、线、面相结合的公共景观体系的基本骨架（图5-2-3）。其次，别墅区的空间完整性并非通过对人工环境的纪念性和控制性来体现，而是通过对自然形成的景观方向（海景）、空间边界（岸线）、节点（台地）、区域（坡地）等要素的强化而实现。因而这些自然要素及其组合关系整体上决定了别墅区的景观和空间结构，而街道与建筑等人工环境始终从属于这种以自然为主的空间结构。如整体依山面海的阶台型布局，道路网格顺应岸线的转折与地形高差的变化；突出自然地形地貌特征，人工建设顺势而为。同样，建筑采用集中的体量组合，通过宽阔的庭院场地以适应建筑与公共街道之间局部地形的微妙变化，并创造以自然要素为主体的丰富的景观层次，这一景观层次构成中，地形变化形成的岬角公园、坡形场地、台阶式庭院、谷地公园自然地融合着密林树阵、疏林草地及灌木花卉等植物元素，并贯穿于整体景观形态和局部场景细节之中，共同形成以自然为中心、因地制宜与层次丰富的整体布局（图5-2-4～图5-2-7）。

图 5-2-3 太平湾与八大关景色

（二）理性的街道网格

八大关别墅群早期的道路系统规划采用欧洲与北美城市中广泛应用的格网城市规划手法。总体由三条基本垂直于滨海岸线的主要道路连接基地南北纵深方向，将

图 5-2-4 紫荆关路谷地作为城市公园

图 5-2-5 建筑与道路依山就势（正阳关路西端）

图 5-2-6 强调道路转折处的绿化（山海关路 21 号）

中·国·近·代·园·林·史

图5-2-7　别墅与绿地（正阳关14号）

滨海景观自然地引向内陆；七条东西向基本平行的街道由南至北横贯基地，两个不同方向的街道相互交织，在基地内构成一个东西密、南北疏的开放式街道网格系统。这种理性的街道网络主次分明，不仅贴切地表达了别墅区的功能和基地的景观特征，同时照顾了开发的可持续性与空间的效率。三条南北向的道路（韶关路、宁武关路、紫荆关路）作为外部城市与滨海相连的主要交通联系干道，有效地保证了东西向生活性街道的安宁，使街道成为别墅区公共空间的主角。"南北疏、东西密"的街道网络，既有利于沿生活性街道南北两侧划分地块，又满足了街道系统的空间可达性和效率；同时还照顾了建筑布局与海景的关系，突出了整体地势的中部南低北高、东西两端以岬角伸向大海的形态，并自然形成大多数别墅及庭院朝南且"开门见海"、顺应阳光与空气的格局。街道的格网形式并非僵化、生硬的几何形式，而是结合了基地岸线与地形，顺应其变化寻求整体的和谐。

（三）多层次的绿地系统

八大关别墅区建筑与园林一体，自然与人工相生而形成的"红瓦绿树、碧海蓝天"的景色得益于整体点、线、面相互穿插的绿地系统。由于总体容积率仅0.2左右，大多数单体建筑体量较小，建筑面积400平方米左右，采用2～3层的集中式体量布局，总体建筑密度小（10%左右），因此宽敞的庭院、大小不一贯穿于街道之间的公共绿地通过开放式的街道连接，并与海滨带状绿地及岬角公园构成以自然的植物、海洋为主的滨海低密度街区的空间特征。八大关别墅庭院布局大部分保留原有地形、地貌特征，并结合使用者个人兴趣与爱好，体现了庭院景观的多样性。主要以疏林草地为主，辅以花

台、灌木绿篱等植栽，构成英国式园林，中间穿插日本自然式园林、欧洲几何式植物景观园林及中国传统山水庭院等风格（图5-2-8～图5-2-12）。八大关内主要的公园有两处。太平湾一侧的太平角公园三面环海，占地9万余平方米，园内有茂密的黑松林和刺槐林，结缕草和天人菊遍布全园，碧蓝的海洋、红色的礁石与绚丽的花草共同构成美丽的自然景象。山海关路以南的海滨带状公园与第二海浴场相毗连，园内"丛林掩映，花畦缤纷，土脉腴厚，气势轩敞"，是八大关别墅区南侧临海的幽雅之处。

八大关的植物品种繁多，观赏树林有150余种。滨海绿地广植黑松、刺槐、朴树等高大乔木，街头绿地和庭院则以雪松、黑松、龙柏、栎、法桐、银杏、桧柏为主调，配以樱花、蜡梅、大叶黄杨、鸡爪槭等。庭院大都是自然式园林风格，丰富多样的植物配置手法和大量植物品种的运用，营造出许多与建筑相得益彰的城市公共空间与私家花园。因年岁已久，如今大部分庭院的布

图5-2-8　以草地为主的庭院（太平角一路1号）

图5-2-9　疏林草地别墅庭院（山海关路）

图 5-2-10 庭院中的黑松（太平角三路 12 号）

图 5-2-11 几何式庭院（山海关路 1 号）

图 5-2-12 庭院与街道一体（宁武关路 12 号）

置格局都有了较大变化，但"昔日风韵犹存"。

（四）独特的街道景观

八大关别墅区总体采用以景观为中心的开放式布局，南北向与东西向的街道网络构成以街道为主角的公共空间。不同的街道不仅作为社区交通联系的纽带，而且在景观塑造中扮演不同的角色。如南北向的街道除作为主要的外围交通，同时将别墅区内部景观、滨海公园与大海相连，突出滨海环境的特征，而东西向街道作为主要的生活性街道，通过丰富的街道空间层次体现了别墅区所要求的空间私密性，街道与建筑之间通过街道、行道树、围墙、庭院等层次过渡，以避免街道公共场所对别墅的视觉干扰。街道本身的景观又是自由和开放的，这一方面源自构成街道景观层次的要素，如与地形一致的道路形态，行道树、院墙、庭院等的开放与通透，同时，开阔的庭院形成了建筑之间的空隙或树木与草地的穿插，使集中的建筑体量完全处于自然的包围之中，有效缓解了连续单一的街道景观所形成的视觉疲劳（图 5-2-13 ～图 5-2-19）。另外，八大关别墅区街道景观通过不同行道树的配置得以强化。

八大关行道树的特点是"树种因路而异"。居庸关路栽植银杏，嘉峪关路栽植五角枫，正阳关路栽植紫薇，太平角一路栽植无刺槐和黑松。以后又推而广之，韶关路栽植碧桃，宁武关路南段栽植五角枫，北段又栽植海棠，紫荆关路先栽植紫荆又改换雪松等，因此形成了八大关特有的行道树风采（图 5-2-20 ～图 5-2-23）。人们往往分不清哪条路是哪个"关"，但一说"海棠路"、"碧桃路"……便知。行道树的景观特质不仅成为人们空间认知与记忆的标志，而且常绿树种、观花乔木及秋色树种的穿插布置为区内植物景观提供了丰富的季相变化，营造出春天繁花似锦、夏日浓荫密布、秋日温暖热烈、冬天壮观挺拔的多样化植物景观。

（五）多样化的建筑风格

与青岛近代城市发展的历史一致，八大关别墅群独特建筑景观的形成是当地特殊的地理、历史及人文环境相互作用的结果。别墅群建筑作为一种物质形态，其产生发展的过程同样深受使用者、设计者、建设者文化背景的影响，由于早期使用者大多源自不同文化背景的外籍人士，仅少部分为国内官僚、商贾，且早期大部分别墅为德国建筑师设计，以后美、俄、日及中国建筑师才陆续参与设计与建造过程。因而，八大关区域别墅总体

图 5-2-13 围墙（荣成路 19 号）

图 5-2-14 围墙（函谷关路 30 号）

图 5-2-15 嘉峪关路围墙与玉兰

图 5-2-16 围墙依山而筑（荣成路 36 号）

图 5-2-17 通透的入口（正阳关路 8 号）

图 5-2-18 精心设计的入口（山海关路 1 号）

图 5-2-19 庭院面向南北向街道（荣成路 6 号）

图 5-2-20 紫荆关路雪松

图 5-2-21 嘉峪关路的五角枫

图 5-2-22 韶关路的碧桃

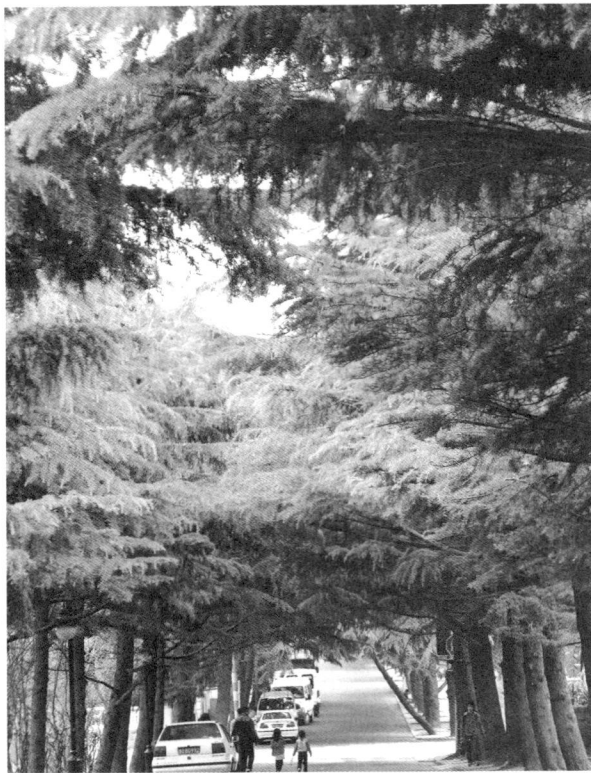

图 5-2-23 宁武关路海棠木

呈现出以德国风格和式样为主，同时包含了美国、西班牙、俄国、英国、丹麦及日本等地的传统建筑风格，这些多元建筑风格的荟萃一方面反映了当时独特的殖民文化，另一方面，住宅作为一种物业的形式，更多地融汇了多种使用者及设计者的不同理解，这种综合理解反映在形态上则是一种不同风格与细节的拼凑与混合，这与美国洛杉矶地区比华利山庄、阿卡地亚等高尚住宅区不存在统一建筑样式与风格有异曲同工之处。

然而，不管建筑采取何种风格，八大关别墅群的建筑设计均在严格的城市规划与建设管理下，出自严肃的专业建筑师之手，并代表了当时住宅设计的较高水平。这反映在别墅建筑内部空间组织、外部形体设计及材料使用等诸方面。典型的案例如建于20世纪30年代的韶关路22号别墅，为一双拼式别墅，立面采用典型的英国乡村住宅形式，对称陡峭的双坡屋顶、凸出于淡黄色粉墙的木构及两边入口处花岗岩拱券等细节处理都恰到好处地表达了英国传统住宅风格的特征（图5-2-24）。位于太平角一路1号的德国领事别墅建于20世纪20年代，是一栋具有德国风格的乡村别墅，平面采用不对称式布局，折坡式与双坡组合屋顶采用红色陶瓦覆盖，大面积花岗岩拱券前廊、宽阔的观景平台、丰富变化的墙体及点缀于屋顶的老虎窗、烟囱等细节构成丰富而生动的外观（图5-2-25）。

俄国人涞比池建于1931年的黄海路18号"花石楼"（图5-2-26）。由中国建筑师设计和组织施工，总建筑面积777平方米，地处滨海岸线折转凸出的岬角位置，南临大海，北对紫荆关路。其周边环境正如业主所言，"地势临近海滨，风景幽雅，极宜建筑……"。建筑采用相对规则的平面，主要立面及入口朝向西南一侧，四层采取类似欧洲中世纪古堡的集中体量处理，为了突出建筑物在景观中轮廓的标志性，利用角部圆形、锥形等形体的丰富变化与组合，强调体量的竖向划分，创造一种集中而挺拔、雄浑而奇特的"异国风情"。另外，尽管外表神秘与冷峻，但开窗形式、入口台阶、围墙、门廊及庭院植栽等细节则洋溢着一种温馨的居住气氛。

八大关别墅群中著名的"公主楼"位于居庸关路16号（图5-2-27），由俄国建筑师设计，建成于1932年。由于造型独特，当地人将其与丹麦王子的青岛之行及安徒生童话意境相连，为其命名。别墅总建筑面积722平方米，平面相对规整，体量集中，地上三层，地下一层。形体设计自由、灵活，采用了体量分解、错落及连接等早期现代建筑设计手法。整体由绿白相间的马赛克贴面，建筑一侧凸出的体量由高耸的尖坡屋顶覆盖，与竖向的开窗形式一起强调了建筑的戏剧性效果，而底层体量的水平连接、二层主体的退后处理、叠落的坡顶、自由的

图5-2-24 英国式别墅（韶关路22号）

图5-2-25 德国式别墅（太平角一路1号）

图5-2-26 欧洲中世纪古堡式别墅（黄海路18号）

图 5-2-27 "公主楼"（居庸关路16号）

图 5-2-28 "东洋风"别墅（嘉峪关4号）

立面开窗、宽敞的平台等则丰富了形体的构成，绿色的草地、树林作为建筑的前景，使其以一种自然而轻松的方式置身于环境之中。

　　除上述典型案例外，八大关别墅群中还包含了受不同文化影响的建筑类型，如日本东洋风格影响的嘉峪关4号小谷节夫别墅（图5-2-28），殖民地乡村风格的嘉峪关6号美国领事馆别墅（图5-2-29），逐步融入当地建筑传统的山海关路13号韩复榘别墅，前苏联构成主义艺术影响下的韶关路26号前苏联公民协会别墅（图5-2-30）及受早期现代功能主义影响的正阳关路义聚合别墅等。正是这些不同文化背景影响下的建筑形式表达出八大关别墅建筑群整体多元的文化特征。

　　（本节"青岛八大关近代别墅群"文：刘尔明）

图 5-2-29 美国领事馆别墅（嘉峪关6号）

二、厦门鼓浪屿别墅建筑群

　　鼓浪屿位于厦门岛西南部，是一处四周碧海、沙滩环绕的海岛，与厦门岛隔海相望，相距不足千米。全岛形状相对规整，呈椭圆形，因而又名"圆沙洲"或"圆仔洲"。岛内山峦起伏，树木丛生，为典型的海岛地貌。现全岛面积约1.92平方公里的范围内，以南端最高处不足海拔100米的日光岩构成整体的视觉中心，周围升旗山、骆驼山及笔架山等海拔50米左右的山峦拱立，共同形成连绵起伏的海岛山地自然结构，丰富的地形、地貌组合，亚热带的多样化植被条件，使小岛在大海与蓝天的衬托下呈现出秀丽而明媚的景色（图5-2-31～图5-2-33）。

　　1840年鸦片战争之前，鼓浪屿一直是一个与世隔绝、荒凉而孤寂的海岛，岛上人迹罕至，其开发与建设

图 5-2-30 前苏联公民协会别墅（韶关路26号）

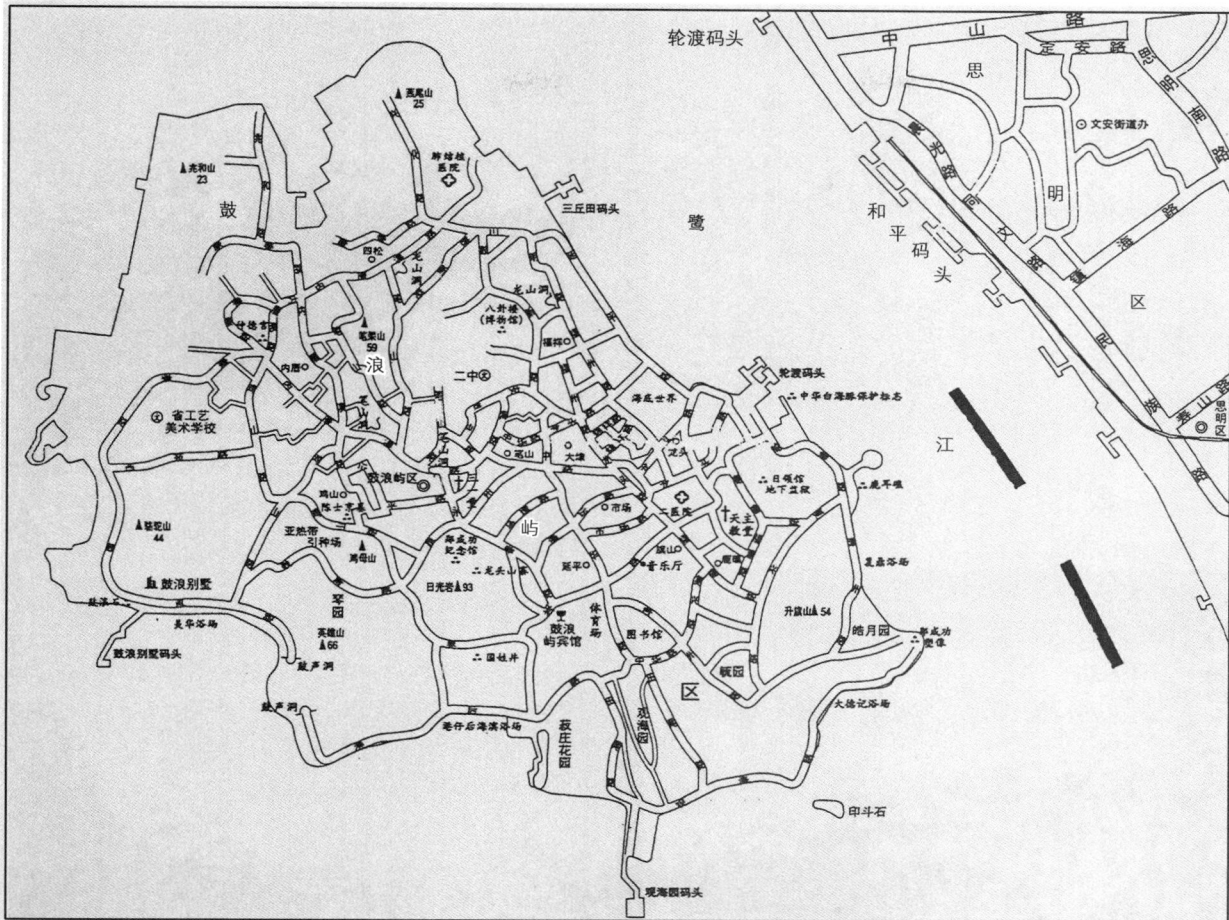

图 5-2-31　鼓浪屿简图

图 5-2-32　鼓浪屿"山海"意象

图 5-2-33　从日光岩俯瞰小岛一角

的历史虽然悠久,活动却是断续和零星的。自宋末元初开始有了半渔半耕的村落"内厝澳",其曾作为倭寇、海盗等海上贼人的据点,也曾作为明代官兵郑成功收复台湾的水兵操练基地,得天独厚的自然环境亦曾成为文人雅士与僧侣隐居避世的修行场所。鼓浪屿真正大规模的开发与建设始于鸦片战争后 1842 年中英签订的《南京条

约》,条约中清政府授予英国人在广州、福州、厦门、上海、宁波等五个口岸城市的居住权与贸易权,即五口通商,随后各国列强相互援引该条约。鼓浪屿正是在这一历史背景下,逐渐沦为西方殖民主义者的"公共租界"。1842 年英军开始驻兵鼓浪屿,自英国驻厦门第二任领事于 1844 年兴建了第一栋领事馆起,先后有英、法、美、

日、西班牙、荷兰、丹麦、葡萄牙、奥地利、瑞典、挪威、比利时共 12 个国家在鼓浪屿开设领事馆，西方列强们为保证其利益，于 1903 年共同组织鼓浪屿"工部局"作为租界管理的行政机构。与西方列强武装占领和强行通商相伴的是宗教传播的兴盛。美国传教士雅裨理（David Abeel）、文惠廉（Willam Boone）等随英军同时进入鼓浪屿设立教会，进行传教活动，此后，来自美、英不同教派的传教士纷纷紧随而至并大兴土木，先后兴建了安献堂、福音堂、协和堂、天主堂、三一堂等宗教设施（图 5-2-34），同时以教会的名义开设学校、创建医院。据统计，自 1844 年始，先后建成各类学校二十余所，不仅包括幼儿园、小学、中学等各类常规学校，亦包括师范学校、女子学校和神学院等职业技术学校。其中怀德幼稚园是我国第一所幼儿园，创办于 1898 年，著名妇科医生林巧稚、钢琴家殷承宗等均在此接受过学前启蒙教育。

租界的建立，使鼓浪屿得到西方殖民者势力控制下的"工部局"的保护。政治、商业、宗教活动的繁荣，不仅吸引了大批外国人拥入鼓浪屿，而且吸引了许多当地政客、商贾及华侨置地建房，特别是 19 世纪末叶开始，大量海外华侨抱着落叶归根的传统观念，选择了自然环境优美、便利而宜居的鼓浪屿作为回乡投资置业的基地，由此极大地推动了房地产市场的繁荣和城市建设的昌盛。至 20 世纪 30 年代，欧美各国政府、教会、商业机构及私人兴建的领事馆、公馆、教堂、医院、学校、电影院、舞厅、俱乐部、宅第、墓园已遍布全岛，总量上各种类型的建筑达千余座，目前，其中 207 座被政府挂牌保护。这些不同类型与不同风格的建筑构成了鼓浪屿丰富多彩的海岛城市景观。

鼓浪屿城市景观形态与空间结构特征的形成是百余年人工与自然相互作用的结果。在城市逐渐发展与进化的历程中，人工的建设与自然环境的关系是平衡与和谐的，这种平衡与和谐体现于自然的元素始终作为景观的主体，贯穿于城市形象的整体与细节的不同层次之中。从宏观的层面来理解鼓浪屿的景观构成特征，我们可以将其归纳为以形态丰富的岸线、水域为边界，以日光岩、笔架山、升旗山等由自然地貌变化而形成的冈峦起伏的山地景观为主体的自然形态，融汇了不同类型的建筑、园林等人工形态的景观综合体（图 5-2-35）。在城市发展的过程中，这些宏观的自然形态得到了应有的尊重——或是保留原有形态，或是稍事整理，强化其对人类生存环境的意义。因而，不同类型建筑的选址、设计及建设均遵循依山就势、顺理成章的原则，在精心选址的基础上，仔细推敲建筑的形体与空间组织，使建筑与整体自然环境相互适应与共生，它们与环境的关系往往不同于一般城市建筑的规则而严谨的几何秩序，而是随周围景观和山势的变化呈现出随机而自由的状态。建筑或兀立于台地，或依山而筑，或凭水而建，以一种自然的方式将山野、海景、园林纳为一体（图 5-2-36）。同时，围绕不同功能的建筑实体而形成的不同类型的街道、广场、公园或庭院往往作为建筑体量与自然的缓冲与过渡，其中沿自然地形、地貌展开的曲折起伏的街道、蜿蜒自由的小径不仅作为一种空间联系的功能纽带，亦作为一种变化万千的线性景观形态，迂回穿插于不同节点或区域之间，将不足 2.0 平方公里的海岛城市连接成边界清晰、地标突出、节点丰富、空间连续而富有层次的景

图 5-2-34　鹿礁路天主堂

图 5-2-35　以自然为主体的景观

图 5-2-36 寺庙、园林、岩石一体

图 5-2-37 变化的道路景观

图 5-2-38 院墙与庭院

图 5-2-39 以亚热带植物为主的景观

观体系（图 5-2-37，图 5-2-38）。

与鼓浪屿独特的自然地形地貌所形成的丰富多彩的城市景观相呼应的是其多样的植物景观，这得益于亚热带海洋性气候。经过长期的经营与发展，现全岛的绿地覆盖率超过 40%，植物种群丰富，各种乔木、灌木、藤木、地被植物共 90 余科，1000 余种。亚热带区常见的白玉兰、香樟、南洋杉、凤凰木、蒲桃、榕树、桉树、棕榈、椰林、竹丛或孤植于房前屋后，或列置于坡前路边，或群植于庭院绿野，不仅有效缓解了城市空间的局促，而且创造和演绎了四季绿树成荫、花香满园的亚热带海岛风光（图 5-2-39，图 5-2-40）。

总体上，构成鼓浪屿海岛城市景观主体的建筑风格是多元的。它们由源自闽南当地传统的民居、西方殖民地城市中盛行的殖民式建筑风格及两者相互作用而形成的中西合璧式华侨建筑风格组成。闽南传统民居形式一般采用以"间"为单位的院落式空间组织方式，丰富的屋顶组合覆盖当地特有的红色陶瓦，精制的装饰性雕刻与图案点缀于屋檐、翼角及山墙。如位于海坛路 58 号，建于清嘉庆年间的大夫第和四落大厝是这种院落式布局的典型，位于鼓浪屿南端的菽庄花园则依山面海，采用中国传统的借景手法，在有限的

基地内，利用连廊、亭榭、小桥、栈道，不仅创造了丰富而多变的景园空间，同时，将山、海、庭院等自然元素纳入空间组织之中，形成有机且富有中国传统私家园林意趣的整体（图 5-2-41）。建于日光岩山下的日光寺同样采用传统的小型寺庙型制，背负天然岩

体，灵活布局，自然天成，在局促的空间内通过对山体、古树、岩石、场地的巧妙利用，不仅满足了修行的宁静、神秘，亦适度地表达了对自然的敬畏与崇尚（图5-2-42）。欧美各国兴建的领事馆、公馆、教堂、宅第、学校、医院等不同类型的建筑则广泛采用了当时西方殖民地城市中广泛流行的古典主义、折中主义建筑形式，风格相对明确、纯粹，普遍采用集中的体量、宽敞的柱廊、各式屋顶、丰富的建筑细节，以白色的涂料为主，间或穿插红色清水砖墙构成的外观，

组成了鼓浪屿十分引人注目的建筑风格和基调。如早期的英国、美国、荷兰等领事馆及汇丰银行公馆和海关验货员公寓等（图5-2-43）。而大部分华侨物业则创造性地将源自西方的、东南亚的和当地传统的建筑语汇与元素兼容并蓄、融汇一体，形成自己独特的风格，以实用主义态度，既仿效西方建筑中集中的形体，紧凑的平面布局、坡屋顶、壁炉、防潮层、拱券、柱廊、百叶窗等建筑语汇，又往往将南洋地区丰富的外廊形式或富有闽南风格的材料构件、建筑装饰、室内

图5-2-40　鼓新路八卦楼柱廊与古木

图5-2-42　日光寺传统寺庙建筑

图5-2-41　菽庄花园的空间意趣

图5-2-43　原海关验货员公寓

布置及庭院造景手法融汇于建筑之中，充分体现了使用者及设计者对不同文化的理解和包容。正是上述源自不同文化背景的多元因素的相互影响，使鼓浪屿这一海岛小城构成了东西方多种建筑形态与风格相互并置、相互融合的典型多国殖民城市建筑意象。

鼓浪屿的建筑以各国领事馆，外国人和华侨别墅、公馆为主要类型，大部分建筑的规模与尺度较小，1000平方米以上规模已属罕见。建筑总体密度较低，且高密度区域相对远离海岸，加上岛内绿色植物原本就十分繁茂，建设园林具有得天独厚的自然条件，经过百余年的渐次发展与经营，形成了以开放的自然景观为主体的多层次园林景观体系。有以山、海为主题的规模较大的自然式园林如日光岩景区、延平公园、菽庄花园、亚热带植物园、皓月园、毓园、番仔墓园等，这些不同的园林往往融入了不同的宗教的、世俗的内涵和主题。如毓园是纪念林巧稚大夫的开放式绿地，皓月园是纪念郑成功出征台湾这一历史事件的专题园林，日光寺一侧的台阶型花园则是为纪念近代著名宗教人物弘一法师而建的小型园林。又有围绕特定的城市功能而形成的开放式城市公共空间，这些开放式公共空间如街道、广场、滨海步道或街心绿地往往因循特定的地形与地貌，以植物、岩石或山体为主要构成元素，围绕特定建筑或城市功能展开。如海岛南侧沿岸线的鼓声路、港仔后路、观海路蜿蜒的线形将美华、港仔、观海园、大德记等海滨公共浴场或私家浴场及周边的园林空间与城市空间连为一体，多样的园林空间既为城市创造了丰富的视觉体验，又融入了休闲、观景、体育等功能内涵。除上述开放园林和公共园林外，与别墅、府邸相连半开放或私密性的园林、庭院亦是鼓浪屿多层次园林体系的重要组成部分。这些私家园林和庭院虽然大小不一，大则数千平方米，小则数十平方米，但往往因循独特的基地特征，或采用与建筑风格一致的西方规则式和自然式传统园林设计，或因借中国传统园林与西方园林元素相互并置和融合的折中主义表达方式。在有限的空间内，以假山、亭榭、水池、花草树木、花径等为别墅营造一个舒心的环境氛围，构成主人散步、纳凉、会客、赏花等活动的场所。但是由于久历时年，现在鼓浪屿许多别墅及其庭院都已破败，住房的紧张使得别墅内挤满了后来逐渐搬进来的住户，原有的园林建筑遭到了不同程度的破坏，无论是规模、数量还是质量都无法与原先相比。

下面列举的部分园林保存相对较好，它们基本上代表了鼓浪屿过去私家园林的建设水平。

位于漳州路5号的原英国领事公馆建于1870年，建筑采用相对简洁的形体组合，白色粉墙立面通过精致的拱窗形成连续的韵律，毛石基座与红色的四坡屋顶则成为立面统一的元素。庭院结合地形，采用英式疏林草地的自然式园林风格，周边的山坡、巨石及群植的柠檬桉，孤植的凤凰木、小叶榕、南洋杉等枝态优美的乔木与尺度宜人的建筑构成一幅幅生动的画面，而修剪整齐的花卉与地被植物、自由穿插的小径将庭院、山林、草地与建筑有机地连为一体（图5-2-44）。

位于三明路26号的原美国领事馆建于1930年。建筑基地6300余平方米，主体雄踞高台之上，面朝鹭江，主要入口处三面花园环绕。为了化解大体量的领事馆建筑与周边环境的关系，设计采用二层的坡顶与平顶相结合的形体组合，山墙与柱廊并置的正立面形式有效打破了体量带来的压抑感，依地形变化的大台阶及梯级花台既照顾了地形关系，又突出了主体的庄重性，并成为景观的焦点。同时花台、大台阶、两层通高的柱廊及两侧山墙凸出等细节处理赋予建筑宜人的尺度，庭院内高大的乔木、坡地上成片的灌木与草地将建筑衬托于自然的绿野之中（图5-2-45）。

位于福建路32号的黄荣远堂，建筑主体三层，采用非严格对称的折中主义式样，设计利用平面的水平错落及空间的叠落赋予集中的体量以近人的尺度，正立面利用凸出的三层半圆形观景平台形成别墅的主要入口门廊，并由四根二层通高的花岗岩陶立克式圆柱支撑。正立面一侧为矩形体量，另一侧则为圆形，圆形体量顶层结合屋顶花园，以由陶立克柱式支撑的中式亭子作为收束，中西元素和语汇的并置形成了独特的视觉效果，而主体两侧采用殖民式建筑的连续柱

图5-2-44　原英国领事馆园林意象

图 5-2-45　掩映于绿野中的原美国领事馆

廊和拱券组成轻盈空透的外观。与建筑形体组织中中西合璧的处理手法一致，总体布局在西方古典式几何形场地与花园的设计中，穿插了大量的中国传统园林的要素，如楼体前方庭院以巨大的假山置于几何形的场地与水池中央，构成入口的前景，右侧则结合高低错落的院墙，点缀了两亭一榭，曲径相通，假山林立，花木掩映，高低错落，幽雅别致。亭榭及栏杆等小品采用钢筋混凝土仿石结构，栏杆细节、西式柱头、线角处理及琉璃瓦顶等元素呼应于主体中西合璧的建筑风格（图 5-2-46～图 5-2-49）。

　　位于旗山路 7 号的榕谷——木材大王李清泉别墅建于 1926 年，基地面对远处的鹭江，视野十分开阔。建筑同样采用集中的体量，高踞山腰，依山面海。正立面的巨柱式构图、柱廊的分段处理，不仅形成整体连续而轻盈的立面效果，而且加强了顶层观景平台与近处的庭院及远处的海景之间的对话。透过掩映于百年古榕下的别墅入口，可见假山叠立两侧，并点缀以景亭，周围花园环绕。花园中心为西式喷泉，通往别墅的路径采用巴洛克式的曲线，由彩色花岗岩卵石铺砌，两侧配以圆形、方形等几何图案的树池，池内种植山茶花、毛竹、侧柏、南洋杉等枝态各异的乔木及修剪整齐的绿篱、草坪。在此，中西各种园林语汇包括几何的、自由的、人工的、自然的生动地穿插成一体，形成别墅前开阔而丰富的园林场景（图 5-2-50，图 5-2-51）。

　　以庭院、花园围绕，不仅将周围自然景观纳入建筑，同时通过人工与自然的精心组织和设计，融汇中西不同园林语汇，创造出整体宜居的空间场所，这是鼓浪屿别墅园林的基本特征，这种特征不仅体现于单栋别墅与园林的处理上，而且在大规模的群体布局中作了充分

图 5-2-46　黄荣远堂入口门楼

图 5-2-47　中西合璧的建筑与庭园

图 5-2-48 以假山为中心的几何形花园

图 5-2-50 榕谷花园鸟瞰

图 5-2-51 榕谷巴洛克式的园林场景

图 5-2-49 黄荣远堂侧花园一角

的演绎。

位于日光岩路 25 号，建于 1918～1923 年的黄家花园是厦门华侨巨商黄奕住的私家豪宅，号称"中国第一别墅"。花园总占地面积约 1 万平方米，建有南、北、中三幢别墅。其中"南北楼"两幢别墅建于 1919 年，两幢之间的"中楼"建于 1921 年，由中国建筑师设计，上海裕泰公司承建。别墅结合环境，采用东南亚一带"殖民式"建筑中流行的底层敞廊环绕，二层屋顶平台，建筑置于高台等开放式布局手法。无论透过

高台敞廊抑或置身屋顶天台，周边"金带水"海景、日光岩、升旗山等远近景观尽收眼底，建筑充分因借与融入自然景观。四周的花园种植着体态各异、色香清雅的多种亚热带乔木、灌木、草皮等。虽然它没有假山、水池和亭阁等造景设施，但树叶扶疏的绿色植物及石制灯柱、栏杆、桌椅等细节同样令人心旷神怡。位于日光岩下的瞰青别墅、西林别墅和厚芳兰别墅由著名华侨黄仲训所建。黄当年私自将日光岩以围墙环绕，圈成与别墅一体的私家园林，并在园内许多岩石及门柱、亭上镌字题联，如"出没波涛三万里，笑谈今古几千年"，"此地有人常寄傲，问天假我几多年"等，将个人对人生漂泊、世事沧桑的感怀以中国传统诗词歌赋的形式长留于山水园艺之中。建筑均以集中的体量、折中的形式依山就势，围绕景观布置，楼前采用几何式铺地花园、规则式种植，周边的园林则以自然地形为骨架，通过局部精心修剪的灌木、蜿蜒的登山小径及成片梅花和其他植物将建筑完全置于一个自然的场景之间，错落的园墙穿插于高低叠落的山地花园边界，并在相距不远的场地和树木之间点缀了入口门柱、远而亭和蠡亭等小品，不仅作为室外观花赏景的停留点与空间标志，同时巧妙地将中西园林中不

同的元素相互穿插，形成独特的风格（图 5-2-52～图 5-2-55）。

清和别墅位于厦门东浦路浦清里，建成于 1927 年，以房主叶清和的名字命名。

叶清和（1989-1945）出生于厦门鼓浪屿，20 岁就开始了贩卖鸦片的生涯。1925 年任职于上海禁烟局缉私运输课，利用夹带私货，敲诈走私者等办法，积累了万贯家财，后自己开设了鸦片商行，还设厂制造鸦片及从波斯走私鸦片入口。1934 年，叶青和承包了闽南鸦片的经销权，并在闽南各县设代理处，把各县的包销权转卖给当地军阀、土匪、地主等。1936 年 6 月，国民党军统特务敲诈叶清和未遂，将其秘密绑架。1937 年叶清和趁乱逃到了香港。抗日战争时期，他勾结日本特务，帮助日本人贩毒、掠夺军事物资。1944 年，被共产党的抗日武装东江纵队捕获，抗战前夕病死。

清和别墅占地面积 7500 余平方米，是一座具有闽南风格的中国传统私家园林及宅第建筑，它借鉴了江南园林的手法，并融汇了闽南以及西方建筑的内容。

进入大门，迎面是一条悠长笔直的大路，路的右

图 5-2-53　西式门柱与中式楹联并置

图 5-2-54　蠡亭与错落的台地景观

图 5-2-52　瞰青别墅依山就势，面朝大海

图 5-2-55　瞰青别墅规则且自由的植物景观

边是别墅的园林景观区域，面积约 5000 平方米，该区域以假山、水体、小桥、亭榭、楼阁和各种绿色植物构成一片幽静、浪漫的天地。一条"清河"蜿蜒其中，河上建盖了四座白色的小桥。四座凉亭分布在水面上、水边及山上等不同环境之中。水中的六角亭是水体的重要景观，有一座曲桥从两边与它联结。以太湖石堆砌的假山数量最多、形态最丰富。这些假山极富层次与变化，峰峦峭拔、崖谷幽深，山中有路径通往凉亭，往下则四通八达，有休息的石凳、石床等，别有一番天地。

园林景观区的对面是花木景观区。一条白色混凝土长廊呈"U"形布局，总长度 120 米，宽 3.2 米，两侧有护栏。长廊顶部的构架上生长着繁茂的葡萄藤蔓，下部则形成了供人行走的林荫小道。即使夏日骄阳似火，人们也可以一边品尝着香甜的葡萄，一边悠哉地在这里散步、纳凉、观景。沿着长廊右边是一条花岗岩铺设的道路。远处则是绿化集中区，以草地和低矮的灌木为主，零星点缀着一些高大的乔木，草地中央设有一个西式喷泉。

长廊一侧为生活区，一座二层的西式别墅是叶清和及其夫人的住所。楼的中间突出于两翼，原系抹灰外墙，现已被贴上长条形瓷砖。楼前原有的两尊大理石西式卧狮，现已移往旁边的围墙外。房屋建造精细，内部以西式布局为主，共有 99 个门窗，地面除局部台阶和楼梯以大理石铺砌外，其余为水磨石，房间内设有壁炉，屋顶天花板也都采用了刻花装饰。

别墅侧门的上方有"清和别墅"四个圆形的金属字。在楼房北侧西式围墙的八角门洞上，一只张开双翅的老鹰下方，刻着"1927"字样。围墙上有两扇圆形花岗岩人物纹饰漏窗。通往楼后，还可见一道传统式红砖围墙，上覆飞檐翘角的绿色琉璃瓦顶。月洞门下方有两条龙，洞门上方以著名书法家虞愚所题写的行楷书"悬镜"二字点缀。

别墅整体虽以西式风格为主，但主体后的墙体却采用典型的中国传统建筑装饰，以水泥雕塑成两幅中堂画，一幅为松枝、梅花鹿和白鹤，两边对联则以明清时代青花瓷片粘结拼成行书："忠孝传家园，诗书训子孙。"另一幅中间为书卷形，两边对联为镌刻在"古琴"上的隶书，二、三层都是封闭式，留有窗户，楼的中间设旋转铁梯。

这座别墅的北边原有一座大宴会厅，今已被拆除并改建成花岗岩二层楼房。再往北，则又是一个不大的点缀着假山、树木和一座小桥的景观区。别墅范围内还散布着大理石桌椅、石狮和假山等原有的物品。

别墅于新中国成立后被收归国有。

在鼓浪屿这座大花园内，丰富多彩的景观沿形形色色的低矮别墅院墙、入口构成的街道展开，院墙内则是灿烂开放的花朵、郁郁葱葱的各种植物、假山、亭榭及仔细设计的别墅体量和细节，它们为小岛园林景观增加了丰富的内涵。

（本节"厦门鼓浪屿别墅建筑群"
文：刘尔明、谢明俊）

三、重庆黄山官邸别墅群

黄山官邸别墅群位于今重庆抗战遗址博物馆范围内，遗址的保护范围约 500 余亩，地处渝中区长江与嘉陵江交汇的朝天门对岸沿长江的低山区。此处风景优美、环境清幽、气候凉爽，原为富商黄德宣所辟的花园别墅，抗战时为民国政府的官邸别墅群。

现在由博物馆保存完好的别墅建筑还有 13 处，面积 4053 平方米，主要为 20 世纪 30~40 年代所建，具有典型的中西合璧的折中主义风格和浓郁的山地特色。它和一般的城市居住别墅群不同，其选址与设计特别注重别墅的防卫与保安。在日军飞机狂轰滥炸的战争时期，特别需要营造隐蔽、不易被识别的便利条件与环境（图 5-2-56）。

这里的别墅建筑仅 10 余幢，多依山而建，布局分散零落，除官员住宅别墅外，还有机关办公部门、驻华

图 5-2-56　黄山官邸别墅群入口林荫道（周晓星摄）

大使馆（图5-2-57~图5-2-60），以及少数风景建筑如望江亭，防卫建筑如防空洞、炮台等。

其园林的最大特点是别墅完全分散隐掩于苍松翠柏的树林中，绿化覆盖率在95%以上。建筑物均为单层、二层，极少数为三层，从远处难以看到建筑物的全貌，只能隐隐约约地看到树林中闪烁出一小片一小片的灰色、淡红色或黄色的墙面。进入树林之中会逐渐地领略到建筑物旁的竹林、芭蕉，以及林中空地和曲桥莲池、植坛花草等（图5-2-61~图5-2-63）。

莲青楼位于别墅群中部，因门前山塈有莲池而得名（图5-2-64）。此楼建于20世纪30年代，为西式建筑风格，建筑面积617平方米，是当时美国顾问团的俱乐部。常来此楼的有蒋介石顾问端纳、盟军参谋长史迪威、驻华大使司徒雷登、特使马歇尔等人。其前庭有多折环绕的莲池与绿色地被植坛（图5-2-65）。

草亭别墅因房顶用精选的茅草铺盖而得名。此建筑保温隔热，冬暖夏凉，但现已改为瓦屋顶（图5-2-66，图5-2-67）。草亭别墅是中西合璧的亭式建筑，四周均有回廊，建于20世纪30年代，张治中、蒋经国曾先后

在此居住。抗战胜利后，作为美国特使的马歇尔于1945年年底来到重庆，试图调处国共两党冲突时曾长居于此。

总之，黄山官邸别墅群曾经是叱咤风云的战争指挥部，而今，这里人去楼空，虽位于城市，却仍保留了这一处林木森森的绿色之村；虽为官邸别墅，却已看不到它的豪华与气派，而只是一处林深鸟语、荷池飘香的园林（图5-2-68，图5-2-69），见证着，也展示着近代抗日战争时期的那一段刻骨铭心的、沉重的历史记忆。

图5-2-58 掩映于马尾松林中的云岫楼（周晓星摄）

图5-2-57 蒋介石办公的云岫楼（周晓星摄）

图5-2-59 法国大使馆

图 5-2-60 松厅（周晓星摄）

图 5-2-62 别墅建筑环境之二（马尾松林与芭蕉）

图 5-2-61 别墅建筑环境之一（竹林）

图 5-2-63 别墅建筑环境之三（广玉兰林）

图 5-2-64　莲青楼

图 5-2-65　莲青楼前的曲桥莲池

图 5-2-66　草亭别墅的回廊

图 5-2-67　深林中的草亭别墅（周晓星摄）

图 5-2-68　别墅前的树林及空地

图 5-2-69　别墅前的绿色植被

第三节 近代乡镇别墅群园林

一、广东碉楼别墅群园林——开平立园

立园位于开平市塘口镇北义乡，占地面积约 12000 平方米，是塘口镇已故旅美华侨谢维立先生于 20 世纪 20 年代兴建的大型私家园林别墅区，建设过程历时 10 年，于民国二十五年（1936 年）初步建成。立园的布局将中西方建筑与园林要素融于一体，全面地反映了当时华侨村落与园林设计的基本特征。

（一）总体格局

立园基地北邻谢氏乡亲聚居的东明里，东、南、西三侧田野环绕，其中南侧有虎山与基地相连，整体为东西向布局。由于立园所处地势为农田，相对较为低洼，因而，建设过程中挖河填地，防涝蓄水，一条长 1000 余米，宽 18 米，深 3 米的水渠直通潭江。这条东西向人工水渠将园区划分为南北两部分，形成南侧以山体、水渠为边界，花园、小品为中心的自然园林区；北侧东部集中建造别墅，即赓华村；西部为亭、台、楼阁穿插于几何式园林之间的人工宅园区。不同于中国传统私家园林的空间组织形式，立园的建筑、道路、庭院、水体等均采用规则的几何形态，以水渠为中心，通过建筑的规则式开放布局，植物的穿插，牌坊、亭、台、桥、廊、街巷及栈道的视觉或实质连接，使有限的基地范围内，空间迂回曲折，小中见大，园中有园，景外有景，山水相依，环环相扣，共同演绎"立地楼台三岛峙，园林花木四时春"的整体意象。

（二）村落形态

东侧紧邻入口处的村落，采用整齐的网格状开放式布局，六栋别墅围绕以防御为主的碉楼而建，早期规划中每栋房屋基地面积相同，左右间距一样（图 5-3-1）。从一张园主谢维立先生民国二十年（1931 年）亲手绘制的《赓华村图形》的注释中可得到更精确的信息。作为一张规划图，图中说明了每栋建筑的占地范围，即"屋地每间深三丈六（约 12 米），阔三丈三（约 11 米）"；同时，规定了三种不同巷道的尺寸，即"总巷阔一丈八（6

米），直巷（东西向）阔八尺一（2.7 米），横巷（南北向）阔六尺三（2.1 米）"；除此之外，还详细标明了水塘及家族公地的位置（图 5-3-2）。家族成员之间按照规划，采取"拈阄"的方式来确定各自拟建住所的位置，以此平衡各成员之间的利益纷争。这一理想的规划形态反映了早期华侨在土地紧张的社会环境下，对土地集约开发利用的意识，家庭成员之间权力（即拥有土地数量）的平等关系及新村整体环境的保证有赖于家族公地及成

图 5-3-1 立园入口处意象

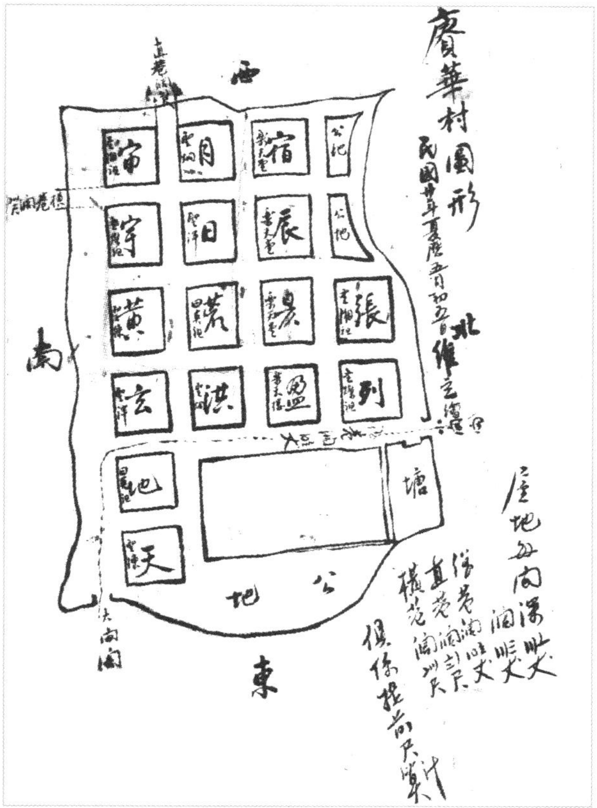

图 5-3-2 谢维立先生绘"赓华村图形" ❶

❶ 引自：余沛连 . 心像・影像・开平碉楼 . 文化广东书系 . 广州：广东教育出版社，2007.

员住宅之间公共区域的维持（图5-3-3）。而成员中身份的高低、财富的多寡则以其楼体的层数、外观与内部装饰的档次来划分。

立园的赓华村在实施建设的过程中，由于时局、家族成员及整体基地的变化等因素，在基本保留了村落规划格局的基础上，对原有规划进行了调整和变动，事实上，最后成为谢家圣泮、圣炯兄弟及其子女共同拥有两排别墅及园林的家族式聚居区。赓华村建设的第一栋楼宇为以防御为主的碉楼——乐天楼，以后陆续建设了泮立楼等六栋别墅。靠主要入口处村东第一排别墅保持了原规划中四栋成排的格局，西侧与东侧两排别墅之间的南北向横巷间距仅明庐与稳庐之间保持原规划尺寸即六尺三，而泮文楼往西移，并与北侧的稳庐之间留空一栋位置，同时泮立楼后的晃庐也往西错一栋楼位置。这一改变，使楼宇之间形成较为开阔的场地，并与街巷空间相互融合，构成以花池及草地植栽为主的开放式宅前公共庭院体系，大大地改善了村落外部空间的可居性（图5-3-4）。

（三）建筑特色

立园的建筑类型包括了开平地区华侨别墅村落建筑的几种类型，它们分别为：①以防御、避灾为主的碉楼——乐天楼；②以居住为主的二"楼"和四"庐"——泮立楼、泮文楼、炯庐、明庐、晃庐、稳庐；③以游憩和形象塑造为主要功能的入口门楼及花园内的亭、台、楼、阁、牌坊、廊、鸟巢、鸟笼等各式小品。

乐天楼建于1926年，平面紧凑，占地小于周边其他以居住为主的"庐"或"楼"。采用钢筋混凝土结构，楼高五层，居高临下，可俯览全园，墙体厚三十余公分，

图5-3-3 入口处家族公地上的大榕树

图5-3-4 两排住宅之间的开放式公共庭院

墙体上二层及四层有不同方向向外凸出的体块，并设不同角度的观察孔和射击孔。乐天楼是全村共享的，防御与短期居住一体的"居楼"，因而整体以较为封闭的体量突出其坚固与安全的需要，每层开窗面积很小，且窗户设有四层严密的防护措施：①钢板外门遮挡子弹；②铁条或钢筋防盗；③玻璃窗遮风雨兼采光；④纱网防蚊虫。一般家族成员（特别是男丁）白天居于村内，晚间集中于碉楼，以防万一。据说为了躲避匪患，乐天楼还与宅园下的地下室相连，并有暗道直达中央水渠一侧的栈道。

立园别墅区六栋建筑中的两"楼"——泮立楼、泮文楼为谢圣泮与其子谢维立、谢维文所有，而四"庐"——炯庐、明庐、晃庐、稳庐则属于谢圣泮之兄弟谢圣炯及其子谢维明、谢维晃、谢维稳，楼名与人名对应。有趣的是，尽管"楼"与"庐"的平面型制均源自当地"三间两廊"式传统民居的演进，但在立面和体型的处理方面，两"楼"融合了更多的中国传统元素，而四"庐"受到更多的西方近代建筑的影响。目前大多数学者将"庐"与"楼"分开讨论，忽视了"楼"与"庐"均是传统民居形式与外来文化融合而产生的一种类似西方独立式住宅或别墅的居住形式，纵观两种不同名称下的建筑，在开平地区实质形体和空间的变化并无本质区别，因而，笔者认为："庐"与"楼"的区别只不过是业主命名的个人喜好而已。

泮立楼与泮文楼平面与立面基本一致，底层设客厅、灶间及居室，二、三层为居室与过厅，而四层阁楼设祖宗牌位的神龛，一、二层均设有壁炉，与同一时期的华侨别墅室内布局类似，装饰华美，陈设奢侈，且中西合璧，如来自西方的银质西餐器具、美式浴缸、欧式壁炉、彩色瓷砖铺地，与中式字画、楹联、涂金木雕、

神龛等不同元素并置于同一空间内。立面处理上，同样是中西建筑语言同时使用，机械的三段式对称处理，顶部为绿色琉璃瓦飞檐翼角式屋顶组合，穿插牌坊式造型，形成厚重而繁琐的屋顶轮廓，主体二、三层东西立面采用空透的外廊处理，三层柱间以拱形装饰，二层采用相对简洁的方框，为了在对称的立面上突出构图的重点，二、三层中部阳台凸出并在柱跨间加装饰性带柱头的立柱，底层两侧采用实墙开方窗，中间为入口大门。形体的处理方式基本上是一种由低层向多层过渡的简单叠加，缺乏空间的变化所带来的形体组合或穿插。而南北两立面则在整体复杂化处理的前提下，显得更自然和简练，矩形窗配以简洁的窗框装饰，局部出挑的阳台和侧入口雨篷的出挑为规整的立面提供了活跃的元素（图5-3-5）。相比之下，从设计及建筑与周边环境的角度出发，四"庐"的体量关系、细节的处理及住宅本身的使用功能更加朴实和成熟。它们与两"楼"虽然同样源自"三间两廊"的传统平面型制，底层占地及建筑外围尺寸也一致，主立面均采用二层高的对称式处理（仅稳庐朝西侧三层高），立面运用同样的材质，但四"庐"在同一平面类型的基础上，设计者充分利用体量退台的组合，局部平面的调整，天井、院落及入口的位置变化与立面细节的灵活处理（图5-3-6），使每栋别墅在整体类型上有惊人的一致性，而形体空间上则无一雷同，为大量性建造的居住建筑设计树立了"类型"设计的典范。

形体设计方面，四"庐"中有三栋采用退台处理，每栋退台的方式各不相同，但遵循共同的规律，即改善自身内部的使用，并与村落的外部空间系统一致，进一步提升场地及园林环境的视觉舒适性。炯庐、明庐东高西低，朝东两层，朝西一层，而稳庐朝东两层，朝西三层，

自然形成以两排别墅之间院落为中心"内低外高"、"外向规整，内向自由"的整体形态。在共同跌落的原则下，每栋又具有不同的组合方式，如炯庐朝西两端退台跌落，一楼围绕中心小院形成"凹"形布局，两端退台不仅与外部空间具有良好的对话关系，同时使小院尺度更加宜人；明庐利用西侧的北端退台，一楼围绕东南端的小院，呈"L"形布局，小院朝向主要外部场地（图5-3-7）；而稳庐则直接采用西高东低式退台（图5-3-8），以缓解与明庐之间紧张的对立关系。不同的形体变化、由此形成的屋顶平台及围合的小院与整体外部空间相互呼应，共同构成统一而富有空间情趣的体量关系。

立面设计方面，尽管四"庐"的朝东主立面均采用两层高对称处理的形式，具有统一的高度、统一的立面分跨、统一的建筑语言（如女儿墙高耸的山花与入口处悬空带柱头的立柱装饰），但细节表达各异：炯庐主立面三跨，中间虚，两侧实，中间一跨的二层有弧形拱券，加出挑阳台强调立面的主次；明庐二层整体采用连续规则的矩形条窗，入口以悬挑伸出的雨篷加以突出；晃庐与炯庐的处理有类似之处，但前者中间跨两侧悬空的立柱直通二层，更突出其立面的庄重与气势（图5-3-9），并有别于其他三"庐"；稳庐与明庐立面处理相近，但后

图 5-3-5 泮立楼与炯庐东侧外观

图 5-3-6 炯庐侧入口细节

图 5-3-7 明庐朝向公共空间的侧院

图 5-3-8 稳庐西侧入口

图 5-3-9 晃庐朝向西侧公共空间的主入口

者雨篷的位置被出挑的阳台所取代。立面局部细节的变化，构成建筑群体统一而丰富的外部表情。

（四）园林空间

由于基地的变化及运河的分隔，立园的主要园林空间分为南侧紧邻虎山的花园区和北侧与村落相连的宅园区。宅园区通过村落的中部路径及南端的临水栈道连接，将村落与园林连为一体（图 5-3-10），其布局则沿着紧邻运河的"立园"牌坊与南面远处对应的虎山所形成的南北轴线展开。沿水边的台阶拾级而上，穿过古典式绿色琉璃顶覆盖的"立园"牌坊（图 5-3-11），苍翠之间，一对高 20 米，直径 30 厘米类似旗杆状的钢制"打虎鞭"分立两侧（图 5-3-12）。据说当年园主出于弹压虎山的风水考虑，特意从德国订制，分成两节运回国内。其后为与牌坊材料、风格一致的"修身立本"牌楼，牌楼两侧为几何形金鱼池，后面为一大片"井"字形的花圃及晒书台，晒书台东侧与别墅区之间，两座造型奇异、工艺精湛的西式园林建筑掩映于层层绿色之中。一座为纤细的混凝土密柱框架，采用四角凸出的不规则矩形平面的"鸟巢"，顶部由四角及中央凸出的五座带穹顶的"圆亭"形成丰富的形体轮廓线。梁柱交接处以各种飞禽走兽、奇花异草的简约、抽象的镂空图案作为装饰，柱间以钢丝网环绕，整座小品造型和装饰看不出任何中国传统建筑的痕迹（图 5-3-13）。另一座为"花藤亭"，平面同样为矩形，混凝土方形密柱与水平连梁构成主体框架，顶部则转换成由混凝密肋构成的空透不规则的穹顶状，轻巧的白色混凝土构架之间是由几种简约的中式图案构成的格栅装饰，图案精致而造型轻巧，形似"鸟笼"，其中央为圆形鱼池，整个建筑物在阳光的照耀下十分轻盈

图 5-3-10 临水栈道将村落与园林连为一体

图 5-3-12 "打虎鞭"与几何式园林

图 5-3-11 "立园"牌坊外观

图 5-3-13 充满异国情趣的"鸟巢"

和别致（图 5-3-14，图 5-3-15）。两座园林小品在吸取西方近代园林中广泛应用的花架、凉亭等构筑物外在形态特征的基础上，很自然地融入了中国传统园林中活动方式如观鱼、赏鸟等功能内涵，并以此丰富小品的形态。另外，宅园最为独特之处是兀立于西南角的一座布局紧凑的"毓培别墅"，是当年园主为纪念已故爱妾而建。以一栋实质的别墅建筑作为园林的一部分，表达对故人的追思实为罕见。别墅采用钢筋混凝土结

构，水刷石抹面，立面采用三层绿色琉璃飞檐，内部格局完全按女主人生前喜好布局，一层为客厅，二层设卧室与过厅，顶层设佛龛与观景阁，登临顶层，全园景色尽收眼底（图 5-3-16）。

立园南侧以水渠、山体为边界的自然园林区，又称"小花园区"，与别墅区及宅园区隔河相对（图 5-3-17）。园林布局以水渠为中心，人工运河的支渠伸入花园，在中部形成规则的迴环，将花园分成西部几何式草地花园

图 5-3-14 轻盈的"鸟笼"与园林

图 5-3-16 "毓培别墅"外观

图 5-3-15 "鸟笼"与金鱼池

图 5-3-17 小花园区一览

景区、中部"玩水区"及东部相对自然的林木与田野区三部分。花园以跨越东西向人工水渠的两座小桥,即东端的"虹桥"和西端的"归根桥"与北侧别墅和宅园相连,并以此组织花园的路径。三座桥亭合一的小品构成游览、赏景的重要节点,分别为二层高的"晚香亭",型制相同的"玩水亭"和"观澜亭",风格均为钢筋混凝土仿古典型制,水泥仿石表面,但装饰细节较为繁琐,且加入了大量的西方建筑装饰元素,如弧形拱券、彩色玻璃窗、临水挑台、柱头、线脚、百叶装饰等，这些细节与传统的建筑形式及楹联、题字等内涵并置（图5-3-18）。另外，花园内还点缀了一中一西两座六角景亭及其他小品，如"镇蛇塔"（图5-3-19）、葡萄架等，其中中式的"挹翠亭"临水而筑（图5-3-20），西式的"思源亭"倚山而建。"思源亭"型制独特，二层六角，钢筋混凝土平屋顶结构，二层与屋顶各角以3/4圆形凸出，类似碉楼中常见的"燕子窝"造型。二楼门窗采用彩色玻璃，栏板用中式图案装饰，中西混合的怪异形态显示了世俗场所的风趣（图5-3-21）。

历经岁月的沧桑、时间的洗礼，今日的立园已是浓荫密布，枝蔓缠绕，繁花满园，这种多层次的植物景观得益于区内亚热带地区观花赏叶类乔木、各种果树及灌木花卉的精心布置，小叶榕、凤凰、广玉兰、木棉、棕榈、葵竹、毛竹、银杏、桂圆、龙眼、荔枝、杨桃、芭蕉及各种盆栽与藤蔓、水生植物遍布全园，它们或置于庭院一隅，或集中穿插于花园之间，或沿水岸展开，充分显示了以亚热带园林植物为主体的特点和园主对自然的向往。正如园主的《墙头诗》对立园的描述："枝头好鸟语关关，园涉潭溪水一湾。寄傲林泉无俗意，优游恍若卧东山。"

图 5-3-19 "镇蛇塔"外观

图 5-3-20 "挹翠亭"临水外观

图 5-3-18 "观澜亭"跨水而筑

图 5-3-21 形态独特的"思源亭"

立园以其独特的风格和内涵浓缩了一个特定时代的建筑和园林的故事，作为西方建筑与园林艺术在中国民间工匠演绎下的典型，它包含了这一时期华侨建筑与园林的"中西合璧"、过度堆积、炫耀财富的共同特点，这种中西合璧的背后反映了华侨对待西方文化的基本态度，"中体西用"之于建筑与园林则表现为对传统形式的简单模仿，同时又融汇大量西方表面而具体的装饰细部，形成一种混合、并置的局面，而这种混合往往由于主事者本人的文化艺术修养而沦为一种"庸俗"的附庸风雅和炫耀财富，例如，立园园林部分布局轴线随意而缺乏条理，水系机械、呆板而缺乏系统的组织和有层次的设计，建筑小品的过分矫揉造作和过生硬堆砌远不能与岭南地区士大夫私家园林中"惜墨如金"、"计白当黑"的简约相比，毕竟经岁月累积的精英文化与金钱所推动的速成文化具有本质的区别。但作为一种与家族居住环境密切相关的"大众"园林，在其浮噪、喧嚣的外观下也无不隐含了其雅俗共赏的特性、对新型的城市与乡村相结合的居住方式的追求，和大众对外来文化的理解与实践，并且，它忠实地记录了历史，特别是在历经时间的洗礼、自然的更替之后，倒也显出一份自然和独特的气质。

1937 年抗日战争爆发，园主举家移居国外，立园遭受日寇的洗劫而日渐荒废，新中国成立后，由于政府的关怀与重视，立园重见天日，园主遗孀谢余瑶琼女士已委托开平政府代管立园，政府投资对其进行了全面修葺和扩建，使立园面积扩大近两倍，此为后话。

（本节"广东碉楼别墅群园林——开平立园"
文：刘尔明）

二、广东乡镇侨商别墅群园林

（一）岑局楼别墅群

岑局楼位于广东省佛山市南海区九江镇上东沙村红旗组一隅，基地面积约 2000 平方米。建于民国二十一年（1932 年），由当地越南华侨岑德渠聘九江镇奇珍店建筑工程师陈启新按当时某一法国银行外观设计（图 5-3-22）。建筑群由两栋当地传统民居及一栋西洋独立式别墅由东至西并列，坐南朝北布置（图 5-3-23），别墅风格为民国时期岭南一带华侨广泛采用的仿西洋式别墅。

由于基地南侧为村庄，东、北、西三侧水塘、田野环绕，别墅东、南、北面向外部景观，西侧与另两栋传

图 5-3-22　东北侧外观

图 5-3-23　西南侧外观

统民居通过一条琳琅满目、充满了东西方建筑装饰细节的走廊相连（图 5-3-24）。平面采用矩形十字形平面，是当地"三间两廊"式平面为适应外来建筑形式处理所作的变化。别墅东、南、北三侧的外向立面均采用主体两层、局部三层的公共建筑的对称式设计，屋顶南北两端中部由二层直接延伸形成高耸的两个独立的矩形体量，而东、西两侧居中一跨同样设计两个凸出于屋顶的观景圆亭。圆亭顶部由穹顶覆盖，四个单独的体量并置且由连廊连接。东、南两个主立面的处理类似，均采用三跨对称布置，两侧实墙开矩形竖窗，中间一跨以二层微凸的凹入式阳台与底层门廊形成虚体，以突出对称体量的立面效果。同时，为了强调形体的变化，中间跨结合阳台弧线，凸出于外墙，并通过上下各四根具有变形的爱奥尼柱头的装饰柱突出外观的雄伟与庄重。不仅主体建筑风格充满了巴洛克的装饰效果，围墙、阳台栏杆、门楼亦随处可见巴洛克式的曲线与中国传统造型和图案的

图 5-3-24　多种装饰的连廊

图 5-3-25　变形的爱奥尼柱头

图 5-3-26　巴洛克式围墙与中式门楼

混杂（图 5-3-25，图 5-3-26），充分显示了早期华侨及民间工匠对西方建筑的认知与理解。

另外，岑局楼的庭院设计结合了总体布局，南侧与前庭小花园及相对安静私密的后花园通过东侧池塘前的景观甬道相连，南侧小花园以精致的院墙和入口门楼为背景，种植了芒果、桂花、水葡萄等高大乔木，并沿院墙种有霸王花等爬藤植物，庭院一角设几何形花池，而安静的后园则种植了竹林、芭蕉、小叶榕等，构成以水塘为前景，多种植物环绕，林荫掩映的异国风情。

（二）翁家楼别墅群

翁家楼位于广东省台山市端芬镇庙边模范村，基地面积约 1500 平方米，包括相忠楼、沃文楼、玉书楼三栋体量、面积相近的独立式别墅（图 5-3-27 ～图 5-3-29），由台山籍旅美及香港翁氏乡亲于 1927 ～ 1931 年间聘请德国建筑师设计，当地工匠按图纸施工建造。其规划与设计体现了统一与灵活的原则，与当地在同一时期内大量建造的碉楼或"庐"式住宅有较大的区别，而更接近于国外与中国近代城市租界区大量建造的独立式别墅。其设计充分表现了设计师和使用者对基地的合理利用和对建筑形态设计的统一性与灵活性的把握。

基地坐西南向东北，背靠宝脉山，面向新安小平原。三栋独立式别墅没有追求正南正北，而是以景观为

图 5-3-27　相忠楼外观

图 5-3-28 沃文楼外观

图 5-3-29 玉书楼外观

中心，背负青山，面朝田野，在狭长的基地内自然形成山体、建筑、庭院及田野之间的空间过渡，达到建筑与基地景观的高度一致（图 5-3-30）。形体设计的统一性表现在三栋别墅均采用紧凑的平面和集中的体量，主体楼高二层，混凝土结构，平屋顶，带采光的半地下室突出于地面，设计中利用不同的入口台阶处理，形成近代别墅中常见的"高台府邸"形象，顶层均设造型各异的观景亭台。而形体设计的灵活性则蕴含于平面的局部变化、形体的组织、入口形式等细节之中，如相忠楼入口设于正面居中位置，顶部采用琉璃瓦顶中式观景亭，平面局部弧形墙体的变化、凸出的八角形和半圆形体量并置形成丰富的视觉效果。立面上半圆形、方形、不规则菱形、六角形等开窗形式加剧了细节的堆积效果，破坏了建筑的整体性，是早期华侨建筑的通病。

相比之下，沃文楼与玉书楼形体设计的灵活性更具有理性和节制。两者均采用不对称的平面形式。沃文楼入口设于正面左侧，弧形出挑雨篷、凸出的装饰壁柱、上窄下宽呈弧形展开的直跑台阶恰到好处地突出了入口的重要性（图 5-3-31），立面上方形与六角形体量的穿插处理，粉墙、砖砌、石构等材质的变化，使整体建筑洋溢着近代建筑的气息。而玉书楼通过平面的水平错落形成丰富的形体变化，主要入口结合二层凸出的半圆形玻璃封闭阳台及顶层穹顶覆盖的观景亭，采用侧向入口，连贯而流动的空间与形体处理一气呵成，构成别墅朴素的立面和形体的视觉中心（图 5-3-32），立面局部瓷片的点缀更为别墅增加了世俗生活的情趣。

翁家楼的园林设计相对建筑而言十分朴素，整体以高大的乔木与棕榈树的配置，构成建筑与乡村田野间的前景，靠近建筑处局部以竹林及芭蕉作为衬托，自然

图 5-3-30　高大乔木作为三栋别墅与原野之间的过渡

图 5-3-31 沃文楼入口

图 5-3-32 玉书楼入口

的小尺度场地和路径，赋予乡野别墅特有的田园气质。

翁家楼三栋别墅由于独特的外观被当地居民形象地比喻为三国时期历史人物刘备、关羽、张飞的造型。的确，尽管其设计未能完全避免这一时期华侨建筑的矫揉造作、过分堆积的俗套，但它们所展示的统一性和多样性成就了其作为同一时期近代乡镇别墅典范的特质。

（三）傅氏山庄

傅氏山庄位于广东省佛山市南海区西樵山碧云村一侧的碧云峰顶。庄主为澳门第二代赌王傅老榕（原名傅德用）先生，山庄始建于 1927 年，建成于 1932 年。基地范围约 5700 平方米，总建筑面积 1265 平方米，包括宗祠、书舍、炮楼、住宅及地下室、抽水房等附属设施，是民国时期岭南地区典型的综合性别墅建筑群。

傅氏山庄的最大特点在于整体布局与环境的紧密关系及布局中对中西方园林设计要素的灵活运用。建筑师通过对基地环境的整体把握，依山就势地布置建筑功能，将自然园林环境与人工建筑融为一体。山庄基地为朝西的不规则山坡地与局部呈凹形谷地的结合体，建筑群布局顺应山势，将宗祠部分置于坡顶（图5-3-33），居住部分集中于坡底谷地北侧，南侧布置花园。宗祠、居住及花园三部分通过一条精心设计的轴线有机地连接在一起。不同于传统宫殿或合院式住宅以"间"为单位的轴线式布局，为了与山地环境对应，这一轴线并非一贯到底或作规则式的左右延伸，而是在有限的基地范围内，利用自然地形的变化，灵活自由地布置，将世俗功能的建筑——住宅、花园及精神功能的建筑——家祠、书舍融于一体，并创造了与各自功能相适应的"场所精神"。

轴线的起点为基地西北角与碧云村相对应的山庄入口处的炮楼，炮楼作为山庄安全保障的构筑物，其功能通过高耸的体量、封闭简约的形体进行表达，二层的观察与射击孔可以控制进入山庄的通道及中心花园。作为进入山庄的标志，楼体两侧的一副对联"烟火但祈家一处，子孙惟愿世同居"，横批"敦义崇礼"又恰到好处地表达了山庄建设的原旨，主人对传统文化的崇尚和对"儿孙满堂"世俗生活的热爱（图5-3-34）。穿过与西侧居住部分外墙平行布置的宽阔回廊，进入基地核心部分——中心花园，这里宗祠的双跑大台阶、平台场地、半月形水池沿东西向主轴线由高至低、由远及近依次排列，层层展开，轴线南侧为小型花园，北侧为主要居住

图 5-3-33 宗祠居高临下

图 5-3-34 炮楼与居住部分

图 5-3-35 依山就势、层层展开的群体

部分入口（图 5-3-35）。轴线并非严格的对称处理，这反映在主体宗祠与两侧书舍立面上的微差、大台阶下场地偏住宅一侧的凹入式处理及轴线两侧住宅与花园的并置，但由于主体宗祠在总轴线中的尽端位置及由此而设置的对称的大台阶和半月形水池均强化了宗祠作为一种家族团结的象征在总体中的地位。同时，主要轴线的处理亦不同于一般的平地型宗祠或民居简单的对称布置，而是充分尊重地形，将东西方不同的园林要素自然地互相穿插，构成整体，如当地岭南及客家民居中常见的半月形风水塘、院落空间、石制装饰性栏板、楹联题刻与西方园林中惯用的大台阶、几何形花坛、规则的场地构成等手法共存，形成中西元素"你中有我，我中有你"的总体效果（图 5-3-36，图 5-3-37）。植物的配置亦反映了整体的空间层次，如基地周边山体茂密的山林，花园中不同的观赏性乔木与灌木的自由组合，沿半月形水塘规则种植的垂柳，建筑周边修剪整齐的花坛、绿篱及小院中孤植的点景树，无不反映了园主对园林空间的精心经营。

除总体布局外，单体建筑的设计亦具有同时期岭南侨乡建筑中西合璧的基本特征，如简洁、完整的外部形体，乡土砖石、木构与现代钢筋混凝土、玻璃等材料的并置，精致的民间装饰工艺如雕刻、彩画、楹联与西方建筑细节如线脚、窗框、山花等混合使用。同时，园主还将当时先进的设施如风力发电、自动供水设备及西式卫浴设施引入居住建筑。通过建筑这一物化的形式，整体表达了使用者和设计者对中国传统所推崇的人伦孝悌、光宗耀祖、立身行世等文化理念的推崇及对西方现代文明开放和包容精神的理解。

（本节"广东乡镇侨商别墅群园林"
文：刘尔明）

图 5-3-36 宗祠一侧台阶式花园

图 5-3-37　建筑入口处的门头装饰

第四节　近代大学校园别墅群园林

一、广州中山大学石牌校区教授别墅群

位于校园中心区东南隅的教授别墅群（即教职员住

宅区）基地为一"心形"山包（又名庐山），整体中间高，四周低，山包最高处与最低处相差 10 米左右，最高处为山体中部，而最低处则为东北与东南两侧，低洼处水系环绕（又名鄱阳湖），并与五山相对（现水系已填平，建五山花园住宅区）。基地南侧原为乱葬岗，西北角隔体育馆、运动场与校园中心区相望，正北侧通过小型市场与教职工宿舍区相连。教授别墅区位置既与校园内部各功能区及外界联系便捷，又依山靠水得曲径通幽之趣（图 5-4-1）。

石牌校区教授别墅群由建校时第三期工程所建，1936 年开始建设，至 1938 年建成。在 5 公顷左右的基地内共建"教职员住宅大小共 46 间"，采用甲、乙、丙、丁、戊、己六种不同类型和规模的别墅式住宅形式，分别由岭南近现代著名建筑师林克明、杨锡宗、方棨棠、郑校之等主持设计，广州仙记与锡源建筑公司营造（图 5-4-2，图 5-4-3）。❶ 历经岁月的变换与更替，大部分昔日的别墅式住宅已由多层或高层住宅所取代，目前尚存 19 栋，除少量继续作为居住用途外，其他或闲置，或

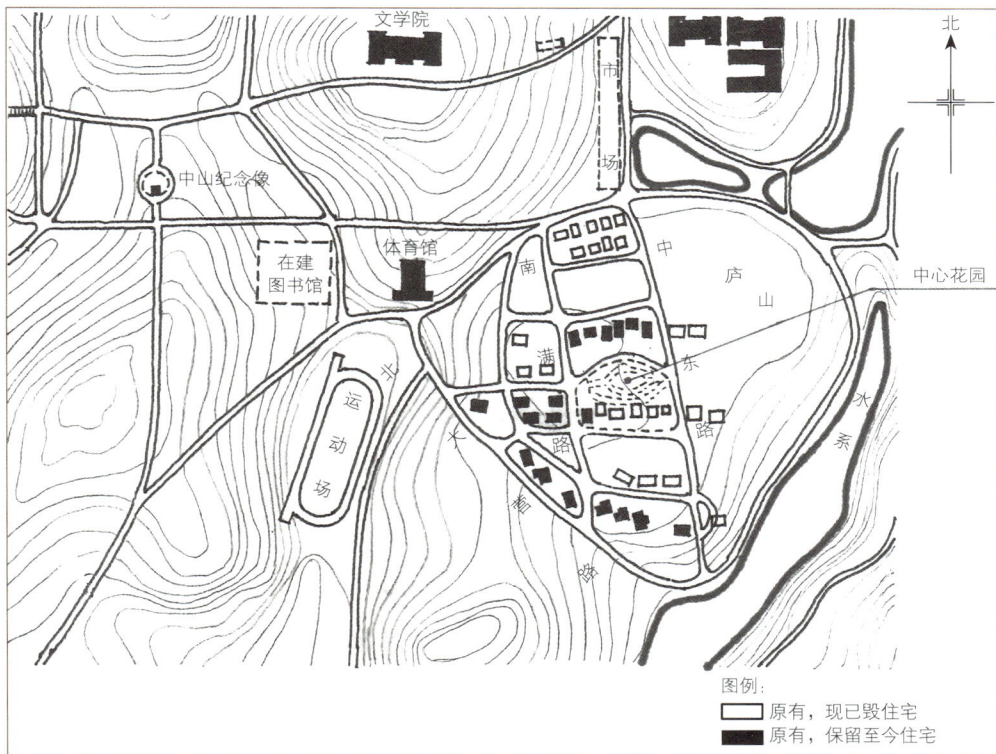

图 5-4-1　原国立中山大学校园住宅区（原国立中山大学 1937 年测图之复制品，"心形"环路环绕之范围与教授住宅小区的总面积约 5.2 公顷，从 1936 年至 1938 年间，中大在此建造了共计 46 栋别墅住宅，现存 19 栋。现址为华南理工大学东区教工住宅区，面积有所扩大。图片根据原华南理工大学资料室藏《国立中山大学 1937 年测量图》加工）

❶ 参见：吴定宇，陈伟华，易汉文 . 中山大学校史（1924 ～ 2004）. 广州：中山大学出版社，2006：79.

图 5-4-2 原国立中山大学教授住宅区建成时全貌 ❶

图 5-4-3 原国立中山大学教授住宅区一角（摄于 1947 年）❷

图 5-4-4 低密度的"林中小屋"

图 5-4-5 开放式的路网与庭院

作为办公与民工临时住所。尽管建筑本体变化较大，但总体布局、道路系统及景观环境等依然"风貌犹存"，显示了昔日规划设计的强大生命力。现根据现场实地考察及原有历史资料，对其规划设计及建筑与环境关系特征进行探讨和归纳。

（一）因地制宜的空间布局

不同于校园中心区以严谨规则的轴线式布局为主，别墅区的布局结合特有的地形采用相对自由的灵活布局，更强调建筑与自然环境的紧密结合。总体的低密度保证所有建筑基本朝南，开放式的路网格局使建筑与庭院依等高线及道路网格变化，错落布置，并且特有的地形地貌形成的台地和坡地的自然形态得以整体保留（图5-4-4，图5-4-5）。建筑单体为平层院落及三层小洋楼式两大类，屋顶形式采用包括双坡顶、四坡顶及平坡相结合的几种不同形式，配以清水砖墙和涂料为主的外墙材料，建筑风格朴素大方，表达了早期现代建筑对简洁

的结构形式、直接的功能表达、真实的自然材料运用等原则的追求（图5-4-6～图5-4-9）。不同类型的建筑通过对局部入口门廊、形体穿插、院落围墙形式等细节的强调，形成丰富多彩的居住场景，并塑造了校园建筑朴实的品质（图5-4-10，图5-4-11）。

（二）依山就势的道路系统

别墅区道路系统设计不仅强调别墅个体与外围服务设施及校园中心区的空间可达性，同时注重台地景观空间的完整性，并维持住区内部的安静。设计中采用外围环形道路与内部格网系统相结合的手法，主要环路——北大营路不仅将区域与外围自然地连接，在一片荒郊野岭中形成以居住为中心，自成一体的完整区域，同时将居住生活功能与周边湖光山色等自然景观连为一体。内

❶❷ 引自：易汉文.钟灵毓秀——国立中山大学石牌校区.广州：中山大学出版社，2004.

部则采用四通八达的开放式网格系统，构成社区内便捷的通道和社区景观的框架。为了便于建筑的布局，区内道路网格基本呈东西和南北走向，南北向道路贯穿基地，与环路相连，而大部分东西向路则为保证区内的安静，采用尽端"T"形路处理，仅中心处东西向道路与环道相连。这里所有道路均因山势起伏变化，道路不仅作为空间联系的通道，亦作为整体社区景观的组成部分，道

图 5-4-6　四坡顶单层别墅

图 5-4-8　平屋顶与坡屋顶相结合的三层小楼

图 5-4-7　人字坡单层别墅

图 5-4-9　早期现代风格小楼

图 5-4-10　松花江路一层别墅入口门廊处理

图 5-4-11　三层别墅悬挑阳台

图 5-4-12　道路依山就势

图 5-4-13　道路与山林景观

路与每栋建筑的连接通过建筑与场地庭院标高的变化，形成台阶、小径、庭院、花台等构成层次丰富的景观，中心处两排建筑之间的台地保留作为中央景观花园（图5-4-12～图5-4-16）。

（三）层林掩映的绿化景观

石牌校区教授别墅区绿化景观是七十余年来不断经营的结果，得益于早期校园普遍绿化的原则，今日的别墅群落已完全掩映于浓荫密布的参天大树之中。从图

图5-4-14 道路连接右侧二层入口门廊

图5-4-16 别墅入口小径

图5-4-15 穿行于林间的台阶形散水

5-4-2、图5-4-3两幅分别摄于20世纪30年代别墅建成之初和1947年的照片对比，我们可以看到别墅区从荒郊野岭到绿化初具规模的田园景色的转变过程。不同的乔木、灌木、藤本与花卉在小区四季景观的演替中扮演了重要的角色，建筑则成为自然林木与花卉中的点缀与配角，并与区内早春木棉盛开、夏秋白兰花香四溢的氛围构成一幅幅完美的画卷，充分展示了一种回归自然、人与自然和谐相处的生活方式。经过现场实地考察，区内大量乔木树龄超过七十年，树种、树龄及生长状况均与原中山大学石牌校区内其他区域（包括现华南理工大学及华南农业大学校园）内的树木大致相同。别墅区内现存乔木胸径在80～110厘米，树高20～30米的古木计有：行道树白千层、窿缘桉、大叶桃花心木、白兰花等；分散丛植或孤植的庭院树木棉、樟树、降香黄檀、马尾松、石栗等。这些高大茂密的古木构成了别墅区绿化景观的主体（图5-4-17～图5-4-21）。

（四）独特的中国传统景观的记忆方式

一种独特的地域物质环境形态往往是人工与自然有机结合的产物，而与物质形态相关联的非物质的人文景

图 5-4-17　白千层与道路景观

图 5-4-19　大叶桃花心木行道树

图 5-4-18　孤植的窿缘桉

图 5-4-20　庭院中孤植的樟树

图 5-4-21 丛植于建筑一侧的降香黄檀

观，如对历史人物的活动或重大事件的纪念和记忆，将使有形的物质环境得以升华，增加其景观空间的魅力与内涵，大多数传统的景观得以流传千古都与这种记忆方式相关。国立中山大学石牌校区作为华南地区中国人自己创办与设计的第一所大学，其校园场所中不乏类似的精彩的人文掌故。半个多世纪后还有校友深情地回忆起邹鲁校长在开发过程中留下的巨石上的题字，其一"筚路蓝缕，以启山林"，其二"博学之，审问之，慎思之，明辨之，笃行之"，这些与景观融为一体的教诲伴随校友一生。❶ 早期规划将校园内丰富变化的地形、地貌环境以一种概念的方式对应于祖国多姿多彩的山山水水。"分划区段，以我国诸省份名其区，复因各地区之冈峦池沼，附以行省内山川湖泽名号"，不仅便于师生对校园内各区域进行相对的空间定位和记忆，同时，"使入本校者悠然生爱国之心，即毅然负兴国之责"❷，通过一种设计的理念培养学生身在校园，心忧天下的情操，践行教育兴邦，教育救国的理想。

与校园区划相对应，教授别墅区所系山峦以庐山命名，东北与东南侧的池沼水系则因鄱阳湖而得名。鉴于新校区建设始于"九一八"事件之后，全国社会各界，特别是知识界的民族意识和爱国热情高涨，为了纪念这一届辱的历史事件，别墅区道路系统采用与这一历史事件相关的区域与地点命名，如中东路、南满路、北大营路、松花江路等，独特的命名方式，时时告诫和提醒师生勿忘国耻，发奋图强。（现道路名称除个别保留外，大部分已按广东省内名胜重新命名，如原"北大营路"更名为"九一八路"，"中东路"更名为"韩江路"，"南满路"更名为"北江路"等。）

事实上，国立中山大学石牌校区中国式山水校园空间的形成与管理者的教育理念密切相关，中山大学作为一所革命的大学，早期，无论是学科的建设或是校园的建设均以"改造国家、改造社会"为己任，第二任校长戴季陶先生认为："改革中国的政治，改造中国的社会，农业是最重大而最紧急的"，学科的建设始终倡导"以农为本"，"发展农学，改良农业"，以科学的手段解决民族生存问题。校园环境建设与农学实验基地建设并行。同时戴季陶还认为，校园物质环境的营造"不单是为大学建学术的基础，并且是为千百万民众营造生活的元素。我们民众真实永久的生命，要靠丰富优美的森林农地，才可以培养得起来"。因而校园建设应"给广州人民的精神上一个伟大的新印象"❸。校长邹鲁同样以校园为试验基地践行"使未来消费之教育，化为生产之教育"的主张，采用校园普遍绿化，大力种植经济作物的方式，校园内"除建筑物外，均为农场，凡植竹木果树二百万株有奇，复辟道路至白云山林场，联贯为一，林场种树约 160 余万株。不特可增河山之美丽，而资全校师生之修养"。按照他在 1934 年的计算："预计五年后，有收益者可得五十万株，每株以一元计，则年可得五十万元。十余年后，三百万株皆有收益，每年每株以一元计，则年可得三百余万元……"❹ 欲通过环境的改造，逐步使校园的建设实现投入与产出的可持续发展。据 1936 年统计，校园内"栽培的农作物，如稻、茶、山薯、草棉、甘蔗、粟、笋、蔬菜等，约占地六百亩。果树如荔枝、龙眼、凤眼果、蕉、橙、柑、柠檬、沙梨、枇杷、桃、李、橄榄、黄皮果、柚、栗、菠萝、人面子、葡萄、番石榴、杏、杨桃、芒果、柿、加力果等，八百亩共四十余万株。树木如柏木、麻黄、油桐、杉、红豆树、木棉、石栗、银桦、台湾相思等，约占地五千亩，共七十余万株。此外地亩，则种赤松、黑松、各种竹子数百万株"，丰富的植物景观使校园成为广州城市中的"世外桃源"❺。校长邹鲁的做法与 20 世纪 60 年代新加坡总理李光耀为了将新加坡打造成花园城市，而号召全民植树，

---

❶　参见：朱盛荃 . 石牌三年 // 黄仕忠 . 老中大的故事 . 南京：江苏文艺出版社，1998：333.
❷　参见：邹鲁 . 国立中山大学新校舍记 // 易汉文 . 钟灵毓秀——国立中山大学石牌校园 . 广州：中山大学出版社，2004:128.
❸❹　参见：戴季陶 . 中大的改进 // 黄仕忠 . 老中大的故事 . 南京：江苏文艺出版社，1998：9-10.
❺　参见：邹鲁 . 办理国立中山大学 // 黄仕忠 . 老中大的故事 . 南京：江苏文艺出版社，1998：139.

普遍种植速生树冠浓密的桉树，选种芒果、番石榴、红毛丹、木菠萝等具有经济、观赏价值树种，同时将木槿属植物和肉桂等开花树植入街道、公园和花园的实践异曲同工，二者相隔了30年。

总之，原国立中山大学石牌校区教授别墅区作为校园空间的组成部分，在山水校园的整体格局中扮演了独特的角色，作为一种特殊的居住空间形态，其规划与设计契合特定环境的理念，反映了校园使用者、管理者及岭南近代建筑师们对环境的理解和追求，给我们留下了宝贵的精神财富。但是，历经七十余年的沧桑之后，在校园空间不断扩张的过程中，别墅区处在逐渐衰败与凋零之中。如何更妥善地对待这一历史遗存，发扬其在大力提倡文化建市、文化立校的今日之积极作用，当是我们应该思考的问题。

（本节"广州中山大学石牌校区教授别墅群"
文：刘尔明、张寅山）

二、北京清华大学教授别墅群

20世纪上半叶，清华作为"中国近代学术走向独立的过程"[1] 的象征之一，经历了从开办清华学校（1911~1928年），到成立国立清华大学（1928~1937年），至南迁昆明组建西南联合大学（1937~1946年），又复原北平（1946~1948年）的过程。期间在清华校园内陆续建成了一批教授别墅群住区，包括北院、南院（今照澜院）、西院、新南院（今新林院）、胜因院等，在规划布局、建筑设计、园林绿化上各具特色。

（一）北院

北院是清华学校成立之初建设的校舍建筑之一，为外国教员住所，由美籍奥地利建筑师埃米尔·斐士（Emil Sigmund Fischer，1865-1945）等几位美国建筑师设计。属独幢单层外廊别墅型制，始建于1909年，1911年4月竣工。同期建设的还有高等科讲堂及校舍（今清华学堂和原二院）、中等科讲堂（原三院）、同方部、校医院等。

其时清华园辖地450余亩，西至古月堂西侧，北至今明斋前，园东南有万泉河环绕，自今西校门往东，经

今热能系馆前，又转而北流，自然形成当时清华学校东南部的校界。

建成的北院别墅群东濒万泉河，南隔一汪镜水与高等科讲堂相望，西临中等科讲堂，偏于校园东北角一隅。其境水清木华，颇得怡然自得之趣（图5-4-22，图5-4-23）。别墅群包括八幢住宅与一座会所，住宅靠东、西、北三面分布，整体呈"U"形，开口面南。会

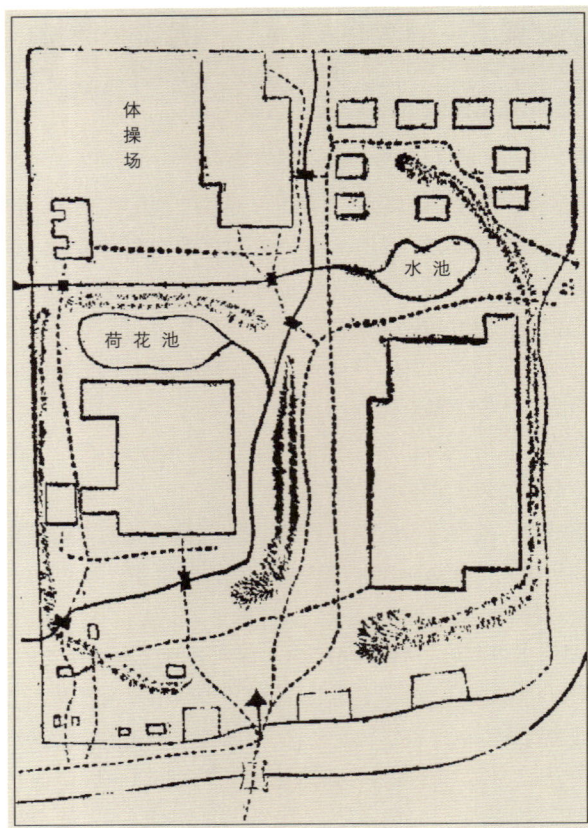

图5-4-22　1911年清华学校平面示意图

图5-4-23　北院旧景（20世纪初）

[1] 参见：冯友兰.清华的回顾与前瞻//清华学生自治会.介绍清华——给未来的伙伴们.1948.

所置南侧，与住宅群体共同围合形成一个公共庭园。该庭园设计在空间构成与体验上貌似"内聚"，实则对空间的"领域"或"场所"感并无特别考虑：住宅只有面南与面西两种朝向，因而西侧的两幢别墅并不面向公共庭园，住区道路系统亦没有全部纳入庭园之内。相应地，庭园中供公共活动的网球场置于东侧，与入户道路相近；草丛、花木等置于西侧，形成相对僻静的园艺区。公共庭园中的"人文景观"与"自然景观"平分秋色。

（二）南院

1913 年，清华学校扩大规模，收购清华园西边的近春园，以及长春园东南隅（今水磨村）至清华园西院一带，面积共计 480 亩❶。至 20 世纪 20 年代末，又陆续在清华园以南等处购地 200 余亩❷。"四大建筑"亦在此期先后建成，由美国建筑师亨利·墨菲（Henry Murphy，1877-1954）和庄俊（1888-1990）负责规划设计与监造，即图书馆（1916～1919 年，今图书馆东半部）、体育馆（1916～1919 年，今前体育馆）、科学馆（1917～1919 年）、大礼堂（1917～1921 年）❸，以应改办大学之计划。南院是与"四大建筑"配套建设的教授别墅群，于 1921 年完工。

南院位于旧大门（今二校门）及清华园东南校界的万泉河迤南，与当时校园北界的北院遥遥相对（图5-4-24）。与北院相似，南院与校园中心区保持一定距离，自成一体，临河而筑，环境清雅。俞平伯（1900-1990）先生有《菩萨蛮》描述小桥流水的景致，静谧淡远："桥头尽日经行地，桥前便是东流水，初日翠涟漪，溶溶去不回。春来依旧矣，春去知何似。芳草总芳菲，空枝闻鸟啼。❹"

南院整体地块大致呈方形，住宅建筑围绕地段四周分布（图 5-4-25）。在北面、东面先建成西式丹顶洋房十所，与北院相似，亦为独幢单层外廊型制（图5-4-26）；不同的是，随后在南侧、西侧建成中式四合院十所（图 5-4-27）。中式合院住宅的出现，大概

与亨利·墨菲以及中国建筑师庄俊的参与有关。对于如何创造中国建筑，亨利·墨菲认为："我们的思考必须从中国的外在形式出发，当需要满足一些特殊需要的时候，可以引进一些外国的东西，这样才能创造出一栋真正的中国建筑。❺"

沿地段周边分布的西式和中式住宅围合形成建筑群体中部的庭园，是公共活动的场所。由于住宅朝向也是非南即西，南院道路系统的组织、庭园空间的构成及其体验与北院庭园相仿。庭园大致区分了东部的"闹区"与西部的"静区"：东半部是两个并排的网球场，有铁丝网围护，一旁还树立着"禁止践踏球场"的标牌；西北边地势较低，是一片树林（一说是草坪），也有一个较小些的操场❻。但是，据说球场很少有人用，因为球场是在各房子正中的园子里，球场上的声音可能会影响到白天还在睡大觉的教授太太们❼。这显示了近代由西方引入的休闲形式并没有恰如其分地融入中国人的生活，以及基于西方文化传统而生发出来的建筑群外部空间模式在中国社会环境下应用的局限性。

（三）西院

西院 1924 年落成，由庄俊监理设计与施工。它东临近春园，南接万泉河，西望圆明园遗址，在选址上与北院、南院有异曲同工之妙：偏校园一隅，濒既有水系，借自然风光。西院是南院教授别墅群建设的延续，但不同于南院"中西合璧"、中式住宅与西式住宅各"半壁江山"的组合，作为中国教员住宅，西院全部为中式合院住宅，两列五排，共 20 套。每家屋后紧接邻家前院，房屋与院落交替井然。不同于传统标准的南入口合院住宅，西院住宅门开东侧或西侧，与南北向的柏油路相接（图5-4-28，图 5-4-29）。

各户宅院内栽种了丰富的花木，体现了主人的文化情趣。如熊庆来先生（1893-1969）最爱陶渊明，因此在院内植菊花❽。有趣的是，菊花更成为西院的一大特色，识菊的还有杨寿卿先生和鲁璧光先生等❾。相对于丰富、

❶❸ 参见：清华大学校史研究室.清华大学九十年.北京：清华大学出版社，2001.
❷ 参见：清华大学校史编写组.清华大学校史稿.北京：中华书局，1981.
❹❻ 参见：侯宇燕.清华往事.北京：清华大学出版社，2005.
❺ 参见：姚雅欣，董兵.识庐——清华园最后的近代住宅与名人故居.北京：中国建筑工业出版社，2009.
❼ 参见：杨步伟.四年的清华园//缪名春，刘巍.老清华的故事.南京：江苏文艺出版社，1998.
❽ 参见：侯宇燕.清华往事.北京：清华大学出版社，2005.
❾ 参见：孙福熙.清华园之菊//葛兆光.中华学府随笔——走近清华[M].成都：四川人民出版社，2000：167-176.

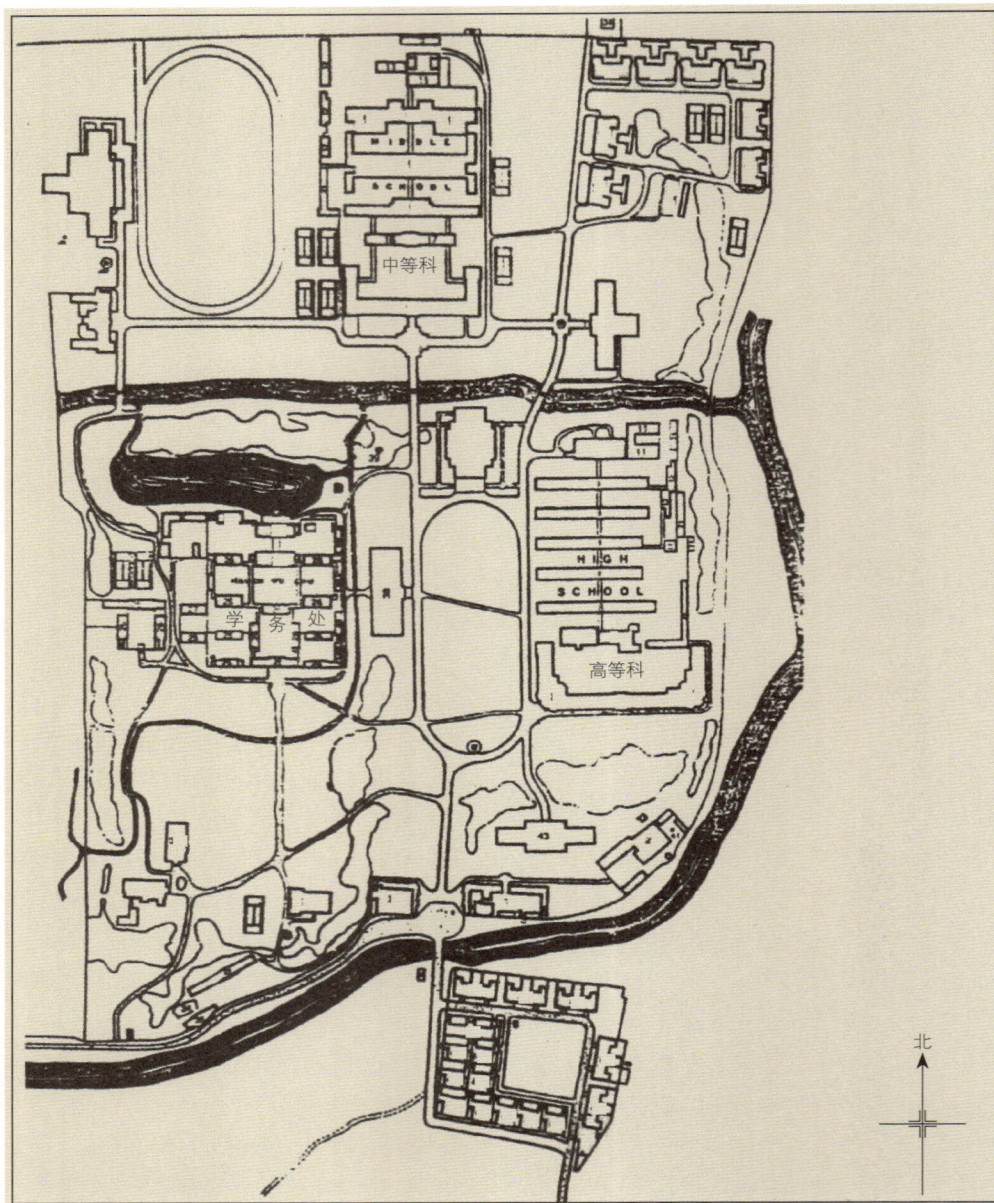

图 5-4-24　1923 年清华学校全图

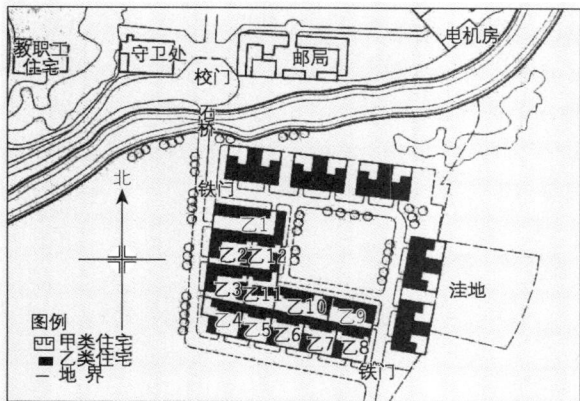

图 5-4-25 南院平面

图 5-4-26 南院 1 号——赵元任故居现状

图 5-4-27 南院中式四合院现状外景

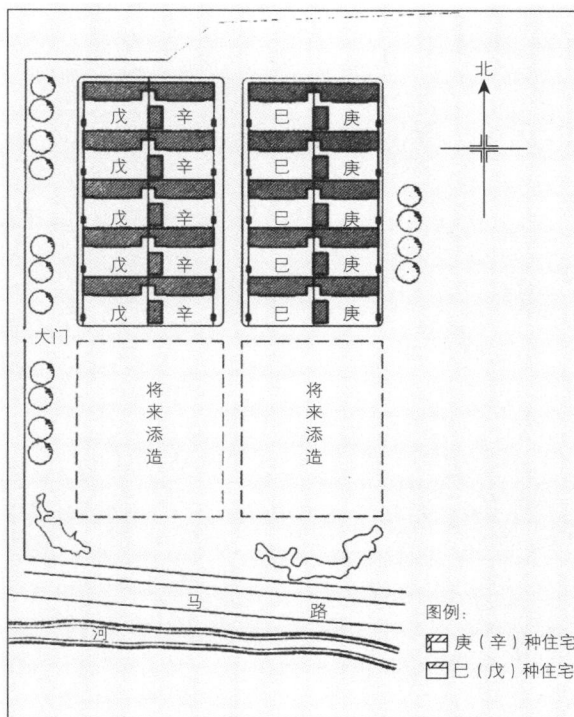

图 5-4-28 旧西院平面

图 5-4-29　旧西院现状

院"。新西院在规划上延续了旧西院南北正交路网的空间秩序；在单体设计上发展了中式的单层单幢庭院式的住宅型制，即庭院不是单个空间，而是被一分为二，并区分了不同的功用：有联系书房、卧室的内院，远离外界纷扰，是为"静"，另有联系厨房、役室的杂物院，接近外部公共交通，是为"动"（图 5-4-30）。有的学者认为新西院有着近代清华住宅设计的最高水准，"体现了 20 世纪 30 年代外国建筑师在住宅设计中无处不在的人本理念和融汇中西建筑景观元素的高超造景水平"❷。

甚至精致的私家庭院，西院在规划上并没有如北院和南院的那种建筑群外部围合空间供公共活动，唯有屋外的柏油路旁整齐排列着的高大的杨槐树❶。

西院于 1933 年往南扩建三排十套工字形别墅住宅，由建筑师安诺（C. J. Anner）主持设计。原西院住宅区于是被称作"旧西院"，扩建部分为"新西

（四）新南院

北院、南院、西院的建设是清华校园安居工程浓墨重彩的一笔，使学校延揽人才，健全师资，为清华改办大学奠定了坚实的物质基础。其实西院扩建之时，清华已由清华学校立为国立大学，并秉持了"发展理工"的办学方针，20 世纪 30 年代初期，先后兴建了一批重要的系馆如生物馆（1930 年）、气象台（1931 年）、化学馆

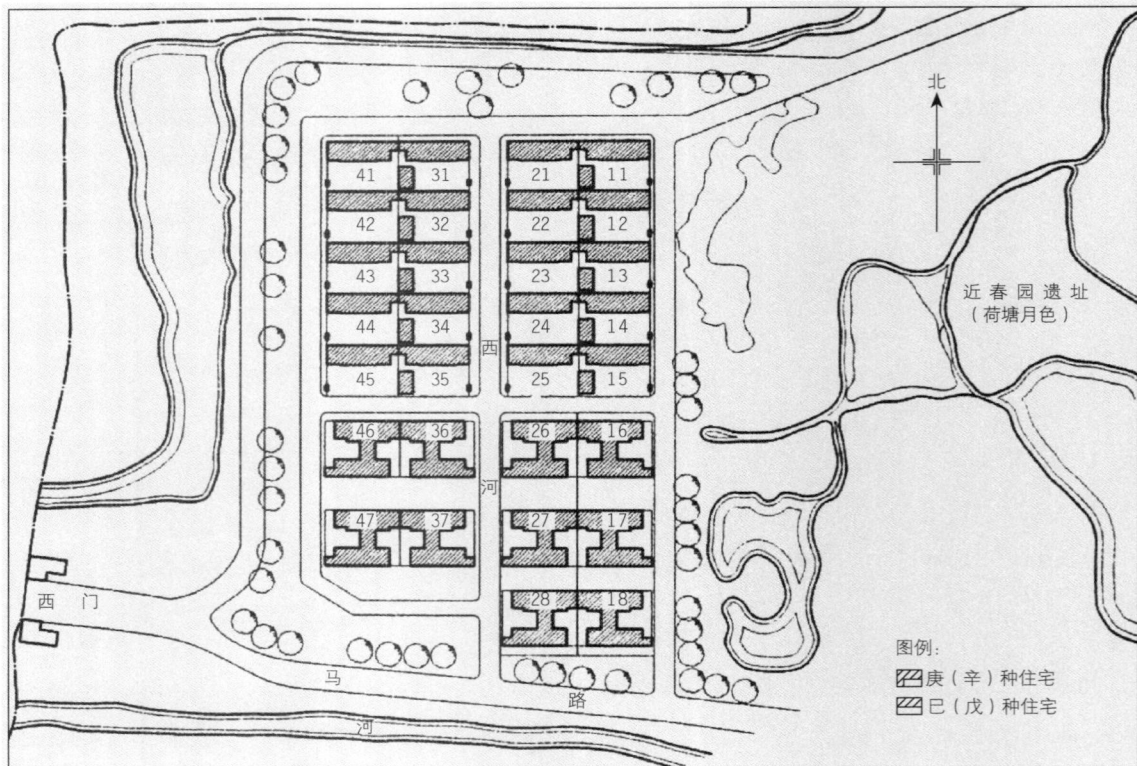

图 5-4-30　新西院建成后的西院平面

❶　参见：王东明.清华琐忆 // 缪名春，刘魏.老清华的故事.南京：江苏文艺出版社，1998.
❷　参见：姚雅欣，董兵.识庐——清华园最后的近代住宅与名人故居.北京：中国建筑工业出版社，2009.

（1931 年）、水利实验室（即旧水利馆，1932 年）、电机工程馆（1934 年）、机械工程馆（1935 年）等，但是学校对这些系馆的建筑规模、位置、分布与建筑形式并没有统一的规划，而是由各院系主持人各行其是，一般优先择校园西、北部地域宽阔的场所而建，规模较大，质量较高 **❶**。

学校的发展和师资的扩充使北院、南院、西院不敷使用，由于新兴的教学区占据了校园北部，新的教授住宅区只有在校园南侧发展。南院以南、与万泉河相连，有一条一两人深、平时无水、长满树丛的大河床。**❷** 相对于校园北部，南侧地形曲折、起伏，却不失成为发展优良住区的场所。

新南院即在河床东侧，于 1934 年落成，设计者为留学意大利、在罗马奈波利工科大学获得水利和建筑专业学位的沈理源（1889-1949）先生。新南院由 30 幢西式花园别墅独院住宅组成，建筑标准高、质量好、功能全，每幢住宅前有大片空地，后来在房前甬道两侧铺设了绿茵草坪，四周栽植了常绿的侧柏围墙 **❸**。新南院刚落成时，在当时的校刊上，一个化名野马的学生写道："那迤逦华丽的三十座小洋房儿，是去年新落成的新南院。屋子虽然精致，可是没有树儿、草儿、花儿，就显然有点单调了。可是那儿宽整的炭屑路，轩朗的场地，也自别有风光啦。路旁的梧桐、杨柳，不久也可以长大了。教授们正各自别出心裁地布置自己的园地，总之，这儿是新开辟的境界，像是一个年轻的孩子，情感、理智都未发达到健全的地步。然而，无论如何，他是有一副天真烂漫的面孔，有一团蓬蓬勃勃的朝气的。**❹**"

相较于较为完善的私用独立院落，新南院并没有像北院、南院那样组织相对完整的公共围合空间，南北、东西向正交的道路网络分割了室外场地。但是又不同于西院的正交道路体系，新南院的道路系统遵循了一定的轴线关系，主要轴线的尽端有圆形公共绿地作为空间上的收束，另有对称的住宅建筑作为轴线的底景，表现了追求景观效果的形式主义倾向，这些反映了设计师的学术背景，显示了来自近代西方学院派建筑与规划理论的影响（图 5-4-31，图 5-4-32）。

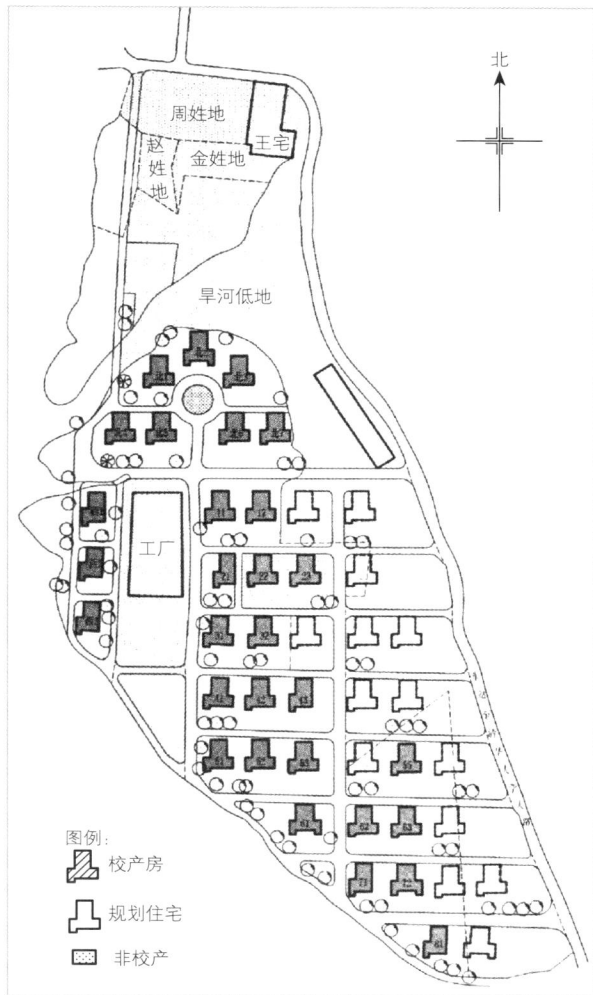

图 5-4-31　新南院平面

图 5-4-32　新南院 72 号——闻一多故居

❶ 参见：清华大学校史编写组.清华大学校史稿.北京：中华书局，1981.
❷❸❹ 参见：侯宇燕.清华往事.北京：清华大学出版社，2005.

（五）胜因院

清华大学在 1937 年 7 月抗日战争爆发后，南迁长沙，后至昆明，在抗战胜利后于 1946 年 8 月迁返北平。胜因院是年始建，取名于昆明的胜因寺校舍，次年 9 月建成，主要由建筑师张镈（1911-1999）负责设计。胜因院亦择址校园南侧，位于河床迤西，与南院、新南院一起，成"三足鼎立"之势。住区共有二层别墅住宅 17 幢，一层别墅住宅 23 套。二层别墅住宅主要位于该片区的中部较平坦、规整的地段，住宅左右相应，前后相对，整齐划一。一层别墅住宅随地形较为自由地散布于周边地带。与西院和新南院相仿，胜因院住宅各有自己独立的庭院，院落周围松墙环抱，各户自理园艺，或种植花生、玉米、白薯、草莓等经济作物❶。别墅群外部空间的设计与新南院相似，道路规划遵循一定的轴线关系，但轴线的主体是圆形或长圆形的公共绿地，道路分列其左右。另外，随地形也设计了斜向、相对自由的道路线形。因此，胜因院别墅群外部空间可以说是"理性"与"浪漫"并存，较之新南院，发展了更为丰富的空间层次（图 5-4-33，图 5-4-34）。

清华大学近代时期建设的一系列教授别墅群清晰地反映了西方规划设计理念与中国本土住宅传统的并存与交融。这些别墅群最显著的特色，一是在选址上注重环境品质，一般都依傍水系，并远离教学活动等相对较多的校园中心区；二是受西方文化影响，一般有配套健身休闲设施，体现了一定的生活品质，如北院、南院都有网球场，胜因院建成后，在与南院、新南院之间的空地上也建有运动场。

对于别墅群的建筑外部空间来说，从 20 世纪初的北院到 20 世纪 40 年代的胜因院，大致经历了由"外向"的公共庭园到"内向"的私家庭院的转变，即体现西方近代民主思想的共享合院逐渐让位于反映中国人特定生活旨趣的私用庭院。另外，别墅群的道路系统、公共绿地等的规划设计，除了西院别墅群基本延续了中国的传统手法，其他在不同时期建造的别墅群，由于设计师学术背景的不同，显示了各异其趣的西方设计传统的影响。

（本节"北京清华大学教授别墅群"
文：赵纪军）

三、武汉大学教授别墅群

国立武汉大学 1928 年成立，并选址武昌珞珈山后，在珞珈山南麓建设了一片教授别墅群，史称"十八栋"。它为武汉大学的发展史，甚至中国近代教育史，都书写了极为厚重的一页。

武汉大学成立之初设为国立，是武汉作为辛亥首义之地的特殊地位使然。蔡元培（1868-1940）先生更提议其未来的发展应和北大、中大并重。因此，包括蔡元培、李四光（1889-1971）、刘树杞（1890-1935）等人在内的校舍建筑筹备委员会将国立武汉大学的校舍工程视为"百年大计"，"十八栋"也因之享有特殊的地位。

虽然大学之名在于学术的精深，而非建筑等物质条件的优越，一如梅贻琦（1889-1962）语："大学者，非有大楼之谓也，有大师之谓也"，然"没有梧桐枝，引不来金凤凰"，"十八栋"的建设参照当时欧美一些大学的教授的生活水准，实为"筑巢引凤"之举。嗣后，"十八栋"确实云集了一批声名显赫的学者、名流，包括王世杰（1891-1981，校长）、王星拱（1887-1949，下任校长）、周鲠生（1889-1971，再任校长）、杨端六（1885-1966）、袁昌英（1894-1973）、任凯南（1884-1949）、李剑农（1880-1963）、皮宗石（1887-1967）、石瑛（1878-1943）、闻一多（1889-1946）、苏雪林（1897-1999）、蒋介石（1887-1975）、郭沫若（1892-1978）、周恩来（1898-1976）等。

虽然"十八栋"如此举足轻重，关于它们的原始建筑档案却至今迷失。武汉大学档案馆的徐正榜老师对此不无惋惜："我们现在能确定的只有周恩来、郭沫若、周鲠生所住的几栋楼，由于资料的缺乏，更多的只能付之阙如。"但是，我们仍能根据现存的建筑遗迹和相关的点滴资料，去探寻当年"十八栋"建设的概貌。

"十八栋"大部分于 1930 年 11 月开工，1931 年 9 月竣工，偏于校区东南一隅，共分上中下三排，依珞珈山，坐北朝南，南望东湖之水，也因而得以避北面寒潮，迎南面日照，一年中多数时间，这里一派静谧祥和，实为一方怡然自得的小天地。同北面狮子山上巍峨雄伟、层层递升的老斋舍相比，这些小洋楼隐身山水之间，似暗合了中国士大夫"仁者乐山，智者

❶ 参见：姚雅欣，董兵.识庐——清华园最后的近代住宅与名人故居.北京：中国建筑工业出版社，2009.

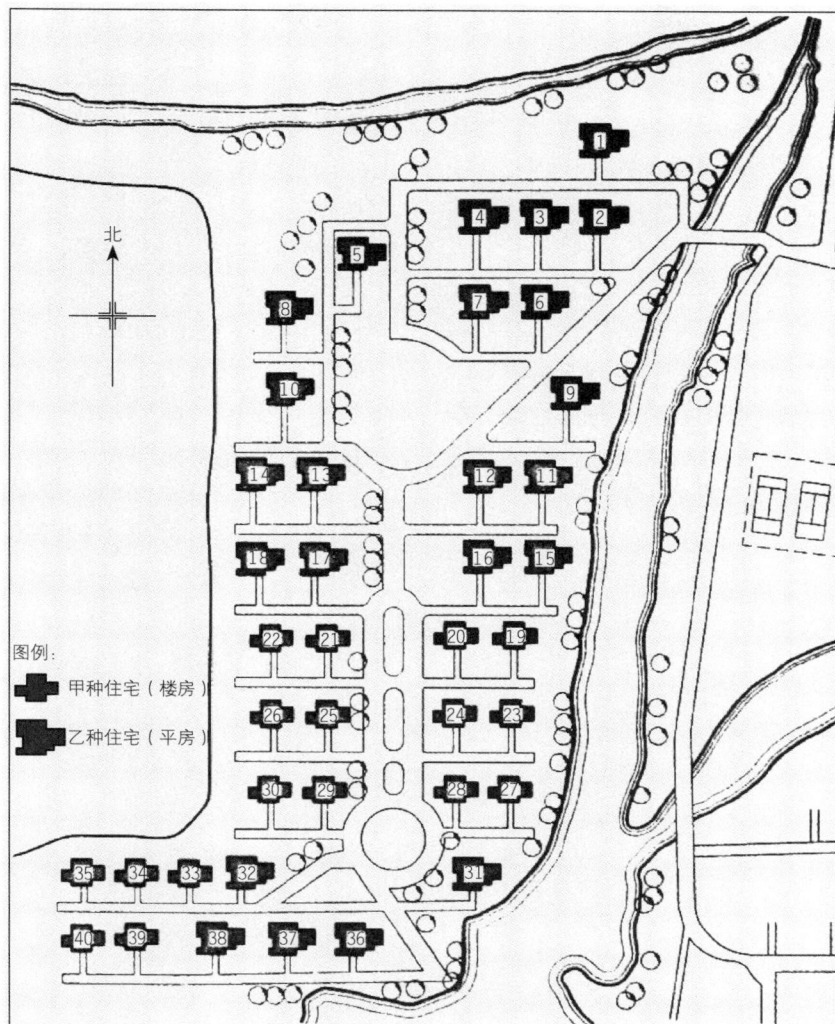

图 5-4-33　胜因院平面

图 5-4-34　抗日战争胜利后建造的教师住宅区——胜因院

乐水"的人格理想。这种亲和自然的手笔、相对独立的别墅，为学者、名流营造了一个从容别致、收放自如的生活空间（图5-4-35）。

在建筑设计上，"十八栋"采用英式乡间别墅风格，四层砖木结构。为保证建筑质量，选用材料非常讲究，一砖一瓦均有生产厂家标示，而多采自"汉阳阜成厂"。别墅群有十个双栋，八个单栋，每栋楼建筑面积约一两百平方米，各栋室内格局基本相似。据皮宗石之子皮公亮回忆，一般一楼为厨房、杂物房和厨师房，二楼三间为书房、餐厅、客厅，三楼为三间卧室，四楼堆放杂物。电话、冰柜等一应俱全。厨房的炉灶烧白煤，炉膛有盘状水管，可以为三楼洗浴间提供热水。这样的生活条件在当时的中国相当优越，更有人将它比之香港的高级住宅区（图5-4-36）。

"十八栋"建设之初的园林绿化基础极为薄弱。当时珞珈山一带的主体植被为次生亚热带灌草丛，低地是一片沼泽草滩，山南山北的树木，如柘树、构树等，总共不及百株。"十八栋"的园林绿化由毕业于美国耶鲁大学森林学院的叶雅各（1894-1967）设计，采取自采种、自育苗、自栽植、自保护、勤俭建校的办法，依山植树，借树得景。为了加强视觉层次，将樟、栎、松、柏等混植，另植有酸梨枣、银杏树等名贵树种。这种处理同时具有明显的生态效益，使"十八栋"所处的珞珈山南麓至今没有发生过任何森林虫害。另外，为了防止森林火灾，他规划道路，进行区域分割，保证即使发生火灾，累及区域也不会超过15亩。

很多人垂青这片人间乐土，如郭沫若1961年故地重游，并在旧居前留影。他在抗战回忆录《洪波曲》中写到"十八栋"时说："三层楼的小洋房，有良好

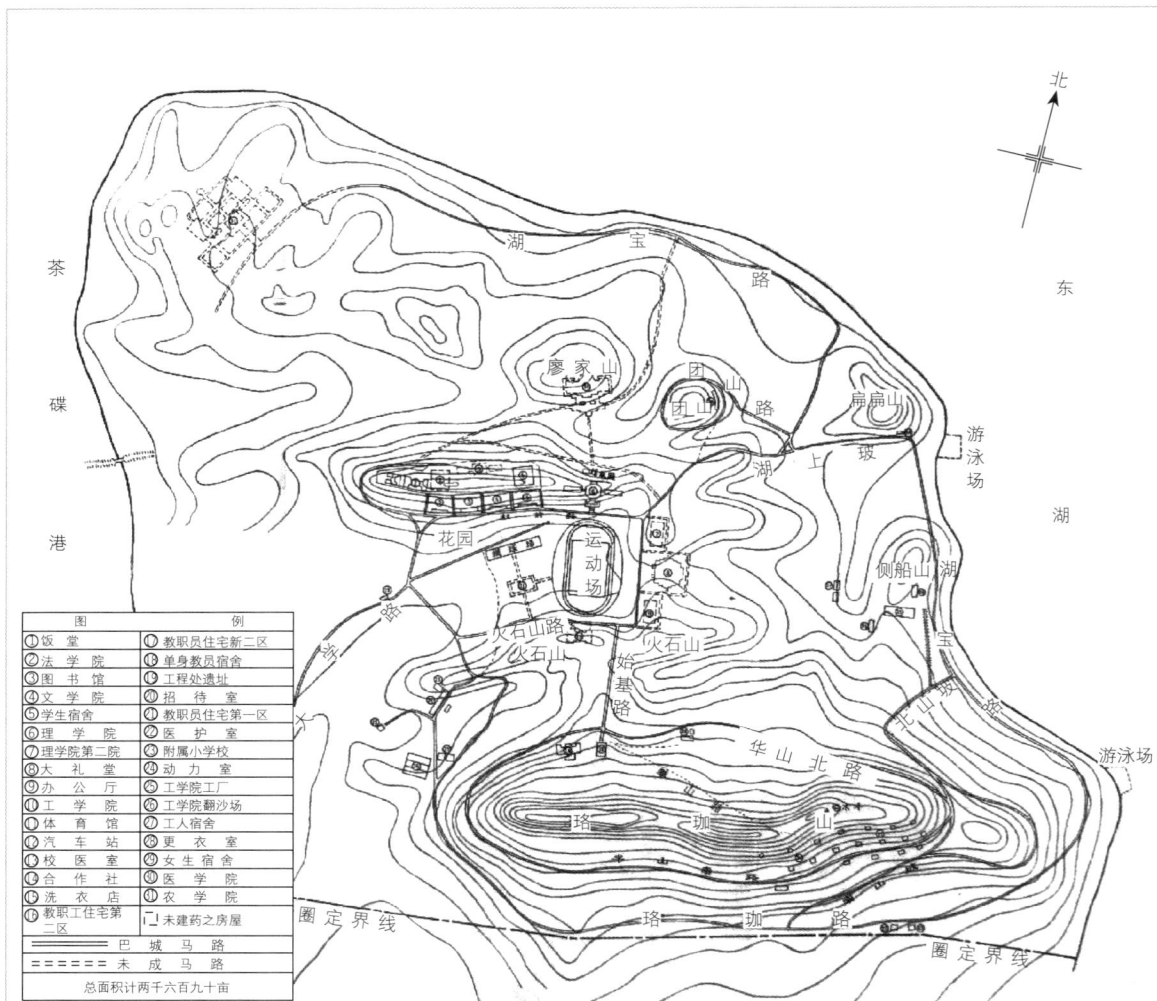

图5-4-35　国立武汉大学校舍设计平面总图（"十八栋"位于东南角）

中·国·近·代·园·林·史

图 5-4-36 "十八栋"全景（20世纪30年代）

的卫生设备，冷热水管，电器电话一应俱全。"并称，
"武昌城外的武汉大学区域，应该算得是武汉三镇的物
外桃源。……太平时分在这里读书，尤其教书的人，
是有福了。"

但是，1937年日寇侵华，武汉大学被迫于1938～1946
年间西迁四川乐山。期间"十八栋"成了日寇高官的住
所，即"完整保留下来让自己享福"，但周边的园林绿化
却横遭践踏，几乎被砍伐殆尽。此外，由于管理不严，
附近居民常上山樵柴，树木植被更受到严重摧残。

1946年武汉大学复员后，叶雅各负责重整了珞珈山
绿化。时光流转半世纪有余，如今的"十八栋"隐现于
茂林之中（图5-4-37）。有的别墅被整修一新，成了武
汉大学设计研究总院的办公场所（图5-4-38）；有的却
空无一人，徒显衰败凄凉（图5-4-39），承载着些许心
酸往事，正如沈祖棻教授（1909-1977）当年所写："忆
昔移居日，山空少四邻。道路绝灯火，蛇蝮伏荆榛。昏
府寂如死，暗林疑有人。中宵归路远，只影往来频。相
看惟老弱，三户不成村。"

总之，武汉大学"十八栋"教授别墅群在规划上靠
山面水、坐北朝南，又自取清雅；在建筑上采用西式风
格以追求高尚的生活水准；在园林绿化上运用了西方近
代先进的种植技术，具有明显的"中西合璧"的特色：
中——宽容博大，西——"入乡随俗"，成为近代中西文
化的交融互摄的一个缩影。

（本节"武汉大学教授别墅群"文：赵纪军）

图 5-4-37 如今的"十八栋"隐现于茂林之中

图 5-4-38 有的别墅被翻新用做武汉大学设计研究总院的办公楼

图 5-4-39 有的别墅破败凄凉，亟待修缮

中·国·近·代·园·林·史

第六章　中国近代人物的园林理念与实践

混乱的近代，被欺凌的中国，提高了人们爱国、爱民、爱生活的警觉，世界的文明进步也给予人们强烈的启示，产生了一批奋发图强的近代人物，并催生着一股创造中国新文化运动的原动力，体现于园林绿化的实践中。

这批人物对园林绿化的关注、认识、倡导、营造、赏析及其理念，均有各自不同的历史、社会与个人职业的背景以及其他必然和偶然的因素，但他们都出生于近代，成长于近代或者大半生在近代工作。在这一批人物中，既有政治家、官僚、军阀，也有实业家、教育家、学者、文人，更有园林专家，他们的职业不同，地位不同，但对园林绿化的关爱却是一致的。尽管他们对园林绿化在认识上有深浅之异、在贡献上有大小之别，却都能够从各个不同的位置与角度实现其近代园林绿化的理念与实践。

园林是一门综合性极强的学科，需要相关的不同行业的关爱和参与，使园林这门极其广泛而深刻的"边缘学科"更为完善。

在正文开始之前，我们有必要提到近代最早关注园林建设的大臣——林则徐（图6-0-1）。

林则徐（1785–1850），福建闽侯（今福州）人，字少穆，嘉庆时进士，清末政治家，历任巡抚、总督、钦差大臣等职，鸦片战争时期的禁烟英雄。在如火如荼的反帝、反封建的战乱年代，作为一位朝廷命官的林则徐虽遭遇流放，却能一身正气，闪烁着抵御外侮、民族振兴的光辉，被誉为："睁眼看世界的第一人"。他是古代"学而优则仕"的典范。为仕时能兼善天下，进而治国、卫国；被诬陷时，亦能旷达舒怀，退而修筑园林。

福州的西湖为古代名胜，西晋时所凿，千余年来，代有浚治。1827年林则徐丁父忧归家，其间关心西湖建设，并亲自督工疏浚、修筑堤岸，保存了四百余亩的湖面，又修筑荷亭，题联曰："人行柳色花光里，身在荷香水影中。"次年，他又在修缮原宋代大臣李纲祠堂时，在其附近修建了一处取李纲晚年住所之名的"桂斋"，在院子里种了两株桂花树。1905年后人改"桂斋"为"林则徐读书处"，1929年又在其旁筑屋建亭，曰"禁烟亭"。现在这一处已扩建为林则徐园。

1841年，林则徐因禁烟获罪，身无任何职务，但他毫不在意，坦然如常，来到浙江镇海的梓桐山，登上招宝山察看形势，指导他们仅用十天就铸成了一个八千

图 6-0-1　被流放到新疆时的林则徐像

图 6-1-1　左宗棠像

斤重的大炮。以后一连数日，他渡大浃江，遍历大小山头，策划攻防形势，仅仅一个月就四上招宝山，五上鸡公山，指挥防卫工程 51 次。今日看来，他给我们留下了一幅近代反帝国主义军事侵略的蓝图，也留下了一座近代海防景观名胜的历史丰碑。林则徐丁忧时，不以高位，主动亲修园林，待罪时不计个人毁誉，积极策划边陲名胜，如此阔达的胸怀，如此崇高的气魄，堪称后世楷模，也成为近代最早关注和参与园林建设的首位大臣。

林则徐修建的不是自己的私园而是公园；修建的不单是游乐的名胜，而是有海防工程的名胜，这些正是具有近代中国园林建设的时代特色。

第一节　绿色长城与边陲园林建设

左宗棠（1812-1885），湖南湘阴人，字季高，清末举人，湘军军阀、洋务派首领，曾任浙江巡抚、闽浙总督、陕甘总督等职（图 6-1-1）。1875 年督办新疆军务，平定阿古柏入侵之乱，阻遏英、俄侵占领土，收复失地，维护祖国统一。一位前中央大学教授、文史学家于 1942 年考察西北后评说：自唐太宗以后，对于国家主权领土贡献最大的人物，当首推左宗棠，实非过誉❶。他在任时勤军务、兴实业、办船务，治理环境，政绩卓著，是晚清一位全面而颇具特色的中兴名臣。左宗棠还是一位关注园林绿化而且亲自督行的长官，他对于园林绿化有着十分深刻的认识，并有一套较为严格而细致的执行策略，更能体现一种园林文化的儒将风采，是近代史中一位园林绿化的先行者。

一、左宗棠修"绿色长城"

中国西北边陲之地，一向被视为杳无人烟、偏远荒凉的流放之所。左宗棠于 1866 年调任陕甘总督，随后奉命西征平叛，首先要做的就是修路，有了路，才能调动大队人马，转运军粮、军需，传递文报，于是他修筑了一条跨越陕、甘、新三省长达三千余里的驿道，东起陕西潼关，西至新疆迪化（今乌鲁木齐市），驿道宽度约 3～10 丈，可供两辆大车通行，最宽之处为 30 丈，可供错车、停歇或设立"马拨"、"步拨"及官站❷。为了巩固路基，要栽官树，以荫商旅。路两旁栽植行道树，每一旁少则种一二行，多则种五六行，随地形而定。仅从陕西的长武县到甘肃的会宁县六百余里地，就

---

❶ 引自《左宗棠故事新编》，李少陵著。
❷ 在驿站尚未建立之前，以驻防护路兵丁节节传递文报，骑马传递曰"马拨"，步行传递曰"步拨"，在荒无人烟的地段则设"官店"，可提供食宿及歇息。

种了26万株。有的地方"所种之树，密如木城，行列整齐"，自泾州以西至玉门，"夹道种柳，连绵数千里，绿如帷屋"。老百姓见这情景，十分高兴地自动在沿途设立一些榜示❶：

昆仑之墟，积雪皑皑，杯酒阳光，马嘶人泣。
谁引春风，千里一碧，勿剪勿伐，左侯所植。

以此牌明示要保护树木。并公认左侯所植杨柳为"左公柳"、"左公杨"。

左宗棠在荒漠种树的成功，是由于他能因地制宜、量地种树，这条"绿色长城"基本上只有杨、柳、榆三种树。杨树、榆树都是耐寒耐旱，适应性强的速生树种，尤其是杨树，一年生苗可达1.2～1.5米，榆树一年生苗也可达0.8～1米，而且抗风力强，柳树的适应性也很强。当然，技术护理也很重要，在左宗棠的书札中也记载着："兰州东路……栽活之树，皆山坡高阜，须浇过三伏，乃免枯槁，又不能杂用苦水，用水则更勤。"

至于护树，左宗棠早已制定了《楚军营制》，规定任何人都不可砍伐路边、屋边、庙边、祠堂边、坟墓边的树木、果林、竹丛，倘"有毁树者，即军法从事"，甚至马啃树反，也要责罚马主，如有不从，严重者可立宰之。树木栽下之后派兵严加管护，因此，树木的成活率较高。

故左宗棠种树的业绩，不仅开启了西北荒漠植树成林的先河，有利当时军旅和老百姓的需要，亦成为流传后世的楷模，并可从中吸取荒漠栽树的可贵经验。从那时起，就有许多诗词文记对这件事情给予了高度的赞赏，成为西北环境治理中一个相当炫目的文化主题。

早在唐代，诗人王之涣对西北曾作过描述：

黄河远上白云间，一片孤城万仞山。
羌笛何须怨杨柳，春风不度玉门关。
《凉州词》

说明在玉门关以外是不能种树的。

但是，左宗棠于1866年来到西北直到1881年回京师，总计15年，而他开始种树是从1871年到他离开西北的10年间种的，这些树已经在军事上、民生上和环境景观上起了良好而有效的作用，所以

当他要离任返京邀请杨昌浚于1878年来筹办西征的后勤事物时，杨昌浚从陕西长武进入甘肃，看到驿道两旁的杨柳成行、绿树成荫，十分感慨，随即赋诗一首：

大将筹边尚未还，湖湘子弟满天山。
新栽杨柳三千里，引得春风度玉关。

左宗棠读了这首诗后，拈髯大乐。以后盛赞左公柳、左公杨的诗文妙句，不绝于耳，那都是出自内心的一种真诚的感谢与赞赏。自古以来，有谁能在荒漠的戈壁滩上，种起来如此雄伟壮观的绿色长城？秦始皇有雄心修筑一条西起嘉峪关，东迄山海关长达六千余里的边塞长城，而左宗棠则自陕西潼关，西延至新疆迪化长达三四千里种植了活的绿色长城，这是何等的气魄与壮志（图6-1-2）！

春风，终于吹过玉门关了！

清末湖南诗人萧雄著有《西疆杂述诗》，曰：

千尺乔松万里山，连云攒簇乱峰间。
应同笛里边亭柳，齐唱春风度玉关。

民国时期无锡诗人侯鸿鉴也有诗云：

自古西陲边患多，策勋自是壮山河。
三千陇路万株柳，六十年来感想何？

杨柳丝丝绿到西，辟榛伟绩孰能齐。
即今开发边陲道，起舞应闻午夜鸡。

由于种了树，也就住了人家了。而左宗棠是以六十高龄才开创了这一条绿色通道的，有《点石斋画报》载有一幅《甘棠遗泽》，画面上穿行于长城内外的崇山峻岭之中的驿道两旁，绿树成荫，驿卒行旅，跋涉其间，免受烈日曝晒之苦（图6-1-3）。而原幅题款上则为："左宗棠平定新疆，调任两江总督后，一些无赖之徒，盗伐左公柳，致使有些路段，寸木无存。杨昌浚继任陕甘总督后，萧规曹随会将此项树木重为封植，复严加伤兵并加意巡守。今当春日晴和，美荫葱茏依然。"

到了光绪十八年（1902年），甘肃学政叶昌炽赴任兰州，路过陕西长武，在烈日中享受左公柳的

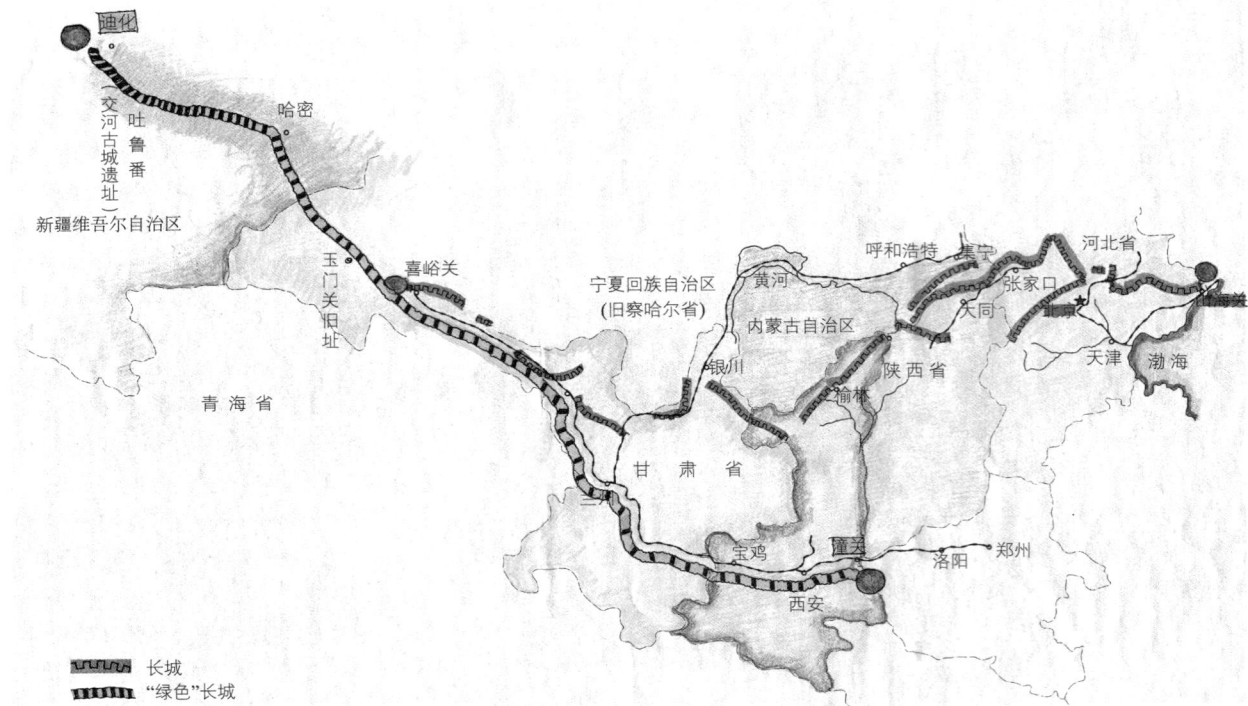

图 6-1-2　万里长城（民国时）与"绿色长城"位置对比示意图

长城

"绿色"长城

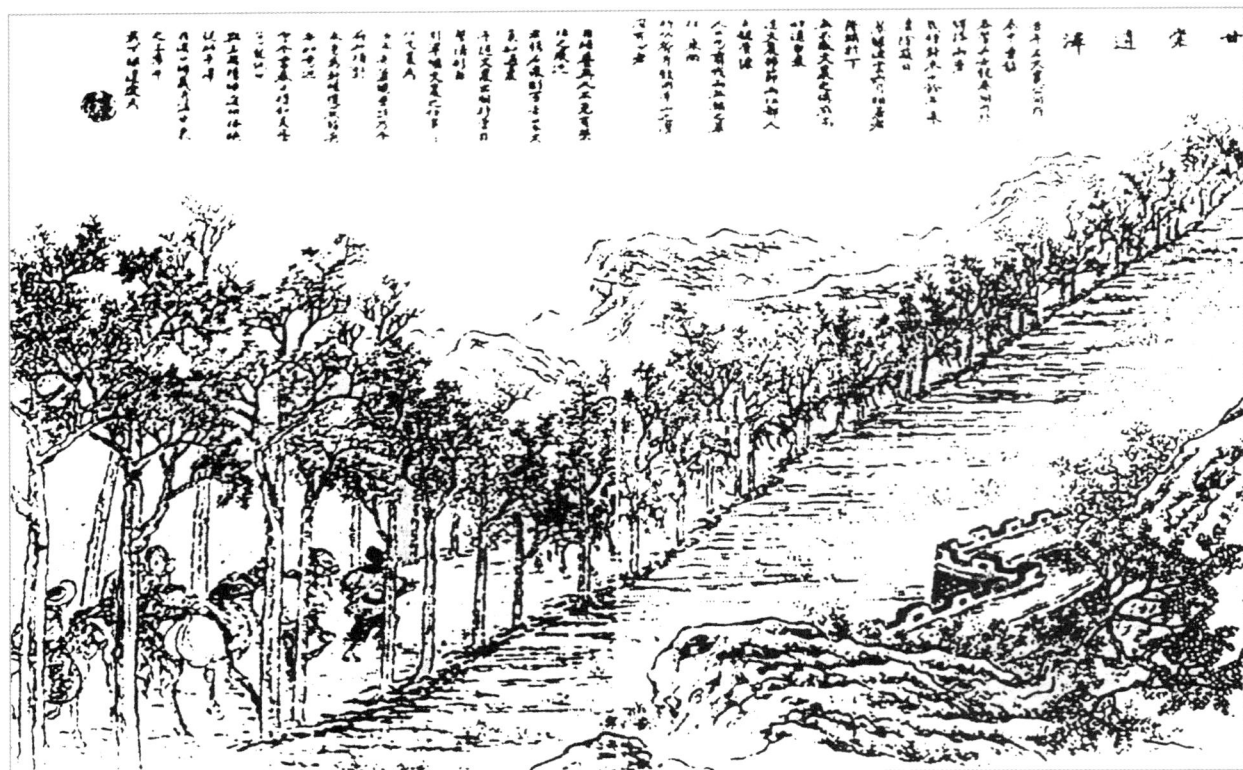

图 6-1-3　《甘棠遗泽》图所绘"左公柳"

荫凉时，发现左公柳已为饥民砍伐过半，缺处已不胜烦热。这也许是 1929 年甘肃大旱引起大饥荒的结果。近代作家张恨水有感于此，乃赋诗惜之：

> 大恩要谢左宗棠，种下垂杨绿两行。
> 剥下树皮和草煮，又充饭菜又充汤。

据史料云："惟自民国成立，军阀混战，早年西北又逢大旱，（树木）已被毁殆尽，当年之盛况，不可复见。今但于将至平凉时，尚见有道旁杨柳及六盘山麓有合抱老杨夹道数十里而已。" ❶

1933 年故宫博物院图书馆长傅增湘游陕西，亲见左公柳云："今则旱槁之后，继以兵残，髠枝弱线，十里不逢一株。"不禁发出："树犹如此，人可以堪"的感叹。同年末，上海《良友》画报总编辑梁得所率摄影团出平凉东关，到白山一带尚能见到干粗二三围的左公柳。1947 年在甘肃安西县的三道沟，还能看到留存的老柳树十株左右，树上也仍钉有木牌："左文襄公所植"。至 2005 年 9 月笔者去兰州、酒泉、嘉峪关、乌鲁木齐

等处调查时，除兰州五泉山及酒泉公园尚有数株外，游人所到之处，原树已是凤毛麟角了（图 6-1-4，图 6-1-5）。

现在，在这条古代的绿色长城道上，修复了的嘉峪关依然雄伟屹立（图 6-1-6），途中吐鲁番的交河故城却呈现出原来"城郭萧条鬼唱歌"的落寞（图 6-1-7）。当左宗棠把春风送到玉门关外时，这些地方也许都是"长亭外，古道边，芳草碧连天，晚风拂柳笛声扬，夕阳山外山"的情景，而今残存的柳树虽拂，但总给人们留下一点怀念的苦涩思情。20 世纪 30 年代词作家罗家伦与作曲家李惟宁谱写了《玉门出塞》这首歌，其歌词气势雄伟，寓意深刻，颂古道今，激动人心，其曲调壮丽抒情，仪态优美，歌声亮丽，韵味万千，唱出了祖国边疆的这一条绿色长城的景致，也回顾了汉唐先烈们的业绩，歌曲如下：

图 6-1-4　兰州五泉山左公柳

❶ 参见《中国森林史料》，53 页。

玉门出塞

罗家伦 词
李惟宁 曲

左公柳拂玉门晓，塞上春光好！天山溶雪灌田畴，大漠飞沙旋落照，沙中水草堆，好似仙人岛；过瓜田碧玉丛丛，望马群白浪滔滔。想乘槎张骞，定远班超，汉唐先烈经营早，当年是匈奴右臂，将来更是欧亚孔道，经营趁早，经营趁早，莫让 木屐儿射西域盘雕。

图 6-1-5 嘉峪关左公杨

图 6-1-6 雄伟的"天下第一关"

图 6-1-7 吐鲁番交河故城遗址

二、左宗棠的园林建设

左宗棠直接参与的园林建设有两处，都是1866年年底他调任陕甘总督后所为。

1. 修葺节园

左宗棠的总督府就是明代肃庄王朱楧创建的王府，王府里有大大小小十来个院落，其中颇多树木花草，而在王府后楼的北部，靠近城墙的地方还有一个后花园，因为这里是总督驻节之处，故称为"节园"，以后代有修葺，也有改名，道光时称为东花园，民国时又称为中山东园（图6-1-8）。

在节园的北城墙上原建有拂云楼，又称源远楼，俯临黄河，有肃王诗碑两通。明末李自成部攻克兰州，肃王的两位妃子不愿异族入侵，乃碰碑而死，故此碑又称碧血碑（现碑存于兰州市工人文化宫）。清时，园中仍建有肃王烈妃祠。高台上有方形船厅，左宗棠就题厅曰"槎亭"，并撰有一联："八月槎横天上水，连畦菜长故园春。"估计园内曾辟有菜畦。水则引自雷坛河的溥惠渠。他又利用此水做了一个模拟黄河形胜的微缩景观，展示陕甘疆域大势。还在园子的西北挖了两个池塘，象征陕甘境内的扎陵湖和鄂陵湖，又统称曰"澄清湖"。湖之北建澄清阁，题联曰："万山不隔中秋月，千年复见黄河清。"阁的前面还有两个亭子，其中一个名"瑞香"，有长廊与北城墙相接。然后又将渠水由北折向东流，北边筑数段矮城墙，题额为"三受降城"；渠水再度向南流经一座小土山，山上置"太华夜月"题石；渠水再绕过山后东流出园，此处置石题曰"底砥"。

在城墙旁还有一个碑洞，1824年的陕甘总督那彦成在这里修建了一座"自镜书屋"，屋中藏有怀素《自叙帖》的摹刻以及米芾的《虹县诗帖》、赵孟𫖯的《千字文帖》等，所以林则徐来此游览后称之为"小碑林"。

光绪以后，居此的大官们又在园内添建了方圃、鹤飞集园、来鹤亭、柳庄等景点，至抗战前还饲养了孔雀等动物供观赏。

园内有槐、椿、桑等大乔木，成片的翠竹以及牡丹、玉簪、荷花等花木，再加上曲水亭桥、石作诗文，使节园成为兰州少有的园林名胜。左宗棠在此经营了六年（1872～1878年），写了一篇《节署园池记》评曰："节园基宇闳开，园亭之胜为诸行省最。"

左宗棠擅长理水，在1872年修治节园时，为了解

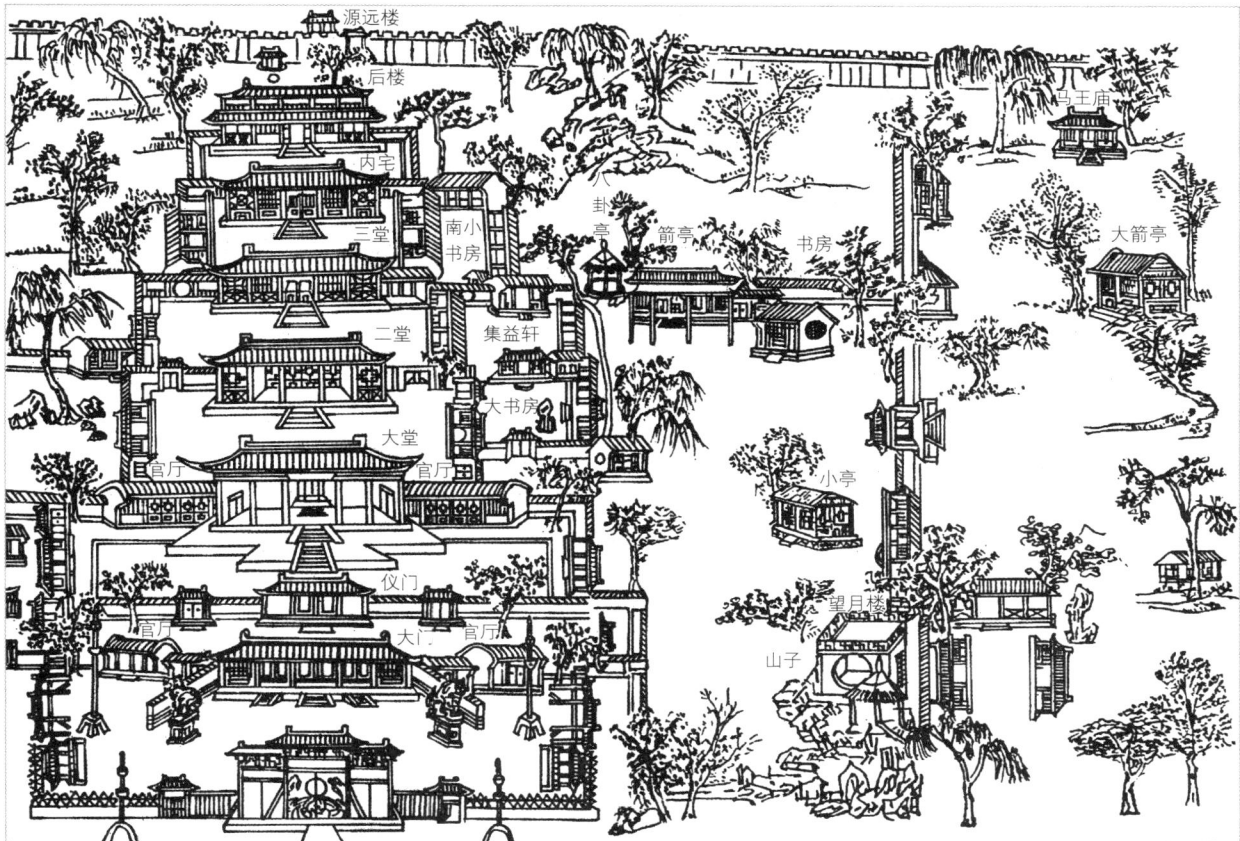

图6-1-8 古陕甘总督署及节园

决饮水问题，还用制机轮抽提黄河水，在衙门前左侧，筑了个"饮和池"，题写楹联曰：

空潭泻春，若其天放，

明漪绝底，饮之太和。

颇具民主思想的左宗棠决定开风气之先，于1878年四五月间，将节园开放供市民自由入内游览，并备有茶水数锅，碗百余个，免费供游人饮用。这个行动应该是我国近代"变官园为公园"之首创。虽无公园之名，却有公园之实，较之北京皇家社稷坛改为中山公园于1914年开放给市民享用又提前了36年。

后人有王烜者，于1929年曾记述其事：

林树何阴翳，初秋晚亦凉。

高台临曲径，玉簪数畦香。

水流何活活，随立双池塘。

从知涉成趣，立久境公忙。

今日的节园仍是古木犹存，花木扶疏，为兰州市园林绿化单位。

2. 整治酒泉

左宗棠是一位既体恤民情、又很热忱于改造和美化环境的儒将，他继修葺节园开放之后，又于1879年（光绪五年）修治了早在汉代就已形成的酒泉名胜。他捐出白银二百两，疏浚泉水，开挖蓄水成湖，在湖中养鱼，还保留了三个沙洲，或已有"一池三山"之意。环湖筑堤三里，堤上种杨柳树及花木，并建筑了一些亭台楼阁，赋以诗文色彩，如为清励楼写楹联曰：

中圣人之清，有如此水；

取醉翁之意，以名吾亭。

在清励楼后有一方厅，他题匾为"大地醒湖"方厅之后有明廊，可俯瞰酒泉，又题一联曰：

甘或如醴，淡或如水，

有即学佛，无即学仙。

修治好了以后，他曾很自豪地写信告诉他的好友杨昌浚说：现在的酒泉形胜已是"白波万叠，洲岛回环，沙岛水禽，飞翔游泳水边，亭子上有层楼，下有扁舟，

365

时闻笛声，悠扬断读（图6-1-9，图6-1-10）"。而"近城仕女及远近数十里间父老幼稚，挈伴载酒往来堤干，恣其游览，连日络绎"。这种游览的盛况，以致使左宗棠担心人们"肆志游冶，或至废业"，而不得不将酒泉湖的开放限制时间。

左宗棠在陕甘新等地共生活了15年，为国为民作出了很大的贡献，最后当他在离开西北之前，修治了酒泉湖之后，就写了一首长诗《酒泉记》，诗中显示出他身处异乡"我心如白云，舒卷无定着"和"乡心慰寂寞"的思乡情怀，这时他已年近古稀。在诗中，他既描述了酒泉湖的形胜，也提到了节园，回忆了家乡的洞庭湖以及征战中的种种感怀，也是他对园林的小结与回顾。诗中更明确地提出了他修治酒泉湖的目的："余之润色斯泉也，志遭时之盛也。幸生民桴鼓之警，而安化成之也。士大夫以时宴集其间可也，郡百姓以时休息其地可也。"

由此观之，酒泉虽然早已成百姓可游的名胜，但正式定名为（泉湖）公园，则是1946年的事。而左公所经营的酒泉湖，距城市近，泉的本身占地不大，而园林设施甚丰，游人亦多，同样是无公园之名，却有公园之实。左公之志旨在平民可游可憩，遑论园林之名实，想来亦如愿，足矣。

三、程德全创建黑龙江仓西公园

在祖国黑龙江之阳、嫩江之滨的齐齐哈尔的土地上，于1907年10月5日出现了一块"佳地"——仓西公园。公园的创建者就是当时主政黑龙江省的巡抚程德全。程德全（1860-1930），四川云阳人，号雪楼，又称素园居士（图6-1-11），1899～1907年一直在黑龙江省任局长、总办、将军和巡抚等职。他所处的时代，正是黑龙江省遭受帝俄侵占，列强肆意凌辱与破坏的黑暗时代。程雪楼负起了守卫边陲之重任，深感在这片龙沙古漠，无骊山秀水之区，缺乏人们游息之所。于是他以爱国之情，"以边塞无佳境"为由，大胆地向帝俄提出索回其领事馆占用的广积仓址东部之地以修建公园的要求，经过多次义正词严地强硬交涉终于获得成功，建成了这一座东北地区首创的绿色明珠——仓西公园。

公园的设计者张朝墉（1860-1942，图6-1-12）是程德全及其继任者周树模（1860-1925）的幕僚，他吸取了当时"西学中用"的思想，顺应时代潮流，在公园中注入了民主与科学的元素，使公园的性质、内容、设施等都为满足老百姓不同的需要与情趣而设，初创时就具有功能分区的理念，体现出早期公园建设的科学性。

百年来，虽然几经沧桑，但至今仍保留了上百株的榆树林，大者三人合抱，苍然屹立（图6-1-13）。而独具匠心、兼有中俄建筑风格的象亭，经过修缮，更显出了它中西合璧的近代建筑风采（图6-1-14）。这些都是独特而难能可贵的近代园林遗产。

图6-1-9 酒泉湖全景

图6-1-10 酒泉湖岸边的亭榭

图6-1-11 仓西公园创建者黑龙江省巡抚程德全

图6-1-12 仓西公园设计者——张朝墉

图6-1-13 仓西公园（今龙沙公园）留存的百年古榆树

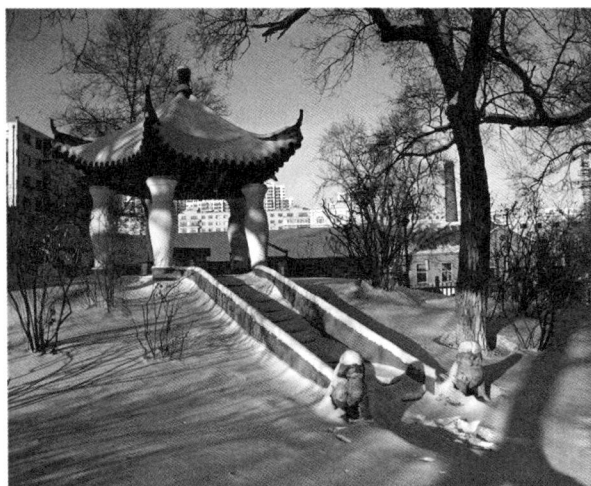
图6-1-14 仓西公园古象亭
（图片来源：http://club.sohu.com/read_elite.php?b=zz1112&a=11185038）

此外，程德全于1910年任江苏巡抚时，驻守苏州，对苏州的各项建设均极为关注。当他看到经过近代频繁的战争已是一片荒凉的千年名刹寒山寺时，决定偕苏州的布政使陆钟琦重修寒山寺，并新建了大雄宝殿、后楼、长廊等，尤其注意整理各种诗文碑刻、画像，将雍正、乾隆的诗碑，明代文征明、唐伯虎的残碑，宋代文天祥的书法条幅石刻，以及寒山拾得的画像等都加以整理，建碑亭、碑廊保护。据陆钟琦描述，这时的寒山寺已是"殿宇庄严，水木明瑟，亭延秋月，楼对春山，霜中应门，兰舟牵岸"。四周有长廊、精舍相间、钟楼高耸成为一寺的标志，庭园中花木扶疏，简朴的禅房极具野趣，与众多碑刻的古蕴相结合，使寒山寺焕然一新，成为吴中地区寺观园林之佼佼者。

左宗棠《酒泉湖》

我心如白云，舒卷无定着。
身世亦如此，得泊我且泊。
昔岁来兰州，随槎想碧落。
黄河横节园，牛女看约略。
以槎名其厅，南对澄清阁。
走笔题一系，乡心慰寂寞。
今我访酒泉，异境重湖拓。
杖适出新泉，堤周三里廓。
洲渚妙回环，树石纷相错。
渺渺洞庭波，宛连湘与鄂。
扁舟恣往返，胜蹑游行展。
邦人诧创见，旁睨喜且愕。
吾堂二三子，时复举杯杓。
频年南风竟，靖内先戎索。
出关指疏勒，师行风扫箨。
强邻壁上观，弭伏一丘貉。
老我且婆娑，勉司北门钥。
桓桓夫子力，盛美吾敢掠？
西顾幸无它，吾归事钱镈。
水国足鱼稻，笋蕨耐咀嚼。
梓桐暨柳庄，况旧有丘壑。
一觞醉飞仙，有酒盈陂泺。
不饮酒不溢，十日饮不涸。
仙来笛悠扬，我来歌且咢。
千年醉人多，仙我共此乐。
他年倘重逢，一笑仍凤诺。

第二节　南通市园林系统及其公园理念

张謇（1853-1926），字季直，晚年号啬翁，江苏南通人，出生于鸦片战争后的混乱、贫瘠、内政腐败、外乱纷争的摇摇欲坠的清王朝末期，是中国封建科举制度下最后一代的状元，曾任清代翰林院修撰之职。但是，处在国难当头、危机存亡时代的张謇，没有走上旧官僚的老迹，他虽然也任过民国时期的实业部长、农商总长及水利总长等职，但一直是在南通独立开辟新路，做了三十余年的开路先锋，养活了几百万人，造福一方，影响及于全国，终于成为中国近代史上一位赫赫有名的实业家（图6-2-1）。

自从2002年8月我国城市规划学权威吴良镛教授提出南通市为"中国近代第一城"之后，为经营建设南通市立下汗马功劳的张謇，也就成为了建造"中国近代第一城"的主师。

在中国城市规划发展的道路上，张謇本着"源于传统，走在近代"的规划总则，在南通市开创了一条全面、系统、详细的苦心经营之路，尤其是在城市园林绿化方面，取得了近代首屈一指的辉煌成就。他的园林理念先进而极具创意，兹分述如下。

一、张謇首创近代"公园"的理念

"公园"一词早已见于我国古代文献，而作为真正的为民所有、为民所用的公园则始于近代的民主革命时期。

19世纪中叶的西欧、美国和日本都建有一批带有民主色彩的公园，随着中外商业的交往，特别是鸦片战争以后，列强对中国多方面的入侵与渗透，西方的公园被带进了中国。这时的张謇正是抱着一种探求国富民强道路的奋发精神，通过对国外的考察，在经营南通的城市建设之中，独具慧眼地提出了公园是"人情之囿、实业之华、教育之圭表"的精辟见解。

图6-2-1　张謇像

所谓"囿"，原是帝王畜养禽兽的园林，也是"游于六艺"的场所。什么是"人之情"呢？张謇说："实业教育，劳苦事也，公园则逸而乐。偿劳以逸，偿苦以乐者，人之情也。"在逸乐之间，则有赏心乐事，闲情逸致表现于观景赏花、吟诗作画、议论时事、强健体魄等各种不同的人的情趣、闲情或激情，皆为人情。

所谓华者，"花也，精华之所在也"；兴办实业的同时，需要有公园改善小气候环境，提供休息娱乐场所。园林绿化本身就是美化环境的一种装饰，一种绿色的"明珠"或"项链"，故曰"实业之华"。

所谓"教育之圭表"者，就是公园中开展的各种活动、设施的安置与利用、游乐的文化层次等，又可反映出市民的文化程度、道德修养的高低及教育的优劣，因而公园也就成为衡量社会教育程度的一种标尺。

张謇这种对公园的理念与定位是深刻而独特的，他能根据时代潮流的趋势，在兴办实业的同时，努力于公园的实践，提出了如此具有民族文化特色的园林理念，将公园提到了满足精神文明与物质文明的高度与深度，也可以说，这是中国人对近代公园理念的第一次全面的肯定，实在是难能可贵。

二、开拓科学的城市公园系统规划

在中国几千年的城市建设中，虽然也有过十分优秀的城市园林规划布局，如北京市以北、中、南三海及什刹海为市中心的园林布局等，但从近代新型城市园林的发展来看，还是不够完善、系统的，而张謇的园林构想则是适应时代的要求，相当科学地解决了城市园林系统中的几个主要问题。

1. 公园的定性

张謇不是笼统地谈园林，而是根据市民的不同需求设置不同性质与内容的公园。自1912～1916年的四年中，张謇在南通的市中心地带建了五个不同性质的公园（图6-2-2）。

（1）东公园：位于濠河东侧，原为一片荒凉的坟地，张謇开辟作为妇女、幼儿们的休息娱乐场所，具有儿童公园性质，内设秋千、木马转车、平台等（图6-2-3～图6-2-5）。

（2）西公园：园内设小动物园，也开展濠河的水上活动，还有游泳池、通俗演教场等，为青少年活动提供设备。公园西入口处建有一茅草亭，曰"自西亭"（图6-2-6，图6-2-7）。

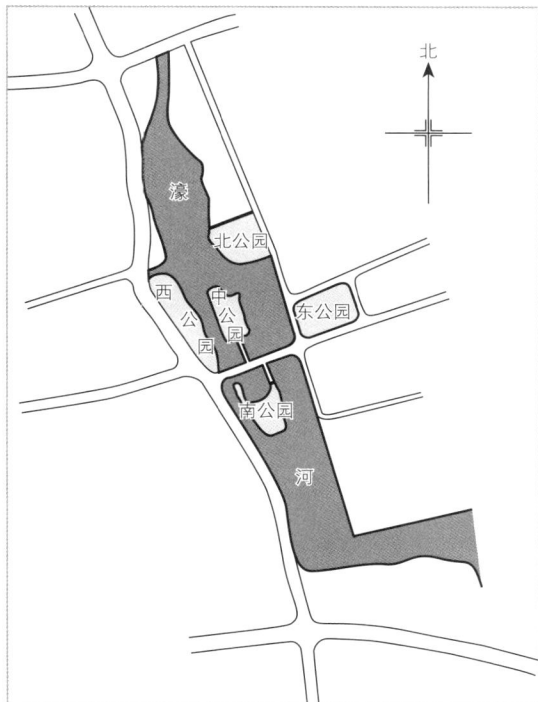

图 6-2-2 南通市五公园简图

图 6-2-3 东公园大门

图 6-2-4 东公园儿童游乐场

图 6-2-5 今日的东公园

图 6-2-6 西公园远眺

图 6-2-7 西公园的自西亭

（3）南公园：为老人而建，园内有千龄观、与众堂，凡对地方事业有较大贡献的，都列榜于与众堂内，亦作为当时南通名流聚会、议政之所。1924年3月19日（即观音菩萨生日）在千龄观举办了一个百岁老人（陆兆华）的贺寿会。这时，张謇还作了一首长诗，诗中有"敬老吾侪事"之句，借此引导社会人士尊重老人。园内设半圆形路架、竹栅，两侧除种植杨柳外，架上攀以藤萝，春夏之交，人行其中，芳香扑鼻（图 6-2-8 ～图 6-2-10 ）。

图 6-2-8　南公园大门

图 6-2-9　南公园内的主要建筑千龄观和与众堂

图 6-2-10　由濠河对岸看南公园的荷塘

图 6-2-11　北公园的万流亭远眺

图 6-2-12　万流亭雪景

（4）北公园：以体育运动为主，园内备有各种体育健身设施，如弹子坊、网球场。场后有木桥，称"公园第一桥"。并设有万流亭，此亭四面环水，呈八角形，亭旁泊有一只"苏来舫"。园内种有垂柳、国槐、桃花及其他花木等百余株。据地方史科《二十年来之南通》一文载："每当春秋佳日，夕阳西下，红男绿女，联翩结队，步柳荫、听流水，人山人海，汇集北公园，久恋而不散。"故北公园在历史上为五园之首（图6-2-11，图6-2-12）。

（5）中公园：居东西南北四公园之中，濠河之上，四面环水，真是"漠漠四周水云里，参差几处露红墙"。园内有旦戎堂，内设各种棋具及乒乓球桌。另一

座原有魁星楼，正厅内置魁星塑像，左为奎南室，右为奎北室，均陈列古碑字帖及佛经，供游人观赏。全园广植垂柳、松柏及棕榈等树木，益显清幽（图6-2-13～图6-2-17）。

除以上五公园之外，他还建造了一个以植物为基础，兼有动物观赏、药圃等设施的南通博物苑，因这座博物苑基址就是原来的南通植物园，故称为"苑"而不称为"馆"。他在此添植花木，营造假山，挖湖构池，修筑亭榭，室内陈设与室外活动并举，融文化教育与休息、游乐、赏玩于一体，俨然又是一处大型的综合性园林，并因此成为中国近代首创的第一间园林式博物苑（图6-2-18～图6-2-21）。

图 6-2-13　中公园侧景之一

图 6-2-14　中公园侧景之二

图 6-2-15　中公园的假山之一

图 6-2-16　中公园的假山之二

图 6-2-17　中公园内现已新建少年儿童活动中心

图 6-2-18　南通博物苑全景之一

图 6-2-19　南通博物苑全景之二

图 6-2-20　1905 年建的南通博物苑中馆

图 6-2-21　博物苑的藤东水榭

2. 普遍植树，重现生态环境

中国传统的园林，尤其是城镇的私家花园往往以建筑物为主，亭台楼阁与桥廊岸榭相连，建筑物比重高达30%，而张謇所辟的公园，多以绿色植物为主，这是他多次出访国外有感于公园绿色效应的体现，也是他本人对植物的认识与爱好所致。

他认为"种树非但有关农事气候的调剂，并且可增加幽美的风景"。比如他在南通五山就种了十几万株树，还添种了果树，并能注意到树林的季相色彩，显现春华、夏荫、秋色、冬实的景观效果。他在德国考察时引种了德国的槐树和白杨树，至今在南通市还随处可见。

总之，凡是可种树的地方他都要种树，如道路、工厂、机关、学校、医院、住宅等，尤开辟通海的大片海滩荒地时，他首先就是开荒种地，在新辟的道路旁栽植楝树、槐树、柏木、乌桕、冬青、银杏等来绿化环境。这一片荒地就是他在1905年成立的中国历史上第一个以拓股集资方式建立的通海垦牧公司所在地，它由"一片荒滩、弥亘极望，仰惟苍天白云、俯有海潮往来而已"，经过"缕缕心血，贯以十年"之后，终于成为一处"栖人有屋，待客有堂，储物有仓，种蔬有圃。佃有庐舍，商有途梁"的一个树木葱茏、牧草如茵的农庄。

在建设中如遇古树、大树，他都坚持避让，并加以保护，据其子张孝若回忆："我父种树，关于时令、分行、培养都有一定的标准"，足见他爱树、种树、护树的情结。有人说："啬庵老人性爱树，平生所种累万株。"张謇既是一位高官，又是一位了不起的实业家，一生忙碌，而能亲自种树达万株者恐自古以来少见。

3. 园林绿化系统的布局

南通城是以濠河区域为中心的，濠河长近十公里，宽十余米，个别处达二百米，为南通古城的护城河，河旁原栽种有垂柳、梧桐等树木，距今已有千余年历史，被誉为"少女脖子上的翡翠项链"，正是张謇将其均匀地分布于河旁，把东、西、南、北、中五座公园连成一体。

濠河水清如镜，自然风光优美，拥有江鸥、野鸭、鱼鹰等自然生态群落，以及原有的人文景观如光孝塔、北极阁、文峰塔、南通博物苑以及张謇、李方膺等名人故居，还有数十座桥梁，众多的古树，形成一个自然与人文景观均匀分布的完善的城市绿地系统。五座公园于1917年9月底正式对外开放，当时就有歌谣传出："城濠积浮融，有园而五公复公，曰南北，曰西东，四方回拱

应手中，四时佳日游人从。"张謇不仅在南通市中心建了五座公园，而且在近郊工业区的唐闸也建了一个公园，供工人们游息（图6-2-22～图6-2-24），举凡他建设的学校、工厂、住宅、垦区、城乡的各种道路都精心规划，栽植树木或建园林。

从上世纪初起，张謇陆续在城南连绵数公里的五山（狼山、剑山、军山、马鞍山、黄泥山）修建了不少的别墅建筑，寺观中也种了大量的树木，如1913年在马鞍山建有西山村庐梅宅，在军山东建筑东奥山庄，在黄泥

图6-2-22 唐闸公园的湖心亭

图6-2-23 唐闸公园的亭廊

图6-2-24 唐闸公园旧桥

山普陀别院后建了气象胜台，1914 年在剑山顶改建文殊院，1915 年在狼山北装修观音堂，以后又修建了赵绘沈绣楼、林溪楼舍、虞楼，为世界美术家沈泰筑墓园、立牌坊……并带领学校的学生每年去五山种树，设学校林办苗圃，还由其兄张詧整修城北三里的北土山，栽植树木花草，修建佛殿楼阁，定名曰钟秀山，故有称此山为"山高不逾寻丈，而台殿楼阁具备，广不满方里，而池竹林木之属，咸整栽有致"。

张謇故居的园林，也为南通市园林系统中私人庭园的代表。

在南通长桥东西两侧的濠河边上，张謇建了两处住宅，一座在桥东，曰濠南别业，位于濠河南岸南通博物苑的临濠边上。另一座在桥西，曰濠阳小筑，在濠河北岸，今为"张謇纪念馆"。

濠南别业主楼 1914 年建，1915 年落成，为张謇培养的建筑师孙支厦设计。据云是仿北京原农事试验场的英园式畅观楼，但楼高四层，显得高爽气派。因临河而建，行人在濠河路上透过通花铁栏杆，可看到住宅院落的建筑和树木（图 6-2-25）。进院口，迎面为一雪松坛，雪松为二百年古树，由军山移来，雪松树下原设有一铁鹤相配，寓意松鹤延年，惜于抗战时被毁（图 6-2-26）。

在大楼所在的大院内错落稀疏地栽植着各色花木如碧桃、蜡梅、月季等，但主要为常绿的广玉兰、黄桷树、罗汉松、枇杷，以及翠竹、棕榈等，特别是大楼南门前有一平台，阶梯由平台两旁而上，阶梯之旁则栽植银桂、重阳木，而平台两边又各栽红、白色紫藤一株，现已近百年，春日花开，一红一白，交相辉映，张謇赏之，不禁吟出"花羽朝霞晚霞舒，百年琳踽垂流苏"之句。今日的这两株古藤，仍然老干苍笼，虬枝游戛，花光妖艳。

濠阳小筑（图 6-2-27 ～图 6-2-30）则是一座江南式的传统民居，以各类大小建筑、游廊分隔成庭院天井，层层深锁，曲折幽静，院子里栽植着各种树木花草。在客堂前庭，张謇曾有联形容："荫门臣叔亲栽柳，隔岸公园列次花"。而在客堂后面山院有一株松树，张謇又吟诗曰：

小松移植自南山，高据池中叠石间。
爱汝欣欣有生意，要将风雪保坚顽。

张謇这两处住宅一座为西洋式，室内外均为西式的装修及设备，而另一座则为中国传统式，但二者会客

图 6-2-25　濠南别业全景

图 6-2-26　濠南别业前庭的古松，高约十米，由南郊的军山移来，耗时三个月

图 6-2-27　濠阳小筑牌示

图 6-2-28 濠阳小筑院门

图 6-2-29 近代濠阳小筑围墙及大门

图 6-2-30 修整后的庭园

室都有集《庄子》、《汉书》之句所成的对联：

入水不濡，入火不蒸。
与子言孝，与父言慈。

这反映了张謇传统的为人治家的思想，而在传统式的住宅中又夹筑着一栋西洋式的八角亭，反映出他对西式建筑形式的爱好，这些都是他"中西兼容"的个性使然（图 6-2-31）。

张謇一生 73 年始终为官爱民，为业爱国，艰辛劳

图 6-2-31 由院门看八角亭

苦，殚精竭虑，直到他 62 岁（即人生的最后 10 年）才为自己建造住宅，故其学生江谦在 1915 年故居落成时赠诗联曰：

有庇人广厦万间，最后乃营五亩，
非举国蒸民饱食，先生何暇安居。

以赞扬其高尚情操。

从张謇亲自筹划、修建公园、博物苑、墓园、住宅庭园以及开辟风景区、农垦区的实践来看，既反映出今日城市园林绿地系统的雏形，体现出"均匀分布、连成系统"的规划原则，又表现出南通那"五山之北五公园，五五相峙藏绿珠"的南通绿地布局的个性与特色；既利用了中国传统方域观念的形式，又体现了民主的内容与科学精神。张謇的这种实践是在 1918 年前后逐步实现的，这与苏联在十月革命时期提出的完整的园林绿地系统理论几乎同时。

总之，南通市的园林绿地系统是以五公园为中心，以濠河及其两岸的树木作为蓝带和绿带联系城市各个角落的园林，又将近郊大片绿地呈楔形插入市区，这正与我们今日点、线、面相结合的园林绿地系统的布局形式相契合，足见张謇园林思想的先进性，他开了中国现代城市园林系统布局的先河。

三、近代南通的园林文化

文化是园林的灵魂。从上述的张謇的园林理念与实践中，已经显现出他园林建设的近代思维。他在园林中注入了民主与科学的思想，也表现出他学习西方

文化的精神，但另一方面又传承了中国传统园林中的文化内涵。究其根源是因为张謇为中国科举制度下最后一批状元，其传统文化的底蕴十分深厚，这些都表现于他创立的实业建设中，如大生纱厂的命名就是源于《易经》上"天地之大德曰生"之意。而他将传统的诗情画意运用于园林中的实例更是比比皆是，纯熟洗练，发人深省。

1. 匾额楹联

在南通园林中有不少体现中国传统书法的题匾，如在保留有魁星楼古建筑的中公园中，添建的各建筑物上都有命名题匾，均由张謇亲自从历史书法碑帖上选择放大，刻于匾上，反映历代不同书法家的笔力与风格，如："宛在堂"，集选汉礼器碑字；"嘉会堂"，集选汉史晨碑字；"清远楼"，集选晋代王羲之字；"石林阁"，集选龙庄寺碑字（隋代）；"南楼"，集选隋代褚遂良字；"与众堂"，集选唐代颜真卿字；"觐青处"，集选唐代虞世南字；"回碧楼"，集选宋太宗字；"水西亭"，集选明代米南宫字……

而一般的匾额多取意于古代名篇，虽不特意挑选书法形式，但其造园意识十分细微。如在他梅垞的早期住宅花园的亭子上就立了匾，曰"秀云槛"，就是取意于《楚辞·九歌》中的云中君子的意境，还特意在亭旁造了一个以云为题的叠石云屏。

而这个叠石云屏则是用大大小小的树根和高高低低的石片堆叠而成的，并以高低起伏、远近浓淡的手法在每一个片段上，形成的倚云、枕云、扶云、漏云、冕云、扇云、迎云等不同的云形勾画，极有看头，使人处于其中有入浮云中之感。园林的题名不仅反映出张謇的文化底蕴十分深厚，其园林思维中的创新意识也灿然可见。

南公园内有一片荷塘，旁有"宛在堂"，题联曰：

陂扩莲叶田田，鱼戏莲叶南，莲叶北，
晴雨画桥处处，人在画桥西，画桥东。

这首楹联诗意般体现出"游人宛在水中央"的园林之趣。

在农垦区内建有一座望稼楼，题联曰：

多艳芳菲泛春酒，
已见沧海变桑田。

张謇辟此农垦地解决了开荒与制盐于沙滩的矛盾，并且展现出一派田园之趣。

在县城里，有南通标志的钟楼上也有题联曰：

畴昔是州今是县，
江淮之委海之端（图6-2-32）。

钟楼位于南通城淮河入海之尾，也是入海口的尖端，钟楼的位置为地域扩大发展的标志，也寓意南通办实业的经验将由县而逐步影响全国，它代表了张謇一生经营南通的深远意义与抱负（图6-2-33）。

在南通博物苑的陈列馆内亦有一副对联：

设为庠序学校以教，
多识鸟兽草木之名。

因为博物院的藏品来源"外而欧美，澳阿，内而乡绅父老，或购或乞，期备百一"，以此制定的文物征集方案使其逐步拥有了可供教育、学习之用的丰富藏品。

张謇还在他自己选定的墓门上，预作了一副对联：

即此粗完一生事，
会须身伴五山灵。

他的墓既不作墓志铭，也不作墓碑记，只在他的墓碑上，刻了"南通张先生之墓阙"，其坦荡之心、崇高之志令后人肃然起敬。

图6-2-32 张謇抒发其壮怀之联　　图6-2-33 钟楼（1914年建）

清代大儒翁同龢在大生纱厂开工时题联曰：

枢机之发，动乎天地，

衣被所及，遍我东西。

亦可表现出张謇一生勤力办实业的影响之大。

2. 碑记与诗画

张謇是一个感情丰富且非常勤奋的文人，当他修建一座亭子，看到一株古树，或交到一位难得的知己时，他不是作碑记，就是写诗词。若是在工作中遇到挑剔的"损友"，他也会施以讽刺，好事、恶事都能有感而发，爱憎分明，并以丰富的文学体裁记录下来。

一次张謇视察南通海滨某处，听说昔日文天祥为抗金兵，曾在此处渡海南归，后人曾建渡海亭于此，但亭早已圮，于是他就在此处重新修建，并作了一篇《重建宋文忠烈公渡海亭记》，刻石立碑，以记其事（图6-2-34，图6-2-35）。

当他看到城东南隅银杏林的一株银杏树生长健壮，就从道士手中买来，立即记录下购买的经过，并作诗一首（图6-2-36）。

城东南隅银杏，十余株大者，围二丈六七尺，小者亦逾丈，岳庙东偏一株独秀，围丈有七尺。道士以余将

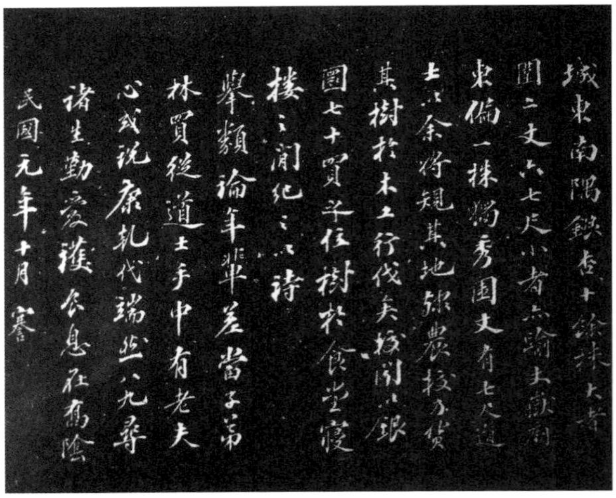

图6-2-34 渡海亭

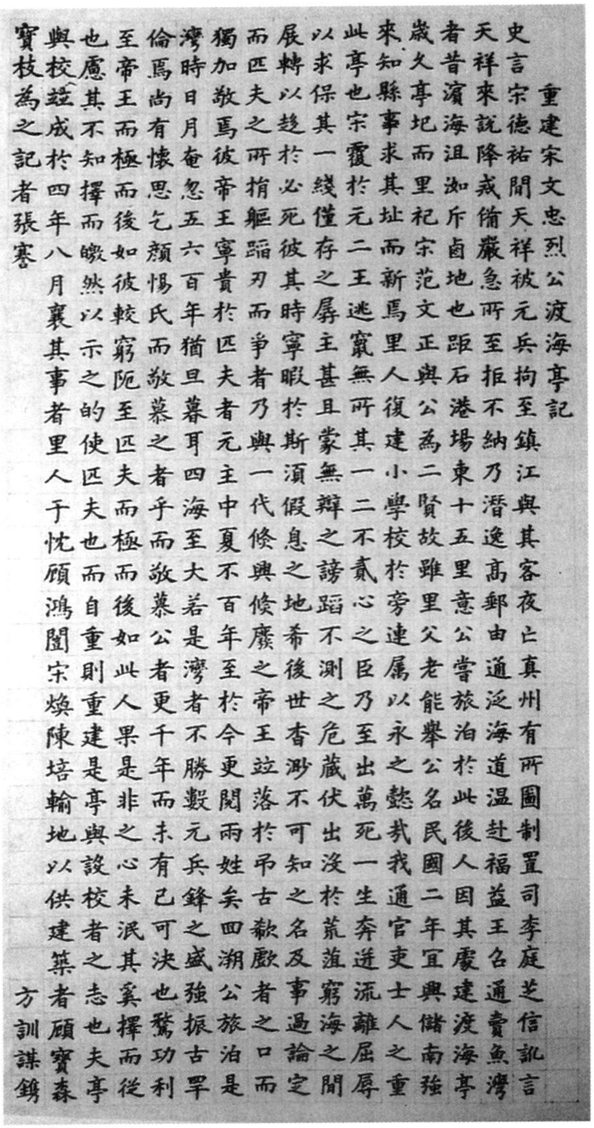

图6-2-35 重建宋文忠烈公渡海亭记

图6-2-36 张謇撰书保护银杏树

规其地棣农校，乃货其树于土木行，伐矣，校闻以银圆七十买之，位树于食堂寝之间，纪之以诗：

举类论年辈，差当于弟林。

买从道士手，中有老夫心。

或说康轧代，端然八九寻。

诸生勤爱护，食息在高阴。

民国元年十月　謇

张謇在实业救国的积极奋斗中，常常会遇到来自各方的阻力，如在兴办大生纱厂的过程中，就遇到过不友好的人的刁难与捉弄，但张謇毫不退缩。他请人画了四幅《厂儆图》，将它挂在纱厂的办公厅内，以供全厂工人儆戒，画幅含沙射影地将这些人姓名中的字，用动物和植物的形态表现为一个个讽刺的主题。其一曰《鹤芝变相》，讽刺在工厂集资过程中，洋行买办潘鹤琴（又名华茂）、郭茂之（勋）的反复无常；其二曰《桂杏空心》，写江宁布政使桂嵩庆、太常寺盛杏荪（宣怀）的言而无信；其三曰《水草藏毒》，揭露通州知州汪树堂和其幕僚黄阶平的暗藏祸心和多方阻挠；其四曰《幼小垂涎》讽刺上海商界巨子朱幼鸿（畴）、严小舫（信厚）的贪得无厌（图6-2-37～图6-2-40）。

这四幅画形象地记录了脆弱的中国民族工业起步的艰辛。张謇利用动、植物以讽刺性的画幅作为商战的斗争武器，充分地表现出他的既儒且商的作风。

3. 文化展览

张謇的园林文化内涵的另一种表现形式就是在园林里举办丰富多彩、极富历史文化或生态文化的展览。

其中主要的一类是文化、文物的藏品展览如钟馗画像展。在端午节时，他号召市民将自己家中的钟馗画像送到公园参加展览，因而集中了市民收藏的历代钟馗画像，其中最古老的一幅为南北朝时的作品，元、明、清各朝代的最多。

其次为观音像展。张謇自己嗜好收藏观音像，包括各种材质如玉、石、木、竹及画幅、绣幅等工艺品，或出于古人，或为近代所出，其中有一部分原为杭州井亭庵的静法和尚所藏，静法圆寂后，归存于张謇，而张謇又增添了一些材质为水晶、青铜、象牙、琉璃、陶瓷的观音像。每逢观音诞日，他就在市郊狼山的观音院将它们全部展览出来，供游人观赏，以增加公园游览的文化情趣，他并且还专门写了一篇《狼山观音院后记》以记其事。

自从他建设了中国第一个园林式的博物苑后，便带头将自己的藏品捐出，更通过各种渠道征集文物藏品，分为天产（即大自然）、历史、美术、教育四部分陈列文物或标本，由于他的社会地位以及广泛的社会关系，使藏品极为丰富，至今仍完好地展出如常，起到了持久推

图6-2-37　鹤芝变相

图6-2-39　水草藏毒

图6-2-38　桂杏空心

图6-2-40　幼小垂涎

动历史文化的作用。

另一类园林展览就是花卉展览。每年重阳节后都举办菊花展览，而且还要组织品评。他认为花展可以培养爱美之心，"导人民之好尚于清洁，分职业之农圃于审美，亦地方自治应有之事"，并将花展与他所提倡的地方自治结合起来，这就使花卉展览的含义提高了一个层次。

四、重视园林建筑小品的设置

张謇对于园林建设，大到规划，小到细微的小品建设如建亭筑台、造桥购船等都亲自过问。1920年他首先建了沟通大运河的跃龙桥，桥长86.6米，有13个环洞，成为当时的淮南第一桥。以后又陆续造了三里岸桥，有《至建南通三里岸桥记》。这些桥为城市交通运输提供了通畅的运营，也为城市景观增色不少。他在公园里还建有各种各样的亭子，即使是在分村、县道上也建有多处候亭作为迎送宾客、驻马、停车、歇息的处所，也作为进入南通市的标志（图6-2-41）。1919年张謇还在明代抗倭斗争中埋葬倭寇之所"倭子坟"上建了一座亭，以弘扬抗倭斗争的民族精神。

张謇对于水上游览也给予了关注，因为环绕五公园的濠河实在太美了，于是，他先从苏州买了一艘三轮的小游船，题曰"苏来舫"；不久又购进了一条很便捷、轻型的小船，命名"沤舟"；后来又定做了一条汽船，下水时正是农历的七月七日，为牛郎织女相会于星河之时，故题名曰"星河艇"。这些游艇让市民尽享美丽的南方水乡，当然也增加了南通市的城市景观。

此外，他还很注意建筑与园林环境的结合，除了博物苑被建成一个市区最优美的园林之外，他的住宅如濠阳小筑、濠南别业几乎都是屋院中有园林、园林中有屋院的综合体。而在郊野的五山风景区内，他更是建了一些别墅、精舍、村庐，甚至家庙、田

园……掩映于山林之中，这些建筑有的是纯粹西洋式的，有的是传统式的，有的是中西合璧式的，有的则体现出一种农村的田园风味，它可以居住，可以避暑，可以种树，可以游览，创造了张謇所需要的一种"看花听竹心无事，问舍求田忘日高"的轻松、旷达而愉悦的晚年生活情景。

应该说，张謇是一个为振兴中华而勤奋劳碌一生的人民实业家。他身居高位，兴办各种工农实业无数，在他晚年逝世前，曾有一段自白之言："下走之为世牛马，终岁无停止，私以为今日之人当以劳死，不当以逸生，下走尚未忍言劳也。"

总之，张謇的园林理论简约而深厚，园林实践则细微而广博，在当时已无人出其右，堪称近代园林人物之翘首。

第三节　创建近代河北保定人民公园的理念与实践

曹锟（1862-1938），天津人，曾任直隶总督，在军阀混战中被北伐军打败后，长期定居天津，1938年病故。他一生建造了一处私园——天津的曹家花园和一处公园——保定的城南公园（图6-3-1）。

宋哲元（1885-1940），比曹锟小23岁，山东乐陵人，先在冯玉祥部下任师长，民国时任二十九军军长，察哈尔省主席，抗日战争时期，率部奋起抗战，曾说过"宁为战死鬼，不做亡国奴"，1940年病故于四川绵阳（图6-3-2）。

曹宋二人先后为当时保定唯一的一个公园的建设者，曹锟创建城南公园于前，宋哲元则改名人民公园于后，此公园一直保存至今，而曹宋二人的建园理念都集中表现于他们先后所撰写的《保定城南公园碑记》和《保定人民公园碑记》之中。他们既是一脉相

图6-2-41　1920年张謇建的候亭成为进入南通城的标志

图6-3-1　曹锟

图6-3-2　宋哲元

承，却又能与时俱进，紧紧跟随时代潮流，建造了一个具有新时代特色的城市公园，为保定乃至全国留下了近代公园建造中浓墨重彩的一笔。

曹锟为什么要修建城南公园呢？据碑记所载，一是因为保定有优美的幽州和并州，土广物博，九水交流，古时有"天府"之称，早在元代初年，就有张柔父子在这里修筑城池。二是看到这里的老百姓有游览胜地的习俗。民"每以春夏行游，丝竹觥壶，数里相属，虽曰地胜，抑亦人为所致也"。三是因为他在保定住了六年，"治事之暇，周览山川形胜及其城郭沟洫之经画，考之故志，询诸父老"，了解此处的建置沿革与其风土景物等。当他看到当时水道失修，城郭荒芜，变成不治之地时，就下决心恢复。他利用农闲劳力，斩去杂树而栽植柳树、柏树，又建场圃，设市肆，盖亭子，并且疏通渠道，此后就可以泛舟、垂钓，读书人还可以此作为觞咏之所。这里为市民所用，故称为城南公园。

他又进一步阐述了公园的作用，认为"百日之劳，一日之释，不可废也"。人要有劳有逸，他认为读书人勤于讲习，农民勤于耕种，商人勤于贸易，工人勤于做工，整年劳累，如在假日有地方"怡目适心，节其力而宣其气"，就可以减少病患而产生一种健康愉快之情，所以要"一弛一张，道在于此"。同时他还谈到要借鉴欧美，在工厂、商店林立之区设置园池亭树，以供市民游憩，并要按照市民的人数比例增加公园，显然，公园之设，也是受当时先进的西方思想的影响。

宋哲元是1935年冬调任来此地任察哈尔省主席的，也就是在曹锟建成城南公园13年之后来保定的（当时保定是察哈尔省的省会）。

他来了之后看到曹锟所创建的城南公园，除留下一些松柏、榆柳树木之外，其余的全部遭到毁坏，几乎成了一处废园，于是他就拨了二万两银元，利用驻军五十三军的士兵，仅仅用了三四个月的时间就将公园修整一新，并且增添了一些观赏游乐设施，计有楼阁一个，园门、斋馆各两个，轩厅、亭子、园桥（图6-3-3）各三个，修假山洞四个，也保留了原来还未被破坏或占用的假山（图6-3-4）、苗圃、畦陇等，又增加了电影院、戏院、体育场和游泳池，使整修后的城南公园更为完备。因所有这些都为老百姓享用，他将公园的名称改为人民公园。

宋哲元改其名为人民公园，其意义是深刻的，也是极具时代特征的，抑或为近代首创。在他写的《保定人民公园碑记》中对于公园建设的理念颇有见地，较之曹锟又进了一步。

第一，他要使公园名副其实，打出了响亮的"人

图6-3-3 今日保存完好的园桥

图6-3-4 今日保存完好的假山

民"的牌子，意味着近代民主思潮在中国的体现。他既非由皇家园林移植过来，也非寺观园林、私家园林所改，而是根据大多数人民的实际需要创造出来的，并依人民所需添置设备，因而具有革命性的意义。

第二，他不囿于历史名胜的自然美，提出他和曹锟所构造的公园是"此自然之势与时俱进者也"。这也是"与时俱进，不断创新"的思想在园林建设中的最早体现。

第三，曹锟理解的公园的作用是为人民的健康着想，要提供有劳有逸、一弛一张的场所，是民主思潮的一种反映，而宋哲元又进一步认为公园可以培养人民爱护公物、保护国土的性格，并具有提高人民素质的作用，他说"藉公园共同娱乐之所，俾来者有所观感，油然而生护惜公物，保存国土之心，且以提高道德，养成爱群、审美之观念"，甚至连"侥幸倚赖诸败习，亦自默化于无形，其扶翼政教者，至深且钜"。

第四，曹锟与宋哲元在碑记中都提到欧美城市园林的可借鉴之处，认为公园建设要根据一个地区建筑密度及人口的比例加以添建，这就是城市园林系统关于公园数量的科学概念。此外，宋哲元又进一步认为，由公园

建设可以看出一个国家国力的虚实，民族之文野，他能以中国优秀的文化传统为基础，结合西欧现代种种先进的思潮来认识公园深层次的内涵与形式，实在是近代人园林思想中难得的一个案例。

节宣之义而相予弛张之非苟焉而已也。

　　岁壬戌秋　有司告园工毕，爰为之记，以示来者。

直隶鲁豫巡阅使署高等顾问
桂阳　夏寿田　敬书
中华民国十有一年十月告日

附录 6-3-1

保定城南公园碑记

　　虎威上将军直鲁豫巡阅使领直隶督军天津曹锟撰。

　　周礼职方氏东北曰幽州，其山镇医巫闾其泽薮貕养、其川河泲，其浸菑时，正北曰并州，其山镇恒山，其泽薮昭余祁，其川虖沱呕夷，其浸涞易保定，元旧置路，明清为府，兼有幽并二州地，土广物博、九水交流，古有天府之称，元初张柔父子，临收兹土，修浚城池，疏一亩鸡距诸泉，以为新渠，城东西各置闸，以司清苑之宣蓄。洲渚萦纡饶鱼稻菱茭之利。天津贾舶直达城南，居民每以春夏行游，丝竹槃壶、数里相属，虽曰地胜，抑亦人为所致也。清季直隶总督以一岁中分居保定天津著为例，民国肇造，余承乏督军兼任省长，犹用旧制，往来二府，自奉经略川湘粤赣及巡阅直鲁豫之命，乃以治军之便，常居保定六年于兹关。

　　军民翕然，人知乐利，余以治事之暇，周览山川形胜及其城郭沟洫之经画，考之故志，询诸父老，犹有能言昔时建置沿革与其风土景物者。顾水道夫浚已久，附郭多芜旷不治之地，绎然以思履运增墟，爰以农隙募役工作，壅者通之，富富者夷之，殊其荆榛树之柳柏，更为建场圃、设市肆、为之亭，覆以食以愒，为之舟游以泛以钓，用为兹土人士雍容觞泳之所，命曰城南公园，纪其实也。

　　古训有云，民生在勤，勤则不匮，燕息游观宜非所亟，虽然子贡讯蜡孔子释之比为"百日之劳，一日之泽，不可废也"，孟氏亦称，"文王以民力为台为沼，曰茇雉兔，与民同之，方七十里，犹以为小"，夫以士勤讲习、农勤畎畝，商勤梀迁，工勤规矩，终岁垦垦，以从职业非于暇日，有以怡目适心，节其力而宣其气，何以免于抑塞疢厉之患，而臻康乐和亲之盛乎。一弛一张，道在于此。

　　今欧美都会工场贾肆林立之区，其为园池亭榭以供游息者，常以居民口籍为比例，而岁有增设，诚有取于

附录 6-3-2

保定人民公园记

　　保定为禹京登州之域，周属幽州，战国为燕南陲，赵北际，历秦汉隋唐，胥为重镇，太行西来，北转东趋，碣礧磅礴，偃塞大川，交流入海境，居带砺襟抱之下，信乎形胜之区也，近数百年来，尤乃途在几向，历经营缮，城郭坚完，飙毂杂繶，人物既盛而园亭胜迹、憩息游观之所，亦代有增设。此自然之势与时俱进者也。

　　民国十一年直鲁豫巡阅使曹公在城南附郭之区，跨大清河南北度地六百余亩创建公园，为之垣墉。区内外为之楼台轩馆、花木虫鱼以供游览，昔若舞台，若茶肆，若场圃，若园艺，乃备燕息教兴。观甚盛事也，乃因时势推迁，曹公移节以去，继而变乱兵燹不转眴而沦为废圃，旧日台榭，雨剥风蚀，木腐石脱，虫鱼花鸟亦无复存者，只松柏榆柳之属，斧斤所赦，益郁茂高大而已。余自去冬来主省政，既兴俛仰陈迹之感，复为人民之正当娱乐场所，慨然有动于中，乃出资重修。属其役于清苑，萧令木断旋丹，墙坊加垩，凡栋宇榱檐、楠楣阶除户牖之制。铁石瓦甓，屏障几席之材，靡不聿新旧观池之塞者。�径之荒者，治茶坊馌肆闲者复设。游人翕然云集，宴以息□人所谓若远行客过故乡，□不能去。而北方勤朴无逸之民，得以舒劳宣郁，悟鳞羽潜翔之趣，以潋荡天机而涵泳于同乐之域，易名人民公园，副其实也。夫保存古迹，供历史之征考，识者所尚，而藉公园共同娱乐之所，俾来者有所观感，油然而生护惜公物、保存国土之心，且以提高道德，养成爱群、审美之观念，而倬幸倚赖诸败习，亦自默化于无形，其扶翼政教者，至深且钜。

　　欧美之民，作皆有定时，无不以公园为唯一娱乐息游之所。觇国者亦恒以公园之大小多寡，度其国度的虚

实、民族之文野，岂无故哉？

今斯园之复兴也，计用资二万金，阅时三四月，复赖五十三军万军长救所属兵夫协力营构。共萁理者为门二、斋二、楼一、轩三、亭三、洞四、桥三、电影院、戏院、体育场、游泳池各一、屋若干。率为县联题额，若假山、苗圃、畦陇之属仍其旧。从此燕赵之间，故都以南，仅有之名园于榛莽湮翳之余，复与世相见，世之览者，其亦快然生爱惜之念，相与维护于无既之岁月，则宁独斯园之幸哉？

宋哲元记　郭贵瑄书

中华民国二十五年八月　谷旦

第四节　孙中山的民生主义与园林绿化建设

孙中山（1866—1925）作为推翻两千多年封建帝制的一代伟人和一国的大总统，在他国家独立自主、强国富民的政治构想中，造林绿化的理论与建设占有很重要的地位，这在中国旷古以来的国君中是极为罕见的，而且他又是如此具体而详尽地一步一步地指导或亲自实践，在中华大地上留下了不少业绩及丰富的集体记忆，难能可贵。

图6-4-1　孙中山

一、把造林绿化提到"建国方略"的高度

造林绿化是园林绿化的扩大与基础，孙中山倡导造林绿化是从民生的角度出发，将它写入一个泱泱大国的"建国方略"中的。在他关于民生主义的演讲中，就谈到了森林与民生的关系，他说：

所谓吃饭问题，要能防水灾，便先要造森林，有了森林便可以免去全国的水祸。

至于防水灾的治本方法是怎样的呢？近来的水灾为什么是一年多过一年呢？古时候的水灾为什么很少呢，这个原因就是由于古代有很多森林，现在人们采伐木料过多，采伐之后又不进行补种，所以森林便很少。许多山岭都是童山，一遇大雨，山上没有森林来吸收雨水和阻止雨水，山上的水便马上流到河里去，河水便马上泛涨起来，即成水灾。

有了森林，遇到大雨时，林木的枝叶可以吸收空中的水，林木的根可以吸收地下的水，如果有极浓密的森林，便可以吸收很大量的水，这些大水，都是由森林蓄积起来，然后慢慢流到河中，不是马上直接流到河中，便不至于成灾，所以防水灾的治本方法，还是森林。

水灾之外，还有旱灾……治本方法也是种植森林，有了森林，大气中的水量便可以调和，便可以常常下雨，旱灾便可以减少。

至于地势极高和水源很少的地方，我们更要用机器抽水来救济高处的水荒。防止水灾和旱灾的根本方法就是造森林，要造全国大规模的森林，并具体地在《实业计划》的绪言中就提到要在中国的北部、中部建造森林。

纵观中国历代的造林绿化，虽然也受到国家的重视，如秦始皇在焚书坑儒时尚保留了种树的书，但像这样明白而具体地将森林与民生、建造的关系和开发森林，乃至森林的行政、测量等都制定政策，书之于所制定的国策《建国方略》中的，大概在近代也只有孙中山一人。

二、提出港口花园城市的理念，作为《实业计划》的蓝图

在孙中山制定的《实业计划》中，有在中国沿海建立北方（天津）、东方（上海）、南方（广州）三大

港口城市的计划,其中尤对建设南方大港的广州,倾注了较大的精力,因为这里是民主革命的策源地,也是孙中山长期革命的主要据点。

他在《实业计划》的"第三计划"中提到改良广州为世界港时说:自鸦片战争结束,香港属英国管领后,虽然广州港口的地位已被英所夺,但是广州尚能不失为中国南方商业中心。他详细地规划了"改良广州城市为世界商港"的蓝图,设想新建的广州城市应跨黄埔和佛山,界之以东为炮台及沙面水路,此水以东的一段应发展为商业地段,其西的一段,则应为工厂地段。

又说:"从利益问题论之,开发广州以为一世界商港,实为此国际共同发展计划内三大港中最有利润之企业。所以然者,广州古商业中枢之前要地位,又握有有利条件,恰称为中国南方制造中心,更加以此部地方要求新式住宅地甚大也。然则,建一新市街于广州,加以新式设备,专供居住之用,必能获非常之利矣。"

孙中山具有很明确的"抓实业、重商业"的进取思想,他曾说过,"中国乃极贫之国,非振兴实业,不能救贫",他主张的民生主义的核心就是振兴实业。他这种思想影响了整个广东的侨乡,使侨胞们不满足于那种"日出而作,日入而息"的平淡而慵懒的生活,也不再恪守"君子不言利"的儒家信条,而是跨出国门,勤劳创业,白手起家,发家致富。这种"兴商立国"、"以商战代替兵战"的思想,理论的阐述者是孙中山的同乡郑观应,而从实践上来证明的则是当时福建的侨领陈嘉庚,这批华侨富商后来就在自己的家乡大量兴建了各种企业和园林。

在广州的城市建设上,孙中山更有具体的构想,他说:"广州附近景物,特为美丽动人,若以建一花园城市,加以悦目之林圃,真可谓理想之位置也。珠江北岸美丽的陵谷,可以经营之,以为理想之避寒地,而高岭之巅,又可利用之以为避暑胜地也。"

他还认为"夫自然之原素有三,深水高山与广大之平地也。此所以利便其为工商业中心,又以供给美景,以娱居人也"。

孙中山的这些构想,在民国初时,曾任广州市长的孙科已部分实现,如在广州市广植树木,设置公园。而孙中山本人早在民国六年(1917年)就曾经倡议将原来的广东咨议局前地盘,改建为对外开放的公园。次年,公园建成,因此处从隋代至清末一直是历代宫署所在地,故公园就命名为"第一公园",后成为当时政治活动的集会地。如1924年就在此处举行了纪念武昌起义13周年的"双十节警告会"。公园面积仅446公顷,为对称式布局,园内有音乐亭、喷水池、石狮、座椅等设施。园内还保留了一些高大的古榕树(图6-4-2~图6-4-4)。1929年以后,市长孙科又相继建设了第二公园和第三公园,还添建了儿童公园和公共运动

图6-4-2 广州第一公园的古榕行道树

图6-4-3 广州第一公园之古树

图 6-4-4 广州第一公园的"与众乐乐"近景

图 6-4-5 民国时期的广东咨议局前庭（广州第一公园之旁）

场。同时，他对广州的城市建设也进行了许多实际工作，如发展交通，修筑堤岸，建造码头、桥梁，改造旧式街区，还在东山建设了一个模范住宅区，这些都是孙中山在吸取西方近代文明城市经验后改造中国旧式城市的首次尝试，至今仍留有一些永久性的景物与设施（图 6-4-5）。

三、将"乐"与"康"相连，创造优良的城市环境

孙中山在谈到民生主义时，就提出要注意解决"乐"的问题，而要乐，首先就要保持和增进国民的健康。他认为工业社会的健康和农业社会不同，城市人口集中，具有紧张（夜以继日，将夜作昼）、拥挤（享受阳光、空气少）和流动（工业愈发达，则流动愈迅速）的特点，往往由于过度的刺激、沉重的压迫与疲劳，致使流行病多，故闲暇与娱乐十分重要。

人格的陶冶、个性的修养，都成了工作闲暇时要解决的问题，而起居作息是社会问题，国家不能不过问，要为民众创造一个健康的环境。在农业社会里，一般以家族为中心，而工业社会则有商业化的趋势，商人为了追求高利润，迎合群众的口味，趣味渐渐趋于低级。

他认为空气、日光和水来自山林川原，是国计民生不可再缓的重大问题，而且其风景欣赏对身心健康也都有直接影响。因此，要对山川林地作规划设计，其中就包括娱乐与赏景的问题。

他又认为：森林建设必须从水土保持、国家资源、国民健康、游戏（或指旅行）、娱乐等方面着眼，制订计划；川流的作用则有灌溉、交通、动力、渔捞、赏景五个方面，还要饮水、泄洪……所谓"城市乡村化"，就是指在城市中能享受园林，而建造园林的用地也应按人口比例来计算。以上可知，孙中山所描绘的民生主义蓝图，已较为具体地考虑到民众的康乐要与生态环境取得一致这一点，并将其纳入了国家山川规划的范围。

第五节　朱启钤变皇家园林为公园创举及其公园实践

朱启钤（1872-1964），贵阳开阳人，字桂辛，晚年称蠖公（图 6-5-1），是清末民初北洋政府的交通总长，辛亥革命后的民国政府期间任内务总长。他身为高官，却从民国肇兴之始，就对中国的传统建筑、园林和文化艺术事业给予了高度的支持和关注，如成立《中国营造学社》，组织古建筑的调查整理，出版有关国故的书刊，重版宋代李明仲的《营造法式》和明代计成的《园冶》等，对于园林更是倾注了近半生的精力，并亲自参与建设。

1913 年，朱启钤首倡将清代皇家的社稷坛及其附近

图 6-5-1　民国时期的内务总长——朱启钤

地区改建为供市民游息的中央公园，并历任中央公园第一至第四届董事会会长。1928 年董事会改为委员会，他又连任第一至第五届委员会的主席，那时，他已 66 岁。其后仍被推选为公国理事。除了变皇家社稷坛为中山公园外，在他任内务总长时，为了增加市民游乐的场所，先后又开放了天坛、先农坛、文庙、国子监、黄寺雍和宫、北海、景山、颐和园、玉泉山、汤山等风景名胜区，同时制定了《胜迹保管规条》加以保护。以后，由于年迈，他退隐北戴河联峰山麓，但仍以垂暮之年经营莲花石公园，并撰有《莲花石公园记》。

朱启钤对于园林建设，并不限于一般官员只作指令性领导，而是有系统、有思想地具体指导。如确定中央公园的建园方针为"依法造景"。首先是保护古文物，如原有的五色土坛殿堂、墙垣等，保持其原有的建筑布局与风格；建园的主旨则是清严偕乐，不谬风雅，禁止在公园中有不正当、不文雅的行为与活动，并增添了卫生教育馆、图书馆、书画展览室等。

处在民主自由的时代潮流中，朱启钤能与时俱进。他最早于 1914 年 10 月 10 日将一个专制社会的皇家社稷坛改变为一个向市民公众开放的游息之所，为京都有公园名称之始，也是北京园林走向民主共和时代，建设真正的人民公园的一个标志。在当时即有人评说朱启钤的远见卓识："彼时，都人耳目与公园尚少见闻，而朱公独注意及之。……以社稷坛旧址披荆棘，辟草莱，经之营之，蔚然为京市首出之游息地。促进文化，嘉惠市民，若朱公者，真社会之福星，当吾人所公认者也。"

朱启钤之所以要将社稷坛改为公园是因为"京师首善之地，人文骈萃，阛阓殷繁，向无公共之园林，堪备

四民之游息，致城市之居，器阓为患，幽邃之区，荒芜无用。果能因地扩建，仿公园之规制，俾都中人士休沐余暇，眺览其间，荡涤俗情，颐养心性，小之足以裨益卫生，大之足以转移内俗。"他把公园的作用提到了更深的层次。

尤为可贵的是作为一个内务部长的高官，亲自带头募捐，获五万元，并发动市民义务劳动，仅以十余天清理现场，于 1914 年 10 月 10 日对市民开放，从南门出入，名曰"中央公园"。据云，这天的"男女游园者数以万计，蹦瓦砾，披荆榛，妇子嘻嘻，笑言哑哑，往来喋躞柏林丛莽中"。

公园在开放时仅有五色土坛及拜殿两处建筑和一些古柏树。以后，朱启钤又陆续主持修建了来今雨轩、长美轩、一息斋、春明馆等建筑物。而且他还非常重视保护古树，以之视为国宝，着人建立档案，并亲自执笔写《游人须知》，曰：

南有乔木，勿剪勿拜。往来行言，以近有德。
民亦劳止，迄可小息。惠此京师，以永珍誉。

他对中央公园的建设坚持不懈、任劳任怨，面临着财力、物力的种种困难，甚至要承受一些流言蜚语。他在为"一息斋"建筑命名时，就是"取吾宗文公❶'一息尚存，其志不容少懈'之义，以自励也"。而当别人为中华民国建国 25 周年编纪念册以记述经过而归功于始事者（指朱启钤）时，他却谦逊而感慨地说："读之，不禁怅然而生感喟：夫孔子论政，首曰先劳，继曰无倦。是先劳为前禁之方法，无倦乃后事之精神。余从政数十年，因缘时会，创者、因者，虽不一端，而跋前疐后，糜弃垂尽，都未尝一顾，独于思园之建置，流连不已者，顾此廿五年中，曾经许多波折，咸赖群策群力以赴之，方获有济。一息之存，斯志不怠，又岂仅取以自勖哉！"居功而不傲。

朱启钤建设园林的思想，更是传承了中国造园"源于自然，高于自然"的基本体系，又能抓住中国传统园林的基本特色，以诗情画意写入园林。

他曾说过，造园"贵在纯任天然，尽错综之美，穷技巧之变"；又说，"盖以人为之美入天然，故能奇，以清幽之趣药浓丽，故能雅"。实为营造自然、法乎自然之高见。

而他对园林景物的诗情画意也十分关注，包括景

❶　朱启钤为宋代理学家朱熹后代。

物、建筑的命名，匾联、作诗、作记等都能细致入微，表达其深刻的含义。他那"留情艺术，主持风雅，而以诗情画意写入园林"的精辟见解，也反映出他对园林文化内涵的重视。从其《中央公园记》、《中央公园一息斋记》、《莲花石公园记》等三篇碑文中，均可见一斑。他对园林的树木花草更是爱护有加。他曾对中央公园原有的树木详加测量记录，更可贵的是他能从中获得亲身的体验与感怀，书之于记中，以策后人："夫禁中嘉树，磐礴郁积。几经鼎革，无所毁伤。历数百年吾人竟获栖息其下。而一旦复睹明社之旧故兴亡，益感怀于乔木。继自今封殖之任，不在部寺而在群众。枯荣之间，是自治精神强弱所系。唯愿邦人君子爱护扶持，勿俾后人有生意婆娑之叹，斯尤启钤所不能已于言者。"

他爱国爱民的情怀也体现于园林建设中，如北戴河联峰山莲花石公园之兴建，就是与外国侵略者争地盘、保卫美丽国土的结果。因当时正值光绪中叶，海疆多故，北戴河已划为"允许中外人士杂居的避暑地"。英教士既来联峰绝顶筑室于前，而联军入侵后，又有德人偏师莲花石。幸赖朱启钤在此谋倡公益会，以图自治，修路筑室，又承该地富绅张文孚先生捐出私地，终得保全了这一天然名胜之地而建成为公园。在他所撰的《莲花石公园记》碑文中，畅谈了他与友人游此园之韵事。

此外，朱启钤还注意绿化市区、疏浚护城河。在他任内务总长时，即着手北京的城市绿化，在主要街道两旁种植槐树，在护城河两岸种植柳树，并疏浚城河，改善了北京城市的环境面貌。当时从景山上俯瞰时，北京城处于一片绿荫之中。

总之，朱启钤在中国近代园林建设及中国传统建筑、文化和国宝的整理与保护方面都作出了巨大的贡献。在他90寿诞时，文物大师王世襄曾有长篇祝辞于下：

> 恭祝蠖公老伯九旬大庆
> 结社治营建，功高迈喻李。
> 水利系民生，遗文访遐迹。
> 遵度经不传，九卷贶髹史。
> 哲匠创新篇，幽潜起千祀。
> 丝绣萃四朝，披图散霞绮。
> 典籍亲校写，巧思见三几。
> 碑传列黔贤，积高盈尺咫。
> 得一足不朽，公廼兼众美。
> 遂使百年来，艺苑尊独峙。
> 小子生最迟，相去殆四纪。

> 迟生竟有幸，门墙许仰止。
> 折简时见招，教诲督顽驰。
> 辨物穷本源，析理洞元旨。
> 谈笑动梁尘，不觉日移晷。
> 余意或未申，挥毫後数纸。
> 愈信山岳高，丘阜徒逦迤。
> 愈信沧海宽，浩瀚无涯涘。
> 丹黄绚梅菊，初冬亦旖旎。
> 瑶觞奉嘉酤，小什陈下俚。
> 上寿侪彭聃，期颐更无已。
> 敢不常笃勤，追随诸君子。
> 十载傥有成，再博公颜喜。

大致概括了朱启钤作为一位民国时的高官，爱国爱民、廉政清明、高瞻远瞩的品格，他早已脱离了当时那混乱、腐败的官僚轨道，独辟蹊径，在公务之余，移目于社会大众的公益事业和弘扬中华文明的历史责任，并贡献了自己毕生的力量。

附录6-5-1

中央公园记

民国肇兴，与天下更始。中央政府既於西苑辟新华门，为敷政布令之地。两阙三殿，观光阗溢。而皇城宅中，宫墙障塞。乃开通南北长街、南北池子，为两长衢。禁御既除，熙攘弥便。遂不得不亟营公园，为都人士女游息之所。社稷坛位于端门右侧，地望清华，景物钜丽。乃于民国三年十月十日，开放为公园。以经营之事委诸董事会，园规则取于"清严偕乐，不谬于风雅"。因地当九衢之中，名曰中央公园。设园门于天安门之右，绮交脉注，缩毂四达。架长桥于西北隅，俯瞰太液，直趋西华门。俾游三殿及古物陈列所者，跬步可达。西拓缭垣，收织女桥御河于园内，南流东注，迤逦以出皇城。撤西南复垣，引渠为池，累土为山，花坞、水榭映带左右，有水木明瑟之胜。更划端门外西庑朝房八楹，略事修葺，增建厅事，榜曰公园董事会，为董事治事之所。设行健会于外坛东门内，驰道之南，为公共讲习体育之地。移建礼部习礼亭，与内坛南门相值。其东建来今雨轩及投壶亭，西建绘影楼、春明馆、上林春一带廊舍。复建东、西长廊，以蔽暑雨。迁圆明园所遗兰亭刻石及青云片、青莲朵、寒芝、绘月诸湖石，分置于林间水次，以供玩赏。其比岁市民所增筑，如公理战胜坊、药言亭、喷水池之属，更不遑枚举矣。北京自明初改建皇城，置社稷坛于阙右，与太庙对。坛制正方，石阶三成，陛各四级。上成用五色土随方筑之，中埋社主。墙垣甃以琉璃，各如其方之色。四面开棂星门，门外北为祭殿。又北为拜殿。西南建神库、神厨。坛门四座。西门外为牲亭，有清因之。此实我国数千年来特重土地、人民之表征。今于坛址务为保存，俾考古者有所徵信焉。环坛古柏，井然森列，大都明初筑坛时所树。今围丈八尺者四株，丈五六尺者三株，斯为最钜。丈四尺至盈丈者百二十一株，不盈丈者六百三株。之未及五尺者，二百四十余株。又已枯者百余株。围径既殊，年纪可度。最钜七柏皆在坛南传为金元古刹所遗。此外合抱槐榆、杂生年浅者尚不在列。夫禁中嘉树，磐礴郁积。几经鼎无所毁伤。历数百年吾人竟获栖息其下。而一旦复睹明社之旧故国兴亡，益感怀于乔木。继封殖之任，不在部寺而在群众。枯菀之间，实自治精神强弱所系。唯愿邦人君子爱护扶持，勿俾后人有生意婆娑之叹，斯尤启钤所不能已于言者。启钤于民国三四年间，长内部，从政余暇与僚友经始斯园。园中庶事决于董事会公议。凡百兴作及经常财用，由董事筹集。不足则取给于游资及租息。官署所补助者盖鲜。岁月骎骎已愈十稔，董事会诸君砻石以待。谨述缘起及斯坛故实以诒将来。后之览者，庶可考镜也。

朱启钤（桂辛）

附录 6-5-2

中央公园一息斋记

甲寅、乙卯之间，经始斯园，余榜此室为一息斋。取吾宗文公"一息尚存，其志不容少懈"之义，以自励也。屋三楹，在坛堰南门外异位，本为宿卫之所。光绪三十二年丙午，余官巡警部内城厅丞时，夏至大雪，恭逢德宗圣驾亲行，霄夜率所属入坛警跸，曾待漏于此。鼎革以后，太常不修，鞠为茂草。

余长内部，遂辟金水桥为稷园正门。前当交午之地，榛莽乍启，游人咸乐其便，一息斋之南轩，又当御路最钜古柏三株，虬枝蹯屈，荫蔽数亩，常于树根编藤作榻，以待宾从。来期会者，有所经画，皆在树下诺谋之。且穿室后墉，作茶灶具。饔飧退食之顷，则就此止息。其右三楹，则置市政工程处。土木兴作，殆萃于斯。时方改建正阳门，撤除千步廊，取废材输供斯园构造，故用工称事，所费无多。乃时论不察，訾余为坏古制、侵官物者，有之；好土木、恣娱乐者，有之。谤书四出，继以弹章。甚至为风水之说，耸动道路听闻。百堵待举，而阻议横生。是则在此一息间，又百感以俱来矣。越年，来今雨轩落成。裙屐毕集，舆论大和。乃复建董事会于其东偏，而斯室遂闲。丙辰解政，侨居津门时多。同社人士以爱吾及屋，室中一几、一榻，保留未动。於古树、茵草，设短栏护之。犹殷殷无改所施。故余间岁偶来共此晨夕，亦自得也。岁戊寅冬初，余以衰老，坚请谢事。而斯园建立将届二十五周年，同人议编纪念册，以纪述经过。推委员汤颐公主纂事，即安砚斯室，着手撰辑。间就余询本园建始以来兴革故事，惜昏眊善忘，不能悉举以告。数月，书稿成，撰述颇详切，且归功于始事者。读之，不禁愀然而生感喟：夫孔子论政，首曰先劳，继曰无倦。是先劳为前进之方法，无倦乃后事之精神。余从政数十年，因缘时会，创者、因者，虽不一端，而踣前蹇后，赓弃垂尽，都未尝一顾，独于斯园之建置，流连不已者，顾此廿五年中，曾经许多波折，咸赖群策群力以赴之，方获有济。一息之存，斯志不息，又岂仅取以自勖哉！近年，园中委员会又以斯室为治事之所。名园重振，礼从其朔，意甚盛也。吴君甘侯促余补记壁间，迟迟无以应之。冬夜枯坐，偶书前事，故社兴亡之感，旁皇不忍辍笔。爰断取诗意，以铭斯室。后之君子，盍诵斯语也。噫！

朱启钤（桂辛）

附录 6-5-3

莲花石公园记

临榆县西六十里，曰戴家河。明季海运，帆樯波属。

今为京奉支轨尾输地，而北戴之名特著。背倚联峰，拔出水平线四百尺，渤海襟其前。晴日当空，水天一碧。长城东峙，犇牛矗北，萦袅天际，嵌崎蔽亏。游屐乍经，曷止忘暑，几可忘世。联峰多奇石，翠薇眺瞩。柎萼偃伏，轮囷者若房，怒目者若的，擎立者若盖，倚筇四望，直万顷芙蕖，几忘其为石也。是名曰莲花石。半山以上，万松交摩，鳞鬣隐坑谷，苍翠作殊态，入耳疑风涛声。林壑优美，兼一峰之胜，则今之公园在焉。光绪中叶，海疆多故，旅大威胶既约质，海军遂无良港。英教士甘林，适于联峰绝顶筑岩室。守者惊以告大府，恐复为有利者所攫，失我奥区也。特檄张公燕某，周视海滨，寻以滩浅不能容巨舶乃罢。联军起，德人屯偏师于莲花石。焚宇民墟夷为灶幕。侨商乘势度地经营，衡宇栉比与石岭金沙之烟树楼台交相掩映。盖斯时，地久等于瓯脱。主客杂居无复过问。鼎革以还，风会一开，邦人士来之游者日众。丙辰秋，许君静仁长交通，拓海滨支线，以惠行人。余时以逋客结庐于西山之麓，野服徜徉，咨考故实，深惧山川风物之不可以久存也。乃谋倡自治，立公益会。修路筑室，井湮木刊，前邪后许，西人亦敛手无异词。张公哲嗣文孚君复允慨捐别业，以公诸世，而兹园以成。临榆令周嘉琛，又为之禁樵苏，杜侵夺，名山胜迹庶几获全。今年秋余约静仁来游，欢聚累日。每当皓月临墟，葛巾芒履，与中外仕女偕游，松影潮声，行歌互答，觉人天相感，物我俱忘。是则孔子所谓“与世大同”，庄子所谓“相忘江湖”者也。余恐后之来者，忘其所自，且不足以彰张氏之高义，故记其始末，以为异日之争。园既成，今大总统徐公赐诗有“海山无恙”之句，谨沐手拜嘉，勒之贞珉，以寿此石。

中华民国八年八月十五日

紫江　朱启钤撰

秋浦　许世英书

第六节　陈嘉庚的住宅卫生与校园环境理念

陈嘉庚（1874-1961），福建同安集美人（图 6-6-1），17 岁辍学出洋，随父经营实业，曾长期侨居新加坡，从事橡胶业，热心兴办华侨和家乡的文化教育及公益事业。1910 年在新加坡参加同盟会，募款资助孙中山推翻帝制的民主革命及抗日战争，积极在厦门兴办教育，被毛泽东主席誉为“华侨的旗帜，民族的光辉”。

图 6-6-1　陈嘉庚

新中国成立后，任中央人民政府委员、全国政协副主席、全国人大常委及全国侨联主席等职。1961 年 8 月 12 日病逝北京。

陈嘉庚对祖国的贡献很大，涉及政治、经济、文化等诸多方面，是近代高度重视人民生活环境、教育环境的一位爱国者，尤其在城市住屋卫生及学校园林两方面有其独到的见解，并亲自贯彻于实践之中。他的这份理念、这份执着、这份对人民的关爱与热情，在当时积贫积弱的祖国是多么可贵的贡献，是决不能为史册所遗漏的，故述之如后。

一、关于住屋的卫生

他曾写作有《住屋与卫生》一书，阐述他对住屋卫生的见解和意见，分赠国内各省市有关部门；并组织“南洋华侨回国卫生考察团”，对大陆作实地考察，借调查而促进。当时正是 1941 年第二次世界大战之时，也是尚未雪耻“东亚病夫”的时代，他深深地感到：“此次世界大战后，各国必多兴革，力求进步，而尤以卫生为最注重。我老大不振之中国，关于维新兴革诸事业应比他国更多且更紧要。维新之道，莫重于卫生，人民身体之强弱，寿命之长短，与国家之兴衰，极有密切之关系也。”

他以新加坡为例，说明注重卫生与否，对人类死亡率的显著作用：1921 年新加坡住民不及 50 万，华侨占三分之二，当时的人口死亡率为每千人有二十四五人，1941 年住民增加到 75 万人，而死亡率却下降至每千人中只有 15 人，减少了四成，其原因大半都是因为改善了住民的环境卫生。

他说，根据专家的观点，水、空气与阳光是人类生命中最重要的三元素。于是，他进一步提出有关的几项园林措施：

① 保证住宅用地的花园面积。至少要留有三分之一的空地，其中的一半可建些小屋如厨房、浴厕等，另一半则为露天的花园。如果是百尺长的排屋，屋身也只许建到 75 尺（25 米），中间还要保留 10 方尺（约 1.1 平方米）的天井。以便通风和采光。如果住屋超过这个规定的则必须拆除，仅留屋旁小路，其余均为公共游息场或花园草地。

② 每间屋都必须开窗，窗的宽度为 3 尺（1 米）、高度为 4 尺（1.3 米），在住屋的墙上还要有通风洞，以便于夜间通风。❶

③ 各屋宅门前酌留空地，或围以矮墙，在其中栽种花草，"令人见之悦目开怀，似有园林之胜，精神为之爽快。居民既安，健康少病。医药、迷信、保险等费用终年省却不少"。

④ 他又以欧美为例，介绍他们凡已改善的市区，屋宅占市区面积最多半数，余者即是街路、人行路、树木、公园、运动场、草地、花园等。他说："若乘兹规定改合近代化，则市内损失既少，市外尚未开辟，毅力进行，一二十年之后，全国城市皆有园林之胜，居民获寿康之福矣。"总之，他多次提及"市内空地应留半数"的主张。值得告慰于陈老的是，我国的城市在新中国成立后的六十余年中，经过大力地提倡园林绿化，不少城市已初具园林之胜，初享"寿康之福"。

二、关于校园环境

陈嘉庚自 20 岁（1894 年）在家乡集美出资两千元建立《惕斋学塾》开始，终其一生，一方面创办多元化的各类实业，一方面则不断地创办多种门类、多种级别的学校。从纵向看，从办幼稚园、小学、中学、职业专科、大学已有一系列教育体系。从横向看，小学已分男校女校；中学又分普通科与专科（含水产、航海、农林、商科等）；高等学校中则有文、理、工、法诸门类；师范中更有旧式私塾、普通师范、简易师

范、幼稚园师范、乡村师范等，已经构成为一个侨商兴学的体系范例。

陈嘉庚办事兴学的一贯作风是踏实、具体、亲力亲为而又能高瞻远瞩。比如在兴学之初，首重学校环境。他认为如果将学校设在城市区固然可以增广眼界，但环境热闹则容易影响专心求学的情绪；而在乡村的学校，固然接触事物不多，但风景清幽，没有闲杂人事的纷扰，可以安静地学习，各有所长短。于是将系统的学校群选择在厦门集美镇的一座背山面海的半岛上，往北十里许有高达两千尺的三座高山，天马山居中，大帽山、美人山各据左右，三山相连如笔架，占地约四千余亩，东、西、南三面为海水所环。向南望，视线所及，有金门岛、厦门岛及鼓浪屿。而 1921 年创办的厦门大学则选在厦门市区古演武场附近的山麓，背倚五老峰，南为南太武高峰。初时仅二百余亩，先在集美村开学，一年后搬至新校址（图 6-6-2~图 6-6-5）。

其次，他很重视校舍的建筑布局并亲自修改方案。他认为校舍建筑最重要的有三件事：一是位置的安排，要考虑美观及扩充的余地；二是注意建筑物的间隔，争取阳光；三是注意建筑物的外观，还要能节省经费，粗中带雅，省便为宜。校园规划虽请洋人或专家作规划设计图纸，但陈嘉庚必定亲自参与提出具体意见。

比如根据集美校址的山势，在大操场前面不宜建筑。校舍要建在两边近山之处，以便从海口有一条可直伸至北边大礼堂的视线。而从大礼堂向外看，视野开阔、大操场、大游泳池居中气势大，低平无挡，水陆（亦可铺草地）相间。而诸多的教室楼可以左右分立，围成一个秀雅美丽的山水空间。教员住宅则可依山而建，形成一排一排的模范村。

他主张将原来那些位置不合适、阻挡自然景观的建筑物都要移走，如师范学堂的餐厅、教室、礼堂、宿舍等，宁可损失十万八万也要移走，不能"惜此而贻无穷之憾"，更不能"永屈山水助雅之失真者也。"

他还认为："池不必正，有善布景之围池园，用工力造其屈曲岛屿。"因现在的池太小，路又与池不相衔接，故可以移走。而在美人山下的农林学校，大种树木数十万株，"十年种树地成金"，而今农校所栽树木，已茂盛可观，这些都是陈嘉庚营造校园讲求自然的观念。

❶ 此处多指南方热带地区。

图 6-6-2　集美学村鸟瞰

图 6-6-3　集美学村大门

图 6-6-4　原集美学村的主楼群（"即温"、"明良"、"允恭"、"崇俭"、"克让"、"海通"各楼，现为集美航海专科学校所在地）

图 6-6-5　南薰楼。主楼高 15 层、左右护楼 7 层，立浔江西岸制高点

他对于校舍建筑的外观也有其独到的理念。他说："有美术家告诉我，建筑物要改洋式为华式，切不可从，经济为第一要义，若厦大之屋，屋顶为琉璃筒瓦，虽建华式，但需加费不少，而且屋顶也太重！"

厦大校园规划原请上海的一位美国技师主持，以一个品字形的三栋建筑为主体。陈嘉庚看过图纸后认为不妥，因为这种品字形布局占地多，又不利于将来开大会作为主体建筑用，于是，亲自改为一字形排列，中间的一座背依五老峰，正对太武峰，形成一条直线焦点，比较有气势。此处地下为沙质，雨季不湿，平坦坚实，细草如毡，北负高山，南向海洋，西近厦门港的许家村，东系山坡平地（昔为阅兵场、跑马场后又作高尔夫球场）。西近村，南临海，无可拓展。北为高山，可在山中辟路，师生住宅亦可依山而筑，多层而上，清爽美观。东边阜陵起伏，地势不高，亦可留作扩展的建筑用地，这样就形成了一个校园主体中心的围合空间。外国人的图面设计，不若陈嘉庚的心中设计。正如他创办的集美学校的校训与校歌中所述：

"闽海之滨，有我集美乡，山明兮，水秀胜地冠南疆，天然位置，惟贤与黉，英才乐育，蔚为国光。全国士聚一堂，师中实小共提倡。春风吹和煦，桃李尽成行，树人需百年，美哉教泽长。诚毅二字中心藏，大家勿忘，大家勿忘。"（图 6-6-6，图 6-6-7）

再者，陈嘉庚十分重视校园建设的节约用地与节省经费问题。如上所述，他除了从建筑规划设计上尽量合理布局、不浪费土地之外，也破除迷信，移坟迁墓，经

图 6-6-6　集美学校校训

图 6-6-7　集美学校校歌

过一番"软硬兼施"的手段，才获得总计 200 亩的校园用地。他认为"建筑费用，务求省俭为第一要义"，"应用本地建筑材料，不尚新发明、多费之建筑法，只求间格（隔）适合，光线充足，卫生无缺，外观稍过得去。若言坚固耐久之事，则有三十年已满足矣，切勿过求永固……然厦地异日定为通商巨埠，二三十年后，屋体变更，重新改作，为势必然。"从这一点可以看出陈嘉庚能高瞻远瞩，既看到未来，又能从现实出发，迅速解决当前教育的需要，体现出他一贯务实的精神。

三、陈嘉庚故居园林与风景名胜赏析

1. 陈嘉庚故居园林——晦时园

晦时园位于印尼爪哇，距峇株埠 3 公里，地处偏僻，更无佳路可通，但四周处处有景，屋舍与山水风景之组合绝佳，原业主为荷兰人，早被敌捕禁。陈嘉庚于 1944 年 2 月 7 日向管理机构租住，大概是由于当时他已进入古稀之年，借此颐养晚年，故取园名曰"晦时"。

此园屋后有小山，高仅 200 尺（约 66.7 米）；右有峇株山高约五六百尺，左为笨珍山高约六、七百尺，两山相距五、六公里。屋居筑其间，三面为葱郁的树林环绕。距屋前约 1 公里许的山下有一条弯曲的小河，向东南方向蜿蜒。这里还有大片的农田、水池、小山阜，小阜后面有孤山，孤山之后的远处为爪哇的最高峰，因此可以说这里的自然环境是重峦叠翠，风景殊佳，为晚年静休、颐养天年之理想之所。

住层建筑为洋式，有无柱走廊，便于雨天漫步游走。屋的右边为花园、鱼池和长达 100 尺（约 33.3 米），宽约 10 余尺（约 3.3 余米）的紫藤花架；左边则有小果园及禽栅栏，屋周的园路宽约 3 尺（1 米），周长曲折达两千尺（约 666.7 米）。另辟工人杂用房，均用白瓷砖面墙，十分洁净。屋宇坐西朝东，气候适度，在 60~80°F（15.6~26.7℃）之间，无烈风及蚊蝇滋扰。供水取自附近山泉，清冽可口，而用电则配置自用的发电机。这里堪称全南洋住宅园林之最佳处。但是，再佳美的园林环境也留不住一位，爱国先驱的赤子之心，尽管陈嘉庚的一生一直闯荡南洋，具有辉煌而又艰辛的经历，然而叶落归根，他仍在时代根本变革的时候，告别他经营了数十年的南洋，告别了他理想的居所，回到了祖国的怀抱。

2. 陈嘉庚的风景评价观

为了办实业，兴学校，关心祖国，支援祖国，陈嘉庚一生涉足不少园林和风景，并及时留下了记录。如他曾去赣州，住在一个公园的附近，他去公园散步时，见到纪念碑前有两尊木雕人像跪着，木雕像的大小比例为 1:1，雕像上面书有汪精卫夫妇的姓名。陈嘉庚与汪精卫是有过交往的，他谈及当时提倡造此种跪像的事是当年四月重庆各界开会通过的。庄西言先生曾代表南侨参加。但是他行走了十余省，才第一次在这里看到。而这个雕像形态不真，不写上姓名就不知道是谁。这也是近代政治渗入园林的一个实例。

在他的记事中还提到："闽江两边多山，杉树到处多有，概系私家物业……闻此处俗例，如家生男儿，亲友贺仪皆用杉苗为礼，生儿之家将此杉苗栽种，十年后该杉收利，即作为培养此儿读书、娶室的费用。"这也算是民俗缘化之一例吧。

他对于游赏风景也有自己的见解，比如桂林之胜在于无数孤峭石山形态各异，而阳朔之美则在沿江山水，每到一弯曲则别有一样光景，奇妙幽雅，不能形容。若四川青城、峨嵋诸山，不足望其肩背。最近到武夷山，见山景树木之秀美，虽与桂林孤峭石山形式不同，其雅妙可无逊色，及至下山坐船游九曲江，每曲之景，美丽奇特，更为殊异。青山绿水，互相辉映，比较阳朔有过之无不及。若合桂林、阳朔二景，与武夷山水比较，则可以称为"兄弟"。

又说，武夷无孤峭之石山，而阳、桂则乏青葱树木，互有短长，不相轩轾，然桂林、阳朔相距数十里，而武夷九曲江则一气联络，总之，三处风景，各有特色，"非只经一处便可叹为观止，必均游览，乃能知其各有奥妙之处也"。最后，他评说，俗称"桂林山水甲天下"，余已常闻之，而"阳朔山水甲桂林"系至桂林始闻之，余又疑其言或过于夸张。盖必自身游过全国各省风景区者，方能由比较而知之，否则未免过于武断。

以上可见，陈嘉庚对山水风景名与实的评价是颇有一番见地的。

总之，在陈嘉庚87年的生涯中，有75年是生活、奋斗于贫弱、屈辱的近代，而他自17岁去南洋谋生起，自始至终都抱着满腔的爱国、爱民的热忱，奋发图强，自奉俭朴，为中国的民主革命和新中国的建设竭尽全力，贡献巨大，成为华侨的楷模，而他对住宅、校园的环境理念与实践，又为中国近代的园林文化增添了一道现代化的异彩。

附录 6-6-1

陈嘉庚住宅卫生歌词

寿命长短在卫生，科学进步理益明。
无知顽迷委天数，欧美中印信可征。
星洲市政改住屋，日光空气助洁清。
二十年前死亡率，于今减少达四成。
乡宅无窗似衣箱，日光空气闭不容。
微菌丛生到处有，厕池露设在村中。
沟渠垃圾多积滞，蝇蚊成群各逞凶。
不知卫生最首要，健康寿考乐无穷。

富家儿子尚早婚，为扬家声急贻孙。
不图见小反失大，所生多弱或愚蠢。
血气未定焉能戒，健康失去草无根。
维新政府宜规定，适当年龄方准婚。
世界比较人年寿，美欧平均五五右。
我华仅登三十九，印度三十尚难就。
中印年龄何短促，卫生不讲仍守旧。
政府同胞当猛省，寿夭有道应根究。

第七节 植树将军与"丘八"诗体

冯玉祥（1882-1948），字焕章，安徽巢湖人，近代爱国将领（图6-7-1），行伍出身，先在北洋陆军任职，屡立战功。1911年辛亥革命时发动滦州起义，以后曾两次主政河南省。1924年发动北京政变，所部改组为国民革命军，将中国最后一个皇帝溥仪赶出皇宫，为消灭二千余年的封建王朝制度，建立了标志性的特殊功勋。

1926年赴苏联考察后，正式宣布脱离北洋军政。1931年"九一八事变"后，积极抗日，于1933年任抗日同盟军总司令，多次战胜立功，后受压制，被迫离职，二度隐居泰山。此后一直与中国共产党合作，新中国成立前任国民革命党中央政治委员会主席。1948年不幸遇难。他一生居于军政要人的高位，但对于园林绿化却有着深厚的情结和独特的见解作出很大贡献。

一、冯玉祥的植树情结

纵观冯玉祥的一生，无论何时何地，也无论为官为民，凡所到之处均大量植树。据其女儿冯理达谈，父亲

图6-7-1 冯玉祥将军

一生除军政要务之外，总是把植树、办学、修路放在心上，而且身体力行。其中尤以在河南、河北两省植树无数，难以统计，仅在泰山隐居的三年间，就带领土兵植树三十余万株，故人称之为"植树将军"。

他在河南开封时，见全市有一些古槐树，并流传着一些故事。如陈桥镇有一株千年古槐，传说为宋代赵匡胤系马之树，人称"系马槐"；在清真寺内有一株两干相连的古槐，称"相思槐"；在繁塔西北角还有一株"老药槐"，相传亦为宋代所植。他由此认定国槐是开封地区的乡土树种，因此，号召多种国槐，故今日开封国槐之盛，冯玉祥实为首倡之功。他更亲自带领官兵，在街道各处种树，种的都是槐树和柳树。他还亲自写了一首《种树歌》，曰：

老冯我在汴州，小树栽得绿油油。
谁毁一棵树，就砍他的头。

的确，冯玉祥的护树规章也是十分严格的，在他主豫时，就立有军令："马啃一树，杖责二十，补栽一株。"此后，人们都不敢随意毁坏树木。1931年冯玉祥在担任察哈尔民众抗日同盟军总司令时期也曾规定：凡驻防官兵都要在驻地植树造林，打仗时不许践踏林木，并制定了植林的方针政策，带头植树。在今日张家口冯玉祥纪念馆前面的北部山坡上还保存了一片葱郁的松柏林。

1940年，抗日爱国将领张自忠在湖北襄阳战役中为国捐躯，于当年5月23日送往四川北碚雨台山安葬，蒋介石和冯玉祥等政要都来参加葬礼。之后，冯玉祥立即率领部下在张墓的周围栽种了大片梅花，从此，这雨台山就改称为梅花山。这是冯玉祥取法于宋代名将史可法殉国扬州梅花岭，盛赞张自忠仿效史可法与强敌英勇抗争的牺牲精神和忠诚品格。事后，冯玉祥还亲书"梅花山"巨幅大字刻石，镶嵌于墓园墙面，使这一带成为以梅花景观为主的园林式墓园。

凡是冯玉祥所驻扎过的营地或居住过的庭院他都要植树。如北京他曾居住过的天泰山慈善寺内外，他利用寺庙原有的林木，进行补栽使周围环境郁郁葱葱，而在他所居住的内院则左右对立地分植了国槐两株，人称"鸳鸯树"。它不似一般的连理树，一树两干，而是二株大小有异，相向对植，也意味着"夫妻相敬如宾"的中国古老传统观念（图6-7-2）。

尤其是冯玉祥二度隐居泰山期间（1932～1935年），

（a）

（b）

图6-7-2　冯玉祥、李德全伉俪在慈善寺中手植的"鸳鸯树"——国槐

植树更为细致、频繁。他先是选择居住在有名木古树的泰山普照寺后的"菊林归隐堂"，这个院落里有枝叶繁茂、冠大华盖的"六朝松"、"师弟松"，还有对立的银杏树和油松树。

以后亦在他出资兴建的"辛亥革命滦州起义烈士祠"的内院及外环境大量植树，先后栽了不少松柏、榆树、槐树及蜡梅、石榴等花灌木（图6-7-3）。

1934年他还在泰山山麓购入40亩坡地栽植果树，特意从烟台、大连等地引进了国光、红玉、黄魁等六个优良的苹果品种，又在果林间种茶叶、榆树、柳树和核桃树等。当时有人说："这样的小树苗要等到哪年才能长大结果呢？难道你们会在这里长久住下去吗？"冯玉祥随即解释："栽树是为了后人，我们吃不上苹果，将来总会有人能够吃上，他们会感谢我们的。"的确，后来泰山的苹果园里还有一部分果树就是冯玉祥和夫人李德全带领大家栽种的。只可惜当笔者于2008年6月再次去泰山时，果园已不见，而当年冯玉祥栽植的大片核桃林，由于连年的开发建设，现在也只余几株，但仍然枝繁叶茂、婷婷玉立（图6-7-4）。

总之，冯玉祥一直将种树作为他为政、为军的一项常规政策。在他主政河南时的1928年，就立有一块"劝政碑"，将种树也列入其中（图6-7-5），此碑不仅普及

图6-7-4 冯玉祥在泰山山麓栽植的核桃林余株

图6-7-3 冯玉祥手植石榴花树（2008年摄）

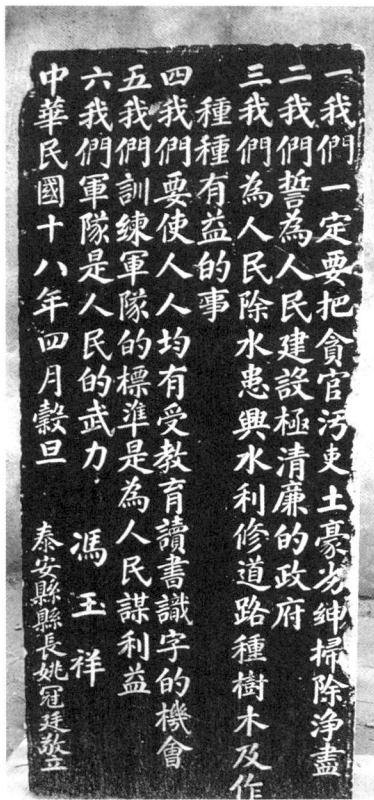

图6-7-5 "劝政碑"，冯玉祥于1928年主政河南时立，泰安亦如此（1929年刻）

于河南各地，在泰安也有建立。

二、冯玉祥的公园建设

在冯玉祥所著的《我的生活》一书中，记载着他对公园的认识："我常跟外国朋友闲谈，他们总说中国只有村庄，却不见花草，我告诉他们，中国不是没有花草，中国的花草都是养在私人家里，不会种在公共地方。他们对这种习俗感到很奇怪，我也觉得这是很自私的办法，实不合理，因此，我有意要在各处添设公共花园，以为社会倡导。"

自此之后，他就以自己对公园的这种认识开展了一系列的实践活动。他首先把平民老百姓的游乐放在重要位置，建设了一些公园，除了"游"与"乐"的设施之外，还要普及知识，提高文化，更不能忘记革命先烈，要建设烈士纪念公园。

1. 改开封市相国寺为平民公园

冯玉祥于1922年来到河南后，先是在当时的省会开封建设了一些公共花园，接着就大刀阔斧地开展了一场"改庙为园"的活动。

这座始建于北齐（555年）、面积达540余亩、内有64个院落的相国寺，前身为建国寺，唐时（711年）为歙州司马郑景的宅园，内有池沼。其大雄宝殿的台阶下有一座美丽的小花园，鲜花朵朵，清香宜人。园中还有太湖石，相传为宋代艮岳遗物。院落中的亭阁也不少。寺中已有相当好的园林基础，而冯玉祥则将寺庙作了一次较为彻底的园林改造。

首先将寺庙的僧人搬迁至开封市南郊移住，又将佛像及设备暂存于警察局。在山门以北约40方丈之地建一座平民公园，周围设栏杆，两侧有便门，公园分东、西两部分，各设草亭一座。将原有的钟楼及鼓楼内的钟和鼓转移至他处，而东、西两楼均改为民乐亭，四周安装玻璃窗门，内有革命标语及挂图展览，并分设茶社和书坊，可登临眺望。

钟、鼓楼以北的二殿（即接引殿）改为平民演讲处，由教育厅负责安排讲者演讲，并配置了一台大的留声机，经常播放唱片助兴，以后，此处又一度改为"仇货陈列所"，陈列美国、日本等外来商品以唤醒民众。

大雄宝殿的一组建筑则改为革命纪念馆，并筹建四亭六部。所谓四亭即血衣亭、遗物亭、遗像亭、纪念亭，六部则为塑像、绘像、照相、兵器、文书及图画六部，分别展出革命伟人、巨子、先烈的遗像，和所用过的兵器、战利品和革命人士之往来公札、尺牍以及战绩事功图等。

殿前月台的东、西二角，又各建一座纪念碑，碑的正面均为国民军联军阵亡将士纪念碑。碑高约三丈，碑顶为一石卧狮。

此外，将八角殿改为河南美术馆，八角殿后的藏经楼改为实业馆，分请建设厅及各大学赠送实物或模型标本，也到上海等地去搜集展品。藏经楼的东配殿改为平民游艺馆，内设球类、棋类及乐器设备，按月由财政厅拨发经费。西配楼则为平民图书馆。将藏经楼前的放生池填平改为中山舞台……总之，完全颠覆了原有的宗教理念，只是利用旧建筑物，从名称及内容等均改为一个全新的体现近代民主思潮以及实业救国精神的城市公园，因而，成为近代"改庙为园"的一个典型案例。现在这些园林设施已不存在，仍然恢复了相国寺的旧貌。

2. 建设开封新公园

1928年冯玉祥于开封市中山路南街原萧曹庙旧址（今中山路第四小学）建了一个新公园，此园为东西宽、南北窄的横长形状，面积仅20余亩。当年4月份开始建造，6月份就开放了。

园内建有一些纪念性建筑及小品，如中山陵墓、冯玉祥"五原誓师"受旗模型以及以郑金声、王金铭、施从云三位烈士名字命名的纪念亭，即金声亭、金铭亭、从云亭，他们都是在1911年辛亥革命时由冯玉祥领导的滦州起义中牺牲的，特别是郑金声，在革命军中大义凛然，因叛徒告密被绑架，仍大胆宣扬正义，惨遭杀害。故冯玉祥在建设新公园的同时，修缮了一座已被破坏的大南门城楼并以他的名字命名为"金声图书馆"来纪念他。在这个馆的周围，也是一处花团锦簇、绿荫如盖的幽雅园林。

此新公园的另一特色是普及中国的历史地理知识，园内设有一座模型，将黄河、长江、珠江、鸭绿江四大河流以及昆仑山、喜马拉雅山、天山、阿尔泰山四大山脉，还加上京汉、陇海两条十字形的大铁路动脉，按比例以模型展示国土的雄伟气派与锦绣山河的壮丽，同时又将我国自鸦片战争以来强烈侵占、割让、租借的领土、城市和港湾等一一标出，使人触目惊心，激励国人奋发图强的精神，使新公园成为一处弘扬民族情怀和进行爱国主义教育的场所，也是极具独创性与近代特色的公园实例。

3. 修建纪念公园式的烈士祠

冯玉祥作为一个爱国将领，对于在战争中牺牲的战友具有十分强烈而深厚的情感，因此非常重视修建烈士陵园、纪念碑、纪念塔等，早在他主政河南省的1928年之前，就曾利用开封西门大街原太武庙旧址修建了以西北军为主体的烈士祠，电令各军填写烈士名册。而烈士祠也于1928年2月正式开放。后来又将原太武庙的牌楼、钟鼓楼拆除变成为一个广场，并在广场上设置秋千、木马等游乐设备，供平民玩乐，故这里又称为平民公园。

烈士祠的前殿三间用作平民图书馆，将各处所赠楹联匾额悬挂于内，前殿东、西各有一便门，东便门额曰"成仁"，西便门额曰"取义"，前殿院落中竖有"国民军联军革命阵亡烈士纪念碑"，中间的卷棚大殿作为纪念室，陈列烈士的遗物，墙上挂有第二集团军历史的说明，殿后内部为会议室，陈列阵亡将士牌位。环境绿荫葱翠，花木含情，俨然公园一处。

4. 修建郑州碧沙岗公园

冯玉祥为策应北伐战争，于1926年9月举行"五原誓师"，1927年5月进占郑州，后又陆续转战京津、河北、山东等地，战功卓著，但伤亡也惨重。为了纪念和表彰他所带领的国民革命军第二集团阵亡将士，1928年秋，他在一片长年不长庄稼的沙丘上建成了一个占地400亩的陵园，取"碧海丹心，血殷黄沙"之意，命名为"碧沙岗"，并由冯玉祥亲笔书写匾额于陵园的北大门上。

以后，陵园一度将北部改为中心公园，并在中心部分建有民族、民权、民生三个六角亭（图6-7-6～图6-7-8）。三亭之北面为烈士纪念祠，祠后为烈士墓土。祠的前院中心有一炮弹形石碑（图6-7-9），记载着革命军出潼关、定河南及二次东征的战绩，在后殿墙上镶嵌着当时军政要员题写的刻石。院子中松柏翠映，整个陵园是目前国内最大的北伐战争烈士陵园。

图6-7-7 民权亭

图6-7-8 民生亭

图6-7-6 松柏林中的民族亭

图 6-7-9 纪念祠前院中的炮弹形石碑

图 6-7-10 朝阳泉

三、冯玉祥在泰山的园林建设

1932 ~ 1935 年间，冯玉祥两度隐居于泰山山麓的普照寺，他居于园林，游览园林，也建设园林，除上文所载他在泰山大量植树之外，还修筑了一些利民的景观设施。

1. 凿泉

他为解决平民缺乏用水的问题，曾带领官兵在八仙桥西南 50 米河岸处，挖凿山泉，取名"朝阳泉"，并刻石其旁（图 6-7-10）。又在普照寺西南大众桥东 30 米处，开凿了"大众泉"，并结合其旁林荫路的巨石夹柱，其上立门匾"云门"、"界尘"，使这里成为一处风景游览点。与此同时，还修建了多座拦水坝蓄水防洪。只可惜这些设施多已破坏，早已失去了往日的功能与原貌。

2. 建祠

1933 年，在泰山五贤祠东一里处的荷花荡东岸，为纪念 1911 年辛亥革命滦州起义烈士，冯玉祥出资修建了一座烈士祠，总面积 2900 平方米，由他亲自督工监造，并主持了落成典礼（图 6-7-11）。

祠的四周群山环抱，环境清幽，绿荫浓郁，有天然巨石、高大乔木。祠为一处三进院落的中轴对称式建筑群，主厅为有廊歇山顶建筑，今已作为冯玉祥纪念馆的

主馆，正中安放冯玉祥铸铜塑像。后院正殿为一座有前廊的硬山建筑，前匾曰"泰岱同功"，内主祀"辛亥革命滦州起义诸先烈之灵位牌"，建筑物的梁匾曰"藉慰英灵"，两侧展厅则展出滦州起义将领王金铭、施从云、郭茂宸、郑振堂等烈士碑刻十八通。主厅两侧各有三开间硬山顶配殿，皆隐映于苍松翠柏之间，分别展出冯玉祥在泰山为民兴修水利、兴办义学的功绩（图 6-7-12）。

在祠东南原有一巨石如卧虎，故名卧虎石。石长十丈，峰顶部刻有杨绍麟撰书的建祠始末，盛赞冯玉祥的建祠功绩，其中亦谈到他植树之功。卧虎石南侧面也刻有诗文二方（图 6-7-13 ~ 图 6-7-15）。

烈士祠西的中部，则竖有周恩来于 1941 年 11 月 24 日题写的《寿冯焕章先生六十大庆》的贺寿文碑刻一块，书体为行草，碑的前方立有冯玉祥的半身塑像，碑的右侧方则立有冯夫人李德全的半身塑像（图 6-7-16，图 6-7-17）。

碑文如下：

《寿冯焕章先生六十大庆》碑

焕章先生六十岁，中华民国三十年，单就这三十年说，先生的丰功伟业，已举世闻名。自滦州起义起，中经反对帝制，讨伐张勋，推翻贿选，首都革命，五原誓师，参加北伐，直至张垣抗战，坚持御侮，在在表现出先生的革命精神。其中尤以杀李彦青，赶走溥仪，骂汪精卫，反对投降，呼吁团结，致力联苏，更为人所不敢为，说人所不敢说。这正是先生的伟大处，也是先生的成功处。

先生善练兵，至今谈兵的人多推崇先生。五原誓师后，又加以政治训练，西北军遂成为当时之雄。先生好读书，不仅泰山隐居时如此，即在治军作战时，亦多手不释卷，在现在，更是好学不倦，永值得我们效法。丘

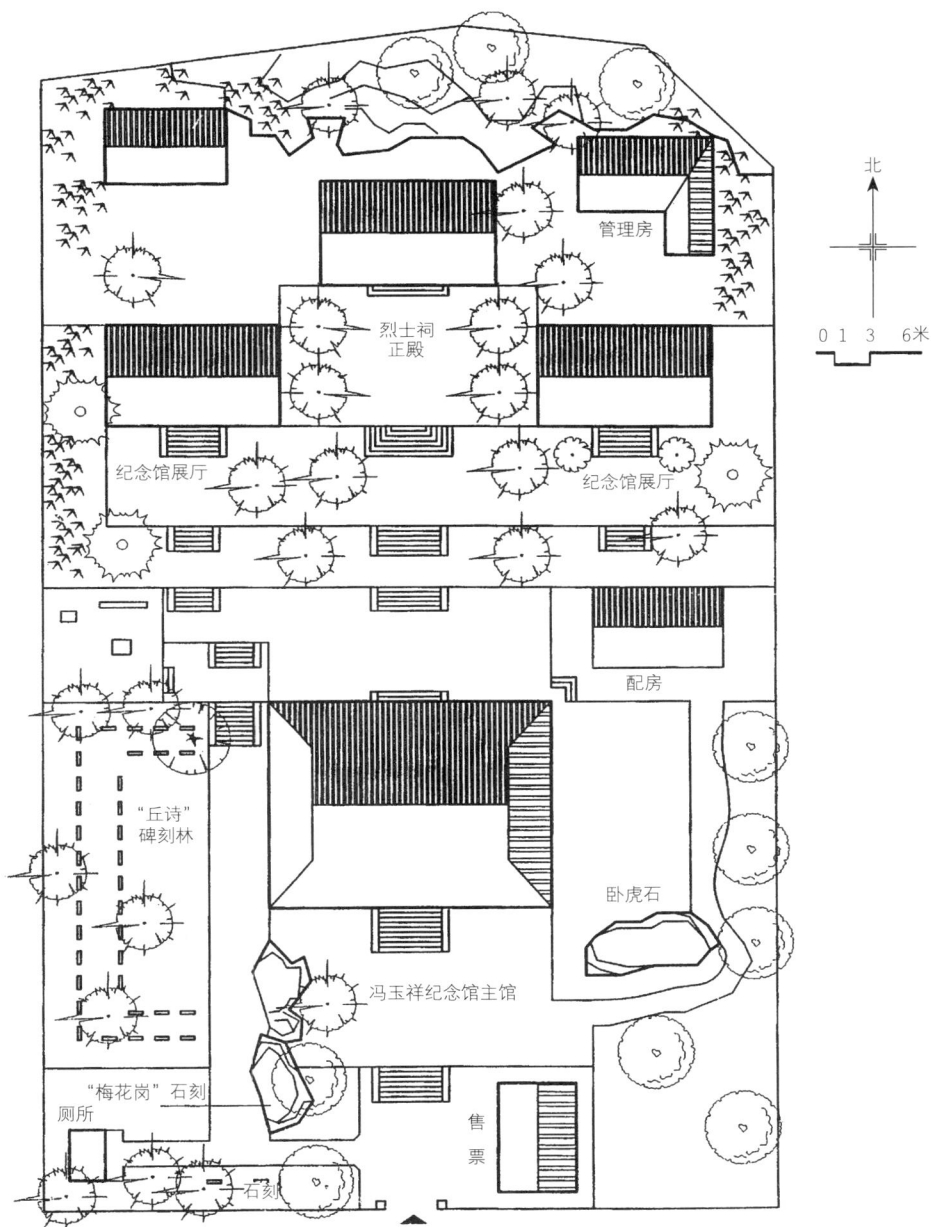

图中标注：

管理房

烈士祠
正殿

纪念馆展厅

纪念馆展厅

北

0 1 3 6米

配房

"丘诗"
碑刻林

卧虎石

冯玉祥纪念馆主馆

"梅花岗"石刻

厕所

售票

石刻

图 6-7-11 冯玉祥出资修建的滦州起义烈士祠平面图

图 6-7-12 烈士祠"泰岱同功"殿外松柏

图 6-7-15 卧虎石正面石刻

图 6-7-13 卧虎石正面全景

图 6-7-16 周恩来书写的祝寿碑及冯玉祥、李德全的塑像

图 6-7-14 卧虎石顶部全景

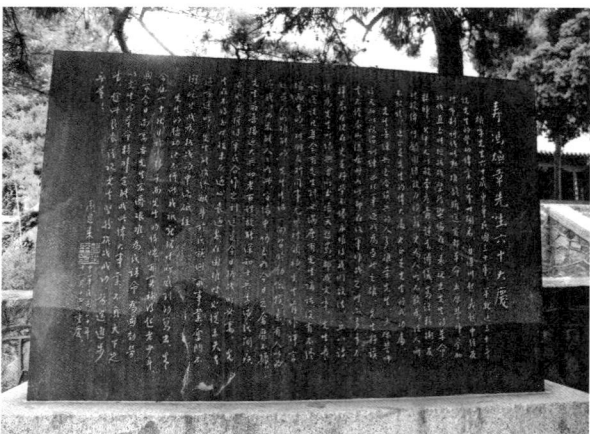
图 6-7-17 周总理祝寿词全文

八诗体为先生所倡，兴会所至，嬉笑怒骂，都成文章。先生长于演说，凡集会有先生到，必满座；有先生讲话，没有不终场而走的。对朋友对同事，尤其对领袖，先生肯作诤言，这是人所难能的。先生生活一向习于勤俭朴素，有人以为过，我以为果能人人如此，官场中何至如今日之奢靡不振？

先生最喜欢接近大兵和老百姓，故能深知士兵生活、民间疾苦，也最懂得军民合作之利，这是今日抗战所必需。先生不得志时，从未灰过心、丧过志；在困难时，也从未失去过前途。所以先生能始终献身于民族国家事业，奋斗不懈，屹然成为抗战的中流砥柱。

先生的功德，决不仅此，我只就现时所感到的写出。先生今届六十，犹自称小伙子，而先生的体魄，亦实称得起老少年。国家今日尚需先生宏济艰难，为民请命，为国效劳，以先生的革命精神，定能成此伟大事业，不负天下之望。趁此良辰，谨祝先生坚持抗战成功，前途进步无量！

周恩来

中华民国卅年十一月十四日重庆

在祠内入口的左侧，冯玉祥特意从曹州购买了成千各色品种的蜡梅花，其中有两株虎蹄蜡梅，对植于阶梯两侧，系他于1932年所植，距今已八十春秋，仍然生长茂盛，每年腊月吐蕊，可达百日之久。后人为纪念冯玉祥的崇高精神，故将此二株蜡梅称为"将军梅"（图6-7-18，图6-7-19）在这一片蜡梅丛中的巨石上，冯玉祥又特意书写了"梅花岗"三字刻其上（图6-7-20）。

烈士祠的外环境中，亦有一些石刻，表达了对烈士们的深刻怀念。

祠外前方有鹿钟麟（书法家）以隶书书写的"寿"、

图6-7-18 将军梅牌示

"佛"二方大字，对此冯玉祥亦有题注：

> 人欲得寿，须要为大多数人们牺牲寿命，
> 佛心慈善，但不能为人民谋福利保国家。

祠外的东侧溪畔石上，亦有近代国民党政要李宗仁的题刻：

> 百世名犹存，众所瞻依，祠巍泰岱。
> 三代道未泯，闻兹义烈，气肃冰霜。

3. 修桥

1935年冯玉祥考虑到居住在西溪谷两岸的天外村老百姓来往不便，乃集资修建了一座单孔发券的平顶石桥，桥面距水面10米，桥面宽2.6米，长45米，为铁花栏杆，桥楣以隶书刻"大众桥"名（图6-7-21，图6-7-22）。

与此同时，又在大众桥之东北，紧靠桥头，修建了一座大众桥坊，为全石二柱单门式，宽3.2米，通高3.8米，柱间宽2.4米，方形柱，四边抹角，雕成四人

图6-7-19 将军梅侧景

图6-7-20 梅花岗石刻

图 6-7-21　大众桥远景

图 6-7-22　冯玉祥集资修建的大众桥近景

图 6-7-23　冯玉祥修建的协和亭

图 6-7-24　协和亭掩映于苍松翠柏之中

状，柱下端还有方座和滚墩石，上端有过梁、雀替和浮雕云纹。

现大桥基本保存完好，但桥坊却有所损伤。

4. 筑亭

在修建大众桥之后的第二年（1937年），冯玉祥为了纪念老友和同僚、国民党的元老李烈钧先生，自己捐资又在大众桥的南侧，修筑了一个亭子，以李烈钧的字取名曰"协和亭"。亭为方形，开间3.2米，石柱石坊，麦秸草顶，古朴典雅，立于高阜之上，视野开阔（图6-7-23，图6-7-24）。

四、冯玉祥的园林文化与"丘八"诗作

在风景名胜和中国传统园林中，以诗写景、触景生情，情又发之于诗的这种相互交融和相互影响往往会增加人们游憩的深度和赏景的美感，这就是一种优美的园林文化。

1. 冯玉祥独创的"丘八诗体"

冯玉祥独创了"丘八"诗体。从他自1920～1948年出版的二百多首诗作及一百余首匾联中，都显示出他那抗日爱民，破除迷信，宣扬科学的抱负。特别是他在1925～1926年期间，以泰山风土民情为题材所作的诗歌，其语言直白、朴实，韵律感强，看似浅显，实则渗透着深厚的民情与乡情。在他的诗中也很自然地流露出他那种植树情结以及对园林及百姓生活环境的关注，如：

"柏树老，枝槎枒，三间茅屋住人家（《卖大碗茶者》，图6-7-25），""树木新且翠，野草鲜而美（《牧牛》，图6-7-26），""泰山古庙多，巨石伴松柏（《上山烧香》，图6-7-27），""柏树下面好凉荫，三五憩息皆贫民（《柏树下》图6-7-28）。"

他对观赏植物的认识既通俗又具有鲜活而强烈的时代感。如在1939年5月3日的一首给尧童先生四幅博古

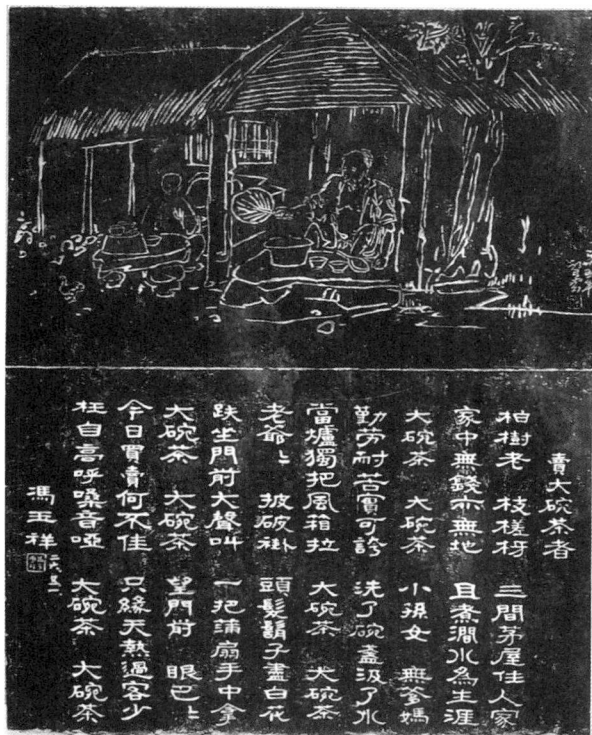

图 6-7-25　卖大碗茶者

卖大碗茶者
柏树老枝样枒　三间茅屋佳人家
家中无钱亦无地　且煮淡水为生涯
大碗茶　大碗茶　小玥女　无爹妈
勤劳耐苦实可夸　洗了碗盏汲了水
当炉独把风箱拉　大碗茶　大碗茶
老爷们　坡破袄　头髮蓬子尽白花
跋尘门前大声叫　一把蒲扇手中拿
望门前　眼巴巴　大碗茶　大碗茶
今日卖茶何不佳　只缘天热过客少
枉自高声呼嗓音哑　大碗茶　大碗茶
冯玉祥

图 6-7-27　上山烧香

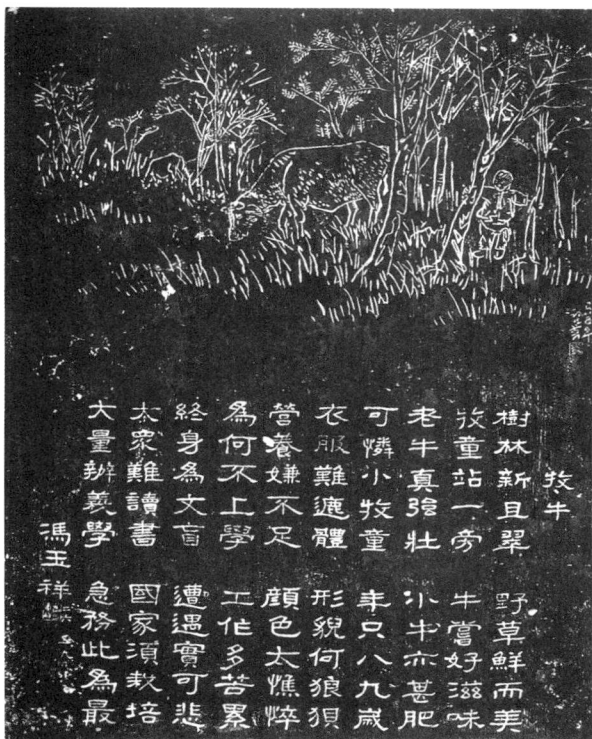

上山烧香
泰山古庙多　巨石伴松柏
为求财与福　香客常成群
壮男许愿归　昨去今始回
老妇更虔诚　跋涉奔前程
臂上一小篮　足足千斤重
步步自知疼　双足自知疼
小女难动脚　忍痛迷信俊
路傍多乞妇　悲悲啼啼叫
伸手把钱讨　无人把钱抛
教育重科学　国弱大众贫
实贤重科学　始有真快乐
冯玉祥

图 6-7-26　牧牛

牧牛
树林新且翠　野草鲜而美
放牛童站一旁　牛尝好滋味
老牛真强壮　小牛亦甚肥
丰只八九岁　可怜小牧童
形貌何狼狈　衣服难遮体
颜色太憔悴　营养嫌不足
工作多苦累　为何不上学
遭遇实可悲　终身难读书
国家须栽培　大家难义学
急务此为最　大量办义学
冯玉祥

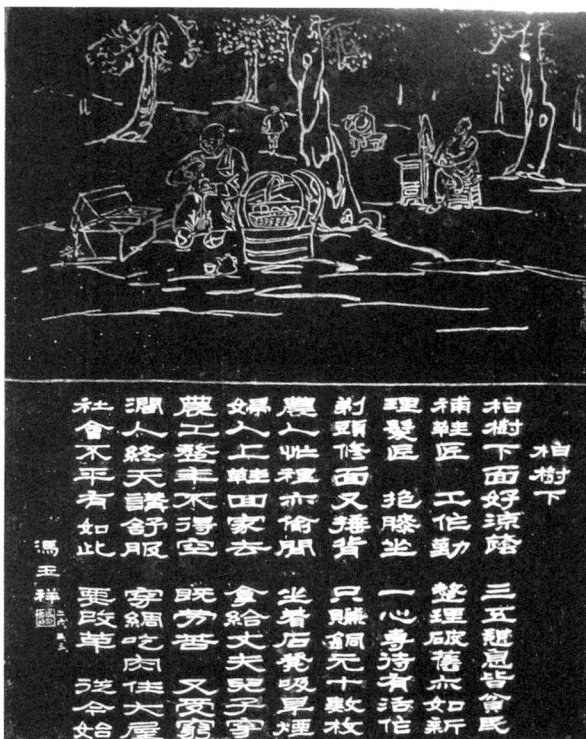

图 6-7-28　柏树下

柏树下
柏树下面好凉路　三五群息皆农民
补鞋匠　工作勤　整理破旧亦如新
理发匠　抱膝坐　一心寺待有活作
剃头修面又捶背　只赚铜元十数枚
农人忙锄亦偷闲　坐省者坐劳者汗
妇人上　鞋面不得空　穿绳之肉又受穷
腰酸整天谁诉苦　既劳苦又受穷
湖人终天谁诉苦　穿绳之肉佳大屋
社会不平者如此　要政革从令始
冯玉祥

画的题诗曰：

> 花儿真不少，桂花画的高，桂花香，桂花好，打得
> 日本鬼子往回跑。
>
> 石榴子最多，子多最可贵，子多去从军，定把倭寇打。
>
> 兰花多，兰花香，不论人知否！书一夜皆是香，皆
> 是香，我们要把日本鬼子打的缴了枪。
>
> 梅花有硬骨，敢与风雪战，国人立大志，不忘五月
> 三。五月三，在济南，日本鬼子不要脸，我们要雪耻，
> 须把倭寇赶回三岛间。

这一首题画诗，正是作于抗日战争时发生济南
"五三惨案"的时刻。

而在平日，冯玉祥也有欣赏园林美景的诗作，但仍
把抗倭之情寓于其中。如在 1940 年春，写《江景》曰：

> 江雨初晴后，宿烟已尽藏。
> 林花与碧柳，浇沫待朝阳。
> 枝头鸣小鸟，街下立桅樯。
> 叠浪乘风起，人马几度江。
> 阁上且小座，烹茶更焚香。
> 友人吹横笛，三弄音悠扬。
> 人间有仙境，此地堪相当。
> 对此无乐意，倭寇方披猖。

冯玉祥的大多数诗，无论怎样写景，最后都是落笔
于老百姓的疾苦上，如他的《新春夜雨》：

> 一夜落微雨，菜麦洗沫新。
> 阡陌花黄紫，鲜艳罗奇珍。
> 松竹齐斗绿，洁净一无尘。
> 老少贺新年，相见倍相亲。
> 河边逢乡长，一步一蹒跚。
> 我问过年好，答言是过难。
> 可怜家遭贼，衣被粮皆充。
> 悉缩一再言，不胜衣裳单。

2. 匾额楹联

冯玉祥隐居泰山时，曾仿《经石峪》石刻形式，
书写了墨子的《非攻篇》，并刻于一片天然的青石上，
每字 40 厘米见方，可惜这片石刻在日占时遭严重毁
坏，但冯玉祥的"对内非攻"和"对敌抵抗"的主张，
却永载史册。

1932 年，他还在五贤祠东侧的洗心亭上，以隶书题
写了一方匾额："你忘了没有，东三省被日本人占了去，

有硬骨头的人，应当去拼命夺回来"（图 6-7-29）。

1934 年，他去胶东一带考察民情，宣传抗日，路过
青州，拜谒了范公祠（今日已成为公园），题联一首，表
达了他对范仲淹的景仰：

> 兵甲富胸中，纵教他虏骑横飞，也怕那范小老子；
> 忧乐关天下，愿今人砥砺振奋，都学这秀才先生。

到了蓬莱，冯玉祥下榻蓬莱阁的避风亭后，首先就
去拜谒了明代抗倭名将戚武毅祠（即戚继光祠），深有所
感，又写下了一副对联，并嘱县长代为刻制，悬挂于戚
祠，联曰：

> 先哲捍宗邦，民族光荣垂万世。
> 后生躯劲敌，愚忱惨淡继前贤。

表达了他对先贤的钦佩与自己抗倭的决心。

与此同时，他又在老友国民党元老李烈钧的激励
下，写下了一方"碧海丹心"的匾额，字大逾尺，一字
一石，正楷赤色，笔力刚劲，反映出冯玉祥那火山爆发
般的抗日激情，今嵌于蓬莱阁南短墙壁间（图 6-7-30）。

他不仅在各种演讲中大声疾呼"战则存，不战则
亡"，也在各种场合下写了不少抗日的匾额碑刻，如：
"救民安有息肩日，革命方为绝顶人"（图 6-7-31），
以及"要想收咱失地，别忘了还我河山"，"真雄奇，
实宝地，子子孙孙都护你；诚幽秀，要固守，不使强

图 6-7-29 洗心亭

图6-7-30 冯玉祥手书"碧海丹心"（杨淑秋摄）

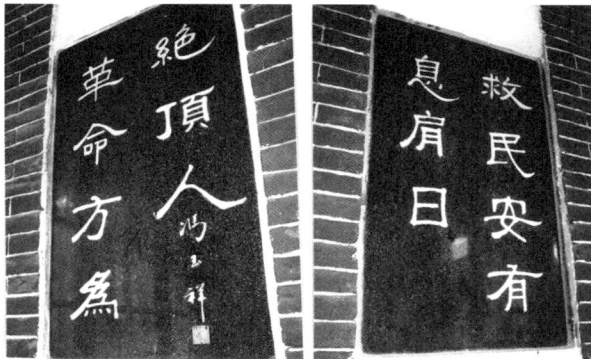

图6-7-31 墙联

盗抢了走"。

此联随后由青城山常道观的道长将它镌刻于东大楼斋堂后面的石壁上，现仍留存。

1942年8月，冯玉祥游览成都杜甫草堂，看到这里的建筑都变成了国民党的军营，破坏严重，极为气愤，随即找来指挥官严加斥责，并命其修缮保护，当晚他即写下了《杜甫祠》一诗：

我来瞻仰杜甫祠，瓦屋三间无修饰。
对待先贤薄情甚，文化表示在哪里？

当时他任国民政府军事委员会副委员长，对文物古迹的保护还是很重视的。

3. 立塔建碑

1936年在修建了"滦州起义烈士祠"之后，冯玉祥在祠西的振铎岭前立了一块"辛亥滦州革命烈士纪念碑"，高耸入云，台基高26米，长29.5米，宽2.5米四面立有砖柱，柱间用鹅卵石砌成花墙，东、西、南三面有门。碑本身的底座方形，高1.1米，边长11米，长条石砌成，四周仍立有石柱，四面皆有刻文，"文革"中被磨掉。

早在20世纪20年代在开封市时，冯玉祥就立了一个"抗日阵亡将士纪念塔"，至今仍保留在开封市的中山大道上。

1931年日本军国主义者发动"九一八"事变，我国东三省失陷，1933年日军又攻占了山海关，天津、北平面临危机。1932年秋，刚从国外考察归来的国民党将领吉鸿昌，立即前往当时隐居于泰山的冯玉祥家，劝其出山到华北抗日，冯玉祥欣然允诺，当即赴张家口，与吉鸿昌、方振武等集兵十余万，成立察哈尔民众抗日同盟军，由冯玉祥任总司令，发表抗日救国的演讲，收复了察东四县的失地，威震海外，但这些胜利反而引起了国民党的内讧，同盟军遭到围攻，冯玉祥不忍同胞自相残杀，被迫第二次退隐泰山。这支勇猛的同盟军，仅仅战斗了143天终遭失败。而他们的抗日激情和英雄事迹却永远为全国人民敬仰和传颂，于是在1933年8月1日，冯玉祥特亲自题书"民众抗日同盟军收复察东失地阵亡将士纪念塔"于当时属察哈尔省的张家口市（图6-7-32）。

此塔为六边形，高10米左右，其塔尖为炮弹形，指向东北方，意即"东北尚未收复，同志仍须

图6-7-32 民众抗日同盟军收复察东失地阵亡将士纪念塔（冯玉祥题。原塔被毁，照片中为复制品，位置亦移至今张家口市博物馆内，闫玉光摄）

努力"，以显示抗日的决心，矢志不渝，永志不忘。

总之，丘八诗体、匾额楹联和石刻碑塔，都是冯玉祥所具有的园林文化的表现。诗言志，文言情，联言趣，画表神，其相关园林的文化底蕴，往往以石刻、碑塔的形式表现于园林风景中，他的志趣坦率直白、忠诚热烈，并为后世的游者，留下了中国近代风景园林史上一段铿锵有力的时代强音。

虽然没有成套的园林思想，却有着盛极一时而又留传久远的园林实践与功绩。他种的树，依然在开花结果，福荫后代；他修的桥和亭，依然留存为人民享用；他独创的丘八诗体，以及题额、匾联、石刻都写入了园林，特别是他那强烈坚定的抗日爱国热情与深厚、朴实的爱民情怀，通过他一生的园林活动都使我们后人永远难忘。

当然，由于冯玉祥对园林认识并不全面，其个性又有偏激之处，也曾毁庙、毁园（如毁坏袁世凯在安阳的养寿园等），带来难以弥补的损失。但作为一位战功赫赫的平民将军，能赢得人民"植树将军"的盛誉，建设平民公园、纪念陵园等，也算是颇有成效。

第八节 张钫对近代豫陕园林的贡献

张钫（1886-1966），字伯英，号友石，河南省新安县铁门镇人，生于光绪十二年（1886年）六月十六日，卒于1966年5月25日，享年81岁（图6-8-1）。1986年张钫一百周年诞辰之际，由其家人将其骨灰从北京八宝山公墓迁回故里，安葬在蛰庐一隅。墓园由张广益教授设计，占地81平方米，象征着张钫一生不平凡的81个春秋（图6-8-2）。

张钫是近代著名的军事指挥家、金石收藏家、爱国实业家、社会慈善家和园林实践者，是河南人敬重的"大家长"。其家学渊源、人文素养、儒将风范和对金石书画、风景园林的偏好，令他表现出既不同于官僚政客阶级代言、政治教化，也不同于豪强军阀争权夺势、黩武穷兵的官绅特质。从他思想深处折射出来更多的，是关注民生、体恤民力的亲民情愫，重视教育、崇古怀今的忧国之情和倾心山水、优游林下的文人情调。

正是缘于传统儒家思想的熏染和近代文人情结的外化，张钫为豫陕两地的风景园林建设作出了不可磨灭的贡献。其参与营建并留存至今的园林就有蛰庐（今千唐志斋博物馆）、河南农林试验总

图6-8-1 1913年张钫任陕军第二师师长时的照片（引自晓理的博客）

图6-8-2 张钫一百周年诞辰之际，家人将其骨灰迁葬在蛰庐一隅

场（今禹王台公园）、铁塔苗圃（今铁塔公园）、张伯英花园（今陕西丈八沟宾馆）；与他人联名倡建的有新乡暴张公园；筹划但未及建设的有南阳医圣祠等。

民国十年（1921年），张钫在父丧丁忧期间，

把他家乡铁门镇河东水地，换得铁门西边石凹沟山坡地，建立了友石山庄，移来湖桑万株并养蚕，建成颇具乡土田园风格的私家园林——蛰庐。他在园内"广植奇花异木，造假山，置怪石，并用青砖筑室，结庐蛰居，不理政事"。民国十二年（1923年）秋，康有为游陕过豫，为这座园林题额、赠联、赋诗、书跋，留下许多珍贵的墨宝，在其《宿铁门》诗中描绘了当时的景象——

窟宫徘徊亦自安，月移花影上阑干。
英雄种菜寻常事，云雨蛰龙犹自蟠。
函谷东来紫气清，铁门关尹远相迎。
骑牛过去化胡否，扶杖看山落日明。

蛰庐历时六年甫成园林，迄今园内尚遗有张钫当年亲手栽植的几株"迎客松"（图6-8-3）。

民国十三年（1924年），为纪念北伐前夕不幸病逝的两湖宣抚使暴质夫（河南滑县人）和因护法斗争惨被杀害的老同盟会员张宗周（河南浚县人），由国民党元老于右任、胡景翼、张钫、杨虎城、邓宝珊、王制文等十五人提议，为暴、张二人修建墓园。后由郭仲隗、韩经亚募资修建的暴张公园，占地30余亩，建有大厅、纪念堂、衣冠冢、石碑、八角亭等，今尚存于右任题额的"暴张纪念堂"一座。

民国十六年（1927年），张钫应于右任、冯玉祥的邀请，随国民革命军第二集团军返豫，参与谋划军事与河南政务。次年9月，出任河南省建设厅长兼省赈务委员会主席。他在执掌建设厅期间，主持整治河道，兴修水利，修建公路，植树造林。"英公注意造林，所拟嵩山

图6-8-3　张钫当年亲手栽植的"迎客松"今天依旧苍翠

造林计划，与太行、伏牛、熊耳诸山计划，业已呈准，与河堤造林计划分期举办。随分派林业毕业各生，亲往履勘，实地详查，拟定进行次序，绘图贴说，呈候拨款实施"。

时逢豫西兵、匪、旱三害并袭，大批灾民扶老携幼到开封谋生，张钫遂多方筹款放赈，舍粥济民。并用"以工代赈"方式，铺陈省会园林建设，借以安排灾民生活（图6-8-4）。此举对开封的城市建设与园林恢复贡献尤著。

其间，张钫筹划完成了开封铁塔苗圃及河南农林试验总场的植树造林与园林风景建设，"乃植树数万株，会豫西大饥，复以工赈，浚池修涂，杂艺花木，为都人士游憩之所"。"复于吹台之隅，构一动物园，罗致珍禽异兽，以供游览"。"以古迹系人怀思，则又凿池引渠，叠山穿洞，治桥梁，建廊舍，辟畦圃，罗致珍禽异兽、佳卉奇葩实其中，为都人士燕息游瞩之所。经始，甫半载而规模颇可观焉，继自今发挥光大，健行不息"（图6-8-5，图6-8-6）。

张钫执掌建设厅次年起，即着力于改组治下六机关，合并成立河南农林试验总场，并在既有的农圃林地园林基础上，全面进行园林景观的规划和布局。与以往单纯畦圃育林和修葺古迹所不同的是，张钫以古吹台名胜为中心，对整个场区的园林风景加以重塑，园林建设覆盖至全场。在战乱频仍、民力劳顿的近代背景下，艰难地完成了从农圃林地到风景胜地的回归，奠定了今天禹王台近代风景园林的基本格局（图6-8-7，图6-8-8）。

民国十九年（1930年）蒋、冯、阎"中原大战"后，张钫就任河南民政厅长兼二十路军总指挥，尽管兵事稍息，百废待兴，但张钫仍然念念不忘其未及完成的园林建设，利用开封改造南土街铺面拆下的木料砖瓦，为一度遭受严重摧残、并险些被毁铸铜圆的祐国寺宋代接引佛铜像，修筑了一座暂蔽风雨的八角亭——知止亭（图6-8-9）。"于时大难初平，疮痍满目，惟拊循劳来是亟，凡事之稍近劳费者，一是罢除。今年夏，民气少苏，又曩所经营工犹未竟，爰事兴作，复建斯亭"。

八角亭落成后，张钫有感于民生憔悴，遍野哀鸿，当政者不思体恤民艰，救民水火，反而劳费民力，粉饰太平的不智之为，遂将此亭命名为"知止亭"。并题记刻碑，告诫为官者"惟汲汲于薄书期会之末，则虽日召民以游憩之所，有望而却步已

图 6-8-4　张钫以工代赈修筑的土山，今为禹王台公园一处园林佳胜

图 6-8-6　河南农林试验总场栽种的河南桧柏，今已长成荫庇一方的大树

图 6-8-5　张钫曾在铁塔附近荒地植树数万株，将这里改造成人们游憩之所

图 6-8-7　1928 年建设厅复就莲池扩充疏浚，形成沿古吹台三面环水的格局

图 6-8-8　古吹台下郁郁葱葱的河南桧柏林，见证了农圃林地的沧桑巨变

图 6-8-9　张钫利用改造南土街铺面拆下的建筑材料，修建了这座知止亭

图 6-8-10　张钫仿照康百万庄园石屏窑风格建造的蛰庐砖拱窑洞一隅

图 6-8-11　蛰庐嵌藏志石的砖拱窑洞入口

耳。长楚之歌，苕华之怨所由作也"。张钫又借景抒怀，表达了"当益扩万石之囷仓，谋万间之广厦，以食息吝民，专而后人怀安土之心，户无乐郊之羡"的诚愿。

随后，张钫率部移驻潢川，又出任河南"清乡督办"。其间，他看到豫西地区历年出土的大量唐代墓志，不为人们所重视，甚为痛惜，遂于民国二十年（1931 年）夏，委托专人代为收购，妥为保存。此事前后历经五年，共得唐志及其他石刻千余片。于民国二十五年（1936 年），在其私园蛰庐单辟一处天井院，建砖拱窑洞 15 孔，仿照康百万庄园石屏窑的建筑风格，将志石镶嵌在内外墙壁之间，并请章太炎以古篆题额"千唐志斋"——这是我国迄今规模最大的一座唐人墓志博物馆，被誉为"石刻唐书"（图 6-8-10，图 6-8-11）。

民国二十二年（1933 年），张钫率二十路军回驻许昌、南阳一带。南阳名胜"医圣祠"，是东汉大医学家张仲景的专祠，历来为中医界所景仰。然而，由于频遭军阀的破坏和当地豪强的劫夺，此时的医圣祠早已是祠园圮废，破败不堪了——"祀田没收，经理无人，日就废弛，亭台拆毁，花木砍伐"，"名胜古迹，荡然无存"。张钫目击神伤，情难坐视，愤然枪

毙了霸占医圣祠地产的劣绅先及元，发愿重修，并计划创设国医学校，以光大祖国医学。据祠内一方残碑记载，"民国纪元二十二年夏，二十路总指挥张钫统军驻宛，提倡医学，嘱锦川等组中医学会，捐款助理并计划重修医圣祠。大事扩充，未及举办，奉命移防"。

重修医圣祠的计划还没来得及实施，所部就被调往江西"剿共"，此事令张钫引以为憾。以致多年以

后，促成其捐资刊印张仲景濒于失传的医学巨著《伤寒杂病论》分赠各界，使得这一历史珍籍能够流传后世。张钫对传承祖国传统文化事业的拳拳之心，由此可见。

抗战之初，蒋介石委任张钫为第一战区抗日预备队总司令，借机剥夺了他的兵权。张钫遂赌气上了鸡公山，后来日军逼近武汉，他才携眷移居西安丈八沟。

丈八沟曾是唐代皇家的避暑胜地，相传当年魏征梦斩泾河龙王的典故，就发生在这里。张永禄主编的《明清西安词典》中记载，"丈八沟，西安近郊风景区，位于府城西南郊 15 里，在今雁塔区丈八沟村。唐天宝年间（公元 742 年），京兆尹韩朝宗为贮运材木，从长安城南丈八沟分潏水北流东折后入城，因为这条人工河道深达一丈，宽为八尺，故名'丈八沟'"。

民国二十七年（1938 年），张钫为躲避日机轰炸，在这里购地 200 亩，为老母及家人建造了一座园林，人称"张伯英花园"。建国初期，习仲勋提出想把这里改建为陕西省委招待所，张钫遂通过汪锋，向陕西省人民政府献出了这座园林。这是西北唯——处园林式宾馆，民间称为"陕西的钓鱼台"（图 6-8-12）。

张钫出身书香世家，是一位极富良知的官绅儒将，种种善举，令人感怀。其豫陕园林建设实践，亦多是在近代社会动荡、天灾人祸、兵燹匪患、民不聊生的时代背景下的恤民之举，反映了朴素的民生思想，体现出对祖国传统文化的钦敬和对河南无助乡民的同情。他在《河南农林试验总场纪念碑》中记述，"本诸学理，施之实际，凡改良发明之绩，以时宣播邑闾，俾农夫、桑妇、圃叟、牧子观摩之余，咸来取法。于以尽地利而阜民财，其为效又乌可量。洵若是也，将后之游于斯者，旷然思国计民生之大，不仅为流连光景之资。则斯场之作，新人耳目，而有造于人群者，顾不重耶。省外本北旨而已设分场七处，农林进步，此为嚆乎"？

张钫辞世已近半个世纪了，昔日他所营建的豫陕园林，今天依然焕发着勃勃生机。从这些饱经沧桑的近代园林中，折射出造园者内心深处人性的光辉，让人不禁对蛰庐那副"谁非过客，花是主人"的楹联，凛然心生敬畏。作为这些园林的过客，我们应该留下点儿什么呢？

（本节"张钫对近代豫陕园林的贡献"

文：秦红瑙）

图 6-8-12 张伯英花园（今为陕西宾馆）位置图（引自 Google 卫星地图）

第九节　卢作孚的园林理念与建设

卢作孚（1893—1952），四川合川人，近代著名的实业家、社会改革家、教育家（图6-9-1）。

19世纪末至20世纪初，中国处于极度混乱与贫弱艰难环境中，卢作孚为拯救和开拓民族工业，为建设现代化的城镇，为开展新型的民主与科学的思想教育作出了巨大的贡献，他开办了交通航运的民生公司以及各种工商企业70余处；开拓了重庆嘉陵江三峡乡村建设与北碚城镇现代化的实践。又开发了中国西部科学文化与教育的事业，成效卓越，因此，毛泽东同志曾评说，在近代，有四个人不能忘记：即讲到重工业时，不能忘记张之洞；讲到轻工业时，不能忘记张謇；讲到化学工业时，不能忘记范旭东；讲到交通运输业时，不能忘记卢作孚。他们是近代实业救国运动中的主帅，也是近代救亡图存的基石。

随着卢作孚一步一步开拓实业，他对于城乡建设也作了精心而独特的设计，提出了乡镇建设现代化的构想，仅仅在十几年中就打造了一个面积120平方千米的新兴城镇——北碚。凡到过四川的人无人不知有一个北碚，凡到过北碚的人，无人不夸赞北碚，20世纪的二三十年代，北碚成了一个享誉中外的美丽乡镇，也成了40年代民国时期"碚都的陪都"，这样的乡镇是过去从未有过的，它像一颗漂亮的小星星，在一个贫困落后的山村里闪烁着。

19世纪初期，在中国大地上掀起了一场规模大、时间长、波及面广的乡村建设运动，一批有社会责任感和历史使命感的知识分子，包括那些从国外留学回来的博士们，抱着满腔的热情展开了一场改造乡村的运动，其

图6-9-1　卢作孚

中的代表者就是号称"乡村运动三杰"的梁漱溟、晏阳初和卢作孚。

自从1927年卢作孚担任嘉陵江三峡防局局长以来，他就积极致力于北碚的村镇现代化，他要把北碚建成为"一个地方皆清洁、皆美丽、皆有秩序、皆可居住、皆可浏览的村镇"。他在他所管辖的嘉陵江三峡（即沥鼻峡、温圹峡和观音峡）范围内作了一个以北碚为中心的规划布局，将这一大片土地分为三个大区：

一是生产区，因地制宜地充分利用当地的资源优势，如开采煤矿，设炼焦厂、水泥厂、竹林造纸厂，发电厂，并建设一条轻便铁路（北川铁路），形成一个生产区域。

二是文化区，在区内调置与生产相适应的各种文化教育与科学研究的机构，如培养职业技能的民众教育实验学校，设立科学馆、博物馆、图书馆、植物园、动物园等，他要使中国人能够知道现代人的"把戏"，首先就要使民众的头脑现代化起来。

三是游览区，在卢作孚的眼中"江入三峡乃极变幻之奇"，他要充分发挥三峡地区的山川之美，修缮风景名胜，建设公园，整治生活环境，开拓山间交通。

1929年12月，他就峡区建设蓝图举办了一次"将来的三峡"展览会，分为教育、交通、经济、风景、人民等六大方面展出。自此后，他一步一步地去实现，在实践中不断地修改、调整，经过近20年的艰苦经营，使北碚终于成为一个清洁美丽，可居可游的村镇，为当时的国内外人士瞩目。

特别要提到的是，处在那样一个国难当头、战火频仍的苦难年代，卢作孚为什么能建成一个如此理想的村镇呢？因为当时的重庆一直处在一个列强入侵的大后方，北碚作为重庆郊区的偏僻之地，尚未直接遭受到列强的蹂躏；而卢作孚作为这一僻地的最高军政长官，可以利用他的权力，将理想付诸实现。事在人为，卢作孚凭一股实业救国的雄心壮志，把北碚作为中国现代化的一个试点，以求实现其强国之梦。

据卢作孚的儿子卢纪国所著《我的父亲卢作孚》一书中写道："从1910年开始，我的父亲，进入了自学的重要阶段，开始深入地研读国内外一切进步的社会科学与自然科学，其中包括卢梭的《民约论》，达尔文的《进化论》以及赫胥黎的《天演论》，尤其是孙中山的民主革命学说，他结合中国的实际情况思考，得出结论：'内忧外患是两个问题，却只需一个方法去解决，这个方法就是将整个中国现代化，换句话说，就是促使中国完成现代化的物质建设和现代化的社会组织'"。这种认识

就是他建设北碚的指导思想。

北碚的建设中关于园林绿化的思想与实践，反映出卢作孚在实现中国现代化的实践过程中的创造性与独特性，也是他的审美观念与美学修养的表征，表现出他对物质与精神两种文明的深刻理解及对人民的深厚的感情。

一、北碚乡镇的园林建设

卢作孚认为：凡有市场，必有公园；凡有山水形胜的地方必有公园；凡有茂林修竹的地方，必有公园；凡有温泉飞瀑的地方，必有公园。在那山间、水间有这许多自然的美，如果加以人为的布置，可以形成一个游览区域，温泉有公园，北碚有公园，运河有公园……凡有隙地必有公园。

1930年当他去青岛考察时，除反对德国对中国的侵略野心外，他对德国人将一个荒凉的半岛建成为现代化的都市十分欣赏，他说："德人经营青岛，仅仅一个'第一公园'就种树20万株，一切建筑物依山起伏，房屋配置适宜，各具形式，尤其是绿林红瓦，青山碧水，相衬之美在十数里外便可望见，来时令人的向往，去时令人留恋"。也就是说城市园林建筑之美是会令人向往和留恋的，所以，凡有空地都要建公园，这就是他的基本思想。

其次，他认为："工作、学习之余，要有很好的闲暇生活，不仅要有对于身心有益的正当娱乐，尤其要有更新的行动……要了解每个人的生活都是有两层意义的，即不仅是为自己做事，也是为社会做事，（即使）在闲暇时，也可担任公共服务"。人们的生活要有劳有逸，逸中也有劳——公共服务，这就是他所主张的"作息均有人群至乐，梦寐毋忘国家大难"的理念（图6-9-2）。在他的这些理念的指导下，北碚及其附近修建了一些公园。

1. 嘉陵江温泉公园

在嘉陵江的温泉峡中原有一个温泉寺，卢作孚利用这座寺庙的环境，于1927年开始筹建园林，曾募得建筑捐款四万元，在园中盖了西式洋房六座，泳池三个，大鱼池一个，浅草坪两幅以及花木、楼台、亭榭、洞穴等多处，铺没爬山径6千米，还有几条艺术道路。又利用余款购置图书数千册，设立图书室。

2. 北碚平民公园

北碚平民公园于1929年春开始筹建，1930年10月建成，面积1.33公顷，曾名火焰山公园，1936年改名平民公园，面积扩至4万公顷，利用火焰山原有的东岳庙

图6-9-2　卢作孚语碑

改建。东岳庙的四周原是布满荒坟的山坡，他首先迁墓筑路，请出庙内的菩萨，改为陈列室，四周栽植树木花草，以后又拓建了一个动物园，建造鸡舍、雀笼、鸟房、兽窟、熊屋、豹洞等，至1935年，卢作孚将他母亲60寿辰礼款捐出，建了一座慈寿阁，并悬林森的题匾。园内广植树木花草。1937年3月14日，卢作孚亲率峡防局官兵来此种树，并作规划，指导道路施工。园内共有草花80余种，花木7000余株，幼苗上万株，安古拉兔40余只，至此，公园基本上形成一个以动物园为主体的人人可来享受的平民公园。

3. 澄夏运河公园

1934年，卢作孚又在宝源运河两岸筹建滨河公园，从保护、禁伐沿河的竹木开始，募捐购买游艇，在两岸设花坛，铺草坪，筑园林，并于三溪河岩壁上刻李石曾、张人杰、胡庶华等三位名人的题字，后又在附近的山岭建一钟楼供打点报时之用，成为一座结合大自然的名胜之区。

4. 缙云寺园林

温泉公园的后山，原有缙云寺，森林茂盛，古木参天，1932年卢作孚请当时的军部拨款修缮，改为汉藏教理院，作为佛学研究及游览的佳地。

此外，他还在黄桷树镇文星场金刚山的一座废庙附近购地千亩，规划为公园；在嘉陵江的大沱口及毛背沱二处，大量栽植桃花和桂花树，利用洼地水塘，建成了桃花湖及桂花湖，村民可在湖中泛舟游览。这也是卢作孚善于利用自然山川而建成的名胜园林。

二、园林文化的理念与实践

卢作孚出于"东亚病夫"的屈辱和"强国梦"的斗志，特别重视平民的体育锻炼、文化知识的传播以及科学研究的倡导，并将这些文化与园林结合起来。凡是体育场、科学馆、图书馆、博物馆、同乐会、俱乐部等的外环境都种植树木花草，有的更设置喷泉水池，将他的"愿人人皆为园艺家，将世界建造成花园一样"的理念，普及到各种文化的机构。

当他看到一些村民在闲暇时饮酒、赌博、甚至吸毒时，为了禁除这些不良嗜好，就引导他们作业余体育活动，仅在北碚这个小镇上就辟有各类体育活动场地（如足球、篮球、网球、排球、田径，乃至浪桥、秋千、单双杠等），及体育公园四处，总面积达 1.3 万平方米，公园建成一年后，就举办了四川近代体育史上规模最大、参加面最广的运动会，对促进村民的健康起了积极作用。

1930 年他创建了我国第一所民办科学院——中国西部科学院，设有理化、地质、生物、农林四个研究所，开设了与园林有密切关系的生态科学的研究，随后又建立了中国西部博物馆、市民船夫同乐会，每晚召开一次联聚会，促进正当的娱乐活动。而在他创设的民众俱乐部，乡民可喝茶、聊天、看书报、听留声机、吃点心，有时还有评书、游艺等项目，和公园一样给村民提供了正当、健康的休闲娱乐场所。

三、开垦农林经营与环境生态建设

乡村与村镇建设是离不开农、林业的开垦的，卢作孚在北碚建设的同时，辟有农场、果园、蚕种场，推广新品种、新技术和新的农业机械等，他认为，要把北碚建设好，不仅要把街道变得好走了，树活了，公园亮丽了，还要把他周围几十里的地方都变好，把荒地变成耕地，把原来种一季稻的改为种双季稻，要使到处都是农田和森林。

他提倡居住区内一定要有方便的道路和花园，花园还要由园艺师设计，甚至每家的门前都要栽上各种花

果树木，屋后则多种蔬菜，池塘要养鱼，路要修好，树要种活，这样不仅可以使环境漂亮，还可以增加人们的身体营养，使将来由北碚出来的人，个个高大雄壮。由此可见，卢作孚是把自己的事业和整个民族的形象联系起来。

从 1933 年起，他还进行了经济动植物的调查研究与试验，在嘉陵江北岸的西山坪建了三个植物园，搜集了中外果苗数千株，试种了川康林木种子百余种，仅仅一年时间就将一片荒山建成了试验园地。又在被毁的山林地上种了 400 亩果树，在南岸的澄江镇一块长 10 余里、宽 20 里的荒地上种了 30 万株油桐树，并建有苗圃，为西山坪造林提供了大量苗木。已建的山林则随时补植缺株，加强保育。区内有一个义瑞桐林公司的油桐发生了病虫害，他就组织专人帮助治理，此外，他还派出部分职工和士兵大力投入园林的绿化工作，并亲自题联，喊出了响亮的口号：

> 举锄将大地开拓，
> 提兵向自然进攻！

这是何等的气魄，又是何等令人激动人心的建设精神！

他对于作为乡村建设中心的北碚镇的种植与生态环境更是给予了细致的关爱，在平民公园大搞花卉园艺，培育市区行道树（悬铃木）苗，试种美国的葡萄、西藏的无核葡萄、柑、橘、橙、苹果等千余株。北碚市区的绿化植树都成功了，处处可见郁郁葱葱的洋槐、伞状的悬铃木以及随风飘荡的垂杨柳。这些树木已成为北碚景观的标志。

他说过："但愿人人都为园艺家，把社会布置成花园一样美丽，人人都为建筑家，把社会上一切事业都建筑完成。"这是多么豪放而热情的企盼（图 6-9-3）。

图 6-9-3 今日作孚园全景

总之，在卢作孚短短的 59 年生涯中，为国家的交通建设、乡村建设作出了巨大贡献，在北碚的园林建设方面也留下了不可磨灭的功绩，作为一位中国近代村镇园林建设的先行者，他的园林思想是广阔的，带有对园林深厚的感情和建设的激情；他的园林建设实践也是细腻的、踏实的。

附录 6-9-1

作孚语碑

　　卢作孚先生是我国著名的爱国实业家，他的一生是为振兴中华民族，推进国家现代化建设，不断奋进的一生。早期与黄炎培先生一起倡导民众教育改革，从事教育救国活动，一九二五年创办民生轮船公司，历尽艰辛，驱逐了帝国主义在川江的势力，统一了内河航运权，维护了民族航运的生存和发展，抗日战争中竭力支前，缢迁疏运，建设后方，为取得抗战胜利建立了不朽的功勋，战后更将航运伸向海外，与世界列强争雄。解放后，对恢复和发展我国航运事业功绩昭著，毛泽东主席曾说，讲交通运输，不能忘记卢作孚。

　　卢作孚先生是北碚地方事业的开拓者、奠基人。一九二七年出任嘉陵江三峡峡防团务局局长着力肃清盗匪，整顿治安，开发实业，建设城乡，防治疾病，普及教育，创办大批经济企业和科教文化事业，把一个穷僻的山城，建成了"现代中国的缩影"的模范实验区，影响远及西南乃至全国，为北碚尔后的发展奠定了坚实基础。

　　为了缅怀和弘扬卢作孚先生炽热的爱国主义思想感情，学习他公而忘私，为而不有的崇高品德和艰苦创业、自强不息的奋斗精神，一九八六年十一月，在中国北碚区委的领导下，北碚区政协牵头，由重庆市各界人士发起集资建造卢作孚塑像及纪念设施于北碚，定名卢作孚园。承蒙重庆市北碚区党政机关、社会团体、企事业单位以及全国各地、香港故旧同仁热情响应、鼎力赞助，作孚园终于一九八八年八月动工建造，一九八九年四月竣工，特勒铭记，永建功业，昭兹来詹，启迪后人。

重庆市北碚区卢作孚塑像及纪念设施筹建委员会
一九八九年九月

第十节　近代文学中的园林点滴

　　"以诗情画意写入园林"是中国传统园林的特色，三、四个字的景语，常常被用作某一景观的标志。自古以来的园林，或以散文、游记予以记述，或以匾额楹联予以装饰，或以诗情画意赋其神韵，这些文化的表现逐步深化即成为园林的灵魂。

　　鲁迅与朱自清是两位著名的近代文学家。现撷取他们有关园林的作品，加以叙述与赏析，从这些细小的点滴，抑或可反映出近代园林的特色。

一、鲁迅百草园的童趣

　　鲁迅（1881-1936）是中国近代著名的文学家、思想家。在近代社会的各种斗争中，他总是站在革命派一边，以他的民主思想和文化作品进行着勇敢而坚强的斗争，被毛泽东同志誉为"近代中国新文化运动的伟大旗手"。

　　作为一个园林的专业工作者，在读到鲁迅作品，接受其种种文学、文化、社会与生活诸多思想与知识的教益之余，竟也发现这位伟大的文学家还经历过、也描写过，甚至也思考过有关园林的纪事和主张。虽然只是一鳞半爪，却也能反映出他的园林思想。这些文学作品中的园林具有一定的代表性，在广泛的近代园林实践中，闪烁着晶莹的星光。

　　中国的传统住宅往往都是用房屋、廊子、墙垣组成各种密集的或多进式的四合院建筑群。这种建筑群的规模与组合，也是由主人的富足程度、社会地位而具备相应的园林形式与性质，除庭院可以栽植树木花草或设置高的花台，堆叠小片的假山、置石之外，还有附属于一侧或与之相隔的独立庭园、花园、菜圃等，这些园圃一般都比庭院面积大，小的也有数百平方米。

　　鲁迅宅园中有一个桂花明堂庭院，面积不大，但布置成一个颇有生态韵味的小园林，地面虽然全铺石板，但有树穴泥土及地被。桂花下的六角形树穴到了夏天，蝉就从泥孔中钻出来，泥土上还长着凤尾草、天荷叶以及蝴蝶花之类的地被植物，院中的石条凳上摆放一些盆花，如万年竹、文竹、郁李、石竹、杜鹃、牛郎花及松柏之类，而邻院里的竹丛——淡竹，也常常从墙外倒向桂花明堂这边，正好成为明堂的借景，明堂亦可享受萧萧风竹之声。

　　在供孩子们读书的三味书屋的后面，还有一个小园，

中·国·近·代·园·林·史

园子里种有桂花，蜡梅花则始终位于一个大约高 1 ~ 1.5 米的高台上，孩子们不是爬到桂花树上去寻找蝉蜕，就是爬到花台上去折蜡梅花。但是令他们最感兴趣的是捉了苍蝇去喂蚂蚁。这种小小的院落就成了大型传统住宅庭院的园林，是最贴近人们生活的一种生态园林。

而鲁迅另一间读书屋旁，又有一间更小的天井，只能种一株橘子树，并以此命名为"橘子读书处"，景观很单纯。像这样布置的小园林，对于稍长的青年人来说，朝夕面对着这株植物花开花落、果熟杏黄，也能产生一种对生命美感的慨叹之情。

据鲁迅的二弟周作人所述，百草园位于绍兴县城内东昌坊 34 号周家大屋的后面，属新台门部分，是临近东昌坊十字路口的一个菜园，也是他们童年时代的乐园，面积约两千余平方米（图 6-10-1~图 6-10-3）。

在这里除了能看到一行行的菜畦和一个石景之外，再没有其他的人工痕迹。这里有着丰富多样的花草树木和各种各样的小生物，如蝉、蟋蟀、油蛉、黄蜂、蜈蚣、斑蝥，还有赤练蛇、鸟类、四角兽……而人工栽植的蔬菜种类可就多了，如菱角、罗汉豆、茭白、香瓜、黄瓜、萝卜、南瓜、茄子、扁豆、白菜、油菜、芥菜……显然这是一个非常田园化并有生产价值、赏玩价值的自然生态标本园，也是少年儿童最爱的儿童乐园。

鲁迅十分真挚而生动地描述了他童年在百草园的乐趣：

不必说碧绿的菜畦，光滑的石井栏，高大的皂荚树，紫红色的桑椹，也不必说鸣蝉在树上长吟，肥胖的黄蜂伏在菜花，轻捷的叫天子（云雀）忽然从草丛间直窜向云霄里去了。单是周围的短短的泥墙根一带，就有无限趣味。油蛉在这里低唱，蟋蟀们在这里弹琴。翻开断砖来，有时会遇见蜈蚣；还有斑蝥，倘若用手指按住它的脊梁，便会拍的一声，从后窍喷出一阵烟雾。

何首乌（Polygonum multiflorum）藤和木莲（Manglietia multiflorum）藤缠络着，木莲有莲房一般的果实，何首乌有臃肿的根，有人说，何首乌的根是有像人形的，吃了便可以成仙，我于是常常拔它起来，牵连不断地拔起来，也曾因此弄坏了泥墙，却从来没有见过有一块根像人样。如果不怕刺，还可以摘到覆盆子（Rubus chingii），像小珊瑚珠子攒成的小球，又酸又甜，色味都比桑椹要好得多。

长的草里是不去的，因为相传这园里有一条很大的赤练蛇。

图 6-10-1　百草园之门

图 6-10-2　百草园菜畦石刻

图 6-10-3　百草园菜畦

冬天的百草园比较的无味；雪一下，可就两样了。拍雪人（将自己的全形印在雪地上）和塑雪罗汉需要人们鉴赏，这是荒园，人迹罕至，所以不相宜，只好来捕鸟。薄薄的雪，是不行的；总须积雪盖了地面一两天，雀鸟们久已无处觅食的时候才好。扫开一块雪，露出地面，用一枝短棒支起一面大的竹筛来，下面撒些秕谷，棒上系一条长绳，人远远地牵着，看鸟雀下来啄食，走到竹筛底下的时候，将绳子一拉，便罩住了。但所得的是麻雀居多，也有白颊的"张飞鸟"，性子很躁，养不过夜的。

从以上可以看出，百草园虽然只是宅旁一个简朴、自然的菜园子，似乎也很难归于游乐性的园林一类，但它确是鲁迅孩提时代的乐园，而鲁迅从这个园子中认识了自然，游戏于自然之中。这里不仅有各种植物、小生物的生态景观，而且还展示出自然的季相，能潜移默化地使孩子们感受到春华、夏蝉、秋实、冬雪的形象的自然美景，它能为我们今日设计自然生态和游赏景观相结合的、具参与性的儿童公园提供良好的启示。

正如当代著名散文家曾敏之的诗云：

菜畦蔓草乱石丛，
犹见当年捕雀功；
留得童真天性美，
风云长为护文雄。

百草园的纪实，正是中国近代文豪鲁迅为我们留下的一种自然淡彩的园林童趣。

也许是由于周家大屋的庭院绿化和百草园趣，使鲁迅从小就爱好花草树木和小生物，并因此而产生了学医的念头。在他所住的院落里，栽植了数十种各色植物。他在南京求学时，有一次放假回家，途中借住于一老者家，并参观了老人的园圃，第二天一到家，他首先就去园子里看自己种的各种植物，并颇有感触地写了一首诗：

日暮周仃老圃家，疏篱绕屋树交加。
怅然回忆家乡乐，抱瓮何时更着花。

在鲁迅的一生中，凡是他居住过的地方，都要在宅前屋后栽种树木花草。如在北京八道湾故居里，就栽了两株丁香，一株青杨，使居住环境既荫又香，

他常亲自浇水保养。在他北京西三条的"绿林书屋"中，栽了三株丁香以及碧桃、花椒、榆叶梅、黄刺玫等，都是 1925 年 4 月栽种的，一下子就使整个院落变成一个美丽的花园。

鲁迅不仅注意到身边的园林，同时也很关心公共园林与大地的绿化。

1902 年他去日本学医时，学到近代的自然科学知识，认识到造林对于环境保护的作用。1913 年当他回到浙江任两级师范教师时，就提出过划定和建立植物保护区的主张和建议，他说："应审查各地优美的林野，加以保护，禁绝剪伐，或相度地势，辟为公园。其美丽的动植物亦然。"但是，他这个建议在当时并没有得到有关部门的回应。

他还曾指出："至于水旱饥荒，便是传拜龙神、迎大王、滥伐森林，不修水利的祸害，都是没有新知识的结果。"明确地说明了旧中国社会那种迷信、愚昧、落后的状态。

又有一次，当他读到一篇《沙漠将逐渐南徙》的文章时，就敏感地意识到："林木伐尽，水泽湮枯，将来的一滴水，将和血液等价。"

然而，在那个混乱的年代，这位忧国忧民的文学家只能无奈地发出那"所恨芳林寥落甚"、"芳荃零落无余春"的悲论感叹而已。

二、朱自清《荷塘月色》景观的赏析

朱自清（1898-1948）是原清华大学教授，著名的近代散文学家和诗人，字佩弦，扬州人，原籍绍兴，早在学生时代即创作新诗，后又从事散文写作，其散文以语言洗练、文笔秀丽而著称，但最独特之处是他的创作能由浅入深，从小事描述而触及内容深邃的主题，反映出作者的内心世界与人性的感情，因而能感动读者的心灵。他创作的《背影》、《荷塘月色》等短小篇章，曾作为范文而编入中、小学校教材。

朱自清出生于秀丽的江南，文字优美而纯熟的《荷塘月色》❶一文，是他对园林景观描述的精粹之作。自古以来，描写景物的名篇数不胜数，但在近代倡导以白话文描写景物的此文，则是近代早期而较典型的一首名篇。

景，是园林的核心，四字的景名是中国历来最常见的一种景观命名方式。"荷塘月色"就是最平实、也最平民（大众）化的对半自然景观的命名。当人们读到这篇景观

❶ 此池塘原属清代康熙时的熙春园中心地带，道光初年，熙春园被一分为二，池塘所在地为西部的近春园。1860 年英法联军入侵北京，近春园亦遭严重破坏，沦为"荒岛"达百余年。1927 年夏的一天夜里，居住于近春园附近的清华大学二院宿舍的朱自清教授，去近春园环湖散步，有感而发，写出了这篇精美的散文。

文章时，会觉得很明白易懂，它很自然地把读者带到一种美的意境，而想象出一种自然物构成的人间仙境来。

这篇散文的写作对象就是北京清华大学西边一个极其普通而平常的荷塘，可以说"毫不出众"，但是在月明星稀的夜晚，那小丘上参差斑驳的杂木林和池塘旁低垂的柳树的倩影，以及池中片片的荷叶，在淡淡的月光下，产生了令人扑朔迷离的夜色，这就是荷塘月色的形象。但是，这种光和影却有着和谐的旋律，有如小提琴上奏着的名曲，又仿佛是远处高楼上渺茫的歌声，与树上热闹的蝉声和水中的蛙声构成了荷塘月色的声景。而"微风过去，送来缕缕的清香"则是"荷叶飘香"的味景。这些都是外在景物的客观存在。

这种外在的景物使作者产生了一种主观的感受，于是，他描述着自己主观的心情："这几天心里颇不宁静"，有一种朦胧的心态，觉得现在虽然是满月，月之上却蒙上了一层淡淡的云彩，自己的此时此刻"是一个自由的人，什么都可以想，什么也都可以不想……"最后达到

一种无我之境，不管什么形景，声景和味景，那都是她们的，而我，则什么都没有。这就是作者当时的主观心态，也是他的情之所在，客观的物是以主观的情去描绘和欣赏的。月亮在此时的心情下是怎样的一种景观呢："月光如流水一般"（月的移动是缓慢），"薄薄的青雾浮起在荷塘里"，"又像笼着青纱的梦"。于是，这样的景与情，就构成了一种情景交融的赏月之景。

赏景是要有一定的时空观念的，文中所描写的时间是一个秋天的农历八月十五日前后，这是全年最理想的欣赏满月时期；空间环境则是清华园荷花池，池的四周长着许多浓密相间的杂树，以垂柳树为主，作者在那天晚上一个人漫步于一条曲曲弯弯的小煤渣路上，这时已听不到孩子们欢闹的声音，只有他独处于这条小径上，有感而发，写出了这篇《荷塘月色》。他运用了情景交融、时空交错的原则，赋予园林造景以美的形示，是提倡白话文的近代一篇出色的赏景文章。作者对客观景物的描述及主观情感的欣赏，表达出园林赏景的意境，故记之于书。

附录 6-10-1

《荷塘月色》赏析

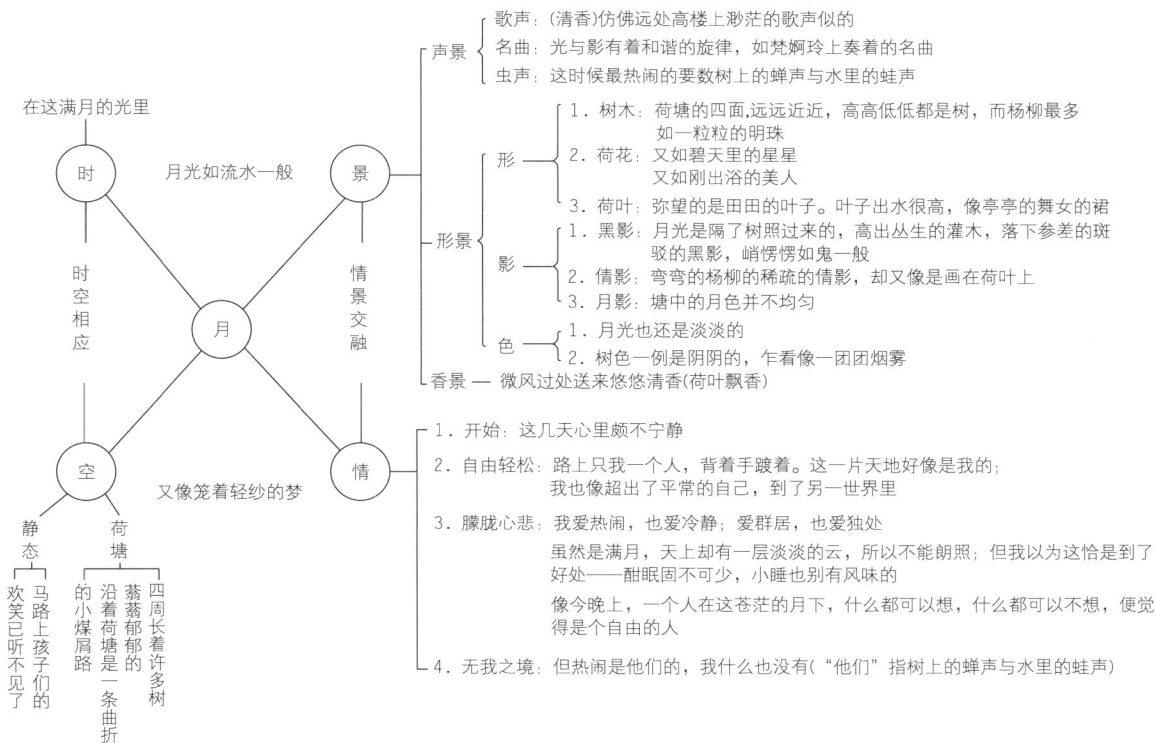

声景
- 歌声：(清香)仿佛远处高楼上渺茫的歌声似的
- 名曲：光与影有着和谐的旋律，如梵婀玲上奏着的名曲
- 虫声：这时侯最热闹的要数树上的蝉声与水里的蛙声

形景

形
1. 树木：荷塘的四面,远远近近，高高低低都是树，而杨柳最多　如一粒粒的明珠
2. 荷花：又如碧天里的星星　又如刚出浴的美人
3. 荷叶：弥望的是田田的叶子。叶子出水很高，像亭亭的舞女的裙

影
1. 黑影：月光是隔了树照过来的，高出丛生的灌木，落下参差的斑驳的黑影，峭愣愣如鬼一般
2. 倩影：弯弯的杨柳的稀疏的倩影，却又像是画在荷叶上
3. 月影：塘中的月色并不均匀

色
1. 月光也还是淡淡的
2. 树色一例是阴阴的，乍看像一团团烟雾

香景 — 微风过处送来悠悠清香(荷叶飘香)

在这满月的光里
月光如流水一般

时 — 时空相应
景 — 情景交融
月
空 — 又像笼着轻纱的梦
情

情
1. 开始：这几天心里颇不宁静
2. 自由轻松：路上只我一个人，背着手踱着。这一片天地好像是我的；我也像超出了平常的自己，到了另一世界里
3. 朦胧心悲：我爱热闹，也爱冷静；爱群居，也爱独处
　　虽然是满月，天上却有一层淡淡的云，所以不能朗照；但我以为这恰是到了好处——酣眠固不可少，小睡也别有风味的
　　像今晚上，一个人在这苍茫的月下，什么都可以想，什么都可以不想，便觉得是个自由的人
4. 无我之境：但热闹是他们的，我什么也没有（"他们"指树上的蝉声与水里的蛙声）

静态
马路上孩子们的欢笑已听不见了
荷塘四周长着许多树郁郁葱葱的沿着荷塘是一条曲折的小煤屑路

荷塘月色

这几天心里颇不宁静。今晚在院子里坐着乘凉，忽然想起日日走过的荷塘，在这满月的光里，总该另有一番样子吧。月亮渐渐地升高了，墙外马路上孩子们的欢笑，已经听不见了；妻在屋里拍着闰儿，迷迷糊糊地哼着眠歌。我悄悄地披了大衫，带上门出去。

沿着荷塘，是一条曲折的小煤屑路。这是一条幽僻的路；白天也少人走，夜晚更加寂寞。荷塘四面，长着许多树，蓊蓊郁郁的。路的一旁，是些杨柳，和一些不知道名字的树。没有月光的晚上，这路上阴森森的，有些怕人。今晚却很好，虽然月光也还是淡淡的。

路上只我一个人，背着手踱着。这一片天地好像是我的；我也像超出了平常的自己，到了另一世界里。我爱热闹，也爱冷静；爱群居，也爱独处。像今晚上，一个人在这苍茫的月下，什么都可以想，什么都可以不想，便觉是个自由的人。白天里一定要做的事，一定要说的话，现在都可不理。这是独处的妙处，我且受用这无边的荷香月色好了。

曲曲折折的荷塘上面，弥望的是田田的叶子。叶子出水很高，像亭亭的舞女的裙。层层的叶子中间，零星地点缀着些白花，有袅娜地开着的，有羞涩地打着朵儿的；正如一粒粒的明珠，又如碧天里的星星，又如刚出浴的美人。微风过处，送来缕缕清香，仿佛远处高楼上渺茫的歌声似的。这时候叶子与花也有一丝的颤动，像闪电般，霎时传过荷塘的那边去了。叶子本是肩并肩密密地挨着，这便宛然有了一道凝碧的波痕。叶子底下是脉脉的流水，遮住了，不能见一些颜色；而叶子却更见风致了。

月光如流水一般，静静地泻在这一片叶子和花上。薄薄的青雾浮起在荷塘里。叶子和花仿佛在牛乳中洗过一样；又像笼着轻纱的梦。虽然是满月，天上却有一层淡淡的云，所以不能朗照；但我以为这恰是到了好处——酣眠固不可少，小睡也别有风味的。月光是隔了树照过来的，高处丛生的灌木，落下参差的斑驳的黑影，峭楞楞如鬼一般；弯弯的杨柳的稀疏的倩影，却又像是画在荷叶上。塘中的月色并不均匀；但光与影有着和谐的旋律，如梵婀玲上奏着的名曲。

荷塘的四面，远远近近，高高低低都是树，而杨柳最多。这些树将一片荷塘重重围住；只在小路一旁，漏着几段空隙，像是特为月光留下的。树色一例是阴阴的，乍看像一团团烟雾；但杨柳的丰姿，便在烟雾里也辨得出。树梢上隐隐约约的是一带远山，只有些大意罢了。树缝里也漏着一两点路灯光，没精打采的，是渴睡人的眼。这时候最热闹的，要数树上的蝉声与水里的蛙声；但热闹是它们的，我什么也没有。

忽然想起采莲的事情来了。采莲是江南的旧俗，似乎很早就有，而六朝时为盛；从诗歌里可以约略知道。采莲的是少年的女子，她们是荡着小船，唱着艳歌去的。采莲人不用说很多，还有看采莲的人。那里一个热闹的季节，也是一个风流的季节。梁元帝《采莲赋》里说得好：

于是妖童媛女，荡舟心许，鹢首徐回，兼传羽杯；棹将移而藻挂，船欲动而萍开。尔其纤腰束素，迁延顾步；夏始春余，叶升花初，恐沾裳而浅笑，畏倾船而敛裾。

可见当时嬉游的光景了。这真是有趣的事，可惜我们现在早已无福消受了。

于是又记起《西洲曲》里的句子：

采莲南塘秋，莲花过人头；低头弄莲子，莲子清如水。

今晚若有采莲人，这儿的莲花也算得"过人头"了；只不见一些流水的影子，是不行的。这令我到底惦着江南了——这样想着，猛一抬头，不觉已是自己的门前；轻轻地推门进去，什么声息也没有，妻已睡熟好久了。

一九二七年七月　北京清华园

附图 6-10-1 "荷塘月色"全景

附图 6-10-2 朱自清塑像

附图 6-10-3 朱自清题写《荷塘月色》亭匾

中·国·近·代·园·林·史

第七章 尾声：近代历史题材的挖掘、保护与发展

　　历史是凝固的，但也是流动的。因为它总在不断地向前发展。不同的历史时期，有不同的时代特色。如何对待历史文物的保护与发展是研究和谱写史书的一项重要内容。

　　凝固了的过去是文物，如何保护？流动着的现在是发展，如何前进？文物是不变的，而发展是可变的，是随着时空的发展而变化的，需要我们抓住时代的中心题材，继往开来，而不能断然以年代划分而断流筑坝，要以辩论的思维与表现方式使史书鲜活起来。

　　更何况在某些近代史书中仍然存在着难以盖棺论定的疑惑。园林则更是要从实践中去评定其价值，能为大多数人民服务的，艺术水平高的园林，不论其始建者是谁，都应该保护和利用。正如毛泽东主席在新中国建国前夕与政协人士游颐和园时，邵力子提出颐和园是慈禧太后挪用建设海军的款项修建的，这时，毛主席则说，颐和园今天能为老百姓利用，总比她挪用款项供她个人浪费好些。所以颐和园还是要好好保护的。

　　战乱的近代，对园林的破坏性是很大的，有的是被后人遗忘或遗漏了的，我们首先要去寻觅、挖掘，如"一二·九"运动中有一块石刻，直到1980年才被植物园职工在沟底发现、挖掘出来，如何处理？有的是被扭曲、污染到已变质的历史文物，如香港的九龙寨城，如何处理？有的是一向被认为"反面人物"的园林，是搁置，是毁坏，还是修复重建，甚至扩建？

　　关于历史文物的价值、定级及其保护原则、措施等已由有关部门制定，而某些著名的园林如圆明园的保护与发展也早已有自下而上的、多层次、多角度的研讨论证。我们现在仅仅介绍两个实例。

　　前者是因挖掘、发现近代文物而扩建；后者是为铲除近代留下的"毒瘤"而新建。或许能从中获得一点近代园林保护与发展的思索与启迪。

第一节 北京植物园樱桃沟的保护与建设

　　北京樱桃沟是一处优质泉水流淌的自然溪谷。此处泉水清澈，林木茂盛，空

气湿润，夏季气温约比市区低3~4℃，早在金代即已成为自然风景名胜之区。明代时，兴建了众多的寺庙，并栽植了大量的樱桃树于沟的两侧，故名。清代以来，皇家官僚、文人雅士亦多来此处览胜，修筑园亭。民国时，更成为私人开发的宝地，他们或修建寺庙，或构园植林，或题写吟韵……给后人留下了不少可贵的遗迹。

但是，由于历年来的种种自然灾害、战争动乱的损坏以及缺乏经常的修缮管理等，至1950年由北京市建设局接管后，深感不符当代风景园林日益发展的需求，故自2002年开始，首先对樱桃沟进行了一次全面的改造，经过短短一年多的努力，使现在的樱桃沟既保持了原有的良好生态环境，又展示了近代的历史文化题材，并为游人提供了方便、舒适、优美的增进健康、普及知识的场地，是一项保护与改造、利用与发展完美结合的园林建设，也是一项人与自然结合构成优质景观的体现与增值的重要工程，值得一书（图7-1-1）。

首先是历史文化题材的挖掘，丰富了游览的内容。1935年震惊中外的"一二·九"运动的历史在这里得到了真实的反映，不仅以碑刻文字直接记述着这场运动的史实（附录7-1-1），还用北京大学与清华大学两位学生书刻的"保卫华北"的刻石遗物及说明（图7-1-2，附录7-1-2），展现了发生于近代的一场北京学生抗日救亡运动的英雄史迹。就在历史事实发生的这块场地上，白色的人字形三角亭象征着当年在此地举办过军事夏令营的帐篷，用三个抽象形的亭群聚合成"众"字体现"众志成城"的奋斗精神，这些形象都能给游人以历史回忆的想象空间（图7-1-3），从而加强了樱桃沟游览的历史文化含量，也是以现代的设计手法，歌颂北京学生们英勇抗日斗争的优良传统及对这场运动斗争的肯定。

其次是较完善地保护了自然生态环境，创造了优质的植物景观。

在竭力保护那浓荫如盖、馥郁幽深的原有次生樱桃林、杂木林外，早在1975年就选择沟壑积水的一段山沟

图7-1-1　北京樱桃沟景区平面示意图

图7-1-2　近年挖掘出的1935年"一二·九"运动中的学生石刻："保卫华北"

图7-1-3　近年修建的"一二·九"运动纪念亭群，由三个"人"字形象组合成为"众"字的寓意

栽植水杉，而今数百株水杉已茁壮成长，巍然直立成林，那笔直挺拔的形态，极耐水浸的特性，也象征着青年学生刚毅坚挺、不怕强暴的革命精神，结合沟边岩石的石刻题字："亿年远裔，三纪孑遗"（图7-1-4），更加突出了我国首次发现的远古活化石水杉林景观。并在这一段水杉林旁，叠石为坝，水流成瀑，坝上架桥，瀑旁设亭，仰视杉林，俯视叠瀑，问杉于此，憩歇亭中（图7-1-5），因地制宜地构成了一处植物、水体与建筑优美而完善的园林景观。

在长达750米的溪沟中，设计者更细致地根据水的流向，石的大小、位置，适当地栽植着各种不同形态的水草，有枝干细腻的水葱，也有宽叶粗放的芦苇，有低矮的水仙，也有中高的鸢尾（图7-1-6），有的成片栽植，有的零星点缀，有的花开野艳，有的叶色俊俏，有的单纯整齐，有的则杂乱散放（图7-1-7），林林总总都生活在石隙与流水之中，显示出一种柔弱中的坚毅精神和荒野中的文雅气息。

再者，樱桃沟改建的成功，从景观游览来看，主要体现于栈道，可以用以下32个字表露其基本的园林精神：栈道铺设，一举数得；林中穿路，沟上架桥；渐游渐幽，引人入胜；欲行欲止，精在体宜（图7-1-8，图7-1-9）。

铺设栈道的初衷，可能是出于对自然坡沟、水源水流的保护以及人们游览的方便与舒适，而实际上除达到这些目的外，却为整个樱桃沟的开发利用与保护提供了一个全面提升的理想效果。

栈道本身平坦适履，无障碍通行，尤适于残疾人及老年人游览的安全，残疾人的推车一直可顺利地上溯至水的源头；栈道的宽度为2~2.5米，有高1米左右的仿木护栏将人流规范化，人流无法擅自践踏花草，不致破坏自然山泥斜坡，防止土壤板结或被冲刷，流失水土，而保护了水流。

林中穿路，沟上架桥，强制性地开辟了有序导游，使游人与自然山水亲密结合，高耸茂密的树林中，人们能自然而舒适地穿行其中，不仅呼吸了树木产生的新鲜氧气，并能身临其境，体验大自然的美。而沟上设桥，忽左忽右，忽仰忽俯，既观挺拔、高亢的林壑之姿，又赏细腻、浅浮的芳草之美，而色调深棕，形式朴拙，宽窄适宜的仿木栏杆，曲折于森林溪谷、水草石堆之中。溪中水声，或潺潺，或涓涓，停停息息；林中鸟声，或唧唧，或啾啾，断断续续，春夏秋冬四时不同的花叶果实，更增添了观赏大自然的生态之情，真是达到了"缘

图7-1-4 中国发现活化石水杉的题刻（欧阳中石题）

图7-1-5 问杉亭

溪行，忘路之远近"的桃源意境。

一条栈道贯穿着人与自然的无尽融洽的园林之美，是栈道把人引向大自然的怀抱，也是大自然依靠栈道而更完美地发挥了历史人文的纪念之情。这种人与自然的和谐之美，又能带给游人什么？从开阔平远的大湖面开始，进入有名"双龙飞舞"的两条栈道之后（图7-1-10），立刻有一种深入森林探秘的冲动，从这里开始了长达750米的游程，一直处于渐游渐幽、欲行欲止的无虑游乐之中，这对

图 7-1-6 柳杉林下的鸢尾

图 7-1-7 溪旁的各种水草

图 7-1-8 林中栈道之一

图 7-1-9 林中栈道之二

久居喧闹、嘈杂的城市人们来说，起了缓解调剂的作用，也是对大自然的一种陶醉，更何况还能引起震撼人心的"一二·九"运动的历史回忆，深化游人的怀古之情，增强游人的爱国主义情怀。

待到达水源头时，一块由大书法家舒同书写的《水源头》石刻，自当引发出朱老夫子的名句："问渠哪得清如许，为有源头活水来"（图 7-1-11，图 7-1-12）。树有根，水有源，我们怎能不追根求源去找寻我国优秀的

图 7-1-12　樱桃沟泉水之流

造园传统，发扬中国园林传统中可持续发展的技艺，更何况，历史也在等待着我们去探索。樱桃沟的栈道建设，既挖掘和利用了历史文化题材，又保护了自然风景资源，更是继承了中国园林源于自然、高于自然的造园理念的一个范例。

附录 7-1-1

"一二·九" 运动纪念亭碑记

　　一九三五年，日本帝国主义的铁蹄在践踏了我国东北之后，进一步伸向华北，"华北之大，已经安放不下一张平静的书桌了"。当中华民族面临生死存亡的危急关头，十二月九日，在中国共产党的领导之下，北平的青年学生率先奋起，发动了震惊中外的"一二·九"学生运动，吹响了抗日救亡运动的号角，拉开了全国抗战的序幕，在中国青年学生运动史上写下了光辉的一页。

　　为了缅怀革命先辈的英雄业蹟，继承和发扬中国青年运动的革命传统，激励青年为振兴中华、实现四个现代化而努力拼搏，特在当年"一二·九"运动时期的重要活动地之一——樱桃沟（曾举办过军事夏令营，培训抗战骨干）建立纪念亭，永远纪念。

共青团北京市委员会

北京市学生联合会

一九八五年十二月九日　建立

刘炳森　书

图 7-1-10　主次栈道，开始进入林区为"双龙"

图 7-1-11　北京樱桃沟泉水之源，石刻"水源头"为书法家舒同题

"保卫华北"石刻说明

一九三五年十二月九日，日本帝国主义者占领了东北之后，又进据华北，在中国共产党的领导下，北京（平）爆发了震惊中外的学生抗日救亡运动，即"一二·九"运动。

"一二·九"运动中，党领导下的先进青年群众组织中华民族解放先锋队和北平学联，在樱桃沟等地先后举行了两期夏令营，学生们在一起学习，进行军事训练，还开展了丰富多彩的文体活动，夏令营成了团结教育的好场所。

"保卫华北"四个字就是当年参加第一期夏令营的清华大学和北京大学的两位同学刻写的，它表达了北平青年抗日救亡的坚定决心和信念。

第二节 毒窑变公园——香港寨城换了人间

1995 年 12 月开始，香港有一个"三不管"的"毒瘤"在一年之内变成了一座美丽的中国江南传统式公园。从政治上看，它是香港人为迎接回归祖国庆典的纪念碑；从历史上看，它是一段屈辱、悲惨与民族抗争的见证；从文化上看，它是以纯净、高雅的传统园林代替了一个低俗、污秽甚至糜烂的毒窑。

这个变动的结果，发生于现代，但这个过程则始于近代，斗争于近代。它不仅是香港园林历史的重要里程碑，也是香港近代历史上一篇巨大而独特的史诗。

这段史实是由清道光年间（1847 年）建筑城墙展开的。原来的寨城位于九龙半岛的东北角。早在 15 世纪已有中国官兵驻屯。先是由两广总督者英以增强国防为由，上书奏请清廷兴建一所寨城，获准后建成，这是香港历史上的一大重要建筑，寨城长 210 米，阔 1.2 米，有六座瞭望台和四道城门，南门为正门，面海而立，上有"九龙寨城"石匾。

驻守寨城历史最长的是张玉堂将军，在他作为大鹏协署副将的 13 年任期中（1854～1866 年），在寨城留下了许多珍贵的史迹与墨迹。他是一名儒将，文武兼备，写得一首豪迈、雄浑的指书与拳书，给后人留下了"墨缘"、"寿"字碑及"欲种福田留世泽，须凭

心地积阴功"的联碑。他特别提倡敬惜字纸，亲自建"敬惜字纸"亭，并以指书铭文刻石碑立于亭中。敬惜字纸一向为儒家所倡导，但建亭、书铭、立碑者少见，张将军此举，或已成为近代指书敬惜字纸之稀世珍宝。

鸦片战争后，1848 年签订《南京条约》，1898 年英国又强迫清政府签订《展拓香港界址专条》租借新界，在专条中规定："所有现在九龙城内驻扎之中国官员，仍可在城内各司其事，惟不得与保卫香港之武备有所妨碍。"但是，由于英军在接管新界时，遭到了居民的反抗，英人认为这是中国官员管治不力，"妨碍了保卫香港之武备"，仅仅不到一年，于 1899 年 5 月就驱逐了中国政府派驻的城寨官员和驻军。但英人又涉于《展拓香港界址专条》中规定中国官员可"各司其职"，亦未正式派兵长驻寨城，从此后，寨城就成了一处清政府不管，英政府不管，地方也无组织来管的"三不管"地区。而这期间又经历了 1942 年至 1945 年的日军占领、香港沦陷的失控时期。

20 世纪下半叶前期，中国内地政治运动连绵不断，一个出入自由的寨城就迎来了一批又一批的逃亡、偷渡的难民，人口剧增，引发了房屋的滥建，在一块仅仅 3 公顷的地盘上，非法地盖起了一片十余层的高楼，里面既没有电梯，地面也都是密密的建筑物堆挤在一起，可以说是"中无夹缝"，只有十几条不见天日的、宽约 1.5 米的小巷，四处通行，纵横曲折如迷园，产生了一种"进去了就出不来"的恐怖状况，尤其是无法铺设地下管线，许多水、电管线都在巷道上悬挂，垂落于行人来往的小巷空间，水管滴漏如下雨，阳光更是射不进这稠密的建筑群，微弱而断续的灯光，更增加了暗淡的迷惘与夜色的恐怖，不仅谈不到防火、防水、防倒塌……的危险与断绝，更为可怕的是这里却成了黄、赌、毒犯罪的安乐窝，赌馆、妓院、烟馆、决斗、脱衣舞台等盛极一时。特别奇怪的是，这里的牙医诊所毗连一串，一个小小的寨城，牙科诊所约有 90 处，集中于小巷龙城路及周边向外的东头村路，这是由于卫生条件差，患牙病多，而牙医不用注册就可在此行医的缘故。

回顾在张玉堂将军管治时，这里有文人、官僚、牧师、教师及自食其力的劳动者；这里有文物建筑：衙门、城墙、石井、石碑……也有义学、幼稚园、老人院、"敬惜字纸"亭、书法、对联……但是到了 20 世纪 80 年代，这里却沦为一个与世界"东方之珠"的现代化香港绝对反差的罪恶之所。1987 年 1 月 14 日港英政府宣布

清拆九龙寨城，这是根据《中英联合声明》中取得的共识——"拆除城寨建公园"。

"毒瘤"割掉了，一座优美的传统园林诞生了，那真是"飒飒秋风今又是，换了人间"，旧的污浊而不光彩的一页历史翻过来了，这就是发展！而那久已凝固在历史中的寨城文化却被保存下来，这里有文人的足迹与墨迹；这里有石质文物的碑记、井垣，以及道路、桥梁的永久记忆；这里也传颂着"敬惜字纸"的风尚，散发着文化教育的书香（如优秀的龙津义学的长联）；这里已成为香港人的历史课堂。公园是保护和发展历史的一种最理想的方式，而寨城公园的建设，不仅是香港回归祖国的一种标志，也为如何保护和发展近代园林提供了一个最为恰当和理想的范例（图7-2-1～图7-2-11）。

中国地域之广阔，物资之丰富，文化之厚重，社会之动荡，使我深深感到《中国近代园林史》一书的编写似乎还仅仅是开始，尤其是关于其保护与发展，极少涉及。以上两个实例介绍，也只是个人在工作过程中的一点感想，挂一漏万，仅作为今后深入研究近代园林发展思考的引子而已，让我们继续努力吧！

图 7-2-1　1987 年 2 月 7 日寨城居民区拆毁前状况

图 7-2-2　拆毁前的寨城临街状况

图 7-2-3　最早期的寨城衙署建筑

图 7-2-4　1994 年寨城被清拆后的景象

图 7-2-5　1995 年修复后的寨城公园中心建筑群（原衙署）

图 7-2-6　1935 年寨城的"海滨邹鲁"照壁，寓意学堂濒海一隅，为大智大道之所（已毁）

图 7-2-7　1995 年按原字新修的"海滨邹鲁"照壁

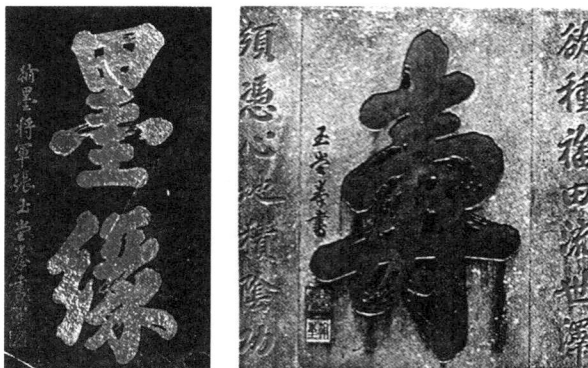

（a）墨缘　　　　　　　　　（b）寿

图 7-2-8　张玉堂将军在管治寨城时所留存的石刻指书

（a）

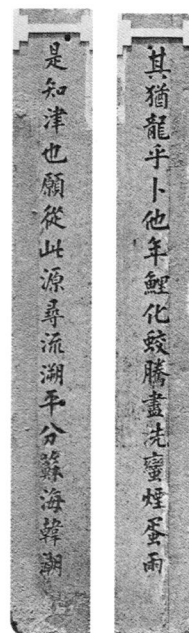

（b）

图 7-2-9　新修的魁星半亭（a），其背面墙壁上镶嵌有原寨城义塾学堂的一幅石刻对联（b）

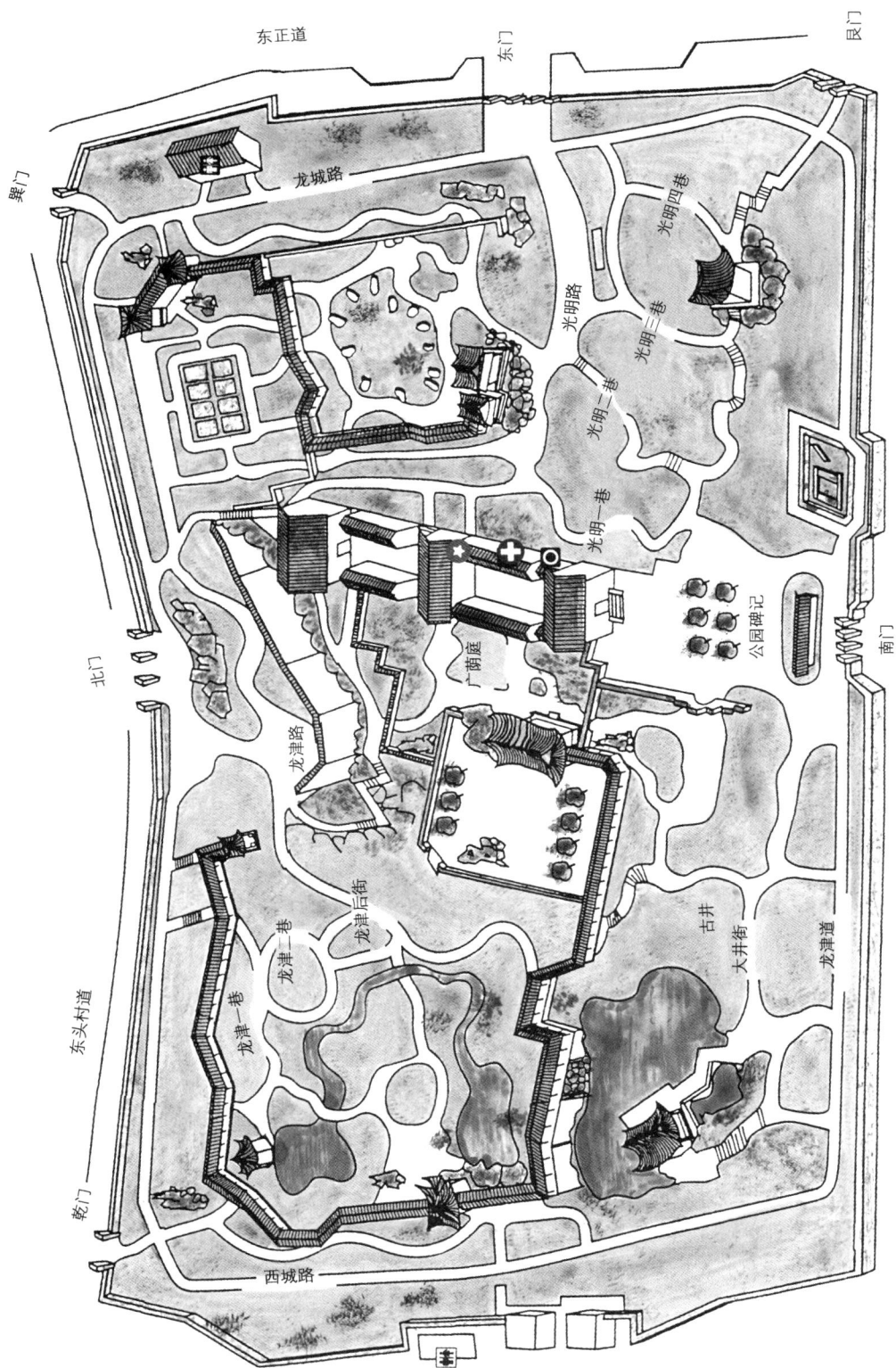

图 7-2-10　1995 年落成开幕的香港寨城公园平面示意图

（a）

（b）

（c）

图 7-2-11　新建寨城公园的园中园——广荫庭
（a）广荫庭南入口园门　（b）广荫庭北部的紫薇径　（c）墙角的紫薇

上篇参考文献

第一章

[1] 方国荣.清史稿卷二——清朝中后期历史简述.台北：台北联经出版事业公司，1999.

[2] 胡维革.中国近代史断论.长春：吉林教育出版社，1998.

[3] 范文澜.中国近代史.北京：人民出版社，1962.

[4] 李侃.中国近代史：1840-1919.北京：中华书局，1994.

[5] 夏东元.近代史发展新论.澳门：澳门历史学会、澳门历史文物关注协会出版，2003.

[6] 王铭铭.西学"中国化"的历史困境.桂林：广西师范大学出版社，2005.

[7] 马克锋.文化思潮与近代中国.北京：光明日报出版社，2004.

[8] 丁旭光.孙中山与近代广东社会.广州：广东人民出版社，1999.

[9] 中国历史博物馆.简明中国历史图册：第九、十册，半殖民地半封建社会（旧民主主义革命时期）.天津：天津人民美术出版社，1979.

[10] 马模贞，孙茂生.历史的回顾：1840-1919.北京：北京出版社，1984.

[11] 北京市教育局教材编写组.世界近代现代史（下册）.北京：北京人民出版社，1976.

[12] 中山市地方志办公室.香山设县850年.广州：广东人民出版社，2003.

[13] 赵静，张淑霞.直隶总督之最.北京：当代中国出版社，2002.

[14] 夏东元.郑观应文选.澳门：澳门历史文物关注协会、澳门历史学会，2002.

[15] 陈天权.融会中西——澳门文化之旅.香港：万里机构・万里书店，2004.

[16] 唐思.澳门风物志：续篇.北京：中国文联出版社，1999.

[17] 澳门民政总署园林绿化部.澳门绿野游踪.澳门：澳门民政总署园林绿化部，2003.

[18] 李鹏翥，黄锦泉.中国澳门.澳门：澳门日报出版社，1999.

[19] 王文达.澳门掌故.澳门：澳门教育出版社，1997.

[20] 彭琪瑞.香港与澳门.香港：商务印书馆香港分馆，1986.

[21] 王淑妙.史记：待人处世的宝典.台南：西北出版社，2001.

[22] 钱穆.现代中国学术论衡.北京：三联书店，2001.

[23] 韦政通.中国十九世纪思想史（下）.台北：台湾东大图书出版公司，1992.

[24] 余开亮 . 六朝园林美学 . 重庆：重庆出版社，2007.

[25] 陈有民 . 流水年华 . 北京林业大学校刊，2002（10）：48-52.

[26]《中华文明史》编纂工作委员会 . 中华文明史（第十卷）—— 清代后期 . 石家庄：河北教育出版社，1994.

[27] 吴羊璧 . 五千年大故事之近代百年波涛 [M]. 香港：香港明报出版社，2004.

[28] 唐德刚 . 晚清七十年（壹）——中国社会文化转型综论 . 台北：远流出版事业公司，1998.

[29] 刘长乐 . 振兴中国文化产业，我们的责任 . 香港文汇报，2005-01-01 ~ 05.

[30] 郦芷若，朱建宁 . 西方园林 . 郑州：河南科学技术出版社，2001.

[31] 刘健雄 . 波士顿的美国第一 . 香港经济日报，2006-09-14（2）.

[32] 张宝章，严宽 . 京西名墓 . 北京：北京燕山出版社，1996.

[33] 张佐双，刁秀云 . 北京植物园 . 北京：北京美术摄影出版社，2005.

[34] L. B. 卢恩茨 . 绿化建设 . 朱钧珍，刘承娴，马士伟等译 . 北京：建筑工程出版社，1956.

[35] 王绍增 . 半封建、半殖民地时期的上海园林 . 上海：上海园林局科教处，1982.

[36] 中国中山公园（中型画册）. 中国中山公园联谊会，2004.

[37] 郭喜东，张彤，张岩 . 天津历史名园 . 天津：天津古籍出版社，2008.

[38] 张绪武 . 张謇 . 北京：中华工商联合出版社，2004.

[39] 香港博物馆 . 香港历史图片 . 香港：香港市政局，1982.

[40] 燕山出版社 . 京华古迹寻踪 . 北京：北京燕山出版社，1996.

[41] 郁峰 . 上海名人故居沧桑录 . 上海：同济大学出版社，1997.

[42] 周作人 . 关于鲁迅 . 乌鲁木齐：新疆人民出版社，1997.

[43] 霍松林 . 苏轼凤翔研究论文集 . 宝鸡市社会科学学会联合会，1990.

[44] 刘敦桢 . 苏州古典园林 . 北京：中国建筑工业出版社，1979.

[45] 魏嘉瓒 . 苏州古典园林史 . 上海：上海三联书店，2005.

[46]（清）陆肇域，（清）任兆麟 . 虎阜志 . 苏州：古吴轩出版社，1995.

[47] 河南大学校史编写组 . 河南大学校史 . 开封：河南大学出版社，2002.

[48] 陈俊愉，程绪珂 . 中国花经 . 上海：上海文化出版社，1990.

[49] 周维权 . 中国古典园林史 . 北京：清华大学出版社，1999.

[50] 汪菊渊 . 中国古代园林史 . 北京：中国建筑工业出版社，2006.

[51] 侯江 . 中国西部科学院旧址保护与发展构想 . 卢作孚研究，2005（1）：40

[52] 林懋义 . 集美学村 . 北京：文物出版社，1984.

[53] 李小丁，练先永 . 爱国教育家陈嘉庚 . 北京：北京大学出版社，1989.

[54] 张复合 . 图说北京近代建筑史 . 北京：清华大学出版社，2008.

[55] 张复合 . 中国近代建筑研究与保护（一）——1998 年中国近代建筑史国际研讨会论文集 . 北京：清华大学出版社，1999.

[56] 张复合 . 中国近代建筑研究与保护（二）——2000 年中国近代建筑史国际研讨会论文集 . 北京：清华大学出版社，2001.

[57] 张复合 . 中国近代建筑研究与保护（三）——2002 年中国近代建筑史国际研讨会论文集 . 北京：清华大学出版社，2004.

[58] 龚易图后人 . 忆福州三山旧馆 . 龚易图后人印赠，2000.

[59] 郑逸梅 . 南社雅集的几处园林 . 旅游报，1992.6 ~ 11.

[60] 武旭峰 . 开平碉楼与村落 . 广州：广东旅游出版社，2007.

［61］开平古今名胜诗词选.开平市潭江诗社香港天马图文有限公司，2002.

［62］曾建平.南国大观园.汕头：汕头大学出版社，2002.

［63］林伦伦，吴勤生.潮汕文化大观.广州：花城出版社，2001.

［64］张锡光.中山纪念亭重修方案构想.广东园林，1999（3）：25.

［65］罗澎鉴.缅怀林西同志.广东园林，1993（3）：45.

［66］韦国荣.深切悼念林西同志.广东园林，1993（3）：46.

［67］文寅.谈《蝶舞十香园》的设计、施工.广东园林，2001（3）：35.

［68］张锡勤.中国近代的文化革命.哈尔滨：黑龙江教育出版社，1992.

［69］余齐昭.孙中山文史图片考释.广州：广东省地图出版社，1999.

［70］孙中山大元帅府纪念馆.孙中山与大元帅府.广州：广东省地图出版社，2001.

［71］李穗梅.孙中山大元帅府.广州：广东人民出版社，2007.

［72］黄仕忠.老中大的故事.南京：江苏文艺出版社，1998.

［73］易汉文.钟灵毓秀——国立中山大学石牌校园.广州：中山大学出版社，2004.

［74］杨宏烈.城市历史文化保护与发展.北京：中国建筑工业出版社，2006.

［75］杨宏烈.广州泛十三行商埠文化遗址开发研究.广州：华南理工大学出版社，2006.

［76］柯尧，黄成彦.一座中西交融的庭园——上海康平路黄园.中国园林，2009（6）：88-91.

［77］郭汉民.中国近代史探索.长沙：湖南师范大学出版社，2004.

［78］蒋廷黻.中国近代史.上海：上海古籍出版社，2006.

［79］丁守和.中国近代思潮论.广州：广东人民出版社，2003.

［80］王继平.近代中国与近代文化.北京：中国社会科学出版社，2003.

［81］张忠利，宗文举.中西文化概论.天津：天津大学出版社，2002.

［82］李家骧.中西文化源流纵横论.上海：上海社会科学院出版社，2005.

［83］喻大华.晚清文化保守思潮研究.北京：人民出版社，2001.

［84］邹德侬.中国现代建筑史.天津：天津科学技术出版社，2001.

［85］林懋义，陈少斌，陈国良.集美学村.北京：文物出版社，1984.

［86］陈嘉庚.南侨回忆录.1946.

［87］黄炎培.陈嘉庚毁家兴学记//田正平，李笑贤.黄炎培教育论著选.北京：人民教育出版社，1993：144.

［88］湖北大学中国思想文化史研究所.中国文化的现代转型.武汉：湖北教育出版社，1996.

［89］成玉宁.黄帝园囿之辨伪.中国园林，1995（4）：22-24.

［90］基口淮.黄帝时代没有园圃吗？.中国园林，2004（12）：67-71.

［91］张纵.我国园林对于西方现代艺术形式的借鉴与思考.中国园林，2003（3）：43-47，（4）：57-60.

［92］周武忠.论意大利花园的"第三自然".中国园林，2003（3）：48-51.

［93］对当前公园发展面临的几个问题的思考.中国公园，2000（3）：5.

［94］（明）刘侗，于奕正.帝京景物略.北京：北京古籍出版社，1980.

［95］陈植.中国造园史.北京：中国建筑工业出版社，2006.

［96］王贵祥.中国古代都城演进探析//建筑史论文集（第十集）.北京：清华大学出版社，1988.

［97］霍松林.苏轼在凤翔资料汇编//宝鸡市社会科学学会联合会（内部），1990.

［98］陈正茂.中国现代史.北京：新文京开发公司，2003.

第二章

［1］张大千纪念馆简介（资料）.

［2］孟晓兰.现代的中国文庭（资料）.

［3］陈礼荣.中国园林，2005（4）：7.

［4］杨宏烈.广州近代历史街区的保护性开发//张复合.中国近代建筑研究与保护（二）.北京：清华大学出版社，2001：192-195

［5］广州历史文化名城保护委员会.广州名城辞典.广州：广东旅游出版社，2000：102-103.

［6］陈泽泓.广州觅胜.广州：广州出版社，2007：286-288.

［7］徐南铁等.广州旅游百科.广州：广东教育出版社，1999：527-528

［8］张友仁.张钫//中国社会科学院近代史研究所中华民国史研究室.中华民国史料丛稿——人物传记（第23辑）.北京：中华书局，1988：139-144.

［9］河南近代建筑史编辑委员会.河南近代建筑史.北京：中国建筑工业出版社，1995.

［10］张永禄.明清西安词典.西安：陕西人民出版社，1999.

［11］李鸣（整理）.张广瑞回忆其父亲张钫救助灾民等事迹片段//http://liming5520.blog.163.com/blog/static/880262082010211311122239/晓理的博客

［12］秦思夫.辛亥革命河南省十一烈士墓绿化设计说明书.开封市禹王台公园，1982.

［13］张菊.辛亥革命十一烈士墓与纪念塔//开封市政协文史资料委员会.开封文史资料·第十一辑，1991：108-112.

［14］徐正斋.河南公立农业专门学校十四年（摘录）//开封市地方志编纂委员会编辑室.开封市志资料选辑（第三期），1983：13-15.

第四章

［1］宋协生，王河清.威海市志.济南：山东人民出版社，1986.

［2］于胜涛，于年洪.威海市建设志.北京：中华书局，2007.

［3］哲夫，张建国.威海旧影.济南：山东画报，2008.

［4］孙玉燕，徐立和.威海刘公岛水师学堂中的近代体育.体育文化导刊，2005（5）.

［5］黄延复.清华风物志（增订版）.北京：清华大学出版社，2005.

［6］苗日新.清华园的百年变迁.

［7］罗森.清华校园建设溯往.新建筑.第4期.

［8］清华大学网站:http://tsinghua.edu.cn.

［9］清华大学藤影荷声网站：http://lstd.cic.tsinghua.edu.

［10］周维权.中国古典园林.北京：清华大学出版社，1990.

［11］侯仁之.燕园史话.北京：北京大学出版社.1988.

［12］肖东发.北大人文与风物丛书·风物.北京：北京图书馆出版社，2003.

［13］何重义，曾昭奋.圆明园与北京西郊园林水系//圆明园（第1辑）.北京：中国建筑工业出版社，1982.

［14］何迪.燕京大学与中国教育现代化//燕京大学校友校史编写委员会.燕京大学校长司徒雷登：35.

［15］郝平.无奈的结局——司徒雷登与中国.北京：北京大学出版社，2002.

［16］夏自强.还历史以本来面貌//燕京大学校友校史编写委员会.燕京大学校长司徒雷登：61.

［17］约翰·司徒雷登.燕京大学——实现了的梦想《在华五十年》（摘登）//燕京大学校友校史编写委员会.燕京大学校长司徒雷登：76.

［18］燕京大学校友校史编写委员会. 燕京大学史稿 1919-1952. 北京：人民中国出版社，1999.

［19］谢凝高，陈青慧，何绿萍. 燕园景观. 北京：北京大学出版社，1988.

［20］冯宝华. 燕园的半天然植被 // 学圃滋荣. 北京：北京师范大学出版社，1999.

［21］冯宝华. 北京大学校园植物识别 // 学圃滋荣. 北京：北京师范大学出版社，1999.

［22］燕京研究院. 燕京大学人物志（第一辑）.1999.

［23］清华大学建筑设计研究院文化遗产保护设计研究所. 未名湖燕园建筑文物保护总体规划 .2005.

［24］Jeffrey W. Cody . Building in China：Henry K. Murph's "Adaptive Architecture" 1914-1935. The Chinese University Press, University of Washington Press.

［25］丁松昂. 中国近代林业开拓者之一——叶雅各（1894-1967）. 光明网，http：//www.gmw.cnlcontent/2005-08/15/content 285497.htm.2005.

［26］董鼎. 学府记闻——国立武汉大学. 台北：南京出版有限公司，1981.

［27］国立武汉大学. 国立武汉大学一览：中华民国十八年度. 武汉：国立武汉大学，1930.

［28］国立武汉大学. 国立武汉大学一览：中华民国二十年度. 武汉：国立武汉大学，1932.

［29］国立武汉大学. 国立武汉大学一览：中华民国廿一年度. 武汉：国立武汉大学，1933.

［30］国立武汉大学. 国立武汉大学一览：中华民国廿二年度. 武汉：国立武汉大学，1933.

［31］国立武汉大学. 国立武汉大学一览：中华民国廿三年度. 武汉：国立武汉大学，1934.

［32］国立武汉大学. 国立武汉大学一览：中华民国廿四年度. 武汉：国立武汉大学，1935.

［33］国立武汉大学. 国立武汉大学一览：中华民国廿五年度. 武汉：国立武汉大学，1936.

［34］黄德明. 武汉大学古树名木的保护及利用. 河北林果研究，2003，18（3）：277-282.

［35］黄德明. 武汉大学早期建筑群造园艺术特色. 规划师，2003（9）：60-62.

［36］黄德明. 武汉大学校园木本植物种类的调查研究. 湖北林业科技，2003（1）.

［37］黄佩霞，梁业荣. 美丽的武汉大学. 中国园林，1991（1）.

［38］李传义. 武汉大学校园初创规划及建筑. 华中建筑 .1987（2）：68-73.

［39］李天松. 武大校园樱花. 武汉文史资料 .1994（4），72-75.

［40］刘双平. 漫话武大. 武汉：武汉大学出版社，1993.

［41］龙泉明，徐正榜. 中华学府随笔——走近武大. 成都：四川人民出版社，2000.

［42］《武汉大学》编写组. 武汉大学. 北京：知识出版社，1987.

［43］武汉大学校史编辑研究室. 武汉大学校史简编（1913-1949）. 内部发行，1983.

［44］吴挠. 武大樱花史略（文化史）.http：//www.alumni.whu.edu.cnlShowA 时 icle.asp?id=374.2005.

［45］吴挠. 武大樱花史略（种植史）.http：//www.alumni.whu.edu.cnlShowArticle.asp?id=351.2005.

［46］吴贻谷. 武汉大学校史（1893-1993）. 武汉：武汉大学出版社，1993.

［47］周进，刘贵华，潘明清，翠波，何建龙. 武昌珞珈山植被及其演替研究 I. 植被现状. 武汉植物学研究，1999，17（3）：231-238.

［48］周进，刘贵华，潘明清，霍波，何建龙. 武昌珞珈山植被及其演替研究 II. 植被演替. 武汉植物学研究，1999，17（4）：332-338.

［49］潘懋元，刘海峰. 中国现代教育史高等教育（第一版）. 上海：上海教育出版社，1993.

［50］曾泽，张监佐，李榷. 中国教育史简编. 南京：江苏教育出版社，1986.

［51］张惠芳，金忠明. 中国教育简史（修订版）. 武汉：华中师范大学出版社，2001.

［52］陈景磐. 中国近代教育史. 北京：人民教育出版社，1979.

［53］河南大学校史编写组. 河南大学校史. 开封：河南大学出版社，2002.

［54］宋泽方，周逸湖.大学校园规划与建筑设计.北京：中国建筑工业出版社，2006.

［55］朱汉民，邓洪波.岳麓书院.长沙：湖南大学出版社，2006.

［56］章开沅，马敏.中国教会大学史研究丛书.珠海：珠海出版社，1999.

［57］毛礼锐，沈灌群.中国教育通史第四卷.济南：山东教育出版社，1988.

［58］陶愚川.中国教育史比较研究（近代部分）.济南：山东教育出版社，1985.

［59］郭延萍.高校审美教育手册.东营：中国石油大学出版社，1990.

［60］黄水宁.百年周南画册（1905-2005）.

［61］毛捧南.朱剑凡及其教育思想.长沙：湖南人民出版社，2005.

［62］长沙市周南中学.百年薪火——周南百年奋进史.

［63］长沙市周南中学.名校之花（1905-2005）怀旧专辑（第四期）.

［64］爱的呼唤——纪念陈嘉钧先生诞辰85周年.1997.

［65］周南——纪念周南女校八十周年文集（1905-2005）.

［66］长沙周南校友会.春晖芳草（1905-2005）——百年周南纪念文集.

［67］谭丽都，易松涛（原校长）校友的回忆资料.2008.

［68］彭开福，庐山建筑学会.庐山风景建筑艺术.南昌：江西美术出版社，1996.

［69］汪坦，（日）藤森照信，彭开福.中国近代建筑总览.庐山篇.北京：中国建筑工业出版社，1993.

第五章

［1］杨秉德，蔡萌.中国近代建筑史话.北京：机械工业出版社，2003.

［2］欧阳怀龙.庐山近代建筑的世界文化价值//张复合.中国近代建筑研究与保护.北京：清华大学出版社，2004.

［3］方方.到庐山看老别墅：老别墅丛书.武汉：湖北美术出版社，2001.

［4］罗时叙.庐山别墅大观.南昌：江西美术出版社，1995.

［5］周銮书.庐山史话.南昌：江西人民出版社，1996.

［6］孙志升.到北戴河看老别墅：老别墅丛书.武汉：湖北美术出版社，2002.

［7］孙志升.北戴河，中国现代旅游业的摇篮.北京：北京燕山出版社，2001.

［8］河南省《鸡公山志》编纂委员会.鸡公山志（河南风景名胜志丛书）.郑州：河南人民出版社，1987.

［9］莫干山志编纂委员会.莫干山志.上海：上海书店出版社，1994.

［10］顾艳.到莫干山看老别墅：老别墅丛书.武汉：湖北美术出版社，2002.

［11］陈从周，章明.上海近代建筑史稿.上海：上海三联书店，1988.

［12］龚洁.到鼓浪屿看老别墅：老别墅丛书.武汉：湖北美术出版社，2002.

［13］伍中亚.鼓浪屿与水月风花.北京：机械工业出版社，2005.

［14］赖德霖.中国近代建筑史研究.北京：清华大学出版社，2007.

［15］李德立.牯岭开辟记//庐山建筑学会.庐山风景建筑艺术.南昌：江西美术出版社，1996.

［16］吴宗慈.庐山志（民国），上册.南昌：江西人民出版社，1996.

［17］吴宗慈.庐山志（民国），下册.南昌：江西人民出版社，1996.

［18］胡适.庐山游记.上海：上海商务印书馆，1928.

［19］欧阳怀龙.庐山的早期规划//中国近代建筑总览（庐山篇）.北京：中国建筑工业出版社，1993.

［20］熊炜，徐顺民，张国宏.庐山.北京：中国建筑工业出版社，1998.

［21］吴宗慈.庐山续志稿.江西省庐山地方志办公室印，1992.

［22］胡宗刚.胡先骕与庐山森林植物园创建始末.中国科技史料，1997.18(4)：73-87.

［23］胡宗刚．静生生物调查所史稿．济南：山东教育出版社，2005．

［24］胡先骕．静生生物调查所设立庐山森林植物园计划书，1934．南昌：江西省档案馆档案，全宗号61，卷宗号1056．

［25］张乐华，王凯红．庐山植物园在中国近现代园林建设中的地位．中国园林，2005(10)：19-23．

［26］陈俊愉．庐山植物园造园设计的初步分析，1964．庐山：庐山植物园档案．

［27］刘永书．庐山植物园园林建设的回顾与展望．中国园林，1990(4)：52-55．

［28］汪国权，王炳如．庐山夏都纪事．南昌：江西高校出版社，2003．

［29］周庆云．莫干山志．上海：大东书局，1936．

［30］来光和．莫干山志．上海：上海书店出版社，1994．

［31］费成康．中国租界史．上海：上海社会科学院出版社，1991．

［32］浙江省林业局．浙江林业自然资源．北京：中国农业科学技术出版社．2002．

［33］李明．画说青岛老建筑．窦世强绘．青岛：青岛出版社，2004．

［34］宋连威．青岛城市老建筑．青岛：青岛出版社，2005．

［35］武旭峰．开平碉楼与村落．广州：广东旅游出版社，2007．

［36］余沛连．心像·影像·开平碉楼：文化广东书系．广州：广东教育出版社，2007．

［37］张复合．中国近代建筑研究与保护（四）．北京：清华大学出版社，2004．

［38］易汉文．钟灵毓秀——国立中山大学石牌校园．广州：中山大学出版社，2004．

［39］陈国坚．华南理工大学校园建筑与人文景观．广州：华南理工大学出版社，2008．

［40］郑力鹏．中国近代国立大学校园建设的典范——原国立中山大学石牌校园规划建设．新建筑，2004（6）．

［41］吴定宇，陈伟华，易汉文．中山大学校史（1924～2004）．广州：中山大学出版社，2006．

［42］黄仕忠．老中大的故事．南京：江苏文艺出版社，1998．

［43］邹鲁．回顾录．湖南：岳麓书社，2000．

［44］冯友兰．清华的回顾与前瞻//清华学生自治会．介绍清华——给未来的伙伴们，1948．

［45］清华大学校史研究室．清华大学九十年．北京：清华大学出版社，2001．

［46］清华大学校史编写组．清华大学校史稿．北京：中华书局，1981．

［47］侯宇燕．清华往事．北京：清华大学出版社，2005．

［48］姚雅欣，董兵．识庐——清华园最后的近代住宅与名人故居．北京：中国建筑工业出版社，2009．

［49］杨步伟．四年的清华园//缪名春，刘巍．老清华的故事．南京：江苏文艺出版社，1998．

［50］孙福熙．清华园之菊//葛兆光．中华学府随笔——走近清华．成都：四川人民出版社，2000：167-176．原载：北京．开明书店，1927．

［51］王东明．清华琐忆//缪名春，刘巍．老清华的故事．南京：江苏文艺出版社，1998．

［52］国立武汉大学．国立武汉大学一览：中华民国十八年度．武汉：国立武汉大学，1930．

［53］国立武汉大学．国立武汉大学一览：中华民国十九年度．武汉：国立武汉大学，1931．

［54］国立武汉大学．国立武汉大学一览：中华民国二十年度．武汉：国立武汉大学，1932．

［55］国立武汉大学．国立武汉大学一览：中华民国廿一年度．武汉：国立武汉大学，1933．

［56］国立武汉大学．国立武汉大学一览：中华民国廿二年度．武汉：国立武汉大学，1933．

［57］国立武汉大学．国立武汉大学一览：中华民国廿三年度．武汉：国立武汉大学，1934．

［58］国立武汉大学．国立武汉大学一览：中华民国廿四年度．武汉：国立武汉大学，1935．

［59］国立武汉大学．国立武汉大学一览：中华民国廿五年度．武汉：国立武汉大学，1936．

［60］董鼎．学府记闻——国立武汉大学．台北：南京出版有限公司，1981．

［61］周进，刘贵华，潘明清等．武昌珞珈山植被及其演替研究 I. 植被现状．武汉植物学研究，1999（3）：231-238．

［62］周进，刘贵华，潘明清等 . 武昌珞珈山植被及其演替研究 II. 植被演替 . 武汉植物学研究，1999（4）：332－338.

［63］樊良树 . 珞珈山 18 栋何去何从 . 长江日报 .2005－12－17.

［64］云蒸霞蔚"十八栋" . 长江日报 .2006－05－08.

［65］韩梓鹏，章睿，徐欢 . 寻迹十八栋 . [2008－04－09].http://manage.future.org.cn/article/40207.htm

致　　谢

从 2004 年 11 月 16 日在上海召开第一次编写《中国近代园林史》的启动会议算起，至今年（2010 年）4 月在北京召开总结大会为止，我们的工作已进行了将近五年半的时间。

这项工作不是国家行政部门下达的任务，而是由中国建筑工业出版社发起，最先是由该社编辑张建邀请清华大学建筑学院教授朱钧珍出任主编，经朱教授慎重考虑后应允，并邀请中国风景园林学会原常务副理事长甘伟林及原副秘书长黄晓鸾负责指导和大力支持。主办单位则由沈元勤社长兼总编领导，张惠珍副总编予以领导并热情支持，又以邀请个人参加的方式，组成编委会；它是逐步拓展的一项民办的学术调查研究和编写工作。

被邀请者以退休或即将退休的高级工程技术专家和教授为主，涉及有关城市规划、建筑、园艺、园林、中文、历史诸多方面的老、中、青三结合的人员。实际上，这样的工作方式在目前国家的行政体制下，如果没有被邀请者在其所在单位内，获得人员、经费及编写时间的保证，是难以运作的。但在这次编写工作中，却得到了绝大部分参加者所在单位领导的热情支持与关心，因为我们都认识到这是首次发动全中国园林行业自愿共同参与的编写近代园林史的"工程"，堪称"填补空白"；而且还是第一次有港、澳、台参加、两岸四地同行共同合作编写，这些因素都促使这部近代园林史具有更为全面和完整的专业内容。可以说这份成果是全中国园林行业的集体贡献。

《中国近代园林史》的成功出版，是和中国建筑工业出版社、中国风景园林学会以及参与编写的有关省、市、自治区的园林学会和协会对本书编写的大力支持分不开的。在此，我们要向他们表示由衷的敬意。同时，北京中国风景园林规划设计研究中心总经理端木岐先生为本书编写提供了宝贵的赞助。以下单位负责人协助我们召开了交流、学习会议，他们是：上海市园林绿化局原局长冯经明先生，重庆市园林局副局长况平先生，澳门民政总署原主席张素梅女士及园林绿化部部长潘永华先生，山东省济南市园林局原局长贾祥云先生，山东省威海市园林处原处长戚海峰先生，北京市园林绿化局原副局长刘秀晨先生，河北省保定市园林局原局长卜根旺先生及保定市风景园林规划设计所所长张晶女士。在此，我们也要向他们致以诚挚的谢意！

我们还要感谢那些不顾年老体弱，仍积极热情地参与编写工作的专家学者（编委的平均年龄为 70 岁以上，三位德高望重的顾问均已接近或超过 90 岁）。

由于种种原因，各章负责人和执笔者参加这项工作的时间长短不一，有的参加了在上海的启动会，重庆的编写工作会，澳门的学习交流会，威海的学术研讨会，以及北京的总结会五次会议的全过程，有的只参加过 1 ~ 2 次，有的完全没有参加，有的仅仅是刚被邀请参加了 2 ~ 3 个月的编写工作。全国 4 个直辖市，27 个省、自治区，2 个特别行政区，台湾地区，以及 5 所大学先后提供了 47 份稿件，他们或为主持负责人，或为执笔人，或提供资料，或制图、摄影，或参与调查，参与者约百余人，我们都已在每一章后分别署名。

应该说，参与本书编写的，主要是一批 70 多岁的当代园林专家。老骥伏枥，志在园林，以史为鉴，心向未来。为了发扬中华民族的优秀园林传统，为了建造未来光辉灿烂的中华园林，我们虽然十分艰辛却更为幸运地在我们的有生之年，补上了中国这一段特殊的、也是令人伤痛的园林一页。我们希望并相信这一页将在 21 世纪的中国园林事业发展中起到一些参考和借鉴的作用。衷心地希望得到广大读者的批评指正。

最后我们还要特别感谢在编写有关中国近代历史及社会背景的重要事实中做出热情指导的中国近代史研究所步平所长，还有参与本书审稿、校对及出版的多位编审、责编、校对所做的极为细致、耐心而持久的工作。是以上各位的努力，才能使本书如期出版，是所至幸！

《中国近代园林史》编委会

2010 年 11 月于北京